FAUNE
DES
VERTÉBRÉS

FAUNE

DES

VERTÉBRÉS DE LA SUISSE

FAUNE

DES

VERTÉBRÉS

DE

LA SUISSE

PAR

VICTOR FATIO, Dr Phil.

VOLUME V

HISTOIRE NATURELLE

DES

POISSONS

IImᵉ PARTIE

PHYSOSTOMES (suite et fin)
ANACANTHIENS, CHONDROSTÉENS
CYCLOSTOMES

Avec 4 planches, dont 1 en couleur, comprenant 84 figures originales.

GENÈVE ET BALE

H. GEORG, LIBRAIRE-ÉDITEUR

1890

INTRODUCTION GÉNÉRALE [1]

Les poissons qui de nos jours habitent les eaux de la Suisse ne peuvent pas être considérés comme les descendants directs de ceux qui les premiers ont vécu dans les mêmes régions. Les faunes se sont succédées sur notre sol aussi différentes que les conditions d'habitat des diverses époques géologiques. Beaucoup de types ont complètement disparu ; pour plusieurs autres, il faut aller chercher bien loin en dehors de nos frontières, parfois même en d'autres continents, les formes qui les rappellent aujourd'hui.

Dès avant l'époque jurassique, durant laquelle les mers couvraient la majeure partie du pays, et après avoir subi de profondes modifications dans la période crétacée, la faune ichthyologique de nos contrées s'est successivement transformée jusqu'aux temps de la molasse, où l'on voit les espèces marines, soit cartilagineuses, Squales, Raies et autres, soit osseuses, Labridés, Sparidés, etc., remplacées toujours plus par des poissons adaptés aux eaux douces et voisins de nos espèces actuelles.

Les molasses d'Œningen ont conservé les traces de nombreux poissons qui habitaient un grand lac à l'est de notre pays, du côté de celui de Constance, mais à un

---

[1] Cette introduction générale à l'étude de nos Poissons, part. 1 et II, doit remplacer l'*Avant-propos*, en tête de la partie I, volume IV.

niveau notablement supérieur qui donnait à la faune d'alors un caractère d'extension géographique beaucoup plus grande. La plupart des genres représentés à Œningen se rencontrent actuellement aussi bien dans les régions méditerranéennes et même tropicales que dans les zones froides ou tempérées.

Les espèces du lac d'Œningen, déterminées au nombre de trente-deux environ et toutes poissons osseux, appartenaient à quinze genres, dont un seul *(Cyclurus)* est éteint, tandis que douze, avec vingt-cinq espèces d'un habitat relativement étendu, sont aujourd'hui encore représentés dans nos eaux. Les *Lebias*, très nombreux alors, et les *Poecilia*, plus rares, ont disparu devant les modifications de nos conditions et ne se retrouvent plus, les premiers qu'en Italie, en Orient et dans le Nouveau-Monde, les seconds que dans les eaux marécageuses de la Caroline ou de l'Amérique du Sud. A part une *Perca* et un *Cottus* un peu différents des nôtres, les autres espèces d'Œningen, plus ou moins semblables aux actuelles mais en partie éteintes, étaient toutes Physostomes et en grande majorité de la famille des Cyprinidés, *Tinca, Gobio, Rhodeus, Aspius*[1] et *Leuciscus* surtout. L'Anguille, le Brochet et diverses Loches (*Acanthopsis* et *Cobitis*) s'y rencontraient aussi; mais on n'y a trouvé ni *Brèmes*, ni *Lottes*, ni aucun représentant de la famille des *Salmonidés*, probablement à cause de la nature des eaux qui, encore troubles ou à fond vaseux, étaient plus propres au développement des Loches, des Tanches ou des Bou-

---

[1] Le genre *Aspius* (Agass.), qui n'est plus représenté dans les eaux suisses, se trouve encore dans divers cours d'eau de l'Europe moyenne, à un niveau inférieur, en particulier dans les bassins du Danube et du Rhin.

vières qu'à celui des Truites ou des Corégones préférant des eaux plus pures et plus fraîches.

Les conditions d'habitat se dessinaient, et la sélection s'opérait en vue de l'adaptation à celles-ci; la prédominance croissante des *Physostomes* donnant toujours plus à la faune du pays un caractère de jeunesse relative. Toutefois, ce n'est guère qu'à la fin de l'époque diluvienne, après que les glaciers qui avaient envahi le pays se furent peu à peu retirés, alors que les bassins furent franchement délimités et que les communications avec les mers devinrent de plus en plus resserrées, que notre faune contemporaine s'établit définitivement, et que certaines espèces, moins aptes que d'autres à la lutte contre les courants, se trouvèrent emprisonnées dans quelques-uns de nos lacs.

A l'époque des premières habitations lacustres, on pêchait déjà dans nos eaux des poissons semblables aux actuels, même dans les genres dont on n'a pas retrouvé les ancêtres dans les lacs molassiques. Bien que les restes d'alors aient été généralement mal conservés, on a cependant pu y reconnaître, entre autres, les espèces suivantes : la Perche (*Perca fluviatilis*), la Lotte (*Lota vulgaris*), un Cyprin (*Cyprinus?*)[1], divers Chevaines (plus particulièrement *Squalius cephalus* et *Sq. Leuciscus*), le Rotengle (*Scardinius erythrophthalmus*), la Brême (*Abramis Brama*), le Nase (*Chondrostoma Nasus*), le Brochet (*Esox lucius*), le Saumon (*Salmo Salar*) et deux Corégones déterminés (*Coregonus Wartmanni* et *Coreg. Fera*)[2].

---

[1] *Cyprinus Carpio*, selon Rütimeyer qui a fourni les principales données sur le sujet (Fauna der Pfahlbauten, 1861). Si la détermination est exacte, cette citation du *Carpio* serait fort intéressante, parce que l'on admet généralement aujourd'hui que la Carpe a été importée de Chine.

[2] Les citations que j'ajoute ici à celles de Rütimeyer (l. c.), relative-

Notre faune, telle que nous l'ont faite les premiers temps post-glaciaires, est caractérisée, non seulement par une forte prédominance des Physostomes, comme nous l'avons dit; mais encore, à part quelques espèces locales résultant d'emprisonnement, par la présence dans cet ordre d'une forte majorité de poissons à aire géographique étendue recherchant de préférence les eaux fraîches et pures des lacs ou des rivières en divers bassins.

On ne trouve plus, parmi les 51 espèces actuellement plus ou moins abondantes dans les eaux suisses, que 4 *poissons cartilagineux*, dont deux, surtout marins, ne font plus même que de rares apparitions, et, sur les 47 autres, *poissons osseux*, on n'en compte aujourd'hui que 5 portant des rayons non articulés et des écailles cténoïdes, soit *Anarthroptérygiens*, pour 42 à rayons mous ou articulés et écailles cycloïdes, 1 seul *Anacanthien* et 41 *Physostomes*.

Quelques espèces seulement, comme les *Aloses*, le *Saumon*, l'*Anguille* [1], l'*Esturgeon* et les *Lamproies*, exécu-

---

ment à la Brême, *(A. Brama)* et à deux *Corégones*, m'ont été fournies par le prof. Th. Studer de Berne et reposent sur des déterminations d'écailles des Palafittes faites, dans le laboratoire de ce dernier, par Mlle Dimitrenko. Les écailles auxquelles le nom de *Coregonus Wartmanni* a été attribué, provenaient de Robenhausen et doivent avoir revêtu une forme du *Blauling* de Zurich voisine du *Wartmanni*; celles rapportées au *Cor. Fera* provenaient de Robenhausen (Zurich) et de Lüscherz (lac de Bienne) et doivent avoir appartenu, partie à une autre forme du Blauling rappelant le *C. Fera*, partie à la *Palée* ou *Palchen* voisine de celle-ci. Il est intéressant de voir la détermination de ces écailles, dont je n'ai eu connaissance que tout dernièrement, venir confirmer l'antiquité de mes types primordiaux *Dispersus* et *Balleus*, et corroborer en même temps la distinction que j'ai établie dans le *Blauling* de Zurich, entre une forme voisine du *C. Wartmanni* et une autre voisine par contre du *C. Fera*.

[1] Tandis que les autres poissons montent de la mer dans les cours d'eau pour y frayer, l'*Anguille*, au contraire, descend des cours d'eau à la mer pour multiplier.

tent encore, en vue de leur multiplication, des voyages depuis la mer jusqu'à nous, ou vice versa ; les autres, bien que plus ou moins voyageuses, comme les *Chondrostomes*, ou sédentaires, comme beaucoup de *Corégones*, sont actuellement confinées dans les eaux douces du continent.

Nos poissons suisses, à l'exception de l'Anguille et des Lamproies allongées comme des serpents, affectent tous plus ou moins des formes oblongues qui, bien que plus ou moins larges ou comprimées, peuvent être qualifiées d'ordinaires. Nous reviendrons un peu plus loin sur le détail de ces formes et l'anatomie de diverses parties appelées à nous servir de caractères ; contentons-nous, pour le moment, de constater que nous ne rencontrons pas dans nos eaux la variété des formes et les aspects souvent si bizarres qu'affectent, en d'autres conditions, bien des espèces, marines surtout, jusque dans les mêmes sous-classes[1].

---

[1] Nous n'avons pas de poissons enveloppés dans une boîte osseuse, comme les Coffres *(Ostracion)*, ou en boule hérissée de piquants comme le Diodon *(D. Hystrix)*. Nous n'en avons pas également chez lesquels les nageoires pectorales soient assez développées pour permettre, comme aux Exocets *(Dactylopterus volitans)* par exemple, de voler plus ou moins au-dessus de la surface des eaux, ou chez lesquels le museau soit étiré en forme de bec très allongé, comme le *Centriscus Scolopax*. Rien, parmi nos espèces, ne rappelle l'étrange conformation des Chevaux-de-mer *(Hyppocampus* et *Phyllopterix)*, ou du Pegase *(Pegasus)*, ni la forme amincie en ruban des *Ophidii*, ni surtout la structure asymétrique des Soles *(Pleuronectes)* ou des Turbots *(Rhombus)* qui, à l'état adulte, ont les deux yeux du même côté de la tête. On ne rencontre pas dans nos eaux des poissons de la taille de certains *Squales*, le Requin entre autres, de même qu'on ne voit pas d'espèces larges et aplaties comme les *Raies* ; on n'y voit pas non plus des têtes en marteau, comme celle du *Sphyrna zygœna*, ni des becs en forme de scie, comme celui du *Pristis antiquorum*, ni tant d'autres représentants curieux de cette classe dont nos espèces ne sauraient donner aucune idée. Enfin, ce n'est encore pas chez nous que l'on peut trouver des poissons qui, avec des nageoires paires un peu en forme de pattes et une respiration en partie aérienne (par l'intermédiaire de la vessie natatoire) semblent, comme le *Protopterus* dans

Par sa position presque au centre de l'Europe, par sa richesse hydraulique et par la grande variété des conditions d'habitat qu'elle présente, la Suisse d'aujourd'hui donne un intérêt tout particulier à l'étude comparée des Poissons qu'elle nourrit dans différents bassins, au sud comme au nord des Alpes et à différents niveaux. Source de plusieurs des grands fleuves du continent et présentant, sur le parcours supérieur de ceux-ci, des lacs étagés comme autant de tiroirs de collection superposés, jusque dans la région alpine, au-dessus même de 2500 mètres sur mer, elle se prête mieux que tout autre pays en Europe, soit aux observations concernant les influences de l'élévation et de la température, soit aux comparaisons avec d'autres contrées, les unes plus méridionales, les autres plus septentrionales.

La Suisse, sur une petite superficie, 41,390 kil. carrés environ, comprend quatre bassins principaux : celui du *Rhin*, tributaire de la mer du Nord, qui est de beaucoup le plus grand ; celui du *Rhône*, tributaire de la Méditerranée ; celui du *Pô*, tributaire de l'Adriatique, et celui du *Danube*, tributaire de la mer Noire ; bassins dont nous allons dire deux mots et dont il importe d'étudier et comparer la faune ichthyologique, en différentes conditions et à différents niveaux. Je néglige à dessein le bassin de l'*Adige* qui ne touche que par un très petit point à notre sol, qui ne comporte que 0,3 $^{0}/_{0}$ de la surface du pays et qui ne possède, dans ces limites, aucune espèce qui ne se retrouve dans nos eaux tessinoises, au sud des Alpes.

Le pays entier compte, avons-nous dit, 51 espèces ;

les *Dipneusti*, faire la transition aux Batraciens, ou qui, sans véritable squelette et présentant un peu l'aspect d'une sangsue, comme l'*Amphioxus*, paraissent au contraire relier les poissons aux invertébrés.

celles-ci, appartenant à 14 familles, se répartissent dans 33 genres, comme suit : cinq Anarthroptérygiens : *Perca* 1, *Acerina* 1, *Gasterosteus* 1, *Cottus* 1 et *Gobius* 1; quarante et un Physostomes : *Cyprinus* 1, *Tinca* 1, *Barbus* 3, *Gobio* 1, *Rhodeus* 1, *Abramis* 1, *Blicca* 1, *Spirlinus* 1, *Alburnus* 1, *Scardinius* 1, *Leuciscus* 3, *Squalius* 3, *Phoxinus* 1, *Chondrostoma* 2, *Misgurnus* 1, *Cobitis* 1, *Nemachilus* 1, *Alosa* 2, *Coregonus* 8, *Thymallus* 1, *Salmo* 2, *Salvelinus* 1, *Esox* 1, *Silurus* 1, *Anguilla* 1; un Anacanthien : *Lota* 1; un Chondrostéen : *Acipenser* 1; et trois Cyclostomes : *Petromyzon* 3.

Je ne fais entrer dans cette énumération, ni certains *hybrides* qui ont été souvent comptés, avec des noms particuliers, par divers auteurs, ni les *Squalius cavedanus*, *Sq. Savignyi* et *Alburnus Alborella* du Tessin, réduits par moi au rang de sous-espèces méridionales et qui autrement porteraient notre total à cinquante-quatre, ni encore divers *poissons récemment importés* dont il sera question plus loin et qui, en partie au moins, sont peut-être appelés à enrichir ou modifier par la suite notre faune actuelle. Je fais par contre entrer ici en ligne de compte soit la *Lamproie de rivière*, bien qu'elle ne soit *peut-être* qu'une forme majeure de la petite Lamproie de Planer, soit la *Lamproie de mer* et l'*Esturgeon commun* qui ne se montrent que de temps à autre dans le Rhin bâlois, parce que les faunistes précédents les ont enregistrés comme suisses et pour faciliter des comparaisons ultérieures avec les données de ceux-ci [1].

---

[1] Les trois sous-espèces du Tessin ci-dessus et la Lamproie de rivière sont décrites, dans cet ouvrage, avec des numéros d'ordre répétés, pour indiquer leurs affinités. L'Esturgeon et la Lamproie de mer, en réalité hôtes accidentels, ne porteront pas, plus loin, de numéro d'ordre spécifique, pas plus que les bâtards en divers genres.

Voyons rapidement la richesse comparée de chacun de nos bassins ; en renvoyant pour de plus amples détails, pour l'établissement de la *liste de nos espèces dans chaque bassin et sous-bassin*, en particulier, aux tableaux de distribution géographique de celles-ci que je donne à la fin de chaque volume : voyez part. I, p. 751, et part. II, p. 527.

I. Le BASSIN DU RHIN, qui occupe, au nord des Alpes et au-dessus de 245 mètres sur mer, environ 68 $^0/_0$ de la surface totale du pays, comprend à la fois la très grande majorité des lacs et des rivières et le plus grand nombre des espèces, soit 42 sur les 51 de la Suisse entière et pour 46 ou 47 [1] propres au Rhin et à ses principaux affluents en Europe moyenne. On y trouve : 4 Anarthroptérygiens, 33 Physostomes, sur lesquels quelques Corégones spéciaux à nos lacs, 1 Anacanthien, 1 Chondrostéen et 3 Cyclostomes. L'Ide (*Idus melanotus*) et le Carassin (*Carassius vulgaris*) nous font défaut, quoique multipliés en divers lieux sur nos frontières, et les représentants des genres *Aspius* (*A. rapax*) et *Platessa* (*P. Flesus*) ne viennent pas jusqu'à nous, pas plus que deux espèces de Salmonidés plus septentrionales, les *Coregonus oxyrhynchus* et *Salmo Trutta*.

Le bassin du Rhin peut être divisé, sur notre territoire, en trois parties distinctes qui chacune présentent quelques particularités :

a) Le *Rhin*, fleuve *sous la chute*, et ses environs immédiats, avec 33 espèces, dont 6 propres, ou qui ne s'engagent pas bien avant dans ses affluents, les *Acerina cernua, Gasterosteus gymnurus, Misgurnus fossilis, Alosa vulgaris, Aci-*

---

[1] Selon que l'on compte les *Salmo lacustris* et *S. Fario* pour une espèce, comme moi, ou pour deux comme de Siebold.

penser Sturio et *Petromyzon marinus* (34 espèces, si l'on compte le Silure parfois égaré depuis le lac de Constance).

b) Les principaux *lacs* et *tributaires, sous la chute,* avec 34 espèces dont huit, Salmonidés surtout, plus ou moins localisées dans tels ou tels lacs, les : *Coregonus Wartmanni, C. annectus, C. exiguus, C. Asperi, C. Schinzii, C. Suidteri, Salvelinus Umbla* et *Silurus Glanis.*

c) Le *Rhin au-dessus de la chute* qui est un obstacle à la remonte de la plupart des poissons et le lac de Constance, avec 28 espèces seulement (29 si le *Squalius Agassizii* observé près de Coire vient du lac de Constance et non pas seulement, comme il est plus probable, de celui de Wallenstadt). On n'y trouve plus les : *Acerina cernua, Gast. gymnurus, Spirlinus bipunctatus, Misgurnus fossilis, Alosa vulgaris, Coregonus Annectus, C. Asperi, C. Suidteri, Salmo Salar, Acipenser Sturio, Petromyzon marinus, P. Planeri* et *P. fluviatilis* [1].

Le maximum des genres se rencontre donc dans le Rhin même au-dessous de la chute, entre 245 et 360 mètres sur mer. Plus haut, entre 380 et 570 mètres, bien que successivement abandonnés par 6 espèces qui représentent autant de genres dans le fleuve, nous nous trouvons cependant en face d'un nombre d'espèces un peu supérieur, grâce à l'intervention du Silure (*S. Glanis*), de l'Omble (*S. Umbla*) et surtout de divers *Corégones* qui, confinés dans nos lacs du centre, comme dans ceux de l'est et de l'ouest, ont pris dans chacun des facies locaux bien différents. Plus haut encore, entre 600 et 900 mètres, la plupart des *Cyprinidés* nous ont déjà abandonné; si bien qu'au-dessus de 1000 à 1100 mètres, où la *Perche,* le

---

[1] Voyez, part. II, p. 518, la présence de cette espèce supposée au-dessus de la chute du Rhin.

Saumon, l'*Anguille* et la *Lotte* nous quittent à leur tour, abstraction faite de quelques importations supérieures (voy. tableaux, part. I, p. 752 et part. II, p. 528), nous ne comptons plus que 5 espèces autochtones, les : *Cottus Gobio, Phoxinus lævis, Nemachilus barbatulus, Thymallus vexillifer* et *Salmo lacustris,* parmi celles qui ont une aire géographique assez vaste et qui s'étendent également le plus loin vers le nord. Entre 1400 et 1900 mètres, nous perdons encore, d'abord le *Th. vexillifer,* puis le *N. barbatulus;* enfin, entre 2000 et 2500 mètres, nous voyons la Truite (*S. lacustris*), le Chabot (*C. Gobio*), puis le Vairon (*Ph. lævis*) renoncer définitivement. La *Truite* peut cependant vivre plus haut encore dans divers petits lacs où elle a été importée, jusqu'au-dessus même de 2600 mètres, à 2630 mètres environ dans le *Sgrischus-See* en Engadine, par exemple,.

II. Le BASSIN DU RHÓNE, qui occupe, au-dessus de 335 mètres sur mer, à peu près 18 °/₀ de la surface du pays (Rhône et Doubs compris), doit être dès l'abord divisé en deux parties fort différentes, bien qu'également caractérisées par l'absence du Saumon (*S. Salar*) qui fait défaut à tout le bassin méditerranéen : le bassin du *Rhône au-dessus de la perte, ou du Léman,* privé d'un grand nombre d'espèces par les obstacles insurmontables rencontrés dans le cours du fleuve à Bellegarde, et le sous-bassin du *Doubs,* tributaire du Rhône sous la perte par la Saône, sur notre frontière nord-ouest.

a) Le bassin du *Léman* ne compte que 20 espèces indigènes[1], sur les 51 de la Suisse et pour 43 propres au

---

[1] Je ne compte ici ni le *Cyprin doré* élevé dans quelques étangs, ni le *Saumon* importé dont la réussite n'est pas prouvée.

Rhône moyen[1] : 2 *Anarthroptérygiens*, 17 *Physostomes* et 1 *Anacanthien*. Il ne possède qu'une espèce propre, le *Coregonus hiemalis*; encore celle-ci est-elle bien voisine du *C. Bezola* du lac du Bourget en Savoie. Il est privé des représentants de plusieurs genres qui se trouvent dans le fleuve au-dessous de la perte, voire même de quelques espèces qui remontent dans le Doubs à un niveau notablement supérieur.

Le bassin du Léman ne possède pas d'espèces dans les genres *Acerina*, *Aspro*, *Gasterosteus*, *Mugil*, *Blennius*, *Rhodeus*, *Barbus*, *Abramis*, *Blicca*, *Chondrostoma*, *Alosa* et *Petromyzon* qui figurent dans le Rhône moyen et inférieur, et dont trois, parmi les Anarthroptérygiens (*Aspro*, *Mugil* et *Blennius*), sont aussi étrangers au bassin du Rhin.

b) Le *Doubs*, qui représente sur nos frontières le bassin du *Rhône au-dessous de la perte* et que je considère pour cela comme à peu près étranger à notre faune naturelle, compte sur notre sol, au-dessus de 420 mètres sur mer, un total supérieur d'espèces, bien que privé, par l'absence d'un grand lac, de trois Salmonidés qui habitent le Léman, les *Coregonus Fera*, *C. hiemalis* et *Salvelinus Umbla*. Il compterait 24 espèces sur notre territoire (26 si la présence des *Alosa vulgaris* et *Petromyzon fluviatilis* est constatée dans nos limites), sur les 36 enregistrées plus bas par Olivier dans sa faune du Doubs, en 1883. Des sept poissons du Doubs suisse qui manquent au Rhône au-dessus de la perte, deux appartiennent au genre *Squalius*, les *Sq. Leuciscus*, et *Sq. Agassizii*, et cinq se répartis-

---

[1] Je ne fais pas entrer ici en ligne de compte, bien des espèces de Blanchard encore très discutables, dans les genres: *Gasterosteus*, *Blennius*, *Alburnus*, *Leuciscus*, *Squalius*, *Chondrostoma* et *Anguilla*. La Truite est aussi comptée pour deux espèces dans ce total de 48.

sent dans les genres *Barbus, Abramis, Blicca, Chondrostoma* et *Petromyzon* qui se trouvent aussi dans le bassin du Rhin.

III. Le BASSIN DU PÒ, représenté par le TESSIN, qui occupe, au sud des Alpes, au-dessus de 197 mètres s/m., presque 10 °/₀ de la surface du pays, compte en Suisse 23 espèces, sur les 51 helvétiques et pour 44 du Pô en Italie[1] : 3 *Anarthroptérygiens*, dont un dans le genre *Gobius* manquant à nos autres bassins, 18 *Physostomes*, dont sept sont étrangers au reste de la Suisse, 1 *Anacanthien* et 1 *Cyclostome*. Plusieurs genres représentés dans le Rhin au nord des Alpes, les *Acerina, Gasterosteus, Gobio, Rhodeus, Abramis, Blicca, Misgurnus, Nemachilus, Coregonus, Salvelinus, Silurus* et *Acipenser* ne figurent pas dans nos eaux suisses au sud. Quelques poissons qui manquent à nos autres bassins, viennent par contre, ou introduire de nouveaux genres, ou remplacer dans les anciens nos espèces septentrionales, et donner par là un cachet particulier à notre faune tessinoise. Des 8 espèces : *Gobius fluviatilis, Barbus plebegus, B. caninus, Leuciscus pigus, L. aula, Chondrostoma Soetta, Cobitis tænia* et *Alosa Finta* qui viennent ici enrichir la faune suisse au sud des Alpes, les six premières sont presque exclusivement méridionales; tandis que les deux dernières se retrouvent plus au nord en d'autres pays, sous des aspects légèrement différents. Les *Squalius cephalus, Sq. Agassizii* et *Alburnus lucidus* sont représentés dans le Tessin par des poissons de formes un peu différentes que beaucoup d'auteurs acceptent pour espèces particulières, mais que j'ai cru devoir rapprocher, je l'ai dit, de ces premiers types, sous le titre de sous-espèces méridionales.

---

[1] La Truite est encore comptée pour deux dans ce total de 44.

Le bassin du Pô, en Suisse et en Italie, était, jusque tout récemment encore, caractérisé à la fois par l'absence du *Saumon* et par le défaut de *Corégones*, poissons d'origine septentrionale limités au sud par les Alpes. Quelques essais d'importations de Corégones étrangers, faits ces dernières années dans les lacs lombards, paraissent avoir réussi et être appelés par là à modifier l'extension géographique de ce genre du côté du sud. Il est intéressant de pouvoir préciser ainsi, en vue de l'avenir, l'époque du passage des Corégones par-dessus les Alpes.

Au nombre de ses 44 espèces autochtones, le Pô compte 21 poissons qui font défaut à nos eaux tessinoises, dont six dans autant de genres *Gasterosteus, Mugil, Blennius, Lebias, Carassius* et *Platessa* qui, le premier excepté, manquent aussi au reste de la Suisse [1].

Quoique relevant d'un bassin assez riche, et bien que pourvue, à un niveau inférieur aux précédents, de lacs et de rivières en suffisance, notre faune tessinoise paraît tenir cependant de la grande proximité des Alpes, et par là de la nature de ses eaux, une pauvreté relative, sinon en individus, au moins en espèces. Bien des poissons s'arrêtent non loin de nos frontières, et il semble que plusieurs dans nos limites, les *Cyprinidés* principalement, remontent moins haut au sud des Alpes que sur le versant nord; autant du moins qu'on peut en juger sur les données actuellement à notre portée.

IV. Le BASSIN DU DANUBE, représenté par l'INN en Engadine, ne comprend guère que 4 $^\circ/_\circ$ de la surface du pays entier, au-dessus de 1000 mètres, et ne compte plus

---

[1] Sept genres, si la présence de *Lucioperca Sandra* est réellement établie dans ce bassin.

à ce niveau que 4 espèces autochtones, parmi celles qui ailleurs s'élèvent aussi le plus : 1 Anarthroptérygien, le *Cottus Gobio*, et 3 Physostomes, les *Phoxinus laevis*, *Thymallus vexillifer* et *Salmo lacustris;* plus 4 importées, assez localisées : 3 Physostomes, les *Scardinius erythrophthalmus*, *Tinca vulgaris*, *Esox lucius*, et 1 Anacanthien, la *Lota vulgaris*[1]. Cette faune locale supérieure paraît bien pauvre vis-à-vis du total 51 de la Suisse, et surtout si on la compare à celle si riche du Danube qui compte 68 espèces, abstraction faite de quelques formes bâtardes et de plusieurs poissons spécifiquement distingués par Heckel et Kner que je ne considère que comme variétés locales[2]. Le Danube a perdu dans l'Inn, au-dessus de 1000 mètres, 10 sur 11 Anarthroptérygiens, dont 4 dans les genres *Lucioperca*, *Aspro* et *Blennius* qui manquent complètement aux différents bassins suisses; plus 41 Physostomes sur 47, même 44, si l'on fait à juste titre abstraction des 3 importés, dont 4 dans les genres *Pelecus*, *Aspius*, *Idus* et *Umbra* étrangers à la Suisse. Il n'a, comme nous, que la *Lotte* parmi les Anacanthiens; par contre, il compte jusqu'à sept *Esturgeons*, différents de l'*A. Sturio* qui parfois se montre dans notre Rhin, mais qui manque à la mer Noire.

Les tableaux de distribution géographique et de niveaux des espèces, que je donne, partie I, p. 751 et 752, part. II, p. 527 et 528, peuvent permettre d'établir, jusqu'à un certain point, la faune ichthyologique de telle ou telle loca-

---

[1] C'est par erreur typographique que le *Cyprinus Carpio* a été indiqué comme vivant importé en Engadine (par un *i* dans la colonne *Inn* du tableau de distribution géographique de la partie I, vol. IV, p. 751).

[2] Dans les genres : *Cottus, Barbus, Abramis, Alburnus, Leuciscus, Squalius, Telestes, Salar, Fario, Salmo, Petromyzon* et *Ammocœtes* de ces auteurs.

lité, étant donné son bassin ou sous-bassin et sa hauteur
sur mer.

Les anciens connaissaient déjà parfaitement bien des
poissons. Divers auteurs, tels qu'*Aristote, Oppien, Pline,
Athénée, Élien,* etc., avaient déjà distingué et plus ou
moins décrit bon nombre d'espèces. Des naturalistes
comme *Rondelet, Salviani*[1], *Gessner*[2], etc., au XVIme siècle, avaient publié d'importants ouvrages sur le sujet; cependant, ce n'est que vers la fin du XVIIme siècle que fut
tenté un premier essai de classification des poissons, jusqu'alors décrits sans ordre ni méthode. C'est aux deux
savants anglais *Rai* et *Willughby*[3] que revient l'honneur
d'avoir introduit dans ce chaos les premiers éléments
d'un classement basé encore seulement sur les formes
extérieures; mais, ce ne fut que près de cinquante ans
plus tard, qu'avec une plus ample connaissance de l'anatomie et de la biologie des poissons, le célèbre naturaliste
suédois *Artedi*[4], réussit à subdiviser ce vaste ensemble en
ordres, familles, genres et espèces, d'après divers caractères tirés en majeure partie de la consistance du squelette
et de la nature des rayons des nageoires. Si l'on supprime
le cinquième et dernier ordre d'Artedi, celui des *Plagiuri*

[1] Salviani, H. *Aquatilium Animalium Historiæ, liber primus cum
corumdem formis, Ære excusis;* Romæ, 1557. Ce bel et grand ouvrage,
qui traite des poissons d'Italie, est accompagné de planches pour la
plupart fort bien exécutées.

[2] Gessner, C., naturaliste suisse; 1516-1565. (Voyez plus loin.)

[3] Willughby, F. *De Historia Piscium libri IV,* etc. Oxford, 1686.

[4] Artedi, P. C'est Linné qui, après la mort d'Artedi, publia l'ensemble des études ichthyologiques de ce naturaliste; sous le titre: *Petri
Artedi, succi medeci, Ichthyologia, sive opera omnia de piscibus,* etc., en
un volume in-8°, à la date de 1738.

comprenant des animaux qui, comme la Baleine, le Dauphin, etc., ont dû plus tard être rattachés aux Mammifères marins, on se trouve en face d'une première classification rationnelle en quatre ordres : *Malacopterygii, Acanthopterygii, Branchiostegi* et *Chondropterygii*, dont trois ont conservé leur dénomination jusqu'à nos jours.

Modifiant peu à peu la classification d'Artedi, dans divers remaniements de son *Système de la Nature*[1], Linné finit par exclure tous les *Cétacés* de la classe des Poissons dans la 10ᵐᵉ édition de cet ouvrage et proposa, dans sa 12ᵐᵉ édition, en 1766, une subdivision en cinq ordres basés principalement sur la disposition des branchies et le développement ou la position des nageoires paires : les *Amphibia nantes, Pisces apodes, Pisces abdominales, Pisces jugulares* et *Pisces thoracici*. Dans une 13ᵐᵉ édition publiée par *Gmelin* en 1788, on retrouve six ordres, avec le retour aux données d'Artedi, soit à la division des *Amph. nantes* en *Branchiostegi* et *Chondropterygii*. On ne peut pas dire que les changements successivement apportés par Linné à la classification d'Artedi et à ses propres premières données aient été toujours heureusement inspirés, car l'exclusivisme qui présida au choix des caractères a forcé souvent des rapprochements malheureux. Les riches et précieux travaux de Linné n'en demeurent pas moins, avec ceux de son compatriote Artedi, à la base de toute étude ichthyologique.

Plusieurs ouvrages importants ont été peu après publiés en différents pays, entre la fin du XVIIIᵐᵉ et le commencement du XIXᵐᵉ siècle, parmi lesquels je me bornerai

---

[1] LINNÉ, C. *Systema Naturæ*, treize éditions entre 1735 et 1788 ; tome I, Pisces.

à citer ici ceux de *Bloch* [1], de *Lacépède* [2], et plus particulièrement celui de *Cuvier* [3] qui, en 1817, dans son *Règne animal*, présenta une nouvelle classification déjà beaucoup perfectionnée des Poissons partagés en deux séries : poissons Chondroptérygiens et poissons Osseux, comprenant huit ordres : *Chondroptérygiens à branchies fixes, Sturioniens (ou Chondropt. à branchies libres), Plectognathes, Lophobranches, Malacoptérygiens abdominaux, Malacopt. subbrachiens, Malacopt. apodes* et *Acanthoptérygiens.*

Dans l'ouvrage capital, l'*Histoire naturelle des Poissons*, qu'entreprit douze ans après le même auteur, avec la collaboration de *Valenciennes* [4], la classification première de Cuvier fut encore remaniée ; on peut la figurer comme suit :

1. POISSONS OSSEUX

A. A BRANCHIES EN PEIGNES OU EN LAMES

1. **A mâchoire supérieure libre.**

1. *Acanthoptérygiens.*
2. *Malacoptérygiens :* abdominaux, subbrachiens, apodes.

2. **A mâchoire supérieure fixe.**

1. *Sclérodermes.*
2. *Gymnodontes.*

B. A BRANCHIES EN FORME DE HOUPPES

1. *Lophobranches.*

---

[1] BLOCH, M.-E. *Oekonomische Naturgeschichte der Fische Deutschlands;* Berlin, 1782-1784, 4°, pl. folio. — *Naturgeschichte der ausländischen Fische;* Berlin, 1785-1795, 4°, pl. folio.

[2] LACÉPÈDE, B.-G.-E DE. *Histoire des Poissons;* Paris, 1798 à 1803, 4 vol. 4°.

[3] CUVIER, G.-L.-C.-F.-D. *Le Règne animal distribué d'après son organisation;* Paris, 1817, 4 vol. 8°; Poissons, vol. II. — *Règ. anim. illustré,* édition avec 1000 planches publiée par une réunion des disciples de Cuvier, à Paris, entre 1836 et 1849.

[4] CUVIER et VALENCIENNES. *Histoire naturelle des Poissons;* 22 volumes in-8°, Paris 1828-1849. (Demeuré en partie incomplet, par suite des morts successives des deux collaborateurs.)

II. POISSONS CARTILAGINEUX OU CHONDROPTÉRYGIENS

1. *Sturioniens.*
2. *Plagiostomes.*
3. *Cyclostomes.*

Il est aisé de voir comment, avec l'intervention de nouveaux caractères tirés des branchies et des mâchoires,
cette dernière classification de Cuvier constitue un progrès
immense sur toutes les précédentes.

A peu près à la même époque, d'importantes recherches sur les poissons fossiles amenèrent le célèbre naturaliste neuchâtelois *Agassiz* [1] à donner dans le classement
une importance prépondérante aux téguments et à leur
revêtement.

Reconnaissant d'importantes différences dans la disposition, la nature et la structure des plaques ou des écailles
des poissons tant fossiles que vivants, et constatant dans
les diverses époques géologiques l'apparition successive ou
la prédominance de telle ou telle forme du revêtement, il
répartit toutes les espèces connues dans quatre ordres
qu'il nomma :

PLACOÏDES, GANOÏDES, CTÉNOÏDES et CYCLOÏDES ;

les deux premiers, de beaucoup les plus anciens, ayant
perdu de plus en plus de leurs représentants dans les diverses transformations de la surface du globe ; les deux
derniers, de création bien plus récente, ayant au contraire
pris un développement croissant jusqu'à nos jours. Bien
qu'attirant l'attention sur de précieux caractères, cette

---

[1] AGASSIZ, L. *Recherches sur les Poissons fossiles*; Neuchâtel, 1833 à
1843 ; 5 vol. 4°, pl. folio. — *Essai sur la Classification des Poissons*;
Neuchâtel, 1844.

classification devait cependant perdre bientôt dans l'application aux poissons vivants, par le fait de la grande variabilité des écailles de ceux-ci, une bonne partie de son importance.

Deux ans plus tard, en étudiant plus spécialement les Ganoïdes et en poursuivant toujours plus avant l'examen anatomique des poissons en général, *Jean Müller*[1] fut amené à établir aussi une classification nouvelle qui a servi de base depuis lors à de nombreux travaux descriptifs et qui est encore suivie par beaucoup de naturalistes. C'est Müller qui a en particulier groupé, sous le nom de *Pharyngognathi*, les diverses espèces à pharyngiens réunis, et qui a rapproché, dans ses *Anacanthini sub-brachii*, les *Gadoidei* des *Pleuronectides*, poissons asimétriques.

La classification de Müller se résume comme suit :

Ordo.	Sub-Classis.	Familia.
	I. DIPNOI.	
1. Sirenoidei.		*Sirenoidei.*
	II. TELEOSTEI.	
I. Acanthoptori		*Percoidei*, etc., etc. [2].
II. Anacanthini. S.-Ord. 1. Sub-brachii		*Gadoidei et Pleuronectides.*
	2. Apodes	*Ophidini.*
III. Pharyngognathi. 1. Phar. Acanthopterygii.		*Labroidei*[3] *et Chromides.*
	2. Phar. Malacopterygii..	*Scomberesoces.*
IV. Physostomi. 1. Phys. abdominales...		*Siluroidei*, etc.. etc. [4].
	2. Phys. apodes	*Muraenoidei*, etc. [5].

[1] MÜLLER, Joh. *Ueber den Bau und die Grenzen der Ganoïden, und über das natürliche System der Fische;* Berlin, 1846, in-4°.

[2] *Percoidei, Cataphracti, Sparoidei, Sciaenoidei, Labyrinthiformes, Mugiloidei, Notacanthini, Scomberoidei, Squamipennes, Taenioidei, Gobioidei, Blennioidei, Pediculati, Theutyes et Fistulares.*

[3] *Labroidei cycloidei et Lab. ctenoidei.*

[4] *Siluroidei, Cyprinoidei, Characini, Cyprinodontes, Mormyri, Esoces, Galaxiae, Salmones, Scopelini, Clupeidae et Heteropygii.*

[5] *Muraenoidei, Gymnotini et Symbranchii.*

V. **Plectognathi** ....*Balistini*, etc. [1].
VI. **Lophobranchii** ....*Lophobranchii*.

III. GANOIDEI.

I. **Holostei** ....*Lepidosteini et Polyptc-rini.*
II. **Chondrostei** ....*Acipenserini et Spatu-lariæ.*

IV. ELASMOBRANCHII (Selachii).

I. **Plagiostomi** ..... 1. Squalidæ ....*Scyllia*, etc., etc. [2].
                    2. Rajidæ ....*Squatinorajæ*, etc., etc. [3].
II. **Holocephali** ....*Chimaræ.*

V. MARSIPOBRANCHII (Cyclostomi).

I. **Hyperoartii** ....*Petromyzonini.*
II. **Hyperotreti** ....*Myxinoidei.*

VI. LEPTOCARDII.

I. **Amphioxini** ....*Amphioxini.*

Depuis lors, bien des systèmes ont vu le jour, qui, basés
sur tel ou tel caractère principal, n'ont pas détrôné la
classification générale de Müller, au moins dans ses grands
traits. Qu'il me suffise de citer en passant les travaux de
Duméril [4], de *Canestrini* [5], de *Kner* [6], de *Harting* [7], de

---

[1] *Balistini, Ostraciones et Gymnodontes.*

[2] *Scyllia, Nycticantes, Lamnoidei, Alopeciæ, Cestraciones, Rhinodon-tes, Notidani, Spinaces, Scymnoidei et Squatinæ.*

[3] *Squatinorajæ, Torpedines, Rajæ, Trygones, Myliobatides et Cepha-lopteræ.*

[4] DUMÉRIL, A.-M.-C. *Prodrome d'une classification des Poissons d'après la méthode naturelle.* (Acad. Sc. Paris, 1855.)

[5] CANESTRINI, G. *Ueber die Stellung der Helmichthyiden im System; Zool. Mitth. über die Aulostomiden* (Verhandl. der k. k. zool. bot. Gesell. 1859).

[6] KNER, R. *Ueber den Flossenbau der Fische* (Sitzb. der k. Akad. der Wissenschaften, 1861-62).

[7] HARTING, P. *Leerbock van de Grondbeginselen der Dierkunde*, part. II, I div., 4 vol. 1864.

Hæckel [1], de *Troschel* [2], de *Fitzinger* [3] et de quelques autres qui ont tour à tour signalé d'intéressantes analogies.

Le Dr *A. Günther*, qui conserva, dans son important Catalogue des poissons du British Museum [4], les six sous-classes de Müller, en modifiant un peu certaines subdivisions et quelques noms, fondit plus tard, dans une seule sous-classe dite des PALAEICHTHYES, les *Dipneusti*, les *Ganoïdei*, et les *Selachii*. Cette classification ne comprenant plus que quatre sous-classes :

PALAEICHTHYES, TELEOSTEI, CYCLOSTOMATA et LEPTOCARDII,

et telle qu'elle a été de nouveau nettement exposée par son auteur dans son introduction à l'étude des poissons, en 1880 [5], a été maintenant adoptée dans plusieurs ouvrages généraux. Les rapprochements qu'elle opère semblent justifiés par l'étude anatomique du Ceratodus (*Ceratodus Forsteri*, Krefft) qui représente à l'état vivant, en Australie, un type fossile du Trias et du Jura, et qui forme comme un trait d'union entre les *Dipneusti* et *Ganoïdei*, en présentant tour à tour tel ou tel caractère des uns ou des autres. Cependant, elle a l'inconvénient de réunir dans une même sous-classe des poissons osseux et des poissons cartilagineux de forme et structure très différentes.

Considérant que le dernier classement de cet auteur paraît encore à quelques égards discutable et que les trois

[1] HAECKEL, E. *Generelle Morphologie der Organismen*, Berlin, 1866.
[2] TROSCHEL, F.-H. *Handbuch der Zoologie*, 7ᵐᵉ éd. 1871.
[3] FITZINGER, L.-J. *Versuch einer natürlichen Classification der Fische.* — *Die Gatungen der europäischen Cyprinen nach ihren äusseren Merkmalen* (Sitzb. der k. Akad. der Wissenschaften, 1879.
[4] GÜNTHER, A. *Catalogue of the Fishes in the British Museum*; London, 8 vol. in-8°, 1859-1870.
[5] GÜNTHER, A. *An Introd. to the Study of Fishes*; 1 vol. in-8°, 1880.

sous-classes en question ne touchent que très indirectement à notre faune, je suivrai dans ce travail la classification générale de *Müller*, avec quelques légères modifications introduites par *Günther* dans son Catalogue,
particulièrement dans la distribution des familles des Téléostéens; en récusant à l'occasion plusieurs subdivisions
des Acanthopteri de Müller, ici *Anarthropterygii* (voy.
entre autres, part. I, p. 5), successivement proposées par
Canestrini, Kner et Troschel (l. c.), relativement à la
structure des rayons des nageoires. *(Voir le tableau de la
classification suivie, à la fin de cette introduction.)*

A la suite des travaux descriptifs fondamentaux, déjà
en partie mentionnés, de *Bloch* (l. c.), de *Schrank*[1], de
Cuvier et *Valenciennes* (l. c.), d'*Agassiz*[2] et de *Günther*
(l. c.), il importe de citer encore en passant quelques études
plus spéciales ou plus localisées qui nous intéressent plus
particulièrement, comme traitant des poissons de pays
limitrophes ou de régions arrosées, non loin de nous, par
des tributaires des mêmes fleuves que desservent nos rivières. Signalons, entre autres, par ordre de proximité
autour de nous : l'ouvrage capital de *Heckel* et *Kner*[3] sur
les poissons d'eau douce d'Autriche, et les travaux non
moins importants de *de Siebold*[4], sur les poissons d'eau

---

[1] SCHRANK, P. VON. *Fauna Boica, durchgedachte Geschichte der in
Bayern einheimischen und zahmen Thiere*; Nürnberg, 1798, Bd. 1.

[2] AGASSIZ, L. *Histoire naturelle des Poissons d'eau douce de l'Europe
centrale*; Neuchâtel, 1839-1842, 1 vol. in-8°, 40 pl. col., part.

[3] HECKEL, J. et KNER, R. *Die Süsswasserfische der Oestreichischen
Monarchie*; Leipzig, 1858, 1 vol. in-8°, 204 fig.

[4] SIEBOLD, C.-Th.-E. VON. *Die Süsswasserfische von Mitteleuropa*;
Leipzig, 1863, 1 vol. in-8°.

douce de l'Europe moyenne, de *Blanchard*[1] et de *Moreau*[2] sur les poissons de la France, de *Bonaparte*[3], de *de Filippi*[4] et de *G. Canestrini*[5] sur les poissons de l'Italie. Signalons encore, comme précieux points de comparaisons, quelques faunes locales, partie voisines de la nôtre, partie plus éloignées; en renvoyant pour plusieurs autres ouvrages aux nombreuses citations éparses dans les synonymies, descriptions et discussions de nos espèces.

Citons, entre autres, autant que possible par ordre chronologique, les publications de : *Flemming*[6] et de *Yarrell*[7], sur les poissons d'Angleterre; de *Holandre*[8], sur ceux de la Moselle; de *de Selys-Longchamps*[9], sur la faune belge; de *Günther*[10], sur les poissons du Neckar; de *Nilsson*[11], sur les espèces scandinaves; de *Fritsch*[12], sur celles de la Bohême; de *de Betta*[13], sur la faune Véronèse; de *Dybowski*[14], sur les Cyprinides de Livonie; du frère

---

[1] BLANCHARD, E. *Poissons des eaux douces de la France*; Paris 1866, 1 vol. in-8°, 151 fig.

[2] MOREAU, E. *Histoire naturelle des Poissons de la France*; Paris, 1881, 3 vol. in-8.

[3] BONAPARTE, C.-L. *Iconografia della Fauna Italica, per le quattro classi degli animali vertebrali*; Roma, 1832 à 1842, 3 vol. gr. 4°, avec pl.

[4] FILIPPI, F. DE. *Cenni sui Pesci d'acqua dolce della Lombardia*; Milano, 1844, in-8°.

[5] CANESTRINI, G. *Prospetto critico dei Pesci d'acqua dolce d'Italia*; Modena, 1865, in-8°.

[6] FLEMMING, Jh. *Hist. of Brit. Anim.*; Edimburg, 1828.

[7] YARRELL, W. *Nat. Hist. of Brit. Fishes*; London, 1841.

[8] HOLANDRE, J.-J.-J. *Faune du Département de la Moselle*, Metz, 1836.

[9] SELYS-LONGCHAMPS, E. DE. *Faune belge*, 1re partie, Liège, 1842.

[10] GÜNTHER, A. *Die Fische des Neckars* (Würtemb. naturw. Jahresheften, 3ten Heft, 1853).

[11] NILSSON, S. *Skandinavisk Fauna, Fiskarna*; Lund, 1855.

[12] FRITSCH, A. *Kritisches Verzeichniss der Fische Böhmens* (8. Jahrg. der Zeitschrift « Lotos »), Prag, 1859.

[13] BETTA, Ed. DE. *Ittiologia veronese*; Verona, 1862.

[14] DYBOWSKI, B. *Versuch einer Monographie der Cyprinoiden Livlands*; Dorpat, 1862.

Ogérien[1], sur la faune du Jura, en France; de *Ninni*[2], sur les poissons de Trévise; de *Jeitteles*[3], sur ceux de la March; de *Jäckel*[4], sur ceux de la Bavière; de *Bonizzi*[5], sur ceux de Modène; de *De la Fontaine*[6], sur les espèces du Luxembourg; de *Fraisse*[7], sur celles du Main; de *Benecke*[8], sur celles de la Prusse; de *Day*[9], sur celles des Iles britanniques; de *Klunsinger*[10], sur les poissons du Wurtemberg et sur la Truite; de *Mela*[11], sur ceux de Finlande; de *Möbius* et *Heincke*[12], sur ceux de la mer Baltique; de *Olivier*[13], sur ceux du Doubs, en France; enfin, de *Canestrini*[14], sur les poissons de la région de Trente. — En témoignant ici mon regret de n'avoir pu prendre connaissance à temps de quelques importants travaux récemment parus en divers pays, je passe maintenant à l'examen de la bibliographie suisse qui nous intéresse plus particulièrement.

[1] OGÉRIEN, Fr. *Hist. nat. du Jura*, vol. III; Lons-le-Saunier, 1863.

[2] NINNI, Al. *Cenni sui Pesci della provincia di Treviso*; 1863.

[3] JEITTELES, L.-H. *Die Fische der March bei Olmutz* (Jahresberichte des Olmützer k. k. Gymnasiums, für das Schuljahr, 1863-64).

[4] JÄCKEL, A.-J. *Die Fische Bayerns* (Abhandl. des zool. mineral. Vereines in Regensburg, 9tes Heft), 1864.

[5] BONIZZI, P. *Prospetto systematico e catalago dei Pesci di Modenese*; Modena, 1869.

[6] DE LA FONTAINE, A. *Faune du pays de Luxembourg, Poissons*; Luxembourg, 1872.

[7] FRAISSE, P. *Die Fische des Maingebietes*, Würzburg, 1880.

[8] BENECKE, B. *Fische, Fischerei und Fischzucht in Ost- und West-preussen*; Königsberg, in-8°, 1880.

[9] DAY, F. *The Fishes of Great Britain and Ireland*; London, 1880-84.

[10] KLUNSINGER, C.-B. *Die Fische in Würtemberg* (Würtemb. naturw. Jahresheften), 1881. — *Ueber Bach- und Seeforelle*, Jahrh. Ver. f. vaterl. Naturkunde in Württemberg, Stuttgart, 1885.

[11] MELA, A.-J. *Suomen Luurankoiset*, etc., *Vertebrata Fennica*; Helsingissa, 1882.

[12] MÖBIUS, K. et HEINCKE, F. *Die Fische der Ostsee*; Berlin, 1883.

[13] OLIVIER, E. *Faune du Doubs*, France; Besançon, 1883.

[14] CANESTRINI, R. *I Pesci del Trentino e la Pesca*, Rovereto, 1885.

Pour ce qui concerne les PUBLICATIONS ICHTHYOLOGI-
QUES SUISSES, ou les ouvrages traitant plus ou moins des
poissons du pays, quels que soient leurs auteurs, suisses ou
étrangers, nous ne remonterons pas au delà du milieu du
XVIme siècle, à partir duquel ont paru quelques traités
généraux et bon nombre de faunes locales dont je signale-
rai ici les principales, autant que possible par ordre de
dates, en y intercalant les citations de quelques travaux
de valeur demeurés manuscrits, et en renvoyant encore,
pour bien d'autres plus spéciaux, aux citations ultérieures
de mon texte.

Après les importants ouvrages de *Gessner*[1] sur l'Histoire
des animaux en général et sur les poissons en particulier,
depuis 1551, et après le livre des poissons (Fischbuch) de
Mangold[2], en 1557, on voit successivement éclore, jusqu'à la fin du XVIIIme siècle, une série de travaux, en
majorité faunes locales plus ou moins erronées ou incom-
plètes, de *Du Villard*[3], sur le lac de Genève, en 1588; de
Morigia[4], sur le lac Majeur, en 1603; de *Cysat*[5], sur le
lac des Quatre-Cantons, en 1661; de *Wagner*[6], sur l'Histoire nat. de la Suisse, en 1680; de *Escher*[7], sur le lac de

[1] GESSNER, C. *Historia animalium, vol. IV de Piscium et aquatilium
animantium natura;* Zürich, 1551-58. — *Fischbuch*, div. édit. 1563, 75.
98, 1606.

[2] MANGOLD, G. *Fischbuch von der Natur und Eigenschaft der Fische,
insonderheit deren so gefangen werden im Bodensee;* Zürich 1557.

[3] DU VILLARD, Jean. *Description de 19 sortes de poissons qui se trouvent dans le Rhône et le lac de Genève, etc.,* 1581, et *Carte du lac Léman,* 1588; à la Bibl. publ. de Genève.

[4] MORIGIA, P. *Historia della nobilta e degne qualità del lago Maggiore;*
1603.

[5] CYSAT, J.-L. *Der Vierwaldstätter See;* Luzern, 1661.

[6] WAGNER, J.-J. *Historia naturalis Helvetiæ curiosa;* Tiguri, 1680.

[7] ESCHER, H.-E. *Beschreibung des Zürichersee;* Zürich, 1692.

Zurich, en 1692; de *Scheuchzer*[1], sur les animaux de la
Suisse en général, en 1708; de *Stieffinus*[2], tableau des poissons de Zurich, en 1709; de *Vagliano*[3], sur le lac Majeur,
en 1710; de *Fatio de Duillier*[4], sur le lac de Genève, en
1730; de *Sprüngli*[5] (manuscrit sans date), sur l'Ichthyologie suisse; de *Sulzer*[6], des figures de poissons suisses, en
1750; de *Wartmann*[7], sur le Blaufelchen, et les lacs de
Constance et Seealp, en 1777 et 78; de *Duhamel*[8], sur
les lacs de Neuchâtel et Genève, entre 1769 et 1782;
de *Schinz*[9], quelques notes sur les poissons et la pêche
dans le Tessin, entre 1783 et 1787; de *Razoumowsky*[10];

---

[1] Scheuchzer, J. *Historia animalium Helvetiæ*, vol. III, *Pisces*; ouvrage non publié (date ?).

— *Bildnissen verschied. Fische, welche in der Sündfluth zu Grunde
gegangen;* Zürich, 1708.

— *Das edle Fischbüchlein;* Nürnberg, sans date.

— *Naturg. des Schweizerlandes;* édit. par J.-C. Sulzer, Zurich, 1746.

[2] Stieffinus, J.-M. *Eigentliche Abbildung aller in dem Zürich-See
und der Limmat sich befind. Gattung Fischen, in welchen Monaten
selbige..... wegen des Leichs und Fasels zu fangen, zu kaufen, zu ver-
kaufen verboten sind;* tableau original de figures peintes, noms et dates,
Zurich, 1709.

[3] Vagliano. *Le rive del Verbano;* Milano, 1710.

[4] Fatio, J.-Ch. *Remarques sur l'Histoire naturelle du lac de Genève;*
1730.

[5] Sprüngli, D. *Ichthyologia helvetica;* manuscrit, à la Bibl. de Berne,
sans date.

[6] Sulzer, D. *Abbildungen von Schweizer Fischen, nach der Natur
gemalt;* 1750.

[7] Wartmann, B. *Beschreibung und Naturg. des Blaufelchen;* Berlin,
1777.

— *Bodensee und Seealpsee;* St. Gallen, 1777-78.

[8] Duhamel. *Traité général des pêches :* diverses données sur les poissons des lacs de Neuchâtel et Genève, Paris, 1769-82.

[9] Schinz, J.-R. *Beiträge zur näheren Kenntniss des Schweizerlandes;*
Zürich, 1783-1787.

[10] Razoumowsky, G. de. *Histoire naturelle du Jorat et de ses environs
et celle des trois lacs de Neuchâtel, Morat et Bienne;* Lausanne, 1789.

sur l'Histoire nat. du Jorat, en 1789 ; de *Coxe*[1], sur les poissons de Neuchâtel, en 1790 ; de *Bridel*[2], sur le lac de Genève, en 1799.

C'est surtout avec le XIX^mo siècle que l'on voit les données ichthyologiques se multiplier dans le pays et prendre de plus en plus de précision, dans des ouvrages plus spécialement consacrés à l'étude des poissons, dont quelques-uns sont malheureusement restés inédits. En citant sommairement des travaux pour la plupart faunistiques, parfois spécifiques ou anatomiques, je ne m'arrêterai guère en passant que sur ceux d'un caractère un peu général ; me réservant de citer plus loin quelques publications relatives soit à la législation ou à la pisciculture, soit aux parasites de nos espèces et à la nature des eaux, ou à la richesse comparée de la microfaune de nos lacs.

Nous suivons donc avec *Hartmann*[3] qui, après quelques notes en date de 1806 et 1808, publia, en 1827, la première véritable Faune ichthyologique suisse (*Helvetische Ichthyologie*). Cet excellent ouvrage, qui a servi de base à beaucoup de travaux subséquents, décrivait alors 44 espèces dans les eaux du pays, dont il faut retrancher cinq : les *Salmo Fario*, *S. Salvelinus* et *S. Albula*, comme de même espèce que le *Salmo lacustris*, *Salvelinus Umbla* et *Coregonus exiguus*, ainsi que les *Cyprinus Vimba* et *Cyp. Idus* cités par erreur, l'un dans le Rhin suisse, l'autre dans le lac de Neuchâtel. L'Apron (*Perca asper*), à tort

---

[1] Coxe, W. *Faunula*, peu de chose sur les poissons ; Travels, III, 1789.

— *Catalogue des poissons du lac de Neuchâtel* ; Paris, 1790.

[2] Bridel, Ph. *Étrennes helvétiques*, pour l'an 1799.

[3] Hartmann, G.-L. *Der angebliche Salmo alpinus* ; Alpina I, 1806.

— *Versuch einer Beschreibung des Bodensee's* ; 2te Ausgabe, 1808.

— *Helvetische Ichthyologie, oder ausführliche Naturgeschichte der in der Schweiz sich vorfindenden Fische* ; Zurich, in-8°, 1827.

décrit comme se trouvant dans le Rhin à Bâle, doit être remplacé par la Gremille *(Acerina cernua)*, par contre méconnue par Hartmann dans les eaux en question. La différence entre les 39 espèces subsistant de Hartmann et les 51 que nous comptons aujourd'hui porte surtout sur des *Poissons du Tessin* alors mal connus, au nombre de sept, et sur les récentes observations relatives soit à la Bouvière *(Rhodeus amarus)*, soit à quatre représentants nouveaux du genre *Coregonus*.

Avant l'Ichthyologie de Hartmann, *Perrot et Droz*[1] avaient réuni d'intéressantes observations sur les poissons des eaux neuchâteloises, en 1811 ; le *Conservateur suisse* et l'*Almanach helvétique*[2] avaient publié quelques faunes locales, surtout entre 1813 et 1819 ; *Jurine*[3] avait écrit sur les dents des Cyprins et sur les poissons du Léman, en 1821 et 1825. Après viennent : *Steinmüller*[4], sur les poissons du lac de Wallenstadt, en 1827 ; *Prévost*[5], sur le Séchot, en 1828 ; *Nenning*[6], sur les poissons du lac de Constance,

---

[1] PERROT, L. et DROZ, S. *Informations sur les poissons des lacs de Neuchâtel, de Bienne, de Morat et du Doubs ;* précieux volume manuscrit, à la Bibl. de Neuchâtel, en date de 1811.

[2] *Conservateur suisse*, tome V, attribuant à tort 29 espèces au lac Léman, en 1813.

— *Helvetischer Almanach*; quelques données ichthyologiques par divers, particulièrement en 1815 (canton de Vaud), en 1818 (canton de Neuchâtel) et en 1819 (canton de Berne), lacs de Thoune, Brienz, Bienne, Morat et rivière l'Aar.

[3] JURINE, L. *Note sur les dents et la mastication des poissons appelés Cyprins ;* Mém. Soc. phys. et Hist. nat. Genève, 1821.

— *Histoire abrégée des Poissons du lac Léman*, avec atlas de 15 pl., Mém. Soc. phys. et Hist. nat. de Genève, 1825.

[4] STEINMÜLLER, J.-R. *Ueber die Fische im Walensee und über die Fischerei daselbst und in der Linth;* Neue Alpina, II, Winterthur, 1827.

[5] PRÉVOST, P. *De la génération chez le Séchot (Mulus Gobio);* Mém. Soc. phys. et Hist. nat. Genève, 1828.

[6] NENNING, St. *Die Fische des Bodensees, nach ihrer äussern Erscheinung;* Konstanz, 1834.

en 1834 ; et *Schinz*[1] qui, entre autres ouvrages touchant plus ou moins à l'Ichthyologie, 1822-1845, publia, dans sa *Fauna helvetica*, en 1837, un nouveau catalogue distributif des poissons de la Suisse dont il importe de dire ici deux mots.

Schinz compte deux espèces de moins que Hartmann, 42 au lieu de 44, par le fait de l'omission inexplicable de deux poissons cependant décrits par ce dernier : du Blageon (*Squalius Agassizii* = *Cyprinus Aphya*, Hartmann), et de l'Anguille (*Anguilla vulgaris*) pourtant si connue dans le pays. Ce total doit même, comparativement à nos 51 espèces actuelles, être réduit à 38, par la suppression soit du *Salmo lacustris* de cet auteur (= *S. Schiffermülleri*) et du *Salmo Fario*, tous deux formes de notre *S. lacustris*, soit du *Leuciscus majalis* (Agassiz) variété de notre *Squalius Leuciscus*, et du *Leuciscus Idus* attribué à tort à nos eaux tessinoises, peut-être pour le *L. Pigus*. Schinz cite le *Gasterosteus pungitius* près Bâle pour le *G. gymnurus*; il répète l'erreur de Hartmann relative à l'habitat du *Cobitis tænia* dans le Léman, et, en introduisant la *Clupea Finta* dans la Faune suisse, à côté de la *C. Alosa*, il confond les distributions des deux espèces dans le pays. Si bien que, à part quelques données relatives au rapprochement des *Salmo Salvelinus* et *S. Umbla* ou des *Salmo* (*Coregonus*) *Albula* et *Marænula*, la Faune suisse

---

[1] SCHINZ, H.-R. *Das Thierreich von Cuvier*; traduction, Stuttgart-Tubingen, 1822.

— *Fauna helvetica, Verzeichniss der in der Schweiz vorkommenden Wirbelthiere;* Neuchâtel-Solothurn, 1837.

— *Europäische Fauna, oder Verzeichniss der Wirbelthiere Europa's;* vol. II, Reptilien und Fische; Stuttgart, 1840.

— *Der Kanton Zürich;* Zürich, 1842.

— *Naturgeschichte und Abbildungen der Fische;* Zürich, 1845.

de 1837 est loin de constituer un grand progrès sur celle
de 1827. Les poissons qui font défaut à la *Fauna helvetica*,
au nombre de treize, sont encore en majorité ceux du Tessin, auxquels il faut ajouter soit ceux qui déjà manquaient
à Hartmann, soit les deux omis ci-dessus signalés.

Citons encore : *Franscini*[1], sur le Tessin, entre 1835
et 1840 ; *Agassiz*[2], avec de nombreux travaux ichthyologiques, parmi lesquels, en outre de ceux déjà cités, nous si-
gnalerons encore, comme nous intéressant ici plus spécialement, quelques mémoires parus entre 1828 et 1850 sur
divers Cyprinidés, sur les Salmonidés et sur les Petromy-
zontidés ; *Roeder et Tscharner*[3], sur les Grisons, en 1838 ;
Blanchet[4], sur l'Hist. nat. des environs de Vevey, en 1843,
et *Vogt*[5], sur l'embryologie et l'anatomie des Salmones en
1842 et 1845. *Heer et Blumer*[6], en écrivant sur le canton

---

[1] FRANSCINI. *Der Canton Tessin* ; Gemälde der Schweiz ; St. Gallen
und Bern, 1835.

— *La Svizzera Italiana*: Lugano, 1837-1840.

[2] AGASSIZ, L. *Beschreibung einer neuen Species aus dem Genus Cyprinus Linné (C. uranoscopus)*; Isis, Jahrg. 1828, tab. XII.

— *Description de quelques espèces de Cyprins du lac de Neuchâtel qui
sont encore inconnues aux naturalistes*; Mém. Soc. Sc. nat., Neuchâtel,
1834.

— *Ueber die Familie der Karpfen*; Archiv. für Naturgeschichte,
1838, 1.

— *On Petromyzontidæ and their embryonic development and place in
the natural history system*; Edinb. new. phil. journ., 1850, XLIX.

— En collab. avec C. VOGT : *Anatomie des Salmones*; Neuchâtel,
1845.

[3] RÖDER et TSCHARNER. *Beschreibung des Cantons Graubündens*; Gemälde der Schweiz, XV, 1838.

[4] BLANCHET, R. *Essai sur l'histoire naturelle des environs de Vevey*;
Vevey, 1843.

[5] VOGT, C. *Embryologie des Salmones*; Neuchâtel, 1842, avec 14 pl. fol.
— En collabor. avec AGASSIZ: *Anatomie des Salmones*; Neuchâtel, 1845.

[6] HEER, O. und BLUMER-HEER, J.-J. *Der Canton Glarus*; Gemälde der
Schweiz, 1846.

de Glaris, fournissent en 1846 quelques données sur les poissons soit du canton, soit de la Suisse en général. Ils comptent en tout 42 espèces dans le pays, dont 38 dans le bassin du Rhin, 27 dont deux étrangères au précédent dans celui du Rhône, et 16 dans le Tessin, dont deux ne se trouvent pas au nord des Alpes. Le total attribué au Rhône dépasse sensiblement la vérité; par contre celui attribué au Tessin est encore de sept espèces en dessous. Il n'y aurait plus selon eux de poissons dans les Alpes au-dessus de la région des sapins. — Après ceux-ci : *Monti*[1], sur les poissons de Côme et du Tessin, en 1846 et 1864; *Rapp*[2], sur les poissons du lac de Constance, en 1854; *Tschudi*[3], sur le monde des Alpes, avec quelques données intéressantes sur les poissons dans les régions élevées, div. édit. depuis 1853; *Boniforti*[4], sur le lac Majeur, en 1857: *Rutimeyer*[5] sur la faune des Palafittes, en 1861; *Lavizzari*[6], sur le Tessin, en 1863; *de Siebold*[7], sur les poissons de la Haute-Engadine, en 1863; *Staub*[8], sur le canton de Zoug, en 1864;

[1] Monti, M. *Ittiologia della Provincia di Como;* Almanacco di Como, 1846.
— *Notizie dei Pesci delle Provincie di Como e Sondrio e del Cantone Ticino;* Como, 1864.
[2] Rapp, W. von. *Die Fische des Bodensees;* Stuttgart, 1854, avec atlas de 6 pl. col.
[3] Tschudi, F. von. *Thierleben der Alpenwelt;* Leipzig, 1853, 1 vol. in-8°; dix éditions, jusqu'en 1875. Deuxième trad. franç. par *Bourrit*, en 1870.
[4] Boniforti. *Il Lago Maggiore e dintorni,* Coray e Guida, Torino e Milano, 1857.
[5] Rütimeyer, L, *Fauna der Pfahlbauten;* in-4°, Basel, 1861.
[6] Lavizzari, L. *Escursione nel Cantone Ticino;* 1 vol. in-12°, Lugano, 1863.
[7] Siebold, C.-Th. von. *Ueber die Fische des Ober-Engadins;* Verhandl. der schweiz. naturf. Gesell. 1863.
[8] Staub, B. *Der Kanton Zug, hist. géog. und statistische Notizen;* Zug, 1864.

Stadler[1], manuscrit sur les poissons du lac de Zoug, en date de 1865; *Heer*[2] sur le monde primitif de la Suisse, en 1865; *Steindachner*[3], sur la Lotte et le Barbeau, en 1866; *Vouga*[4], quelques notes sur divers poissons du lac de Neuchâtel, particulièrement entre 1866 et 68; *Wartmann*[5], sur la pêche dans les eaux de St.-Gall, en 1868; *du Plessis et Combe*[6], sur les vertébrés du district d'Orbe, en 1868; *Moesch*[7], sur les animaux de la Suisse, liste sommaire et incomplète, en 1869; *Pavesi*[8], sur les poissons et la pêche dans le Tessin, en 1871-72, et sur deux espèces intéressantes de Lombardie, en 1884; *Am Stein*[9], sur le *Telestes Agassizii*, en 1873; *Brügger*[10], liste des poissons des environs de Coire, en 1874; *Lunel*[11], sur les poissons du bassin du Léman, avec de

[1] STADLER, J.-A. *Die Fische im Zugersee*, en date de 1865; manuscrit qui m'a été communiqué par le Dr F. Kaiser de Zoug.

[2] HEER, O. *Urwelt der Schweiz*; 1 vol. in-8°, Zurich, 1864-65; édition française augmentée, trad. par J. Demole, Genève, 1872.

[3] STEINDACHNER, F. *Ueber Barbus Majori (Val.) und Lota vulgaris (Cuv.)*; Verhandl. der k. k. zool. bot. Gesell. Wien, 1866.

[4] VOUGA, P. *La Perche. — L'Ombre de rivière. — La Palée grasse — etc.*; Bull. Soc. Acclimatation, Paris; et Rameau de Sapin, Neuchâtel, 1866-68.

[5] WARTMANN, B. *Unsere Fischerei;* Bericht der St. Gall naturf. Gesell., 1868.

[6] PLESSIS, G. DU et COMBE, J. *Faune des Vertébrés du district d'Orbe, Poissons;* Bull. Soc. vaud. Sc. nat. X, 1868-70.

[7] MOESCH, C. *Das Thierreich der Schweiz*; aus der allgem. Beschreib. und Statistik der Schweiz, Brugg, 1869.

[8] PAVESI, P. *I Pesci e la Pesca, nel Cantone Ticino*; Agricoltore Ticinese, 1871-72.

— *Brani biologici di due celebrati pesci nostrali di acque dolci*; R. Istituto Lombardo, 1884.

[9] AM STEIN, J.-G. *Der Schwal (Telestes Agassizii) des Graubünd. Rheinthals, von Flösch bis Chur*; Bericht naturf. Gesell. Graubündens, XVII, 1873.

[10] BRÜGGER, Ch.-G. *Naturgeschichtliche Beiträge zur Kenntniss der Umgebungen von Chur: Pisces*; Chur, 1874.

[11] LUNEL, G. *Histoire naturelle des Poissons du bassin du Léman,*

magnifiques planches en couleur, en 1874; *Fatio*[1], diverses notes ichthyologiques, entre 1875 et 1888; *Leuthner*[2], sur les poissons du Rhin à Bâle, en 1877; *Kollbrunner*[3], sur les poissons de Thurgovie, en 1879; *Schoch*[4], un catalogue raisonné des poissons de la Suisse, au nombre de 40 espèces, et plus particulièrement de ceux du canton de Zurich, en 1879; *Lang et Wirz*[5], sur les poissons du canton de Soleure, en 1880; *Musy*[6], sur ceux de Fribourg, en 1880; *Sulzer*[7], catalogue des

1 vol. fol. avec 20 pl. col. Genève, 1874. — *A propos de la migration des Carpes*; Archiv. Sc. phys. et nat. XLIV, 1878.

[1] FATIO, V. *Sur le développement différent des nageoires pectorales dans les deux sexes, et sur un cas particulier de mélanisme chez le Véron (Phoxinus laevis) et quelques autres Cyprinides;* Archiv. Sc. phys. et nat. LII, Genève, 1875, et Journal de Zoologie, IV, Paris, 1875.

— *Sur les Cyprinides;* Actes Soc. helv. Sc. nat. Bâle, 1876. — *Cyprinides*, ibid., St.-Gall, 1879.

— *De la variabilité de l'espèce, à propos de quelques poissons;* Archiv. Sc. phys. et nat. Genève, 1877.

— *Les Corégones de la Suisse*, Actes Soc. helv. Sc. nat. Lucerne, 1884.

— *Les Corégones de la Suisse, classification et conditions de frai;* Recueil zoologique suisse, II, avec 2 tabl., Genève, 1885. — *Les Corégones de la Suisse (Féras diverses)*, ext., Arch. Sc. phys. et nat., Genève, 1885.

— *La Bondelle queue-brûlée;* Arch. Sc. phys. et nat. Genève, 1887.

— *Une maladie du Brochet;* Arch. Sc. phys. et nat. Genève, 1887.

— *Les Poissons d'Amérique en Suisse;* Journal Diana, Berne, 1888.

— *Sur un nouveau Corégone françis (Coregonus Bezola) du lac du Bourget;* Comptes rendus de l'Académie des Sciences, Paris, mai 1888, et Arch. Sc. phys. et nat. Genève, 1888.

[2] LEUTHNER, Fr. *Die mittelrheinische Fischfauna;* Basel, 1877.

[3] KOLLBRUNNER, E. *Die Thurgauische Fischfauna;* Frauenfeld, 1879.

[4] SCHOCH, G. *Tabelle zur leichten Bestimmung der Fische der Schweiz.*

— *Fischfauna des Cantons Zürich;* Zürich, 1879.

[5] LANG, E. und WIRZ, Ad. *Bericht über die Fischfauna des Kantons Solothurn;* Soleure, 1880.

[6] MUSY, M. *Statistique sur la distribution des poissons dans les lacs et les cours d'eau du Canton de Fribourg;* Fribourg, 1880.

[7] SULZER, J. *System. Verzeichniss der in den schweiz. Gewässern vor-*

poissons de la Suisse comprenant 42 espèces, avec quelques erreurs, et une liste nominale des Corégones de douze lacs du pays, en 1880; *His*[1], sur le développement des Salmonides, en 1875 et 80; *Miescher et Glaser*[2] sur le Saumon du Rhin, en 1880; *Goll*[3], sur quelques Salmonides, entre 1878 et 1882; *Nüsslin*[4], sur les Corégones du lac de Constance et de quelques lacs avoisinants, en 1882; *Klunsinger*[5], sur les Corégones du lac de Constance, et sur la Truite, en 1884 et 1885.

Si, malgré la quantité de faunes locales et de catalogues plus ou moins exacts publiés dans les trente ou quarante dernières années, on n'était pas arrivé jusqu'à aujourd'hui à établir une liste vraie et complète des poissons de la Suisse, c'est qu'il manquait de coordination

komm. *Fischarten*, etc. Internat. Fischerei-Ausstellung zu Berlin, Schweiz, in-8°, Leipzig, 1880.

— *Zusammenstell. sämmtl. in den schweiz. Gewässern vorkomm., dem Genus Coregonus angehörenden Formen*, ibid. 1880.

[1] His, W. *Untersuchungen über die Entwickelung von Knochenfischen, bes. über diejenige des Salmon*; Zeitschr. für Anat. und Entwick. 1, 1875.

— *Notizen über das Ei und über die Entwickelung von Salmoniden*; Internat. Fischerei-Ausstellung zu Berlin, Schweiz, in-8°, Leipzig, 1880.

[2] MIESCHER, F. und GLÄSER, F. *Statistische und biologische Beiträge zur Kenntniss des Rheinlachses im Rhein*; Internat. Fischerei-Ausstellung, zu Berlin, Schweiz, in-8°, Leipzig, 1880.

[3] GOLL, H. *Le Saumon commun*; Bull. Soc. vaud. Sc. nat. 1887. — *Du repeuplement de nos lacs et de ses dangers* (à part, sans date). — *L'omble de rivière américain* (à part, sans date).

— *Observations sur quelques Corégones des lacs Léman et de Neuchâtel*; Actes de la Soc. hel. Sc. nat., 1882.

[4] NÜSSLIN, O. *Beiträge zur Kenntniss der Coregonus-Arten des Bodensees und einiger anderer nahegelegener nordalpiner Seen*; Zoologische Anzeiger, 1882.

[5] KLUNSINGER, C.-B. *Ueber die Felchenarten des Bodensees*; Jahresh. Ver. für vaterl. Naturkunde in Württemberg, Stuttgart, 1884.

— *Ueber Bach und Seeforelle*; ibid. 1885.

dans les données provenant des différents bassins. Il fallait en particulier une étude comparative des poissons suisses au nord et au sud des Alpes, pour décider de la valeur de bon nombre d'espèces et pour effacer définitivement bien des erreurs des nomenclatures antérieures.

Chacun sait que les poissons sont des animaux à sang froid qui, construits pour vivre constamment dans les eaux, respirent par des branchies et se meuvent dans leur élément, non plus avec des membres comme ceux d'autres vertébrés, mais au moyen de nageoires partie paires et occupant la place de ceux-ci, partie distribuées à l'extrémité caudale du corps ou plus ou moins avant sur les lignes médianes supérieure et inférieure. Une description anatomique détaillée du poisson, dans les formes variées qu'il peut affecter en divers ordres et en différentes conditions, ne serait guère à sa place dans un ouvrage comme celui-ci purement zoologique et consacré uniquement à l'étude de quelques espèces dans un champ très limité. Cependant, il importe de dire ici quelques mots de la structure des animaux que nous allons être appelés à examiner, et de décrire brièvement les organes ou les parties diverses du poisson qui devront nous servir de caractères, en expliquant les abréviations et les termes généralement usités.

On peut diviser le corps du poisson en trois parties distinctes dont les formes et proportions varient beaucoup, même dans les limites de nos espèces, et peuvent prendre au point de vue de la caractéristique une très grande importance : la *tête*, généralement limitée par l'ouverture branchiale, le *tronc* ou le corps jusqu'à l'anus, faisant immédiatement suite à la première, sans l'intervention d'un cou, au moins dans nos poissons, et la *queue* ou la partie caudale du corps, en arrière de l'ouverture anale. Voyons, en commençant par le squelette, ce qui a trait à chacune de ces parties, ainsi qu'aux organes de locomotion, aux téguments et aux organes soit viscéraux, soit de relations, pour autant qu'ils doivent nous intéresser ici.

SQUELETTE. La colonne vertébrale qui constitue l'axe du corps est, *chez nos poissons osseux*, à l'exception par conséquent de nos Lamproies [1] (voyez, part. II, Cyclostomes, p. 494), composée d'une série de petits disques concaves en avant comme en arrière et juxtaposés de manière à permettre un certain mouvement, soit de *vertèbres* plus ou moins nombreuses qui, l'une après l'autre, embrassent au-dessus d'elles la moelle épinière, comme dans un canal formé par la réunion de deux apophyses portant entre leurs extrémités une épine dorsale plus ou moins prolongée ; c'est entre ces épines successives que viennent aboutir les osselets interépineux qui soutiennent les rayons de la ou des nageoires dorsales. Des apophyses inférieures analogues plus ou moins développées enveloppent de la même manière les gros vaisseaux sanguins dans la partie postérieure du corps, et c'est généralement entre les prolongements de celles-ci que s'intercalent aussi les petits os qui soutiennent la nageoire anale. Les rayons de la caudale s'appuyent le plus souvent sur des plaques osseuses reliées à la ou aux dernières vertèbres. On distingue généralement les vertèbres en : cervicales, joignant la partie occipitale du crâne et toujours peu nombreuses,

---

[1] Les Cyclostomes, avec une sorte de tube semi-cartilagineux enveloppant la corde dorsale, n'ont ni vertèbres, ni côtes, ni mâchoires, ni pectorales, ni ventrales.

abdominales ou dorsales jusqu'à la région de l'anus et caudales de ce point à l'extrémité de la queue. Nous appellerons d'ordinaire *costales* celles portant les *côtes* qui, sous forme d'arcs osseux, enveloppent et protègent de chaque côté la cavité viscérale. Ajoutons que des stylets, vulgairement connus sous le nom d'*arêtes*, plus ou moins développés, de formes souvent assez différentes, et appuyés sur les côtes ou sur la colonne vertébrale, contribuent aussi à soutenir les chairs qu'ils traversent sur les faces latérales et supérieures du corps.

Le bassin rudimentaire, ou plutôt le *pubis*, réduit d'ordinaire à un seul os allongé et destiné à servir d'appui aux nageoires ventrales, est tantôt suspendu horizontalement dans les chairs de la face abdominale, tantôt appuyé en avant au bas du coracoïdien. Le sternum fait défaut; mais la tête et la cavité branchiale sont limitées en arrière par une *ceinture thoracique* osseuse composée généralement de trois os principaux simulant plus ou moins, de chaque côté, l'omoplate, la clavicule et le coracoïdien sur lequel s'articulent quelques petits os représentant le membre antérieur et supportant la nageoire pectorale. Chez la plupart des poissons cette ceinture est fixée au crâne dans le haut par sa pièce supérieure qui a reçu le nom de surscapulaire; cependant, notre Anguille fait exception à cet égard, la ceinture demeurant libre chez elle. Nous verrons aussi que le coracoïdien peut être plus ou moins prolongé dans le haut, ou en bas à la rencontre d'un bassin plus développé, comme chez nos Épinoches par exemple.

La charpente solide de la tête comprend, en outre de la boîte osseuse qui enveloppe l'encéphale, une série d'os différents qui concourent à former la face, le museau, le plafond de la bouche et les mâchoires, ainsi que les appareils hyoïdiens et branchiaux. Quelques-unes de ces pièces céphaliques nécessitent ici deux mots d'explications, celles du moins qui seront appelées à nous fournir plus loin des caractères spécifiques. Signalons en passant : la mâchoire supérieure, composée d'un *intermaxillaire* plus ou moins développé, en avant (voy. part. I, pl. II, fig. 1, et pl. IV, fig. 1, *a*), et d'un *maxillaire* fixé ou articulé de chaque côté sur le précédent¹ (voy. part. I, pl. IV, fig. 1, *b*, et pl. II, fig. 18, 19, 21, etc., et part. II, pl. II, fig. 7-24), ainsi que, souvent, sur d'autres pièces environnantes, vomer et palatins; ces deux premiers os, dentés ou non, contribuent, ensemble ou tour à tour dans des proportions différentes, à limiter la bouche par le côté. Le maxillaire est quelquefois doublé d'une petite pièce extérieure supplémentaire, chez nos Salmonidés par exemple. La mâchoire inférieure ou *mandibule*, avec ou sans dents, s'articule en arrière sur un os dit angulaire, relié par quelques pièces à la base du crâne.

Au plafond de la bouche, derrière l'intermaxillaire, l'on voit, sur le centre en avant, l'os *vomer* plus ou moins allongé et souvent denté (voy. part. I, pl. II, fig. 1 et part. II, pl. III), et, de chaque côté, les *palatins* également plus ou moins prolongés en arrière, ainsi que souvent pourvus de dents (voy. part. I, pl. II, fig. 1); derrière ceux-ci se trouvent les *ptérygoïdiens* rarement dentés. Sur le plancher de la bouche, en arrière de l'os *lingual* et de l'*hyoïde* souvent plus ou moins garnis de dents (voy.

---

¹ La soudure ou la liberté des os maxillaires et intermaxillaires, ainsi que la réunion ou la séparation des pharyngiens inférieurs, ont permis de distinguer, dans les Acanthoptérygiens, les *Pharyngognathes* qui nous font défaut, et les *Anarthroptérygiens* dont nous possédons quelques représentants.

part. II, pl. II, fig. 3 et 4), se montrent, à droite et à gauche, d'abord quelques pièces supportant les *rayons branchiostèges* qui soutiennent la membrane de ce nom, sous la gorge, sauf chez l'Esturgeon et les Lamproies (voy. part. I, pl. IV, fig. 1, *l*, et part. II, pl. II, fig. 1 et 2); puis, plus en arrière et articulés sur une chaîne d'osselets faisant suite à l'hyoïde, se trouvent les *arcs branchiaux*, généralement au nombre de quatre et d'ordinaire porteurs au côté antérieur d'épines osseuses, de formes et proportions diverses, que j'ai nommées *branchiospines* et dont on peut tirer des caractères spécifiques dans certains genres, Aloses et Corégones en particulier (voy. part. II, pl. II, fig. 3 et 4, et pl. IV, fig. 8 et 9). Les os *pharyngiens supérieurs* et *inférieurs*, qui entourent plus ou moins le pharynx ou le gosier en arrière et qui sont souvent aussi dentés, présentent parfois des structures très particulières, comme nous le verrons par exemple chez nos Cyprinidés et Acanthopsidés dont ils constituent tout l'appareil masticateur (voy. ces os dans diverses familles : Percidés, part. I, pl. II, fig. 1; Cyprinidés, pl. IV; Acanthopsidés, part. II, pl. IV, fig. 2 et 3, et Corégones, pl. II, fig. 3 et 4).

Si maintenant nous examinons la tête extérieurement, nous remarquons d'abord qu'on peut y distinguer, par rapport à l'*œil*, de dimensions très différentes ainsi que situé plus ou moins en avant, en arrière, haut ou bas, trois parties dont les rapports de proportions varient beaucoup avec l'âge, soit entre elles, soit vis-à-vis de l'œil : une partie *préorbitaire* comprenant la bouche et le museau avec les *narines*, doubles chez nos poissons, sauf chez les Lamproies; une partie *postorbitaire* embrassant la joue et les pièces operculaires qui recouvrent l'appareil respiratoire ou branchial chez la très grande majorité des poissons osseux ; enfin un espace frontal ou *interorbitaire* dont la largeur varie beaucoup, en avant comme en arrière, dans les genres et les espèces. Des osselets de formes et nombres différents, qui entourent plus ou moins l'œil, portent, suivant qu'ils sont derrière l'orbite, au-dessus, en dessous ou en avant, des noms divers qui rappellent leur position. Nous verrons que plusieurs des pièces qui concourent à former la chaîne ou *arcade-sousorbitaire*, continue chez nos Cyprinidés, peuvent présenter souvent des développements particuliers caractéristiques, couvrir par exemple la joue comme chez le Chabot, ou porter des épines plus ou moins développées, comme chez certaines Loches, notre Loche de rivière entre autres.

Les pièces operculaires plus ou moins apparentes en arrière de l'œil, ainsi que plus ou moins détachées ou réunies, sont généralement au nombre de quatre chez nos poissons osseux : le *préopercule* limitant la joue et généralement en arc ou croissant, en avant ; l'*opercule* plus ou moins grand et le *sous-opercule* sous celui-ci, qui concourent à former, en arrière du premier, le couvert de la cavité branchiale jusqu'à son bord postérieur, et, au bas, entre le préopercule et le dernier, l'*interopercule* plus ou moins développé, faisant même quelquefois défaut comme chez le Silure (voy. part. I, pl. IV, fig. 1, *k*, *g*, *h* et *i*). Quelques-unes de ces pièces sont parfois dentelées ou armées d'épines (voy. part. I, pl. II, fig. 2). De l'ampleur de l'ouverture branchiale, ainsi que du degré d'occlusion possible de celle-ci et du développement de la membrane ou bordure *branchiostège* qui borde l'appareil operculaire, dépend généralement le plus ou moins de résistance que présente un poisson en égard au séjour hors de l'eau ;

il n'est pas étonnant, par exemple, que l'Anguille, avec sa petite fente branchiale, puisse séjourner et voyager même hors de l'élément liquide, alors que la majorité de nos autres espèces périssent très vite à l'air libre.

Deux mots encore de la *bouche* qui présente chez nos poissons des proportions très différentes suivant leur procédé d'alimentation; elle sera : très grande chez les carnivores, comme la Perche, la Truite, le Brochet, la Lotte, etc., beaucoup plus petite chez les herbivores et insectivores, comme nos Cyprins et Corégones, ou en forme de ventouse, comme chez nos Lamproies. La bouche, inférieure, terminale, ou oblique et plus ou moins en dessus, peut-être, selon le degré de liberté ou de cohésion des pièces qui la bordent en avant, ou protractile, soit capable de se projeter en avant, ainsi que chez nos Cyprinidés, ou fixe, soit dépourvue de mouvement en avant, comme chez notre Perche ou notre Truite par exemple. Avec des lèvres plus ou moins épaisses, elle peut aussi être dépourvue ou pourvue d'appendices extérieurs dits *barbillons*, sortes d'organes de tact plus ou moins allongés, à la mâchoire supérieure ou à l'inférieure, comme chez la Carpe, les Barbeaux, les Loches, le Silure, etc. (voy. part. I, pl. IV, fig. 1, et part. II, pl. IV, fig. 1).

DENTS. J'ai cité plus haut les os qui portent des dents chez nos poissons; examinons encore rapidement ces organes eux-mêmes qui présentent des formes et des proportions différentes dans les divers genres et qui, selon ceux-ci, peuvent être distribuées en plus ou moins grand nombre sur diverses parties du plafond de la bouche, sur les mâchoires, sur la langue ou au gosier, faire même complètement défaut, comme chez les Esturgeons, ou être

remplacées par des cônes de substance cornée, ainsi que
chez les Lamproies dont nous avons dit qu'elles n'ont pas
de véritables mâchoires (voy., pour ces dernières, part. II,
pl. IV, fig. 23-25). Les *dents* de nos poissons sont volontiers engagées ou plus ou moins fixées dans une alvéole et
susceptibles pour la plupart de renouvellement. Elles ne
sont jamais ni en pavé comme celles des Raies, ni pincées,
découpées et tranchantes comme celles des Requins. Elles
sont généralement coniques ou acuminées, ainsi que droites
ou plus ou moins courbées en arrière; sauf chez nos Cyprinidés et Acanthopsidés qui n'ont de dents qu'à l'arrière-
bouche et dont l'appareil masticateur, broyeur ou lacé-
rateur très particulier, est formé autour du gosier par
les pharyngiens supérieurs et inférieurs, les premiers
représentant une meule contre laquelle travaillent les
seconds[1] (voy. part. I, p. 159 et suivantes, ainsi que
pl. IV, et part. II, p. 5, 12 et 21, et pl. IV, fig. 2 et 3).
Les dents, petites ou grandes, peuvent être encore plus
ou moins groupées ou isolées sur différents os, parfois
avec très peu d'importance, comme dans nos Corégones
chez lesquels la mastication semble remplacée par une
sorte de criblage à l'usage de très petites proies, opéré
par les épines branchiales denticulées. Elles sont dites *en
velours*, quand elles sont très nombreuses, très petites et
serrées, comme celles de la Perche (voy. part. I, pl. II,
fig. 1); *en râpe*, si elles sont un peu plus fortes, ou *en
cardes* si, bien que groupées aussi, elles sont un peu plus
grandes encore et plus ou moins courbées en arrière,
comme chez le Silure, ou sur le vomer et les palatins du
Brochet. On donne volontiers le nom de *laniaires* à celles

---

[1] Pas de véritable meule chez les Acanthopsidés.

beaucoup plus fortes et espacées, droites ou inclinées, qui sont distribuées en séries sur le bord des mâchoires, dans la bouche ou sur la langue, de la Truite ou du Saumon. A part notre Gobie fluviatile, qui porte en avant des dents assez longues (voy. part. I, pl. II, fig. 12), nous n'avons pas de poissons qui présentent de grosses incisives comme l'Acanthurus, ou des canines saillant sur les côtés, comme certains Blennies.

NAGEOIRES. Les nageoires impaires qui, sur la ligne médiane, entourent l'extrémité caudale du corps, en se prolongeant plus ou moins avant, en dessus sur le dos, ou en dessous jusqu'à l'anus, peuvent être ou réunies et continues, comme chez l'Anguille, ou plus ou moins franchement séparées en parties dorsale, caudale et anale, comme chez la presque totalité de nos espèces. La *dorsale*, généralement représentée par la lettre D, peut être plus ou ou moins divisée; elle est en particulier double chez divers Anarthroptérygiens (Perche, Chabot, Gobie) et chez la Lotte, tandis qu'elle est simple chez les Cyprinidés, les Loches et le Brochet, etc., ainsi que chez notre Silure où elle est excessivement réduite. Les Épinoches portent en guise de dorsales antérieures des épines plus ou moins nombreuses. Le petit appendice graisseux dépourvu de rayons, dit *adipeuse*, que portent les Salmonidés sur le pédicule caudal, ne peut guère être considéré comme une véritable nageoire (voy. part. II, pl. I). La *caudale* proprement dite, plus ou moins détachée des voisines et représentée par la lettre C, est, suivant nos genres et nos espèces, lancéolée comme chez la Lotte ou les Lamproies, convexe ou subarrondie, comme chez nos Loches et le Chabot, ou encore plus ou moins droite ou échancrée, avec lobes égaux ou sub-égaux, comme chez la Perche, nos Cyprinidés et beaucoup de Salmonidés. L'*anale*, figurée par la lettre A, peut être à son tour, chez nos poissons, plus ou moins étendue, comme chez la Lotte ou le Silure où elle joint le caudale, ou plus ramassée, comme chez la majorité de nos espèces.

Les nageoires paires, pectorales et ventrales, qui représentent jusqu'à un certain point les membres des vertébrés supérieurs, et que nous avons dit manquer aux Lamproies, sont, ou rapprochées sur la région jugulaire ou thoracique, ou beaucoup plus séparées, les secondes se trouvant alors normalement sur la région ventrale, du côté de l'anus. Les *ventrales*, suivant qu'elles sont en avant, comme chez la Lotte, la Perche ou le Chabot, ou reculées, comme chez la plupart de nos poissons, Cyprinidés, Salmonidés, etc., seront dites *jugulaires, thoraciques* ou *abdominales* et toujours représentées par la lettre V. Elles prennent aussi des développements très différents, ou manquent complètement comme chez l'Anguille; parfois elles sont représentées par de puissants aiguillons appuyés sur un fort bouclier pelvien, ainsi que chez nos Épinoches (voy. part. I, pl. II. fig. 7 et 8); dans d'autres cas elles sont soudées par leur bord interne en un disque ou pied unique, comme chez notre Gobie (voy. part. I, pl. I, fig. 2). Les *pectorales*, qui figurent les membres antérieurs et sont représentées par la lettre P, n'offrent jamais chez nos espèces le développement extraordinaire qu'elles acquièrent chez certains poissons volants, Exocets et autres; cependant, elles affectent aussi des formes ou des proportions assez variées, et sont parfois tout particulièrement réversibles, comme chez la Tanche ou l'Épinoche. On en trouve d'assez grandes et arrondies, chez le Chabot, et de plus petites et plus acuminées, chez les Cyprinidés et les Salmonidés par exemple.

Les *rayons* qui soutiennent les diverses nageoires présentent des structures très différentes qui permettent de les utiliser dans la classification des divers poissons[1]. D'une manière générale et faisant abstraction de certaines formes étrangères à nos espèces, on peut distinguer des rayons *articulés* et des rayons *non articulés*, le plus souvent composés de deux branches plus ou moins intimement unies, plus rarement de une ou de trois, et plus ou moins séparées dans le bas. — Les rayons *articulés* peuvent être plus ou moins *divisés* ou *non divisés*[2], en même temps que *mous*, comme chez notre Lotte (voy. part. I, pl. II, fig. 16 et 17) ou plus ou moins *rigides* ou *flexibles*, comme chez notre Perche ou chez nos divers Cyprinidés par exemple (voy. part. I, pl. II, fig. 3, ainsi que fig. 37 et 46). Leur base est généralement moins fermée ou plus ouverte, par écartement des deux branches constituantes, que dans les rayons non articulés (voy. part. I, pl. II, fig. 17, 22 à 27, et 38). Les articulations peuvent être plus ou moins espacées ou serrées, non seulement dans différentes espèces et diverses nageoires, mais encore suivant l'état de développement du rayon. Les rayons simples antérieurs sont en effet généralement appuyés en avant par de petits rayons décroissants plus ou moins rudimentaires qui, quoique n'étant pas épineux, ne présentent cependant pas encore d'articulations bien apparentes (voy. part. I, pl. II, fig. 3, 9, 16, 17, 23 à 27, 37 et 46). Aux articulations des rayons non divisés, alors souvent plus ou moins ossifiés, se montrent quelquefois des crochets qui donnent à ceux-ci l'aspect dentelé d'une scie;

---

[1] Voyez quelques mots sur le sujet, part. I, p, 2 et p. 5-7.

[2] Le titre de *simples* a été tour à tour attribué à des rayons articulés non divisés ou à des rayons non articulés.

c'est le cas, par exemple, pour le premier grand dorsal de notre Barbeau ou pour le premier pectoral du Silure (voy. part. I, pl. II, fig. 22). Il est rare que la même espèce porte des rayons non articulés épineux et des rayons articulés mous; tandis que le mélange d'épines non articulées et de rayons divisés flexibles se rencontre très fréquemment chez beaucoup de poissons. Les rayons simples, articulés ou non, se trouvent d'ordinaire devant les divisés. Enfin, nous verrons que dans quelques familles, Cyprinidés et Acanthopsidés surtout, les rayons articulés, divisés ou non, ont la propriété de se gonfler et déformer plus ou moins, chez les mâles principalement, depuis l'âge de puberté et tout particulièrement à l'époque des amours.

Les rayons *non articulés*, simples et plus ou moins rigides, qui caractérisent nos Anarthroptérygiens, peuvent être distingués en *piquants* ou *rayons épineux* et faux piquants ou rayons *pseudo-épineux*, selon qu'ils sont : très *rigides*, acuminés, plus ou moins creusés d'un canal médian et fermés à la base autour du ligament moteur, ou plus ou moins *flexibles*, sans véritable canal interne et moins franchement fermés dans le bas ' (voy. part, I, pl. II, fig. 4, 5, 6, 11, 13, 14 et 15). Les rayons épineux rigides ou piquants affectent quelquefois des formes très particulières et, véritables *aiguillons*, deviennent alors des armes terribles, ainsi qu'on peut en voir sur nos Épinoches, par exemple, chez lesquelles ceux-ci, très robustes et pointus, sur le dos comme nageoires dorsales antérieures, et sur le ventre en guise de ventrales, s'articulent sur des plaques osseuses spéciales (voy. part. I, pl. II, fig. 7 et 8).

' Le développement du canal interne n'a pas toujours l'importance qu'on lui a souvent accordée; voyez en particulier, à ce sujet, part. I, p. 5 et 6.

Enfin, certaines nageoires, les ventrales en particulier, sont souvent appuyées en avant par une petite pièce allongée et plus ou moins ossifiée, tantôt médiane, tantôt latérale, qui semble faire corps avec le premier grand rayon qu'elle soutient et qui, bien que généralement composée d'une tige unique, n'en trahit pas moins encore, par le développement de sa base, ses affinités, suivant les familles, avec les rayons articulés ou non articulés (voy. part. I, pl. II, fig. 20 et 39 Cyprinidés, et fig. 10 Chabot).

Dans les formules spécifiques, les nombres de rayons seront inscrits à gauche et à droite d'un trait oblique selon qu'ils sont non divisés (simples) ou divisés (rameux). Les chiffres entre parenthèses représentent des données rares ou exceptionnelles.

TÉGUMENTS. La peau des poissons, composée d'un derme et d'un épiderme, peut être entièrement nue, comme chez le Silure ou chez les Lamproies, ou plus ou moins couvertes d'écailles, de granulations ou de plaques osseuses. Les *Esturgeons* qui portent des boucliers n'étant que très accidentellement représentés dans nos eaux, et les revêtements dits *placoïdes*, et *ganoïdes* ne devant pas nous occuper ici, nous ne dirons quelques mots que des deux formes d'écailles, *cténoïdes* et *cycloïdes*, que se partagent nos divers poissons; en signalant dès l'abord l'exception que font, dans nos espèces, les Épinoches dont la peau est plus ou moins protégée par une *armure* de plaques et lames ossifiées sur le dos et les côtés du corps.

Les *écailles* de nos poissons, sont plus ou moins clairsemées, juxtaposées, ou imbriquées, soit séparées ou se recouvrant en partie l'une l'autre. Avec des dimensions très différentes, et recouvertes d'un épiderme plus ou moins délicat, elles peuvent être aussi plus ou moins noyées dans l'épaisseur de la peau, ou seulement en partie enchassées dans un léger repli du derme par leur bord antérieur.

On distingue généralement des écailles *cténoïdes* et des écailles *cycloïdes*. Les premières sont plus ou moins striées et rayonnées dans leurs parties latérales et antérieures et couvertes de petites épines sur une plus ou moins grande partie de leur face postérieure ou libre, ou sur le bord de celle-ci seulement, comme chez nos Anarthroptérygiens, Perche, Gremille et Gobie (voy. part. I, pl. III, fig. 1, 2, 3, 4 et 6). Les écailles *cycloïdes* qui sont le propre de nos Physostomes, sont lisses et généralement marquées de stries concentriques plus ou moins fines, avec ou sans rayons divergents (voy. part. I, pl. III, fig. 7 à 56, ainsi que part. II, pl. II, fig. 25 à 31, et pl. IV, fig. 5, 12 à 15, 17 et 18).

Elles peuvent être plus ou moins grandes et imbriquées, comme chez divers Cyprinidés, ou très petites et à peine juxtaposées, comme chez l'Anguille ou la Lotte. Chez quelques poissons, comme chez nos Aloses, les stries traversent l'écaille sans former le cercle (voy. part. II, pl. IV, fig. 10); chez d'autres, comme chez l'Anguille, l'écaille, très petite, très mince et noyée, présente plutôt un aspect réticulé (voy. part. II, pl. IV, fig. 20). Certaines espèces présentent en outre, en telle ou telle place, des squames de forme particulière, des écailles en forme de plume allongée, comme celles de la caudale de nos Aloses par exemple (voy. part. II, pl. IV, fig. 11).

Quelques-uns, comme la Perche et le Brochet, portent des écailles non seulement sur le corps, mais aussi sur diverses parties de la tête; certains même, comme l'Anguille et la Lotte, en ont jusque sur les nageoires. Cependant, pour la grande majorité, ce revêtement est limité au corps, comme chez les divers représentants de nos autres familles, Cyprinidés, Salmonidés, etc. Les squames qui recouvrent ou embrassent plus ou moins sur les côtés la ligne horizontale mucoso-nerveuse, dite *ligne latérale*, sont généralement percées d'un trou ou pore mucipare, qui correspond le plus souvent à un tubule longitudinal extérieur, plus ou moins renflé ou allongé, sur la face externe de l'écaille, comme chez notre Perche, ainsi que chez tous nos Cyprinidés et Salmonidés (voy. part. I, pl. III, fig. 2, 4, 10, 12, 32, 50, etc., ainsi que part. II, pl. II, fig. 25, 30, 31 et pl. IV, fig. 12-15). Quelquefois, l'écaille de la ligne latérale est simplement profondément échancrée autour du pore, comme chez le Brochet (voy. part. II, pl. IV, fig. 17), ou réduite à une squamule, simple petite coque enveloppante, comme chez le Chabot ou la Lotte (voy. part. I, pl. III, fig. 5 et part. II, pl. IV, fig. 19).

Les écailles, dans le jeune âge, sont généralement moins accidentées dans leurs bords et moins rayonnées que celles des sujets adultes, des vieux surtout. Les stries concentriques sont volontiers plus espacées et moins nombreuses, et le tubule des squames de la ligne latérale est généralement plus large et plus court (voy. part. II, pl. II, fig. 30 et 31). Nous verrons que certaines maladies de la peau peuvent amener un développement anormal de l'écaille qui parfois, comme chez la Carpe, prend alors de très grandes dimensions.

Le nombre des écailles en série horizontale, ou sur la ligne latérale, et en série transverse, vers la plus grande hauteur du corps, ayant souvent une importance au

point de vue descriptif, je dois expliquer encore, eu égard
aux formules, que j'inscris, au-dessus d'une barre horizontale, les nombres d'écailles comptées entre la ligne latérale, vers la plus grande hauteur, devant la dorsale pour
la plupart de nos poissons, et au-dessous, les écailles
comptées en dessous de la ligne latérale, jusqu'au bas des
flancs au niveau de la base des ventrales[1]. Les chiffres
aux deux extrémités de la barre sont les nombres limites
d'écailles sur la ligne latérale. Ici, comme pour les rayons
des nageoires, les données rares ou exceptionnelles sont
entre parenthèses.

Les cellules pygmentaires et plus particulièrement les
chromotophores contractiles résidant d'ordinaire dans la
peau, celle-ci sera d'autant plus sensible aux influences
externes et par conséquent sujette à varier dans la coloration qu'elle sera plus nue ou moins couverte par les
écailles. C'est contre la face inférieure de ces dernières
elles-mêmes que se trouvent généralement les petits
bâtonnets qui constituent l'éclat métallique ou argenté,
si fréquent chez beaucoup de nos poissons.

La peau, chez certaines espèces, la Truite et le Saumon par exemple, se tuméfie passablement à l'approche
de l'époque des amours, en noyant plus ou moins les
écailles, chez les mâles surtout, et en les recouvrant d'un
épais mucus qui disparaît en majeure partie, avec l'enflure, passé le temps de frai. Chez d'autres, comme chez
beaucoup de nos Cyprinidés et la plupart de nos Corégones, à la même époque, l'épiderme sécrète à la surface des
écailles des concrétions semi-osseuses plus ou moins dé-

---

[1] Les écailles devenant souvent assez irrégulières sur le ventre, leur
supputation risque d'amoindrir l'importance caractéristique de ce
compte.

veloppées, sur la tête, sur le dos ou sur les flancs, parfois
même sur les nageoires, qui tombent après le temps du
rut. Semblables tubercules épidermiques externes doivent
jouer un rôle momentané dans le frottement des individus
de sexes différents durant les jeux de l'amour. Ces *boutons
de noces*, comme on les a appelés, peuvent affecter des formes très différentes : avoir l'aspect de simples granulations, comme chez bien des Cyprinidés, ou porter, sur une
base arrondie, un crochet bien développé, comme chez
divers Leuciscus, notre *L. Pigus* en particulier (voy.
part. I, pl. III, fig. 40), ou encore affecter la forme de petits cubes blanchâtres rangés en séries longitudinales,
parfois assez saillants et nombreux pour donner à certaines espèces, aux mâles surtout qui sont toujours plus
parés que les femelles, une physionomie temporaire très
particulière, ainsi qu'on le voit chez beaucoup de nos Corégones, chez la Bondelle de Neuchâtel en noces plus
particulièrement, comme je l'ai figuré sur la planche
coloriée Ire de la partie II de ce travail.

Ajoutons que les *muscles principaux*, avec des points
d'attaches plus ou moins nombreux et soutenus par des
stylets ou arêtes plus ou moins développés, présentent généralement, sous la peau, chez nos poissons osseux, une
disposition assez régulière par faisceaux verticaux supérieurs et inférieurs volontiers en nombre à peu près égal
à celui des vertèbres ; faisceaux d'ordinaire réunis sur la
ligne médiane latérale et joignant, les uns la face dorsale,
les autres la face ventrale du corps.

VISCÈRES. Ne m'occupant ici de nos poissons qu'au
point de vue purement zoologique, je ne traiterai des organes de circulation, de respiration, de digestion et de

reproduction, ainsi que du système nerveux, des sens et du développement qu'autant que ceux-ci peuvent nous servir quelquefois de caractères distinctifs généraux. J'ai dit que la consistance et la structure du squelette plus ou moins osseux ou cartilagineux, ainsi que la disposition des branchies et certaines particularités des téguments et des nageoires avaient fourni les éléments de quelques principales subdivisions dans la classe qui nous occupe. Nous verrons que divers auteurs ont trouvé aussi la raison de diverses distinctions dans les développements du *bulbe de l'aorte*, ainsi que dans la présence ou l'absence soit de branchies accessoires *pseudo-branchies* à la face interne de l'appareil operculaire, soit d'une *vessie aérienne ou natatoire* avec différentes relations, soit encore dans la présence ou l'absence de *valvules spirales* dans l'intestin, ou dans le fait du croisement plus ou moins complet ou du non-croisement des *nerfs optiques;* enfin dans la disposition et le fonctionnement des *organes de la génération*.

Au dernier point de vue, celui de la génération, il n'est pas inutile peut-être de rappeler que, à l'exception de quelques espèces marines, parmi les Squales et les Raies, les poissons sont généralement *ovipares;* qu'il n'y a pas le plus souvent d'accouplement des sexes, la fécondation de l'œuf se faisant dans l'eau par l'intermédiaire de l'élément ambiant, et que, sauf chez les *Lamproies* dont le petit éclot aveugle et passe par de curieuses *métamorphoses*, le jeune poisson, avec une grosse tête, une bouche petite, un œil relativement très grand et des nageoires impaires plus ou moins réunies, naît et se développe plus ou moins rapidement sur la *vésicule vitelline* qui lui sert de première nourriture.

On rencontre aussi des caractères différentiels utiles dans les formes de l'estomac plus ou moins en cul-de-sac, dans la présence d'*appendices pyloriques* plus ou moins développés et en plus ou moins grand nombre sur la première partie de l'intestin à sa sortie de l'estomac, comme chez nos Salmonidés, ou dans l'absence de ceux-ci, comme chez nos Cyprinidés, ainsi que dans la longueur du tube digestif, d'ordinaire plus ou moins forte suivant que l'alimentation est plus ou moins végétale ou animale.

Enfin, nous trouverons encore des différences importantes et caractéristiques dans l'examen un peu plus détaillé de la vessie aérienne, ou des ovaires et des testicules, chez nos espèces.

La *vessie aérienne ou natatoire*, parfois absente, ainsi que chez notre Chabot, peut en effet présenter des formes et dispositions bien différentes. Quelquefois elle est très petite et enveloppée dans une capsule osseuse dépendant de la colonne vertébrale, comme chez nos Loches ; plus souvent elle est grande et occupe même souvent toute la longueur de la cavité viscérale, soit libre comme chez les Cyprinidés, ou rattachée aux vertèbres comme chez notre Silure, soit divisée comme chez les premiers, ou simple comme chez nos Salmonidés. Elle peut être aussi sans relation avec l'extérieur, comme chez la Perche, ou mise en communication avec l'air libre par un canal plus ou moins développé joignant la partie antérieure du tube digestif, que celui-ci soit relié à l'œsophage, comme chez nos Cyprinidés et Salmonidés, ou au cul-de-sac de l'estomac comme chez nos Aloses.

Les développements différents et les communications plus ou moins faciles de ce réservoir intérieur avec l'extérieur attribuent à la vessie des rôles plus ou moins importants, soit quelquefois dans la respiration, par le fait d'une oxygénation possible du sang contre ses parois plus ou moins vasculaires, soit dans l'équilibre du poisson et par là dans ses allures ordinaires. Quelques expériences que j'ai faites, en 1877[1], sur diverses espèces en aquarium prouvent également la sensibilité pour ainsi dire thermo-barométrique de ce réservoir gazeux interne, lequel est parfois, comme chez nos Loches, presque directement soumis aux influences extérieures par une fenêtre de la capsule qui l'enveloppe s'ouvrant sous la peau, sur le côté du corps (voy. part. II, pl. IV, fig. 1).

L'ovaire, qui distend souvent énormément les parois abdominales de la femelle, émet, suivant les espèces, des œufs de dimensions très différentes et plus ou moins nombreux. Il est parfois simple, comme chez notre Perche, le plus souvent double, comme chez la très grande majorité de nos poissons. Les testicules, *laites,* souvent aussi très développés à l'état de maturité, sont plus généralement doubles, sauf cependant chez les Lamproies, qui, mâles et femelles, n'ont qu'un seul organe de la génération, sur la ligne médiane. Pour beaucoup de nos espèces, les œufs, enveloppés comme dans un sac, sont conduits à l'extérieur par un canal spécial, véritable oviducte s'ouvrant tout près de l'anus; chez certaines même, comme la Bouvière (Rhodeus amarus) parmi nos Cyprinidés, ils doivent passer un à un par un tube extérieur assez long qui se développe chez la femelle au moment du frai. Cependant, il en est d'autres, comme nos Salmonidés, chez lesquels les œufs mûrs tombent dans la cavité viscérale, d'où ils

---

[1] *De la variabilité de l'espèce, à propos de quelques poissons,* Archiv. des Sc. phys. et nat., Genève, février 1877.

sont chassés par les contractions des muscles abdominaux au travers de deux ouvertures en arrière de l'anus, ou comme les Cyclostomes, dont les œufs sont libres aussi dans la cavité abdominale et expulsés par les canaux péritonéaux. Nous aurons maintes fois l'occasion de voir que la durée du développement varie énormément, soit dans les poissons divers, soit chez une même espèce avec la température des eaux.

ORGANES DE RELATION, ET REPRODUCTION. Les sens sont bien développés chez la plupart de nos poissons ; l'*œil* plus ou moins grand et l'*oreille* sans appareil extérieur sont chez eux parfaitement conformés ; ils voient et entendent très bien, comme tout pêcheur en a pu faire cent fois l'expérience. La présence constante des narines, généralement composées de deux ouvertures de chaque côté de la tête, sauf chez les Cyclostomes où il n'y en a qu'une médiane, paraît indiquer un *odorat* bien développé. Le *goût*, par contre, semble devoir être beaucoup moins exercé, car quantité de nos poissons avalent presque sans mâcher, sauf peut-être nos Cyprinidés qui exécutent avec leurs dents pharyngiennes une sorte de trituration. Le *tact* enfin, en dehors de la sensibilité générale ou parfois des extrémités molles de certaines nageoires, doit trouver des organes assez délicats dans les lèvres et surtout dans les barbillons qui ornent celles-ci chez différents poissons, chez nos Barbeaux, nos Loches, notre Silure et notre Lotte par exemple.

Les Poissons en général ont des instincts bien développés et des passions souvent très vives qui quelquefois leur font commettre de fatales imprudences ; citons, par exemple, le cas du Brochet qui, changeant trop rapidement de pression, dans son ardeur à poursuivre une proie, se trouve parfois condamné à périr à la surface par la dilatation exagérée de sa vessie natatoire. Leurs allures en diverses circonstances sont dictées tour à tour par la recherche, ou de la nourriture nécessaire à la conservation de l'individu, ou des conditions favorables à la multiplication de l'espèce. Ils déploient fréquemment beaucoup de ruse et d'adresse, tantôt pour se procurer les moyens de subsistance, comme le Silure par exemple, dont on assure qu'il se cache et agite ses longs barbillons à la façon d'un ver, pour attirer les nigauds à portée de sa large gueule ; tantôt pour préparer un berceau à leur famille ou assurer le premier développement de leurs petits, comme les Épinoches, entre autres, qui construisent de véritables nids, ou comme la Bouvière qui, au moyen de son long tube oviducte extérieur, va déposer délicatement ses œufs entre les valves entre-bâillées de certains mollusques, Anodontes, chargés de couver pour ainsi dire ces précieux germes dans leur cavité branchiale.

Les jeux de l'amour sont souvent très mouvementés, et il n'est pas rare de voir des prétendants jaloux se livrer de terribles combats. Il n'y a pas du reste, nous l'avons dit, de véritable accouplement chez nos poissons ; la fécondation se fait extérieurement par l'intermédiaire du milieu ambiant. Le mâle très empressé féconde de sa laitance les œufs émis par la femelle, que ce soit dans quelque cavité préparée *ad hoc*, ou sur les herbes ou les pierres du bord, ou sur le limon du fond, ou encore entre deux eaux.

CARACTÈRES SEXUELS. Nous verrons que les mâles sont souvent plus trapus que les femelles et que les premiers se distinguent d'ordinaire des secondes, à l'époque du rut, par une livrée beaucoup plus brillamment colorée, ainsi que la Bouvière, l'Omble et le Vairon nous en offrent de si frappants exemples. Dans les genres où des boutons épidermiques sur les écailles sont le propre de la livrée de noces, comme certains Cyprinidés et nos Corégones, les mâles sont aussi généralement plus richement parés ; dans d'autres, comme chez les Truites et les Saumons, c'est une enflure et une sécrétion muqueuse de la peau. Les formes du museau se modifient aussi à tel point, avec la puberté, chez les mâles des Truites et des Saumons, ainsi que chez les Ombles, que l'extrémité de la mandibule se recourbe en crochet et qu'il se forme une excavation entre les intermaxillaires pour loger celui-ci (voy. part. II, pl. IV, fig. 16). Quelquefois, comme chez la Bouvière, la femelle se distingue au moment du frai de son époux plus richement paré par un prolongement en tube allongé de l'oviducte à l'extérieur.

Il n'y a pas jusqu'aux nageoires qui, dans plusieurs espèces, ne présentent des différences sexuelles plus ou moins constantes et importantes ; parfois c'est l'anale qui est plus ou moins longue, comme chez certains Barbeaux, d'autres fois c'est la caudale qui est plus ou moins droite ou échancrée, comme chez nos Truites. Les rayons des nageoires paires se gonflent aussi souvent, se courbent ou se déforment chez les mâles nubiles, en noces surtout. On avait signalé semblable cas aux ventrales de la Tanche et aux pectorales de la Loche de rivière[1], je l'ai observé chez bien d'autres Cyprinidés[2] et d'autres Acanthopsidés. Les

---

[1] *Canestrini* : voyez aux descriptions de ces espèces.

[2] Voyez aux descriptions dans les parties I et II de cet ouvrage : et, *Sur le développement différent des nageoires pectorales dans les deux sexes et sur... chez le Véron (Phoxinus lævis) et quelques autres Cyprinidés,* par V. Fatio, Archiv. Sc. phys. et nat. Genève, 1875.

aiguillons ventraux des Épinoches nous montrent aussi des
disproportions analogues. (Voy. part. I, pl. II, fig. 7, 8, 45
et 46, et part. II, pl. IV, fig. 4, 6 et 7.)

Certains de nos poissons sont sédentaires, d'autres sont
plus ou moins migrateurs, soit qu'ils remontent de la mer
ou des lacs dans les cours d'eau pour y frayer, comme la
Truite, soit qu'au contraire ils quittent, dans le même but,
les eaux douces pour rejoindre la mer, comme l'Anguille.

STÉRILITÉ. Quelques espèces sont parfois frappées de
stérilité dans certaines conditions, non seulement dans un
âge avancé, comme cela arrive fréquemment, mais encore
dès leurs premières années, ou plus tard, après fécondité,
pendant un temps plus ou moins long, cela surtout parmi
les Truites et les Ombles. Nous verrons plus loin qu'au
défaut de développement des organes de la génération et
des caractères extérieurs qui accompagnent d'ordinaire la
puberté dans les deux sexes, correspondent souvent des
modifications de formes tant du corps, de la tête ou des
nageoires, que de certains os, du vomer en particulier et
de sa dentition (voy. part. II, pl. III, fig. 17-23).

VARIABILITÉ. Tous les poissons varient, en sens divers,
avec l'âge et l'habitat ou les conditions d'existence.

L'*âge* amène toujours des modifications graduelles dans
les formes et proportions qui souvent ont trompé bien des
naturalistes et qui, ainsi que celles dépendant du sexe,
n'ont point été jusqu'ici suffisamment étudiées. Renvoyant
à cet égard non seulement aux descriptions de nos diverses
espèces, mais aussi à la discussion plus détaillée des caractères de quelques-unes, Corégones et Truites principalement, que j'ai faite dans la partie II (vol. V), je me bor-

nerai à indiquer ici sommairement, parmi les modifications
extérieures les plus frappantes, les quelques suivantes :
proportions relatives de la tête et du corps, et formes de
ceux-ci fort différentes; rapports de dimensions de l'œil
vis-à-vis de la tête (de l'espace préorbitaire plus particulièrement) et des écailles très variables; structure des
dernières se compliquant de plus en plus; formes de diverses pièces céphaliques (maxillaire et vomer entre autres)
ainsi que de certaines nageoires, caudale surtout, se modifiant peu à peu, etc., etc.

Le niveau plus ou moins élevé de *l'habitat*, qui modifie
les conditions de température et d'alimentation, ainsi que
la durée de la saison propice à la croissance, et les dimensions plus ou moins réduites du vase, lac ou cours d'eau,
m'ont paru influer assez généralement sur le développement de l'individu; les représentants d'une espèce, en différentes familles, conservent d'ordinaire plus longtemps les
formes et proportions du jeune âge dans les petits lacs et
ruisseaux supérieurs de nos Alpes que dans les eaux plus
vastes et plus riches de la plaine ou des vallées.

Les conditions d'existence varient, du reste, non seulement avec l'élévation et la plus ou moins grande liberté de
circulation, mais encore, à un même niveau, avec mille
circonstances dépendant de la nature des eaux, de leur
fond, de leur profondeur, de leur flore et de leur faune, qui
peuvent avoir une importante action sur les allures, sur
les conditions de frai et sur les procédés de nutrition.
Les formes et proportions générales s'en ressentent le
plus souvent; tel ou tel caractère tiré de la disposition
de la bouche, de la dentition, des écailles, des nageoires, etc., se modifiera plus ou moins par sélection ou nécessité d'adaptation. — Règle générale : une espèce varie

d'autant plus qu'elle a une aire géographique plus étendue
et que ses représentants se trouvent localisés dans plus de
conditions différentes ; c'est ainsi que se sont formées et que
se forment encore graduellement bien des espèces géographiques qui, aujourd'hui, méritent plus ou moins de porter
des noms distincts. Nous en avons bien des exemples, non
seulement dans nos poissons actuellement sédentaires, chez
nos Corégones entre autres, depuis des siècles emprisonnés
dans des bassins séparés; mais aussi, dans nos limites,
chez des espèces qui ailleurs exécutent encore périodique-
ment des voyages de la mer dans les rivières et jusque
dans certains lacs, et vice versa. C'est ainsi que l'*Alosa
Finta*, de plus en plus acclimatée dans quelques lacs de
Lombardie et du Tessin au sud des Alpes, accidentellement même séparée de la mer Adriatique dans le lac de
Lugano où elle vit aujourd'hui l'année entière, acquiert
toujours plus, de son adaptation graduelle aux eaux douces, des caractères différentiels particuliers; caractères
déjà capables de faire distinguer nos *Agoni* de Lugano des
Cheppie qui, plus bas, remontent tous les ans de la mer.

HYBRIDES. Si c'est la *réclusion* qui favorise quelquefois
la variabilité, c'est aussi elle qui fait les *bâtards*. Nous avons
moins d'hybrides que d'autres pays parmi les Cyprinidés,
parce que nos cours d'eau, fleuves et rivières, froids, rapides
ou mouvementés et souvent plus ou moins encaissés, ne
présentent guère, comme ceux plus calmes, plus riches et
plus réchauffés de France ou d'Allemagne, de petits bras
ou bassins latéraux peu profonds, *eaux mortes, Altwässer*, etc., dans lesquels bien des espèces se trouvent souvent fortuitement réunies ou emprisonnées au moment des
amours. Nous avons par contre davantage de bâtards ou

de formes composées parmi les Corégones, parce que ceux-ci, rencontrant dans les conditions de quelques-uns de nos lacs des analogies forcées d'époque et de condition de frai, sont condamnés à de plus fréquents frottements. Nous aurons maintes fois l'occasion de voir comment bien des caractères tirés des pharyngiens, des épines branchiales, du maxillaire, de la bouche, des nageoires, des écailles, etc. trahissent d'une manière évidente tant le croisement, que l'origine des deux espèces mères. Les hybrides digénères sont généralement moins fréquents et plus rarement féconds que ceux résultant de l'union de deux espèces du même genre, surtout si celles-ci sont très voisines ou de plus récente création.

La pêche occupe bien des bras dans le pays et elle est toujours plus réglementée ; cependant, il n'est pas possible jusqu'ici de se rendre un compte exact de ce qu'elle peut rapporter en Suisse. Les quelques cantons qui ont fourni sous ce rapport des documents un peu précis sont encore trop peu nombreux pour que l'on puisse baser sur leurs données un calcul d'ensemble tant soit peu approximatif. Le Dr *Sulzer*[1], en 1880, estimait à 2 millions de francs environ le produit de la pêche dans les eaux suisses ; mais ce calcul repose sur une forte majorité d'hypothèses, et il se pourrait bien que le total fût notablement trop élevé[2]. En tout cas, la production ne

---

[1] Sulzer, J. *Beiträge zur Stastistik der schweizerischen Fischerei;* Internationale Fischerei-Austellung zu Berlin, 1880. Schweiz, Leipzig, in-8°, p. 20-24.

Voyez aussi, dans le même volume, quelques données statistiques locales.

[2] M. F. Glaser, à Bâle, le plus grand commerçant en gibiers et pois-

suffit pas, loin de là, à la consommation; car les importations de poissons, soit d'eau douce, Saumon surtout, soit de mer, s'élèvent annuellement à une somme au moins égale.

Le commerce à l'intérieur est assez actif, tout au moins pour les espèces les meilleures, Perche, Brochet, Truite, Saumon, Omble et Corégones, principalement; mais l'exportation est assez limitée, en dehors de quelques spécialités. Le lac de Constance expédie tous les ans pas mal de Blaufelchen (*Coregonus Wartmanni*) et de Gangfische (*Cor. exiguus*) frais ou fumés en Allemagne; et le Léman envoie beaucoup de ses plus belles Truites (*Salmo lacustris*) du côté de la France, particulièrement à Lyon et à Paris, où ces poissons sont toujours fort appréciés. Le Tessin qui sale et sèche au soleil des millions de sa petite Ablette, *Alborella*, en écoule toujours beaucoup aussi du côté de la haute Lombardie. — La fabrication de l'essence d'Orient avec les écailles d'Ablettes, pour les fausses perles, qui occupe beaucoup d'ouvriers en France, ne se pratique pas en Suisse; et cependant, ces petits habitants de nos lacs fourniraient certainement une matière argentée bien plus brillante que celle extraite des poissons habitant les eaux plus ou moins troubles des rivières [1].

Les engins de pêche, à part quelques formes et quelques procédés spéciaux à telle ou telle localité, au Tessin par

sons de la Suisse, en relation avec la plupart des pêcheurs et par les mains duquel passent la majorité des individus livrés à la circulation, estimait, en 1880, le produit total de la pêche dans le pays à 700,000 francs ainsi repartis: 90,000 fr. de Saumons, 220,000 d'autres poissons de rivières et 390,000 de poissons des lacs. Ce chiffre total me paraît devoir être passablement en dessous de la vérité, non seulement parce qu'en majorité les produits de la Suisse occidentale et méridionale ne passent pas par Bâle; mais encore parce qu'il est très difficile de tenir un compte exact de tout ce qui est consommé sur place dans le pays.

[1] Voyez sur ce sujet: *Faune des Vertébrés de la Suisse*, vol. IV, *Poissons*, part. 1, p. 438 et 439.

exemple, ou à telle ou telle espèce, aux poissons migrateurs le Saumon ou l'Anguille entre autres, sont un peu partout les mêmes ou au moins établis sur des plans analogues. Ce sont, pour les lacs et les rivières, des filets de dimensions différentes à maille simple ou triple, à sac ou sans sac, qui portent souvent les noms des poissons auxquels ils sont surtout destinés ; les uns flottants ou à battue, travaillant avec un ou avec deux bateaux, les autres fixes ou de fond et différemment disposés, ou plus petits, montés ou non, comme le cerceau, la trouble ou l'épervier. Ce sont aussi des nasses, caisses, corbeilles, trébuchets, trappes, lacets et collets de toutes sortes ; ainsi que des lignes ou des jeux de hameçons mobiles ou dormants, différemment distribués et amorcés suivant qu'ils s'adressent à telle ou telle espèce. Sans parler des grappins, harpons, piques, tridents, etc., et de beaucoup de procédés de destruction illégaux, coque, chaux, amorces empoisonnées, dynamite, etc.

Il serait certainement intéressant de dire ici quelques mots de certaines pêches spéciales, de l'usage par exemple des feux pour attirer à la rive certains poissons à l'époque du frai, pour permettre en particulier la récolte, même au rateau, des Agoni (*Alosa Finta*) sur les grèves du lac de Lugano dans le Tessin. Toutefois, n'ayant pas l'intention de faire un traité de pêche dans un ouvrage comme celui-ci plus purement zoologique, je me bornerai à renvoyer ici, soit aux traités généraux de pêche [1], soit à diverses publications

---

[1] DUHAMEL, H.-L. *Traité général des pêches maritimes, des rivières et des étangs, et histoire des poissons qu'ils fournissent ;* Paris, 1769-1782.

DE LA BLANCHÈRE, H. La pêche et les poissons, nouveau dictionnaire général des Pêches ; Paris, 1868, 1 v. gr. in-8° av. nomb. grav. et fig. col.

BORNE, M. von dem. *Handbuch der Fischzucht und Fischerei,* unter Mitwirkung von B. BENECKE und E. DALLMER ; Berlin, 1886, 1 vol. in-8°.

suisses en partie déjà citées, où l'on trouvera des données relatives à quelques-uns de nos lacs et de nos cours d'eau [1], soit encore aux quelques mots qui accompagnent à cet égard, dans mes deux volumes, la description de nos diverses espèces.

Les réglementations relatives à la pêche, autrefois toutes locales et souvent fort différentes, ont été, depuis quinze ans, fondues et autant que possible uniformisées dans une loi générale à l'usage de tous les cantons.

La première *loi fédérale sur la pêche* date du 15 septembre 1875, et ne pouvait avoir la prétention de satisfaire dès l'abord aux vœux et desiderata divers de tous les cantons; elle avait le tort de ne pas reposer sur une connaissance suffisante des exigences en toutes conditions et de manquer de bien des données indispensables relativement aux époques de multiplication en différentes circonstances des poissons à protéger. De nombreuses observations et réclamations justifiées amenèrent donc forcément

---

[1] Voyez entre autres :

STEINMÜLLER, J.-R. *Ueber die Fische im Walensee, und über die Fischerei daselbst und in der Linth*; Neue Alpina, II, 1827.

HARTMANN, G.-L. *Helvetische Ichthyologie*; Zurich, 1827, paragraphe *Fang*, aux diverses espèces.

WARTMANN, B. *Unsere Fischerei*, Bericht der St. Gall. nat. Gesell. 1868.

LAUBLI, G. *Statistische und technische Darstellung der Fischerei im Bodensee und Untersee*; Internat. Fisch-Austellung, Berlin, 1880, Schweiz, p. 77-95.

LUNEL, G. *Poissons du bassin du Léman*; Genève, 1874.

CONCORDAT *entre les cantons de Fribourg, Vaud et Neuchâtel concernant la pêche dans le lac de Neuchâtel*; 25 septembre 1876.

VAUCHER, A. Renseignements sur la pisciculture à Genève; Internat. Fischerei-Ausstellung zu Berlin, 1880; Schweiz, p. 56-76.

SAUGY, E.-F. DE. *Étude sur la pêche dans le lac Léman*; Lausanne, 1884, 28 pages.

PAVESI, P. *I Pesci e la Pesca nel Cantone Ticino*; Lugano, 1871-72.

à la révision de ce premier essai et, après une étude nouvelle de la question, avec plus de connaissance de cause, les chambres votèrent une nouvelle loi fédérale du 21 décembre 1888 qui, pour n'être pas encore parfaite, n'en constitue pas moins un réel progrès sur la précédente.

Le but surtout visé est naturellement la protection des diverses espèces durant le temps de leur reproduction et l'interdiction en tous temps des engins et procédés trop destructeurs. Quelques poissons d'eau courante plus ou moins migrateurs, comme le Saumon, la Truite et l'Ombre de rivière, parmi les meilleurs, ont pu, pour tout le pays, être compris dans les mêmes périodes d'interdiction : le *Saumon* du 11 novembre au 24 décembre, la *Truite* du 1er octobre au 31 décembre [1], l'*Ombre* du 1er mars au 30 avril. Par contre, reconnaissant la nécessité de tenir compte de la diversité des époques de frai dans des conditions différentes, l'autorité a dû rendre aux cantons leur autonomie quant à la détermination des saisons de protection des Ombles et des Corégones dans les lacs [2] et des Aloses dans les fleuves et rivières, la durée des dites saisons ne pouvant pas être inférieure à cinq semaines. Les autres poissons, carnivores plus ou moins dangereux ou de moindre valeur, sont protégés en quelque mesure par l'interdiction de certains procédés de pêche durant le temps de leur frai.

Pour tous ceux, à l'exception du *Brochet*, qui font l'objet d'un commerce important, ceux que j'ai cités plus haut, plus la Perche et l'Anguille, les dimensions minima auxquelles

---

[1] Une exception, un peu dangereuse, a été faite pour la Truite bleue ou argentée *(Silber-* ou *Schwebforelle)* généralement stérile.

[2] Dans ma note sur : *Les Corégones de la Suisse* (Recueil zoologique suisse, t. II, n° 4), j'avais signalé en effet, en 1885, les époques et conditions de frai très différentes et jusqu'alors peu connues des *Féras diverses* dans les lacs de la Suisse.

ils peuvent être pris sont déterminées, et pour tous aussi, la vente et le colportage sont comme de raison sévèrement défendus pendant le temps d'interdiction. La maille de tous engins doit avoir en hauteur et en largeur au moins six centimètres pour la pêche du Saumon, et trois pour celle des différentes autres espèces. Les appareils fixes ne doivent pas empêcher la libre circulation du poisson sur plus de la moitié de la largeur d'un cours d'eau, et il est interdit de pêcher dans un certain périmètre à l'embouchure de ces derniers dans les lacs. L'emploi de certains engins, filets, nasses, ou autres, est prohibé dans certains cas prévus. Diverses sortes de filets, de pièges, de harpons, ainsi que l'usage des armes à feu, de la dynamite et des amorces étourdissantes ou empoisonnées sont également sévèrement défendus.

Enfin des mesures sont prises soit pour obvier aux inconvénients de la mise à sec temporaire des cours d'eau ou du versement des produits de fabriques, soit pour faciliter la circulation du poisson dans les chutes et barrages, soit encore pour la mise à ban de certaines parties des lacs ou des rivières, et pour soutenir autant que possible la production par la multiplication artificielle dans des établissements de pisciculture.

A côté de la *loi fédérale* de 1888, du *règlement d'exécution* qui en précise et dirige l'application, des *lois cantonales* intervenant sur tous les points où les ordonnances générales leur laissent des latitudes, et des *concordats* entre cantons, il y a encore, pour les eaux frontières, des prescriptions internationales destinées à réglementer d'une manière uniforme l'exploitation de la pêche par les ressortissants des États intéressés, ainsi que les devoirs de chacun quant à la police des eaux et au repeuplement.

C'est ainsi que la Suisse a conclu des *conventions* : avec l'Italie, pour les poissons du Tessin, en février 1883 ; avec la France, pour le Léman, le Rhône, l'Arve et le Doubs, en décembre 1882 et septembre 1888 ; avec l'Allemagne et les Pays-Bas, pour la pêche du Saumon dans le bassin du Rhin, en juin 1886 ; et avec le duché de Bade et l'Alsace-Lorraine, pour la pêche du Rhin et de ses affluents, le lac de Constance y compris, en octobre 1887.

La consommation et le commerce allant toujours croissant, le besoin s'est bientôt fait sentir d'obvier au dépeuplement par la multiplication artificielle et la création sur divers points d'établissements de pisciculture plus ou moins dépendants de l'État.

A l'imitation de ce qui se faisait depuis quelques années en d'autres pays, plus particulièrement à Huningue sur sa frontière, et en Amérique, où cette pratique a pris actuellement un si grand développement, la Suisse s'efforce de rendre à ses eaux, par la fécondation artificielle de ses poissons propres et l'introduction de nouvelles espèces, ce qu'elles perdent chaque année de leurs habitants les plus précieux. Depuis la création du premier établissement de pisciculture, en 1854, à Meilen dans le canton de Zurich, semblables institutions se sont peu à à peu multipliées dans les diverses parties du pays; si bien qu'à la fin de 1889, en trente-six ans, 95 établissements, plus ou moins subventionnés par l'État, ont été fondés dans les divers cantons de la Suisse, à l'exception des deux Appenzell et du Valais. Ces vingt-deux cantons, avec une production croissante, sont arrivés à mettre à l'eau, dans le pays, le total respectable de 52,291,000 petits alevins de diverses espèces de poissons suisses et étrangers : 1,505,000 en 1878, jusqu'à 12,208,000 en 1888.

La plus forte proportion, plus de 70 % de cette production concerne les *Saumon*, *Truite* et *Omble*, ainsi que les *bâtards* artificiels des deux premiers ; puis viennent les *Ombres* (*Æsche*) et les *Corégones*, avec 25 % environ. Le reste comprend soit divers poissons de moindre valeur, soit quelques espèces carnivores, *Microptère* d'Amérique et surtout *Sandre* du Danube, dont on eut mieux fait à mon avis de ne pas doter nos eaux.

Ces millions de petits poissons ne peuvent manquer de contribuer d'une manière efficace à combler les vides opérés annuellement dans les eaux de nos divers bassins ; cependant, il semble que l'on devrait s'attacher de préférence à la reproduction des espèces les moins dangereuses pour les voisins et qui ont le plus de chance de reproduire abondamment dans nos conditions. La multiplication de nos *Salmonides* indigènes pures me parait aussi devoir assurer toujours de plus heureux résultats que celle de bâtards, dont les facultés reproductrices varient beaucoup avec les circonstances, et d'espèces exotiques dont la réussite est nécessairement problématique, à part peutêtre certains *Ombles américains* qui semblent peu exigeants quant aux conditions d'habitat.

Les espèces ou variétés étrangères importées, en diverses proportions, dans les eaux suisses ces dernières années sont principalement les suivantes, pour lesquelles je renvoie aux articles y relatifs, dans les parties I et II de ce travail (Vol. IV et V, et appendice) :

Micropterus Dolomieu, d'Amérique.

Lucioperca Sandra, du Danube.

Carassius auratus, de Chine.

Coregonus Marœna, d'Allemagne.

Coregonus Albus (?), d'Amérique.

Salmo Sebago (var.), d'Amérique.

Salmo levenensis (var.), des Iles britanniques.

Salmo stomatichus (var.), des Iles britanniques.

Salmo irideus, d'Amérique.

Oncorhynchus Quinnat, d'Amérique.

Salvelinus Namaycusch, d'Amérique.

Salvelinus fontinalis, d'Amérique.

Salvelinus Hucho, du Danube.

Si à ces poissons étrangers introduits dans nos lacs et nos rivières, dont quelques-uns paraissent s'être plus ou moins acclimatés, particulièrement les deuxième, troisième et neuvième, on ajoute le transport de beaucoup de nos espèces indigènes d'un lac dans un autre, on comprendra aisément de quelle confusion sont menacées à bref délai, soit la distribution géographique naturelle de nos poissons indigènes, soit la détermination des formes autrefois propres à chaque bassin, et combien par conséquent il importait, au double point de vue zoologique et historique, de prendre auparavant acte exact des formes et mœurs des habitants autochtones de nos eaux.

Plusieurs publications ont paru dans ces dernières années tant sur la pisciculture, ses procédés et ses élèves, que sur les ennemis du poisson, mammifères, oiseaux, reptiles, batraciens, insectes, crustacés, vers, champignons, etc., non seulement dans les pays circonvoisins [1],

---

[1] Vogt, C. *Künstliche Fischzucht*; Leipzig, 1859.

Molin, R. *Die rationelle Zucht der Süsswasserfische*; Wien, 1864, 1 vol. in-8°.

Raveret-Wattel, M.-C. Plusieurs importantes publications sur la *pis-*

mais aussi en Suisse plus spécialement; publications diverses dont je cite ici quelques-unes en notes[1], ainsi que quelques travaux récents qui touchent à notre sujet, en ce sens qu'ils traitent soit de la température et de la composition chimique de nos eaux et de leur influence sur les habitants de celles-ci, végétaux et animaux, soit de la

ciculture et différentes *espèces importées*; dans les Bulletins de la Société nationale d'acclimatation de France, entre 1873 et 1889.

AUDEVILLE, A. DE. Divers mémoires, partie dans le Bull. de la Soc. nat. d'acclimat. de France; partie dans le *Bulletin de pisciculture pratique*, paraissant à Paris, depuis 1888, sous la direction de M. d'Audeville.

BORNE, M. VON DEM. *Die Fischzucht*. Berlin, 1881. — *Handbuch der Fischzucht und Fischerei* (unter Mitwirkung von *B. Benecke* und *E. Dallmer*); 1 vol. in-8°. Berlin, 1886.

GAUCKLER, Ph. *Les Poissons d'eau douce et la Pisciculture*; 1 vol. in-8°. Paris, 1881.

[1] SCHOCH, G. *Die Technik in der künstlichen Fischzucht*; 8 pages; Zürich, 1879.

KOLLBRUNNER, E. *Die Thurgauische Fischfauna und bezügliche Gewässer-Verhältnisse*; Frauenfeld, 1879.

DIVERS *mémoires sur les établissements de Pisciculture de Zurich*, de *Schaffhouse*, de *Vallorbes*, d'*Aigle* et de *Genève*, par MM. MOSER-OTT, MATHEY, DE LOËS et VAUCHER; dans le volume intitulé : Internationale Fischerei-Ausstellung zu Berlin, 1880, Schweiz; Leipzig, in-8°.

PAVESI, P. *L'Ultima sementa di pesci nei nostri laghi*; R. Istituto Lombardo, 21 marzo 1881. — *Ancora sulla semente di pesci nei nostri laghi*; R. Ist. Lomb., 19 maggio 1881. — *Che n'è stato de' miei Pesciolini*; Atti della Soc. Italiana di scienze naturali, XXVIII, Milano, 1886. — *Conferenza di Piscicoltura*; Bull. dell' Agricoltura, n° 15 e 16, Lugano, 1885.

RAPPORTS *du Département fédéral de l'Industrie et de l'Agriculture; Forêts, Chasse et Pêche*; Berne, 1882-1889.

GOLL, H. *Du repeuplement de nos lacs et ses dangers*; 8 pages; Gazette de Lausanne, 1885.

BERICHTE *des schweizerischen Fischereivereins*; quatre numéros, entre 1884 et 1886 (?).

ASPER, G. *Die internationale Fischerei-Conferenz in Wien*; Zürich, 1885.

CLAPARÈDE, A. DE. *Zur Frage der Verfolgung der den schweiz. Fischereien schädlichen Thiere*; Bern, 1885.

CALLONI, S. *Il ripopolamento dei nostri laghi ticinesi*; Agricoltore Ticinese; 6 del marzo, 7 ed 8 dell' aprile, Lugano, 1886.

microfaune de nos lacs qui contribue largement à l'alimentation de beaucoup de nos poissons [1]. Les rapports annuels du Département fédéral de l'agriculture nous ont tenu également au courant, depuis 1882, des progrès faits

[1] LAVIZZARI, L. *Escursioni nel Cantone Ticino;* Lugano, 1 vol. in-12, 1863.

WEITH. W. *Chemische Untersuchungen schweiz. Gewässer mit Rücksicht auf deren Fauna, und Nachträge;* Internat. Fischerei-Austellung zu Berlin, 1880, Schweiz; Leipzig.

FOREL, F.-A. *Matériaux pour servir à l'étude de la faune profonde du lac Léman;* Bull. Soc. vaud. Sc. nat. vol. XIII-XVI, Lausanne, 1874-1880. — *Faunistische Studien in den Süsswasserseen der Schweiz;* Zeitschrift. für wiss. Zool. Bd. XXX, 1878. — *La Faune pélagique des lacs d'eau douce;* Archiv. Sc. phys. et nat. VIII, Genève 1882. — *Dragages zoologiques et sondages thermométriques dans les lacs de Savoie;* Comptes rendus de l'Académie des Sciences; Paris, 1883. — *Études zoologiques dans les lacs de Savoie;* Revue savoisienne, XXV, 1884. — *La Faune profonde des lacs suisses;* Nouv. Mém. de la Soc. helv. des Sc. nat., XXIX, 1885.

PAVESI, P. *Intorno all' esistenza della fauna pelagica o d'allo lago anche in Italia;* Bull. Soc. entomol. ital. IX, 1877. — *Nuova serie di ricerche della fauna pelagica nei laghi italiani;* Istituto Lomb. 1879. — *Ulteriori studi sulla fauna pelagica dei laghi italiani;* ibid. 1879. — *Altre serie di ricerche e studi sulla fauna pelagica dei laghi italiani;* ibid. 1883. — *Notes physiques et biologiques sur trois petits lacs du bassin tessinois;* Arch. Sc. phys. et nat. Genève, 1889.

ASPER, G. *Die pelagische Fauna und Tiefseefauna der Schweiz;* Internat. Fischerei-Austellung zu Berlin, 1880, Schweiz; Leipzig. — *Beiträge zur Tiefseefauna der Schweiz;* Zool. Anzeiger, Jahrg. III, 1880. — *Wenig bekannte Gesellschaften kleiner Thiere unserer Schweizerseen;* Neujahrs-Blatt der Zürcher naturf. Gesell. Zurich, 1881.

IMHOF, O.-E. *Studien zur Kenntniss der pelagischen Fauna der Schweizerseen;* Zool. Anz., Jahrg. VI, 1883. — *Pelagische Fauna und Tiefseefauna der Savoyenseen;* ibid. 1883. — *Resultate meiner Studien über die pelagische Fauna kleinerer und grösserer Süsswasserbecken der Schweiz;* Zeit. wiss. Zool. XL, 1884. — *Ueber die mikroskopische Thierwelt hochalpiner Seen;* Zool. Anz. X, 1887. — *Studien über die Fauna hochalpiner Seen (Kant. Graubünden);* Jahresb. naturf. Gesell. Graubündens, XXX, 1887. — *Notizen über die pelagische Fauna der Süsswasserbecken;* Zool. Anz. X, 1887. — *Fauna der Süsswasserbecken;* ibid. XI, 1888.

ZSCHOKKE, F. *Faunistiche Studien an Gebirgseen;* Verhandl. der naturf. Gesell. in Basel, IX, Heft, 1, 1890.

quant au repeuplement dans le pays; enfin le Dr *Fank-hauser* [1] a eu l'heureuse idée de résumer tout récemment, dans un intéressant mémoire en date de 1889, l'histoire détaillée de la pisciculture et de son application dans nos eaux.

En étudiant les poissons de la Suisse dans divers bassins et à différents niveaux, dans des cours d'eau et des lacs de diverses importances [2], je me suis efforcé de saisir

[1] FANKHAUSER, F. *Statistik der Anstalten zur künstlichen Ausbrütung von Fischeiern*; Zeitschr. für Schweizer. Statistik, Bern, 1889.

[2] Pour compléter les données relatives aux *divers bassins en Suisse* que j'ai fournies déjà plus haut, j'ajouterai ici :

BASSIN DU RHIN, SOUS LA CHUTE, au-dessus de 245 mètres s/m., avec 18 lacs principaux relativement inférieurs, dont dix plus ou moins grands, entre 434 et 565 mètres : *Neuchâtel*, dix lieues carrées et quarante centièmes 10,40 (la lieue suisse carrée = 2304 hectares), *Bienne*, 1,83, l. c., *Morat*, 1,19, l. c., *Quatre-Cantons*, 4,92, l. c., *Thun*, 2,08, l. c., *Brienz*, 1,30, l. c., *Zoug*, 1,67, l. c., *Sempach*, 0,62, l. c., *Zurich*, 3,81, l. c. et *Wallenstadt*, 1,01, l. c.; et huit plus petits, entre 439 et 727 mètres, tous d'une surface plus ou moins au-dessous de une lieue carrée, *Sarnen*, *Lungern*, *Hallwyl*, *Baldegg*, *Egeri*, *Lowertz*, *Greifen* et *Pfäffikon*; plus un grand nombre de petits lacs étagés dans les régions montagneuse et alpine. Tous lacs desservis par de nombreux affluents et dépendant plus ou moins directement des principales rivières tributaires de l'*Aar* : *Orbe*, *Broye*, *Sarine*, *Emme*, *Reuss*, *Limmat*, etc., auxquelles il faut ajouter la *Birs* et la *Thour*, tributaires directs du Rhin. — BASSIN DU RHIN AU-DESSUS DE LA CHUTE, au-dessus de 375 mètres s/m., un seul lac, celui de *Constance* comprenant Boden- et Untersee, à 398 mètres s/m. et d'une surface de 23,40 lieues carrées, avec quelques principaux affluents du *Rhin* : *Ill*, *Landquart*, *Albula*, etc., plus bon nombre de petits lacs supérieurs.

BASSIN DU RHÔNE SUR LA PERTE, OU DU LÉMAN, au-dessus de 335 mètres s/m. en Suisse ; un grand lac, le *Léman*, à 375 mètres s/m. d'une superficie de 25,08 lieues carrées, avec quelques principaux affluents du *Rhône* : *London*, *Arve*, *Aubonne*, *Drance*, *Visp*, etc. — BASSIN DU RHÔNE, AU-DESSOUS DE LA PERTE, OU DU DOUBS, au-dessus de 420 mètres s/m., en Suisse, avec un petit lac dit des *Brenets* à 740 mètres s/m., le *Doubs* et quelques tributaires.

autant que possible les effets de l'habitat sur l'espèce, pour
signaler chemin faisant la variabilité résultant des diverses conditions de milieu. Pour donner à cette faune ichthyologique son caractère propre, j'ai tenu aussi à décrire
toutes nos espèces sur des individus véritablement suisses,
de manière à permettre des comparaisons plus intéressantes et plus motivées entre ceux-ci et les représentants
des mêmes poissons en d'autres eaux et d'autres pays. Tenant compte, bien plus qu'on ne l'avait fait jusqu'ici, de
l'âge, du sexe et des questions de croisement dans chaque
espèce, j'ai cherché à montrer, par l'intervention de quelques nouveaux caractères (*meule pharyngienne, maxillaire,
branchiospines, vomer* et autres) comment, bien souvent,
on a attribué une importance spécifique à des différences
dépendant simplement de facteurs inhérents à l'espèce
elle-même. Enfin, si la publication de cette seconde partie
de mon étude des poissons suisses s'est si longtemps faite
attendre, c'est que je tenais à vérifier le plus possible *de
visu* les époques et conditions de frai de beaucoup de nos
espèces, Corégones surtout, au sujet desquelles on n'avait
jusqu'alors que des données très insuffisantes. Ne pouvant
entrer ici dans le détail de ces diverses considérations, je

BASSIN DU TESSIN (Pô), au sud des Alpes, au-dessus de 197 mètres s/m.,
comprenant 2 lacs principaux, *Majeur*, à 197 m. s/m. d'une surface de
9,30 lieues carrées, et *Lugano* à 271 mètres, d'une surface de 2,19, l. c.,
plus un beaucoup plus réduit dit de *Muzzano* à 334 mètres, et plusieurs
petits lacs alpins à différents niveaux, avec divers cours d'eau principaux : *Tessin, Maggia, Verzasca, Moesa, Agno, Tresa,* etc.

BASSIN DE L'INN (DANUBE), au-dessus de 1000 mètres s/m., en Engadine,
comprenant les 3 lacs principaux de *St-Moritz* à 1767 mètres s/m., de
Silvaplana à 1794 mètres et de *Sils*, le plus grand, à 1796 mètres avec
une lieue de long environ, plus le petit lac de *Statz* et quelques autres
bien plus élevés, avec quelques tributaires principaux de l'*Inn* : *Flatz,
Spol, Clemgia,* etc.

me borne à renvoyer à cet égard soit à mes diverses descriptions d'espèces, de sous-espèces, de variétés et d'hybrides, soit plus spécialement aux *discussions de caractères*, des Cyprinidés dans la première partie et des Corégones dans la deuxième.

Pour ne pas faire un travail inutile, en me bornant à répéter les données, vraies ou fausses, de mes prédécesseurs, j'ai tenu à reprendre pour ainsi dire *ab ovo* toute la question dans le pays, et la tâche s'est compliquée de jour en jour.

A côté des représentants de genres généralement assez bien connus, j'ai rencontré en effet dans nos eaux bon nombre d'espèces très discutables ou encore mal établies, ainsi que bien des formes bâtardes auxquelles j'ai dû accorder une attention toute spéciale, particulièrement dans certains genres de la famille des *Cyprinidæ*, ainsi que dans les genres *Alosa*, *Coregonus* et *Salmo*. Si j'ai été amené à réduire le nombre des espèces précédemment attribuées à la Suisse, soit en récusant les unes comme citées à tort dans nos limites, *Carassius vulgaris* [1] et *Idus melanotus* par exemple, soit en indiquant les liens de parenté qui unissent quelques autres, au nord comme au sud des Alpes, dans les genres *Alburnus*, *Leuciscus*, *Squalius Salvelinus* et *Salmo*, en réunissant en particulier toutes nos *Truites* sous le même nom spécifique de *Salmo lacustris*, ou encore en montrant l'origine mixte de certains poissons *hybrides* de *Rotengle*, de *Blicke*, de *Chevaines* ou de *Chondrostomes*, j'ai cependant notablement enrichi notre catalogue helvétique, en y introduisant bien des espèces nouvelles méconnues ou confondues. En étudiant les poissons

---

[1] Signalé à tort en Suisse par de Siebold, Agassiz et Günther.

du Tessin, non seulement j'ai découvert avec Pavesi le *Gobius fluviatilis,* en 1869 [1], à Bissone, dans le lac de Lugano, mais j'ai encore pu faire dans plusieurs genres un triage qui m'a conduit à distinguer spécifiquement de nos représentants des mêmes genres au nord des Alpes, les *Barbus plebejus, B. caninus, Leuciscus pigus, L. Aula, Chondrostoma Soetta* et *Alosa Finta ;* tandis que je réduisais, je l'ai dit, au rôle de sous-espèces méridionales les *Alburnus Alborella, Squalius cavedanus* et *Sq. Savignyi* que beaucoup considèrent comme spécifiquement différents et que l'on pourrait taxer d'espèces géographiques.

L'étude toute spéciale que j'ai faite, durant bien des années, de nos Corégones en divers lacs, m'a en outre permis de distinguer, dans deux types principaux ou primordiaux, huit espèces actuelles, dont quatre pour ainsi dire nouvelles, par une franche distinction spécifique du *Coregonus exiguus* sous diverses formes en différents lacs, ainsi que par l'addition des *Coregonus annectus* de Hallwyl et Baldegg, *C. maraenoides* de Zurich, et *C. Suidteri* de Sempach, ce dernier peut être espèce locale composée.

C'est ainsi que j'ai pu porter à 51 (54 même si on conserve le titre d'espèce aux trois poissons tessinois ci-dessus indiqués) l'effectif réel de nos espèces en Suisse, alors que les totaux précédents variaient de 40 à 44, y compris les diverses espèces, au nombre de 2 à 7 selon les auteurs [2], dont j'ai dit qu'elles doivent être retranchées à divers titres.

---

[1] Voyez : *Pavesi*, Pesci et la Pesca, 1871-72, p. 21.

[2] HARTMANN, en 1827 : 44 espèces se réduisant à 39 par la suppression de 2 étrangères, *Cyprinus Vimba* et *Cyp. Idus,* et de 3 variétés, *Salmo Fario, S. Salvelinus* et *S. Albula.*

SCHINZ, en 1837 : 42 espèces se réduisant à 38 par la suppression d'une étrangère, *Leuciscus Idus,* et de 3 variétés, *Leuciscus majalis, Salmo lacustris (Schiffermulleri)* et *S. Fario.*

HERR et BLUMER, en 1846 : 42 espèces à réduire beaucoup aussi, sans

J'ai décrit également plus ou moins, dans les deux parties de cet ouvrage : 15 *poissons étrangers* géographiquement voisins ou cités à tort dans le pays, 13 *esp.* ou *var.* importées en divers genres et 10 *hybrides*, dont trois de Cyprinidés dans nos eaux. Plusieurs de nos variétés ou *sous-espèces* font aussi l'objet d'une description particulière, quand il y a quelque intérêt à détailler et discuter leurs divergences ou leurs affinités. J'ai toujours donné un numéro d'ordre spécifique aux espèces véritablement suisses, pour les faire distinguer à première vue des autres, en répétant le même numéro aux sous-espèces ou en leur attribuant un sous-chiffre de second ordre.

Avec cela, j'ai recueilli le plus possible de données sur les mœurs et les allures de nos poissons en diverses conditions et circonstances; citant aussi, en notes, les *parasites*, crustacés ou helminthes surtout, dont la présence a été constatée chez nos espèces[1]. J'ai établi pour ainsi dire

qu'il soit possible de préciser, faute de détails. (Il en manque en particulier sept du Tessin.)

Moessen, en 1869 : 43 espèces (plus trois citées comme douteuses et trois comme bâtardes), réduites à 41 par la suppression, en outre des 6 ci-dessus, de deux étrangères, *Idus melanotus* et *Chondrostoma Genei*.

Schoch, en 1870 : 40 espèces réduites à 38 par la suppression d'une étrangère, *Chondrostoma Genei* et d'une variété, *Trutta Fario*.

Sulzer, en 1880 : 42 espèces se réduisant à 38 par la suppression d'une étrangère, *Idus melanotus*, de deux bâtards, *Bliccopsis abramorutilus*, *Chondrostoma Genei* (pour *Rysela*) et d'une variété *Trutta Fario*.

[1] En dehors de l'ouvrage capital de Diesing, C.-M. *Systema Helminthum*, 2 vol. in-8°, 1850-51, j'ai cherché à compléter mes quelques observations propres par des données recueillies çà et là dans diverses publications suisses et étrangères, spéciales ou faunistiques, desquelles je me bornerai à citer, parmi les premières :

Moulinié, J.-J. *Résumé de l'histoire du développement des Trématodes;* Mém. Institut, Genève, III. 1855.

Claparède, Ed. *Ueber Eibildung und Befruchtung bei den Nematoden;* Zeitschr. für wiss. Zoologie, IX, 1857. — *Ueber die Kalkkörperchen der Trematoden und die Gattung Tetracotyle;* ibid. 1858. — etc.

Zschokke, F. *Recherches sur l'organisation et la distribution zoologi-

une série de monographies, qui peuvent paraître il est vrai un peu complexes, mais dont j'ai cherché à rendre l'usage plus commode, soit par des *diagnoses* en tête de chaque description, soit par l'addition, à la fin de chaque volume de *tableaux synoptiques* résumant, les uns les caractères morphologiques des ordres, familles, genres et espèces, les autres les distributions géographiques horizontale et verticale en divers bassins, ou les époques de frai en différentes conditions. — Rappelons, à ce propos, qu'avec semblables tableaux de distribution géographique, il est aisé d'établir très approximativement la faune locale de telle ou telle localité, étant donné son bassin et son élévation.

Neuf *planches* originales, dont trois en couleur représentant 5 espèces, et six en noir comprenant 257 figures de détails anatomiques dessinées avec soin d'après nature, accompagnent et facilitent cette étude ichthyologique.

Un *index alphabétique* très détaillé, à la fin de chaque volume, permet de trouver immédiatement tel texte ou tel nom cherché.

Je serais heureux, si la peine que je me suis donnée pour être à la fois clair et complet pouvait servir en quelque mesure à faire mieux connaître nos poissons et à élucider bien des questions jusqu'ici sans solution ou mal comprises.

Enfin, je ne dois pas oublier de remercier ici publiquement toutes les personnes qui, à diverses époques et à divers égards, ont facilité ma tâche, en me fournissant

que des vers parasites des poissons d'eau douce; Genève, thèse, in-8°, 1884. — *Recherches sur la structure anatomique et histologique des Cestodes*; Genève, in-4°, 1888. — *Ein weiterer Zwischenwirth des Bothriocephalus latus*; Centralblatt für Bakteriologie und Parasitenkunde, IV, 1888. — *Erster Beitrag zur Parasitenfauna von Trutta Salar*; Verh. der naturf. Gesell. in Basel, VIII, 1889.

gratuitement ou des sujets d'étude ou de précieux renseignements [1] : MM. *G. Théobald*, prof. †; D[r] *Ch.-G. Brügger*, prof., à Coire; D[r] *Ed. Killias*, à Tarasp; *St. Ragazzi*, à Poschiavo; *Einhart* fils, à Constance, *G. Meyerle*, à Langenargue; *G. Läubli*, à Ermattingen; Dr *F. de Tschudi*, †; Dr *B. Wartmann*, à St-Gall; pasteur *Zwicky*, à Obstalden; Dr *O. Heer*, prof. †; Dr *G. Asper*, prof. †; Dr *G. Schoch*, prof.; *C. Mœsch*, direct. Mus., à Zurich; *A. Madœri*, à Wollishofen; Dr *J. Sulzer*, à Winterthour; Cons. *Mooser-Ott*, à Schaffhouse; Dr *L. Rütimeyer*, prof.; Dr *F. Leuthner*; *F. Glaser*, à Bâle; Dr *F. Lang*, prof., à Soleure; *J. Hegglin*, à Gelfingen; *J. et M. Zwimpfer*, à Oberkirch et Sursee; Dr *O. Suidter*; *L. Pfyffer*, direct. des pêches; *Scharer*, Stattfischer, à Lucerne; *Hofer*, Schwester, à Musegg; *K. Kutler*, à Vitznau; *Muggeli*, Gebrüder, à Meggen; Dr *F. Kaiser* †; *M. Speck*, à Zoug; *Vogel*, à Lungern; *J. Coaz*, insp. féd. eaux et forêts; *W. von Sury*; D[r] *Th. Studer*, prof.; Dr *F. Fankhauser*, à Berne; *von Gross*, à Gunten; *Ed. Führer* et *Gilliéron*, à Scherzlingen; Dr *Delachaux*; *H. Kern*, insp. forest. †, à Interlaken; *Ruef*, notaire; *J. Roth*, à Untersee; *Frütiger*, à Ringgenberg; *A. Hartmann*, à Iseltwald; *H. Jäger*, inspect. forest.; *Jäger*, hôtelier; *U. Linder*, à Brienz; Dr *M. Muzy*, prof.; *Jungo*, à Fribourg; *A. Fasnacht*; *G. Grey*, à Montillier; *Fasnacht*, à la Sauge; Col. *F. Imer*, à Neuville; *C. Engel*, notaire à Douanne; *L. de Coulon*; *Ph. de Rougemont*, prof. †; *Ch. Seinet*; *Boll*, à Neuchâtel; Capt. *A. Vouga* †, à Cortaillod; Dr *P. Vouga*, à St-Blaise; *E. Bachelin*, à Auvernier; *A.*

---

[1] Je ne cite naturellement pas beaucoup de pêcheurs qui se sont bornés à me vendre des poissons, en différentes localités; et je demande d'avance pardon aux personnes plus méritantes que j'aurais pu oublier de nommer ici. Une croix † à la suite d'un nom signifie : mort durant la publication de cet ouvrage, autant que j'ai pu le savoir.

Jaccard, prof., au Locle; *L. Guinand*, aux Brenets; *Valloton*, au lac de Joux; *J. Henchoz*, à l'Étivaz; *Zuffrey*, à Sierre; *H. Goll*, à Lausanne; Dr *H. Vernet*, à Duillier; *A. Humbert* †; Dr *Mayor*, prof.; *G. Lunel*, direct. Mus.; *E. Covelle*; Dr *H. Girard*; Dr *A. Müller*, prof., à Genève; *F. Lugrin et E. Haas*, dir. pisc., à Gremat; Dr *L. Lavizzari* †; *G. Lubini*, ing.; Dr *C. Guido*, prof.; Dr *S. Calloni*, à Lugano; Dr *P. Pavesi*, prof. à Lugano et Pavie. — Dr *B. Benecke*, à Königsberg; *A. de Claparède*, à Berlin; Dr *H. Danner*, à Linz; *H. Haack*, dir. pisc., à Huningen; Dr *L. Vaillant*, prof. au Mus.; *M.-C. Raveret-Wattel*; *M. Thominot*, à Paris; *A. d'Audeville*, dir. pisc., à d'Andecy; Cte *T. de Chambost*, au Chât. de Lépin, Savoie. — Pour suppl. Mammifères ou Reptiles : Dr *F. Müller*, à Bâle; D^r *Ch.-G. Brügger*, à Coire; *J. Lechthaler*, à Genève; *H. Huguenin*, aux Geneveys; *Ed. Stebler*, prof., à la Chaux-de-Fonds; *H. Fischer-Sigwart*, à Zofingue; Dr *J. Hofer*, à Unter-Kulm; *A. Vaucher*, à Genève et *H.-G. Stehlin*, à Bâle.

Genève, avril 1890.

V. FATIO.

Suit le *tableau de la classification* adoptée dans cet ouvrage.

Les sous-classes, ordres, sous-ordres et familles entre parenthèses ne comptent pas de représentants dans le pays.

On trouvera dans les tableaux synoptiques des deux volumes, soit la caractéristique des divers groupes représentés, soit la subdivision des familles en genres et espèces. Ne sont nommées dans ce tableau que les familles dont des espèces sont décrites dans le travail.

CLASSIFICATION SUIVIE DANS L'OUVRAGE
CLASSE DES POISSONS : PISCES [1]

SOUS-CLASSES	ORDRES	SOUS-ORDRES	FAMILLES	Voir tableaux.
(DIPNEUSTI : Lepidosiren, Protopterus, Ceratodus; transition aux Batraciens).				
	Anarthropterygii		*Percidæ*	part. I, p. 154
			Gasterosteidæ	» »
			Triglidæ	» »
			Gobiidæ	» »
			(Blenniidæ)	» »
	(Pharyngognathi)	(Acanthopterygii). (Malacopterygii).		
TELEOSTEI	Physostomi		*Cyprinidæ*	part. I, p. 747-750
			Acanthopsidæ	part. II, p. 522-
			Clupeidæ	» » 522
			Salmonidæ	» » 522-524
			Esocidæ	» » 525
			Siluridæ	» » 525
			Murænidæ	» » 525
	Anacanthini	Gadoidei (Pleuronectoidei).	*Gadidæ*	» » 526
	(Lophobranchii).			
	(Plectognathi).			
GANOIDEI	Chondrostei (Holostei).		*Acipenseridæ*	part. II, p. 526
(SELACHII)	(Plagiostomi). (Holocephali).			
MARSIPOBRANCHII	Cyclostomi		*Petromyzonidæ*	part. II, p. 526
(LEPTOCARDII : Amphioxus; transition aux invertébrés).				

1 Les groupes entre parenthèses n'ont pas de représentants dans le pays.

SOUS-CLASSE

TELEOSTEI

(SUITE)

Ordre II. PHYSOSTOMES

PHYSOSTOMI

(SUITE) [1]

Famille II. ACANTHOPSIDÉS

ACANTHOPSIDÆ

Les Acanthopsidés ont le corps assez allongé, plus ou moins couvert d'écailles petites ou rudimentaires, parfois entièrement nu. La tête est d'ordinaire recouverte par la peau, jusqu'à la fente branchiale; le museau est orné de barbillons plus ou moins nombreux. L'intermaxillaire compose seul le bord de la mâchoire supérieure. Les pharyngiens inférieurs portent un rang de petites dents; la bouche en est autrement dépourvue. Les sous-orbitaires ou les pièces operculaires sont le plus souvent armés d'épines plus ou moins développées. Les nageoires sont au nombre de sept : l'anale plutôt courte et la dorsale sans

[1] Voyez : Faune des Vert. de la Suisse, vol. IV, part. 1, p. 156, = *Malacopterygii abdominales* et *apodes* de Cuvier.

rayon osseux. La vessie aérienne, quand elle existe, est plus ou moins enveloppée dans une capsule osseuse.

Les quelques genres, un peu hétérogènes, qui ont été peu à peu groupés autour de nos Loches, constituent avec celles-ci une famille propre à l'ancien monde et assez riche en espèces, principalement dans différentes parties de l'Asie et à Bornéo.

Quoique se rapprochant tour à tour, dans leurs formes variées, des Siluridés ou des Cyprinidés, les Acanthopsidés présentent cependant en commun assez de caractères propres pour que je leur conserve ici le rang de famille qui leur a été attribué par Heckel et Kner [1] ; non plus comme ces auteurs près des Siluridés, mais bien à la suite des Cyprinidés, avec lesquels ils présentent plusieurs rapports incontestables [2].

Les espèces de Suisse et d'Europe, assez généralement réunies dans le genre *Cobitis*, seront ici, avec Günther (Catal.), distribuées dans les trois genres suivants, seuls représentés sur notre continent : *Misgurnus*, *Cobitis* et *Nemachilus*, que motivent suffisamment des caractères différentiels assez importants.

[1] Süsswasserfische... 1858.

[2] Günther, dans son Catal. of Fishes, VII, refuse des pseudobranchies à tous les représentants de son groupe des *Cobitidina*. L'absence de ces organes ne saurait cependant constituer un caractère spécial à notre famille des Acanthopsidés, car il est incontestable que la *Loche franche*, un des types les plus répandus, en porte une petite houppe derrière le haut du préopercule. N'ayant pu étudier à cet égard beaucoup des espèces étrangères à notre continent, je n'oserais me baser sur la présence ou l'absence des pseudobranchies pour une distinction générique.

J'en dirai autant du défaut ou du développement incomplet de l'arcade zygomatique, soit sous-orbitaire, que je n'ai pu étudier chez plusieurs des représentants exotiques de nos genres européens.

Genre 1. MISGURNE

MISGURNUS, Lacép.

Dix ou douze barbillons, dont deux de chaque côté de la mandibule. Sous-orbitaire avec ou sans épine sous la peau. Corps allongé et comprimé. Écailles petites. Nageoire dorsale en face des ventrales. Caudale arrondie. Vessie aérienne enveloppée dans une capsule osseuse.

Les espèces représentant ce genre, au nombre de six, sont en majorité asiatiques; une seule, le *Misgurnus fossilis*, habite la Suisse et les eaux douces de l'Europe.

22. LA LOCHE D'ÉTANG

SCHLAMMPITZGER. — WETTERFISCH.

MISGURNUS FOSSILIS, Linné.

Corps allongé et de plus en plus comprimé dans sa partie postérieure. Tête petite. Bouche en dessous, avec dix barbillons : trois à la lèvre supérieure et deux à l'inférieure, de chaque côté. Une petite épine sur le suborbitaire, sous la peau. Dents pharyngiennes à couronne onguiforme, décroissant de bas en haut, au nombre ordinaire de 11 à 14. Trois rayons branchiostèges allongés et subcylindriques. Écailles petites sur tout le corps, un peu plus fortes et imbriquées sur les flancs. Pas de ligne latérale apparente. Caudale relativement petite et arrondie. Deux bandes latérales brunes ou noirâtres, continues ou formées de taches juxtaposées sur les flancs, avec de nombreuses macules foncées, irrégulières et plus ou moins confluentes, sur un fond grisâtre, jaunâtre ou brunâtre. — (Taille moyenne d'adultes et de vieux = 0ᵐ,16—25 à 0ᵐ,32.)

D. 3-4/5-6, A. 3/5, V. 2/5-6, P. 1/8-10, C. 16 *maj.* — Vert. 48-50.

COBITIS FOSSILIS, *Linné*, Syst. Nat. 1, éd. 12, p. 500. — *Bloch*, Fische
     Deutschl. 1, p. 216, Taf. 31, fig. 1. — *Schrank*, Fauna Boica, 1,
     p. 318. — *Hartmann*, Helvet. Ichthyol. p. 79. — *Pallas*, Zoogr.
     Ross. As. III, p. 166. — *Cuv. et Val.* XVIII, p. 46. — *Schinz*,
     Fauna Helv. p. 153, et Europ. Fauna, II, p. 333. — *Selys-Long-
     champs*, Faune belge, p. 193. — *Heckel et Kner*, Süsswasser-
     fische, p. 298, fig. 161. — *Fritsch*, Fische Böhmens, p. 8. Ceske
     Ryby, p. 37. — *Siebold*, Süsswasserfische, p. 335. — *Jäckel*,
     Fische Bayerns, p. 88. — *Blanchard*, Poissons de France, p. 289,
     fig. 55, 56.—*De la Blanchère*, Dict. des Pêches, p. 448.—*Leuthner*,
     Mittelrhein. Fischfauna, 1877, p. 17. — *Klunsinger*, Fische des
     Würtemberg, 1881, p. 249. — *Moreau*, Hist. nat. Poissons de
     France, 1881, III, p. 436. — *Mela*, Vertebrata Fennica, 1882,
     p. 312. — *Möbius et Heincke*, Fische der Ostsee, 1883, p. 122, fig.
     — *Benecke*, Naturg. und Leben der Fische, 1886, p. 138, fig. 147.
ACANTHOPSIS FOSSILIS, *Jeitteles*, Fische der March, I, 1863, p. 16.
MISGURNUS FOSSILIS, *Lacép.* V. p. 17. — *Günther*, Catal. of Fishes, VII, 344.

NOM VULGAIRE : *Meergrundelen* (Bâle), *false pro : Moorgrundel.*

Corps allongé à profils droits, quasi parallèles, avec une section
     subarrondie en avant, mais de plus en plus comprimée en
     arrière. La hauteur maximale, devant la dorsale, à la lon-
     gueur totale du poisson, comme 1 : $8^{1}/_{4}$ — $9^{1}/_{2}$ chez l'adulte
     de taille moyenne, parfois $7^{1}/_{2}$ chez des jeunes; ce diamètre
     vertical réduit de $1/_{4}$ environ sur le pédicule caudal. —
     L'anus ouvert, en arrière de l'extrémité des ventrales, un
     peu en avant des $2/_{3}$ de la longueur totale.
Tête relativement petite, subconique et un peu comprimée, avec
     un museau arrondi, un peu pincé; sa longueur latérale à la
     longueur totale du poisson = 1 : 7-8-9 $1/_{4}$ selon l'âge et
     les individus; souvent = $7^{1}/_{4}$ — 8, vis-à-vis de la longueur
     sans la caudale. — Narines doubles, très voisines de l'œil;
     l'orifice antérieur tubulé proéminent. — Les diverses pièces
     operculaires recouvertes par la peau du corps.
     Bouche inférieure, en fer à cheval, entourée de lèvres
     épaisses et ornée de *dix barbillons :* trois assez grands de
     chaque côté de la lèvre supérieure, en avant, au milieu et
     sur la commissure, et quatre beaucoup plus petits près du
     bout de l'inférieure. Les barbillons supérieurs antérieurs un
     peu plus courts que les suivants; les angulaires, un peu plus

longs que ces derniers, mesurant près de la moitié de la
longueur céphalique latérale; les inférieurs latéraux moitié
des supérieurs lat., les inférieurs ant. moitié des latéraux.

Œil petit et placé haut près du profil frontal, à peu près
au milieu de la longueur céphalique, d'un diamètre, vis-à-vis
de cette dernière, comme 1 : 7 $^1/_2$—8; l'espace interorbitaire
mesurant 1 $^2/_3$ à 2 $^1/_2$ diamètres de l'œil, chez l'adulte.

Membrane branchiostège bien développée, fermant l'ouïe
entre le sous-opercule arrondi et le bas du pied de la nageoire pectorale, et soutenue par trois rayons allongés,
arqués et subcylindriques.

Arcade zygomatique incomplète; le suborbitaire portant une
épine recourbée en arrière, naissant devant l'œil et se prolongeant jusque sous $^1/_2$ ou $^2/_3$ de celui-ci, où se trouve,
dans la peau, une ouverture presque imperceptible.

Pharyngiens inférieurs grêles, en demi-croissant, aigus dans le
haut, tronqués et rapprochés dans le bas, avec une petite
corne latérale un peu au-dessous du milieu et armés, au côté
antérieur supérieur, de 11 à 13, parfois 14 dents sur un
rang, à couronne onguiforme un peu pincée, légèrement
crochue et non pectinée (Voyez Pl. IV, fig. 3). La deuxième
dent, en bas, généralement la plus grande; les autres de plus
en plus petites vers le haut; la troisième ou la quatrième en
face de la corne. — Pas d'organe analogue à la meule des
Cyprinides.

Nageoires : dorsale naissant légèrement en arrière de la moitié
de la longueur totale, peu décroissante et convexe sur la
tranche; sa hauteur mesurant les $^2/_3$ de la longueur céphalique latérale ou un peu plus, la base égale à peu près à $^2/_3$
de la hauteur ou légèrement plus, chez l'adulte. Trois,
plus rarement quatre rayons simples, et six, plus rarement
cinq divisés; le dernier de ceux-ci parfois si profondément
partagé qu'il paraît en former deux. — Anale naissant bien
en arrière de l'extrémité de la dorsale couchée; presque de
mêmes dimensions que celle-ci, quoique généralement un
peu plus étroite, et comme elle convexe sur la tranche, avec
trois rayons simples et cinq divisés. — Ventrales implantées
sous le milieu de la base de la dorsale, très rapprochées, de

forme triangulaire subarrondie, et à peu près de la longueur de la dorsale, avec deux rayons simples et cinq ou six divisés.

Pectorales très réversibles, de formes et dimensions assez différentes dans les deux sexes; volontiers triangulaires et à peu près égales à la longueur de la tête; d'ordinaire sensiblement plus longues, chez le mâle; par contre notablement plus arrondies et plus courtes chez la femelle. Un rayon simple et huit à dix divisés.

La pectorale du mâle non seulement plus grande, plus large et plus anguleuse que celle de la femelle, mais aussi plus épaisse et plus haute en avant, par suite d'un empâtement des deux premiers rayons et du fait que c'est le premier divisé qui est le plus long, alors que c'est le deuxième ou le troisième chez la femelle (Voyez Pl. IV, fig. 6 et 7).

Caudale relativement petite et convexe sur la tranche, à la longueur totale comme 1 : 7 $^2/_4$—8 $^2/_5$—9 $^1/_4$ selon l'âge moins ou plus avancé, par le fait au moins égale à la tête ; avec seize rayons principaux : deux simples latéraux et quatorze divisés, plus de nombreux petits rayons décroissants plus ou moins noyés dans un bourrelet de la peau.

Écailles petites, distribuées plus ou moins sur tout le corps ; pas sur la tête; plus fortes et imbriquées sur les flancs, subarrondies et plus faibles sur le dos; plus petites, un peu plus éparses et plus noyées dans les téguments sous le ventre.

Pas de ligne latérale apparente.

La ligne dénudée signalée par de Siebold derrière la dorsale et l'anale ne m'a pas paru constante.

Une squame latérale médiane, ovale, avec des stries concentriques très accentuées autour d'un nœud reculé du côté du bord fixe, et des rayons nombreux et réguliers, non festonnée et d'un diamètre égal à $^1/_3$ à $^2/_5$ de celui de l'œil, chez l'adulte.

La peau nue recouvrant les diverses parties de la tête, l'œil y compris, et les diverses nageoires.

Coloration fondamentale d'un jaunâtre tirant plus ou moins sur le brun, le roux ou le gris, en dessus et sur les côtés, généralement plus franchement jaune ou orangée sous le ventre,

avec de nombreuses taches brunes ou noires, plus ou moins
régulièrement réparties et volontiers assez serrées pour former des bandes latérales continues.

Le plus souvent : le dos et le haut des flancs tout couverts
de taches et de points bruns ou noirs assez rapprochés pour
constituer jusqu'à la caudale un large manteau foncé, plus
ou moins bordé par une ligne sinueuse noirâtre sur les côtés ;
plus bas, sur les flancs, une autre large bande brune bordée
de noirâtre en haut et en bas, de l'ouïe à la caudale ; plus
près du ventre encore, une ligne sinueuse d'un brun noirâtre
ou noire plus ou moins constante et régulière, s'arrêtant
souvent vers l'anus. — Une ligne longitudinale de même
couleur foncée faisant suite à celle des flancs devant et derrière l'œil ; de nombreuses petites taches noirâtres subarrondies semées sur les autres parties de la tête. — Faces inférieures plus ou moins semées aussi de petites macules foncées. — ·Nageoires dorsale et caudale régulièrement tachetées de brun ou noir, sur un fond gris jaunâtre ou brun ; anale
et ventrales plus pâles, peu ou pas maculées ; pectorales plus
ou moins mâchurées et maculées.

Dimensions : le plus gros individu que j'aie examiné, de provenance du Rhin suisse, était une femelle mesurant 25 centimètres de longueur totale. De Siebold attribue à l'espèce,
en Allemagne, jusqu'à 12 pouces, soit 32 à 33 centimètres de
longueur. Des individus du Rhin, mâle et femelle, de 16 centimètres, m'ont présenté des testicules et des ovaires très
développés.

Mâles généralement plus petits et moins nombreux que les
femelles, avec un développement de nageoires pectorales
bien différent (Voy. plus haut : pectorales).

Vertèbres au nombre de 49—50, plus rarement 48. — Tube
digestif quasi droit. — Pas de pseudobranchies. — Vessie
aérienne antérieure, petite, bilobée et enfermée dans une
capsule osseuse dépendant de la première vertèbre et s'ouvrant, par une petite fente allongée, sous la peau, entre les
faisceaux musculaires, au-dessus de la base des pectorales,
sous les quelques pores simulant, en avant, un commencement de ligne latérale. — Ovaires et testicules doubles.

Cette espèce, que nous avons vu varier assez quant aux diverses proportions, selon le sexe, l'âge et les individus, diffère aussi passablement eu égard à la livrée, dans les différentes saisons et conditions ; sur une teinte fondamentale jaunâtre tirant plus ou moins sur le gris ou le brun, on trouve : tantôt des bandes foncées brunes ou presque noires bien dessinées et continues, tantôt des taches successives plus ou moins éparses et distinctes. Souvent le dos est entièrement foncé; ou bien il présente sur le milieu une fine ligne longitudinale claire, entre deux bandes sombres ; d'autres fois encore, il est couvert seulement de taches foncées. Le ventre est aussi plus ou moins orangé suivant les saisons.

La Loche d'étang est assez répandue en Europe, au nord des Alpes, en France, en Belgique, en Hollande, en Autriche, dans diverses parties de l'Allemagne, jusque sur les bords de la mer Baltique, même, quoique rarement, jusque dans certaines parties de la Finlande méridionale.

Bien que l'*Almanach helvétique,* pour 1819, cite le Schlammpitzger ou Wetterfisch dans l'Aar, à Thun, pas plus que Hartmann et Schinz, je n'ai pu me procurer cette espèce d'une autre localité, en Suisse, que du Rhin près de Bâle, où elle se rencontre de préférence dans les *Altwässer,* mares latérales, plus particulièrement près de Istein et de Neudorf, selon Leuthner [1]. Je n'ai pas pu l'obtenir du lac de Constance, où Heckel et Kner le citent cependant. Son habitat dans notre pays paraît en tout cas fort limité.

Ce poisson a des allures assez vives, avec des mouvements ondulatoires qui rappellent, jusqu'à un certain point, ceux de l'anguille. Il vit généralement dans les eaux tranquilles, à fond vaseux, s'y nourrissant surtout de vers, d'insectes et de larves, parfois de frai de poisson. C'est là qu'il se multiplie de préférence, pondant sur les plantes aquatiques un très grand nombre d'œufs de 1 $\frac{1}{4}$ à 1 $\frac{1}{2}$ millimètre de diamètre, généralement en avril ou mai, parfois en juin ou juillet seulement, si les eaux

[1] Mittelrheinische Fischfauna, 1877.

sont trop froides ; c'est là aussi qu'on le retrouve souvent, caché dans la vase, après l'abaissement des eaux, enfoui vivant, mais en parfait état grâce à un procédé supplémentaire de respiration déjà signalé par Erman [1], en 1808, chez le *Cobitis fossilis*, et depuis lors reconnu propre également à nos autres espèces d'Acanthopsidés, alors que l'eau ne contient pas assez d'oxygène. L'animal avale, pour ainsi dire, des gorgées d'air, et celui-ci ressort par bulles de l'anus, après avoir subi, dans le tube digestif, les mêmes modifications que dans de véritables organes respiratoires.

Le nom de *Wetterfisch*, poisson prophète du temps, a depuis longtemps été attribué au *M. fossilis*, parce que l'on a remarqué qu'à l'approche d'un changement de temps, d'un orage principalement, et plusieurs heures à l'avance, il s'agite au point de troubler complètement l'eau vaseuse autour de lui. Quelques personnes ont employé ce poisson comme baromètre, en le gardant captif dans un bocal garni de limon.

La Loche d'étang se prend surtout avec de petits filets, car elle mord rarement au hameçon ; sa chair n'a rien de désagréable, si l'on prend soin d'enlever l'abondante mucosité qui recouvre la peau.

On a signalé chez ce poison quelques espèces de vers parasites de l'ordre des Helminthes [2].

Genre 2. COBITE

COBITIS, Linné.

Six barbillons, à la lèvre supérieure seulement, trois de chaque côté. Un aiguillon bifide mobile sur le suborbitaire. Corps assez allongé, plus ou moins comprimé. Écailles très

---

[1] Erman : Gilbert's Annalen der Physik, 1808, Bd. 30, p. 140.
[2] *Distomum transversale* (Rud.), dans l'estomac. — *Tetraonchus cruciatus* (Dies.), sur les branchies, et *Tylodelphys craniaria* (Dies.), dans la cavité crânienne.

petites. Nageoire dorsale en face des ventrales. Caudale un peu convexe ou presque droite sur la tranche. Vessie aérienne enveloppée dans une capsule osseuse.

Comme celles du genre précédent, les espèces de Cobites, au nombre de quatre[1], sont surtout asiatiques; une seule, la *Cobitis tænia*, habite la Suisse et les eaux douces de l'Europe.

23. LA LOCHE DE RIVIÈRE

DORNGRUNDEL. — COBITE FLUVIALE.

COBITIS TÆNIA, Linné.

(Voy. vol. IV, Poissons, 1re part. Pl. V, fig. 2.)

Corps assez allongé et comprimé. Tête petite et pincée. Bouche en dessous, avec trois barbillons de chaque côté, à la lèvre supérieure. Un aiguillon érectile bifide sortant, sous l'œil, par une fente de la peau. Dents pharyngiennes coniques, assez espacées, au nombre de 7 à 10. Trois rayons branchiostèges assez longs et un peu aplatis. Écailles très petites; la ligne latérale tubulée, sur la partie antérieure du corps seulement. Caudale assez large, un peu convexe ou quasi droite sur la tranche. Une série de larges taches brunes ou noirâtres sur les flancs, plus ou moins rapprochées; généralement une ou deux macules noirâtres à la base de la caudale, de chaque côté. — (Taille moyenne d'adultes et de vieux : 0ᵐ,07—10 à 0ᵐ,115.)

D. 3/7-8, A. 2-3/5, V. 2/5-6, P. 1,6-8, C. 15-16 *maj.* — Vert. 40-42.

COBITIS TÆNIA, *Linné,* Syst. Nat. 1, éd. 12, p. 499. — *Bloch,* Fische Deutschl. 1, p. 221, Tab. 31, fig. 2. — *Schrank,* Fauna Boica, 1, p. 318. — *Lacépède,* V, p. 9. — *Hartmann,* Helv. Ichthyol. p. 77. — *Pallas,* Zoogr. Ross. As. III, p. 166. — *Fleming,* Brit. An. p. 189. — *Nilsson,* Skand. Fauna, Fisk, p. 345. — *Holandre,* Faune de la Moselle, p. 252. — *Cuv. et Val.* XVIII, p. 58. — *Schinz,* Fauna

[1] Günther, Catal. of Fishes, VII, 1868.

Helv. p. 152, et Europ. Fauna, II, p. 333. — *Heckel et Kner*, Süss-
wasserfische, p. 303, fig. 163. — *Fritsch*, Fische Böhmens, p. 8.
Ceske Ryby, p. 38. — *De Betta*, Ittiol. Veron. p. 116. — *Siebold*,
Süsswasserfische, p. 338. — *Jäckel*, Fische Bayerns, p. 90. —
Canestrini, Prosp. crit. p. 102. — *Blanchard*, Poissons de France,
p. 285, fig. 51. — *De la Blanchère*, Dict. des Pêches, p. 448. —
Günther, Catal. of Fishes, VII, p. 362. — *Pavesi*, Pesci e Pesca,
p. 65. — *Klunsinger*, Fische des Würtemb. 1881, p. 199. —
Moreau, H. N. Poiss. de France, 1881, III, p. 434. — *Mela*,
Vert. Fennica, 1882, p. 314.

COBITIS SPILURA, *Holandre*, Faune de la Moselle, p. 253.
   »   ELONGATA, *Heckel et Kner*, Süsswasserfische, p. 305, fig. 164.
   »   LARVATA, *De Filippi*, Mem. Acad. Torin. XIX. — *Canestrini*,
       Prosp. crit. p. 106.
   »   BARBATULA, *Gronov*, Syst. éd. *Gray*, p. 41.
BOTIA TÆNIA, *Yarrel*. Brit. Fish, I, p. 381. — *Kröyer*. Danm. Fisk, III,
       p. 564.
ACANTHOPSIS TÆNIA, *Agassiz*, Mém. Soc. Sc. Neuchâtel, I, p. 36. — *Selys-
       Longchamps*, Faune Belge, p. 192. — *Jeitteles*, Fische der March,
       I, p. 18.

NOMS VULGAIRES, Tessin : *Ingrisélla, Grisélla, Ghisélla* et *Garzélla* au
       lac de Lugano, où elle est aussi parfois appelée *Lampréda*, par
       confusion avec la petite Lamproie. — *Cagnóra* ou *Cagnóla* au lac
       Majeur.— *Lucérna* ou *Luscérna, Stacchétta. Tirafisch, Péss-porc*,
       dans quelques rivières, Tresa et Tessin en particulier.

Corps assez allongé, peu élevé, plutôt élancé et passablement
comprimé ; le profil supérieur légèrement ascendant devant
la dorsale ; le profil inférieur presque droit. La hauteur maximale, devant la dorsale, à la longueur totale $= 1 : 6\,^3/_4 - 8\,^3/_4$
(même comme $1 : 6 - 9\,^8/_{10}$ d'après Canestrini), selon l'âge
plus ou moins avancé ; à la longueur sans la caudale souvent
$= 1 : 6\,^1/_4 - 7\,^1/_4$ chez des sujets de taille moyenne. Ce diamètre vertical maximum réduit de deux tiers ou de moitié
environ devant la caudale ; l'épaisseur la plus grande moitié
seulement ou à peu près de la hauteur maximale. — Anus
ouvert aux deux tiers environ de la longueur totale.

Tête plutôt courte, pincée et très busquée en avant ; sa longueur latérale, à la longueur totale du poisson $= 1 : 6\,^1/_7 - 6\,^3/_4$
chez mes sujets du Tessin de taille différente (parfois $1 : 5\,^4/_{10}$
selon Canestrini) ; souvent à la longueur sans la caudale

= 1 : 5 $^1/_4$ — 5 $^3/_4$ chez l'adulte. — Museau comprimé et arrondi en avant. Narines doubles, tubulées en avant et un peu plus près de l'œil que du bout du museau. — Opercule assez étroit, recouvert par la peau du corps, nue sur toute la tête.

Bouche inférieure, plutôt petite et transverse; la lèvre supérieure en demi-cercle, ornée de *six barbillons,* trois de chaque côté : un très petit en avant, un légèrement plus grand, plus en arrière vers l'angle de la bouche; enfin, le plus grand, sur la commissure des mâchoires, mesurant un quart de la longueur de la tête environ.

Membrane branchiostège fermant l'ouïe au bas de la pectorale, un peu plus lâchement que chez le *M. fossilis,* et soutenue par trois rayons, assez grands, arqués et passablement aplatis.

Œil ovale, placé obliquement près du profil frontal, légèrement plus près du bord postérieur de l'opercule que du bout du museau, d'un diamètre, à la longueur céphalique latérale comme 1 : 5—5 $^1/_4$ chez l'adulte (parfois 1 : 6 chez de très jeunes individus selon Canestrini); l'espace interorbitaire égal environ à $^2/_3$ ou à $^3/_4$ de l'œil, chez l'adulte.

Arcade zygomatique incomplète; le suborbitaire armé, sous la peau, d'un aiguillon mobile, bifide et assez fort, naissant en dessous et un peu en avant de l'œil et pouvant sortir librement par une large fente au-dessous de celui-ci. Ce double aiguillon composé d'une corne antérieure plus courte et d'une corne postérieure plus longue, généralement plus développée chez les mâles que chez les femelles ; arrivant d'ordinaire au plus sous la moitié de la pupille chez les secondes, dépassant souvent par contre notablement le bord postérieur de celle-ci chez les premiers [1].

Pharyngiens inférieurs grêles, arqués, pointus dans le haut, tronqués et rapprochés dans le bas, un peu renflés vers le milieu, avec une petite corne latérale dirigée vers le bas, et armés de 8 à 10 dents, parfois sept, sur un rang, coniques,

---

[1] Je n'ai pas trouvé les aiguillons supplémentaires signalés, chez le mâle, par Cederström : Ofvers Kongl. Vetensk. Acad. Forhandl., 1874, n° 9.

assez espacées, surtout sur la branche pointue; la plus grande vers le milieu (Voy. Pl. IV, fig. 2). — Pas de meule osseuse.

Nageoires : dorsale naissant sensiblement en avant de la moitié de la longueur totale, médiocrement déclive et un peu convexe sur la tranche; sa hauteur au premier rayon divisé presque égale à l'élévation du corps; la base a peu près $^3/_4$ de la hauteur. Trois rayons simples et sept, plus rarement huit divisés. — Anale naissant bien en arrière de la dorsale couchée, arrondie sur la tranche et mesurant en hauteur et longueur à peu près les $^2/_3$ ou les $^3/_4$ de la dorsale. Deux à trois rayons simples et cinq divisés. — Ventrales implantées sous le premier ou le second divisé de la dorsale, subarrondies et volontiers légèrement plus grandes que l'anale; avec deux rayons simples et cinq à six divisés.

Pectorales très reversibles, triangulaires et subconvexes, un peu plus courtes que la dorsale chez la femelle, au moins égales à celle-ci chez le mâle. Un rayon simple et six à huit divisés. — Le premier divisé, le plus long, fortement renflé chez le mâle, avec des articulations très saillantes et ses deux branches souvent soudées jusqu'au bout. Ce même rayon portant, sur le tiers inférieur de son côté postérieur, à la face interne de la nageoire, une sorte de palette cartilagineuse arrondie en forme de squame, assez épaisse et mesurant au moins le diamètre de l'œil (Voy. Pl. IV, fig. 4).

En signalant le développement du premier divisé pectoral chez le mâle de la *C. tænia,* en Italie, Canestrini ajoute que Bonizzi aurait parfois trouvé une excroissance latérale dudit rayon, mais tout à fait rudimentaire, chez de vieilles femelles [1]. Le fait n'est pas si rare; car j'ai trouvé moi-même, chez la *C. tænia* du Tessin, plusieurs femelles qui portaient au rayon en question, pas particulièrement gonflé, une palette latérale moitié environ de celle du mâle; et ces femelles adultes n'en portaient pas moins une foule d'œufs parfaitement mûrs et développés.

Quoique plus fréquente et plus accentuée chez le mâle,

---

[1] Fauna italica, part. III, p. 20 et 21, fig. 2.

la palette pectorale squamiforme ne serait donc pas le propre exclusif de celui-ci : tandis que le gonflement très accusé du rayon constituerait plutôt un véritable caractère sexuel, analogue, du reste, à celui que j'ai décrit chez le *M. fossilis* et que j'ai signalé chez la plupart de nos Cyprinides.

Caudale à peu près égale en longueur à la hauteur du corps, soit légèrement plus courte que la tête, un peu convexe ou presque droite sur la tranche, avec quinze à seize rayons principaux, treize ou plus souvent quatorze divisés et un grand simple de chaque côté, appuyé à la base par de petits rayons décroissants en nombre moindre que chez le *M. fossilis.*

Écailles très petites sur tout le corps, plus ou moins noyées dans la peau, un peu imbriquées sur les flancs, peu ou pas imbriquées sous le ventre. Une squame prise sur les côtés, vers le milieu du corps, subarrondie avec des stries concentriques et de nombreux rayons autour d'un espace central généralement assez vague, d'une surface en tout à peu près égale à $^1/_3$ ou $^1/_4$ de celle de la pupille, soit mesurant au plus $^1/_2{}^{mm}$ de diamètre, chez un individu de $0^m,094$ de long (Voy. Pl. IV, fig. 5). — La ligne latérale composée de petits tubes membraneux, sans écailles, s'étendant rarement au delà du premier tiers ou de la moitié des pectorales.

Coloration des faces supérieures d'un gris jaunâtre ou blonde et plus ou moins foncée, tantôt avec des bandes transversales d'un gris verdâtre foncé, sur le dos, et de petites macules brunes entre celles-ci ; tantôt avec des taches brunes allongées plus ou moins éparses ou disposées en lignes longitudinales, et des points noirâtres et gris entremêlés. Une ligne jaunâtre longitudinale plus claire sur les flancs, et au-dessous de celle-ci, de grandes taches ovales ou subcarrées variant en nombre de 10 à 16 ou 17 et parfois plus, brunes ou plus souvent d'un noir d'encre de Chine, formées de nombreux petits points noirs serrés et souvent plus ou moins reliées entre elles par un trait grisâtre, sur fond jaunâtre. Bas des flancs jaunâtre ; ventre jaunâtre ou d'un blanc jaunâtre. Tête également grise ou blonde, mais généralement plus pâle que le tronc et tachetée, avec un trait noirâtre assez constant

entre le bout du museau et l'œil; parfois aussi une ou deux
macules plus grosses que les autres en arrière de celui-ci.
Opercule volontiers à reflets dorés. Iris doré. — Nageoires inférieures, suivant la saison, plus ou moins teintées de
rosâtre ; dorsale grisâtre, avec des macules noirâtres disposées transversalement en trois ou quatre lignes parallèles ;
caudale mélangée de gris et de rougeâtre, avec deux, plus
rarement une ou trois taches noires ou noirâtres à la base,
plus trois à cinq ou six lignes transverses parallèles de petites macules noirâtres (Voy. vol. VI, pl. VI, fig. 2).

Dimensions : le plus grand individu du Tessin que j'aie examiné
(lac de Lugano) mesurait 0^m,100 de longueur totale; le plus
fort mesuré par Canestrini, (Prosp. crit.), égalait 0^m,098 ; de
Siebold cite quatre pouces comme limite extrême; Heckel et
Kner donnent 2 ½ pouces comme maximum pour la *C. tænia*
(plus du double pour leur *C. elongata*[1]).

Mâles moins nombreux que les femelles et généralement bien
plus petits, avec un aiguillon sous-orbitaire un peu plus
fort, ainsi qu'un premier rayon divisé pectoral plus épais
présentant une palette squamiforme plus constante et plus
développée.

Vertèbres au nombre de 40 à 42[2]. — Tube digestif quasi droit.
— Pas de pseudobranchies. — Vessie aérienne très petite,
antérieure, ovale, transverse et enveloppée dans une capsule osseuse simple; s'ouvrant, sous la peau, par une petite
fente allongée, sous la partie antérieure de la ligne latérale, au-dessus du quart basilaire des pectorales, au fond du
sillon compris entre les faisceaux musculaires supérieurs et
inférieurs. — Ovaire simple; testicules doubles.

Cette espèce, que nous avons dit varier assez quant aux proportions, aussi bien qu'en égard à la coloration fondamentale
de sa robe ou à la forme et au nombre de ses taches ornemen-

[1] La *Cobitis elongata* de Heckel et Kner, qui paraît n'être qu'une
variété de notre *C. tænia*, atteindrait, en effet, suivant ces auteurs, jusqu'à 6 pouces, dans les environs d'Idria en Carinthie.

[2] Selon Canestrini : Prosp. critico, p. 102.

tales, a donné lieu à la création de quelques soi-disant espèces
locales qui, dans différentes conditions, affichent plus ou moins
tel ou tel caractère particulier. Ainsi la *Cobitis elongata* de Heckel et Kner qui, avec une taille supérieure à la moyenne, présente des formes générales plus effilées et volontiers un aiguillon sous-orbital moins développé, serait une forme propre à la
Carinthie. Les chiffres comparés des rayons à la caudale donnés
par ces auteurs : 13 à *C. tænia*, 16 à *C. elongata*, n'ont pas
l'importance qu'ils semblent avoir d'abord, car j'ai compté
chez la *C. tænia* du Tessin de 14 à 16 rayons principaux à cette
nageoire, et Canestrini a trouvé le minimum 13 en Italie. — La
Cobitis larvata de De Filippi, affirmée par Canestrini qui lui voit,
avec une livrée un peu différente, des dents pharyngiennes au
nombre réduit de 6, et de 11-12 rayons à la caudale seulement,
serait aussi une variété de la *C. tænia*, dans le Piémont. La
ligne brune continue des flancs, qui devrait caractériser l'espèce,
me paraît plus ou moins remplacée quelquefois par des taches
successives très rapprochées ; c'est ainsi que j'ai compté vingt
macules bien distinctes, chez un jeune individu. Le nombre
réduit des dents me semble perdre aussi beaucoup de son importance vis-à-vis de la variabilité de ces organes dans les deux
formes. Enfin, j'ai compté jusqu'à 14 et 15 rayons à la caudale
chez deux *C. larvata* d'Italie, autrement répondant à la description de cette Cobite par Canestrini.

La *Cob. tænia* se présente encore quelquefois avec deux bandes brunes continues sur les flancs, qui lui ont valu, de la part
de l'auteur du *Prospet. critico*, le nom de *Varietas bilineata*.

La petite Loche de la Moselle et de la Meuse, décrite par
Holandre dans sa Faune de la Moselle, sous le nom de *Cobitis
spilura*, avec deux taches à la base de la caudale et 16 à 18 latérales, répond tout à fait à la caractéristique de notre *Cobitis
tænia*.

La Loche de rivière est assez répandue en Europe, depuis
l'Italie au sud, jusqu'en Suède au nord ; en Autriche, en France et
en diverses parties de l'Allemagne, dans les lacs et les rivières.
Bien qu'elle ait été citée par Hartmann dans le Rhin à Bâle
et dans le lac Léman près de Vevey, il m'a été impossible de la

trouver ailleurs, en Suisse, qu'au sud des Alpes, dans les lacs et quelques cours d'eau du canton du Tessin : lacs Majeur et de Lugano ; rivières Tessin, Maggia, Tresa, Vedeggio, etc., où elle semble rechercher de préférence les fonds graveleux, sablonneux ou même vaseux.

La citation de Hartmann relative à la présence de cette espèce dans le Rhin suisse doit reposer sur une erreur, car Leuthner [1], qui a collecté et bien étudié les poissons du Rhin à Bâle, n'a pas pu, plus que moi, se procurer ni un individu, ni la moindre donnée qui puisse s'y rapporter. Quant à la prétendue présence de ce poisson dans le lac Léman, entre Cully et Vevey, elle est due simplement au fait que Hartmann s'est refié sur le dire de Razoumowsky [2], et que celui-ci a attribué à tort le nom et quelques caractères de la *C. tænia,* à la Loche franche, *N. barbatulus,* qu'il omet de signaler et qui abonde dans la localité en question.

Je n'ai pas du reste eu trace de succès, en cherchant avec soin cette Loche dans les parages indiqués pour le Léman. Ogérien [3] et Olivier [4] la citent tous deux dans le Doubs. D'après les renseignements que j'ai pu obtenir, il paraît douteux qu'elle se trouve dans la partie suisse de cette rivière.

Ce petit poisson semble se nourrir principalement de vers et de larves d'insectes ; on le trouve tantôt caché entre les pierres, tantôt appliqué immobile sur la vase, voire même plus ou moins enfoui dans celle-ci. Ses mouvements sont rapides et saccadés. J'ai pêché souvent cette jolie Loche à la fourchette, non loin des quais de Lugano, à une profondeur moyenne de trois à cinq pieds d'eau. Son immobilité et sa couleur analogue à celle du fond la rendaient difficile à reconnaître et, si le coup de fourchette était mal dirigé, il était malaisé de retrouver le petit animal qui, en fuyant, ne manquait pas de troubler l'eau en remuant la vase autour de lui. Quelques auteurs ont entendu ce poisson produire un léger son, comme un petit cri ; j'ai, quant à moi, été surtout frappé de l'adresse avec laquelle, en se

[1] Mittelrheinische Fischfauna, 1877, p. 17.
[2] Hist. Nat. du Jorat, 1789, p. 127.
[3] Hist. Nat. du Jura, III, p. 363.
[4] Faune du Doubs, 1883, p. 53.

tordant entre les dents de la fourchette, il distribue, de droite et de gauche, des coups de son aiguillon suborbital à la main qui veut le dégager. Cette espèce ne fait du reste pas l'objet d'une pêche spéciale.

Plusieurs auteurs placent en avril et mai l'époque de la reproduction de la Loche de rivière ; toutefois, il m'a semblé que le frai de la *C. tænia* dans le Tessin ne devait guère commencer que vers la fin de juin, pour se poursuivre jusqu'au milieu de juillet, peut-être même jusqu'en août ; toutes les femelles que j'ai capturées entre le 27 juin et le 3 juillet, dans le lac de Lugano, étaient gonflées d'œufs bien développés. Les œufs mûrs sont assez gros et par le fait en nombre relativement peu élevé ; plusieurs mesuraient de 1 $^{1}/_{4}$ à 1 $^{2}/_{3}$ millimètre environ. J'ai dit que les mâles étaient généralement plus petits et bien moins abondants que les femelles.

De Siebold a observé chez la *C. tænia* le même phénomène de respiration supplémentaire intestinale qui a été signalé chez le *M. fossilis,* quand, pour une raison ou une autre, l'eau manque d'une dose suffisante d'oxygène.

On a trouvé chez ce petit poisson quelques espèces d'Helminthes parasites [1].

Genre III. LOCHE

NEMACHILUS, Van Hasselt [2].

Six barbillons, à la lèvre supérieure seulement : trois de chaque côté. Pas d'épine sous-orbitaire érectile. Corps médiocrement allongé, plus ou moins subcylindrique en avant. Ecailles petites, plus ou moins distinctes. Nageoire

---

[1] *Echinorhynchus clavæceps* (Zeder), dans l'intestin ; — *Distomum transversale* (Rud.), dans l'estomac ; — *Ligula digramma* (Crepl.), dans la cavité abdominale ; *L. monogramma* (Crepl.), cavité abdominale ; — *Caryophyllæus mutabilis* (Rud.), dans l'intestin.

[2] Algem. Konst. en Letterb. 11, 1823, p. 133.

dorsale en face des ventrales. Caudale plus ou moins con-
vexe, tronquée ou même échancrée. Vessie aérienne enve-
loppée dans une capsule osseuse.

L'auteur du Catal. of Fishes, qui reconnaît trente-sept
espèces dans ce genre [1], répartit celles-ci dans différents
petits groupes, suivant qu'elles ont plus ou moins de douze
rayons à la dorsale, les taches de leur robe distribuées de
telle ou telle manière, et la caudale convexe, droite ou
échancrée.

La très grande majorité des représentants de ce genre
habite l'Asie; un seul, le *Nemachilus barbatulus*, est assez
répandu en Suisse et dans les eaux douces de l'Europe.

24. LA LOCHE FRANCHE

BARTGRUNDEL. — COBITE BARBATELLO.

NEMACHILUS BARBATULUS, Linné.

Corps subcylindrique, assez épais en avant. Tête relativement
large. Bouche en dessous, avec trois barbillons de chaque côté, à la
lèvre supérieure. Pas d'épine sous-orbitaire. Dents pharyngiennes
coniques, acuminées ou légèrement crochues au sommet, au nombre
de 6 à 10-(11). Trois rayons branchiostèges courts et franchement
aplatis. Écailles très petites; ligne tubulée latérale assez apparente
sur toute la longueur du corps. Caudale assez forte, légèrement
convexe ou quasi-droite sur la tranche. De larges taches irrégu-
lières ou marbrures olivâtres ou brunes, sur le dos et les flancs. —
(Taille moyenne d'adultes et de vieux : 0^m,075 — 0^m,10 à 0^m,128.)

D. 3/7-8, A. 3/5-6, V. 2/5-7, P. 1/9-12, C. 16-17 (18) *maj.*
Vert. 39-40.

[1] Voy. Günther, Catal. VII, p. 347, en note, et p. 361, appendice, la
citation d'un certain nombre d'autres espèces en partie douteuses.

COBITIS BARBATULA, *Linné*, Syst. Nat. I, éd. 12, p. 499. — *Bloch*, Fische
     Deutschl. I, p. 224, Taf. 31, fig. 3. — *Lacép.* V, p. 8. — *Jurine*,
     Poissons du Léman, p. 156. — *Hartmann*, Helv. Ichthyol. p. 74.
     — *Pallas*, Zoogr. Ross. As. III, p. 164. — *Steinmüller*, Fische im
     Walensee, N. Alpina, II, p. 335. — *Fleming*, Brit. An. p. 189. —
     Nenning, Fische des Bodensees, p. 13. — *Holandre*, Faune de
     la Moselle, p. 252. — *Schinz*, Fauna Helvetica, p. 152, et Europ.
     Fauna, II, p. 332. — *Selys-Longchamps*, Faune belge, p. 193. —
     Cuv. et Val. XVIII, p. 14, pl. 520. — *Nilsson*, Skand. Fauna,
     Fisk. p. 343. — *Günther*, Fische des Neckars, p. 104. — *Rapp*,
     Fische des Bodensees, p. 11. — *Heckel et Kner*, Süsswasserfische,
     p. 301, fig. 162. — *Fritsch*, Fische Böhmens, p. 8. Ceske Ryby,
     p. 38. — *De Betta*, Ittiol. Veron. p. 115. — *Jeitteles*, Fische der
     March, p. 19. — *Siebold*, Süsswasserfische, p. 337. — *Jäckel*,
     Fische Bayerns, p. 89. — *Canestrini*, Prosp. crit. p. 100. —
     Blanchard, Poissons de France, p. 280. — *De la Blanchère*,
     Dict. des Pêches, p. 449, fig. 582. — *Lunel*, Poissons du Léman,
     p. 98, Pl. XX, fig. 2, 2a, 2b, 3. — *Leuthner*, Mittelrheinische
     Fischfauna, p. 17. — *Kollbrunner*, Thurgauische Fischfauna,
     1879, p. 53. — *Moreau*, Poissons de France, p. 432. — *Klun-*
     singer, Fische des Würtemberg, p. 197. — *Mela*, Vert. Fennica,
     p. 313, fig. 163. — *Möbius et Heincke*, Fische der Ostsee, p. 123,
     fig. — *Benecke*, Naturg. und Leben der Fische, p. 139, fig. 148.
  »   BARBATULA VAR. MERGA, *Jeitteles*, Verhand. zool. bot. Ges. Wien,
     1862, p. 311, tab. fig. 3.

NEMACHILUS BARBATULUS, *Günther*, Catal. of Fishes, VII, p. 354.

NOMS VULGAIRES : (S. F.) *Dormille, Baromètre, Moustache, Petit Barbot,*
     Gremeliette, Gremiliette ou *Groumelliette, Moutèle, Moutaille*
     et *Moutaille de ruisseau* (Léman); *Dourmille, Petite Lotte,*
     Dartre (Neuchâtel), Bienne, Morat). — (S. A.), *Schmerl, Schmerle,*
     Schmerling, Grundel, Grundeli, Grundelin, Steingrundel,
     Moosgrundel, Bartgrundel.

Corps médiocrement allongé, relativement peu élevé et assez
épais, dans sa partie antérieure surtout, où une section verticale serait presque arrondie ou subcarrée: le dos large, un
peu déprimé chez de vieux sujets. Profil supérieur légèrement convexe du museau à la dorsale, avec une légère dépression à l'occiput; ventre relativement plat, en dehors du
moment de la reproduction. La hauteur maximale, entre le
bout des pectorales et la dorsale, à la longueur totale du
poisson $= 1 : 6\,^2/_3$—$9\,^2/_5$ selon le sexe et l'âge. Ce diamètre
vertical réduit de $^1/_3$ à $^1/_2$ à peu près sur le pédicule caudal.

Épaisseur d'ordinaire un peu moindre que la hauteur, en avant, parfois de $^1/_8$ chez de gros sujets, réduite de près de $^2/_3$ en arrière. — Anus plus ou moins proéminent selon la saison, légèrement en avant des $^2/_3$ de la longueur totale.

Tête relativement forte, volontiers un peu plus large sur l'opercule que le corps entre les pectorales, et subconvexe. Sa longueur latérale, à la longueur totale $= 1 : 5\ ^1/_8$—$6\ ^1/_7$ selon l'âge et les individus. Museau assez épais et largement arrondi, avec des narines doubles : un orifice ovale devant et près de l'œil, et un tube nasal assez proéminent aux $^2/_5$ environ de la distance comprise entre l'œil et le bout du museau. Opercule plutôt petit et subtriangulaire, recouvert par la peau du corps.

Bouche inférieure, assez large, disposée transversalement en croissant très ouvert, arrivant dessous les narines antérieures et garnie de lèvres épaisses, dont la supérieure ornée de 6 barbillons, trois de chaque côté : un premier antérieur quasi-terminal, petit, un second latéral assez rapproché, un peu plus long, un troisième plus écarté, généralement le plus grand, sur l'angle des mâchoires, mesurant à peu près $^1/_3$ ou $^2/_5$ de la tête. (Le barbillon médian parfois exceptionnellement le plus grand.)

Membrane branchiostège assez développée, fermant l'ouïe à la base des pectorales et soutenue par trois rayons arqués, relativement courts et franchement aplatis.

Œil subarrondi, petit et placé haut vers le profil frontal, à peu près au milieu de la longueur latérale de la tête ; d'un diamètre, à celle-ci, comme $1 : 4\ ^1/_4$—$5\ ^3/_4$—$7\ ^1/_3$ selon l'âge moins ou plus avancé ; l'espace interorbitaire mesurant, selon l'âge, $1\ ^1/_5$—$1\ ^4/_5$ diamètre de l'œil.

Arcade zygomatique incomplète ; le suborbitaire simple et entièrement recouvert par la peau, sous laquelle il ne forme pas de véritable aiguillon, mais seulement une petite protubérance arrondie en avant et dessous l'œil.

Pharyngiens inférieurs petits, grêles, en croissant, acuminés dans le haut, tronqués et rapprochés dans le bas en avant, un peu renflés au centre, avec une petite corne quasi-médiane tournée vers le bas et 6 à 10 plus rarement 11 dents sur

un rang, acuminées ou légèrement crochues au sommet; les
plus grandes généralement en face de l’origine de la corne
latérale. Ces dents, caduques, souvent en majorité absentes
chez de vieux sujets.

Nageoires : Dorsale naissant un peu en avant de la moitié de la
longueur totale, subcarrée, médiocrement décroissante,
légèrement convexe sur la tranche, et d’une hauteur un peu
moindre que l’élévation du corps, avec une longueur basilaire variant de $^1/_2$ à $^2/_3$ de sa hauteur; trois rayons simples
ou non divisés et sept à huit divisés. — Anale naissant un
peu en arrière de la dorsale couchée, subcarrée, peu déclive
et sensiblement convexe sur la tranche, mesurant en hauteur et largeur de $^2/_3$ à $^3/_4$ de la dorsale; trois rayons simples et cinq à six divisés. — Ventrales implantées sous les
premiers rayons de la dorsale, ou un peu en arrière, subarrondies, convexes, assez peu déclives et généralement un
peu plus courtes que l’anale; deux rayons simples et cinq à
six divisés, plus rarement sept.

Pectorales plus ou moins largement arrondies, à peu près
égales à la hauteur de la dorsale, chez la femelle, volontiers
un peu plus fortes, chez le mâle; un rayon simple et dix ou
onze, plus rarement neuf ou douze divisés. Cette nageoire,
chez le mâle, d’ordinaire plus charnue à la base, au côté
interne, avec les premiers rayons généralement plus gonflés
que chez la femelle; les cinq ou six premiers étant plus ou
moins empâtés, dans leur moitié basilaire.

Caudale d’une longueur moindre que celle de la tête, souvent de peu de chose chez certains jeunes, de près de $^1/_5$ par
contre chez des adultes, et presque droite ou un peu convexe
sur la tranche, parfois avec une légère dépression médiane,
chez de vieux sujets; seize à dix-sept (exceptionnellement
dix-huit) rayons principaux, dont un grand simple de chaque
côté, plus quelques petits décroissants.

Écailles très petites, plus ou moins noyées dans la peau, subarrondies, pas imbriquées, ou se recouvrant quelquefois légèrement par places seulement, plus ou moins en désordre
ou clairsemées; peu ou point sur le dos en avant de la dorsale et sous le ventre, point sur la tête et sur la poitrine.

Une des premières squames, en arrière de la dorsale sur le milieu des flancs, arrondie, avec un large nœud vague plus ou moins central, de grosses stries circulaires autour de celui-ci et de larges rayons divergents espacés; d'une surface à peu près égale à $\frac{1}{5}$ ou $\frac{1}{6}$ de celle de la pupille, chez des sujets de taille moyenne.

Ligne latérale, presque droite et un peu en dessus du milieu du corps, présentant, dans sa partie antérieure un peu ascendante, quelques tubules en partie squameux, en partie membraneux, plus ou moins gonflés et percés d'un large pore; plus loin, en arrière des pectorales, plus étroite et partiellement enveloppée seulement de petites plaques semi-squameuses retroussées en gouttière, quatre à cinq fois plus longues qu'une écaille et de moins en moins apparentes vers la caudale. La ligne latérale se continuant d'une manière bien évidente sur le côté de la tête, sous l'œil et jusque sur le museau.

Coloration fondamentale blonde, d'un gris verdâtre, jaunâtre ou olivâtre et plus ou moins foncée, jusque vers le bas des flancs où elle devient de plus en plus pâle, avec des taches irrégulières olives, brunes ou noirâtres plus ou moins accentuées, parfois éparses ou simulant des marbrures, ou plus voisines et formant comme des bandes transversales, ou encore plus ou moins confluentes sur les faces dorsales et latérales, si bien qu'il semble que la teinte fondamentale soit brune avec des dessins clairs grisâtres ou jaunâtres. Souvent un trait délié grisâtre sur la ligne latérale, vers le haut des flancs. — La tête pointillée ou marbrée dans les mêmes couleurs, souvent avec un trait noirâtre entre l'œil et le nez et une macule foncée sur l'opercule. — Les faces inférieures sans tache, suivant la saison rougeâtres, rosâtres ou d'un jaunâtre plus ou moins pâle, parfois presque blanchâtres.— Dorsale et caudale grisâtres ou jaunâtres, marquées de macules noirâtres formant plus ou moins des lignes ou des bandes transversales, surtout sur la seconde, où ces macules se réunissent souvent pour composer une tache plus grande vers la base du lobe inférieur, ou un peu avant le bout de chaque lobe. — Pectorales jaunâtres, plus ou moins tachetées, en avant surtout. Ventrales et anale immaculées ou un peu tachetées chez l'adulte.

Dimensions variant passablement avec les conditions. La plupart des individus adultes que j'ai récoltés dans les petits cours d'eau des bassins du Rhône et du Rhin, en Suisse, mesurent de 0^m,070 à 0^m,100 de longueur totale. J'ai même capturé souvent des sujets, des mâles surtout, plus petits encore, quoique déjà avec des organes très développés et parfaitement aptes à la reproduction; cependant j'ai trouvé dans nos plus grands courants, dans le Rhône et le Rhin en particulier, des sujets notablement plus grands mesurant jusqu'à 120 et 128 millimètres. L'espèce ne paraît pas du reste atteindre, dans nos eaux froides, les dimensions qu'elle acquiert dans d'autres pays, jusqu'à 5 pouces, selon Heckel et Kner, en Autriche, par exemple.

Mâles volontiers plus petits et plus trapus que les femelles, avec des pectorales plus grandes et plus épaisses dans leur partie antérieure.

Vertèbres au nombre de 39 à 40. — Tube digestif assez large et quasi-droit, sauf la double courbure de l'estomac, chez l'adulte; par contre présentant parfois une troisième courbure, sur le milieu de sa longueur au-dessous, chez de jeunes sujets. — Une houppe très petite de pseudobranchies, comme un éventail de feuillets lobulés ou grossièrement pectinés, derrière l'œil, vers le haut du préopercule. — Vessie aérienne petite, divisée en deux parties réunies par un très petit canal, transversale et enveloppée d'une double capsule osseuse qui, fixée aux deuxième et troisième vertèbres, vient s'ouvrir sous la peau du corps, par une fente ovale allongée, sous la partie antérieure de la ligne mucifère latérale, entre les faisceaux musculaires, au-dessus du quart basilaire des pectorales (Voy. Pl. IV, fig. 1)[1]. — Ovaire simple, bilobé dans le haut. Testicules doubles.

---

[1] Rosenthal (Ichthyotomische Tafeln, 1812-25, Taf. X, fig. 8) a donné, sans autre, une bonne image des capsules osseuses de la vessie de la *Cobitis barbatula*, avec leur fenêtre latérale. Ayant retrouvé une disposition à peu près analogue, quoique d'un peu moindre importance, chez nos

Bien que variant assez dans sa livrée et ses proportions, cette espèce n'a cependant guère donné lieu à la création de fausses espèces. Pâle ou foncée, simplement maculée, ou comme envahie par les taches, ainsi que petite ou grande, elle est toujours assez facilement reconnaissable.

J'ai trouvé dans le Rhône, près Genève, des individus adultes d'un olivâtre plus ou moins clair ou foncé, uniforme et presque sans taches sur toutes les faces dorsales et latérales.

La Loche franche ou Moutèle est très répandue en Europe, depuis l'Italie septentrionale jusqu'assez avant vers le nord, sur les côtes de la Baltique et en Finlande. Elle se rencontre partout dans les eaux suisses, au nord des Alpes, dans le bassin du Rhin, ainsi que dans celui du Rhône et dans le Doubs, dans les ruisseaux et les rivières, et sur les rives de la plupart des lacs. Elle paraît manquer par contre à l'Inn supérieur dans l'Engadine, ainsi qu'à nos eaux tessinoises, dans lesquelles Pavesi ne l'a pas trouvée plus que moi, tandis qu'elle est commune dans divers cours d'eau de l'Italie septentrionale, selon de Betta et Canestrini. Je ne l'ai jamais rencontrée aussi haut que le Chabot et le Vairon; cependant elle semble remonter quelquefois jusque dans les eaux froides de la région alpine. Le Dr Killias me signale une note des chroniques grisonnes qui raconte la capture, en 1620, près de Langvies (Schalfik), à 1370^m, d'un poisson avec barbillons. Était-ce un Barbeau ou une Loche qui avait ainsi, du Rhin, remonté toute la rivière Plessur. M. le prof. Brugger, dans une lettre de janvier 1884, m'avise du

autres Acanthopsidés, j'ai cru devoir attirer l'attention des ichthyologistes sur cette disposition spéciale de l'enveloppe vésicale qui, en facilitant l'action des agents physiques extérieurs sur la vessie aérienne très vasculaire, pourrait peut-être, non-seulement donner lieu à une sorte de respiration, soit oxygénation du sang en dehors des branchies, mais encore faire jouer jusqu'à un certain point à ladite vessie dans sa capsule le rôle de boule thermobarométrique. La fenêtre, de chaque côté, comprend une fente ovale allongée horizontalement et un trou rond en avant, les deux entourés par un bourrelet osseux et mesurant, chez un adulte de taille moyenne, environ trois millimètres, soit à peu près le diamètre de l'œil.

reste qu'on a trouvé la *Cobitis barbatula* dans les Grisons : au lac *Lai-lung*, dans l'alpe Durnaum, à 1820 mètres, et au lac *Lai Tavons,* à 1950 mètres, entre Schlams et Rheinwalde, avec le *Phoxinus.*

Bien qu'elle recherche de préférence les eaux claires et courantes à fond graveleux, on la trouve cependant aussi çà et là dans des flaques relativement vaseuses et dans quelques localités marécageuses. Elle vit généralement isolée et semble déployer sa plus grande activité durant la nuit. Elle se tient volontiers blottie de jour sous quelque pierre. Ses mouvements sont vifs et saccadés. On voit parfois sa tête immobile, les barbillons étendus, sur un caillou ; d'autre fois elle repose tranquille sur le fond ou saute entre les pierres, ou encore change brusquement de place, filant comme un éclair, pour s'enfouir dans quelque nouvelle cachette. Sa nourriture consiste principalement en vers, larves, petits insectes et crustacés ; elle absorberait même de la vase contenant des débris végétaux et animaux.

La saison des amours paraît varier un peu avec les conditions ; cependant c'est, dans la majorité des cas, en avril et mai, avril surtout, que l'on rencontre le plus de Loches pleines. Les œufs jaunâtres et plutôt petits, de 1ᵐᵐ de diamètre environ, mais assez nombreux et distendant énormément les parois abdominales de la femelle, paraissent être, suivant les circonstances, déposés entre les pierres, sur le sable ou entre les herbes.

De Siebold[1] signale chez cette espèce la même faculté de respiration intestinale que chez nos deux autres représentants de la famille ; cependant, quoique j'aie remarqué qu'elle émettait de temps à autre des bulles gazeuses par l'anus, j'ai souvent vu la Loche franche, jeune surtout, mourir assez rapidement en captivité dans un bocal, si celui-ci n'était pas assez vaste, ou si l'eau n'y était pas fréquemment renouvelée.

On prend ce petit poisson avec la truble, dans les nasses, à la fourchette et à la main entre les pierres ; il n'en est pas du reste fait une pêche spéciale dans le pays, bien que sa chair soit assez bonne.

---

[1] Süsswasserfische, p. 340.

La Moutèle est, comme les autres poissons, affectée de quelques vers parasites de l'ordre des Helminthes[1].

Famille III. CLUPEIDÉS

CLUPEIDÆ

Les Clupeidés ont le corps couvert d'écailles et plus ou moins comprimé, le ventre généralement pincé en arête tranchante. La tête est nue et la bouche dépourvue de barbillons. Le bord de la mâchoire supérieure est formé par l'intermaxillaire et le maxillaire composé de trois pièces. Les dents sont généralement faibles. L'ouverture branchiale est fendue jusque sous la gorge. Pas de rayons épineux, ni à la dorsale, ni à l'anale. Les nageoires ventrales sont abdominales. Pas d'adipeuse. L'estomac forme un cul-de-sac et porte des appendices pyloriques plus ou moins nombreux. La vessie aérienne est grande et simple. Généralement des pseudobranchies bien développées.

Les nombreux représentants de cette famille, dont le Hareng est pour ainsi dire le type, habitent les mers des cinq parties du monde, d'où quelques-uns remontent plus ou moins dans les eaux douces.

[1] On a trouvé chez la Loche franche, en divers pays, les : *Ascaris dentata* (Rud.), dans l'intestin; *A. trigonura* (Dies.), dans le péritoine; *A. Barbatulæ* (Rud.), intestin; — *Echinorhynchus clavaceps* (Zeder), intestin; *Ech. Proteus* (Westr.), intestin; — *Gyrodactylus elegans* (Nordm.), sur les branchies et les nageoires. — *Cysticercus? Cobitidis Barbatulæ* (Bellingham), enkysté dans le foie et l'intestin. — *Bothryocephalus Barbatulæ* (Rud.), dans l'intestin. — *Caryophyllæus mutabilis* (Rud.), intestin.

Parmi les genres que l'on peut distinguer à leur dentition, dans ce vaste ensemble, deux seulement, les dits
Clupea et *Alosa*, si l'on sépare génériquement les Harengs
des Aloses, peuvent être considérés comme vraiment européens; encore, des huit ou neuf espèces qui les représentent sur les côtes de notre continent [1], deux, du genre
Alosa, s'aventurent-elles seules dans nos fleuves et rivières.

Genre I. ALOSE

ALOSA, Cuvier.

*Intermaxillaires séparés par une profonde échancrure.
De très petites dents caduques sur les intermaxillaires, le
maxillaire supérieur et les pharyngiens supérieurs et
inférieurs. Mâchoire supérieure ne dépassant pas l'inférieure. Corps comprimé; ligne ventrale pincée en arête
et armée de petites pointes simulant des dents de scie.
Écailles généralement grandes et minces; pas de ligne tubulée latérale; des squames en forme de feuille allongée de
chaque côté de la caudale. Œil pourvu, en avant et en
arrière, de pseudo-paupières dépendant d'un revêtement
semi-cartilagineux des parties latérales postérieures de la
tête.*

Des quelques espèces de ce riche genre qui habitent
l'océan Atlantique et les mers d'Europe, deux seulement,
comme nous l'avons dit, les *Alosa vulgaris* et *A. Finta*,

---

[1] On peut citer : *Clupea harengus* (Europe, Asie, Amérique); *C. caspia*
(M. Casp.); *C. sprattus* (Atlant. et côtes Eur.); *C. aurita* (Médit.); *C. la-
tula* (Atlant. côtes de France); *C. alosa* (Eur.); *C. Finta* (Eur.); *C. pil-
chardus* (Atlant. et Médit.); *C. maderensis* (Médit.).

remontent du nord et du midi, pour frayer dans les eaux douces de l'Europe et jusqu'en Suisse. Ces deux espèces ont été longtemps discutées et souvent confondues, jusqu'à ce que Troschel ait signalé, en 1852 [1], les développements différents de leurs épines branchiales (*branchiospines*); leurs droits à la distinction spécifique ont même été plus récemment contestés ou méconnus par quelques auteurs, comme nous le verrons plus loin.

La constatation de divers caractères distinctifs corollaires du précédent m'engage, quant à moi, à séparer spécifiquement, avec Troschel, l'Alose et la Feinte; et, si je rapporte à cette dernière les *Cheppie* et *Agoni* du Tessin et de l'Italie, bien qu'ils en diffèrent un peu, c'est que je leur trouve plus de rapports avec cette seconde qu'avec la première.

25. L'ALOSE ORDINAIRE

Alse. — Maifisch.

Alosa vulgaris, Troschel.

Corps fusiforme et comprimé, un peu voûté en avant; tête conique un peu convexe en-dessus, fortement pincée en dessous. Maxillaire supérieur assez élargi et prolongé en arrière de l'œil. Opercule très rétréci dans le bas. Origine de la dorsale au-dessus de la base des ventrales ou légèrement en arrière. Branchiospines longues, grêles, serrées et nombreuses, le plus souvent 98-126, sur le premier arc branchial, chez l'adulte. Une tache latérale noirâtre derrière l'angle supérieur de l'opercule, suivie parfois de quelques autres plus ou moins apparentes, sur le haut des flancs. — (Taille moyenne d'adultes et de vieux : 0,^m 45—60 à 0^m,70.)

---

[1] Troschel : *Alausa vulgaris* und *Finta* verschiedene Arten; Archiv für Naturg. 1852, vol. I, p. 228.

D. 4–5/14–17 (19), A. 3/20–24, V. 1/8–(9), P. 1/13–15, C. 19 *maj.*

Sq. L. trans. 20–22; *L. lat.* 77–80 (70)[1]. *Épines ventrales* 37–42.
Vert. 57–58.

CLUPEA ALOSA, *Linné*, Syst. Nat. I, éd. 12, p. 523 (*part*). — *Bloch*, Fische
    Deutschl. I, p. 209 (*part*). — *Hartmann*, Helv. Ichthyol. p. 169
    (*part*). — *Holandre*, Faune de la Moselle, p. 258. — *Jenyns*,
    Man. p. 438. — *Günther*, Fische des Neckars, p. 121, et Catal.
    of Fishes, VII, p. 433. — *Möbius et Heincke*, Fische der Ostsee,
    p. 141 (*pars 1*).
»   RUFA, *Lacép.* V, p. 452.
»   FINTA, *Schinz*, Fauna Helvetica, p. 158 (*false*).
ALOSA COMMUNIS, *Yarrell*, Brit. Fishes, 2me édit. II, p. 213. — *Schinz*,
    Europ. Fauna, II, p. 366.
»   VULGARIS, *Cuvier*, Règ. Anim. II, p. 319. — *Selys-Longchamps*,
    Faune belge, p. 220. — *Siebold*, Süsswasserfische, p. 328. —
    Jäckel, Fische Bayerns, p. 87. — *Blanchard*, Poissons de France,
    p. 480, fig. 127. — *Leuthner*, Mittelrheinische Fischfauna, p. 18.
    — *Klunsinger*, Fische des Würtemberg, p. 274. — *Moreau*,
    Poissons de France, III, p. 453. — *Benecke*, Naturg. und Leben
    der Fische, p. 168 (*part*).
ALAUSA VULGARIS, *Cuv. et Val.* XX, p. 391 (*part*). — *Heckel et Kner*,
    Süsswasserfische, p. 228, fig. 133 (*part*). — *Troschel*, Wiegm.
    Archiv. 1852, I, p. 228.

NOM VULGAIRE : à Bâle, *Maifisch.*

Corps fusiforme, médiocrement élevé et graduellement comprimé d'avant en arrière. Dos convexe ou un peu voûté en avant et subarrondi, quoique légèrement tectiforme devant la dorsale; ventre pincé en arête étroite et armé, sur la ligne médiane, de nombreuses épines, de la gorge à l'anus.

La hauteur maximale, devant la dorsale, à la longueur totale du poisson, comme 1 : 4 $\frac{1}{3}$—4 $\frac{3}{5}$ chez des mâles adultes ; parfois un peu plus forte chez de grosses femelles ; par contre, relativement bien moindre chez les jeunes, plus élancés. L'épaisseur la plus forte, entre la moitié et le bout des pectorales, chez l'adulte, généralement moindre que la moitié de la hauteur.

[1] Je n'ai pas trouvé, chez nos Aloses du Rhin, le minimum 70 fourni par Günther et par Moreau; ce chiffre me paraît devoir y être plutôt exceptionnel.

Anus ouvert un peu en avant des ³/₄ de la longueur du corps sans la caudale.

Tête subconique, acuminée, convexe en dessus et fortement comprimée dans sa moitié inférieure; d'une longueur latérale de ¹/₈ à ¹/₆ plus petite que la hauteur du corps, soit volontiers, à la longueur totale du poisson, comme 1 : 5 ¹/₅—5 ³/₅ chez l'adulte, selon le sexe; par contre égale à la hauteur du corps ou un peu plus forte, dans le jeune âge. La tête en arrière de l'œil, les joues et les diverses pièces operculaires, jusqu'à l'épaule, plus ou moins recouvertes d'une sorte de peau semi-cartilagineuse, épaisse, grasse et transparente, dissimulant en partie les pores céphaliques et contribuant à former, en avant et en arrière de l'œil, comme deux paupières en demi-lune verticales.

Museau obtus, un peu renflé en dessus et en avant, chez l'adulte. Narines très réduites et composées de deux ouvertures très voisines : une petite, arrondie, du côté de l'œil, et une plus grande, fendue en croissant, en avant de celle-ci, à peu près à ¹/₃ de la distance comprise entre l'orbite et le bout du museau.

Bouche terminale et plutôt petite; fendue à la vérité jusque vers le bord antérieur de l'œil, mais circonscrite au-dessous des narines par le mouvement du maxillaire, à l'ouverture. Mâchoire supérieure non protractile; le maxillaire portant un os supplémentaire double et dépassant le bord postérieur de l'œil de ¹/₂ diamètre de celui-ci environ, chez l'adulte; mâchoire inférieure avec quelques pores et pourvue à l'extrémité d'un petit crochet s'enchâssant dans une échancrure adhoc des intermaxillaires. Langue épaisse et relativement courte.

Œil arrondi, avec deux pseudo-paupières verticales, d'un diamètre égal à environ ¹/₆ de la longueur céphalique latérale, chez l'adulte; relativement bien plus grand dans le jeune âge. L'espace préorbitaire, mesurant 1 ¹/₈—1 ³/₄ diamètre de l'œil, chez l'adulte; égal à un diamètre seulement chez le jeune. L'espace interorbitaire légèrement plus grand que le préorbitaire, chez l'adulte; bien moindre dans le jeune âge.

Sous-orbitaires : le premier, oblong, à surface grenue, arrivant sous la moitié de l'orbite et recouvrant un peu le maxillaire; le second, subovale, remontant un peu derrière l'œil; le troisième, très développé, couvrant la joue et sub-triangulaire; le quatrième, un peu moins grand, subcarré à bords assez accidentés, parfois plus ou moins subdivisé. — Opercule remontant bien au-dessus de l'œil, largement arrondi dans le haut, très rétréci dans le bas. Sous-opercule court. Préopercule largement arrondi dans le bas, avec quelques pores. — Toutes les pièces céphaliques comme striées ou vermiculées, chez l'adulte.

Ouïe fendue jusqu'à la gorge, au-dessous de l'œil. Huit rayons branchiostèges; les antérieurs minces et plats, les deux ou trois derniers beaucoup plus forts et élargis en palette sous l'interopercule. Membrane branchiostège relativement peu développée.

Dents très petites et tombant généralement avec l'âge, sur le bord du maxillaire supérieur et de l'intermaxillaire seulement, faisant souvent complètement défaut chez l'adulte; d'autres petites dents, plus ou moins apparentes, sur les pharyngiens supérieurs et inférieurs.

Branchiospines (épines branchiales) très longues, grêles, serrées, nombreuses et finement denticulées sur les côtés, décroissant en dimension du premier au quatrième arc branchial, en nombre de plus en plus réduit du second au quatrième et souvent en quantité moindre dans le jeune âge que chez l'adulte. — Généralement, *chez l'adulte :* 98—120—126 sur le Ier arc, les plus courtes, vers les extrémités, encore assez longues en avant, pour dépasser un peu la base de la langue et montrer leurs pointes à l'ouverture de la bouche, en profil (Voy. Pl. IV, fig. 8); 98—112—124 sur le IIme arc; 74—92 sur le IIIme; 50—73 sur le IVme; cela du moins chez la *forme septentrionale* qui, de la mer du Nord, parvient seule jusqu'à nous, par le Rhin, et qui correspond à l'*Al. vulgaris* de Troschel et de Siebold.

En décrivant ici l'Alose ordinaire adulte, telle qu'elle se présente dans les eaux suisses, il importe d'ajouter que, selon les données de Moreau sur l'Alose qui de l'océan

remonte dans les eaux douces de la France, l'espèce varie-
rait passablement avec l'âge, quant au nombre de ses branchiospines, celles-ci étant d'ordinaire moins nombreuses
chez les jeunes individus [1].

Le total des épines sur chaque arc peut varier du reste,
non seulement avec l'âge, mais encore chez des individus de
même sexe, de même taille et de même provenance. Deux
mâles adultes, du Rhin à Bâle, mesurant 0^m,55 à 0^m,60 et
semblables de tous points, comptaient, par exemple : l'un,
126 épines sur le Ier arc (77 de la langue au coude de l'arc
et 49 après ce coude), 124 sur le IIme arc (83+41), 92 en
tout sur le IIIme et 73 sur le IVme; l'autre, 123 épines également sur les Ier et IIme arcs, 94 sur le IIIme et 74 sur le IVme.

Le rapport de longueur de la plus grande épine au
Ier arc qui la porte, vers son milieu, m'a paru, chez des
adultes de grande taille, comme 1 : 3 $^1/_3$—3 $^2/_5$.

Nageoires : dorsale ayant son origine un peu en avant de la
moitié de la longueur du corps sans la caudale, au-dessus de
la base des ventrales ou très légèrement en arrière, engagée
à la base dans une gaine écailleuse et un peu plus longue
que haute, parfois de $^1/_4$ environ, chez l'adulte, la hauteur
étant à peu près égale à la moitié de la longueur de la tête;
avec cela, assez déclive et légèrement concave sur la tranche. Quatre à cinq rayons simples ou non divisés, et quatorze
à dix-sept divisés (jusqu'à 19 de ces derniers, selon Heckel);
le grand simple un peu plus court que le premier divisé; le
dernier divisé volontiers un peu plus long que les cinq ou six
précédents. — Anale naissant passablement en arrière de
l'aplomb de la dorsale rabattue, engagée, comme celle-ci,
dans une gaine écailleuse, et au moins 2 $^1/_2$ fois aussi longue
que haute, sa longueur dépassant notablement, souvent de
$^1/_4$ environ, celle de la dorsale, avec une tranche légèrement

---

[1] Moreau (Hist. Nat. des Poissons de France, III, p. 456) a compté,
chez l'Alose de l'Océan, en France : 87-118 épines sur le Ier arc et 60-74
sur le 3me, chez des sujets de 205 à 575 millimètres; même : 72 sur le Ier
et 50 sur le 3me, chez une très jeune Alose n'ayant que 150 millimètres
de longueur.

concave. Trois rayons simples et vingt à vingt-quatre divisés.
— Ventrales courtes et triangulaires ; leur longueur dépassant cependant notablement la hauteur de l'anale, avec une écaille axillaire mesurant plus de la moitié de la nageoire. Généralement un rayon non divisé et huit divisés [1]. — Pectorales petites aussi et acuminées, quoique de plus de moitié plus longues que les ventrales, avec cinq à six grandes écailles axillaires. Un rayon non divisé et treize à quinze divisés.

Caudale légèrement plus courte que la tête par le côté et profondément échancrée, avec des lobes acuminés plus ou moins inégaux et dix-neuf rayons majeurs, dont dix-sept divisés, les médians au plus un quart des plus grands externes. — La base de la nageoire et la partie moyenne basilaire des deux lobes couvertes de petites écailles, entre lesquelles se font remarquer, sur le milieu de chacun des derniers, trois ou quatre squames allongées en forme de feuilles, très minces, implantées par un pédicule dans la peau, se recouvrant plus ou moins et appliquées sur les rayons presque jusque vers leur extrémité ; l'axe de l'écaille, représentant la nervure médiane d'une feuille, percé tout le long d'un canal central.

Écailles grandes, minces, caduques, très irrégulières dans leur disposition et leurs proportions, et se recouvrant au moins sur les $^2/_3$ de leur longueur, vers le milieu du corps. Une squame médiane latérale souvent d'une surface presque égale à celle de l'œil ; mesurant cependant quelquefois, à la même place, les $^3/_5$ de l'œil seulement, chez des sujets de taille presque semblable ; de forme subcarrée ou un peu sexagonale, avec des stries transverses très fines, assez irrégulières, non concentriques et généralement séparées, de place en place, par des vagues ou stries onduleuses un peu plus fortes, quasi équidistantes. Pas de véritable nœud. La partie découverte de l'écaille peu ou pas striée et finement dentelée sur le bord, à l'extrémité de petits rayons très courts et irréguliers.

[1] Selon Moreau (loc. cit. III, p. 456), ventrales 9 à 10 rayons.

Les squames latérales antérieures sup. légèrement plus petites, mais de forme à peu près analogue ; les latérales postérieures inf. près de moitié plus petites, de forme volontiers un peu plus allongée, avec les mêmes caractères ou à peu près. Squames caudales : voir ci-dessus, art. caudale.

Pas de ligne tubulée latérale.

Généralement 20 à 22 écailles sur une ligne transverse médiane, jusqu'à la base des ventrales (deux de plus jusque sur la ligne ventrale médiane), et 77 à 80 en long sur les flancs, de la tête à la caudale, chez quelques Aloses du Rhin à Bâle, même 70 seulement, suivant certains auteurs[1]. Le compte, du reste, difficile à faire d'une manière exacte, à cause de la disposition toujours assez irrégulière des squames latérales.

Épines ventrales implantées une à une entre les écailles sur la ligne médiane, dirigées en arrière, en forme de bec tranchant et aigu, et appuyées sur de petites branches latérales profondément enchâssées dans les téguments. Généralement 37 à 42 de la gorge à l'anus ; le plus souvent 37 à 39 chez nos individus[2].

Coloration d'un gris ardoisé à reflets bleuâtres, verdâtres ou lilacés, en dessus ; d'un gris un peu jaunâtre, pâle et argenté sur le haut des flancs, d'un blanc fortement argenté sur le ventre et le bas des flancs. Tête plus sombre, d'un gris bleu ou d'un gris vert foncé, en dessus et en avant, plus ou moins couverte d'un pointillé vert noirâtre sur les côtés. Iris argenté, un peu mâchuré vers le haut.

Dorsale et caudale d'un gris noirâtre, plus foncé vers le bout ; des écailles irisées sur les rayons médians de la moitié inférieure de chaque lobe de la dernière. Anale et ventrales blanchâtres ; la première plus ou moins mâchurée en avant. Pectorales d'un gris pâle et plus ou moins mâchurées en avant, dans leur moitié inférieure principalement.

---

[1] 70 selon Günther, Catal. of Fishes, VII, p. 434 ; 70 à 80 selon Moreau, Poissons de France, III, p. 455.

[2] 25 à 28 selon Benecke : Naturg. und Leben der Fische, 1886, p. 169 ; ce chiffre me paraît devoir être erroné.

D'ordinaire une, plus rarement deux taches noirâtres ou verdâtres, arrondies et plus ou moins apparentes, derrière, l'angle supérieur de l'opercule, chez l'adulte.

Le nombre comparativement réduit de ces taches, caractère spécifique pour bien des auteurs, est de peu d'importance; car, en faisant bouillir des Aloses adultes du Rhin ainsi tachées, pour préparer leur squelette, j'ai vu réapparaître jusqu'à 14, même 15 autres taches distribuées sur le haut des flancs, en arrière de ces premières.

Dimensions : l'Alose vulgaire peut mesurer jusqu'à 0^m,60, voire même 0^m,70 cm. de longueur totale, avec un poids de 2 à 3 kilos. La plupart des sujets que j'ai reçus du Rhin à Bâle, où l'on ne prend guère de jeunes individus, mesuraient entre 50 et 60 cm.

Vertèbres au nombre de 57 à 58 [1]. — Tube digestif formant deux petits replis et généralement un peu plus court que la longueur du poisson sans la caudale ; l'estomac présentant un très grand cul-de-sac et pourvu de nombreux appendices pyloriques assez allongés. — Vessie natatoire occupant toute la cavité viscérale, simple, acuminée aux deux bouts, un peu rattachée aux côtes et aux vertèbres, et communiquant avec le cul-de-sac stomacal par un canal assez court et large. — Un rang de pseudobranchies pectinées, assez longues, derrière le quatrième sous-orbitaire. — Testicules gros, doubles et multilobés; ovaires très développés contenant des œufs très nombreux et relativement très petits.

Avant que Troschel eût signalé les caractères différentiels que présentent les branchies des *Alosa vulgaris* et *Al. Finta,* comme aussi depuis la publication de cet auteur [2], les ichthyologistes ont toujours été très partagés, quant à l'importance de la distinction spécifique de ces deux Aloses. Si, en faisant abstraction du jugement de ceux qui n'ont connu que des caractères distinctifs extérieurs assez discutables, on se borne ici à comparer

---

[1] J'ai compté 57 vertèbres sur deux squelettes préparés à cet effet.

[2] *Alausa vulgaris* und *Finta* verschiedene Arten, Archiv für Naturgeschichte, 1852, vol. I, p. 228.

les opinions de ceux qui, depuis Troschel, ont pu peser la valeur du caractère branchial signalé, on n'en est guère plus avancé; chaque auteur, en effet, semble s'être fait une opinion à priori, sans bien chercher d'où pourraient provenir les divergences indiquées, et s'il n'y aurait pas, sur quelques autres points, des caractères ou des variantes capables de trancher la question d'espèce, dans un sens ou dans l'autre.

Tandis que certains ichthyologistes, comme de Siebold [1], Blanchard [2], Günther [3], etc., se sont bornés à accepter sans discussion l'opinion de Troschel, d'autres, méconnaissant ou récusant la valeur de la distinction, ont au contraire, comme Heckel et Kner [4], Benecke [5] et d'autres, ramené la question à son point de départ, en jetant pêle-mêle, sans discussion suffisante, dans la description d'une espèce unique, tous les caractères des diverses formes en litige. Les auteurs italiens les plus récents, comme de Betta [6], Monti [7], Canestrini [8] et Pavesi [9], sans comparer peut-être de visu l'Alose vulgaire du nord avec leur Alose méridionale, sont venus à leur tour mettre le comble à l'indécision, en qualifiant tantôt d'*Alosa Finta* (Cuv.), tantôt d'*Alosa vulgaris* (Val.) l'Alose qu'ils décrivaient. Enfin, les ichthyologistes suisses les plus autorisés, Hartmann [10] et Schinz [11], sont loin d'avoir jusqu'ici éclairé la question; le premier en identifiant à priori les Aloses du Rhin et du Tessin, sous le nom de *Clupea alosa,* le second en qualifiant de *Clupea alosa* celles du Tessin et de *C. Finta* celles du Rhin, à Bâle. Mœsch [12], plus récemment, attribue sans preuves, l'*Alosa Finta* au Rhin suisse et l'identifie sans discussion avec celle du Tessin.

[1] Süsswasserfische, 1863.
[2] Poissons de France, 1866.
[3] Catal. of Fishes, vol. VII, 1868.
[4] Süsswasserfische, 1858.
[5] Naturgeschichte und Leben der Fische, 1886.
[6] Ittiologia Veronese, 1862.
[7] Pesci di Como e Sondrio e del Cantone Ticino, 1864.
[8] Prospetto critico, 1865.
[9] Pesci e Pesca nel' Cant. Ticino, 1871-72.
[10] Helv. Ichthyologie, 1827.
[11] Fauna helvetica, 1837.
[12] Thierreich der Schweiz, 1869.

On s'est, jusqu'ici, trop peu préoccupé des différences que l'âge peut apporter dans la caractéristique d'une espèce, et souvent, à défaut de ces importantes données, bien des auteurs ont tour à tour et à tort séparé ou rapproché des formes qu'ils ne connaissaient pas suffisamment.

En décrivant, ci-dessus, sous le nom d'*Alosa vulgaris* (Troschel), des sujets capturés dans le Rhin suisse de l'Alose qui, seule et à l'état adulte seulement, remonte du nord jusqu'à nous, j'ai dû me borner à signaler les caractères qui me paraissent accompagner, chez l'adulte, la présence d'un maximum d'épines sur les arcs branchiaux. Ne trouvant dans les auteurs aucune donnée sur les principaux traits distinctifs du jeune âge, il ne m'était pas possible de décider si l'Alose plus petite, dite *A. Finta,* avec un nombre bien moindre de branchiospines, n'était pas peut-être une forme jeune de l'Alose plus grande, dite *A. vulgaris*; et, faute de documents, j'eusse penché volontiers vers l'opinion de Möbius et Heincke[1] qui admettent deux variétés ou races locales dans une seule et même espèce.

Cependant, en comparant mes données avec celles de Moreau (l. c., p. 456), dont j'ai parlé plus haut, comme trahissant un accroissement du nombre des branchiospines avec l'âge chez les Aloses de France, je ne puis qu'accepter, maintenant et jusqu'à preuve du contraire, deux espèces variant avec l'âge dans des limites bien différentes, puisqu'il y a toujours, à âge égal, un grand écart entre les totaux des branchiospines de l'une et de l'autre. Chez *Alosa vulgaris,* adultes de 50 à 70 centimètres, sur le premier arc : 98—126 épines; chez *A. Finta,* adultes de 30 à 50 centimètres, sur le premier arc : 35—54 épines. Chez des *jeunes* de 15 à 16 centimètres, sur le premier arc : chez *A. vulgaris,* 72 épines; chez *A. Finta,* 31 épines.

Reste à savoir si la *Finta* de l'Adriatique et du nord de l'Italie est de même espèce que celle du Nord et de la Méditerranée. C'est ce que nous verrons plus loin, en comparant notre Alose du Tessin soit avec l'Alose vulgaire, soit avec la Feinte.

---

[1] Fische der Ostsee, 1883.

L'Alose vulgaire est très répandue dans l'Océan et les mers qui baignent les côtes septentrionales et occidentales de l'Europe, d'où elle remonte généralement au printemps, pour frayer, dans la plupart des fleuves et quelques-unes des principales rivières en Angleterre, en Hollande, en Belgique, en Allemagne et en France [1]. Ogérien, dans son Histoire naturelle du Jura, cite l'*Alosa communis* dans le Doubs jusqu'à l'écluse de Crissey.

C'est ainsi que, de la mer du Nord, elle arrive pour frayer, depuis la fin d'avril et en mai, dans le Rhin suisse, à Bâle et jusqu'à Laufenbourg, et par la même voie, dans le Main et le Neckar, en pays allemand. Ce ne sont que des adultes d'assez grande taille qui parviennent jusqu'à nous; on ne prend jamais de jeunes et, passé la fin de mai, il n'en reste plus un seul dans nos eaux. Les alevins disparaissent de chez nous et regagnent la mer sans que l'on observe, le plus souvent, ni quand ni comment. La remonte est, paraît-il, presque nulle quand le Rhin est trop fort; par contre, dans de bonnes conditions, les Aloses se montrent en grand nombre dans le Rhin bâlois, jouant souvent par centaines à la fois et décrivant des cercles à la surface de l'eau, pour aller ensuite déposer leurs œufs très nombreux (1 à 200,000) et relativement très petits (2^{mm} environ), probablement dans les profondeurs du fleuve.

La nourriture de l'Alose consiste principalement en vers, petits crustacés et insectes de diverses sortes ; sa chair n'a rien de désagréable, elle est même assez bonne, lorsque le poisson a un peu séjourné dans les eaux douces.

On pêche l'Alose principalement au filet, à la senne ou au tramail; on peut en prendre cependant aussi à la truble et avec des nasses, même quelquefois avec la ligne de fond amorcée d'un pois cuit.

La large ouverture de ses ouïes ne lui permet pas un long séjour hors de l'eau. Elle porte un assez grand nombre de parasites, principalement Helminthes [2].

---

[1] L'espèce signalée par Steindachner (Catal. prélim. des Poissons du Portugal, 1865, p. 4), comme remontant dans les eaux douces du Portugal, doit être rapportée plutôt à l'*A. Finta* (Cuv.), qui se montre aussi dans quelques cours d'eau de la France.

[2] On a observé en divers pays, chez l'Alose vulgaire, les : *Ascaris*

26. L'ALOSE FEINTE

AGONE. — CHEPPIA.

ALOSA FINTA, Cuvier.

(et Var. lacustris.)

Corps fusiforme et comprimé, généralement un peu plus élancé que chez l'Alose ordinaire; tête conique, subconvexe, fortement pincée en dessous, volontiers un peu plus grande à âge égal. Maxillaire supérieur un peu moins développé en arrière de l'œil. Opercule moins rétréci dans le bas. Origine de la dorsale au-dessus de la base des ventrales, ou légèrement en avant. Branchiospines relativement moins effilées, moins serrées et moins nombreuses; le plus souvent 35—54, sur le premier arc branchial, chez l'adulte grand ou moyen. Quelques taches noirâtres, plus ou moins apparentes, en arrière de l'opercule, sur le haut des flancs. — (Taille moyenne d'adultes et de vieux : 0^m,30—40 à 0^m,50).

D. 4–5/13–16 [1], A. 3/18–20 (22) [2], V. 1/8, P. 1/13–15, C. 19 *maj.*

Sq. trans. 16–19 ; *L. lat.* 63–71. — *Épines ventrales* 38–41.

Vert. 59 (56) [3].

adunca (Rud.), dans l'estomac et l'intestin ; — *Agamonematodum Alausæ* (Dies.) = (*Nematoideum Alausæ*, Molin), dans l'intestin ; — *Agamonema capsularia* (Rud.), dans l'intestin ; — *Echinorhynchus subulatus* (Zeder), intestin ; — *Octoplectanum lanceolatum* (Dies.) = (*Octocotyle lanceolata*, Leuck.), sur les branchies ; — *Distomum ventricosum* (Rud.), intestin ; *D. appendiculatum* (Rud.), estomac et intestin ; *D. ochreatum* (Rud.), intestin ; — *Scolex* (*Gymnoscolex*) *polymorphus* (Rud.), dans le cæcum ; — *Dibothrium fragile* (Rud.), dans les appendices pyloriques et l'intestin.

[1] Canestrini (Prosp. critico, p. 97) donne jusqu'à 19 rayons divisés à la dorsale, pour son *Alosa vulgaris* devant comprendre nos *Alosa vulgaris* et *A. Finta.*

[2] Le chiffre 22 est donné par Moreau (Poissons de France, p. 456) pour la *Feinte* de la Méditerranée. — Canestrini donne jusqu'à 24, comme à l'*Alosa vulgaris* qu'il confond avec cette seconde espèce.

[3] 56, selon Günther (Catal. of Fishes, VIII, p. 435).

CLUPEA ALOSA, *Linné*, Syst. Nat. 1, éd. 12, p. 523 (*part.*). — *Bloch*, Fische
    Deutschl. 1, p. 209 (*part.*). — *Risso*, Ichth. Nice, p. 353. —
    Hartmann, Helv. Ichthyol. p. 169 (*part.*). — *Fleming*, Brit. An.
    p. 183. — *Schinz*, Fauna Helv. p. 158 (*false*). — *Möbius et
    Heincke*, Fische der Ostsee, p. 141 (*pars 2*).
    »   FALLAX, *Lacép.* V, p. 452.
    »   FINTA, *Jenyns*, Man. p. 437. — *Günther*, Catal. of Fishes, VII,
        p. 435.
ALOSA FINTA, *Cuvier*, Règ. Anim. II, p. 320. — *Schinz*, Europ. Fauna,
    II, p. 367. — *Yarrell*, Brit. Fishes, 2ᵉ éd. II, p. 208. — *Selys-
    Longchamps*, Faune belge, p. 220. — *Nilsson*, Skand. Fauna,
    Fisk, p. 527. — *De Betta*, Ittiol. Veron. p. 97. — *Siebold*, Süss-
    wasserfische, p. 332. — *Blanchard*, Poissons de France, p. 481.
    — *Moreau*, Poissons de France, p. 456. — *Benecke*, Naturg.
    und Leben der Fische, p. 168 (*part.*).
ALAUSA VULGARIS, *Cur. et Val.* XX, p. 391 (*part.*). — *Heckel et Kner*,
    Süsswasserfische, p. 228, fig. 133 (*part.*).
    »   FINTA, *Troschel*, Wiegm. Archiv. 1852, I, p. 228.
ALOSA VULGARIS, *Canestrini*, Prosp. crit. p. 97 (*part.*). — *Pavesi*, Pesci
    e Pesca, p. 54 (*false, pro Finta*).

NOMS VULGAIRES : au Tessin, *Cieuppia, Ceppa*, ad. ; *Agón, Agone*, moy.
    Cieuppietta, Cabiàna, Missoltin, Antàsin ou *Antésin*, juv.

Corps fusiforme et généralement un peu plus élancé, ou un
peu moins voûté en avant que chez l'Alose ordinaire du
Rhin ; mais graduellement comprimé et pincé sur la ligne
ventrale, comme chez cette dernière, avec la même arête
dentelée.

La hauteur maximale, à la longueur totale, comme $1 : 4\,^1/_5$
à $5\,^1/_2$ selon l'âge et les individus, chez mes sujets grands et
petits du Tessin (voire même exceptionnellement comme
$= 1 : 4$ chez de gros sujets, *Cheppie*, selon Pavesi, ou
$= 1 : 6$ chez de petits individus, *Antesini*, selon Canestrini.
Tête subconique, acuminée et pincée dans le bas, plutôt moins
convexe en dessus que chez l'Alose du Rhin, et d'une longueur latérale souvent relativement un peu plus forte, chez
l'adulte, soit à la longueur totale, comme $1 : 4\,^3/_{10}$—$5\,^1/_{10}$
chez mes sujets grands et petits (de $4\,^7/_{10}$ selon Canestrini, à
$5\,^3/_{10}$ selon Pavesi). — Même couverture transparente sur les
côtés de la tête et de l'œil. — Museau plutôt moins renflé
en dessus. — Bouche terminale ; bien que la mandibule

paraisse souvent un peu plus proéminente, avec un crochet bien développé.

Maxillaire supérieur généralement un peu moins élargi et un peu moins prolongé en arrière, soit dépassant rarement le bord postérieur de l'œil de plus de $^1/_3$ du diamètre de celui-ci.

Œil arrondi, avec deux pseudo-paupières verticales, à la longueur latérale de la tête, comme 1 : 4 $^1/_2$ à 5 $^3/_4$ selon l'âge moins ou plus avancé, chez mes sujets (même 4 $^1/_{10}$ selon Canestrini et Pavesi).

Espace préorbitaire mesurant, chez mes sujets, selon l'âge moins ou plus avancé, 1 $^1/_8$ à 1 $^1/_2$ diamètre de l'œil. Espace interorbitaire, selon les individus petits ou grands, variant de 1 à 1 $^1/_7$ diamètre de l'œil. — Opercule relativement un peu moins élevé et surtout un peu moins rétréci dans le bas. — Même disposition de l'ouïe et des rayons branchiostèges.

Dents petites, fines et serrées, sur le maxillaire supérieur et l'intermaxillaire, tombant plus ou moins avec l'âge ; celles des pharyngiens peut-être un peu plus apparentes.

Branchiospines moins allongées, plus épaisses, moins serrées et moins nombreuses que chez l'Alose du Rhin, les antérieures ne dépassant pas la base de la langue et par le fait invisibles à l'ouverture de la bouche, en profil (Voy. Pl. IV, fig. 9) ; décroissant en dimensions du premier au quatrième arc, et en nombre de plus en plus réduit du deuxième au quatrième. Généralement : 35 à 54 sur le premier arc, selon l'âge plus ou moins avancé ; 34 à 55 sur le second ; 28 à 40 sur le troisième, et 21 à 36 sur le quatrième. Canestrini [1] attribue aux Aloses du lac de Garda des maxima passablement plus élevés, 61, 68, 54 et 41 pour les quatre arcs, qui, d'après le tableau des dimensions et proportions de cet auteur, doivent être probablement rapportés à des individus relativement jeunes et semblent ne pas venir à l'appui de son idée d'un accroissement constant du nombre des épines branchiales avec l'âge.

Les nombres des branchiospines que j'ai relevés sur les

____

[1] Prosp. crit. p. 99.

Aloses des lacs Majeur et de Lugano, combinés avec ceux
fournis par Pavesi, qui a aussi spécialement étudié à cet égard
cette espèce dans le Tessin, donnent pour les divers arcs
branchiaux, à différents âges :

Antesini (jeunes, des lacs, de 0^m,160 à 0^m,180) :

      Ier arc : 43—46 (30, de la langue au coude, + 16).

      IIme » : 43—45 (30 + 15).

      IIIme » : 34—36.

      IVme » : 27—30.

Agoni (âge moyen et ad., en lacs, de 0^m,250 à 0^m,300) :

      Ier arc : 47—52 (32 + 20) même — 54.

      IIme » : 46—51 (34 + 17)— 55.

      IIIme » : (28) 34—40.

      IVme » : 29—36.

Cheppie (adultes et vieux, de riv., de 0^m,420 à 0^m,450) :

      Ier arc : 35—36 (23 + 13).

      IIme » : 34 (23 + 11) même — 37.

      IIIme » : 29—30.

      IVme » : 21—27.

Il y aurait donc accroissement du nombre des branchiospines jusqu'à l'adulte, en eau douce, mais nombre moindre
chez l'adulte migrateur de plus grande taille.

Le rapport de longueur de l'épine la plus grande, vis-à-
vis du premier arc qui la porte, m'a paru comme 1 : 3 $^1/_4$—
3 $^9/_{10}$—4 $^1/_2$ selon l'âge moins ou plus avancé.

Nageoires : dorsale ayant son origine au-dessus de la base des ventrales ou légèrement en avant, un peu plus longue que haute
ou à peu près égale dans les deux sens; la hauteur égalant
environ la moitié de la longueur latérale de la tête, suivant les
cas, un peu plus faible ou plus forte; avec cela, assez déclive
et légèrement concave. Quatre à cinq rayons non divisés
et treize à seize divisés (même dix-neuf, selon Canestrini)[1];
le plus grand simple légèrement plus court que le premier

---

[1] Je n'ai trouvé ce maximum de Canestrini à aucun âge chez nos
Aloses du Tessin. Peut-être cet auteur, en rapprochant nos deux Aloses,
a-t-il réuni, sous le même nom, quelques données diagnostiques relatives aux deux espèces.

divisé, parfois presque égal; le dernier divisé plus long que les quelques derniers précédents. — Anale naissant très en arrière de la dorsale rabattue, avec la même disposition, les mêmes proportions et la même forme que chez l'Alose du Rhin. Trois rayons non divisés et dix-huit à dix-neuf, plus rarement vingt divisés [1] (jusqu'à vingt-quatre, selon Canestrini) [2]. — Ventrales et pectorales assez semblables à celles de l'Alose du Rhin, quant à la forme, aux proportions et au nombre des rayons. Un simple et huit divisés, pour les premières; un simple et treize à quinze divisés, pour les secondes.

Caudale un peu plus courte que la tête, profondément échancrée, avec des lobes acuminés plus ou moins inégaux, souvent l'inférieur le plus long; dix-neuf rayons majeurs dont dix-sept divisés; les rayons médians $\frac{1}{5}$ ou $\frac{1}{6}$ des plus grands.

Même écaillure particulière sur la base et la partie moyenne des lobes supérieur et inférieur que chez l'Alose du Rhin; les ondes basilaires transverses, correspondant aux feuillets imbriqués des squames allongées, volontiers moins nombreuses (Voir Pl. IV, fig. 11).

Écailles assez grandes, très minces, caduques, assez irrégulières dans leur disposition et leurs proportions, et se recouvrant au plus sur les $\frac{2}{3}$ de leur longueur, vers le milieu du corps. — Une squame latérale médiane d'une surface susceptible de varier la plupart du temps entre $\frac{2}{3}$ et $\frac{4}{5}$ de celle de l'œil, chez l'adulte, et entre $\frac{1}{4}$ et $\frac{2}{5}$ chez le jeune; de forme subcarrée, souvent un peu plus longue que haute, avec de fines stries transverses non concentriques, séparées par des vagues onduleuses plus ou moins distinctes. Pas de véritable nœud. La partie découverte de l'écaille, comme chez l'Alose du Rhin, peu ou pas striée et finement denticulée sur le

---

[1] Jusqu'à 22 chez l'*A. Finta* de la Méditerranée, selon Moreau : Poissons de France.

[2] Je n'ai jamais trouvé ce maximum; peut-être Canestrini, en rapprochant l'Alose du midi de celle du nord, a-t-il cru pouvoir lui attribuer un même nombre de rayons; ou bien y aurait-il, sur ce point, une petite différence entre les Aloses du lac de Garda et celles du Tessin.

bord, à l'extrémité de petits rayons courts et irréguliers
(Voy. Pl. IV, fig. 10).

Les squames lat. antérieures sup. un peu plus petites et
plus franchement carrées, soit relativement plus hautes.
Les squames lat. postérieures inf. plus petites aussi, mais
par contre plus allongées ; squames caudales : voir ci-dessus,
à l'article caudale.

Pas de ligne tubulée latérale.

Généralement 16 à 19 écailles sur une ligne transverse,
jusqu'à la base des ventrales (18 à 21 jusque sur le milieu
du ventre), et 63 à 70 ou 71 sur une ligne horizontale médiane, de la tête à la base de la caudale.

Épines ventrales au nombre de 38 à 41, de la gorge à l'anus,
assez semblables à celles de l'Alose du Rhin.

Coloration d'un gris vert ou bleu, avec des reflets violacés sur le
dos ; la tête un peu plus sombre en dessus ; les flancs et le
ventre d'un blanc argenté, parfois à reflets un peu dorés et
comme nacrés ; les côtés de la tête également argentés et
nacrés. Iris blanc argenté ou légèrement doré, souvent un peu
mâchuré. Les nageoires blanchâtres ou grisâtres, plus ou
moins mâchurées vers le bout, la dorsale et la caudale surtout.

Généralement 4, 5, 6 ou 7 taches noires arrondies disposées longitudinalement au haut des flancs, sur la moitié antérieure du corps ; parfois moins chez les vieux ; souvent plus,
jusqu'à 12 ou 13, chez les jeunes ; la macule la plus foncée
vers l'angle supérieur de l'opercule.

Dimensions : l'Alose Feinte peut atteindre à une longueur totale
de 50 centimètres, avec un poids de 1 ½ à 2 kilos, au plus.
Les nombreux individus que j'ai mesurés variaient en longueur de 0ᵐ,180 *Antesini,* à 0ᵐ,260 *Agoni,* et 0ᵐ,425 *Cheppie.*

Jeunes, de forme plus élancée, avec un œil plus grand et des
taches latérales plus nombreuses. Les petites dents du maxillaire supérieur plus constantes. Les branchiospines généralement plus grêles et relativement plus allongées.

Vertèbres, au nombre de 59, sur deux squelettes d'Agoni préparés à cet effet. — Tube digestif notablement plus court
que la longueur du poisson sans la caudale et formant,
comme chez l'Alose du Rhin, deux courbures peu distantes ;.

l'estomac présentant aussi un très grand cul-de-sac et des appendices pyloriques nombreux, assez allongés, formant, de chaque côté du tube digestif, comme deux houppes successives et juxtaposées. J'ai compté, chez un individu de taille moyenne, 32 plus 64, en tout, pour les deux houppes et les deux côtés, soit 96 appendices de longueurs différentes; le plus grand de la houppe antérieure mesurant 15^{mm} au plus, le plus long, dans la houppe postérieure, 51^{mm} environ. — Vessie natatoire simple, acuminée aux extrémités et occupant toute la cavité viscérale; également pourvue d'un canal communiquant avec l'estomac. — Un rang de pseudobranchies pectinées bien développées, derrière le postorbitaire. — Testicules doubles et gros. Ovaires doubles, très développés.

L'Alose du Tessin et du nord de l'Italie est-elle de même espèce que l'*Alosa vulgaris* qui, de la mer du Nord, remonte jusque dans le Rhin suisse; ou bien, le nombre relativement réduit de ses branchiospines doit-il la rapprocher plutôt de la forme, plus petite aussi, que l'on a distinguée sous le nom de *A. Finta;* ou bien encore, sous le titre d'espèce ou de sous-espèce, doit-elle être distinguée de ces deux précédentes? Les auteurs qui, sans discussion suffisante, ont réuni sous le même nom l'Alose qui de la mer Adriatique remonte dans les eaux douces de l'Italie septentrionale et celles qui de la mer du Nord ou de l'Océan viennent se reproduire dans les fleuves et rivières de la plus grande partie de l'Europe, ont-ils eu tort ou raison? La question est assez difficile à trancher à priori.

Les auteurs italiens qui ont parlé de notre Alose méridionale, avant que Troschel ait attiré l'attention des ichthyologistes sur le développement des épines branchiales, n'ayant pu tenir compte de cet élément important dans la discussion, nous ne pouvons guère chercher une opinion tant soit peu fondée sur le sujet que dans les publications postérieures à 1852, plus particulièrement dans celles que nous avons citées déjà à propos de l'Alose précédente. De Betta (loc. cit.) rapproche l'Alose du lac de Garda de l'*Alosa Finta* de Cuvier; Canestrini et Pavesi (loc. cit.), réunissant toutes les Aloses observées dans les eaux douces de Lombardie et du Tessin, font par contre rentrer les diverses formes méridionales dans le cadre très élargi d'une espèce unique, au nord comme au sud, sous le titre commun d'*Alosa vulgaris* (Val.). Tous trois, cependant, après avoir eu comme une légère hésitation, sur la possibilité d'une forme italienne particulière.

Nous voici donc, encore une fois, ramenés à notre point de départ. Inutile de répéter ici ce que nous avons dit plus haut en faveur de la distinction spécifique des *A. vulgaris* et *A. Finta*. Mais que faire des Aloses du nord de l'Italie et du Tessin. Celles du lac de Garda, avec un nombre de branchiospines un peu supérieur (voir à la description), doivent-elles être séparées de celles des lacs de Côme, Majeur et Lugano, et, parmi ces dernières, doit-on faire une distinction entre les *Cheppie* plus grandes, avec des branchiospines plus épaisses et moins nombreuses, et les *Agoni* plus petits, avec des épines plus effilées et plus nombreuses.

Après avoir exposé les limites approximatives de la variabilité des branchiospines chez l'*Alosa vulgaris* à divers âges, je ne puis d'abord, quant à la première question, que donner raison à de Betta contre Canestrini, en égard à l'Alose du lac de Garda, qui me paraît bien plus voisine de la *Finta* que de l'*A. vulgaris*. Les quelques épines qu'elle porte en plus sur les divers arcs branchiaux sont loin de franchir l'espace qui, sur ce point, la sépare encore très largement des représentants de l'*Alosa vulgaris* au même âge; elles n'ont également pas assez d'importance pour motiver une distinction spécifique entre Aloses du lac de Garda et Aloses du Tessin, à peine y aurait-il matière à l'établissement de variétés locales.

Pour ce qui concerne la seconde question, la distinction ou l'identification spécifique des Aloses italiennes plus grandes, *Cheppie*, et plus petites ainsi que plus élancées, *Agoni*, soulevée par quelques ichthyologistes, Boniforti [1] et Monti [2] en particulier, je ne puis que partager l'opinion de Canestrini et plus particulièrement de Pavesi.

[1] Il lago Maggiore e dintorni, 1857.
[2] Notizie dei Pesci delle provincie di Como e Sondrio e del Cantone Ticino, edit. 2, 1864.

Ce dernier discute sérieusement l'importance des censés caractères différentiels[1] : taille plus ou moins forte, formes générales plus ou moins ramassées, forme plus ou moins obtuse du museau, absence ou présence en plus en moins grand nombre de petites dents sur le maxillaire supérieur, arêtes plus ou moins nombreuses ou développées, nombre des taches latérales, époque et lieu de frai, rapidité du développement, saveur de la chair, etc.; et, pour lui, tout s'explique facilement par des différences d'âge et de conditions d'existence, dont mes observations propres me permettent d'apprécier la valeur dans la question.

L'âge est, en effet, un important facteur dans les modifications constatées; aussi dois-je appuyer fortement l'opinion de Pavesi relative à l'acclimatation plus ou moins complète des *Agoni* dans quelques lacs, comme expliquant non-seulement certaines petites divergences dans les proportions des branchiospines, mais encore la réduction de ces organes chez l'adulte grande taille, qui autrement indiquerait une marche du développement différente de celle ressortant des données de Moreau pour l'*Al. vulgaris*.

Nos données comparées sur le nombre des branchiospines, chez les Aloses des lacs du Tessin à divers âges, indiquent : d'abord un accroissement, jusqu'à une certaine taille, puis comme une décroissance, ou plutôt un nombre inférieur, chez des adultes de plus grandes dimensions. De ce fait, et considérant que les observations de Moreau établissent un accroissement constant des branchiospines jusqu'à la taille maximum du poisson, chez l'*A. vulgaris*, il semble que l'on doive conclure à priori : ou que l'Alose italienne diffère par un développement inverse des branchiospines de l'Alose vulgaire; ou que les *Cheppie*, plus grandes, ne sont pas de même espèce que les *Agoni* plus petits.

Mais ici doit intervenir une considération qui n'est pas entrée jusqu'à présent suffisamment en ligne de compte, à savoir l'influence d'un séjour plus ou moins prolongé de l'Alose dans les eaux douces et dans les lacs.

Il est regrettable à cet égard que Canestrini ne nous donne pas les dimensions des individus du lac de Garda chez lesquels il

[1] Pavesi : I Pesci e la Pesca, 1871-72, p. 54-65.

a constaté son maximum de branchiospines. Il faut remarquer aussi que la taille du plus grand individu de la *Finta* de la Méditerranée dont Moreau nous signale le nombre des épines branchiales (0ᵐ,271) ne dépasse pas celle des Agoni des lacs, qu'il reste par conséquent à savoir si, en examinant des sujets plus grands ou plus âgés, cet auteur eût constaté encore, comme chez l'*Al. vulgaris,* un accroissement constant.

Les *Agoni,* qui passent l'année entière dans les eaux douces de quelques lacs du Tessin et du nord de l'Italie et y atteignent le poids de 1 ½ livre (voire même d'un kilogramme et plus, selon Pavesi, dans les lacs tessinois, — avec une taille de 30 à 40 centimètres, dans le lac de Garda, selon de Betta), seraient-ils, pour quelques branchiospines de plus, d'espèce différente des *Cheppie* plus grandes qui, tous les ans, remontent de la mer jusque dans ces mêmes eaux ; cela ne paraît guère admissible, car nous aurions alors une nouvelle Alose européenne spéciale aux eaux douces de Lombardie et du Tessin, basée seulement sur quelques différences de peu d'importance. Je crois, bien plutôt, que les *Cheppie* représentent, dans l'Adriatique et quelques-uns de ses tributaires, une forme méridionale de la *Finta* de Troschel, et que les individus plus ou moins confinés dans les eaux douces du nord de l'Italie et acquérant dans celles-ci un nombre un peu supérieur de branchiospines, avec un facies un peu différent, ne doivent être considérés que comme une *race localisée* de l'espèce *A. Finta,* également répandue dans les eaux des mers du nord, ainsi que dans la Méditerranée et ses dépendances.

Il est bien possible que les jeunes Aloses qui rentrent à la mer, sans avoir trouvé un lac sur le parcours du cours d'eau remonté par leurs parents, n'atteignent pas au même total de branchiospines et ne présentent pas le même aspect général que ceux qui ont pu séjourner, se développer et multiplier dans les eaux douces de nos lacs italiens. Semblables différences dans les conditions d'existence et d'alimentation ne peuvent manquer de se traduire de manière ou d'autre.

Comparant maintenant nos Aloses du Tessin, grandes et de taille moyenne, avec mes Aloses du Rhin adultes, voici en somme les différences plus ou moins importantes qui m'ont paru mériter d'être signalées. — Chez l'*Alose du Tessin* (lac Majeur et de Lugano) : Formes générales un peu plus élancées, tête et nuque généralement un peu moins voûtées; maxillaire supérieur moins développé en arrière; opercule moins rétréci dans le bas; branchiospines plus courtes et beaucoup moins nombreuses; dorsale légèrement plus en avant par rapport aux ventrales; souvent moins de rayons à l'anale; écailles généralement moins nombreuses et se recouvrant un peu moins; taille plus petite; vertèbres souvent un peu plus nombreuses.

Je n'ai pas su voir de différences bien importantes dans les proportions de la vessie, et j'ai dit plus haut, dans la description de notre *A. vulgaris*, pourquoi j'attachais peu d'importance au nombre des taches sur le haut des flancs.

Bien que la description par Moreau de la Feinte de la Méditerranée ne soit pas assez circonstanciée pour me permettre une comparaison de tous points soit avec l'*Alosa vulgaris*, soit avec l'*A. Finta,* j'y trouve cependant quelques données : formes générales plus élancées et moindre développement du maxillaire supérieur en arrière, entre autres, qui autorisent un rapprochement spécifique de notre Alose tessinoise avec la Feinte méditerranéenne, tout en laissant planer encore des doutes sur la question de variété locale à quelques autres égards, quant à la position relative de l'origine de la dorsale plus ou moins en avant ou en arrière de la base des ventrales, en particulier.

Si je compare, enfin, notre Feinte tessinoise avec les descriptions généralement trop sommaires de la Feinte de l'Océan et des mers du nord, je ne suis pas non plus complètement d'accord, ni avec Günther (l. c.), quand il attribue 56 vertèbres à la *Finta,* ni avec Möbius et Heincke (l. c.), alors qu'ils distinguent la Feinte de l'Alose vulgaire, dans la Baltique, à son museau censément plus large et plus obtus. Cependant, je le répète, convaincu que bien des divergences reposent sur le fait que l'on a souvent confondu jusqu'ici les deux espèces à un certain âge, je n'hésite pas à rapporter notre Alose du nord de l'Italie à l'*Alosa Finta* de Troschel qui fraye, comme elle, environ un mois plus tard que l'Alose vulgaire, — *en considérant les* Agoni *des lacs tessinois et lombards comme une forme de la Cheppia de l'Adria-*

tique plus ou moins modifiée par l'acclimatation dans l'eau douce, et les rangeant ici sous le titre de : A. FINTA, VAR. LACUSTRIS.

La Feinte remonte de la mer du Nord dans le Rhin, et de la Méditerranée dans le Rhône, sans parvenir jusqu'à nous[1]. Schinz (Fauna helv.) a inversé les noms des deux espèces, quand il a dit que la *C. Finta* remonte jusqu'à Bâle. Je ne l'ai rencontrée, en Suisse, que dans le bassin du Tessin, au sud des Alpes.

L'Alose qui remonte de l'Adriatique, au printemps, paraît visiter les principaux tributaires du Pô et parvenir en plus ou moins grande quantité jusque dans plusieurs des lacs de la Lombardie et du Tessin, les lacs de Côme, Garda, Majeur et Lugano en particulier. Les individus les plus gros, *Cheppie,* plus facilement arrêtés par les accidents des petits courants, arrivent plus rarement que les individus de taille moindre et plus agiles dans les lacs tant soit peu élevés, et frayent plus généralement dans le fleuve ou dans ses principaux affluents. Ils demeurent également beaucoup moins dans les eaux douces, retournant d'ordinaire assez vite à la mer après la ponte; tandis que les jeunes, *Antesini* et *Agoni,* demeurent plus hors de l'eau salée, s'établissent même volontiers dans certains lacs, puisqu'on les y trouve durant l'année entière, que l'on en fait en particulier d'abondantes captures, en hiver, dans les lacs du Tessin, Lugano et Majeur.

Les Cheppie ne remontent pas jusqu'au lac de Lugano; elles arrivaient par contre en grand nombre au lac Majeur, par le Tessin, jusqu'à l'établissement de l'écluse de Villoresi qui, à deux lieues au-dessous de Sesto-Calende, semble, depuis quelques années, arrêter à peu près complètement l'ascension des plus gros sujets de l'espèce; elles arrivaient vers la fin de mai et remontaient plus ou moins dans les principaux affluents du dit lac, les rivières Tessin et Maggia en particulier, pour y frayer en juin, même en juillet, et repartir généralement en août.

Les Agoni, plus ou moins acclimatés aux eaux douces, où ils

[1] Olivier (Faune du Doubs, 1883, p. 65) dit qu'on la prend de temps à autre dans le Doubs.

ne semblent pas atteindre les proportions majeures de l'espèce dans les eaux salées, abondent par contre dans les lacs de Lugano et Majeur, dans lesquels ils frayent généralement fin mai et en juin, pondant un grand nombre d'œufs relativement assez petits, de 1 $\frac{1}{2}$ mm. de diamètre environ.

Les Agoni qui, contrairement aux habitudes des Cheppie plus fluviatiles, frayent presque exclusivement dans les lacs, se réunissent en bandes nombreuses au moment des amours, pour venir jouer et pondre de nuit le long des rives, sur certaines places déterminées bien connues des pêcheurs. Ce sont alors des courses effrénées et des sauts désordonnés traduisant un état de délire tel que, lorsque la lune brille, les grèves, couvertes en certains endroits d'Aloses folles et tapageuses, scintillent comme ornées d'une ceinture d'argent. Les places de frai et les habitudes imprévoyantes de l'Alose sont en particulier si bien connues de la population riveraine, qu'au bon moment, surtout par le clair de lune, tous petits et grands se rendent au rendez-vous, à San-Martino en particulier, tout près de Lugano, pour tirer, avec de simples rateaux, sur le sec et ramasser par milliers ces imprudents poissons, qui sautent à l'envi jusque sur le bord hors de l'eau. L'attraction qu'exerce la lumière sert à d'autres pour faire aussi de bonnes prises avec le filet, à la lueur d'une torche ou d'un flambeau[1]. On emploie, du reste, suivant les conditions et les saisons, des engins différents, dans les rivières pour les Cheppie et dans les lacs pour les Agoni ou les Antesini; on prend même passablement d'Aloses à la ligne, avec une mouche artificielle. On pêche dans les eaux courantes avec les petits filets dits *Sandro, Vallo* et *Muscia*, voire même avec une sorte de truble nommée *Guada;* dans les lacs, on emploie plutôt des filets de plus grandes dimensions, les *Tremaggio* et *Riale* en particulier, ou le *Redaquedo* durant l'hiver. Les plus petits individus, Antesini, sont pris surtout avec la *Pantéra* ou la *Bedina*. La pêche des Aloses dans les lacs du Tessin est si fructueuse que, il y a peu d'an-

---

[1] Voir des détails sur la pêche des Aloses dans les lacs du Tessin, dans Pavési (l. c.) et Lavizzari, Escursioni nel Cantone Ticino, 1863, p. 178-181.

nées encore, un pêcheur heureux pouvait prendre de 60 à 70 kilos d'Agoni en un jour ; qu'un individu pouvait même, en une nuit, ramasser à la main, sur la grève en temps de frai, jusqu'à 40 kilos de poisson. Des pêches au Redaquedo, en hiver, auraient même, selon Pavesi, donné en un jour près de 1500 à 2000 kilos d'Aloses.

Les Aloses se nourrissent de vers, de larves, d'insectes divers etc., les plus gros individus s'attaquent aussi volontiers au frai ou aux alevins d'autres poissons, même aux adultes de petites espèces[1]. La chair de l'Alose est d'autant plus prisée que celle-ci est plus jeune et a fait un plus long séjour dans les eaux douces. Les Cheppie, moins bonnes, valent de 40 à 55 centimes le kilo et se sèchent ou se salent, surtout pour les petites bourses. Les Agoni, bien meilleurs, se payent par contre de 60 centimes à un franc ; enfin les Antesini, les plus petits et les plus délicats, peuvent valoir jusqu'à fr. 1,50 le kilo, sur les marchés du Tessin.

Il est bien probable que notre Alose du Tessin doit, comme l'Alose vulgaire, héberger un certain nombre de parasites, mais je ne connais pas jusqu'ici d'observations propres à cette espèce[2].

Famille IV. SALMONIDÉS

SALMONIDÆ

Les Salmonides ont le corps couvert d'écailles, selon les genres, petites, très petites ou de moyennes dimensions, et la tête nue. Ils portent, en arrière de la dorsale, une petite

---

[1] Ricc. Canestrini (Pesci del Trentino, 1885, p. 46) raconte qu'il a trouvé quantité de *Bythotrephes longimanus*, de *Daphnies* et de *Cyclopes* dans l'estomac des Agones du lac de Garde. D'autres individus pris en Vénétie contenaient des débris de poissons, particulièrement d'*Atherina*.

[2] On cite cependant un *Scolex* spécial : *Sc. Alosæ Fintæ* (van Ben.), dans les appendices pyloriques de l'Alose Feinte ; et R. Canestrini (l. c.) signale un petit crustacé, l'*Anchorella emarginata*, sur les branchies de ce poisson.

nageoire adipeuse dépourvue de rayons. Les ventrales sont toujours en arrière des pectorales, soit abdominales. La mâchoire supérieure est formée par l'intermaxillaire et le maxillaire. La bouche, dépourvue de barbillons, est, suivant les cas, très étroite ou, au contraire, très largement fendue ; avec des dents ou très petites, ou relativement fortes et plus ou moins nombreuses. L'ouverture branchiale est fendue jusque sous la gorge. L'estomac forme un large cul-de-sac, et porte des appendices pyloriques plus ou moins nombreux. La vessie aérienne est grande et simple. Ils ont des pseudobranchies bien développées. Les ovaires, dépourvus d'oviductes, laissent tomber leurs œufs dans la cavité viscérale.

Cette riche famille compte de nombreux représentants dans les mers et les eaux douces des différentes parties du monde. Beaucoup quittent l'eau salée, pour venir frayer, en exécutant des voyages souvent très longs, dans les rivières du continent.

Avec des allures assez différentes et une nourriture surtout animale, composée, selon le développement de leur bouche, de proies plus ou moins volumineuses, ils présentent en commun la particularité d'être privés d'oviductes, de sorte que les œufs qui tombent des ovaires dans la cavité viscérale sont simplement chassés à l'extérieur par la pression des parois abdominales, au travers de l'ouverture génitale située immédiatement derrière l'anus.

La plupart ont une chair excellente qui les fait rechercher et apprécier, et qui a valu à quelques-uns le titre de *poissons nobles* : aux Saumons, aux Truites, aux Éperlans, aux Ombles, aux Ombres et aux Corégones, en particulier.

La délicatesse de la chair de plusieurs et l'importance de celle-ci au point de vue de l'alimentation de l'homme, ont même depuis longtemps motivé, dans la plupart des pays, non seulement une pêche active et un commerce très étendu, mais encore, pour combler les vides, un développement toujours plus grand de leur multiplication artificielle ou industrielle, ainsi que de nombreuses importations d'espèces étrangères.

Les divers genres réunis sous le titre de Salmonidés peuvent, comme l'indiquent certaines latitudes de la description ci-dessus, être groupés de différentes manières, selon les proportions de leurs écailles, de leur bouche et de leurs dents, ainsi que de leurs nageoires et de diverses pièces céphaliques. Des sept genres qui sont représentés en Europe, trois sont marins, les *Microstoma, Argentina* et *Osmerus*, une espèce du dernier, l'Éperlan, s'avançant seule jusque dans l'embouchure des fleuves ; quatre, les *Coregonus, Thymallus, Salmo* et *Salvelinus*, habitent surtout les eaux douces, ou y séjournent plus ou moins, et comptent des représentants dans les lacs et cours d'eau de la Suisse.

On peut répartir nos espèces dans deux groupes, suivant qu'elles ont :

1° *La bouche petite, plus ou moins garnie de très petites dents, un maxillaire qui ne dépasse pas le milieu de l'œil et des écailles de grandeur moyenne : — Coregonus, Thymallus.*

2° *La bouche grande, armée sur divers os de dents assez fortes, le maxillaire plus prolongé en arrière et les écailles relativement petites ou très petites : — Salmo (Trutta), Salvelinus.*

Genre 1. CORÉGONE

CORÉGONUS, Artedi.[1]

Bouche petite. De très petites dents au bord de l'inter-
maxillaire, sur la langue et sur les pharyngiens supé-
rieurs et inférieurs. Maxillaire supérieur, sans dents, ne
dépassant pas l'œil, avec un petit os supplémentaire à la
face externe. Corps fusiforme, plus ou moins comprimé.
Tête nue ; tronc couvert d'écailles de dimensions varia-
bles, moyennes ou petites, cycloïdes, marquées de nom-
breuses stries concentriques, peu ou pas rayonnées. Nageoire
dorsale plus haute que large, naissant légèrement en avant
des ventrales. Caudale plus ou moins profondément échan-
crée. Appendices pyloriques plus ou moins nombreux.

Les Corégones, très répandus soit en Europe, au nord
des Alpes, soit en Asie et dans l'Amérique septentrionale,
sont en majorité, de nos jours, poissons d'eau douce ;
cependant il en est encore qui habitent les mers du nord,
d'où ils remontent plus ou moins, pour frayer, dans les
principaux courants et jusque dans quelques lacs, non seulement dans le nouveau monde, mais encore en Sibérie,
dans la Russie septentrionale, et jusque dans le nord de
l'Allemagne : les *Cor. oxyrhynchus*, *C. Lavaretus* et *C.*
albula de Linné, par exemple, dans ce dernier pays.

La plupart sont sédentaires et aujourd'hui complètement localisés dans différents lacs ; tout au plus quelques-

----

[1] *Synonymia nominum Piscium*, 1788, p. 18.

uns, parmi ceux-ci, exécutent-ils parfois, dans certaines
rivières, de courts voyages d'un lac à un autre voisin. Ils
vivent volontiers en nombreuse société, particulièrement
durant le temps des amours. L'étroitesse de leur bouche ne
leur permettant guère de s'attaquer à de grosses proies,
ils se nourrissent surtout de vers, de mollusques, d'insectes
et tout particulièrement de petits crustacés. Presque tous se
couvrent plus ou moins, au moment du rut, les mâles surtout, de petits boutons épidermiques blanchâtres qui disparaissent très vite après l'époque du frai. Leurs œufs
sont de moyenne grosseur.

La distribution géographique actuelle des espèces et les allures remuantes de celles qui vivent encore dans les eaux salées,
ainsi que l'étude comparée des modifications apportées, dans
les formes et les dimensions, par les conditions d'éloignement
et d'élévation du lieu de séquestration, semblent établir d'une
manière péremptoire que la plupart des Corégones habitant
aujourd'hui les eaux douces, jusqu'à de grandes distances des
mers, doivent avoir une origine commune, à la fois marine et
septentrionale, et descendre de types anciens relativement peu
nombreux et peu à peu modifiés en divers sens dans différents
milieux.

Il paraît fort probable, en particulier, que la réclusion des
espèces, qui sous des formes variées habitent maintenant nos
différents lacs en Suisse, doit remonter à l'époque où, après les
grandes inondations de la fin de l'époque glaciaire, les communications devinrent trop étroites, trop rapides ou trop accidentées pour permettre encore la circulation aux espèces les moins
aptes à lutter contre les courants.

Ces poissons ont dû se transformer lentement, sous l'influence des conditions diverses des milieux dans lesquels ils se
trouvaient arrêtés, et prendre peu à peu les facies différents
que nous leur voyons actuellement. Leurs formes et leurs allures ont dû naturellement se modifier, pour s'adapter aux exigences nouvelles; et c'est ainsi que se sont créées les nombreu-

ses races, variétés ou espèces locales qui peuplent de nos jours les lacs des différents pays, dans l'hémisphère nord.

Ces Salmonides, d'origine septentrionale, manquant au bassin méditerranéen et aux lacs qui en dépendent, on se demande quand et comment la *Féra*, la *Gravenche*, le *Lavaret* et la *Bezeule*, sont arrivés, les deux premiers dans le lac Léman, les derniers dans celui du Bourget, en Savoie. De tout temps fort appréciés, ces poissons auraient-ils été autrefois apportés de quelque lac voisin dépendant du bassin du Rhin, dans le Léman et le Bourget, où ils auraient, avec les siècles, pris le facies particulier qui les caractérise actuellement; ou bien est-ce plutôt par les voies naturelles, par le déversement du lac de Neuchâtel dans celui du Léman et par le courant qui les a autrefois reliés, que cet apport a dû se faire, ou, plus anciennement encore, alors que les niveaux des eaux étaient moins différents.

C'est une question sur laquelle il est difficile de se prononcer aujourd'hui. C'est pour cela qu'il nous semble tout particulièrement intéressant d'enregistrer ici que la présence actuelle des Corégones au sud des Alpes est due à des apports artificiels récents : soit du Blaufelchen (*C. Wartmanni*) du lac de Constance, par De Filippi dans le lac Majeur, en 1861, et par le prof. P. Pavesi, en 1884 et 1886, dans le lac de Côme ; soit du *Cor. Marana* d'Allemagne et du *White-Fish* (*Cor. albus* ?) d'Amérique, dans le lac Majeur, le premier par le D<r> Asper, en 1880, le second par les autorités suisses, en 1886. En avril 1881, on pêchait, en effet, près de Locarno dans le lac Majeur, un Corégone qui fut déterminé mâle adulte du *Cor. Wartmanni*, par Sulzer et Pavesi ; et, dès octobre 1885, on a pris successivement, dans le lac de Côme, plusieurs poissons de la même espèce de tailles différentes. On n'a, par contre, jusqu'ici aucune nouvelle des *Maranes* et *White-Fishes* importés[1].

Les Corégones de l'ancien et du nouveau monde, avec des formes souvent très différentes, se prêtent, pour la plupart, à

---

[1] On peut trouver d'intéressants détails sur les importations dans les eaux du Tessin et du nord d'Italie dans diverses notes du prof. Pavesi et dans une brochure du D<r> S. Calloni intitulée : Il Ripopolamento dei nostri Laghi Ticinesi, Lugano, 1886.

certains rapprochements qui, s'ils ne permettent pas des subdivisions toujours très tranchées, semblent trahir cependant quelques affinités naturelles et autoriser certains groupements, autour de quelques principaux caractères tirés, tour à tour, des proportions comparées des deux mâchoires, de la position de la bouche, de l'aspect du museau, des formes générales du corps plus ou moins allongé, et tout particulièrement du développement des épines branchiales (*branchiospines*) qui, depuis l'usage qu'en a fait Troschel pour la distinction des Aloses, a été dans ces dernières années d'un grand secours dans la détermination des Corégones[1]. Ces organes, ici bien moins nombreux que chez les Aloses, acquièrent, en effet, de la réduction même de leur nombre, une importance bien plus grande, pour de moindres différences dans la quantité et les proportions.

Les dimensions relatives des mâchoires et la disposition correspondante de la bouche permettent d'abord la répartition des diverses espèces dans deux principales sections, comme suit :

A. *Mâchoire inférieure égale à la supérieure ou plus courte que celle-ci; bouche quasi horizontale, terminale ou inférieure.*

Section également richement représentée en Europe, en Asie et en Amérique.

B. *Mâchoire inférieure plus longue que la supérieure; bouche plus ou moins oblique, antérieure ou en dessus.*

Section qui ne nous intéresse pas ici, comme entièrement étrangère à nos eaux, qui peut également être fractionnée suivant les *développements différents des branchiospines et les formes du corps plus ou moins élancé ou ramassé et élevé,* et qui compte à son tour des représentants dans l'ancien et le nouveau monde. — expl. *Cor. albula,* Europe septentrionale; *C. Merkii,* Asie; *C. harengus, C. tulibee,* Amérique, etc...

La section A, qui seule compte des espèces dans les eaux suisses, peut être ensuite partagée dans les trois fractions suivantes :

[1] Voir en particulier : *Troschel,* Archiv für Naturg. 1852, 1, p. 228; *Nüsslin,* Coregonus Arten des Bodensees und... 1882; *Jordan et Gilbert,* Fishes of North America, 1882; *Fatio,* Corégones de la Suisse, 1885.

a. *Branchiospines longues, serrées et généralement nombreuses, bouche terminale ou quasi terminale; museau conique, de proportions ordinaires ou moyennes.* — expl. *C. Wartmanni, C. Nilssonii,* Europe; *C. Muksun,* Asie; *C. clupeiformis,* Amérique, etc.

b. *Branchiospines relativement courtes, moins serrées et moins nombreuses; bouche inférieure ou pré-inférieure; museau plus ou moins convexe, relativement gros ou renflé.* — expl. *Cor. Lavaretus* (Lin.); *C. Fera,* Europe; *C. Polcur,* Asie; *C. albus* (Les.), Amérique, etc...

c. *Branchiospines longues et nombreuses; museau acuminé et prolongé; bouche franchement inférieure.* — expl. *Cor. oxyrhynchus,* Europe septentrionale.

a. Les Corégones de la *fraction a,* en général, se groupent en outre plus ou moins et de diverses manières, sous l'influence de quelques tendances caractéristiques opposées, trahissant peut-être autant d'espèces mères en différents continents : tantôt c'est une compression latérale très accentuée de la tête, à la gorge et au museau, comme chez le *C. Muksun* (Pallas, Cuv. et Val), d'Asie, tantôt ce sont des formes du corps, ou assez élevées, comme chez le *C. clupeiformis* (Milner), d'Amérique, ou relativement élancées, comme chez nos *C. Wartmanni, C. exiguus* et diverses espèces voisines, en Europe.

Beaucoup de ces dernières, qui offrent en commun un certain nombre de caractères principaux, peuvent, en particulier, être considérées comme relevant d'un même type [1], comme devant rentrer même, en majorité, dans le cadre d'une seule *espèce mère,* Cor. dispersus, très répandue dans les eaux du continent et dispersée dans la plupart des lacs de l'Europe centrale, orientale et septentrionale, avec des formes diverses dans des milieux géographiques différents.

Sous l'influence de conditions variées, il a dû se former, en effet, depuis la réclusion des divers représentants de l'espèce dans les différents bassins en Europe, bien des races diverses qui, de nos jours, quoique parentes, *cognatæ,* semblent avoir

---

[1] Type que j'ai déjà qualifié (Corégones de la Suisse, 1885) d'*Ignotus,* faute de savoir à quelle forme attribuer le droit de préséance.

acquis des droits au titre d'*espèces géographiques* (*species geographicæ*) qui, elles-mêmes modifiées en divers sens dans différents sous-bassins, ont donné naissance à diverses *sous-espèces locales*, à leur tour subdivisées encore en nombreuses *variétés*.

Il me semble rationnel d'attribuer ici des noms spécifiques à des groupes de formes dérivées qui, *depuis des siècles isolées et sans chance de retour, constituent de nos jours comme des branches accidentellement séparées de l'arbre généalogique, avec leurs divers rameaux secondaires et leurs caractères d'adaptation particuliers.*

b. Dans la *fraction b*, rentrent à leur tour bien des espèces européennes, sans parler de quelques Corégones étrangers : les *Cor. Sikus* (Cuv. et Val.) du cap Nord et de Laponie, *Cor. Polcur* (Cuv. et Val.) de la Russie septentrionale, avec un museau assez élevé et charnu, et *Cor. albus* (Lesueur) de l'Amérique du Nord, avec un nez plus ou moins convexe et un maxillaire un peu plus prolongé en arrière, par exemple.

La plupart offrent assez d'analogie avec le Lavaret de mer (*S. Lavaretus*, Linné), ou avec le *S. Marana* (Bloch), très probablement descendant lacustre du premier, pour que nous puissions leur attribuer une commune origine. Cependant, comme elles ont, avec le temps et la réclusion en diverses conditions, acquis, ainsi que celles de la fraction précédente, des facies assez différents, je crois devoir réunir sous le nom général de *Cor.* BALLÆUS, espèce mère, à titre de parentes, *cognata,* ou d'espèces géographiques, *sp. geograph.*, toutes celles qui, en Suisse ou ailleurs en Europe moyenne, sous des noms différents, présentent un certain nombre de caractères communs principaux : nos *Felchen, Balchen, Féra, Palées,* par exemple, certaines *Renke* d'Autriche et de Bavière, etc.

Ajoutons que quelques Corégones, beaucoup plus localisés, présentent sur quelques points comme un mélange des traits distinctifs des deux fractions *a* et *b*, et que, n'étaient leurs caractères propres, ils pourraient être tour à tour rapprochés de l'une ou de l'autre de celles-ci. La Gravenche (*Cor. hiemalis,* Jurine) du Léman, que l'on a jusqu'ici à tort confondue avec la

C. acronius de Rapp, la Bezeule (*Cor. Bezola*, Fatio) du lac du Bourget, en Savoie, et la Balle du lac de Sempach (*C. Suidteri*, Fatio), rentrent, par exemple, parmi ces formes mixtes qui mériteraient presque, la dernière surtout, le titre de *sp. composita*, et qui pourraient provenir peut-être de quelque mélange ancien avec un représentant d'un autre type ou d'une autre espèce peu à peu disparue.

c. Nous avons dit que la troisième fraction, comprenant le *Cor. oxyrhynchus* et quelques formes voisines, ne compte pas de représentant dans nos eaux. Cependant, comme ce poisson arrive souvent de Hollande sur nos marchés, sous le nom de *Outil*, j'en dirai rapidement ici deux mots, en passant :

Le *Houting* ou *Schnäpel*, *Coregonus oxyrhynchus* (Linné), remonte de la mer du Nord dans le Rhin jusque dans les environs de Strasbourg, mais n'a jamais jusqu'ici été rencontré dans nos eaux. Il est du reste très facile à distinguer de nos autres représentants du même genre : *à son museau prolongé et acuminé, dépassant beaucoup la bouche et volontiers noirâtre à l'extrémité. Son corps est allongé, avec des nageoires et des écailles de dimensions moyennes. J'ai compté, sur quelques individus que j'ai examinés, 61-62 vertèbres, et 35-37 branchiospines sur le premier arc, comme 1 : 4,30-4,38.*

Ogérien, dans son Hist. Nat. du Jura, III, p. 370, dit que cette espèce passerait quelquefois du Rhin dans le Doubs, par le canal. Olivier n'en dit rien dans sa Faune du Doubs, en 1883.

La Suisse compte des Corégones autochtones, sous diverses formes, dans 16 lacs, entre 375 et 565 mètres au-dessus de la mer. Dans ces dernières années, des essais d'empoissonnement ont été faits, soit avec quelques-unes de nos espèces indigènes, soit avec la Grande Maraene (*C. Maraena*) de Prusse, et avec le White-Fish (*Cor. albus = Williamsoni ?*) d'Amérique, non seulement dans plusieurs de nos lacs déjà habités par des Corégones, mais encore, à différents niveaux, dans quelques autres qui n'avaient pas jusqu'alors possédé de représentants de ce genre, au sud comme au nord des Alpes. On ne peut pas encore apprécier les résultats des expériences faites avec des espèces étrangères [1]. Nous avons des Corégones autochtones dans les lacs de [2] :

Constance (plus Mar. et Wh.-F. imp.) [3]. Baldegg (plus Mar. imp.).
Zurich.... (+M. et W.-F.).   Hallwyl.
Wallenstadt.   Thun.... (+W.-F.).
Greifen.   Brienz.. (+W.-F.).
Pfäffikon.   Morat.
Lucerne... (+M. et W.-F).   Bienne.
Zoug....... (+W.-F.).   Neuchâtel.
Sempach.. (+M. et W.-F.).   Léman... (+W.-F.).

On a versé des alevins, parfois d'espèces suisses, le plus souvent de *Grande Maraene* ou de *White-Fish*, dans les 6 lacs suivants, qui ne possédaient point encore de Corégones :

Majeur (sud des Alpes), 197ᵐ s./m. (M., W.-F. et Blaufelchen).
Sarnen (centre), 473ᵐ s./m. (Balche de Zoug).
Ægeri (centre), 726ᵐ s./m. (W.-F. et Balche Zoug).
Joux (Jura), 1009ᵐ s./m. (M. et W.-F.).
Lenzerheide (Grisons), 1,490ᵐ s./m. (W.-F.).
Saint-Moritz (Engadine), 1,765ᵐ s./m. (W.-F.).

(Sans parler de l'introduction du *White-Fish*, en 1888, dans le lac d'Annecy, en Savoie, à deux pas de la frontière suisse).

Beaucoup des caractères qui peuvent être considérés comme spécifiques chez la plupart des poissons, chez les Cyprinidés entre autres, sont ici presque inutiles, pour ne pas dire plutôt trompeurs. Ce ne sont plus seulement les questions d'âge, de sexe et d'habitat qui peuvent entraîner des modifications plus ou moins importantes dans la caractéristique de l'individu ; mais ce sont encore, avec la localisation dans divers milieux, les croisements nombreux que produisent des frottements forcés,

---

[1] Elles paraissent jusqu'ici avoir moins réussi que celles faites avec des espèces indigènes ; voir aux articles relatifs à ces deux espèces importées.

[2] Je ne tiens point compte ici des transports qui ont été faits, en outre, de l'un de nos lacs dans l'autre, et renvoie pour cela aux articles traitant de nos espèces en particulier.

[3] M. = *Maraene* et W.-F. = White-Fish, maintenant en contact avec nos espèces dans plusieurs lacs.

partout où les conditions locales entraînent communauté d'époque et de lieu de frai.

Tous nos plus grands lacs, au nord des Alpes, à l'exception du Léman [1], renferment des représentants plus ou moins déviés des deux types principaux, *Dispersus* et *Balleus* ; et cependant, dans quelques-uns d'entre eux, il est parfois assez difficile de décider si tel ou tel individu doit être rapporté plutôt à l'une ou à l'autre des espèces en présence. Plusieurs des caractères différentiels sont si bien atténués que ce serait à douter de la valeur des espèces mères, si celles-ci ne s'affichaient plus franchement dans d'autres conditions.

Quand les circonstances favorisent les croisements, il devient toujours plus difficile de discerner les deux types, et le *bâtard* accuse alors des prétentions de plus en plus spécifiques. C'est le cas de certains *Blawlig* de Zurich, ou de certaines *Petites Palées* des lacs de Neuchâtel et de Bienne. Il ne serait même pas impossible que ces bâtards, *féconds,* mieux adaptés à certaines conditions de milieu que leurs parents peu à peu disparus, n'aient vu leurs prétentions plus ou moins consacrées par le temps ; ce qui pourrait expliquer la formation de quelques formes mixtes, comme la *Balle* de Sempach, peut-être même l'existence des *C. hiemalis* et *Bezola.*

Quand, par le fait de circonstances locales plus favorables à l'une des espèces, l'autre atteint plus lentement ou plus difficilement à ses proportions normales, on voit aussi souvent distinguer sous des noms différents, dans la dernière, la majorité des représentants plus petits ou retardés, des individus qui, avec le temps, ont peu à peu atteint de plus fortes proportions. Cela se voit dans beaucoup de nos lacs où les pêcheurs confondent, sous le nom d'*Albeli,* les jeunes d'espèces bien tranchées et les représentants, petits quoique plus âgés, d'un type atteignant ailleurs plus vite et plus constamment de plus grandes dimensions. C'est en particulier le cas pour une proportion plus ou moins grande des *Albeli* de Zurich et de Zoug, du *Brienzling* de

---

[1] Le Léman ne possède, en effet, que la *Fera* (type *Balleus*) et la *Gravenche,* espèce qui, bien qu'avec des formes intermédiaires, semble se rapprocher aussi plutôt du *Balleus* que du *Dispersus.*

Brienz, du *Kropfer* ou *Kropflein* de Thun et du *Weissfisch* de Lucerne qui, en partie, deviennent *Blawlig, Albock* ou *Edelfisch;* voire même pour le *Gangfisch* du lac de Constance, dont Mangolt, dans son *Fischbuch,* au milieu du XVIme siècle, disait déjà avec raison : il y a trois sortes de Gangfische; la première, *Sandgangfisch,* deviendra Sand ou Adel-Felchen ; la seconde *Grüngangfisch,* deviendra Blaufelchen; la troisième est *Weissgangfisch* et demeure Gangfisch. Aucune citation n'est plus propre à relever cette confusion et à rendre à chacun ce qui lui est dû.

Ce n'est pas tout : plusieurs de nos Corégones se présentent volontiers sous deux formes parallèles extérieurement un peu différentes, qui souvent multiplient ensemble dans les mêmes circonstances et se confondent ; mais qui, parfois aussi, volontairement ou accidentellement isolées sur différents points d'un même lac, sur ses deux rives par exemple, ou à diverses profondeurs, et y rencontrant des conditions différentes, divergent au point de créer des variétés plus ou moins constantes. C'est ce qui se voit, entre autres, chez les *Sand* et *Weissfelchen* du lac de Constance, chez les *Palées de bord* et *Palées de fond* du lac de Neuchâtel, même chez la *Grande Maraene* du lac Madui, qui m'a paru présenter aussi deux formes parallèles.

Quand, enfin, transportés naturellement ou artificiellement dans un nouveau milieu, les représentants plus ou moins déviés de l'une des formes d'une espèce ont dû plier sous de nouvelles exigences locales, l'on voit apparaître aussi quelques modifications d'adaptation dans la taille, le facies, ou même dans certains caractères, comme c'est le cas par exemple pour les prétendus *Albeli* des lacs de Greifen et de Pfäffikon.

Les allures, commandées par les besoins de l'alimentation et de la reproduction, devant se modifier dans des conditions différentes, bien des organes appelés à servir de criterium spécifique sont aussi plus ou moins modifiés.

Quand nous aurons vu quel cas on peut faire de beaucoup de caractères, nous comprendrons comment il est impossible de faire appel, pour des poissons aussi variables que les Corégones, à bon nombre de traits censément spécifiques, et avec quelle prudence il faut en faire usage, si l'on ne veut pas créer autant d'espèces qu'on trouve de variétés. Les citations des divergences, plus ou moins accusées chez quelques-uns, ne peuvent être ici relevées que dans les sous-espèces ou variétés locales un peu tranchées.

La caractéristique exacte de nos espèces actuelles est d'autant plus importante qu'une confusion plus grande nous menace dans l'avenir, par suite des importations et des transports qui ont été faits dans nos eaux durant ces dernières années.

Nous avons vu, en effet, qu'on a introduit dans plusieurs de nos lacs des milliers d'alevins de *C. Maraena* de Prusse, et de *C. albus* (probablement *Williamsoni*) d'Amérique, tous deux voisins de notre *Balleus,* et j'ai dit que l'on a mélangé les espèces de plusieurs lacs, en transportant, par exemple, des *Balchen* du lac de Zoug dans le lac de Zurich, ainsi que dans celui d'Ægeri où le genre n'était pas encore représenté, des *Gangfische* et des *Felchen* du lac de Constance dans celui de Zurich, etc. [1]

Nous passerons donc rapidement en revue, pour en apprécier successivement l'importance, les diverses particularités anatomiques, morphologiques et biologiques appelées généralement à servir de caractères distinctifs chez nos nombreux représentants du genre *Coregonus;* après avoir donné d'abord, pour nos espèces et sous-espèces, un tableau de leur classification, un peu différent à quelques égards de celui que j'ai publié dans mon étude des Corégones de la Suisse, en 1885.

---

[1] On a transporté aussi quelques Corégones de Suisse, particulièrement *Blaufelchen* et *Sandfelchen* du lac de Constance, dans quelques lacs d'Allemagne.

CLASSIFICATION DES CORÉGONES SUISSES [1]

Typi lacustres.	Species.	Sub-species.	Noms locaux.	Lacs.
A. DISPERSUS :	27. *Coregonus Wartmanni* (Bloch)..	*1. *cœruleus* (F.).....	Blaufelchen.............	Constance.
		2. *dolosus* (F.) ...÷.	Albeli-Blauling............	Zurich, Wallenstadt.
		3. *confusus* (F.) ..–.	Pfærrig (part.)............	Morat.
		(*lavaretus*, Cuv.)..	(Lavaret).............	(Bourget, en Savoie).
		**4. *alpinus* (F.)......	Albock............	Thoune, Brienz.
		5. *nobilis* (F.).......	Edelfisch............	Lucerne.
		6. *compactus* (F.)...	Albeli-Albock	Zoug.
	28. *C. annectus* (Fatio)...........	1. *balleoides* (F.)....	Ballen.............	Baldegg, Hallwyl.
	29. *C. exiguus* (Klunsinger)........	1. *Nüsslinii* (F.)....	Gangfisch.............	Constance.
		2. *Heglingus* (Cuv.)..	Hæglig.............	Zurich.
		3. *albellus* (F.)......	Weissfisch,Kropflein,Brienzling.	Lucerne, Thun, Brienz (*part* ?).
		4. *Feritus* (F.).......	Férit ou Kropfer............	Morat.
		5. *Bondella* (F.)..–.	Bondelle, Pfærrit...........	Neuchâtel, Bienne.
B. BALLEUS :	30. *C. Asperi* (Fatio)............	α.1. *marænoides* (F.)..	Bratfisch (part.)...........	Zurich.
		β.2. *Sulzeri* (Nüssl.)...	Albeli.............	Pfæffikon.
		β.3. *dispar* (F.).......	Albeli.............	Greifen.
	31. *C. Schinzii* (Fatio)...........	1. *helveticus* (F.)....	Felchen, Balchen...........	Constance, Lucerne, Thoune, Brienz, Zoug.
		2. *Palea* (Cuv.)...÷.	Palée, Palchen............	Neuchâtel, Morat, Bienne.
		3. *Fera* (Jur.)......	Féra............	Léman.
		4. *duplex* (F.)...–.	Blauling (part.)...........	Zurich.
	32. *C. acronius* (Rapp.)..........	1. *acronius* (R.)....	Kilchen............	Constance.
	33. *C. hiemalis* (Jurine)..........	β.?.1. *hiemalis* (Jur.)...	Gravenche............	Léman.
		β.?. (*Bezola*, F.)......	(Bezoule).............	(Bourget, en Savoie).
A-B.*Sp.comp.*(34?).	*C. Suidteri* (Fatio)...........	β.1. *Suidteri* (F.)....	Ballen.............	Sempach.
		Récemment importés (voy. articles y relatifs.)		
		(*C. Maræna*, Bloch)...........	(Grande Maræne).........	d'Allemagne (en divers lacs).
		(*C. albus* = *Williamsoni*, Girard ?)..........	(White-Fish)...........	d'Amérique (en divers lacs).

[1] Les noms entre parenthèses et sans numéro d'ordre ont trait à des espèces : ou morphologiquement et géographiquement très voisines, comme les *Lavaretus* et *Bezola* du Bourget, en Savoie; ou récemment importées en différents lacs, comme les *Marœna* d'Allemagne et *Albus-Williamsoni* (White-Fish) d'Amérique. — Le nom de *alpinus* a été enlevé aux *Balchen*, pour l'attribuer au *Albock* qui le méritait plutôt, et remplacé, chez les premières plus répandues en Suisse, par celui d'*Helveticus*. — Le *Confusus* a été enlevé de l'espèce *Annectus* et rapproché, à plus juste titre, du *Wartmanni*. — Le *Nüsslinii*, de ma précédente classification, a été ici subdivisé en : *Nüsslinii*, *Heglingus* et *Albellus*. — Les signes α et β distinguent des espèces et sous-espèces *simples* ou plus ou moins *composées*. — * et ** distinguent des sous-espèces plutôt de *plaine*, ou relativement *alpines*. — ÷ indique la création de *formes bâtardes* (voir aux articles y relatifs).

Vertèbres : Le total des vertèbres varie, chez nos Corégones suisses, entre les extrêmes 57 et 63, parfois 64 chez notre *C. Suidteri*, accidentellement 55 chez notre *Wartmanni confusus*, d'ordinaire donc de *sept*, entre les deux extrêmes normaux, ceux-ci y compris. Le nombre des côtes ou des vertèbres *costales* varie un peu moins, soit de *six*, entre les extrêmes 33 et 38 (accidentellement 32) ; celui des *caudales*, de *cinq* seulement, le plus souvent entre 20 et 24. Seul, le nombre 2 des *cervicales* m'a paru invariable.

Bien que les totaux les plus élevés soient plus fréquents chez les espèces ici groupées sous le titre de *Balleus*, les écarts entre minima et maxima m'ont paru à peu près les mêmes chez ces dernières que chez celles appartenant au type *Dispersus*. Le nombre des vertèbres peut varier d'ordinaire de 2 à 3, au maximum de 4, entre divers représentants d'une même espèce ; le plus souvent de 2 seulement, exceptionnellement de 3, à moins de croisement, chez une même forme ou sous-espèce locale.

Les vertèbres sont ici comptées jusqu'à celle, dernière vraie, qui, assez généralement biseautée, porte la dernière grande plaque caudale supérieure. — Je fais donc abstraction, pour rendre mes données plus facilement comparables avec celles d'autres auteurs, des quelques bagues semi-osseuses ou vertèbres rudimentaires qui, au nombre de 1 à 3, enveloppent plus ou moins, après celle-ci, l'extrémité de la *Chorda dorsalis*, du côté du lobe supérieur de la caudale ; fausses vertèbres dont j'avais essayé de tenir compte dans une publication antérieure sur les Corégones de la Suisse [1].

Rayons branchiostèges : Le nombre de ces arcs osseux ne peut guère servir de caractère spécifique chez les Corégones suisses, car il ne varie d'ordinaire que de 8 à 9 (exceptionnellement 7) chez nos diverses espèces et sous-espèces, et cela jusque chez une de ces dernières, voire même sur les deux côtés d'un même animal.

Appendices pyloriques : Le nombre de ces appendices vermiformes, *au-dessus ou au-dessous de 150*, m'a paru perdre ici de son importance spécifique, non seulement à cause de son élévation, mais encore par le fait de sa constante et large varia-

---

[1] Les Corégones de la Suisse, Recueil zoologique suisse, II, n° 4, 1885.

bilité, jusque dans une seule et même espèce ou sous-espèce. Je
n'ai pas davantage cru devoir prendre en considération les
dimensions comparées de ces organes, souvent assez différentes,
remarquant qu'elles dépendent beaucoup de l'état temporaire
de l'individu. — On peut en dire autant de la longueur du *tube
digestif* oscillant, le plus souvent, entre un quart en plus et un
quart en moins de la longueur du poisson, parfois même davantage dans les deux sens. Bien que les moindres dimensions
m'aient paru plus fréquentes chez certaines espèces de notre
Balleus, à branchiospines peu nombreuses, comme les *Balchen*
et *Felchen*, tandis que les plus grandes se trouvent souvent chez
certains représentants de notre *Exiguus*, à branchiospines
nombreuses, la *Bondelle* en particulier, ces rapports m'ont semblé dépendre trop, chez une même sous-espèce locale, soit de
l'âge des individus, soit des circonstances et des conditions
d'alimentation.

BRANCHIOSPINES : Le nombre et les dimensions des appendices
épineux qui garnissent le bord antérieur des arcs branchiaux,
que Troschel[1] avait invoqués comme caractères distinctifs des
Aloses, ont été plus récemment appelés à servir de criterium
spécifique entre Corégones divers, à la fois par Nüsslin[2], pour
les espèces du Bodensee et quelques formes voisines, et par
Jordan et Gilbert[3] pour beaucoup de Corégones du nord de
l'Amérique. L'étude que j'ai faite moi-même, depuis plusieurs
années, de ces organes que j'ai baptisés *branchiospines*, chez
diverses espèces de Suisse, d'Europe, d'Asie et d'Amérique, m'a
prouvé qu'il y a là véritablement des différences de développement, corollaires d'autres caractères, à prendre en très sérieuse
considération ; mais qu'il serait dangereux d'exagérer, jusque
dans les moindres détails, l'importance spécifique de ces organes en relation plus ou moins directe avec les procédés d'alimentation. Les quantités et dimensions des branchiospines, bien
qu'indépendantes de l'âge, n'en sont pas moins soumises plus

---

[1] *Alausa vulgaris* und *Al. Finta* verschiedene Arten : Archiv für
Naturg. 1852, I, p. 228.

[2] Beiträge zur Kenntniss der Coregonus-Arten des Bodensees, etc... :
Zool. Anzeiger, 1882, n° 104.

[3] Synopsis of the Fishes of North America : Smithsonian Miscell. Coll.
1882, XXIV, p. 296.

ou moins aux influences de milieu et variables par conséquent dans d'assez larges limites, jusque chez une même sous-espèce, dans des conditions différentes. Ces épines, plus ou moins nombreuses, peuvent être aussi plus ou moins allongées, grêles et serrées, ou ramassées et plus séparées, avec de petits denticules latéraux, suivant le cas, plus ou moins nombreux et déliés (voyez Pl. II, fig. 3 et 4).

Elles présentent quelquefois des déformations accidentelles qui m'ont paru provenir de la succion d'un petit Crustacé parasite que j'ai souvent trouvé sur les branchies de nos Corégones, particulièrement des lacs de l'est, et que je crois devoir rapprocher de l'*Ergasilius Sieboldii;* elles sont alors plus ou moins partagées en deux ou trois pointes (Voy. Pl. II, fig. 5 et 6).

Les rapports de proportions entre les épines et l'arc branchial, ainsi que le degré d'écartement des premières, dépendent non seulement du nombre et des dimensions de ces appendices, mais encore des longueurs relatives ou de l'amplitude différente de l'arc qui les porte. Le degré d'ouverture de l'appareil branchial en avant, ou au premier arc, varie en effet passablement chez nos divers Corégones; bien qu'avec quelques exceptions, il est assez généralement : plus grand chez les espèces à bouche plus inférieure et branchiospines moins nombreuses et moins longues, plus resserré chez celles à bouche plus terminale et branchiospines allongées plus nombreuses. Les dimensions comparées des épines extrêmes et médianes sur un arc, donnant à la courbe décrite par la pointe de ces organes des formes souvent assez différentes, m'ont paru trop variables, dans une même espèce, pour pouvoir servir beaucoup dans la caractéristique de nos divers Corégones. Quant aux denticules latéraux des branchiospines, à part quelques exceptions, leur nombre et leur forme plus ou moins déliée paraissent dépendre surtout de la longueur ou de la largeur comparée de l'épine elle-même. J'ai trouvé le minimum de 5 denticules latéraux sur la plus grande épine chez le *Cor. acronius,* le maximum 25 chez l'*Exiguus.*

Le nombre et les dimensions des branchiospines vont généralement en décroissant du second arc branchial au quatrième. Le premier arc, soit l'antérieur, porte d'ordinaire quelques épines de moins que le second, souvent 1 à 4, parfois jusqu'à 6 ou 7 chez des espèces à branchiospines très nombreuses; cependant il arrive aussi de trouver quelquefois nombre égal

sur les deux premiers arcs, exceptionnellement même une ou deux
épines de plus à l'antérieur, jusque dans une sous-espèce, ou sur
les deux côtés d'un seul individu. Je m'attacherai donc surtout
au nombre des épines sur le premier arc et à leurs dimensions
vis-à-vis de la longueur de celui-ci, me bornant à ajouter, pour
les espèces qui nous intéressent plus spécialement, le chiffre correspondant sur le quatrième arc[1].

Les branchiospines sur le premier arc varient, dans nos Corégones suisses, entre le minimum 17, trouvé quelquefois chez le
C. acronius, et le maximum 44 rencontré parfois chez l'*Exiguus
Nüsslinii,* avec des longueurs maximales, vis-à-vis de l'amplitude
de l'arc, comme 1 : 6,60—3,40 (plus rarement 3,25) ; les épines
sur le quatrième varient à leur tour en nombre, dans les mêmes espèces, de 12 à 34.

Voici, en passant et comme point de comparaison, les données
que j'ai relevées sur quelques Corégones étrangers à la Suisse
que j'ai pu me procurer à l'état frais ou que j'ai pu étudier à
ce point de vue sur les types de Valenciennes conservés au
Muséum de Paris, aimablement mis à ma disposition par M. le
prof. Vaillant auquel je témoigne ici toute ma reconnaissance.

J'ai compté *sur le premier arc* :

Cor. *albula* (Linné), reçu frais de Prusse... 1 arc. 47-49 = 1 : 3,45—3,50
  » *albus ?* (Val. Museum) = probablement *Haren-*
    gus (Rich.) Amérique .... 46-47 = 1 : 3.
  » *oxyrhynchus* (Linné), reçu frais de Hollande. 35-37 = 1 : 4,30—4,38
  » *Nilssonii* (Val. Museum), Europe septentr.... 41-43 = 1 : 4   —4,15
  » *Muksun* (Pallas. Museum), Sibérie, Asie..... 40   = 1 : 3,50
  » *generosus* (Peters), reçu frais de Prusse ..... 40-43 = 1 : 3,45—3,50
  » *lavaretus* (Cuvier), frais, du lac du Bourget,
    Savoie .... 34-39 = 1 : 3,50—4,50
  » *Bezola* (Fatio), frais, du lac du Bourget, Savoie 26-33 = 1 : 5   —6
  » *Lavaretus* (Linné), reçu frais de la mer du Nord 22-23 = 1 : 6
  » *Maraena* (Bloch), reçu frais de Prusse... 26-30(33) = 1 : 5,60—6
  » *albus ?* (Val. Museum) = probablement *Couesi*
    (Milner), Amérique..................... 26-27 = 1 : 5,30—5,80
  » *Sikus* (Val. Museum), cap Nord........... 22-23 = 1 : 6,80

[1] Pour bien étudier les branchiospines sur les différents arcs, il est
préférable d'enlever tout l'appareil branchial et, après l'avoir fendu
longitudinalement à sa suture supérieure ou crânienne, de l'ouvrir en
développant à droite et à gauche les arcs branchiaux, comme les ailes
d'un papillon. Voyez Pl. II, fig. 3 et 4.

Cor. albus ? import., élevé à Genève = probable-
    ment *Williamsoni* (Girard), Amérique .... 22-26 = 1 : 6—6,30
  » *Polcur* (Pallas. Museum) Russie septentr. ... 23-26 = 1 : 8

Il est évident que, pour quelques-unes de ces espèces dont je n'ai pu examiner qu'un ou deux individus, les limites de la variabilité peuvent s'étendre au delà des limites ci-dessus indiquées.

Dents : Les Corégones portent en général des dents très petites : sur le bord de l'intermaxillaire, où elles tombent souvent en majorité avec l'âge ; sur la langue, où elles paraissent plus ou moins en quinconce ou rangées par séries longitudinales, et sur les pharyngiens supérieurs et inférieurs, où elles forment deux assez grands groupes juxtaposés sur le plancher de l'arrière-bouche, ainsi que deux autres groupes opposés aux premiers, plus petits et plus ou moins apparents, de chaque côté, vers l'extrémité supérieure des troisième et quatrième arcs branchiaux (voy. Pl. II, fig. 3 et 4).

Nos représentants du genre m'ont paru mieux pourvus à cet égard que quelques autres de régions plus septentrionales en Europe, en Asie et en Amérique ; il ne m'a pas été possible toutefois de trouver un caractère spécifique dans les développements un peu différents de ces organes. Le nombre de lignes et fractions de lignes dentées sur la langue m'a paru généralement de cinq à six chez la plupart de nos espèces et sous-espèces ; cependant, j'en ai trouvé parfois quatre seulement chez des *Balchen* de nos lacs centraux, et souvent sept chez des *Palées* de nos lacs jurassiques, jusqu'à huit même chez la *Bondelle* de Bienne et de Neuchâtel.

Bouche : La position de la bouche dépend à la fois, de la disposition plus ou moins oblique de la mandibule, des longueurs relatives des deux mâchoires et de la hauteur ainsi que de l'inclinaison assez variable de l'intermaxillaire, ou vertical, ou plus ou moins incliné en avant du haut en bas, ou encore en arrière et en dessous. Nous n'avons pas en Suisse de Corégone à bouche oblique quasi-supérieure, comme le *C. albula* (Linné) d'Allemagne ; cependant l'ouverture buccale peut être, suivant les espèces et sous-espèces, plus ou moins antérieure ou inférieure : *terminale, subterminale, préinférieure* ou *inférieure* (voy. Pl. II, fig. 1 et 2).

Intermaxillaire : Nous avons dit qu'aux inclinaisons différentes de cet os, en avant ou en arrière, correspondaient des positions de la bouche plus ou moins antérieures ou inférieures ; ajoutons que son élévation contribue pour beaucoup aussi à déterminer la forme du museau, plus ou moins acuminé, tronqué, carré, obtus, convexe ou proéminent. Faute d'avoir pu établir des rapports comparés assez fixes entre l'intermaxillaire, le maxillaire, l'œil, le sous-orbitaire ou les écailles, à cause de leur constante variabilité à divers âges et dans des conditions différentes, j'ai préféré déterminer seulement par un mot les élévations comparées du premier, tantôt *bas*, comme chez le Blaufelchen (*C. Wartmanni cœruleus*) et quelques formes de l'*Exiguus*, tantôt *haut*, comme chez le Kilchen ou la Féra (*C. acronius* et *C. Schinzii Fera*), tantôt encore *assez* ou *moyennement élevé*, comme chez la Palée ou la Gravenche (*C. Sch. Palea* et *C. hiemalis*), ou chez certaines formes alpines de notre *Wartmanni*.

MAXILLAIRE : Cet os est relativement allongé ou ramassé, droit ou arqué et plus ou moins retroussé, avec un coude inférieur plus ou moins avancé du côté de la tête articulaire ou reculé vers le milieu de l'os, selon les formes plus ou moins acuminées du museau. A quelques exceptions près, la règle générale est, chez nos Corégones, que le maxillaire, plus droit et plus allongé, parvient, chez les espèces à branchiospines nombreuses, jusque sous le bord antérieur de l'œil ou même un peu au delà ; tandis que, plus arqué et plus ramassé, il n'atteint pas, le plus souvent, jusqu'à l'œil, chez les espèces à branchiospines peu nombreuses.

Le *C. albula* (Linné) d'Allemagne, avec sa bouche oblique quasi supérieure, présente une forme très particulière du maxillaire, à tête tordue et coude très en avant (voy. Pl. II, fig. 7). Le Lavaret de mer (*C. Lavaretus*, L.), type de nos espèces à branchiospines peu nombreuses et bouche plutôt inférieure, porte par contre un maxillaire plus court, plus arqué et à large tête, avec un coude beaucoup plus reculé (voy. Pl. II, fig. 17).

On peut, avec cela, remarquer encore bien des formes d'importances différentes, non seulement chez les divers représentants de notre *Balleus*, mais encore entre différentes espèces de notre *Dispersus* à branchiospines nombreuses.

Les représentants de l'*Exiguus* ont volontiers le maxillaire plus arqué que les jeunes, à même taille, des *Wartmanni* et *Schinzii* dans le même lac. Cependant, les traits de famille ou de parenté semblent parfois s'effacer plus ou moins devant l'action de conditions locales particulières; les Corégones qui habitent le lac de Zurich, quelle que soit leur espèce, ont, par exemple, d'ordinaire un maxillaire plus arqué que ceux d'autres lacs, du lac des Quatre-Cantons entre autres (voy. Pl. II, fig. 11 et 18, 9 et 21). La courbure si accentuée du maxillaire, chez le *C. Sulzeri* de Pfäffikon, semble à cet égard trahir une parenté assez rapprochée avec le *C. maraenoides* de Zurich (voy. Pl. II, fig. 18 et 19).

Les formes et proportions du maxillaire varient constamment avec l'âge. Cet os est généralement plus droit ou moins arqué, plus étroit et relativement plus long chez le jeune que chez l'adulte, dans chaque espèce (voy. Pl. II, fig. 11 et 12, 22 et 23); il parvient aussi, par le fait des formes plus courtes ou ramassées du museau dans le bas âge, plus avant sous l'orbite oculaire que chez l'adulte, ou plus près de l'œil, selon les espèces. Il varie, du reste, dans une certaine limite, jusque chez différents individus d'une même sous-espèce locale; si bien qu'il ne faut pas chercher de caractères spécifiques jusque dans le moindre détail de ses formes. On peut cependant, en dehors des proportions générales et des formes extrêmes, trouver dans l'étude comparée du maxillaire à divers âges, des tendances ou des affinités susceptibles de corroborer utilement divers autres caractères.

Je n'en dirai pas autant de l'*os supplémentaire* qui double la partie postérieure de la face externe du maxillaire, dont les formes dépendent surtout de celles de ce dernier et qui m'a paru, à tout âge, encore plus variable que lui.

Mandibule : La mâchoire inférieure m'a paru présenter, chez nos Corégones, à la fois trop peu de différence d'une espèce à une autre et trop de variabilité d'individu à individu, pour qu'on puisse trouver ici, dans l'étude de ses proportions comparées, l'utilité qu'on y a rencontré dans d'autres cas. Nous verrons cependant qu'elle présente quelquefois chez certaines de nos espèces, chez notre Blaufelchen (*Wartmanni cœruleus*) du lac de Constance surtout, une forme pincée en dessous assez caractéristique, qui rappelle un peu celle de cet os chez le *C. Muksun* de Sibérie.

Sous-orbitaires : généralement au nombre de six, parfois de cinq par suture des troisième et quatrième, et comme partagés

au milieu par un canal muqueux ; souvent assez différents
d'une espèce à l'autre, mais toujours si inconstants dans leurs
formes et dimensions, jusque chez les représentants d'une même
sous-espèce, qu'il est presque inutile d'y chercher un caractère
spécifique de quelque importance.

OPERCULE : Cette pièce majeure est peut-être, parmi celles
qui recouvrent les côtés de la tête, la seule qui, malgré une constante variabilité, pourrait être de quelque utilité dans une
détermination spécifique. L'opercule, suivant qu'il est plus ou
moins long en hauteur vis-à-vis de l'élévation de la tête, peut
être, en effet, grand, comme chez le *Blaufelchen*, ou moyen,
comme chez la *Féra* (voy. Pl. II, fig. 1 et 2), ou petit, comme
chez la *Bondelle*, sans qu'il soit possible de fixer autrement ses
proportions relatives. Il est aussi plus ou moins large, si bien
que son bord inférieur arrive quelquefois à égaler l'antérieur
d'ordinaire notablement plus grand, comme cela se voit exceptionnellement chez quelques-unes de nos espèces, fréquemment
chez notre Albock de Zoug (*Wartm. compactus*), ainsi que chez
le *C. generosus* (Peters) de Prusse, dont ce devrait être un des
caractères distinctifs. Il peut être, enfin, plus ou moins arrondi
ou anguleux en haut, comme en arrière et en bas, chez des
individus d'une même espèce autrement tout semblables. Les
sous-opercule, interopercule et *préopercule*, plus ou moins larges
ou plus ou moins anguleux, m'ont paru se prêter encore moins
à l'établissement de caractères distinctifs entre nos divers Corégones.

CORPS : Les formes et diverses proportions du corps varient
pareillement, non seulement entre différentes espèces, mais
encore selon l'âge, le sexe, les circonstances, les conditions
d'existence et même d'individu à individu, dans une même
sous-espèce locale. Les Corégones à bouche terminale ou quasi
terminale et branchiospines nombreuses, parmi nos espèces
suisses, ont d'ordinaire le corps plus allongé et le pédicule caudal plus effilé que ceux à bouche inférieure et branchiospines
peu nombreuses ; cependant on rencontre, dans des conditions
différentes, de flagrantes exceptions à cette première donnée
générale, dans l'un comme dans l'autre de nos types principaux :
des Corégones à branchiospines peu nombreuses, plus élancés,
par exemple, comme la *Palée* de Neuchâtel, que d'autres à branchiospines nombreuses, le *Albock* de Thoune en particulier.

Si l'on considère en outre que les mâles sont généralement plus élancés que les femelles, et que les jeunes sont plus effilés que les adultes, on se trouvera à tous égards en face d'une telle variabilité, qu'il deviendra très difficile de fixer une limite spécifique aux divers rapports de longueur, hauteur et épaisseur soit du corps, soit du pédicule caudal.

Bien que nous n'ayons pas de Corégones élevés et comprimés, comme le *Cyprinoides* d'Asie ou le *Tullibee* d'Amérique, à bouche oblique, le rapport de la *hauteur maximale*, devant la dorsale, à la longueur du corps (du museau à la base de la caudale), peut varier cependant, chez nos divers représentants du genre, abstraction faite des individus gonflés ou des femelles pleines, entre = 1 : 3,55, chez quelques femelles adultes de la *Féra* et = 1 : 5, chez certains mâles adultes du *Blaufelchen*, sans que, grâce à la variabilité individuelle, on puisse déterminer exactement la place de chaque espèce ou sous-espèce entre ces deux extrêmes. Certain Corégone à branchiospines nombreuses, le *Confusus* de Morat, nous présentera, par exemple, accidentellement le rapport exagéré = 1 : 3,30, tandis que de jeunes *Féras* nous donneront, pour les mêmes dimensions comparées, comme 1 : 5,10, chez une espèce pourtant à branchiospines peu nombreuses.

L'*épaisseur* la plus grande du corps, d'ordinaire plus ou moins avant entre les pectorales, varie aussi un peu suivant l'âge, le sexe, les conditions d'existence, les circonstances et les individus; elle oscille généralement entre un peu plus ou un peu moins de la moitié de la hauteur maximale. Cependant on trouve quelquefois, dans des conditions particulières, des exagérations dans un sens ou dans l'autre : des individus à la fois élevés et amaigris, chez lesquels l'épaisseur ne dépasse guère $\frac{1}{3}$ de la hauteur, ou, au contraire, des poissons très gras, d'une épaisseur égale à peu près aux $\frac{2}{3}$ de leur hauteur, surtout dans la saison qui suit immédiatement la ponte, comme chez l'*Albeli* de Pfæffikon (*C. Sulzeri*), sans qu'il y ait lieu d'y attacher toujours grande importance.

Les *courbes* dorsale et ventrale varient beaucoup aussi, avec les conditions locales, le sexe, les circonstances et l'âge des individus, abstraction faite des femelles pleines et des sujets gonflés par leur vessie natatoire distendue, sans qu'il soit possible d'y trouver un caractère spécifique quelque peu constant. On trouvera, parmi les divers représentants aussi bien du *Wart-*

manni que de notre *Schinzii,* tantôt un profil supérieur plus voûté en avant, avec une ligne ventrale plus droite ou aplatie, comme chez le *Blaufelchen* et la *Palée* de Neuchâtel, tantôt des courbes supérieure et inférieure plus semblables, comme chez le *Albock* de Thoune et les *Balchen* de divers lacs. — Les jeunes et les femelles sont souvent moins voûtés en avant en dessus que les adultes et les mâles; cependant divers individus d'une même sous-espèce locale, de même sexe et à taille égale, présenteront encore à cet égard de notables différences.

PÉDICULE CAUDAL : Le rapport entre la hauteur minimale du pédicule caudal et l'élévation maximale du corps dépend naturellement beaucoup des dimensions de cette dernière, si bien qu'il variera, comme celle-ci, dans chaque espèce, avec les conditions et les circonstances. Quoique généralement plus bas ou plus effilé chez nos espèces à branchiospines nombreuses que chez celles à épines peu nombreuses, le pédicule caudal n'en sera pas moins relativement plus haut ou plus bas, dans une même espèce, selon qu'un individu sera par hasard plus élancé ou au contraire plus élevé; oscillant d'ordinaire, vis-à-vis de l'élévation du tronc, pour nos Corégones, entre les rapports 1 : 2,90 et 1 : 3,75. On voit des *Blaufelchen* très élancés chez lesquels la différence entre les deux diamètres comparés est moindre que chez bien des *Balchen* et *Felchen,* tandis que l'on rencontre des *Palées* et même des *Féras,* Féras de forme élevée, chez lesquelles elle est au contraire parfois très voisine du maximum. On peut en dire autant de l'épaisseur du pédicule, souvent en rapport avec celle du corps, ainsi que de son étranglement plus ou moins accusé, soit dans les diverses variétés locales d'une même espèce, soit à des âges différents, ainsi que dans des conditions et circonstances différentes.

Ces diverses proportions ne peuvent donner une idée exacte de la forme plus ou moins ramassée de cette partie postérieure ou caudale du corps, que si l'on y joint quelques données sur la longueur comparée de celle-ci, entre les derniers rayons de l'anale et les premiers de la caudale. L'espace compris entre ces deux nageoires varie en effet passablement, suivant les formes de nos Corégones, au-dessus et au-dessous d'une moyenne de $\frac{1}{10}$ environ de la longueur du poisson sans la caudale; souvent de $\frac{1}{11}$ chez nos *Balchen* et *Felchen,* voire même parfois seulement de $\frac{1}{14}$ chez quelques *Kilchen,* il mesure par contre près de $^1/_9$ chez quelques *Blaufelchen* et *Bondelles*, jusqu'à $^1/_8$ chez certains *Edelfische*. Cependant, là encore, il y a trop de variabilité d'individu à individu, pour que l'on puisse exprimer ces différences par des chiffres et autrement que par des mots : allongé ou effilé, court et élevé ou ramassé, conique ou étranglé, etc.

TÊTE : plus ou moins allongée ou ramassée, plus ou moins conique, comprimée et acuminée ou obtuse et épaisse, avec un profil plane ou convexe et plus ou moins déclive. Bien que certaines proportions paraissent plutôt le propre de telle ou telle espèce, il est impossible de fixer des limites spécifiques bien tranchées aux rapports que soutient la tête soit vis-à-vis du corps, soit quant à ses hauteur et longueur comparées. Elle paraît volontiers plus haute ou ramassée chez nos espèces à branchiospines peu nombreuses, comme les *Balchen*, le *Kilchen* et la *Féra* entre autres, ou plus allongée chez celles à branchiospines nombreuses, comme le *Gangfisch,* la *Bondelle* et le *Blaufelchen* par exemple ; cependant ici encore, et comme pour les proportions comparées du corps, la règle générale peut souffrir de nombreuses exceptions : certaines formes alpines du *C. Wartmanni,* comme l'*Albock* et l'*Edelfisch,* ont en particulier la tête plus haute ou trapue que nos autres représentants de l'espèce ; tandis que quelques formes de notre *C. Schinzii,* comme les *Palées,* ont au contraitre la tête plus basse ou effilée que leurs voisines.

Tous les rapports de proportions peuvent varier du reste constamment soit avec l'âge et le sexe, soit d'individu à indvidu, dans une même sous-espèce locale. La *longueur latérale* de la tête (jusqu'au bord post. de l'opercule), comparée à la longueur du poisson sans la caudale, varie il est vrai normalement, chez nos Corégones suisses à l'état adulte, entre les rapports = 1 : 4,20 chez l'*Exiguus* et = 1 : 5,50, chez le *Schinzii,* selon les sous-espèces ; mais on peut rencontrer entre ces extrêmes des écarts relativement très forts chez une seule variété : ainsi l'on trouvera, chez la *Féra,* 1 : 4,30 chez de très jeunes sujets, 1 : 4,65—4,90 chez des mâles adultes, et jusqu'à 1 : 5—5,15 chez certaines vieilles femelles. En comparant la même longueur latérale de la tête avec la hauteur maximale du corps, on se trouve de nouveau en face d'une variabilité constante et d'autant plus grande que les proportions des deux points de comparaison varient en sens inverse, non seulement dans les deux sexes, mais surtout avec l'âge plus ou moins avancé, abstraction faite toujours des individus gonflés et des femelles pleines. La longueur de la tête comparée à la hauteur du corps, chez nos divers Corégones, à l'état adulte, offrira normalement, suivant le sexe et l'espèce, les rapports extrêmes suivants = 1 : 0,95 (90) chez quelques mâles de l'*Exiguus* (*Gangfisch* ou *Bondelle*) et 1 : 1,40 chez certaines femelles du *Schinzii* (*Balchen* ou *Féra*), moyenne 1 : 1,18. La majorité des adultes, chez nos espèces à branchiospines nombreuses, affectent le plus souvent des rapports entre cette moyenne et notre terme minimum ; la plupart, dans nos espèces à branchiospines peu nombreuses, offrent par contre des rapports entre la dite moyenne et notre terme maximum. Il est cependant impossible de déterminer un rapport véritablement spécifique, car il y a trop de variabilité entre différentes sous-espèces locales, ainsi qu'entre mâles et femelles, ou entre jeunes et adultes passant successivement par les divers degrés de l'échelle proportionnelle.

Les rapports de *hauteur et longueur comparées* de la tête peuvent à leur tour paraître assez caractéristiques dans leurs divergences extrêmes ; cependant, ils sont aussi toujours variables dans une seule espèce, soit selon les conditions d'habitat, soit avec l'âge ou le sexe et d'individu à individu entre adultes. A côté de certaines formes prédominantes plus ou moins caractérisées, on trouvera, dans une même sous-espèce locale, des sujets accusant des rapports tour à tour plus voisins de l'un ou de l'autre des termes de comparaison suivants : haut. à long. = 1 : 1,70, chez quelques formes de l'*Exiguus*, à 1 : 1,30 chez quelques *Schinzii*; j'ai même trouvé certains individus des *Albeli de Zurich* qui, en dehors d'une moyenne de 1 : 1,48—1,60, fournissaient les rapports anormaux opposés = 1 : 1,77 et 1 : 1,35. On peut dire à peu près la même chose de l'inclinaison et de la courbe de la tête, plus ou moins rapidement déclive et plus ou moins plane ou convexe en dessus (voy. Pl. II, fig. 1 et 2). On trouvera peut-être plus souvent des profils convexes chez nos Corégones à branchiospines peu nombreuses que chez les autres ; de même, une déclivité différente, faisant paraître la tête plus ou moins baissée ou relevée, pourra quelquefois donner un facies caractéristique à certaines espèces et sous-espèces locales ; cependant la constante variabilité de ces formes ne permet pas d'employer autre chose que des mots pour les déterminer et signaler d'une manière approximative. Tantôt la courbe de la tête fera suite à celle du dos, tantôt elle tranchera sur celle-ci, en se relevant un peu et donnant au dernier un aspect plus ou moins voûté sur la nuque ; sans qu'il y ait rien là de bien constant.

Museau : Les formes et proportions du museau, en avant de l'œil, varient aussi, comme celles de la tête, non seulement entre espèces et sous-espèces dans des conditions différentes, mais encore avec l'âge et les individus. Nous n'avons pas en Suisse de Corégone qui présente un museau ni aussi retroussé que l'*Albula* d'Europe sept., ni aussi conique et prolongé que l'*Oxyrhynchus* d'Eur. sept., ni aussi pincé que le *Muksun* de Sibérie, ni aussi épais et charnu que le *Polcur* de Russie d'Asie, ni aussi busqué que les *Willamsoni* et *Quadrilateralis* d'Amérique chez lesquels le nez tombe en tout ou en majeure partie au-dessous de l'œil ; toutefois, nous aurons l'occasion de constater, à un bien moindre degré, soit des formes relativement acuminées et pincées, comme chez notre *Blaufelchen*, soit des formes relativement larges, plus ou moins carrées et proéminentes comme chez nos *Balchen*, *Féra*, *Kilçhen* et *Albeli de Pfäffikon*, ou plus ou moins obtuses et arrondies comme chez nos *Gangfisch*, *Weissfisch* et *Bondelle ;* tout en remarquant que le museau, de l'œil à l'intermaxillaire, est toujours relativement plus court et plus épais chez les jeunes que chez les vieux.

Œil : à pupille anguleuse en avant[1], de proportions souvent très différentes dans diverses espèces et sous-espèces, mais toujours assez variable, jusque dans une variété, soit avec l'âge, soit d'individu à individu, pour que les dimensions relatives de son diamètre vis-à-vis de la tête ou du museau ne puissent pas être d'un grand secours, prises isolément. L'œil est toujours beaucoup plus grand chez les jeunes que chez les vieux ; et cependant, l'*espace préorbital* croissant généralement avec l'âge, ainsi que l'*interorbital*, la différence est autant affaire de relation que réelle ou effective. Ajoutons que, l'orbite croissant bien moins que la tête, la disproportion s'accentuera d'autant plus avec l'âge que la tête atteindra, dans l'espèce ou dans les conditions d'habitat, de plus grandes dimensions. Nous aurons l'oc-

---

[1] De là le nom de *Coregonus* = κόρη, pupille, et γωνος pour γωνια, angle.

casion de voir divers exemples de ces différences apparentes dans le diamètre de l'œil dues surtout aux dimensions relatives de la tête, non seulement entre espèces de Corégones, mais encore jusque chez les diverses formes de l'une d'elles, dans des milieux différents.

Le rapport de l'œil à la longueur latérale de la tête varie généralement, chez nos Corégones suisses adultes, entre les extrêmes = 1 : 3,45 chez l'*Exiguus Bondella*, et = 1 : 5,50 chez le *Schinzii Féra*. Les représentants de notre *Dispersus* ont, à quelques exceptions près, l'œil généralement plus grand que ceux du *Balleus*. Cependant, il faut toujours comparer à cet égard des sujets de même âge ou à peu près, pour ne pas tomber dans les plus grossières erreurs ; puisque chez une seule espèce, la *Féra* par exemple, on peut trouver, pour le rapport de l'œil à la tête, =1 : 3,28 chez des jeunes de 11 à 12 centimètres, 1 : 4 chez des sujets de la taille de l'*Exiguus Bondella* adulte, et 1 : 4,40—5 chez des adultes ordinaires des deux sexes, même jusqu'à 1 : 5,50 chez certains vieux sujets.

Quelques Corégones de taille relativement petite, comme le *Gangfisch* de Constance, le *Weissfisch* de Lucerne, la *Bondelle* de Neuchâtel et autres, semblent avoir conservé à l'état adulte les dimensions de l'œil propres au jeune âge chez d'autres espèces plus grandes (1 : 3,45 à 4,20 environ); et il serait difficile de trouver dans ce rapport un caractère véritablement spécifique, si l'on n'y joignait au moins quelques données sur les proportions comparées du museau ou de l'*espace préorbitaire*, généralement plus court que le diamètre de l'œil ou au plus égal chez les jeunes, souvent de $^1/_4$ ou près de $^1/_2$ plus grand chez les adultes ou les vieux. De petites différences sous ce rapport, à taille égale, peuvent acquérir ainsi une certaine importance. La quasi-égalité de l'orbite et de l'espace préorbitaire, les dimensions souvent même un peu supérieures du dernier, chez la plupart de nos représentants de l'*Exiguus* adulte en divers lacs, tire en effet une certaine valeur du fait que le museau est relativement plus court chez des jeunes d'espèces plus fortes, à taille égale. Il ne faudrait cependant pas exagérer la portée de ce caractère jusque dans les moindres différences, car il y a, encore ici, passablement de variabilité d'individu à individu.

NAGEOIRES : Les différentes nageoires varient aussi bien dans leurs formes et proportions que dans le nombre de leurs rayons, non seulement avec l'âge et le sexe, ainsi que dans diverses conditions, mais encore d'individu à individu dans une même variété locale; de telle sorte qu'il est difficile de tirer de ces organes, tant pairs qu'impairs, des caractères de bien grande importance.

La longueur de la *caudale,* mesurée sur le plus grand rayon, varie vis-à-vis de la longueur totale du poisson, chez nos divers Corégones suisses à l'état adulte, entre les rapports = 1 : 4,60 chez certaines *Balchen* de Thun, à 5,60 chez certains *Blau-felchen* du lac de Constance, à 5,80 chez des *Féras* du Léman, à 6,30, même exceptionnellement 6,90, chez certaines *Ballen* du lac de Sempach. Elle est, avec cela, le plus souvent un peu plus grande que la tête, parfois égale à celle-ci ou légèrement plus courte. Les rapports de la caudale à la longueur latérale de la tête m'ont paru varier, dans nos eaux, entre 1 : 0,76 chez quelques *Albeli* du lac de Greifen et *Balchen* de Thun, et 1 : 1,05 chez certains *Gangfische* de Constance, certaines *Bondelles* de Neuchâtel et des *Féras* du Léman, même 1 : 1,10 chez certaines *Ballen* de Sempach. Les limites en dessus et en dessous d'une certaine moyenne sont difficiles à établir pour une espèce, à cause de la constante variabilité des rapports à tout âge, jusque dans une même sous-espèce locale. La caudale peut être, en outre, plus ou moins échancrée, selon les dimensions relatives de ses rayons médians et externes; nous la dirons, par exemple, profondément échancrée quand les médians ne dépassent pas $\frac{1}{3}$ du plus grand, restant même parfois légèrement en dessous, comme chez la majorité de nos Corégones à branchiospines longues et nombreuses, ou assez profondément échancrée, quand les dits médians dépassent un peu cette moyenne de un tiers, comme chez beaucoup de nos Corégones à branchiospines courtes et peu nombreuses. Elle est aussi plus ou moins acuminée aux deux extrémités ; souvent d'autant plus qu'elle est plus échancrée chez nos espèces, mais sans règle générale à cet égard, car certains Corégones d'Amérique, le *C. Williamsoni* entre autres, présentent une caudale à la fois très profondément échancrée et à lobes subarrondis. Enfin, les deux lobes, généralement égaux ou quasi égaux, peuvent être quelquefois de dimensions passablement différentes, comme nous le verrons chez bien des individus de notre *C. dispar,* Albeli du lac de Greifen. — Elle compte 19 grands rayons, dont un grand simple de chaque côté.

La *dorsale*, généralement implantée sur le milieu du poisson sans la caudale ou à peu près, varie beaucoup soit dans ses hauteur et largeur, soit dans ses formes plus ou moins acuminées, soit encore dans le nombre de ses rayons. Son élévation, au sommet du plus grand rayon, vis-à-vis de la longueur latérale de la tête, peut varier, par exemple, chez nos Corégones suisses, entre les rapports = 1 : 1,00 chez certaines *Balchen*, même exceptionnellement 1 : 0,95 chez quelques *Gravenches* du Léman, et 1 : 1,45 chez la *Bondelle* de Neuchâtel et certains *Gangfische* de Constance, même 1 : 1,50 chez certains sujets de la *Balle* de Sempach. Les plus grandes dimensions de cette nageoire se trouvent d'ordinaire chez nos espèces à branchiospines courtes et peu nombreuses ; tandis que les hauteurs moindres se rencontreraient le plus souvent chez celles à branchiospines longues et nombreuses ; cependant, il y a passablement de différences à cet égard soit avec l'âge, soit entre individus adultes d'une même variété locale.

La largeur basilaire de la même nageoire, vis-à-vis de la hauteur du plus grand rayon, varie aussi chez nos Corégones, suivant les espèces et les individus, autour du rapport moyen = 1 : 1,50, entre les extrêmes 1 : 1,25 et 1 : 1,75, sans qu'il soit possible de fixer des limites véritablement spécifiques, à cause des variations amenées par l'âge, aussi bien dans la hauteur que dans la largeur généralement croissante. Avec une tranche presque rectiligne, très légèrement concave ou convexe, la dorsale est aussi plus ou moins droite ou verticale, ainsi que plus ou moins rapidement déclive et acuminée. Les maxima d'inclinaison et d'acuité se montrent surtout chez nos espèces à branchiospines nombreuses ; la *Bondelle* de Neuchâtel se distinguera par exemple, à première vue, de la jeune *Palée* du même lac, par sa dorsale plus droite, plus étroite, plus pointue et plus déclive. Chez quelques-uns, cette nageoire peut être encore exceptionnellement développée du côté de la tranche, soit comparativement beaucoup plus large le long de cette dernière qu'à la base, chez la *Gravenche* du Léman en particulier. Enfin les rayons, non divisés et divisés, peuvent varier de 3–5 pour les premiers, de 9–12 pour les seconds, sans qu'il y ait rien là de spécifiquement très important [1].

L'*anale*, bien en arrière de la dorsale, varie, quant à sa hau-

---

[1] Le premier petit rayon non divisé souvent noyé dans les téguments.

teur, entre les $^3/_5$, les $^2/_3$ et les $^3/_4$ au plus de l'élévation de cette dernière, chez nos Corégones suisses, aussi bien dans l'un des types que dans l'autre. Son étendue basilaire dépasse plus ou moins sa hauteur dans la majorité des cas, parfois de $^1/_4$ à peu près; cependant elle est aussi fréquemment quasi égale, et cela jusque chez des individus de divers âges d'une seule sous-espèce. Elle peut être même légèrement plus haute que longue, comme cela se voit assez souvent chez la *Gravenche*, ou parfois chez la *Palée* et le *Kilchen*. Cette nageoire est en outre rectiligne ou un peu concave sur la tranche et plus ou moins réduite en arrière, sans qu'il y ait là rien de bien constant, dans une seule espèce. Ses rayons, non divisés et divisés, varient de 3—5 et de 10—14, les derniers même souvent de 11—13 chez une seule sous-espèce locale.

Les *pectorales* sont, à leur tour, plus ou moins longues et larges, selon l'âge, le sexe et les individus, dans les différentes espèces et sous-espèces; mesurant, dans les deux types, un peu plus ou un peu moins que la hauteur de la dorsale, elles atteignent suivant les cas, renversées en avant, au bord antérieur de l'œil seulement, ou aux narines, ou à la bouche, ou même un peu au delà du museau, sans qu'il y ait rien de très constant au point de vue spécifique. Quoiqu'elles soient volontiers un peu moins développées chez nos Corégones à branchiospines nombreuses que chez les autres, et que certains extrêmes puissent paraître le propre de quelques espèces ou sous-espèces : des pectorales longues et larges le propre par exemple de la *Gravenche*, ou des pectorales courtes et étroites celui du *Gangfisch* ou de la *Bondelle*, il ne faut cependant pas exagérer l'importance de ces différences, au premier abord très frappantes. On trouvera, en effet, jusque dans une même sous-espèce, la *Palée* ou la *Féra* en particulier, des pectorales qui, renversées, parviendront au bord antérieur de l'œil chez des jeunes, à la narine chez des femelles adultes, et même parfois jusqu'au bout du museau chez des mâles, avec volontiers plus de largeur chez ces derniers, sans qu'il y ait cependant rien là de très constant, quant au sexe du moins. Généralement, un grand rayon non divisé et 14 à 17, plus rarement 13 ou 18 divisés, exceptionnellement 10 seulement.

Les *ventrales*, plus ou moins longues et larges, sont implantées sous la dorsale, plus ou moins en avant ou en arrière de son milieu : sous les premiers rayons divisés, ainsi que chez cer-

taines *Balchen* et la *Féra*, ou jusque sous les avant-derniers,
comme cela se voit assez souvent chez la *Gravenche*; cependant
la position moyenne, sous les rayons médians de la dorsale, peut
se trouver plus ou moins dans toutes les espèces et variétés
locales. Leur longueur relative, vis-à-vis de la hauteur de la
dorsale, dépend beaucoup des proportions de cette dernière,
dans différentes espèces et conditions d'habitat; elles seront,
par exemple, quasi-égales à la dorsale chez divers *Exiguus*,
Gangfisch et *Bondelle* entre autres, ou passablement plus courtes, parfois de près de $^1/_5$ chez différents *Schinzii* : *Palée*, *Balchen*, *Felchen*, etc.; elles sont avec cela généralement un peu
plus courtes que les pectorales. Plus ou moins reculées et plus
ou moins longues, elles demeurent, étant couchées, plus ou
moins distantes de l'anus par leur extrémité; l'intervalle compris entre l'ouverture anale et le sommet de leur plus grand
rayon peut varier, en effet, de zéro (0) ou peu de chose, comme
chez bien des Gravenches (*C. hiemalis*) et même des *Kilchen*
(*C. acronius*), à presque égalité dudit rayon, $^{11}/_{12}$ par exemple,
chez quelques *Balchen* de Zoug. Bien que nos différents représentants du *C. Schinzii* présentent d'ordinaire des ventrales relativement courtes, il est difficile de rien préciser à cet égard, au
point de vue spécifique, entre des intervalles de $^1/_5$ à $^4/_5$ du rayon,
aussi bien chez ce dernier que chez nos *Wartmanni* et *Exiguus*.
Comme les pectorales, les ventrales varient aussi un peu, quant à
leur largeur, selon l'âge et le sexe, dans les diverses sous-espèces. Le nombre des rayons non divisés est généralement de 2,
celui des divisés varie, dans nos eaux, de 9 à 12; le minimum
et le maximum aussi bien chez le *Dispersus* que chez le *Balleus*.

L'*adipeuse*, au-dessus de l'anale, varie beaucoup avec l'âge et
les circonstances, dans ses formes et proportions. Elle oscille
volontiers, quant à sa longueur, entre un peu moins et beaucoup
plus que l'espace préorbitaire, avec une largeur ou hauteur de
$^1/_3$ à $^2/_3$ de sa longueur; elle est en même temps plus ou moins
recourbée, arrondie, conique ou crochue à l'extrémité, ainsi que
plus ou moins épaisse et écailleuse à la base. Celle du *Blaufelchen* sera d'ordinaire plus petite et plus basse que celle des
Weiss- et *Sandfelchen* dans le même lac, surtout moins élevée
que celle souvent si haute et crochue de bien des *Kilchen* des
mêmes eaux. Les *Palée*, *Féra* et *Balchen* se rapprocheront plus
ou moins sous ce rapport du *Sandfelchen*, leur proche; tandis
que la plupart des véritables *Albeli* en divers lacs se rapproche-

ront plutôt du *Blaufelchen*, leur allié. On trouve toutefois, des
deux côtés, trop de variabilité d'individu à individu et même
d'exceptions flagrantes chez des poissons de même espèce, dans
des conditions différentes, pour qu'on puisse attacher une bien
grande importance à ces divergences, parfois pourtant si accentuées dans leurs extrêmes.

Écailles : les écailles varient beaucoup dans leurs nombre,
formes et proportions, avec l'âge et les conditions, voire
même d'individu à individu, dans une même sous-espèce et un
même lac, et il n'est guère possible d'y trouver quelque caractère bien stable, en dehors de certaines données générales
ressortant de la comparaison d'un grand nombre d'individus de
différents âges et de provenances diverses dans une même espèce. Il est difficile de trouver, pour leurs dimensions relatives, un
terme de comparaison assez commode et invariable. Si on compare, comme je l'ai fait, leur surface à celle de l'œil [1], on doit toujours tenir compte du fait que celui-ci varie beaucoup, quant à
ses dimensions, avec l'âge et les conditions, dans les différentes
espèces et variétés. Les rapports de surface de l'écaille et de
l'œil ne peuvent donc acquérir quelque valeur qu'à la condition
de comparer autant que possible des sujets de même âge et de
prendre simultanément en considération les rapports, à divers
âges, de l'œil à la tête et de la tête à la longueur du poisson ;
même avec cela, on trouvera encore de très notables variations,
jusque dans une même sous-espèce [2].

Si l'on compare successivement la surface de l'œil avec celle
des squames latérales sup. antérieur [3], médiane sur la ligne tubulée [4] et post. inférieure [5], on trouve que la surface de celles-ci

[1] Je dis *surface* et non pas *diamètre*, parce que, la forme de l'écaille
variant, son diamètre ne peut suffire à représenter sa surface. Je place
l'écaille sur la pupille, pour apprécier sa surface vis-à-vis de celle de
l'orbite.

[2] On pourrait aussi comparer l'écaille au sous-orbitaire, peut-être un
peu moins variable que l'œil avec l'âge, c'est moins facile, cependant.

[3] Je prends la squame latérale *antérieure-supérieure* à égale distance
de l'opercule et de la dorsale, et à peu près à demi-hauteur au-dessus
de la ligne latérale.

[4] L'écaille *médiane* ou centrale est prise sur la ligne tubulée latérale,
sous le milieu de la dorsale.

[5] La squame lat. *postérieure-inférieure* est prise à demi-hauteur, entre
l'avant de l'anale et la ligne latérale.

va généralement en grandissant d'avant en arrière, et qu'à cette augmentation correspondent d'ordinaire des formes plus ou moins différentes: les lat. antérieures sup., plus petites, sont en même temps de forme plus arrondie, avec un nœud plus central; les post. inférieures lat., plus grandes, sont relativement plus hautes ou plus ovales et volontiers plus anguleuses, avec un nœud souvent plus reculé vers le bord libre (voy. Pl. II, fig. 26 et 29); les médianes sur la ligne latérale, avec des proportions le plus souvent moyennes, parfois à peu près égales à celles des postérieures, sont d'ordinaire plus carrées et plus découpées, avec un nœud généralement d'autant plus reculé vers le bord libre que les écailles sont plus nombreuses et se recouvrent par le fait davantage, quoique là encore on puisse trouver pas mal d'exceptions (voy. Pl. II, fig. 25, 27, 28 et 30) [1].

La surface des écailles latérales qui, avons-nous dit, grandit le plus souvent d'avant en arrière, m'a paru mesurer, chez nos Corégones adultes, selon les espèces et sous-espèces, $^1/_{12}$ à $^1/_4$ de celle de l'œil pour ladite sup. antérieure, et de $^1/_7$ à $^3/_5$ pour ladite post. inférieure; les minima de surface relative se trouvant le plus souvent chez nos représentants du *Dispersus* (à branchiospines longues et nombreuses), les maxima chez ceux du *Balleus* (à branchiospines courtes et relativement peu nombreuses), et la squame médiane tenant d'ordinaire le milieu entre ces deux proportions. Cependant, il n'y a rien de bien constant dans ces rapports, car ils sortent parfois des limites ordinaires ci-dessus et varient constamment dans celles-ci, non seulement beaucoup avec l'âge, mais encore un peu entre individus de mêmes dimensions. La surface de la squame médiane, comparée à celle de l'œil, peut par exemple, dans l'un de nos types comme dans l'autre, être, avec l'âge croissant, successivement représentée, chez une seule sous-espèce locale, par les fractions $^1/_{10}$—$^1/_8$—$^1/_6$—$^1/_4$— $^1/_3$. Il faut donc, je le répète, tenir compte autant que possible de l'âge des individus examinés, pour pouvoir tirer de la comparaison de leurs écailles avec l'œil quelques données caractéristiques utiles. Citons, en particulier, l'exemple de la *Bondelle* de Neuchâtel, dont beaucoup d'adultes auront leurs squames laté-

---

[1] Il suffira de comparer à cet égard les *Blaufelchen* et *Kilchen* du lac de Constance, abstraction faite de l'écartement des squames résultant du gonflement de la vessie.

rales sup. ant., médiane et post. inférieure représentées par les fractions $^1/_{12}$—$^1/_8$ et $^1/_7$; tandis que l'on trouve, le plus souvent, $^1/_5$ ou $^1/_4$ pour la médiane chez des jeunes, taille de Bondelle, de la *Palée* du même lac, aussi bien que chez l'*Albock* de Thun, l'*Edelfisch* de Lucerne, et même chez certains *Albeli* de Zurich. Ce ne sont pas de fait les dimensions comparées des diverses écailles que représentent ces fractions, mais bien seulement les rapports différents que soutiennent, à divers âges, les squames vis-à-vis de l'œil, dans différentes espèces.

Les écailles peuvent présenter, en outre, autour d'un nœud plus ou moins central, des stries concentriques plus ou moins nombreuses, ainsi que plus ou moins serrées et déliées, suivant l'âge plus ou moins avancé (voy. Pl. II, fig. 30 et 31). Avec l'âge apparaissent aussi plus ou moins quelques traces de très faibles rayons divergents, s'accentuant à des degrés divers dans des conditions différentes, chez une même espèce.

Sous les mêmes influences d'âge et de conditions, on voit enfin l'écaille, de plus en plus découpée, être aussi de plus en plus épaisse, solide et pigmentée.

Ligne latérale recouverte d'écailles tubulées, partant de l'angle sup. post. de l'opercule, pour joindre le centre de la caudale et passant généralement un peu au-dessus du milieu du corps, vers l'élévation maximale de-celui-ci; avec cela quasi-droite sur toute sa longueur, ou plus ou moins descendante dans la première partie de son parcours, selon les proportions relatives de la tête et du corps. Je n'ai pas trouvé une accentuation assez constante de cette courbe à divers âges, pour lui accorder l'importance spécifique qu'ont voulu lui attribuer certains auteurs chez quelques-uns de nos Corégones. Quant au tubule saillant qui traverse longitudinalement les écailles de la ligne latérale, sur une partie plus ou moins grande de leur surface, je l'ai trouvé également très variable avec l'âge, le sexe, les circonstances et les conditions, jusque dans une même espèce. Comme il va d'ordinaire en s'amincissant, s'allongeant et se recourbant plus ou moins vers le bas à l'extrémité libre, de l'avant à l'arrière du corps sur cette ligne, il est indispensable, pour toute comparaison, de prendre toujours une écaille au même endroit [1]; puis, étant donné que le tubule est généra-

---

[1] Je prends, comme je l'ai dit, cette écaille médiane sous le milieu de la dorsale.

lement plus court et plus large, ainsi que moins recourbé chez les jeunes que chez l'adulte, il faudra nécessairement aussi comparer toujours sous ce rapport des sujets, sinon de même taille au moins de même âge ou à peu près.

Quelques-uns de nos Corégones à brchsp. nombreuses d'entre les formes du *Wartmanni* m'ont paru avoir volontiers un tubule latéral plus grêle et plus allongé que la majorité de ceux à brchsp. peu nombreuses (voy. Pl. II, fig. 25, 28, 30 et 31); il y a cependant, à cet égard encore, trop de variabilité d'individu à individu, ainsi qu'avec l'âge et selon le sexe, pour que l'on puisse attacher à semblables différences une bien grande importance spécifique. Le tubule en question, généralement plus court et relativement plus large chez le jeune que chez l'adulte (Pl. II, fig. 30 et 31), sera aussi souvent, particulièrement à l'époque du frai, un peu plus allongé et recourbé chez le mâle que chez la femelle.

Le *nombre des écailles* varie, chez nos espèces suisses, entre 73 et 99, plus rarement 70 et 100, sur la ligne latérale, entre 9 et 11, plus rarement 8 à 12, en dessus de celle-ci, devant la dorsale, et 7 et 9 exceptionnellement 10, en dessous, jusqu'à la base des ventrales. Les maxima en ligne latérale se trouvent chez nos *Schinzii : helveticus* et *Palea*; les minima chez les *Fera* et *C. hiemalis* du Léman. Le nombre de 11 squames en dessus de la ligne est relativement rare chez le *Wartmanni*, plus fréquent chez l'*Exiguus* et assez commun chez le *Schinzii;* 12 se rencontre quelquefois chez notre *Asperi maraenoides;* 8 en dessus se voit de temps à autre dans le *Wartmanni* et l'*Exiguus*, *Wart. compactus* et *Ex. Heglingus* en particulier. Le minimum 7 en dessous de la ligne, rare chez les *Wartmanni* et *Schinzii*, est par contre assez fréquent soit chez le *Kilchen* (*C. acronius*), soit chez le *Häglig* de Zurich (*C. Ex. Heglingus*) et quelques *Gangfische*. En dehors de ces remarques générales, il est difficile de rien préciser quant aux limites exactes d'une espèce, car, jusque chez une seule variété locale, les totaux peuvent différer de 10 à 12 squames, voire même 17 chez la *Palée*, sur la ligne latérale, et de 3 en dessus comme en dessous. La 40ᵐᵉ écaille à partir de l'opercule, sur la ligne latérale, peut se trouver sous les premiers rayons de la dorsale, sous les médians ou sous les derniers, ou même plus un arrière encore, sans qu'il y ait rien là de très important au point de vue spécifique; car cela dépend beaucoup, chez différents individus, dans une même espèce, du total plus ou moins élevé des squames sur la ligne en question.

Boutons de noces : Les boutons ou tubercules assez durs, saillants et blanchâtres qui, généralement par un sur une squame (exceptionnellement par deux), ornent à l'époque du rut les écailles latérales de nos Corégones, peuvent présenter aussi quelquefois des différences intéressantes entre espèces et sous-espèces, dans différentes conditions ; sans cependant qu'on puisse attacher une importance spécifique à des concrétions épidermiques temporaires toujours très variables d'individu à individu. On sait que ces boutons pâles, subovales ou carré-longs, apparaissent peu avant l'époque de la reproduction, qu'ils jouent probablement un rôle dans le frottement des sexes durant les jeux de l'amour et qu'ils tombent très vite après le moment du rut ; ils forment des séries longitudinales parallèles plus ou moins nombreuses, en dessus comme en dessous de la ligne latérale, et sont généralement plus développés chez les mâles que chez les femelles, parfois même à peine perceptibles chez quelques-unes de ces dernières.

Nos différents Corégones ne sont pas sous ce rapport tous aussi richement parés. La *Bondelle* du lac de Neuchâtel m'a paru de beaucoup la plus privilégiée ; j'ai trouvé, en effet, beaucoup de mâles de celle-ci qui, sur chaque côté du corps, portaient jusqu'à 13 même 15 raies superposées de boutons blanchâtres carré-longs (7 sur 6, ou 8 sur 7) et prenaient, avec cette armure, un faciès très particulier (voy. Pl. 1). Des mâles de *Blaufelchen*, d'*Edelfisch*, de *Gangfisch*, de *Palée*, de *Féra*, de *Balchen*, etc., m'ont présenté, suivant le moment et les individus, 5 (3 sur 2), 7 (4 sur 3), et 8 ou 9 (5 sur 3 ou 4), séries de petits boutons subovales ou subcarrés ; d'autres du *Schinzii*, surtout parmi les trois derniers ci-dessus, portaient à la même époque des boutons à peine perceptibles, quelques femelles n'en montraient pas trace.

Livrée : Les couleurs varient chez nos Corégones, pour les faces supérieures, du bleu, au vert, à l'olive, au bronzé, au fauve et même au blond et au gris, entre espèces et, à un certain point, jusque dans celles-ci, avec l'âge, les conditions d'habitat et les circonstances ; les flancs sont d'un blanc argenté plus ou moins pur ou mâchuré, comme les faces dorsales, de granulations pigmentaires, avec des reflets bleus, verts ou jaunâtres ; le ventre est généralement d'un blanc mat. Les nageoires sont aussi, suivant les conditions et les circonstances, plus ou moins pâles ou mâchurées, quasi-incolores, blanchâtres, grisâtres, bleuâtres verdâtres ou jaunâtres, les inférieures immaculées ou lavées de noirâtre, de noir-bleu ou violacé, sur une plus ou moins grande étendue à partir de leur sommet, en livrée de noces surtout. La dorsale porte souvent des macules noirâtres, dans le bas principalement. Les nageoires paires, les *pectorales* surtout, sont généralement les dernières à se mâchurer avec l'âge.

Les *jeunes*, avec des nageoires plus pâles que les adultes, sont également moins pigmentés et ornés de teintes plus claires sur tout le corps. — Les divers petits Corégones que j'ai rangés sous le titre de *C. exiguus* portent aussi d'ordinaire, à l'état adulte, une robe peu pigmentée et des nageoires peu mâchurées; il y a toutefois, sous ce rapport, des différences assez constantes entre un *Exiguus* adulte et un jeune à même taille de l'une de nos plus grandes espèces, aussi bien chez le *Wartmanni* que chez le *Schinzii* et jusque dans les mêmes eaux. Une jeune *Palée*, taille de la *Bondelle*, dans le lac de Neuchâtel, présentera par exemple une livrée notablement plus foncée et pigmentée en dessus et des nageoires inférieures déjà plus mâchurées que cette dernière adulte; la peau même, après l'ablation des écailles, est différemment colorée : d'un blond pâle chez la Bondelle, d'un bleu d'acier chez la jeune Palée. On peut faire du reste des remarques analogues, quant à la livrée plus ou moins pigmentée, entre *Gangfisch* et jeune *Blaufelchen* du lac de Constance.

La plupart des Corégones alliés au *Wartmanni* portent de préférence un manteau bleu ou vert-bleu; la majorité de ceux qui se rattachent à notre *Schinzii* sont plutôt verdâtres ou olivâtres en dessus; cependant l'âge et les conditions d'habitat apportent encore ici assez d'exceptions dans les deux groupes, pour qu'il soit impossible de trouver dans la livrée prédominante un caractère spécifique tant soit peu stable.

Quelques-uns de nos Corégones qui se tiennent de préférence à de grandes profondeurs, l'*Edelfisch,* le *Kilchen* et la *Bondelle* par exemple, affichent souvent une livrée pâle, d'un fauve olivâtre ou blonde ; c'est même sous cet aspect qu'ils sont le plus généralement connus. Remarquons à ce propos que cette coloration blonde, résultant d'un défaut de pigment, ne se déclare guère qu'après la mort, par suite de l'altération à l'air et à la lumière d'une teinte délicate bleue ou verte pâle qui est celle de l'animal intact et vivant. Toutes les Bondelles que j'ai vu ramener par le filet, en temps de frai, des profondeurs du lac de Neuchâtel étaient par exemple d'un vert tendre en dessus au sortir de l'eau, comme je l'ai représenté sur la Pl. I, tandis qu'elles arrivèrent blondes déjà pour la plupart à la rive, une heure ou deux après.

Je donnerai, dans mes diagnoses et articles descriptifs, la description de la livrée de l'adulte en robe de noces, autant que possible.

ACCROISSEMENT. *Alimentation* : les dimensions et le poids auxquels un poisson peut atteindre dans un temps donné et les limites de ces proportions dépendent en partie de la grandeur du vase, mais surtout des conditions de température et d'alimentation plus ou moins favorables dans lesquelles il se trouve placé ; de la richesse, en particulier, de la microfaune lacustre locale, de l'abondance relative des Vers : *Turbellariés, Néma-todes* et *Chaetopodes* divers, des petits Mollusques : *Lymnaea, Planorbis, Pisidium,* etc., des Insectes et de leurs larves : *Phry-ganides, Éphémérides,* etc., et tout particulièrement des petits Crustacés, Branchiopodes et Entomostracés divers : *Cyclops, Cypris, Sida, Daphnia, Bythotrephes, Daphnella, Leptodora, Bosmina, Diaptomus,* etc., qui se multiplient plus ou moins dans les eaux de nos différents lacs, jusque dans les Alpes[1].

Les pêcheurs, en général, semblent attribuer, au point de vue de la multiplication des Corégones, une très grande importance au développement de la flore sous-lacustre, aux végétaux de différentes espèces généralement connus sous le nom commun de *Kreb* qui garnissent plus ou moins les pentes du *Mont* ou la surface des *Hauts-Monts,* souvent jusqu'à d'assez grandes pro-fondeurs, dans la plupart de nos lacs, inférieurs surtout (jusqu'à 15 ou 25 mètres, suivant les cas, except. un peu plus bas). Pour les uns ces plantes : *Chara* diverses, *Thamnium, Nitella, Lemna, Typha* ou *Potamogeton,* etc., devraient servir de première nourri-ture aux jeunes alevins ; pour les autres, elles seraient indispen-sables au développement des animalcules nécessaires à l'ali-mentation de nos Corégones ; c'est dans cette idée que presque tous les qualifient du nom de *Fisch-brod* (pain de poisson), qui ne paraît pas très justifié, du moins pour ce qui est de servir directement de nourriture, dans le cas particulier.

Il est incontestable que semblables végétations doivent con-

---

[1] Les récents travaux de *F.-A. Forel,* de *G. Asper* et de *P. Pavesi* sur la faune profonde des lacs suisses, fournissent à l'égard de ces vers, mollusques, insectes et crustacés d'intéressants détails.

tribuer à fournir l'oxigène nécessaire à la vie des êtres de toutes sortes qui habitent les eaux, qu'elles peuvent offrir abri et refuge à des poissons, jeunes surtout, la nourriture même à des espèces moins exclusivement insectivores que nos Corégones; elles peuvent être directement ou indirectement fort utiles, mais il ne me paraît pas prouvé qu'elles soient toujours indispensables à la multiplication de beaucoup des petits êtres dont se repaissent nos *Féra, Balchen, Felchen*, etc.

À certains moments, on rencontre il est vrai beaucoup de petits Crustacés dans les herbes aquatiques, et les jeunes Corégones y trouveront des conditions favorables de respiration, protection et nutrition; cependant le végétal, prétendu *Fisch-brod*, ne sert alors directement d'aliment ni à ces poissons, ni à beaucoup des animalcules absorbés par eux. Certaines algues que l'on trouve plus profondément, dans la vase : *Oscillaria, Pleurococcus*, etc., semblent devoir servir plutôt de nourriture aux petits Crustacés en question, et la nature même de la vase paraît, jusqu'à un certain point, être plus ou moins favorable au développement du poisson et de l'animalcule qu'il absorbe, selon qu'elle renferme plus ou moins de chaux dans sa composition [1]. Les herbes plus ou moins grandes peuvent même, parfois trop serrées, entraver au contraire le développement de la microfaune dans la vase ou défendre l'accès de celle-ci.

J'ai rencontré assez souvent des vases ou des limons excessivement riches en éléments animaux nutritifs de toutes sortes dans des bassins d'où l'on écartait systématiquement toutes les plantes aquatiques, et l'on a vu quelquefois l'irruption accidentelle d'eaux trop froides, trop pauvres ou seulement trop chargées d'alluvion ou de gravier, suffire à contrarier pour longtemps la multiplication des animalcules dans la vase du fond, et ralentir par là le développement des Corégones dans certains lacs. Le rôle du végétal varie donc beaucoup non seulement avec l'espèce du poisson, mais encore avec les circonstances et les conditions d'habitat, et ce n'est pas de lui seul qu'il faut faire dépendre l'abondance ou la taille des Corégones dans nos différents lacs. La qualité du fond, ainsi que la nature et la

---

[1] Le Prof.-Dr W. Weith de Zurich a publié à cet égard d'intéressantes analyses, dans une note intitulée : *Chemische Untersuchungen schweizerischer Gewässer, mit Rücksicht auf deren Fauna* (Internat. Fisch-Ausstellung zu Berlin, 1880, p. 96 à 120).

température des eaux, influent aussi beaucoup sur la réussite de la ponte, sur le développement des œufs et des petits alevins, et sur la taille de l'espèce ou de l'individu.

Taille : Les Corégones atteignent dans nos diverses eaux, suivant les espèces, des dimensions souvent très différentes dans leurs extrêmes : ceux à branchiospines courtes et peu nombreuses de notre *C. Schinzii : Balchen, Sandfelchen, Palée* et *Féra* en particulier, deviennent les plus *grands*, avec une taille maximale de 0^m,60 ou 65 centimètres environ et un poids rare de 2 à 3 kilos au plus. Ceux à branchiospines longues et nombreuses restent plus ou moins en dessous; encore faut-il distinguer entre eux : les sous-espèces qui appartiennent à notre *Exiguus*, avec une taille *petite,* 0^{m}25, à 32 au plus et un poids rare de 250 à 300 gram., et celles qui se rattachent au *Wartmanni*, avec une taille *moyenne* ou intermédiaire de 0^m,45 à 55 au maximum, avec un poids de 750 gr. à 1 $^1/_2$ kilo au plus.

Les dimensions extrêmes que peuvent atteindre les espèces de nos deux types, *Dispersus* et *Balleus*, dans les conditions les plus favorables du pays, n'ont cependant pas grande importance comme caractère spécifique, car les limites de taille et de poids varient, pour chaque espèce, dans des milieux différents. La *Balche* qui, dans le lac de Thun, mesure volontiers à l'état adulte 0^m,34 à 38, avec un poids moyen de 350 à 500 grammes et un maximum de 1 kilo à peu près, dépassera par exemple rarement la moitié de ce poids moyen dans le lac de Brienz, pourtant tout proche et sur la même rivière, mais dont les eaux, plus voisines de leur source glaciaire, sont plus crues, plus froides et plus pauvres; tandis que le *Sandfelchen* de Constance, variété locale de la même espèce (*Schinzii helveticus*), dans des eaux plus riches, 160 mètres plus bas et plus loin des influences alpines, mesurera en moyenne chez l'adulte 0^m,42 à 50 et plus, avec un poids de 600 à 850 grammes et un maximum de 2 à 2 $^1/_2$ kilos. Plus loin et plus bas, hors du pays, dans un milieu plus favorable encore, la *Grande-Maraene*, très voisine, arrivera jusqu'à mesurer, dans les lacs de Prusse, un mètre et plus de longueur, avec un poids de 6, 8 et même 10 kilos. Semblable observation peut être faite aussi entre représentants divers de notre *Dispersus*, du *Wartmanni* par exemple, dans nos différents lacs; dans aucun ils n'atteignent les dimensions qu'acquiert le *Blaufelchen* dans le lac de Constance. Nous verrons encore les mêmes disproportions entre représentants de notre

Annectus balleoides dans les lacs si voisins et en apparence si semblables de Baldegg et de Hallwyl.

Dans un même milieu ou un même lac, peut-être par suite d'exigences de nutrition différentes, les Corégones de deux types ou de deux espèces pourront aussi ne pas prendre le même accroissement. L'*Albeli-Blauling* de Zurich, dont l'ensemble des caractères fait une forme locale du *Wartmanni*, atteindra par exemple plus lentement ou plus difficilement la taille de 0ᵐ,40 et le poids de 500 à 600 grammes qu'il peut acquérir avec l'âge, pour se présenter le plus souvent, comme adulte ou déjà capable de reproduction, avec une longueur de 24 à 30 centimètres et un poids de 180 à 250 grammes; alors que le *Bratfisch* du même lac, en apparence dans les mêmes conditions, arrivera facilement au poids ordinaire et bien supérieur de nos plus grandes espèces. La même disproportion se retrouve du reste entre *Albeli-Albock* et *Balche* du lac de Zoug, ou entre *Edelfisch* et *Balchen* de Lucerne.

Quelles dimensions atteindront, dans nos conditions diverses, les alevins importés en ces dernières années de la Grande-Maraene (*C. Maraena* Bloch) de Prusse et du White-Fish (*Cor. Albus?*) d'Amérique qui acquièrent dans leur pays d'origine des poids triples au moins des maxima de nos plus grandes espèces?

Œufs : Le diamètre des œufs, parfois assez différent, pourrait peut-être dans certains cas aider à la distinction de deux espèces; cependant, il y a là encore passablement de variabilité entre les diamètres extrêmes de ces germes, 2 à 3 millimètres, chez nos Corégones, non seulement avec l'âge des femelles et les conditions locales, mais encore d'individu à individu dans le même état; il n'est en outre pas toujours facile de comparer, pour nos diverses sous-espèces, des œufs au même point de développement, au moment de leur émission, à pleine maturité par exemple, ou après fécondation.

Quelques-uns de nos petits Corégones, la *Bondelle* et le *Gangfisch* dans l'*Exiguus* entre autres, semblent avoir des œufs relativement plus gros, soit que les formes plus grandes du *Wartmanni*, soit que quelques-unes, plus fortes encore, appartenant à notre *Schinzii*. Des diamètres de 2ᵐᵐ,65 à 2ᵐᵐ,90 ne sont pas rares chez les deux premiers (même jusqu'à 3ᵐᵐ après fécondation chez le *Gangfisch* selon Nüsslin); tandis que les divers *Felchen* et *Balchen*, la *Palée*, la *Féra* et même le *Bratfisch* demeurent le plus souvent à cet égard entre $2^{mm},20$ à $2^{mm},60$. Mais il y a beaucoup d'irrégularité et, de part et d'autre, les limites ordinaires sont fréquemment dépassées, soit par des individus différents dans une seule variété et un même lac, soit par des représentants d'une même sous-espèce dans des conditions de milieu différentes; la *Balche* de Zoug nous offre un exemple de ce dernier cas, ses œufs plus gros que ceux de ses sœurs en d'autres lacs, mesurant, mûrs, $2^{mm},60$ à $2^{mm},80$ (même jusqu'à 3^{mm} après fécondation, selon Asper).

Le diamètre de l'œuf ne paraît pas en relation constante avec les conditions de la ponte, au fond sous forte pression ou au bord sous peu d'eau. On trouve en effet, chez nos Corégones frayant au fond, des œufs tantôt petits, 2^{mm} à $2^{mm},20$ comme chez le *Kilchen* du lac de Constance, tantôt relativement gros $2^{mm},60$ à $2^{mm},70$ comme chez la *Bondelle* de Neuchâtel; de même que l'on rencontre, chez nos Corégones frayant au bord, des œufs ou petits 2^{mm} à $2^{mm},25$ comme chez la *Gravenche* du Léman, ou plutôt gros $2^{mm},75$ comme chez la *Balle* de Baldegg. Encore une fois, on ne peut accorder ni fixité dans une espèce, ni grande importance caractéristique dans une sous-espèce à la plupart de ces chiffres toujours très variables; et il n'y a rien là de bien étonnant, quand on sait que les œufs plus gros de notre Truite peuvent varier, d'individu à individu, non plus d'une fraction de millimètre, mais de 1 à 2^{mm} au même point de développement.

Chair : Quelques personnes ont attaché une certaine importance à la qualité différente de la chair de nos divers Corégones. C'est à peine s'il est besoin de dire qu'en face d'une question d'appréciation personnelle il est difficile de rien préciser à cet égard. J'ai remarqué pourtant que les espèces qui passent pour les meilleures sont généralement celles qui portent des branchiospines longues et nombreuses, que la *Bondelle* par exemple a la chair plus fine que la *Palée,* à Neuchâtel, ou que le *Blaufelchen* de Constance est plus apprécié que le *Sandfelchen* du même lac. Il est probable qu'à une trame plus serrée du crible branchial correspond dans l'alimentation du poisson une prédominance de proies plus petites et plus délicates; cependant, il est incontestable que la nature et la température des eaux doivent avoir aussi leur influence dans différents bassins. Du reste : *de gustibus, non est disputandum.*

CARACTÈRES BIOLOGIQUES : Les caractères tirés de l'étude comparée des allures de nos divers Corégones pourraient enfin entrer en ligne de compte, s'ils n'étaient à leur tour, le plus souvent, sous la dépendance des conditions de milieu dans lesquelles le poisson se trouve forcément confiné.

MIGRATIONS : Nos Corégones vivent généralement en troupes plus ou moins nombreuses, surtout à l'époque des amours, et sont avec cela plus ou moins remuants ou sédentaires. Beaucoup exécutent des déplacements périodiques d'une partie d'un lac à une autre; quelques-uns s'engagent même plus ou moins dans l'eau courante, comme le *Gangfisch* de Constance qui vient frayer jusque dans le Rhin, ou comme l'*Albock* de Thun qui passe facilement de ce lac à celui de Brienz ou vice versa et s'égare parfois plus bas dans les eaux de l'Aar, jusque dans les environs de Berne. Il semble que nos espèces à branchiospines courtes et peu nombreuses soient, comme les *Felchen, Balchen, Féra, Gravenche* et *Kilchen,* pour la plupart plus sédentaires; cependant ce reste d'instinct de migration, hérité des ancêtres préhistoriques, n'est pas le propre exclusif de quelques-uns des représentants actuels de notre *Dispersus,* car la *Palée,* dans notre *Balleus,* exécute aussi annuellement des pérégrinations assez lointaines du lac de Bienne à celui de Neuchâtel par la Thièle et, depuis la correction de la Broye, de ce dernier à celui de Morat. — Les jeunes, dans les deux types, sont généralement plus sociables et plus remuants que les adultes.

REPRODUCTION : Ce n'est pas avant leur troisième année d'existence que les Corégones sont aptes à la reproduction dans nos eaux. — La plupart de ceux qui portent des branchiospines nombreuses déposent leurs œufs à une plus ou moins grande profondeur, sur le fond de nos lacs; ceux qui ont des branchiospines peu nombreuses viennent par contre frayer en majorité à la rive sous très peu d'eau. Toutefois, ici encore on trouve des exceptions dans les deux types : dans le *Dispersus,* notre *Balleoides* de Baldegg et Hallwyl en particulier, qui a reçu à tort le même nom que les *Ballen,* parce qu'il fraie au bord comme elles; ou, en dehors de nos frontières, le *Lavaret* du Bourget qui, bien que très voisin de notre *Wart. cœruleus,* vient cependant à la rive pour y déposer ses œufs; dans le *Balleus,* le *Bratfisch* de Zurich qui fraie loin du bord à une certaine profondeur, ou la *Féra* du Léman qui pond toujours dans les plus grands fonds. Il en est même, comme les *Palées* de Neuchâtel, qui pondent suivant la localité et les circonstances, plus ou moins tôt ou tard, sur le bord ou plus ou moins profondément.

Suivant la profondeur des lacs, ainsi que selon la conformation et le revêtement des rives et du fond, l'espèce ou sous-espèce, frayant plus ou moins loin du bord et de la surface, déposera ses œufs sur le sable, sur le gravier, ou même sur les grosses pierres de la rive (de préférence calcaires), ou plus bas entre les végétaux qui garnissent le *Mont* ou les *Hauts-Monts*[1], ou plus bas encore sur le limon nu des grands fonds, parfois sous 100 à 200 mètres d'eau. Quelques-uns, comme le *Blaufelchen* de Constance par exemple, laissent parfois couler leurs œufs de haut, même de la surface, sur les grands fonds, et la fécondation se fait alors entre deux eaux.

L'époque de la ponte semble varier beaucoup plus, avec les espèces et sous-espèces, chez nos Corégones qui frayent au fond que chez ceux qui viennent pour cela le long du bord. L'opération se faisant pour tous de préférence dans l'obscurité, les derniers ne se livrent guère que de nuit, ou dans les soirées suffisamment sombres, à leurs ébats amoureux près des rives. — Le temps de frai varie : pour nos divers Corégones *de fond* entre juillet et mars, pour nos espèces *de bord* entre novembre et décembre.

On trouve beaucoup plus de différences entre les époques de frai des espèces dans nos lacs centraux que dans ceux plus éloignés des Alpes à l'est et à l'ouest; dans ces derniers, on en remarque même d'autant plus que leurs deux rives sont servies par des eaux de natures différentes, pluviales ou neigeuses. La ponte s'opérant généralement dans une eau entre 4 $\frac{1}{2}$ et 5 $\frac{1}{2}$ degrés, il est permis de supposer que les divergences entre les époques de frai doivent tenir, en partie au moins, à une question de froid ou de chaud à différentes profondeurs, la température s'égalisant probablement assez vite à la surface dans nos divers bassins à l'approche de l'hiver, et pouvant par contre varier passablement à diverses époques dans les couches plus

---

[1] On entend généralement par *Mont* la pente plus ou moins rapide qui, plus ou moins loin du bord, fait en général suite à la *Beine*, prolongation douce de la rive sous l'eau. Les *Hauts-Monts* sont des collines sous-lacustres qui, dans plusieurs de nos lacs : Zurich, Morat, Sempach, Bienne, Neuchâtel, Léman, en particulier, s'élèvent plus ou moins au-dessus du niveau du fond.

profondes de nos différents lacs, avec la profondeur de ceux-ci et la température des eaux qui les alimentent. L'*Albock*, l'*Edelfisch* et certains *Albeli* qui frayent dans les profondeurs de nos lacs centraux, comme ceux de Thun, Brienz, Zoug et Lucerne, doivent peut-être leurs deux mois d'avance sur la ponte de leurs alliés, le *Blauling* de Zurich, le *Blaufelchen* et le *Gangfisch* de Constance et la *Bondelle* de Neuchâtel par exemple, au fait que les eaux tributaires des premiers bassins, plus voisines de leurs sources glaciaires refroidissent plus vite les couches inférieures.

Les modifications que l'inégalité des saisons plus ou moins favorables peut amener annuellement dans le moment et la durée du frai des espèces montrent bien une influence incontestable de la température de l'eau sur le niveau et l'époque de la ponte chez les représentants de nos deux types, *Dispersus* et *Balleus*. Les pêcheurs assurent que le *Blaufelchen* du lac de Constance émet ses œufs, suivant la température de l'eau, plus ou moins près de la surface ou du fond. Les *Palées* du lac de Neuchâtel, dans le second type, pondent en majorité au bord et en novembre sur la rive nord qui reçoit du Jura divers tributaires, tandis qu'elles frayent un mois plus tard, jusqu'en janvier même, sur la rive opposée où les affluents, beaucoup plus rares, amènent des eaux relativement moins froides. Sur les deux côtés du lac, l'époque et la profondeur varieraient du reste passablement avec les années ; sur la rive nord, en particulier, la *Palée* continuerait à frayer plus ou moins après novembre, en se retirant graduellement plus près du fond.

Les diverses considérations ci-dessus peuvent expliquer des différences dans l'époque et le niveau de la ponte, chez une même espèce, par des différences dans la configuration d'un lac et la température de ses eaux ; cependant, elles ne suffisent pas à nous apprendre pourquoi l'*Albock* de Thun ou l'*Edelfisch* de Lucerne ne vont pas chercher, en décembre, à la rive, comme la *Balche* de ces lacs, la température convenable à leur ponte, ou pourquoi la *Féra* va chercher, au côté savoyard du Léman, des grands fonds, pour y frayer seulement en février et mars, alors que la *Gravenche* trouve, en décembre, au ras du bord, sur la rive suisse, les conditions qui conviennent à sa reproduction. Il semble qu'il soit dans la tradition de l'espèce de pondre de préférence sur tel ou tel fond ou sous telle ou telle pression ; si bien qu'il n'y a pas moyen de refuser à ces différences d'allures une certaine valeur caractéristique. Dans les lacs où, grâce à des conditions particulières de configuration du fond et de température, deux Corégones ayant la même époque de frai sont, comme dans les lacs de Neuchâtel ou de Bienne et dans celui de Zurich surtout, amenés à frayer sur un même point, on voit alors apparaître nombre de formes bâtardes, plus ou moins fécondes, qui embarrassent le diagnostic des espèces mères.

ALLURES : Les Corégones qui ont donné satisfaction aux exigences de leur multiplication ne se comportent pas tous de même, dans différentes conditions et suivant qu'ils ont frayé au bord ou plus ou moins profondément. Il en est qui ne quittent guère les grands fonds, comme l'*Edelfisch* de Lucerne ou le *Kilchen* de Constance par exemple. D'autres, qui ont frayé au fond, remontent plus ou moins près de la surface pour y chercher pâture et chassent plus ou moins longtemps aux insectes et crustacés, avant de regagner les retraites profondes où l'amour les attend ; c'est ainsi que l'*Albock,* qui fraye en septembre dans le lac de Thun, descendra déjà en août, tandis que la *Féra* du Léman, qui pond en février et mars, se laissera pêcher jusqu'en automne. Parmi ceux qui ont frayé près du bord, il en est aussi, comme les *Felchen* de Constance, que l'on peut atteindre pendant presque toute la belle saison ; tandis qu'il en est d'autres, comme plusieurs de nos *Balchen,* qui disparaissent assez vite après la ponte dans les profondeurs, pour ne remonter ou se rapprocher un peu des rives qu'un moment au printemps ou en été, suivant les circonstances.

C'est, selon les lacs et leurs conditions, ou le réchauffement des couches supérieures qui chasse nos poissons vers les régions plus profondes et plus fraîches, ou le refroidissement momentanément trop grand des couches inférieures qui les pousse vers la surface. Les *Palées* demeureront, par exemple, plus ou moins longtemps près de la surface ou entre deux eaux, après la ponte, suivant que les tributaires du lac sur la rive nord apporteront plus ou moins d'eau de neige du Jura. Les Corégones semblent aussi, comme les petits crustacés qui leur servent de nourriture, subir un peu, dans leurs allures, l'influence des variations diurnes et nocturnes.

Dans certains lacs qui ont un haut-mont à une profondeur moyenne, les Corégones de différentes espèces et d'âges divers semblent se donner parfois rendez-vous sur cette montagne sous-lacustre, pour y passer ensemble les chaleurs de l'été. C'est ainsi que, dans le lac de Neuchâtel, on voit successivement arriver, depuis juin, sur la *Motte* à 15 ou 20 mètres de profondeur environ, d'abord la *Bondelle*, puis les *Palées* blanches et noires, jeunes et vieilles, qui y attendent plus ou moins longtemps, à l'abri des températures extrêmes, le moment de rechercher les conditions dans lesquelles le développement des organes de la reproduction doit se faire ou se terminer pour chacune.

VITALITÉ : C'est à tort que quelques auteurs ont cru pouvoir attacher une importance spécifique au fait que certains Corégones survivent facilement à leur capture et peuvent être conservés plus ou moins longtemps en viviers, tandis que d'autres périssent sitôt hors de l'eau, voire même souvent avant d'être parvenus à la surface. Cette différence apparente de vitalité dépend en majeure partie de la profondeur à laquelle le poisson a été brusquement arraché; la *vessie aérienne* se distendant énormément sous l'influence d'un changement trop brusque de pression et comprimant les différents viscères qu'elle lèse plus ou moins.

Les Corégones, en majorité d'espèces à branchiospines nombreuses, qui pondent dans les grands fonds, arrivent généralement très gonflés, morts ou mourants, à la surface, lorsqu'on les pêche durant le temps de frai et que, avec le hameçon ou le filet, on les soustrait brusquement à la forte pression sous laquelle ils vivent alors. Il en est, comme le *Kilchen* de Constance, chez lesquels les parois abdominales sont si fortement distendues que les écailles ne se recouvrent plus; d'autres, comme l'*Edelfisch* de Lucerne, sont rigides et dures comme du bois; beaucoup sont fortement goitreux, ce qui leur a valu dans divers lacs le nom de *Kropfer* ou *Kropflein*. Les mêmes poissons, pris dans d'autres circonstances ou plus près de la surface, sont à peine ou pas du tout gonflés. Il en est du reste de même pour les Corégones, en majorité à branchiospines peu nombreuses, qui frayent au bord; ils sont gonflés et souvent fort malades en arrivant à la surface, quand on les pêche dans de grandes profondeurs en dehors de l'époque du rut; alors qu'ils survivent facilement à leur capture et peuvent être conservés vivants lorsqu'on les prend durant la fraye, ainsi que la *Gravenche*, les

Sandfelchen et les *Balchen*. Il n'y a pas jusqu'aux exceptions qui ne confirment ici la règle ; car la *Féra* du Léman qui pond au fond, comme le *Kilchen*, parmi les espèces à branchiospines peu nombreuses, peut difficilement être conservée vivante prise en temps de frai ; tandis que la *Gravenche* du même lac, les *Ballen* de Baldegg ou de Hallwyl et le *Lavaret* du Bourget en Savoie peuvent se conserver plus ou moins en vie, bien qu'ayant des branchiospines plus nombreuses, parce qu'ils frayent au ras du bord.

On peut du reste guérir jusqu'à un certain point les individus qui n'ont pas trop souffert, leur conserver au moins la vie pour quelques heures, parfois pour quelques jours, en leur crevant la vessie aérienne au travers de l'anus.

A la différence de vitalité de nos divers Corégones au sortir de l'eau en temps de frai, correspond aussi le fait que les espèces frayant au fond, en majorité à branchiospines nombreuses et chair délicate, se prêtent d'ordinaire moins facilement à la FÉCONDATION ARTIFICIELLE que celles qui pondent sur la rive, sous très peu d'eau. Serait-ce que des œufs destinés à se développer sous une forte pression se soumettraient peut-être plus difficilement à la culture artificielle ; ou bien les ovaires souffrent-ils, comme les laites, de la pression parfois très grande exercée sur eux par la vessie. Beaucoup de mâles en rut, chez certaines espèces qui frayent profondément, l'*Albeli* de Zurich et l'*Edelfisch* de Lucerne entre autres, arrivent complètement vidés de leur laitance à la surface. Le fait est que la plupart des Corégones livrés au commerce par la pisciculture, aussi bien en Europe qu'en Amérique, sont d'espèces à branchiospines peu nombreuses. La fécondation artificielle des Corégones frayant profondément, bien qu'opérée souvent sans succès, a cependant donné aussi quelquefois d'heureux résultats, surtout avec des espèces pondant, comme le *Blaufelchen*, à des niveaux variables ; aussi, prenant en considération la supériorité de la chair de ces espèces de fond, serait-il intéressant de pousser les études et les expériences de ce côté. Le *Blaufelchen* du lac de Constance a pu, comme nous le verrons, être ainsi transplanté dans le lac Majeur, au sud des Alpes ; et M. Haack a réussi même la fécondation artificielle plus difficile de l'*Edelfisch,* il y a quelques années[1].

[1] M. Haack, directeur de l'établissement de pisciculture à Huningue, par lettre du 20 juin 1885.

Jeunes se distinguant généralement des adultes par : un corps plus effilé ou moins voûté; une tête relativement plus forte; un œil plus grand; un museau plus court et arrondi ou plus ramassé, avec un maxillaire plus droit et relativement plus allongé; des dimensions volontiers moindres des nageoires dorsale et anale, de la première surtout, souvent plus étroite ou plus basse; des écailles de proportions bien plus petites, vis-à-vis de la surface de l'œil, plus minces, moins découpées sur les bords, avec des stries concentriques plus espacées et moins nombreuses autour d'un nœud d'ordinaire plus central, celles de la ligne latérale avec un tubule plus court et plus large; enfin, par une pigmentation moins accentuée, des nageoires paires en particulier généralement peu ou pas mâchurées.

Mâles adultes se différenciant à leur tour des femelles par : un corps volontiers plus élancé: une tête généralement plus grande et un museau plus fort; des nageoires paires, pectorales surtout, souvent plus développées; enfin, durant le temps des amours, par une livrée plus brillante, ainsi que par des boutons épidermiques plus forts et plus nombreux, et parfois par des tubules plus recourbés sur les écailles de la ligne latérale.

Bâtards : De tous les caractères spécifiques ou subspécifiques ci-dessus discutés, il n'en est point qui résiste aux influences des croisements; aussi, grâce aux bâtards que nous avons dit se former fréquemment dans quelques lacs où les conditions locales entraînent une communauté de date et de lieu de frai, pour des espèces ou sous-espèces différentes, trouve-t-on de flagrantes exceptions aux règles générales, des individus de formes intermédiaires et de nombreux degrés transitoires dans divers caractères.

CORÉGONUS, 1. A, α.

DISPERSUS

Aux caractères que j'ai déjà attribués à l'ensemble des Corégones qui peuvent rentrer dans le cadre de ce premier type ou de cette première espèce mère, comme appartenant, en Europe, à la section A, fraction *a*, avec *mâchoire infé-*

*rieure égale ou quasi-égale à la supérieure, bouche horizon-
tale, terminale ou quasi-terminale, branchiospines généralement
longues et nombreuses,* on peut plus spécialement ajouter les
quelques traits distinctifs communs suivants, chez lesquels une
certaine variabilité laisse encore discerner des différences capables de caractériser diverses espèces géographiques.

*Intermaxillaire bas ou assez bas, un peu incliné en avant du
haut en bas, ou vertical; maxillaire parvenant au moins au bord
antérieur de l'œil; gorge et mandibule parfois un peu pincées;
corps élancé ou médiocrement élevé, avec pédicule caudal relativement allongé; nageoires moyennes ou plutôt petites, volontiers plus
ou moins acuminées; écailles moyennes ou relativement petites.*

Les Corégones européens qui répondent à la double caractéristique ci-dessus et qui, avec certains caractères propres de
second ordre, doivent, à titre d'espèces parentes, *sp. cognatæ,*
ou de sous-espèces de l'une de celles-ci, rentrer dans le cadre
du Dispersus sont les suivants, dont quelques-uns relèvent du
Salmo Lavaretus de Linné ou du *S. Renke* de Schrank, dans
lesquels ces auteurs comprenaient en même temps diverses formes opposées alors mal définies.

Ce sont les : *Coregonus Nilssonii* (Cuv. et Val.), de Suède et
Norvège; *C. Lavaretus* (Cuv. et Val. *part.*), du lac du Bourget,
Savoie; *C. generosus* (Peters), de Prusse; *C. Steindachneri*
(Nüsslin), d'Autriche; *Salmo Wartmanni* (Bloch, *part.*), *C. Maræna, part. C. Wartmanni, C. Maranula* et *Albula, part.* (Hartmann), de Suisse, et *C. macrophthalmus* (Nüsslin), d'Allemagne
et de Suisse. Je ne saurais être aussi affirmatif pour quelques
autres très voisins et qui accusent les mêmes caractères extérieurs, mais dont je n'ai pu jusqu'ici étudier les branchiospines,
pour les *C. clupeoides* (Lacep.), de Grande-Bretagne; *C. Lacepedii* (Parnell), de Suède et d'Écosse; *C. Reisingeri* (Cuv. et
Val.), de Hongrie; *C. megalops* (Widegren), de Suède;
C. maxillaris (Günther), du lac Wener, Suède, et *C. Nordmanni* (Mela), du lac Ladoga, en Finlande. — Enfin, faute de
descriptions suffisantes, je ne puis émettre une opinion sur quelques autres espèces de Valenciennes et de Günther qui rappellent plus ou moins les précédentes.

Les espèces qui peuvent être rapprochées, dans la synonymie de notre *Dispersus,* en Europe, sont donc les suivantes :

SALMO LAVARETUS, *Linné,* Syst. Nat., éd. 12, p. 512 (*part.*).
    »   WARTMANNI, *Bloch,* Fische Deutschl., III, p. 165, Taf. 105 (*part.*). *et auctorum.*
    »   RENKE, *Schrank,* Schrift. Berlin, Gesell. nat. Freunde, IV, 1783, p. 427 (*part.*).
    »   MARÆNA, *Hartmann,* Helv. Ichthyol, p. 139 (*part.*).
    »   MARÆNULA et ALBULA, *Hartmann,* Helv. Ich., p. 148 et 152 (*part.*).
COREGONUS LAVARETUS, *Cuv. et Val.,* XXI, p. 466, pl. 627 (*part.*).
    »   NILSSONII, *Cuv. et Val.,* XXI, p. 497, pl. 631.
    »   GENEROSUS, *Peters,* Monatsb. der K. preuss. Akad. Wiss. Berlin, 1874, p. 790.
    »   STEINDACHNERI, *Nüsslin,* Coreg. Arten. Bodensees, etc. Zool. Anz., 1882, n° 104, p. 38.
    »   MACROPHTHALMUS, *Nüsslin,* Coreg. Arten... Zool. Anz., 1882, n° 104, p. 17 (= C. EXIGUUS *Klunsinger*).
    »   WARTMANNI, CRASSIROSTRIS, ANNECTUS et RESTRICTUS, *Fatio,* Corég. de la Suisse, 1885, loc. cit., tab. 1.

Peut-être aussi, avons-nous dit : COREGONUS CLUPEOIDES, *Lacép.,* Hist. nat. V, p. 698. — C. LACEPEDII, *Parnell,* Ann. Nat Hist. 1838, I, p. 162; C. CEPEDII, *Cuv. et Val.* XXI, p. 503. — C. REISINGERI, *Cuv. et Val.* XXI, p. 496. — C. MEGALOPS, *Widegren,* Ofvers. Vet. Akad. Förh. 1863, p 589, taf. II, fig. 15. — C. MAXILLARIS, *Günther,* Catal. of Fishes, VI, p. 189. — C. NORDMANNI, *Mela,* Vertebrata Fennica, 1882, p. 350, fig. 200. — *Et plures species auctorum non satis claræ.*

Le détail de la synonymie des trois espèces géographiques (*Cognatæ*) qui représentent, en Suisse, le DISPERSUS, *C. Wartmanni, C. annectus* et *C. exiguus* et de leurs sous-espèces, suivra, au fur et à mesure de la description de celles-ci et avec l'explication des motifs qui m'ont engagé à modifier un peu leur classement et leurs dénominations depuis mon précédent travail de 1885 sur les Corégones suisses [1].

[1] J'ai rapproché du *Wartmanni* les sous-espèces et variétés de mon ancien *Crassirostris,* en en faisant trois formes alpines voisines du premier; j'ai remplacé le nom de *Acutirostris* par celui de *Cœruleus,* pour le Blaufelchen, et j'ai ramené, comme troisième forme subalpine de mon *Wartmanni,* mon *Confusus (Annectus)* près des *Cœruleus* et *Dolosus.* Mon *Balleoides (Annectus)* a conservé seul le rang d'espèce

Aussi longtemps qu'à défaut de l'examen des épines branchiales (*branchiospines*), les naturalistes n'ont pu avoir recours qu'aux caractères morphologiques extérieurs, la confusion la plus grande a régné dans la détermination spécifique des Corégones, et bien des erreurs ont été commises, tant dans le sens de la distinction que dans celui de l'identification des espèces.

On s'étonne aujourd'hui de voir combien longtemps a subsisté la confusion entre divers représentants du *Salmo Lavaretus* de Linné appartenant par leurs branchiospines tour à tour à l'un ou à l'autre de nos types primordiaux *a* et *b*, dans la section A. Les formes extérieures du corps et de la tête, dépendant plus ou moins des conditions de milieu et toujours très variables, ont trompé en divers sens bien des ichthyologistes. C'est ainsi, par exemple, que Valenciennes, Rapp, Heckel et Kner, Siebold, Günther, Blanchard et d'autres, ont successivement réuni la Palée, le *Cor. Palea* de Cuvier, au *C. Wartmanni*, parce qu'elle a des formes plus effilées du corps et de la tête, avec un museau un peu plus acuminé et une bouche un peu moins inférieure que la *Féra;* alors qu'elle présente, également dans ses deux formes, littorale et profonde, des branchiospines peu nombreuses et relativement courtes, comme ses sœurs du second type (*Balleus*) dans nos autres lacs. C'est pour la même raison que plusieurs Corégones cités par Siebold, comme représentants du *C. Wartmanni* dans différents lacs de Bavière et d'Autriche, doivent être maintenant rangés, à titre de *Sp. cognatæ*, les uns près de telle ou telle sous-espèce de nos *Wartmanni, Balleoides* ou *Exiguus,* dans le *Dispersus,* les autres dans le cadre du *Balleus.*

Le rapprochement des *C. Nilssonii* de Suède et *C. Wartmanni,* opéré déjà par Heckel et Kner, Siebold et Günther, d'après les caractères extérieurs seulement, a été plus heureux, car l'étude des branchies que j'ai pu faire sur les types de Valenciennes m'a prouvé que ce Corégone du nord, avec des branchiospines

géographique. Enfin, j'ai remplacé le nom de *Restrictus* par celui de *Exiguus* qui devait avoir la priorité, en portant à cinq, au lieu de trois, le nombre des sous-espèces dans ce dernier.

longues et nombreuses, doit être en effet rapproché du *Blaufelchen*, dans notre *Dispersus*[1].

L'examen que j'ai fait des épines branchiales chez le *C. Lavaretus* (Cuvier) du Bourget, et chez le *C. generosus* (Peters) de Prusse, m'a également prouvé que ces deux poissons doivent à leur tour rentrer, à titre de *Sp. cognatæ*, dans le même *Dispersus*. Nous verrons aussi, plus loin, que Nüsslin, en décrivant, sous le nom de *C. Steindachneri*, un nouveau Corégone d'Autriche voisin de notre *Balleoides*, a cru pouvoir le rapprocher du *C. Reisingeri* (Cuv. et Val.) de même provenance.

Le Dispersus se présente en Suisse, comme je l'ai dit, sous trois formes principales constituant autant d'espèces parentes, avec diverses sous-espèces et variétés locales, les *C. Wartmanni*, *C. annectus* et *C. exiguus*. Bien que la plus récemment reconnue, la seconde (*C. ann. balleoides*), localisée dans les lacs de Baldegg et de Hallwyl, est peut-être la moins discutable. Un nombre constamment bien inférieur des vertèbres corroborant des allures en temps de frai très différentes, je me bornerai à dire ici deux mots des deux extrêmes (*C. Wartmanni* et *C. exiguus*) qui, beaucoup plus répandues dans divers lacs, soumises par le fait à plus de variations, ont plus longtemps été ou confondues ou discutées, renvoyant à leurs diagnoses comparées pour la justification de leur distinction.

Généralement distinguées sous des noms différents dans nos divers lacs, ces deux formes, grande et petite, ont passé et passent encore aux yeux de la majorité des ichthyologistes, pour deux âges d'une seule et même espèce. Toutefois, depuis les études très circonstanciées de Nüsslin[2] sur le *Gangfisch* du lac de Constance, et après les nombreuses comparaisons que j'ai faites dans tous nos lacs, il est impossible de méconnaître qu'à côté des jeunes de plus grande forme et souvent mélangée avec eux, il y a aussi une autre forme restant toujours

---

[1] Il est curieux que le dit *C. Nilssonii* porte à divers âges, dans la péninsule scandinave, les mêmes noms que l'on attribue au *Wartmanni* sur les bords du lac de Constance : *Gangfisch, Renken* et *Blaufelchen*.

[2] Beiträge zur Kenntniss der Coregonus-Arten des Bodensees und einiger anderer nahegelegener nordalpiner Seen (Zool. Anzeiger, 1882, n° 104 ; 44 pages).

notablement plus petite et qui, bien qu'affichant à l'état adulte certains traits propres au jeune âge chez les Corégones du type *Dispersus* en général, demeure cependant partout franchement distincte à plusieurs égards des divers représentants de la première, à taille égale; à moins, comme nous le verrons aussi, qu'il n'y ait eu, par le fait de circonstances locales, croisement naturel ou accidentel entre les représentants de l'une et de l'autre.

Le *Dispersus*, sous une forme ou une autre, se rencontre dans 12 des 16 lacs qui, en Suisse, comptent aujourd'hui des Corégones autochthones. Il manque à ceux de Greifen et de Pfäffikon dont les *Albeli* doivent être rapprochés du *Maraenoides* de Zurich, dans le *Balleus Asperi*, ainsi qu'à ceux du Léman et de Sempach, dans lesquels il est remplacé par des espèces que nous avons dites quasi-intermédiaires ou composées, par le *C. hiemalis* dans le premier, par le *C. Suidteri* dans le second.

La plupart de ses représentants frayent dans les grands fonds, soit plus ou moins loin du rivage, et rarement au ras du bord comme beaucoup des formes appartenant au *Balleus;* à l'exception toutefois de celui qui habite les lacs de Baldegg et de Hallwyl, que j'ai précisément nommé *Balleoides* à cause de cette analogie d'allures avec nos *Balchen* et *Ballen.*

Si, au lieu du nom de *Restrictus* que j'avais précédemment appliqué à la petite forme du *Dispersus*, j'ai maintenant adopté celui de *Exiguus* proposé par Klunsinger [1], c'est que ce dernier a de fait la priorité, et que les autres noms antérieurs me semblent, comme celui de *Lavaretus* dont j'ai dû changer la portée, sujets à perpétuer d'anciennes erreurs: le titre de *Maraenula,* employé par Hartmann, pourrait entraîner après lui de fâcheuses confusions avec le *C. Albula* de Linné, et le qualificatif *macrophthalmus*, attribué par Nüsslin au Gangfisch, me paraît fort discutable, en face des disproportions énormes de l'œil à différents âges, chez beaucoup de Corégones.

---

[1] Ueber die Felchenarten des Bodensees (Jahreshefte des Vereins für vaterländische Naturkunde in Württemberg, 1884, p. 105-128).

27. LE CORÉGONE DE WARTMANN

RENKE [1].

CORÉGONUS WARTMANNI, Bloch.

Branchiospines assez longues et nombreuses, grêles et serrées. Mâchoires égales ou quasi-égales. Intermaxillaire déclive du haut en bas ou vertical, peu ou médiocrement élevé. Bouche terminale ou quasi-terminale. Maxillaire supérieur parvenant sous le bord antérieur de l'œil.

Corps plus ou moins élancé ou médiocrement élevé; pédicule caudal relativement allongé. Tête plus ou moins forte, quoique moyenne dans le genre; museau conique, plus ou moins acuminé, parfois un peu pincé en dessous. Œil moyen. Écailles moyennes. Caudale profondément échancrée, à lobes aigus; dorsale moyenne, médiocrement déclive; nageoires paires moyennes ou plutôt courtes, les pectorales généralement assez étroites et acuminées. — Taille, moyenne dans le genre. — Vertèbres : 60—63.

FORMULES : Voir les diagnoses des diverses sous-espèces.

SALMO LAVARETUS, *Linné*, Syst. nat. éd. 12, p. 152 (*partim*).
    » WARTMANNI, *Bloch*, Fische Deutschl. III, p. 165, Taf. 105 (*part.*). — *Schrank*, Fauna Boica, p. 324 (*part.*). — *Hartmann*, Helv. Ichthyol. p. 154. — *Nenning*, Fische des Bodensees, p. 22.
    » RENKE, *Schrank*, Schrif. Berlin. Gesell. nat. Freunde, IV, p. 427 (*part.*).
    » MARÆNA, *Hartmann* (*min. pars*), Helv. Ichthyol. p. 139. — *Steinmüller*, Fische im Wallensee, N. alpina, II, p. 338 (*part.*).
CORÉGONUS WARTMANNI, *Schinz*, Fauna Helvetica, p. 163 (*part.*). Europ. Fauna, II, p. 354 (*part.*). — *Heckel*, Sitzgsb. Akad. Wiss. Wien, 1851, VIII, p. 375 (*part.*). — *Rapp*, Fische des Bodensees, p. 12, pl. 1. — *Heckel et Kner*, Süsswasserfische, p. 235 (*part.*). — *Jäckel*, Fische Bayerns, p. 75. — *Siebold*, Süss-

[1] Le nom allemand *Renke* attribué par quelques auteurs au *C. Wartmanni* et à quelques formes voisines, n'est pas ici parfaitement juste, en ce sens qu'il s'applique aussi à des formes qui doivent être rapprochées plutôt de celles de notre *Balleus*; je ne l'emploie donc qu'à défaut d'un autre et parce que de Siebold a cru devoir le conserver.

wasserfische, p. 243 (*part.*). — *Günther*, Catal. of Fishes, VI,
p. 187 (*part.*). — *Klunsinger*, Fische in Württemberg; Würt.
nat. Jahresh. 1881, p. 254. — *Nüsslin*, Coregonus Arten des
Bodensees ; Zool. Anzeiger, 1882, n° 104.
CoREGONUS LAVARETUS, *Cuv. et Val.*, XXI, p. 466, pl. 627 (*part.*). — *Blanchard*, Poissons de France, p. 425, fig. 109 (*part.*). — *Moreau*,
Hist. nat. des Poissons de France, III, p. 546 (*part.*).

Les CoREGONUS NILSSONII (Cuv. et Val.) de Suède et Norwège, et — Cor.
GENEROSUS (Peters) de Prusse, devraient peut-être rentrer aussi dans la
synonymie de notre *Wartmanni*, à titre de sous-espèces géographiques.

NOMS VULGAIRES : voir aux diverses sous-espèces.

Notre *C. Wartmanni*, qui n'a jamais été bien décrit que dans
sa forme propre au lac de Constance, est représenté, sous des
aspects divers, dans huit sur seize des lacs suisses actuellement
habités par des Corégones, peut-être même dans dix, si l'on peut
compter comme tels certains sujets peut-être bâtards dont il
sera parlé plus loin à propos du *Confusus* [1]. Quelques-unes de
ses races ou sous-espèces, résultant d'habitats différents, ont
été déjà rapprochées, *a priori* ou sans discussion, du *Blaufelchen*
de Constance; d'autres ont été jusqu'ici méconnues ou confondues avec les représentants d'espèces différentes.

Nous verrons, dans la description circonstanciée de nos diverses sous-espèces, les dissemblances morphologiques, voire même
anatomiques, que des conditions de vie différentes ont graduellement établies entre elles. Voyons en peu de mots quels détails
peuvent être maintenant ajoutés, d'une manière générale, aux
quelques caractères principaux esquissés dans la diagnose ci-
dessus.

A côté de proportions plus ou moins élancées du corps et du
pédicule caudal, et de formes plus ou moins coniques de la tête,
on peut remarquer aussi, dans différentes conditions, des dispositions un peu différentes de la bouche, plus ou moins terminale,
et des dimensions relatives diverses, soit de l'œil et de l'opercule,

---

[1] Dans onze lacs même, si l'on croit pouvoir attendre encore quelque
heureux résultat de l'importation du *Blaufelchen* de Constance exécutée
par de Filippi, en 1861, dans le lac Majeur.

soit de l'intermaxillaire plus ou moins élevé, soit encore du maxillaire, suivant les cas, plus ou moins droit, arqué ou retroussé. — Certaines sous-espèces, comme le *Blaufelchen* du lac de Constance, ont la gorge et la mandibule sensiblement pincées en dessous; d'autres, comme les *Albock* de Thun et de Zoug, présentent un museau plus épais beaucoup moins comprimé.

Les nageoires, d'ordinaire plutôt courtes et assez acuminées, varient aussi un peu avec les sous-espèces ; la caudale est généralement plus longue que la tête et profondément échancrée, c'est-à-dire que ses rayons médians égalent au plus $1/3$ des grands externes ; cependant elle peut être aussi exceptionnellement, ou un peu moins échancrée, comme chez certaines formes alpines, nos *Nobilis* et *Compactus* par exemple, ou à peu près égale à la tête seulement, comme chez certains vieux individus du dernier. Les pectorales à leur tour, sans jamais atteindre, renversées, à l'extrémité du museau, parviennent suivant les cas au bord antérieur de l'œil, à la narine ou, au plus, près de la fente buccale. L'adipeuse est assez généralement plutôt petite ou étroite.

Les écailles, quoique moyennes dans le genre, peuvent varier également dans le nombre comme dans la forme et les proportions. On en compte d'ordinaire de 82 à 92, plus rarement 76 ou 95, sur la ligne latérale, de 9 à 10, plus rarement 8 ou 11 au-dessus, et 8 ou 9, accidentellement 7 ou 10 au-dessous jusqu'aux ventrales. Une squame médiane latérale présente le plus souvent une surface $1/5$ à $1/4$ de celle de l'œil chez l'adulte[1]; cependant on peut trouver aussi des écailles un peu plus fortes, d'une surface, pour la médiane, à peu près $1/3$ de l'œil chez l'*Albeli-Albock* du lac de Zoug, par exemple, qui offre souvent les totaux inférieurs ci-dessus indiqués pour les squames sur la ligne latérale et au-dessus de celle-ci.

Nous verrons que le bleu et le vert bleuâtre dominent dans la

---

[1] Je crois devoir répéter ici que ces rapports de surfaces de l'écaille médiane et de l'œil varient énormément avec l'âge, même jusque chez des individus de même taille dans une seule sous-espèce; qu'on ne peut par conséquent leur attacher d'importance caractéristique que comme moyennes comparatives.

livrée des divers représentants de l'espèce, et que la pigmentation plus ou moins accusée des nageoires paires dépend d'ordinaire de l'âge et des conditions différentes d'existence.

Les dimensions les plus fréquentes du poisson adulte sont généralement moyennes, soit entre celles plus fortes de nos représentants du *Schinzii* et celles plus petites de l'*Exiguus*.

Il n'y a pas jusqu'aux branchiospines et aux vertèbres, qui nous servent de principal critérium dans la distinction des Corégones, qui ne diffèrent également dans une certaine proportion, en affichant plus ou moins les minima ou les maxima de l'espèce. — Les branchiospines allongées, grêles, relativement nombreuses et serrées, avec de nombreux denticules sur les côtés, sont d'ordinaire, chez nos diverses formes du *Wartmanni*, portées par un appareil branchial moins large ou moins ouvert que celui des espèces à branchiospines peu nombreuses. Les épines sont le plus souvent au nombre de 33 à 39 sur le premier arc branchial et de 25 à 31 sur le quatrième, les plus grandes ou antérieures médianes étant, vis-à-vis de l'arc qui les porte, d'ordinaire comme 1 : 4—4,40, en Suisse; cependant on peut trouver des écarts *en dessous* comme *en dessus* de ces limites ordinaires, soit accidentellement chez certains de nos représentants de l'espèce [1], soit naturellement chez quelques Corégones du nord très voisins, comme les *C. Nilssonii* (Cuv. et Val.) et *C. generosus* (Peters) [2].

Les vertèbres, jusqu'à celle biseautée qui porte la dernière grande plaque caudale, sont d'ordinaire, dans l'espèce, au nombre de 61 à 63, plus rarement de 60 [3], dont 2 cervicales et généralement 36 à 38 costales. Les auteurs qui ont attribué 57, 58 ou 59 vertèbres au *C. Wartmanni*, doivent avoir examiné de petits individus appartenant probablement à quelque forme de l'*Exiguus* volontiers confondu avec les jeunes du premier.

[1] Accidentellement 31-32 = 1 : 5 sur le 1er arc, chez le *Confusus* du lac de Bienne, peut-être bâtard; quelquefois = 1 : 3,80 chez notre *Compactus* de Zoug (même parfois = 1 : 3,5 chez le *Lavaretus* du Bourget).

[2] 40-43 branchiospines sur le 1er arc, chez quelques individus que j'ai eu l'occasion d'examiner des *Coregonus Nilssonii* de Suède et Norwège, et *Cor. generosus* de Prusse, comme 1 : 4—4,15 chez le premier, comme 1 : 3,45—3,50 chez le second.

[3] Tout à fait accidentellement 55, chez le *Confusus* de Morat.

Le nombre des rayons branchiostèges, invoqué souvent comme caractère distinctif des espèces dans le genre, n'a point ici d'importance, car il varie de 8 à 9 (exceptionnellement 10) chez nos divers Corégones suisses, souvent même sur les deux côtés de la tête d'un même individu.

Les jeunes, dans les différentes sous-espèces et suivant les lacs, se distinguent généralement, à taille égale, des représentants de l'*Exiguus* par un nombre de vertèbres un peu supérieur, ou par des branchiospines un peu moins effilées, ou par un museau moins gros et moins arrondi, ou par une caudale un peu plus longue, ou par des écailles relativement plus fortes, ou encore par une livrée plus pigmentée. — Ils présentent avec cela, dans chaque sous-espèce, des formes plus effilées que les adultes, un œil plus grand, des écailles relativement plus petites, un museau plus court et, par le fait, un maxillaire parvenant plus loin en arrière, enfin des nageoires moins mâchurées, les pectorales surtout.

Le *Cor. Wartmanni* varie donc beaucoup avec les conditions d'habitat; si bien que plusieurs des caractères appelés à définir l'ensemble des représentants de l'espèce en Suisse et dans les pays circonvoisins, sont plus ou moins élastiques et ne peuvent guère être utilement étudiés que dans le détail des sous-espèces.

Ce n'est que par un examen comparatif des différents traits distinctifs d'une forme, à divers âges, que l'on peut arriver à reconnaître et décider si elle doit rentrer dans telle ou telle espèce ou sous-espèce. — Nous verrons comment au nombre des Corégones communément dits *Albeli* dans plusieurs de nos lacs, il en est qui n'appartiennent pas à l'*Exiguus,* mais bien au *Wartmanni,* et comment certains auteurs, trompés par des modifications de facies ou d'allures exigées par des conditions d'habitat différentes, ont fait sur divers points des rapprochements aujourd'hui inacceptables. — Le Corégone qui, sous le nom de *Renke* dans l'Attersee et d'autres lacs en Autriche, a été en bloc rapporté au *C. Wartmanni* par de Siebold, doit rentrer entre autres dans ce cas; car, d'après les renseignements circonstanciés que m'a aimablement fournis M. H. Danner, de Linz[1], beaucoup de censées *Renke* ne seraient que des formes déviées ou des variétés du *C. Marœna,* ou de quelqu'autre représentant de notre *Balleus.*

Les caractères biologiques, les allures en temps de frai en particulier, sont aussi sous la dépendance des conditions d'existence et sujets à varier. La plupart de nos représentants suisses du *Wartmanni* frayent, à distance du rivage, à une profondeur plus ou moins grande; cependant le *Dolosus* des lacs de Zurich et de Wallenstadt semble frayer, dans certains cas, moins profondément, et le *Lavaret* du Bourget en Savoie dépose, comme je l'ai dit, ses œufs au ras du bord sous très peu d'eau, quoique répondant de tous points à la caractéristique du *Wartmanni,* et quoique rappelant beaucoup notre *Blaufelchen (Wart. cœruleus)* [2].

Comme les Corégones en général, les divers représentants du *C. Wartmanni* vivent volontiers en nombreuse société, principalement au moment des amours; se nourrissant de vers, d'insectes et de petits mollusques, surtout des divers petits crustacés branchiopodes et entomostracés qui composent la faune pélagique de nos lacs.

Leur chair délicate passe, dans chaque lac, pour bien préférable à celle des autres espèces vivant dans les mêmes eaux; aussi se fait-il de ces poissons une pêche très active et un commerce très étendu. Capturés, le plus souvent, à de grandes profondeurs, au temps du frai, brusquement arrachés alors à une forte pression et lésés par le développement extraordinaire de leur vessie natatoire, ils se prêtent, pour la plupart, moins facilement à la fécondation artificielle que les espèces frayant le long des rives sous très peu d'eau.

Le *Lavaret* du Bourget, qui fraye au ras du bord, dont la chair est excellente et qui peut atteindre une taille assez res-

---

[1] Lettres et dessins, en date des 25 février et 31 octobre 1885.

[2] Ogérien (Hist. Nat. du Jura, III, p. 370) me paraît avoir commis quelque erreur ou confusion, quand il cite : d'abord le *Coregonus Wartmanni* (Cuv.), puis le *Cor. Lavaretus* (Cuv.) comme remontant du Rhône dans l'Ain, en France.

pectable, serait donc plus apte que d'autres au transport et à la fécondation artificielle [1].

En tenant compte de certaines analogies et de certaines divergences, les unes morphologiques, les autres biologiques, correspondant jusqu'à un certain point à des distributions géographiques un peu différentes, on pourrait distinguer parmi les représentants du *C. Wartmanni,* en Suisse et en Savoie, les deux groupes sub-spécifiques suivants [2] :

* *Formes de plaine* ou *subalpines* : corps plus allongé; tête plus conique et comprimée, museau plus acuminé; caudale profondément échancrée et acuminée; livrée d'ordinaire assez pigmentée; taille moyenne ou plutôt au-dessus; frayent plus tard, plus ou moins loin du bord et plus ou moins profondément : *Cœruleus, Dolosus, Confusus* (*Lavaretus,* Cuv. et Val.).

** *Formes alpines :* corps moins élancé; tête plus ramassée, museau plus gros; caudale parfois un peu moins profondément échancrée; livrée parfois moins pigmentée; taille moyenne ou au-dessous; frayent plus tôt et très profondément : *Alpinus, Nobilis, Compactus.*

* *Formes subalpines.*

27 (1). BLAUFELCHEN

Cor. Wartmanni, cœruleus [3].

Corps élancé, avec pédicule caudal effilé. Tête conique, déclive, sensiblement pincée en dessous, avec museau plus ou moins

[1] Il est question ici du Lavaret (*Cor. Lavaretus,* Cuv. et Val. *part.*), et non de la Bezole du même lac que j'ai séparée de celui-ci et qui fraye par contre dans les grands fonds.

[2] Certaines formes plutôt jurassiques perdront peut-être peu à peu de leurs caractères propres au contact de l'eau amenée des Alpes par le canal de l'Aar dans le lac de Bienne, depuis la correction des eaux de cette rivière.

[3] J'attribue ici au *Blaufelchen,* plus spécialement, comme le méritant plus qu'aucun autre, le nom de *Cœruleus* que Gessner (*Albula cœrulea*), dans son *Fischbuch* (Trad.) 1598, fol. 188, attribue à la fois aux diverses formes de notre *Wartmanni* en différents lacs, au *Gangfisch* et aux *Ballen* ou *Balchen* qu'il croit des âges différents d'une même espèce.

acuminé. Bouche terminale. Intermaxillaire bas, plus ou moins incliné en avant du haut en bas. Maxillaire faiblement arqué, arrivant sous le bord de l'œil. Opercule grand. Œil plutôt grand. Écailles moyennes ou relativement grandes. Caudale légèrement plus longue que la tête. Dorsale subaiguë, plutôt courte. Pectorales relativement petites et pointues. — Bleu, vert bleu ou gris bleu, en dessus; nageoires inférieures plus ou moins mâchurées de noir bleu. — (Taille moyenne d'adultes et de vieux : 0^m,30-45 à 0^m,55).

Brchsp. 1, (33) 34-38 = 1 : 4-4,20. — IV, 25-30 (31).

D. 4-5/10-11, A. 4-5/10-13, V. 2/10-11, P. 1/14-16, C. 19 *maj.*

$$Squ.\ 82\ \frac{9-10}{8-9}\ 90\text{-}(92)^{1}. — Vert.\ 61\text{-}63^{2}.$$

Salmo Wartmanni, *Bloch*, loc. cit. (*partim*). — *Schrank*, loc. cit. (*part.*). — *Hartmann*, l. c. (*part.*). — *Nenning*, l. c.

Coregonus Wartmanni, *Schinz*, l. c. (*part.*). — *Heckel*, l. c. (*part*); la figure donnée par *Heckel et Kner*, Süsswasserfische, p. 235, rappelle plutôt le *C. Palea* de Neuchâtel que ces auteurs rangent à tort avec le Blaufelchen. — *Rapp*, l. c.; la figure de cet auteur représente un individu plus effilé que la majorité. — *Siebold*, l. c. (*part.*). — *Jäckel*, l. c. (*part.*). — *Günther*, l. c. (*part.*). — *Klunsinger*, l. c. — *Nüsslin*, Coreg. Arten des Bodensees, 1882, fig. 1, p. 17, et fig. 3, p. 18.

» Wartmanni acutirostris, *Fatio*, Corég. de la Suisse, 1885, p. 14 et tab. 1, A, 1.

Noms vulgaires : selon l'âge moins ou plus avancé, d'abord : *Seelen, Heuerling* et successivement : *Meidel, Midelfisch, Stüben, Gangfisch, Renke, Felchen,* comme les jeunes du Sandfelchen jusqu'à leur 3me ou 4me année — plus spécialement : juv. *grüner Gangfisch,* ad. *Blaufelchen.*

Corps fusiforme, allongé, moyennement comprimé et plus ou moins effilé en arrière, selon l'âge et les individus, avec la

---

¹ Siebold donne un maximum de 95 écailles sur la ligne latérale qui me paraît rare et qui pourrait bien devoir être rapporté à l'un des Corégones que cet auteur a à tort réuni à son *Wartmanni*, à la Palée de Neuchâtel entre autres.

² Je n'ai pas trouvé le minimum de 60 vertèbres indiqué par Nüsslin.

nuque en avant volontiers assez voûtée chez les vieux, plus
plate chez les jeunes; le profil ventral généralement un peu
plus droit ou moins convexe que le dorsal. La hauteur maximale, devant la dorsale, au poisson sans la caudale, souvent
comme 1 : 4,40 à 4,90, voire même 5, chez l'adulte. L'épaisseur maximale du tronc égale environ à $\frac{1}{2}$ de la hauteur, à
peu près comme chez nos autres Corégones du même type,
en dehors de l'état de gestation. Le pédicule caudal plus
ou moins pincé de haut en bas, relativement long et peu
élevé; sa hauteur minim. presque égale à $\frac{1}{3}$ de celle du tronc.
Tête assez grande, conique et assez déclive, plus ou moins
haute en arrière et acuminée en avant, avec les parties inférieures et postérieures de la mandibule et la gorge sensiblement pincées ou comprimées; la longueur céphalique latérale, au poisson sans la caudale, souvent comme 1 : 4,40—
5,10, selon l'âge plus ou moins avancé. — Museau conique,
comprimé et plus ou moins pointu ou subcarré à l'extrémité.
— Bouche terminale. — Intermaxillaire bas, plus ou moins
incliné en avant du haut en bas (Voy. Pl. II, fig. 1). Maxillaire fort, parvenant sous le bord de l'œil ou légèrement
plus loin, plutôt droit ou légèrement arqué et faiblement
retroussé, avec un coude inférieur bien en avant de son
milieu (voy. Pl. II, fig. 8). — Opercule grand et subcarré,
mesurant souvent, chez l'adulte, $\frac{3}{5}$ de l'élévation de la tête
et plus des $\frac{2}{3}$ de sa hauteur en largeur horizontale. —
Œil moyen ou plutôt grand, à la longueur latérale de la
tête, volontiers comme 1 : 4,50 à 4,70 chez l'adulte, souvent
$=1 : 3,70$ chez des jeunes. — Espace préorbitaire beaucoup
plus fort que le diamètre oculaire chez l'adulte, parfois de
$\frac{1}{3}$ de l'œil, plus court, d'ordinaire même moindre que l'œil
dans le bas âge. Espace interorbitaire un peu plus fort que
le préorbitaire, chez l'adulte.
Branchiospines assez allongées, grêles et serrées, le plus souvent au nombre de 34—38, parfois de 33, sur le premier arc
branchial; les plus grandes, vis-à-vis de l'amplitude de
l'arc $= 1 : 4—4,20$, avec 15 à 20, plus rarement 14 ou 21
denticules latéraux. Généralement 25 à 30 épines, plus rarement 31, sur le quatrième arc.

Nageoires : caudale légèrement plus longue que la tête, souvent de $^1/_{15}$ à $^1/_6$ (exceptionnellement de $^1/_{40}$ seulement), soit, à la longueur totale du poisson, le plus souvent comme 1 : 5,20 —5,60, selon les sujets jeunes ou vieux ; profondément échancrée, les rayons médians moindres que le tiers des plus grands, à lobes quasi égaux et acuminés.—Dorsale subaiguë, assez déclive, quasi rectiligne sur la tranche et relativement petite, soit beaucoup moindre en hauteur que la longueur latérale de la tête, souvent de $^1/_4$ de cette dernière, voire même parfois de près de $^1/_3$. — Anale d'une élévation généralement $^2/_3$ environ de celle de la dorsale et souvent plus longue que haute. — Ventrales moyennes ou plutôt courtes, laissant, rabattues, entre leur extrémité et l'anus, un espace variant volontiers entre $^2/_5$ et $^1/_2$ de leur longueur. — Pectorales assez courtes, subtriangulaires et plus ou moins acuminées selon l'âge et les individus, parvenant, renversées en avant, au bord antérieur de l'œil ou à la narine, le plus souvent entre le premier et la seconde. — Adipeuse moyenne ou relativement petite et étroite, volontiers plus courte que les rayons médians de la caudale.

Écailles de dimensions plutôt au-dessus de la moyenne dans l'espèce et assez solides. Une squame médiane sur la ligne latérale (sous la dorsale) généralement subcarrée, un peu plus haute que longue, avec des stries déliées autour d'un nœud légèrement reculé vers le bord libre et un tubule long et mince, formant un angle vers le bas à l'extrémité ; souvent d'une surface $^1/_3$ environ de celle de l'œil chez l'adulte (voy. Pl. II, fig. 25). Une squame lat. sup. antérieure plus arrondie et plus petite, d'une surface souvent $^1/_4$ de celle de l'œil ; une squame lat. post. inférieure par contre plus haute et un peu plus grande, volontiers de surface $^1/_3$ à $^2/_5$ de celle de l'œil, chez l'adulte. — Ces proportions de surfaces comparées des squames, évaluées approximativement en posant l'écaille sur l'œil, n'ont du reste d'importance que dans des moyennes prises sur des individus du même âge ; l'œil étant toujours beaucoup plus grand et la squame relativement beaucoup plus petite chez les jeunes que chez les adultes, et semblable relation variant même assez d'individu à individu. Une squame latérale médiane, par exemple, souvent ici $^1/_5$ voire même $^1/_6$ seulement de l'œil, chez des jeunes de seconde année.

Coloration bleue ou d'un vert bleu en dessus, parfois d'un gris olivâtre à reflets bleus chez de vieux sujets. Les côtés de la tête et du corps d'un blanc argenté bleuâtre; les pièces operculaires souvent nuancées de bleu, de vert ou de jaunâtre. Ventre blanc. Le museau souvent mâchuré ou pigmenté de noirâtre. Dorsale plus ou moins mâchurée, volontiers noirâtre chez l'adulte. Caudale grise et mâchurée de noirâtre. Anale d'un noir bleu sur les deux tiers environ de sa hauteur, chez l'adulte, souvent légèrement jaunâtre à la base. Ventrales et pectorales plus ou moins lavées de noir bleu sur la moitié extrême, chez l'adulte, peu ou pas chez les jeunes. Iris blanc, souvent mâchuré dans le haut.

Taille moyenne de vieux sujets 0^m,45 à 0^m,50, avec un poids de 500 à 750 grammes. On prend quelquefois des individus de 1 kilo qui passent pour de très grands sujets. — Siebold parle de *Renke* atteignant 28 pouces, avec un poids de 3 à 4 livres; mais cet auteur ayant, comme Heckel et Kner, compris à tort dans son *C. Wartmanni* des Corégones, la *Palée* entre autres, qui atteignent d'ordinaire à de plus grandes dimensions que le véritable *Blaufelchen*, on peut se demander s'il n'y a pas, par le fait, erreur probable dans cette citation.

Mâles adultes se distinguant, à l'époque des amours, par une livrée d'ordinaire plus brillante et par des tubercules épidermiques généralement un peu plus forts et plus nombreux que ceux des femelles.

Jeunes, avec un œil relativement plus grand que l'adulte, se distinguant du Gangfisch (*Exiguus*) du même lac, à taille égale, non seulement par divers caractères spécifiques tirés des écailles, des branchiospines et des vertèbres, mais encore, à première vue, par un museau constamment plus acuminé.

Vertèbres le plus souvent au nombre de 62, dont 37 à 38 costales, plus rarement 61 ou 63, sans compter une ou deux fausses vertèbres terminales (exceptionnellement 39 costales). Je n'ai pas trouvé jusqu'ici le minimum 60 indiqué par Nüsslin; encore moins les 59 vertèbres de Günther, ou les 57 de Rapp qui doivent probablement avoir été comptées sur de petits individus, de l'espèce du *Gangfisch* confondue par ces deux derniers auteurs avec le *C. Wartmanni*.

Le *Blaufelchen*, qui a été pour la première fois bien étudié et distingué par Wartmann, dans sa monographie de l'espèce[1], en 1777, varie beaucoup non seulement avec l'âge, mais encore d'individu à individu à taille égale; les divers rapports proportionnels que je donne ci-dessus ne peuvent donc être considérés que comme représentant les formes les plus ordinaires. L'on trouve, en particulier, assez souvent parmi les sujets de taille moyenne, des individus un peu moins élancés que la majorité, avec un museau un peu plus carré, qui semblent faire comme une transition à la forme voisine du lac de Zurich, que je décris plus bas sous le nom de *C. Wart. dolosus*.

Le *Wartmanni cœruleus* a toujours des branchiospines nombreuses et allongées qui, si elles ne suffisent pas à le différencier d'emblée d'autres sous-espèces, dans le pays, permettent cependant de le distinguer franchement d'autres Corégones suisses et étrangers, avec lesquels il a été confondu par les ichthyologistes les plus compétents, à cause de leurs formes relativement élancées et de leur bouche quasi-terminale. La Palée de Neuchâtel (*C. Palea*, Cuv.), rapprochée à tort par Heckel et Kner, Siebold, Günther et d'autres du Blaufelchen, doit entre autres rentrer, comme je l'ai dit, par le fait de ses branchiospines relativement courtes et peu nombreuses, dans notre *C. Balleus*, près des Balchen et Féra. De même, il faut distinguer dans les *Renke* (*C. Wartmanni*) de Siebold, des lacs bavarois et autrichiens, des formes voisines, les unes du Blaufelchen, les autres de la Maræne ou de la Féra. La figure que

---

[1] *Wartmann* (Beschreibung und Naturgeschichte des Blaufelchen : Beschäftigungen der Berlinischen Gesellschaft naturforschender Freunde, III, 1777, p. 184), considérait ce Corégone comme exclusivement propre au lac de Constance.

donne Mela [1] de la tête de son *Cor. Nordmanni* (*C. Nilssonii*, Malmgren) de Finlande, rappelle par contre beaucoup les formes acuminées du museau du *Wartmanni*; elle ressemble à celle donnée par Nüsslin (l. c. p. 17) pour le *Blaufelchen*. On pourrait même faire ici un rapprochement intéressant, si Mela avait signalé le nombre et le développement des branchiospines de son espèce septentrionale, du lac Ladoga.

Le Cor. de Wartmann, sous la forme que je viens de décrire, est propre au lac de Constance, où il est assez abondant pour faire l'objet d'un commerce étendu, tant frais que mariné, et où sa chair ferme et délicate le fait apprécier bien au-dessus des autres Corégones du pays. Il est répandu plus ou moins dans tout le lac, bien qu'opérant volontiers des déplacements avec les saisons. On le prend souvent, en été, en très grande quantité du côté de Mörsburg et de Ueberlingen, vers la pointe nord du lac; à l'approche de l'automne et de l'époque de sa reproduction, il se retire plutôt du côté de Romanshorn et de Langenargen, où on le voit alors souvent, au milieu du lac, jouant l'amour en bandes nombreuses, non loin de la surface.

C'est d'ordinaire entre les derniers jours de novembre et le milieu de décembre qu'a lieu le temps de frai. Les individus des deux sexes, les mâles surtout, sont ornés alors sur les côtés du corps de petits boutons de noces oblongs et blanchâtres, disposés souvent par six, sept ou huit rangées superposées, un par écaille, partie en dessus, partie en dessous de la ligne latérale.

Le dépôt du frai se fait généralement sur les grands fonds. Il semblerait cependant, au dire de quelques pêcheurs, que dans certaines conditions de température, la ponte se fasse aussi depuis la surface ou les couches supérieures, en plein lac. Les femelles laisseraient alors couler leurs œufs, de 2^{mm},20 à 2^{mm},30 de diamètre, et les mâles féconderaient en jouant ces germes destinés à gagner les profondeurs pour s'y développer.

Comme pour beaucoup de ses congénères, le réchauffement

[1] Vertebrata Fennica, 1882, p. 351.

graduel de l'eau à la surface le fait peu à peu descendre, durant la belle saison, vers les couches plus profondes; comme beaucoup de poissons aussi, il ne prend guère d'aliment durant l'époque de la reproduction. Sa nourriture, en dehors de cette saison, se compose de vers, de mollusques, de petits insectes et de leurs larves, et surtout de crustacés branchiopodes et entomostracés, du *Bythotrephes longimanus*, en particulier, qui se trouve en abondance à sa portée. Il pourchasse ces petites proies, tantôt près de la surface, tantôt dans les couches inférieures, selon que la température ou le degré de clarté les fait voyager plus ou moins profondément.

La pêche se pratique, suivant les circonstances, avec des filets de fond ou avec un grand filet à sac, une sorte de Senne de moyenne dimension, 120 mètres environ, dite *Blaufelchengarn.*

Vivant suivant les circonstances sous des pressions très différentes, le Blaufelchen survit plus ou moins à sa capture, souvent très peu s'il est pris un peu profondément. Il est généralement assez difficile à conserver en vivier; cependant, grâce à la variabilité de ses allures en temps de frai, la fécondation artificielle de ses œufs a pu souvent être opérée avec succès et divers essais d'empoissonnement ont été opérés avec lui.

Par ordre du gouvernement italien, De Filippi déposa entre autres, en 1861, un million d'œufs fécondés de cette espèce dans les eaux du lac Majeur, au sud des Alpes, où il n'y avait point jusqu'alors de Corégones. J'ai dit plus haut que cette première expérience n'avait pas donné de brillants résultats, puisque, à part un mâle adulte capturé le 11 avril 1881 près de Locarno, on n'a pas, à ma connaissance, retrouvé dans ces eaux, en partie suisses, d'autre trace de survivance de ce poisson. Depuis lors, les autorités italiennes ont fait incuber, sur les bords du lac de Côme, presque tous les ans depuis 1884, environ un demi-million d'œufs de la même espèce (500,000 en 1884, 750,000 en 1886, etc.). Tous les alevins ont été versés exclusivement dans le dit lac, en entier hors de nos frontières. La réussite paraît avoir été complète, car, dans diverses notes et dans une récente lettre, le prof. Pavesi qui dirigea les opérations jusqu'en 1887, nous apprend que, dès le 19 octobre 1885 et tous les ans depuis, on a pris, sur divers points du lac de Côme, des jeunes Blaufelchen (*C. Wartmanni*), voire même dernièrement des sujets de 0[m],30 et plus [1]. — Enfin, 40,000 alevins de la même espèce du lac de Constance ont été aussi versés, en 1888, dans le lac de Thoune.

On a constaté la présence de divers parasites Helminthes dans les viscères du *C. Wartmanni* [2]. J'ai trouvé, en outre, assez souvent sur ses branchies un petit crustacé suceur qui m'a paru se rapprocher beaucoup de l'*Ergasilius Sieboldii* (Nordm.).

27 (2). ALBELI-BLAULING

COR. WARTMANNI, DOLOSUS [3].

Corps médiocrement élancé; pédicule caudal peu élevé. Tête conique, peu ou moins pincée en dessous, avec museau assez étroit, plus ou moins carrément tronqué à l'extrémité. Bouche terminale ou quasi-terminale. Intermaxillaire assez bas, un peu incliné en avant ou vertical. Maxillaire assez arqué, dépassant plus ou moins le bord de l'œil. Opercule moyen. Œil assez grand. Écailles moyennes. Caudale légèrement plus longue que la tête; dorsale beaucoup plus courte, assez acuminée. Pectorales petites ou moyennes, assez pointues. — Bleu, vert bleu ou olivâtre en dessus;

---

[1] Dans une lettre du 29 juillet 1889, où il me signale la capture des plus grands descendants du *C. Wartmanni* en Italie, Pavesi m'avise que les œufs, issus du Blaufelchen de Constance, avaient été fournis par les établissements de Huningue et de Fribourg-en-Brisgau, et que les petits alevins ont été mis à l'eau à une longueur de 11[mm] environ, alors qu'ils avaient à peine résorbé la vésicule ombilicale.

[2] *Ascaris obtuso-caudata* (Rud.); dans l'estomac et les appendices pyloriques. — *Mermis albicans* (Siebold); dans l'estomac; introduit par la nourriture avec des larves de Diptères. — *Echinorhynchus Proteus* (Westr.); dans l'intestin. — *Trématode, sp.?* (Dies. Syst. Helm. I, 512, 42); sur l'estomac. — *Discocotyle hirundinaceum* (Bart.); sur les branchies. — *Tænia longicollis* (Rud.); dans les intestins et le foie. — *Ligula digramma* (Crepl. ; dans la cavité abdominale. *Lig. monogramma* (Crepl.); dans la cavité abdominale.

[3] J'ai appelé ce Corégone *Dolosus* à cause des divers aspects trompeurs sous lesquels il se présente à différents âges.

*les nageoires inférieures plus ou moins mâchurées de noir bleu,
chez les plus grands sujets. — (Taille moyenne d'adultes et de
vieux : 0^m,25-35 à 0^m,40.)*

Brchsp. I, 34-39 = I : 4—4,20. — IV, 26-31.

D. 4-5/9-10 (11), A. 3-5/(10) 11-12 (14), V. 2/10-11, P. 1 14-16,
C. 19 *maj.*

$$Squ.\ 82\ \frac{9—10}{8—9}\ 92.\ —\ Vert.\ 61-62.$$

Salmo Maræna, *Steinmüller*, Die Fische im Wallensee, N. Alpina, II,
    p. 338.
Coregonus Wartmanni, *Siebold*, loc. cit. *(partim)*. — *Schoch*, Fischfauna
    des Cantons Zurich, p. 18 *(part.)*.
  »   Fera, *Schoch.* l. c. *(juv. part.)*.
  »   macrophthalmus var. zürichensis, *Nässlin*, Coreg. Arten des
    Bodensees, etc., p. 31.
  »   Wartmanni, dolosus, *Fatio*, Corég. de la Suisse, p. 14 et tab. I,
    A, 2.

Noms vulgaires : *Albuli, Albeli (juv.)*. *Blawlig, Blaalig, Blaulig, Blau-
    ling (ad., part.)*, Zurich ; — *Weissfisch (juv.)*, *Bläblig, Blau-
    ling (Schueeber* ou *Grundern)*, *Felchen (ad., part.)*, Wallen-
    stadt.

Corps médiocrement élancé, soit un peu moins effilé et généralement un peu plus convexe ou élevé que chez le Blaufelchen, avec des profils d'ordinaire plus semblables ; la
hauteur maximale, chez des adultes, taille grande *(Blauling, pars)* et moyenne *(Albeli)*, au poisson sous la caudale,
comme 1 : 3,60—4,40. Le pédicule caudal volontiers un peu
moins allongé, quoique toujours peu élevé.
Tête conique, d'ordinaire légèrement moins forte ou plus basse
en arrière et volontiers un peu moins déclive que dans le
Blaufelchen, chez l'adulte surtout, ainsi qu'un peu moins
pincée en dessous, quoique cependant plus comprimée à l'arrière de la mandibule que chez les représentants suivants de
l'espèce ; d'une longueur lat., au poisson sans la caudale,
comme 1 : 4,40—5, selon les sujets moyens *(Albeli)* ou adultes plus grands *(Blauling, pars)*. — Museau conique, assez

étroit et plus ou moins acuminé ou subcarré quoique bas,
suivant l'âge et les individus; parfois avec de légères saillies des têtes articulaires du maxillaire. — Bouche terminale ou quasi-terminale. — Intermaxillaire bas ou relativement peu élevé, un peu incliné en avant du haut en bas ou
vertical. — Maxillaire dépassant plus ou moins le bord de
l'œil; un peu plus arqué et passablement plus retroussé que
chez le Blaufelchen, avec un coude inférieur un peu moins
en avant, dans l'*Albeli* du lac de Zurich (Voy. Pl. II, fig. 11
et 12), parfois un peu moins recourbé, avec le coude inférieur un peu plus en avant chez la *Blauling* du lac de Wallenstadt. — Opercule subtriangulaire et moyen, soit un peu
plus petit que chez le *Cœruleus*. — Œil assez grand, à la
long. lat. de la tête, volontiers comme 1 : 4—4,40 chez des
sujets adultes moyens, parfois 4,75 chez de grands individus
ou 3,55 chez de petits *Albeli*. — Espace préorbitaire souvent
sensiblement plus grand que le diamètre de l'œil, chez
l'adulte, égal à celui-ci seulement. Interorbitaire à peu près
égal au préorbitaire.

Branchiospines assez grêles et serrées, le plus souvent au nombre de 34 à 39 sur le premier arc; les plus grandes avec
17 à 21 denticules latéraux et, vis-à-vis du premier arc,
comme 1 : 4—4,20. D'ordinaire 26 à 31 épines sur le quatrième arc.

Nageoires : caudale profondément échancrée, à lobes acuminés
quasi-égaux, généralement un peu plus longue que la tête,
volontiers de $^1/_{15}$ à $^1/_6$ de celle-ci (exceptionnellement de $^1/_{50}$
chez l'adulte). — Dorsale assez acuminée et déclive, et notablement plus courte que la tête, souvent de $^1/_6$ à $^1/_4$ de celle-
ci (plus rarement $^1/_{11}$ chez un adulte du lac de Wallenstadt);
parfois avec un minimum de neuf rayons divisés. — Anale
d'une hauteur à peu près $^2/_3$ de celle de la dorsale, presque
égale en hauteur et longueur ou parfois légèrement plus longue, avec un nombre de rayons assez variable. — Ventrales
plutôt courtes, bien que, selon l'âge et les individus, demeurant, rabattues, à une distance de l'anus variant de $^1/_3$ à $^2/_3$
de leur longueur. — Pectorales plutôt étroites et acuminées,
atteignant le plus souvent, renversées en avant, entre l'œil

et la narine ou à cette dernière, exceptionnellement presque
à la bouche. — Adipeuse relativement étroite.

Écailles légèrement plus petites et volontiers un peu moins carrées, à taille égale, que chez le Blaufelchen ; une squame
médiane sur la ligne latérale d'un ovale assez élevé, un peu
anguleuse et découpée au bord fixe, avec des stries assez
fines, un nœud légèrement reculé vers le bord libre et un
tubule assez grêle, médiocrement allongé, recourbé à l'ex-
trémité ; le plus souvent d'une surface entre $\frac{1}{4}$ et $\frac{1}{3}$ de celle
de l'œil, volontiers entre $\frac{1}{6}$ et $\frac{1}{5}$ environ chez les sujets
petits et moyens dits *Albeli*. Toutes ces proportions, je le
répète, assez sujettes du reste à varier avec l'âge et les individus.

Coloration volontiers assez semblable à celle du Blaufelchen, chez
l'adulte grand, soit bleue ou d'un vert bleu, en dessus, dans
le lac de Zurich, plus grise ou plus olivâtre, avec des reflets
bleus, dans celui de Wallenstadt. Beaucoup plus pâle dans le
jeune âge. Les flancs argentés, volontiers à reflets bleuâtres
chez l'adulte. Les nageoires impaires, suivant l'âge, plus ou
moins mâchurées de noir ou de noir bleu ; grisâtres chez les
jeunes. Ventrales et pectorales peu ou pas mâchurées dans le
jeune âge, d'ordinaire plus ou moins lavées de noir bleu chez
l'adulte ; les dernières très mâchurées même chez les plus
grands sujets.

Taille généralement moindre que celle du Blaufelchen, à âge
égal. La majorité des individus féconds capturés sous la
forme d'*Albeli* mesurent de 0^m,230 à 0^m,290 de longueur
totale, avec un poids de 150 à 250 grammes, âgés alors de
3 et même 4 ans. A partir de ces dimensions, les Albeli
plus âgés, plus grands et relativement moins abondants, sont
d'ordinaire confondus, sous le nom de *Blaiwlig* ou *Blauling*,
avec les Corégones plus gros qui, dans le lac de Zurich, portent la désignation générale de *Bratfisch* et doivent rentrer,
avec les Balchen, Palées et Féra, dans le groupe des espèces
à branchiospines relativement courtes et peu nombreuses.
Quoique grandissant, paraît-il, moins rapidement que le
Blaufelchen dans le lac de Constance, les *Albeli-Blauling*
atteignent cependant, avec l'âge, à des dimensions bien

supérieures à celles généralement attribuées aux *Albeli*. J'ai mesuré quelques individus du lac de Wallenstadt qui avaient 0^m,340 à 0^m,350 de longueur totale, et j'en ai trouvé de 0^m,380 à 0^m,395 dans celui de Zurich, avec un poids moyen de 400 à 500 grammes. Un excellent pêcheur m'a même assuré en avoir pris quelquefois de plus grands pesant 600 grammes environ. Steinmüller[1], parlant du *Bläblig* ou Blauling du Wallensee, dit : poids ordinaire $\frac{1}{4}$ jusqu'à $\frac{1}{2}$ livre, plus rarement 1 à 2 livres, très rarement 3 livres.

Jeunes généralement plus élancés que les adultes, avec un museau plus ou moins acuminé, un œil relativement plus grand et une livrée plus pâle, moins pigmentée sur les nageoires.

Vertèbres au nombre ordinaire de 61, dont 36 costales, sur plusieurs squelettes préparés ; plus rarement 62 et exceptionnellement 35 ou 37 costales ; sans compter une fausse vertèbre au delà de celle qui porte la dernière grande plaque caudale supérieure.

Le *Cor. (Wartmanni) dolosus* varie beaucoup à tout âge, et le fait de fréquents frottements à l'époque du frai d'individus de son espèce, grands surtout, avec les Corégones représentant le groupe à branchiospines peu nombreuses, dans le lac de Zurich, donnant souvent naissance à des formes bâtardes intermédiaires, il est parfois assez difficile de déterminer les véritables limites caractéristiques de l'espèce. L'importation, dans ces dernières années, du Gangfisch du lac de Constance dans celui de Zurich ne peut manquer d'augmenter encore la confusion.

Ce n'est qu'après avoir minutieusement pesé tous les titres de l'*Albeli-Blauling,* petit et grand, à tel ou tel rapprochement que je me suis décidé à faire de ce fallacieux Corégone, sous le nom de *Dolosus,* non pas une variété du *Gangfisch,* comme Nüsslin[2], mais bien une forme locale du *C. Wartmanni,* assez voisine de mon *Cœruleus* et rappelant assez, à l'état adulte, cer-

[1] Ueber die Fische im Wallensee, Neue Alpina, II, 1827, p. 338.
[2] Coregonus Arten des Bodensees, 1882, p. 31.

taines *Renke* des lacs autrichiens, jusque tout dernièrement
encore confondues aussi avec les *Cor. Fera* et *C. Maræna*.

Très jeunes déjà et même à leur taille moyenne, à l'époque
de leur première ponte, les *Albeli* de Zurich se distinguent facilement du *Gangfisch* du lac de Constance : par une tête moins
massive, par un museau généralement plus pincé et plus acuminé et par un maxillaire d'ordinaire passablement plus arqué
ou recourbé. Ils ont en même temps, avec une livrée volontiers
plus pâle, des branchiospines souvent moins allongées ou moins
nombreuses, et un total de vertèbres par contre de une ou de
deux supérieur. Plus tard, ils s'en différencient toujours plus,
non seulement par leur taille plus grande et leur livrée alors plus
pigmentée sur les nageoires, mais encore par des formes de la
tête et du corps, et des dimensions relatives de l'œil et des
écailles différentes. Les *Albeli* ne portent quelquefois que neuf
rayons divisés à la dorsale, comme cela se voit aussi soit chez le
Gangfisch du lac de Constance, soit très souvent chez le *Bratfisch* du lac de Zurich.

Les quelques individus, de taille moyenne ou relativement
grands, que j'ai reçus du lac de Wallenstadt pourraient peut-
être constituer une variété (*b*) du *Dolosus* (*a*) de Zurich ; avec
un maxillaire supérieur souvent un peu plus droit et des formes
générales un peu plus élancées rappelant assez soit les sujets
de forme moins allongée que j'ai signalés plus haut dans le
Blaufelchen (*Cœruleus*), soit un peu la sous-espèce suivante,
propre au lac de Morat et que j'ai qualifiée de *C. Wart. confusus*.

Le Dr Schoch[1], qui a été le premier à admettre la présence
d'un analogue du *C. Wartmanni* dans le lac de Zurich, en signalant deux Corégones confondus sous le nom commun de Blauling, ses *Wartmanni-Blauling* et *Fera-Blauling*, a fait certes
un grand pas du côté de la vérité. Toutefois, il n'a pas encore

---

[1] Fischfauna des Cantons Zurich, 1879. Neujahrsblatt der Nat. Gesellschaft, 1880.

Je profite de l'occasion pour remercier M. le Dr Schoch de la com-
plaisance avec laquelle il m'a fourni de précieux sujets d'étude et fait
part de ses observations.

été assez loin, car, à défaut de l'examen comparé des branchies, il a confondu dans son *Wartmanni-Blauling*, en même temps notre *C. Wartmanni dolosus* à branchiospines nombreuses et la forme à bouche quasi-terminale de notre *Balleus* (partie de son *Fera-Blauling*) à branchiospines peu nombreuses, que j'appelerai plus bas *C. Sch. duplex*. C'est également faute d'avoir eu connaissance du critérium tiré des branchiospines, auquel l'âge n'apporte guère de changements, qu'il a cru pouvoir faire des petits *Albeli* des individus jeunes de son *Fera-Blauling*.

Bâtards : L'existence de fréquents bâtards du *Cor. (Wartmanni) dolosus* et du *Bratfisch* soit *Fera-Blauling (C. marænoides et duplex)*, dans le lac de Zurich, ne repose pas seulement sur la constatation par moi de nombreux individus intermédiaires affichant plus ou moins les formes de l'une ou de l'autre des espèces, avec des branchiospines en nombre et de dimensions variables, mais encore sur l'affirmation réitérée de plusieurs pêcheurs déclarant avoir, à maintes reprises, observé le frai simultané des deux espèces et capturé, d'un même coup de filet, des *Albeli* et des *Bratfische* en train de pondre côte à côte sur la même place.

Ces bâtards présentent souvent des oppositions frappantes entre les proportions de leurs branchiospines ou de leurs vertèbres et les formes de leur museau ou la disposition de leur bouche. Parfois, avec le minimum des branchiospines ou des vertèbres du *Fera-Blauling*, ils présentent entre autres le museau acuminé et la bouche terminale du *Wartmanni-Blauling*; d'autres fois, avec les branchiospines nombreuses ou les vertèbres de ce dernier *(Dolosus)*, ils montrent au contraire le museau élevé et la bouche inférieure du premier, Bratfisch *(Marænoides)*.

L'Albeli-Blauling ou Blauling *(pars)*, qui n'est franchement distingué, à Zurich, qu'à taille petite ou moyenne et sous le nom d'*Albeli*, est abondant dans ce lac, beaucoup moins paraît-il dans celui de Wallenstadt depuis la correction des eaux de la Linth au commencement du siècle; il semblerait même que la pêche de ce Corégone, dit *Felchen* ou *Blauling*, soit devenue très misérable dans ce dernier, et que, la reproduction s'y faisant très pauvrement, l'Albeli y soit aujourd'hui peu connu.

Les *Albeli,* soit les individus de troisième et de quatrième années, répandus dans tout le lac de Zurich durant la belle saison, commencent à se rechercher et à se réunir en troupes nombreuses en septembre ou octobre suivant les années, pour émigrer en masse vers les régions supérieures du lac, où ils frayent presque exclusivement du côté du Buchberg, dans l'Obersee, en face de Bolligen et de Schmerikon, non loin de l'embouchure de la Linth. C'est là, au pied d'une moraine accidentée et sur le sable du fond, à 30 mètres de profondeur environ, que la ponte s'opère, généralement pendant 8 à 12 jours, parfois 3 à 4 seulement, entre le 15 et la fin de décembre. C'est là aussi que la pêche est la plus fructueuse. On prend alors les Albeli, jeunes et de taille moyenne, avec des filets de fond (*Grundnetze*) tendus verticalement au rivage et disposés à 25 ou 30 mètres les uns devant les autres, souvent au nombre de 50 à 60, de manière à former une série d'obstacles successifs. J'ai trouvé, parmi les individus ainsi capturés, des femelles pleines de 3 à 4 ans et de tailles très différentes ; les unes de 0^m,19, les autres de 0^m,30. De jeunes mâles de 0^m,165 à 0^m,175 avaient les testicules relativement peu développés et ne portaient point encore les tubercules épidermiques ou boutons de noces qui, par 5 à 8 rangées superposées, couvrent d'ordinaire à cette époque les flancs des individus féconds. Des sujets des deux sexes de 0^m,140 à 0^m,150, pris avec les précédents, m'ont paru n'être pas encore aptes à la reproduction, bien qu'accompagnant déjà les bandes amoureuses de leurs aînés.

Les individus plus âgés plus grands et moins remuants frayeraient, dans le lac de Zurich, à la même époque à peu près ou quelques jours plus tôt, dans les mêmes conditions que le *Fera-Blauling (Maranoides* et *Duplex)* et souvent côte à côte avec lui.

Les conditions de frai semblent assez différentes dans le lac de Wallenstadt, devoir varier même passablement avec les années dans ce bassin plus voisin des Alpes, plus pauvre et plus sujet aux accidents de température. Selon Steinmüller (l. c.), qui confondait aussi le *Bläblig* ou *Blauling* du Wallensee avec

le Fera-Blauling ou *Bratfisch* du lac de Zurich, notre Corégone
(*Albeli-Blauling*) frayerait, dans ces nouvelles conditions, non
loin des rives, sous deux ou trois pieds d'eau, entre le 10 novembre et le 25 décembre (von Martini bis Weihnachten), et on le
prendrait alors (en 1827) en l'attirant de nuit avec des feux et
en l'enveloppant près du bord avec des filets. Il paraîtrait
cependant, qu'avec des époques de ponte assez variables, tous
ne frayeraient pas également si près du bord et sous aussi peu
d'eau. Les pêcheurs, d'après Steinmüller, distingueraient entre
les *Bläulinge* et comme dans le lac de Zurich, des *Schweber* et
des *Gründern*, avec des allures un peu différentes.

N'ayant pu obtenir moi-même du lac de Wallenstadt que des
représentants de mon *Dolosus* (*b*), je ne saurais dire s'il faut
conclure de la distinction ci-dessus que les *Albeli-Blauling* et
Fera-Blauling se trouvent également ou se sont trouvés autrefois
ensemble dans ce dernier lac, comme les poids maxima indiqués
par Steinmüller le feraient présumer. — Je ne puis toutefois
passer sous silence le fait que j'ai examiné des individus adultes
provenant du Wallensee qui, bien que capturés les uns le
9 novembre 1884, les autres au milieu de janvier 1888, portaient également des œufs mûrs, avec la bouche terminale, le
museau relativement acuminé et des branchiospines nombreuses. Il m'a été impossible d'avoir des données précises sur la
profondeur à laquelle ces sujets en frai avaient été capturés ;
cependant, comme ils n'étaient pas gonflés, il est permis de supposer que ce n'était pas très profondément.

Je croirais volontiers que les *Albeli* de Zurich ont dû remonter autrefois au lac de Wallenstadt, et que si ce poisson a,
depuis 60 ou 65 ans, rapidement diminué dans ce dernier, cela
doit tenir non seulement au fait que beaucoup sont morts, en
1813, 1814 et 1815, à la suite des travaux de la Linth, comme le
raconte Steinmüller, mais encore aux troubles qu'ont dû amener dans leurs allures et leur alimentation d'importantes modifications apportées par le fait dans le milieu où ils se trouvaient
forcément emprisonnés.

Les œufs jaunâtres de l'*Albeli-Blauling* de Zurich m'ont
paru assez nombreux, bien que d'un diamètre un peu variable
chez des individus d'âges différents. J'en ai compté jusqu'à

14,300, de 2^{mm} à 2^{mm},30 (rarement 2^{mm},50), chez des femelles de l'*Albeli* de Zurich de 0^m25 à 0^m,28, et 14,500, de 2^{mm} à 2^{mm},25, chez une femelle du *Blüblig* du Wallensee de 0^m,35.

Selon le Dr Asper, à l'obligeance duquel je dois de nombreux et précieux matériaux relatifs aux Corégones du canton de Zurich, la plupart des *Albeli* mâles de Zurich, ramenés des profondeurs à la surface, ne présenteraient plus de laitance pour la fécondation artificielle. C'est probablement, comme je l'ai déjà dit et comme nous le verrons à propos d'autres espèces, à cause de la pression qu'exerce la vessie aérienne sur les organes intérieures, lors de l'extraction des couches profondes où s'opère la ponte. C'est à la même raison qu'il faut attribuer la délicatesse de ce poisson qui est presque toujours ramené mort ou mourant par le filet. Pendant les trois ou quatre jours du maximum de frai, on prend souvent journellement, dans le lac de Zurich, de 1400 à 1500 kilos d'Albeli; leur chair, d'un goût assez fin, est très appréciée; aussi font-ils l'objet d'un commerce assez étendu.

J'ai trouvé souvent sur les branchies des Albelis, petits et grands, le même crustacé suceur que j'ai signalé déjà sur les branchies du Blaufelchen, sous le nom d'*Ergasilius Sieboldii*. Je n'ai, du reste, pas d'autres données sur les parasites de ce poisson.

27 (3). PETITE FÉRA — PFÆRRIG

COR. WARTMANNI, CONFUSUS.

Corps plus ou moins élancé; avec pédicule caudal conique, médiocrement effilé. Tête assez grande et déclive; avec museau plutôt étroit, subcarré ou légèrement arrondi. Bouche terminale ou quasi-terminale. Intermaxillaire médiocrement élevé, vertical ou quasi-vertical. Maxillaire un peu arqué, arrivant sous le bord de l'œil. Opercule moyen. Œil plutôt grand. Écailles moyennes ou relativement petites. Caudale légèrement plus longue que la tête; dorsale un peu plus courte que cette dernière, assez large et subaiguë. Pectorales moyennes, subacuminées. — Vert ou olivâtre à reflets bleuâtres en dessus; nageoires inférieures plus ou moins

*mâchurées de noir. — (Taille moyenne d'adultes et de vieux :
0,ᵐ30-35 à 0ᵐ,40.)*

Brchsp. 1, 33-38 = 1 : 4,40-5. — IV, 25-30.

D. 4-5/9-11, A. 4-5/11-12, V. 2/11-12, P. 1/14-16, C. 19 *maj.*

$$Squ.\ (81)\ 83\ \frac{9\ 1/2 - 10\ 1/2\ (9—11)}{8—9}\ 92.\ —\ Vert.\ 60-61\ (62)\ ^{1}.$$

Cor. annectus, confusus, *Fatio*, Corég. de la Suisse, p. 15 et tab. I, C. 5.

Noms vulgaires : *Pfœrrig*, *Pfœrrit*, *Férit* (*pars*), *petite Féra*, Morat.
(Forme voisine peut-être composée : *Balch-Pfœrrit* et *Brœter*
(*pars*), Bienne ; *petite Palée*, *petite Féra*, *Gibbion* (*pars*),
Neuchâtel).

Se présente sous deux formes : une (a), ordinaire relativement allongée ; et
une exceptionnelle (b), plus haute et ramassée, peut-être bâtarde.

Corps généralement assez allongé et régulièrement quoique
médiocrement voûté en dessus, avec un profil inférieur
presque semblable ou légèrement plus droit. La hauteur
maximale, au poisson sans la caudale, volontiers comme
1 : 3,85—4,10 chez *a*, (exceptionnellement = 1 : 3,30 chez *b*).
Le pédicule caudal conique et médiocrement allongé, quoique
plutôt peu élevé.

Tête assez longue, conique et assez déclive, à la longueur du
poisson sans la caudale, généralement comme 1 : 4,60-5,10
(except. 4,45 chez *b*). — Museau subconique, plutôt étroit,
subcarré ou légèrement arrondi à l'extrémité. — Bouche
terminale ou quasi-terminale. Chez une vieille femelle, la
mâchoire inférieure dépassant exceptionnellement la supérieure. — Intermaxillaire médiocrement élevé, vertical ou
subvertical. — Maxillaire un peu arqué et retroussé, arrivant
d'ordinaire sous le bord antérieur de l'œil, avec un coude
inférieur médiocrement reculé (voy. Pl. II, fig. 10). — Opercule moyen. — Œil relativement grand, à la longueur céphalique latérale, selon l'âge, comme 1 : 3,45-4-15 (except. 4,23

---

¹ Accidentellement 55.

chez *b*). — Espace préorbitaire à peu près égal au diamètre
orbitaire chez l'adulte, un peu plus court chez les jeunes ou
légèrement plus grand chez les vieux.

Branchiospines assez nombreuses, médiocrement serrées et plus
ou moins allongées; généralement 33 à 38 (except. 31) sur
le premier arc, les plus grandes, vis-à-vis de l'amplitude de
celui-ci, volontiers comme 1 : 4,40 à 5 (plus rarement 4,
except. 5,30), avec 15-20 denticules latéraux. D'ordinaire
25 à 30 épines sur le quatrième arc.

Nageoires : caudale assez grande, profondément échancrée, à
lobes quasi-égaux assez acuminés; d'ordinaire sensiblement
plus longue que la tête, volontiers de $^1/_{12}$ à $^1/_6$ de celle-ci, et
par le fait, vis-à-vis de la longueur totale du poisson, à peu
près =1 : 4,90—5,60, plus rarement presque égale. — Dorsale assez grande et large, médiocrement déclive et méd.
acuminée, le plus souvent de $^1/_6$ à $^1/_5$ plus courte que la
tête. — Anale d'une élévation environ $^2/_3$ de celle de la
dorsale (except. plus basse chez *b*), avec une longueur
basilaire souvent à peu près égale à sa hauteur, et relativement peu creusée sur la tranche. — Ventrales plutôt courtes,
demeurant, rabattues, à une distance de l'anus d'ordinaire
entre $^1/_2$ et $^2/_3$ de leur longueur (plus rarement $^1/_3$). —
Pectorales moyennes, atteignant renversées à la narine ou à
peu près (plus rarement près de la bouche). — Adipeuse
plutôt petite ou moyenne.

Écailles de moyennes dimensions ou relativement petites, plutôt élevées et assez solides. Une squame moyenne sur la
ligne latérale, subcarrée, un peu plus haute que large, assez
découpée au bord fixe, avec des stries assez fines, un nœud
un peu reculé vers le bord libre et un tubule assez
mince et allongé, un peu recourbé à l'extrémité; d'une surface d'ordinaire légèrement plus forte que la pupille, soit
souvent égale à peu près à $^1/_4$ de celle de l'œil chez
l'adulte, $^1/_6$—$^1/_7$ chez des jeunes; rapport du reste variant
toujours passablement avec l'âge et les individus.

Coloration d'un vert olivâtre volontiers à reflets bleuâtres, en
dessus; flancs d'un blanc argenté brillant; ventre blanc.
Nageoires impaires grisâtres ou jaunâtres, plus ou moins

mâchurées de noir bleuâtre dans le haut. Ventrales un peu mâchurées aussi de noir bleu au sommet. Pectorales pâles chez les jeunes, mais plus ou moins mâchurées ou bordées de noirâtre chez l'adulte.

Taille : les plus grands individus que j'ai examinés mesuraient de 0^m,35 à 0^m,36 de longueur totale, avec un poids de 300 à 350 grammes. La plupart des individus capturés pèsent d'ordinaire ½ livre ou un peu plus; cependant on en prendrait paraît-il quelquefois de passablement plus grands, d'une livre à peu près.

Vertèbres le plus souvent au nombre de 60, dont 36 à 37 costales, plus rarement 61 (exceptionnellement 55, dont 32 costales, chez var. *b.* de Morat); parfois 62 dont 37 costales, chez certains individus de Bienne, peut-être bâtards.

Le Corégone du lac de Morat que j'ai baptisé du nom de *Confusus,* et que je sépare ici de mon *Annectus balleoides* (voyez Corég. de la Suisse, p. 15 et tab. I, C. 5), pour le rapprocher plutôt du *C. Wartmanni,* surtout du *W. dolosus* de Wallenstadt, représente seul la forme majeure du type *Dispersus* (à branchiospines nombreuses) dans les régions occidentales et jurassiques de la Suisse.

Quelques Corégones que j'ai obtenus des lacs voisins de Neuchâtel et de Bienne, du dernier surtout, et qui ne sont ni la *Palée,* ni la *Bondelle,* me semblent, par le fait de certaines analogies, ne pouvoir trouver place ailleurs entre nos diverses formes, qu'à la suite du *Pfœrrig* de Morat. Tout me porte à croire cependant qu'ils doivent leur origine et leur ressemblance avec ce dernier à quelque croisement entre les représentants du *Dispersus* et du *Balleus* dans ces deux lacs, entre le *Cor. (Exiguus) Bondella* et le *Cor. (Schinzii) Palea.* La rareté relative des individus et la grande variabilité de plusieurs des caractères d'ordinaire les plus solides, ne peuvent guère s'expliquer autrement, chez ces poissons pour ainsi dire intermédiaires et qui sont pris tour à tour, selon leur taille ou leur aspect : dans le lac de Neuchâtel, pour *grande Bondelle, Gibbion, petite Palée* ou *petite Féra;* dans celui de Bienne, pour *Brœler,* pour *Balch-Pfœrrit,* ou même, par quelques-uns, pour espèce nouvelle venant de Thun par l'Aar, depuis la correction.

La forme bien caractérisée et plus constante du lac de Morat, que j'ai nommée *Confusus* pour indiquer la confusion résultant de ses diverses analogies soit avec le *Wartmanni*, soit avec le *Balleoides* de Baldegg et Hallwyl, ne semble pas elle-même parfaitement pure de tout mélange. La variété exceptionnelle *b*, signalée ci-dessus, pourrait bien en effet résulter d'un croisement de la forme ordinaire *a*, plus élancée, avec le représentant local de l'*Exiguus* (*C. Feritus*) qui fraye côte à côte et qui, comme elle, présente aussi des formes assez élevées, avec une tête assez massive ; à moins que le nombre accidentellement très inférieur de ses vertèbres ne trahisse peut-être quelque parenté éloignée avec notre *Balleoides* qui offre avec le *Confusus* certaines analogies extérieures.

Après avoir adopté précédemment cette dernière opinion, qui réunissait les *Confusus* et *Balleoides* sous le même titre d'*Annectus*, j'ai dû enfin me prononcer pour la première[1], à cause des nombreuses traces de mélange que j'ai successivement constatées dans le lac de Morat. J'ai trouvé, en effet, quelques individus de taille majeure qui, par le nombre relativement peu élevé de leurs branchiospines et par leurs divers caractères extérieurs, semblaient tenir le milieu entre l'*Exiguus Feritus* et la *Palée* pour laquelle l'accès du lac de Morat est devenu plus facile depuis la correction des eaux de la Broye.

Bâtards, dans les trois lacs (Morat, Bienne et Neuchâtel) : Formes plus ou moins élancées ou élevées, avec pédicule caudal tour à tour effilé ou ramassé. Tête plus ou moins forte; museau plus ou moins gros ou acuminé. Bouche plus ou moins terminale; maxillaire plus ou moins long. Œil grand ou moyen. Nageoire caudale égale à la tête ou passablement plus longue ; pectorales courtes ou moyennes; dorsale plus ou moins déclive. Livrée, tantôt olivâtre pâle, tantôt d'un vert bleu, en dessus, et

---

[1] Malgré des formes extérieures assez semblables chez mes anciens *Annectus confusus* et *A. balleoides*, et malgré mon rapprochement antérieur de ces deux poissons, j'ai dû opérer en effet ici une dislocation de mon premier arrangement, à cause du nombre constamment bien inférieur des vertèbres chez le dernier, corroborant des allures très différentes.

plus ou moins pigmentée sur les nageoires. Branchiospines au nombre de 30 à 36 sur le premier arc, variant en dimensions, vis-à-vis de celui-ci, avec un même total, 36 par exemple, comme 1 : 4—6,85; 22 à 28 épines sur le quatrième arc. Vertèbres variant en nombre de 55 à 62. Fréquents surtout dans le lac de Bienne; souvent féconds.

Il semble qu'il y ait, à *Morat* : un *Coregononothus Ferito-confusus,* notre var. *b* du *Confusus,* probablement produit du Kropfer et du Pfærrig, et peut-être un *C. Paleo-confusus,* ainsi qu'un *Paleo-Feritus,* nés de mélanges accidentels, le premier entre Palée et Pfærrig, le second entre Palée et Kropfer; à *Bienne* et à *Neuchâtel* : un *Coregononothus Paleo-Bondella,* issu de la Palée et de la Bondelle, rappelant le *Confusus* et assez fréquent, surtout dans le lac de Bienne.

Les auteurs, Cuvier et Valenciennes, Rapp, Heckel et Kner, Siebold, Günther et autres, qui, n'ayant pas recouru à l'examen des branchiospines, ont cru pouvoir rapprocher la *Palée* de Neuchâtel de leur *Cor. Wartmanni,* se sont laissé tromper par les formes relativement élancées de ce poisson; car ni la Palée de bord, ni celle de fond, que j'ai examinées à tout âge, ne m'ont jamais présenté plus de 28 épines sur le premier arc branchial. S'il existe dans les lacs de Morat, de Bienne et de Neuchâtel un Corégone qui puisse être rapproché plus ou moins du *Wartmanni,* c'est bien plutôt notre *Confusus* du premier de ces lacs, où les bâtards jusqu'ici méconnus que je viens de signaler dans les deux derniers.

Le *C. W. confusus* est souvent appelé à Morat *Pfærrig,* comme le représentant un peu plus petit du *C. exiguus* qui vit dans les mêmes eaux; cependant les pêcheurs distinguent nettement le dernier sous le nom de *Kropfer,* et expédient d'ordinaire le premier aux marchands de Neuchâtel sous le titre erroné de Féra ou *petite Féra de Morat.*

Il fraie généralement sur le sable ou le limon d'un haut-mont situé au côté S.-O. du lac de Morat, à 35 ou 40 mètres de profondeur, depuis le milieu de décembre et parfois jusque dans les dix ou douze premiers jours de janvier. Ce n'est guère que dans ces circonstances que les pêcheurs peuvent le prendre au filet ; et l'on voit alors quelquefois des individus plus ou moins gonflés, comme le Kropfer chez lequel cette déformation est plus constante. Quelques femelles, capturées le 15 décembre, portaient des œufs de 2^{mm} à 2 $^1/_4$^{mm} de diamètre. Les mâles, à la même époque, présentaient six à sept lignes de tubercules épidermiques, partie en dessus, partie en dessous de la ligne latérale.

De divers individus de taille petite ou moyenne (*Confusus* ou *bâtards*), reçus du lac de Bienne le 22 décembre 1887, sous le nom de *Balch-Pfarrit*, quelques-uns semblaient avoir déjà frayé, d'autres présentaient des ovaires fort peu développés.

Les trois sujets, probablement bâtards, que j'ai reçus du lac de Neuchâtel avaient été pris au filet, en été, en même temps que des Bondelles et de jeunes Palées confondues avec eux sous le nom vulgaire de *Gibbions*.

La multiplication de cette forme moyenne ou bâtarde dans le lac de Bienne, depuis la correction des eaux de l'Aar qui a modifié les conditions de frai, a fait supposer à divers pêcheurs que ce poisson, peu remarqué auparavant, devait venir du lac de Thun, sur le même cours d'eau. Cependant, rien ne justifie cette hypothèse, car les Corégones présumés nouveaux du lac de Bienne que j'ai pu obtenir doivent rentrer dans notre *Confusus* (*forme bâtarde*) et n'ont rien de commun ni avec la Balche, ni avec l'Albock et le Kropfein du lac de Thun.

*Corégone de Savoie très voisin de notre C. Wartmanni *.*

LE LAVARET DU BOURGET

COR. (WARTMANNI) LAVARETUS, Cuv. et Val.

Corps élancé; pédicule caudal assez allongé. Tête plutôt petite, allongée et peu élevée; museau conique assez étroit et acuminé. Bouche terminale. Intermaxillaire assez bas et vertical ou légèrement en avant. Maxillaire un peu arqué et plutôt allongé, parvenant sous le bord de l'œil, parfois presque jusque sous le bord de la pupille. Opercule petit, assez large mais relativement peu élevé. Œil plutôt grand. Écailles minces, relativement petites et moyennement nombreuses. Caudale légèrement plus longue que la tête, profondément échancrée, à lobes acuminés quasi-égaux. Dorsale droite, plutôt courte et étroite, médiocrement déclive. Ventrales et pectorales plutôt petites et assez acuminées. — Bleu ou d'un vert bleu en dessus; anale et nageoires paires mâchurées de noir bleu. — (Taille moyenne d'adulte et de vieux 0ᵐ,28—35 à 0ᵐ,45.)

Brchsp. I, 34–39 = 1 : 3,5–4,5. — IV, 24–31. — *Brchstg.* (7)–8.

D. 4–5/9–11, A. 4/11–12, V. 2/10–11, P. 1/15–16, C. 19 *maj.*

$$Squ.\ 83\ \frac{10-11}{8-9}\ 88.\ -\ Vert.\ 61\text{–}62\ (35\text{–}36\ cost.).$$

Corégonus Lavaretus, *Cuv. et Val.* XXI, p. 466, pl. 627 (*partim*). — *Blanchard*, Poissons de France, p. 425, fig. 109 (*part.*). — *Moreau*, Hist. nat. des Poissons de France, p. 546 (*part.*). — *Fatio*, Un nouv. Corég. français; Comptes rendus de l'Académie, Paris, 28 mai 1888.

Le nom de *Lavaret* est appliqué d'une manière générale aux Corégones qui habitent le lac du Bourget en Savoie, et tous les auteurs qui en ont parlé jusqu'ici, sous le nom de *Lavaretus*, ont accepté sans conteste l'opinion populaire d'une seule et même espèce. Cependant, un examen plus attentif des formes souvent si différentes de ce poisson, et la recherche de quelques renseignements sur ses allures auprès des pêcheurs au grand filet, qui seuls le prennent et le connaissent véritablement, eut pu suffire à leur montrer, entre censés Lavarets, d'importantes divergences à la fois morphologiques et biologiques. En donnant raison aux hommes du métier qui distinguent deux sortes de Lavarets dans leur lac, ils eussent reconnu les deux formes que j'ai séparées sous les noms locaux latinisés de *Lavaretus* et *Bezola*[1], et se fussent par là expliqué bien des

___

[1] Un nouveau Corégone français du lac du Bourget. Acad. Paris, 28 mai 1888.

divergences et même des contradictions entre les données de
divers auteurs; ils se fussent en particulier expliqué comment,
suivant qu'il avait l'une ou l'autre des formes en main, Cuvier
avait pu tour à tour rapprocher son *Lavaretus* de la *Gravenche* du Léman ou de la *Palée* et du *Blaufelchen.*

Le véritable Lavaret du Bourget, très différent de la *Bezoule*
du même lac, rappelle assez le Blaufelchen de Constance, malgré ses allures différentes, et doit en être rapproché, à titre de
sous-espèce, dans notre *C. Wartmanni.*

C'est un excellent poisson, bien préférable à la Bezoule ou
Bezoule, quoique, souvent pris ensemble, ils soient également
vendus et consommés sous le nom vulgaire de Lavaret. La
pêche s'opère ou au grand filet manié par deux bateaux, ou
avec des tramails descendus bout à bout et laissés souvent deux
nuits sur le fond.

La majorité des individus capturés mesurent 28 à 35 centimètres; cependant l'espèce atteindrait parfois le poids de 1 $\frac{1}{2}$ à
2 livres (un kilogr.), avec une taille bien plus grande.

Contrairement aux espèces ou sous-espèces voisines de Suisse,
il dépose ses œufs sur le gravier du bord, sous très peu d'eau,
entre le 15 novembre et les premiers jours de décembre.

Grâce à cette circonstance d'une ponte littorale, le Lavaret a
pu être introduit facilement et avec succès, il y a une dizaine
d'années, dans le petit lac d'Aiguebellette, non loin du Bourget,
à 380^m d'altitude [1].

** Formes alpines.

27 (4). ALBOCK

COR. WARTMANNI, ALPINUS [2].

Corps médiocrement élancé, un peu voûté en avant, avec pédi-

---

[1] Peut-être se trouvera-t-il aussi un jour dans le Léman, où il n'y a
point encore de Corégones à branchiospines nombreuses, car on se propose d'en essayer l'introduction dans ce grand lac, avec l'espoir qu'il y
remplacera le Blaufelchen de Constance.

[2] Pour distinguer ici cette forme alpine dans notre *C. Wartmanni,*

cule caudal conique médiocrement allongé. Tête plutôt ramassée, avec museau assez obtus. Bouche presque terminale. Intermaxillaire moyennement élevé, quasi-vertical. Maxillaire assez large, arrivant sous le bord de l'œil. Opercule assez grand. Œil relativement petit. Écailles moyennes. Caudale passablement plus longue que la tête. Dorsale subacuminée, plutôt courte. Pectorales moyennes. — Gris bleu, olivâtre à reflets bleus ou bleu, en dessus; nageoires inférieures plus ou moins mâchurées de noir bleuâtre. — (Taille moyenne d'adultes et de vieux : 0,^{m}30-35 à 0,^{m}40.).

Brchsp. 1, 34-39 = 1 : 4-4,40. — IV, 26-30.

D. 4-5/10-11, A. 4-5/11-13 (14), V. 2/10-11, P. 1/14-16, C. 19 *maj.*

$$Squ. (82)\text{-}84 \frac{9\text{—}10\,(11)}{8\text{—}9} 92. \text{ — } Vert. 62\text{-}63.$$

Salmo (Coregonus) Wartmanni, *Hartmann*, loc. cit. (*partim*). — *Schinz*, l. c. (*part.*).
Coregonus crassirostris, nobilis, *d. Fatio*, l. c. p. 15 et tab. I, B. 3.

Noms vulgaires : *Alboch*, Thun et Brienz; *alig. false, Balche*, Brienz.

Corps médiocrement allongé et relativement élevé, assez convexe en avant, souvent même un peu voûté sur la nuque, avec un profil inférieur volontiers un peu plus droit; d'une hauteur maximale, au poisson sans la caudale, volontiers comme 1 : 3,80—4,35 chez des individus adultes et jeunes de taille moyenne. L'épaisseur du tronc du reste, comme chez les sous-espèces voisines, à peu près égale à la moitié de la hauteur de celui-ci. — Le pédicule caudal subconique et médiocrement allongé, quoique assez rétréci ou relativement peu élevé vers la caudale; sa hauteur minimum souvent un peu moindre que $^1/_3$ de celle du tronc.
Tête plutôt courte et déclive, assez épaisse et élevée, volontiers légèrement convexe en avant; sa longueur latérale, toujours

j'ai cru devoir lui appliquer le titre d'*Alpinus*, en remplaçant ce terme, plus bas dans mon *C. Schinzii*, par celui de *Helveticus* pour les diverses Balchen plus répandues en Suisse.

bien moindre que la hauteur du corps chez l'adulte, au poisson sans la caudale, ordinairement comme 1 : 4,75 chez des jeunes de taille moyenne, à 5,40 chez l'adulte. — Museau plutôt gros et épais, plus ou moins obtus ou subcarré à l'extrémité. — Bouche terminale ou plutôt quasi-terminale, souvent même subterminale; la mâchoire inférieure étant alors légèrement plus courte que la supérieure. — Intermaxillaire moyennement élevé, soit bien plus haut que chez le *C. W. cœruleus*, vertical ou quasi-vertical. — Maxillaire assez large, arrivant sous le bord de l'œil ou le dépassant un peu, chez les jeunes surtout, légèrement arqué, avec un coude inférieur plutôt peu reculé. — Opercule assez grand et large. — Œil rond et plutôt petit dans l'espèce, quoique dans des rapports peu différents de ceux des sous-espèces précédentes vis-à-vis de la tête, grâce à la longueur relative bien moindre de celle-ci chez le *Allock*; soit d'un diamètre, à la longueur céphalique latérale, comme 1 : 4,50—5 chez des adultes, souvent 3,70 chez de jeunes individus. — Espace préorbitaire un peu plus fort que l'œil chez l'adulte, parfois de $^1/_6$ à $^1/_4$ de celui-ci chez des vieux; notablement plus court dans le jeune âge. Espace interorbitaire passablement plus fort que le préorbitaire chez l'adulte.

Branchiospines grêles, serrées et assez longues, au nombre de 34 à 39 sur le premier arc; les plus grandes, vis-à-vis de celui-ci, comme 1 : 4—4,40, d'ordinaire avec 17 à 20 denticules latéraux. Généralement 26 à 30 épines sur le quatrième arc.

Nageoires : Caudale profondément échancrée et à lobes acuminés quasi-égaux, passablement plus longue que la tête, souvent de $^1/_7$ ou $^1/_6$ de celle-ci, chez l'adulte, et, à la longueur totale du poisson, comme : 5,30—5,50. — Dorsale subacuminée, à peu près droite sur la tranche et médiocrement déclive, bien plus courte que la tête, soit souvent de $^1/_7$ à $^1/_5$ de celle-ci, chez l'adulte. — Anale volontiers légèrement concave, d'une hauteur environ $^2/_3$ de celle de la dorsale, avec une longueur basilaire à peu près égale à son élévation ou un peu plus grande. — Ventrales assez larges et relativement courtes soit, rabattues, laissant entre leur extrémité et l'anus un espace variant entre $^1/_2$ et $^4/_5$ de leur longueur. — Pectorales un peu plus allongées, atteignant, renversées, à la narine ou entre la narine et la bouche, chez l'adulte. — Adipeuse assez grande, assez large et subarrondie au sommet.

Écailles de moyennes dimensions et assez solides, en majorité subovales ou subcarrées et élevées. Une squame médiane sur la ligne latérale, plus carrée, assez découpée au bord fixe, avec des stries fines, un nœud légèrement reculé vers le bord libre et un tubule médiocrement allongé, un peu infléchi vers le bas à l'extrémité, parfois presque pas; d'une surface souvent $^1/_4$ de celle de l'œil chez l'adulte, bien moindre $^1/_7$—$^1/_5$ dans le jeune âge.

Coloration d'un gris bleu, d'un olivâtre à reflets bleus, ou bleue et plus ou moins semée d'un pointillé pigmentaire noirâtre, particulièrement sur le bord des écailles, en dessus ; les flancs d'un blanc argenté, souvent aussi légèrement pointillés ; le ventre d'un blanc plus mat. La tête plus verdâtre en dessus, argentée avec des reflets irisés sur les côtés ; souvent une tache d'un vert émeraude sur l'opercule, chez les jeunes principalement. Dorsale grisâtre, d'ordinaire bordée de noirâtre avec des macules de même couleur, plus bas entre les rayons. Caudale grise plus ou moins largement bordée de noirâtre. Anale grisâtre, mâchurée de noir bleu dans sa moitié extrême, chez l'adulte. Pectorales et ventrales d'un jaunâtre pâle, bien mâchurées aussi vers le bout, chez l'adulte, moins pigmentées et parfois plus jaunes chez les jeunes. Iris blanc argenté.

Taille : la majorité des adultes du lac de Thun que j'ai examinés mesuraient 0^m,320 à 0^m,355 de longueur totale, avec un poids de 300 à 400 grammes. L'espèce atteindrait cependant, dépasserait même parfois un peu, dit-on, le poids d'une livre ou 500 grammes. Certains pêcheurs veulent même reconnaître deux sortes de *Albock,* dont l'une, plus bleue, ne dépasserait pas une livre, tandis que l'autre, plus olivâtre, atteindrait parfois jusqu'à deux livres. — Le Albock paraît rester un peu plus petit dans le lac de Brienz.

Vertèbres le plus souvent au nombre de 62 à 63, dont 36 à 37 costales.

Le Corégone que je viens de décrire, comme sous-espèce locale, forme alpine du *C. Wartmanni*, rappelle bien plus l'*Edelfisch* de Lucerne et l'Albock (*Albeli-Albock*) de Zoug que les trois sous-espèces précédentes, races subalpines de la même espèce. Avec des formes généralement plus courtes ou élevées, il a, en effet, toujours la tête plus ramassée et le museau plus obtus ou arrondi que ces dernières ; c'était même pour signaler cette différence constante que j'avais précédemment attribué le nom commun de *Crassirostris* aux trois représentants plus purement alpins de l'espèce dans le pays.

Le *Albock* adulte des lacs de Thun et Brienz, au centre des Alpes, se distingue cependant encore facilement et à divers égards des sous-espèces alpines les plus voisines : de l'*Edelfisch* du lac des Quatre-Cantons, par des formes un peu plus voûtées et un pédicule caudal moins allongé, par exemple; de l'*Albeli-Albock* de Zoug, par un nombre de vertèbres généralement un peu supérieur et par des écailles d'ordinaire, chez l'adulte, un peu plus faibles, moins hautes et plus carrées, sans parler des différences de livrées pouvant résulter des influences de milieux.

Comme je l'ai dit ci-dessus, quelques pêcheurs distinguent deux *Alböcke* dans le lac de Thun : l'un bleu en dessus, dépassant rarement le poids d'une livre; l'autre plus gris ou olivâtre, atteignant parfois jusqu'à deux livres. N'ayant pu me procurer de ces derniers, je ne saurais décider si c'est affaire d'âge ou peut-être confusion avec la *Balche* du même lac, qui, plus grise ou plus olive, devient en effet plus forte aussi. Les pêcheurs du lac de Brienz m'ont paru, du reste, inverser souvent les deux noms de *Albock* et *Balche*, attribuant parfois le nom du premier à la seconde et vice-versa.

J'ai reçu, le 17 avril 1888, du lac de Brienz, deux petits *Alböcke* de 21 à 22 centimètres qui avaient les diverses nageoires déjà bien mâchurées. Les pectorales et les ventrales, d'un jaune un peu rougeâtre à la base, étaient en particulier, ce qui n'arrive pas toujours à cette taille, passablement lavées de noir, les secondes presque jusqu'à moitié. Ils se distinguaient du reste franchement de l'*Exiguus albellus* des mêmes eaux, par leurs formes moins élevées, par leur museau moins épais, par leur caudale plus allongée et par leurs vertèbres au nombre de 63.

Le *Albock* rappelle assez extérieurement le *Cor. generosus* (Peters) du Pulssee dans le Brandebourg, dont nous avons dit qu'il est très voisin du *Wartmanni*. Cependant j'ai trouvé, chez le *Generosus*, des vertèbres en nombre un peu inférieur : 60-61, et des branchiospines plus longues par contre plus nombreuses, soit 40 à 43 sur le premier arc, vis-à-vis de celui-ci, comme 1 : 3,50 à 3,80.

Le *Albock,* propre aux lacs de Thoune et Brienz, un peu plus grand ainsi que plus abondant dans le premier que dans le second, plus pauvre et plus froid quoique très voisin, est un poisson assez remuant, mais délicat et difficile à conserver vivant, surtout s'il est pris sous une forte pression.

On peut le pêcher pendant la plus grande partie de la belle saison dans différentes régions du lac, tantôt avec le grand filet dit *Zuggarn,* tantôt à la ligne jusqu'à de grandes profondeurs. De fin avril au commencement de juin, on le voit souvent sauter à la surface, non loin des rives, après de petites Ephémères qui éclosent le long du bord, et il mord alors volontiers au hameçon amorcé de l'un de ces insectes ou d'un œuf de fourmi. Plus tard, il descend généralement dans les couches plus profondes et donne une chasse active aux petits crustacés lacustres. Sa chair est très agréable; cependant, faute d'être pris en assez grande quantité, il ne fait pas que je sache l'objet d'un commerce étendu.

Dans le courant d'août, un peu plus tôt ou plus tard suivant les années, et à l'approche de la saison des amours, beaucoup disparaissent, soit qu'ils se retirent plus profondément encore, soit qu'ils passent d'un lac à l'autre par l'Aar et séjournent plus ou moins dans la rivière avant de se retirer dans les grandes profondeurs où ils frayent de préférence. On prend alors souvent le *Albock* à Interlaken, dans l'eau courante, entre les deux lacs, bien que l'écluse établie depuis quelques années gêne, paraît-il, passablement la circulation du poisson, au détriment des pêcheurs de Brienz. Quelques captures de cette espèce dans l'Aar, au-dessous de Thoune, du côté de Berne, indiqueraient que les instincts migrateurs de ce Corégone l'entraînent parfois assez loin de son milieu habituel. Ce n'est cependant pas, comme je l'ai dit à propos du *C. W. Confusus*, à un poisson venu de Thoune qu'il faut atttibuer, ainsi que quelques pêcheurs du lac de Bienne le croient, la présence du Corégone de forme moyenne qui, depuis la correction des eaux de l'Aar et le dérangement des conditions de frai qui en est résulté, semble se multiplier dans les eaux de ce dernier lac jurassique.

La ponte du Albock s'opère généralement sur le limon des grands fonds, entre le 5 et le 25 septembre, selon les années hâtivement ou tardivement. Des individus, mâles et femelles, capturés à la ligne dans le profond, à la fin de juillet, avaient déjà des testicules et des ovaires bien développés. La livrée de noces comporte plusieurs rangées de tubercules épidermiques, chez les mâles surtout. Les œufs assez nombreux sont jaunâtres et relativement petits à l'état de maturité.

27 (5). EDELFISCH

COR. WARTMANNI, NOBILIS [1].

Corps moyennement élancé, un peu convexe en avant, avec pédicule caudal allongé. Tête plutôt ramassée, avec museau subcarré assez épais. Bouche terminale ou quasi-terminale. Intermaxillaire vertical, médiocrement élevé. Maxillaire assez large, légèrement arqué, arrivant au moins sous le bord de l'œil. Opercule moyen, relativement large. Œil moyen. Écailles moyennes. Caudale plus longue que la tête. Dorsale relativement petite, moyennement acuminée. Pectorales moyennes. — Bleu pâle ou vert bleu, parfois blond, en dessus; nageoires inférieures plus ou moins mâchurées au sommet. — (Taille moyenne d'adultes et de vieux, 0ᵐ,28-32 à 0ᵐ,38.)

Brchsp. I, 34-39 = 1 : 4-4,20. — IV, 25-31.

D. 4-5/10-11, A. 4-5/12-13 (14), V. 2/10-11, P. 1/14-16, C. 19 *maj.*

[1] Le titre de *Edelfisch, Alb. nobilis,* a été attribué par Gessner à quelques poissons, plus particulièrement semble-t-il, et un peu à tort, au *Adel* ou *Sandfelchen* de Constance.

$$Squ.\ (80)\ 82\ \frac{9-10}{(7)\,8-9(10)}\ 92.\ -\ Vert.\ 61\text{-}62.$$

SALMO (COREGONUS) WARTMANNI, *Hartmann*, loc. cit. (*partim*). — *Schinz*,
    l. c. (*part.*).
COREGONUS NOBILIS, *Haack*, Einiges über der Praxis; Circ. deutsch. Fische-
    rei-Vereins, 1881 (82), p. 127-128 (*Edelfisch*).
    »   CRASSIROSTRIS, NOBILIS, *c*, *Fatio*, l. c. p. 15 et tab. 1, B. 3.

NOM VULGAIRE : *Edelfisch*. Lac des Quatre-Cantons. (Siebold, dans ses Süss-
    wasserfische, tableau, p. 406, a fait une confusion de noms.)

Corps fusiforme, moyennement allongé, un peu convexe en
avant, mais généralement moins élevé et comprimé que chez
la sous-espèce précédente (Albock); la hauteur maximale, au
poisson sans la caudale, comme 1 : 3,90—4,75 chez l'adulte.
— Le pédicule caudal, plus long et relativement peu élevé,
pouvant mesurer, de l'anale à la caudale, jusqu'à $^1/_8$ de la
longueur du poisson sans la caudale.
Tête assez ramassée, quoique volontiers moins haute en arrière,
soit un peu plus plane et moins déclive que chez le Albock,
à la longueur du poisson sans la caudale, comme 1 : 4,65
chez des jeunes à 5,48 chez des adultes. — Museau assez épais,
parfois subarrondi, souvent plutôt carré. — Bouche terminale ou quasi-terminale; parfois la mâchoire inférieure un
peu oblique et dépassant légèrement la supérieure. — Intermaxillaire médiocrement élevé, vertical ou parfois légèrement incliné en avant de haut en bas. — Maxillaire assez
large, faiblement arqué, avec un coude plutôt avancé, parfois
légèrement retroussé et arrivant au moins sous le bord de
l'œil, le dépassant même souvent passablement (voy. Pl. II,
fig. 9). — Opercule un peu carré, de moyenne hauteur,
relativement large. — Œil moyen relativement à la tête
plutôt courte, soit, vis-à-vis de celle-ci, comme 1 : 4,15—4,40
chez l'adulte, souvent 3,70 chez des jeunes. — Espace préorbitaire faiblement plus long que le diamètre de l'œil, soit
souvent de $^1/_{10}$ à $^1/_{12}$ de celui-ci chez l'adulte, par contre
volontiers de $^1/_{10}$ à $^1/_9$ moindre chez le jeune.
Branchiospines nombreuses, assez longues, grêles et serrées :

34 à 39 sur le premier arc branchial, vis-à-vis de celui-ci, généralement comme 1 : 4—4,20, avec d'ordinaire 18 à 24 denticules latéraux. Le plus souvent 25 à 31 épines sur le quatrième arc (voy. Pl. II, fig. 3).

Nageoires : caudale assez échancrée et acuminée, plus longue que la tête, souvent de $\frac{1}{9}$ à $\frac{1}{5}$ de celle-ci chez l'adulte, exceptionnellement de $\frac{1}{26}$. — Dorsale moyennement acuminée et plutôt petite, soit volontiers de $\frac{1}{9}$ à $\frac{1}{5}$ plus courte que la tête. — Anale d'une hauteur à peu près deux tiers de celle de la dorsale, avec une base volontiers un peu plus forte. — Ventrales plutôt courtes, assez larges et subarrondies, demeurant d'ordinaire, couchées, à une distance de l'anus variant de $\frac{3}{4}$ à $\frac{5}{9}$ de leur longueur, parfois $\frac{2}{3}$ chez des jeunes. — Pectorales plus allongées, atteignant, renversées, à la narine ou presque à la bouche, chez l'adulte. — Adipeuse assez grande, un peu crochue ou recourbée et subacuminée à l'extrémité.

Écailles de moyennes dimensions ou plutôt petites, subovales et assez solides. Une squame médiane sur la ligne latérale subcarrée, un peu découpée au bord fixe, avec des stries assez déliées, un nœud un peu reculé vers le bord libre et un tubule plutôt large, recourbé à l'extrémité ; d'une surface souvent $\frac{1}{5}$ à $\frac{1}{4}$ de celle de l'œil chez l'adulte, souvent $\frac{1}{6}$ chez des jeunes ; les squames post. inférieures, au-dessus de l'origine de l'anale, plus élevées et seulement très légèrement plus fortes.

Coloration d'un bleu clair ou d'un vert bleu pâle avec léger pointillé pigmentaire, au sortir de l'eau, souvent fauve ou blonde après le séjour à l'air. Le dessus de la tête plus verdâtre, les côtés de celle-ci un peu irisés. Flancs argentés, volontiers avec des reflets bleuâtres. Ventre blanc. Nageoires impaires et ventrales grisâtres ou jaunâtres et plus ou moins mâchurées de noir au sommet. Pectorales jaunâtres, un peu lavées de noirâtre au bout, chez l'adulte.

Taille généralement un peu moindre que celle du Albock. La majorité des adultes que j'ai examinés mesuraient $0^m,300$ à $0^m,325$ de longueur totale, avec un poids moyen de 300 grammes environ. L'espèce peut cependant atteindre des proportions un peu plus fortes et peser même jusqu'à une livre (500 gr.), selon les pêcheurs.

Vertèbres généralement au nombre de 61 ou 62, dont 36 à 37 costales.

Le Corégone du lac de Lucerne ou des Quatre-Cantons appelé ici *Nobilis* constitue, dans le *C. Wartmanni,* une sous-espèce locale très voisine du *Albock* de Thoune et Brienz ; cependant, comme on aura pu le voir par les descriptions ci-dessus, il diffère assez constamment de ce dernier sur plusieurs points d'importance secondaire ; principalement par ses formes moins élevées, son museau un peu plus carré et son pédicule caudal plus allongé.

Les jeunes sont souvent confondus par les pêcheurs avec les adultes du *Weissfisch* plus petit ; toutefois, on peut les reconnaître assez facilement : à leur tête un peu moins allongée, à leur museau plus carré et à leurs écailles volontiers moins petites, ainsi qu'à leurs vertèbres généralement plus nombreuses et à leurs branchiospines d'ordinaire un peu moins allongées.

L'*Edelfisch*, propre au lac des Quatre-Cantons, semble s'écarter moins des profondeurs que le Albock de Thoune et frayer d'ordinaire un mois plus tôt que lui. La ponte s'opère généralement dans les trois premières semaines d'août, un peu plus tôt ou plus tard selon les années, sur le limon des grands fonds et volontiers sous 100 et 150 mètres d'eau, du côté des rives abruptes et rocheuses, vers Gersau et Beckenried entre autres. Les individus ramenés alors par la ligne ou par le filet *Zuggarn,* ou encore par des filets de fond qu'on laisse souvent 2 à 3 jours, arrivent la plupart du temps morts ou mourants à la surface, gonflés, raides et durs comme du bois, après avoir lâché, durant leur ascension forcée, maintes bulles d'air échappées à leur vessie natatoire dilatée au point d'amener, soit la mort par compression exagérée des différents viscères, soit l'expulsion de la laitance de bien des mâles en rut. Quelques mâles capturés le 8 août devant Gersau étaient ornés de boutons de noces oblongs et blanchâtres, sur quatre à six raies parallèles le long des flancs ; comme toujours un bouton par écaille. Les œufs des femelles mesuraient, pour la majorité, 2^{mm},30 à 2^{mm},40 de diamètre.

27 (6). ALBELI-ALBOCK

Cor. Wartmanni, compactus [1].

Corps médiocrement allongé, plutôt épais et assez convexe en avant ; pédicule caudal moyennement allongé, quoique plutôt étroit. Tête assez massive ; museau conique, subcarré ou subarrondi. Bouche terminale. Intermaxillaire plutôt peu élevé et vertical. Maxillaire médiocrement large et un peu retroussé, atteignant au bord de l'œil. Opercule assez large, relativement peu élevé. Œil moyen. Écailles relativement grandes. Caudale à peu près de même longueur que la tête. Dorsale plutôt petite, assez acuminée. Pectoralés moyennes. — Gris verdâtre ou olivâtre à reflets bleus, parfois fauve, en dessus ; anale plus ou moins lavée de noir ; nageoires paires un peu ou pas mâchurées. (Taille moyenne d'adultes et de vieux, 0^m,25 à 0^m,38.)

Brchsp. I, 35–39 = 1 : 3,80–4. — IV, 27–31.

D. 4–5/10 (11), A. 4/11–12, V. 2/9–10, P. 1/14–15, C. 19 *maj.*

$$\text{Squ. } 76\ \frac{8\text{---}9}{8\text{---}9}\ 86. \quad — \quad \textit{Vert. } 60\text{--}61.$$

CORÉGONUS MACROPHTHALMUS, VAR. ZUGENSIS, *Nüsslin*, Coreg. Arten, p. 32.
    »   CRASSIROSTRIS, COMPACTUS, *Fatio*. Corég. de la Suisse, p. 15
         et tab. 1, B. 4.

NOMS VULGAIRES : *Albeli* jeune, *Albock* adulte, lac de Zoug.

Corps fusiforme, mais médiocrement allongé, soit plutôt épais ou ramassé, chez l'adulte grande taille, et assez convexe en

---

[1] J'ai qualifié ce Corégone de *Compactus*, pour rappeler ses formes relativement plus ramassées que celles de nos autres représentants du *C. Wartmanni*, chez l'adulte grand surtout.

avant; d'une hauteur maximale, au poisson sans la caudale,
volontiers comme 1 : 3,75—4,10 chez l'adulte, à 4,35 chez
des jeunes de taille moyenne. — Le pédicule caudal moyennement allongé, assez étroit ou un peu pincé.

Tête assez massive, passablement déclive, légèrement convexe
et volontiers moins longue que la hauteur du corps, soit
généralement, au poisson sans la caudale, comme 1 : 4,70-
4,95 selon les individus jeunes ou adultes. — Museau conique et subcarré chez l'adulte, un peu plus arrondi chez
le jeune. — Bouche terminale. — Intermaxillaire plutôt
peu élevé, vertical ou légèrement incliné en avant du
haut en bas, chez l'adulte. — Maxillaire médiocrement
large ou plutôt étroit et un peu retroussé en arrière, avec
un coude quasi-médian ou assez reculé, atteignant au bord
antérieur de l'œil ou le dépassant légèrement. — Opercule relativement court, soit peu élevé et plutôt large, quoique assez variable à tout âge; le bord inférieur chez des
adultes grands, parfois aussi long que le bord antérieur plus
petit que la moitié de la hauteur de la tête, comme chez
le *Cor. generosus* (Peters) auquel cette particularité devait
servir de caractère spécifique. —Œil moyen, soit d'un diamètre, à la longueur latérale de la tête, volontiers comme
1 : 4,10—4,90 selon les individus jeunes, de taille moyenne
ou adultes (parfois comme 1 : 3,55 chez certains jeunes qui,
à cet égard, rappellent un peu l'*Exiguus*). — Espace préorbitaire à peu près égal au diamètre de l'œil, chez la majorité
des jeunes de taille moyenne ($0^m,25$ à $0^m,28$), un peu plus
fort chez de plus grands sujets. L'interorbitaire passablement plus fort que le préorbitaire, chez l'adulte.

Branchiospines longues, grêles et serrées, au nombre ordinaire
de 35 à 39 sur le premier arc ; les plus grandes, vis-à-vis de
l'amplitude de celui, généralement comme 1 : 4, plus rarement = 1 : 3,80 chez de gros sujets, avec 17 à 22 ou 23 denticules latéraux. Le plus souvent 27 à 31 épines sur le quatrième arc.

Nageoires : caudale assez échancrée, à lobes acuminés et plutôt
courte, soit à peine plus grande que la tête chez des jeunes,
et égale à celle-ci ou même légèrement plus courte chez

l’adulte grand ; par le fait, à la longueur totale du poisson, d’ordinaire comme 1 : 5,40--5,90. — Dorsale assez déclive et acuminée, notablement plus courte que la tête, volontiers de $\frac{1}{6}$ à $\frac{1}{5}$. — Anale égale presque en hauteur aux $\frac{2}{3}$ de la dorsale et souvent légèrement plus large que haute. — Ventrales couchées demeurant d’ordinaire distantes de l’anus de $\frac{2}{3}$ de leur longueur ou un peu plus. — Pectorales plus longues et plus effilées, atteignant, renversées, à la narine ou à la bouche. — Adipeuse plutôt petite.

Écailles relativement fortes, solides et volontiers un peu moins nombreuses que chez les précédentes sous-espèces. Une squame lat. sup. antérieure, subarrondie ou ovale suivant les individus jeunes ou vieux, d’une surface souvent $\frac{1}{5}$ à $\frac{1}{4}$ de celle de l’œil, parfois $\frac{1}{6}$ chez de plus petits sujets ; une squame médiane sur la ligne latérale de surface $\frac{1}{4}$ à $\frac{1}{3}$ de celle de l’œil, subcarrée, élevée, plus ou moins découpée au bord fixe, avec un nœud très légèrement reculé et un tubule médiocrement large, plutôt allongé, un peu recourbé à l’extrémité ; une squame lat. post. inférieure plus étroite et élevée, souvent un peu rayonnée sur le bord libre chez les vieux, d’une surface, selon l’âge, $\frac{1}{4}$ à $\frac{2}{5}$ de celle de l’œil (voy. P. II, fig. 26). L’âge devant être plus avancé, à taille égale, chez le *Albeli-Albock* de Zoug que chez le *Albock* de Thoune, les écailles sont plus épaisses, plus rèches et plus rayonnées ; leur nœud est avec cela plus voisin du centre, quand elles sont moins nombreuses ; les stries concentriques, assez fines chez l’adulte, sont moins nombreuses et moins serrées chez les jeunes.

Coloration plutôt pâle, d’un gris verdâtre ou olivâtre à reflets bleus, en dessus, volontiers fauve après un court séjour hors de l’eau ; flancs argentés ; ventre blanc. Nageoires impaires plus ou moins mâchurées ; la dorsale souvent avec de petites macules noirâtres; la caudale parfois un peu teintée de rougeâtre à l’époque du frai. Ventrales et pectorales un peu ou pas mâchurées.

Taille : la plupart des individus capturés durant l’époque des amours, à l’âge de 3 ou 4 ans, mesurent 0^m,23 à 0^m,29 ; cependant, j’ai trouvé parmi ceux-ci des sujets de 0^m,35 à à 0^m,36 de long, avec un poids de 300 à 400 grammes. L'Albeli-Albock de Zoug atteindrait même au poids de 500 grammes ou une livre, selon les pêcheurs de ce lac. Vertèbres le plus souvent au nombre de 60, plus rarement de 61, dont d'ordinaire 36 costales [1].

J'ai longtemps hésité sur la place à attribuer au *Albeli-Albock* du lac de Zoug ; j'aurais même peut-être, comme Nüsslin, rangé cette forme particulière près du Gangfisch, parmi les divers représentants de mon *C. Exiguus*, à titre de variété locale, si je n'avais eu enfin la chance d'obtenir une série d'individus entre 0^m,22 de longueur totale, dimension majeure des formes de mon *Albellus* les plus voisines, et 0^m,36, proportions au moins égales à celles de la majorité des adultes du Albock de Thoune et de l'Edelfisch du lac des Quatre-Cantons.

L'examen de plusieurs sujets de tailles différentes m'ayant amené à constater à la fois : soit certains traits distinctifs qui, chez les plus jeunes individus, semblaient insister en faveur d'un rapprochement avec l'*Exiguus,* soit quelques caractères propres aux formes alpines de mon *Wartmanni*, chez les plus grands, j'aurais pu conclure au renversement de toute distinction spécifique ou subspécifique entre *Exiguus* et *Wartmanni,* si une étude comparée et plus approfondie des représentants géographiquement les plus voisins de l'un et de l'autre ne m'avait montré chez le *Albeli-Albock* de Zoug, plus de traits communs avec l'Albock et l'Edelfisch *(Wartmanni alpinus et nobilis)* de Thoune et de Lucerne, toujours bien différents des Kropflein et Weissfisch *(Exiguus albellus)* des mêmes lacs, qu'avec ces derniers.

L'*Albeli-Albock* de Zoug rappelle l'*Exiguus* de certains lacs, par les proportions réduites de ses nageoires impaires, caudale particulièrement, par sa livrée généralement peu pigmentée et

[1] Le total le plus fréquent de 60 vertèbres ici donné est de un inférieur à celui fourni précédemment dans ma note sur les Corégones de la Suisse, p. 15, à cause de la suppression, dans ce nouveau compte, comme ici dans toutes mes autres espèces ou sous-espèces, de la ou des vertèbres rudimentaires, au delà de celle qui porte la dernière grande plaque caudale, ainsi que je l'ai déjà expliqué.

même par le nombre minimum de ses vertèbres ; mais il se rattache plus intimement aux formes alpines du *Wartmanni*, par ses formes plus ramassées, par ses écailles plus grandes et son œil relativement plus petit, ainsi que par les proportions de ses branchiospines, sans parler de ses allures et des dimensions supérieures auxquelles il peut atteindre.

Quelques pêcheurs de Zoug veulent distinguer un *Albeli*, plus petit, qui frayerait un peu plus tard que ledit *Albock*, plus grand, du même lac ; cependant plusieurs des meilleurs observateurs de la localité m'ont assuré qu'ils n'avaient jamais rencontré dans leurs eaux un petit poisson semblable au *Weissfisch* du lac des Quatre-Cantons ; et, dans un intéressant mémoire manuscrit sur les poissons du lac de Zoug (*Die Fische im Zugersee*), daté de 1865 et signé Joseph-Anton Stadler (pêcheur), mémoire qui m'a été aimablement communiqué par le D⟨ʳ⟩ F. Kaiser, il n'est pas question d'autres Corégones que de la *Balche* (sous le nº 5) et du *Albock* (sous le nº 10). — Ce n'est pas dire pourtant d'une manière certaine que le lac de Zoug ne possède aucun représentant de la petite forme du *Dispersus* que nous avons qualifiée d'*Exiguus*. Quelques individus que j'ai trouvés confondus avec de petits sujets de mon *Compactus*, présentant des formes un peu plus élancées, un museau un peu plus arrondi, un œil plus grand et des écailles relativement un peu plus petites, pourraient faire supposer des mélanges avec un *Exiguus albellus* local méconnu ou généralement confondu avec les jeunes du *Compactus* sous le nom commun d'*Albeli*.

Il semble en tout cas que, comme le *Dolosus* de Zurich, l'Albeli-Albock de Zoug arrive moins vite que d'autres formes locales du *Wartmanni* à la taille maximum de l'espèce, et qu'il soit susceptible de reproduction à une taille relativement moindre, avec un poids de un quart de livre environ. Les plus gros individus que j'ai examinés (0ᵐ,35—36) avaient été pris en même temps que d'autres plus petits et présentaient des œufs au même état de maturité.

Le *Albeli-Albock* fraie généralement entre la seconde semaine de septembre et le milieu d'octobre, sur le limon des plus grands fonds, sous 150 à 180 mètres d'eau ; ses œufs sont sensiblement plus petits que ceux de la *Balche* du même lac. Les données plus tardives de quelques pêcheurs et de Nüsslin, novembre et décembre, doivent-elles peut-être être attribuées ou à des individus en retard ou à de jeunes Balchen.

Comme l'*Edelfisch* du lac des Quatre-Cantons, il demeure la plus grande partie de l'année dans les profondeurs. On le pêche, à l'époque du frai, avec des filets dormants (*Tiefstellnetzen*) descendus jusqu'à 120 brasses (Klafter) de profondeur. D'après le manuscrit cité plus haut, le nombre des *Alböcke* auraient, il y a 25 ans, beaucoup diminué dans le lac de Zoug, à cause de l'empoisonnement par des fabriques de divers affluents. Cependant les filets livrent encore annuellement au commerce bien des quintaux de ce poisson à différentes tailles, de jeunes surtout; sa chair est délicate et recherchée.

28. LE CORÉGONE ADJOINT

IRRBALLE.

COREGONUS ANNECTUS[1].

Branchiospines assez longues et nombreuses, moyennement serrées. Mâchoires subégales. Intermaxillaire vertical ou subvertical, médiocrement élevé. Bouche subterminale ou terminale. Maxillaire plus ou moins arqué, arrivant sous le bord de l'œil ou à peu près.

Corps fusiforme, plutôt élevé; pédicule caudal assez atténué. Tête assez grande et déclive; museau conique plus ou moins carrément tronqué. Œil moyen ou assez grand. Écailles plutôt petites et nombreuses. Caudale plus longue que la tête, profondément échancrée, à lobes aigus. Dorsale moyenne ou plutôt courte, médiocrement déclive. Nageoires paires petites ou moyennes; les pecto-

---

[1] *Annectus*, rattaché, annexé, adjoint, nom que j'ai donné précédemment à un groupe de formes méconnues que je séparais des *Ballen* et des *Palées* avec lesquelles elles avaient été confondues, pour les rattacher au groupe des espèces à branchiospines nombreuses, dans mon *Dispersus*.

*rales assez acuminées. — Taille moyenne ou inférieure. —
Vertèbres 57—58.*

FORMULES : (voir la diagnose du *C. balleoides*, notre unique représentant
du groupe spécifique).

SALMO ALBULA, *Hartmann*, Helv. Ichthyol. p. 153 (*partim*).
COREGONUS MARÆNA, *Schinz*, Fauna Helv. p. 161 (*part.*).
>> REISINGERI, *Cuv. et Val.* XXI, p. 496.
>> WARTMANNI et FERA, *Siebold*. Süsswasserfische, p. 245 et 252
(*part.*).
>> STEINDACHNERI, *Nässlin*. Coregonus-Arten, p. 38, fig. 7.
>> ANNECTUS, BALLEOIDES, *Fatio*, Corég. de la Suisse, p. 15 et
tab. I. C, 6.

La constatation de formes parallèles avec des caractères
généraux communs, en Suisse et en Autriche, m'amène logi-
quement à créer encore ici un groupe spécifique, pour y faire
rentrer, à titre de sous-espèce continentale ou espèce locale, un
Corégone aujourd'hui confiné en Suisse dans les petits lacs de
Baldegg et de Hallwyl ; et, si je conserve au dit groupe le nom
d'*Annectus* que je lui avais précédemment donné, pour ne pas
compliquer encore ma nomenclature d'un terme nouveau, je
dois ici quelques explications à propos des modifications qu'a
forcément apporté dans mon premier diagnostic, une dislocation que de plus récentes observations m'ont démontrée nécessaire.

J'ai dû, en effet, séparer franchement de mon *Annectus balleoides* le Corégone de Morat que j'en avais rapproché sous le
titre d'*Annectus confusus ;* car, malgré de nombreux rapports
extérieurs avec lui, ce dernier offre à divers égards bien plus
d'analogies avec quelques-unes de nos formes du *Wartmanni*,
avec le *W. dolosus* de Wallenstadt par exemple. J'ai dû reconnaître que le minimum de 55 vertèbres, une fois rencontré
chez mon *Confusus* (b), n'était qu'accidentel, et que semblable
rapprochement perdait beaucoup de sa raison d'être vis-à-vis
de la constance de l'infériorité du total des vertèbres vraies
(57-58, au lieu de 60-61) chez les divers représentants de l'*Annectus*, tant en Suisse qu'en Autriche.

Après avoir constaté une similitude complète, sur tous les points principaux, entre les Corégones de Baldegg et de Hallwyl, j'ai dû me ranger à l'opinion de Nüsslin, quand, dans ses : *Beiträge zur Kenntniss der Coregonus-Arten des Bodensees und... 1882,* il estime que la *Ballen* de Hallwyl, la seule qu'il ait eue entre les mains, devrait constituer une espèce à part.

Cependant, j'eusse certainement hésité à élever au rang d'espèce actuelle une forme locale dont l'aire géographique paraissait si limitée, si, avec de nouveaux points de comparaison (Baldegg), je n'avais pu mettre en évidence des rapprochements qui autrement avaient échappé au coup d'œil exercé de Nüsslin. Il m'a été impossible ne ne pas attribuer une valeur nouvelle à quelques différences morphologiques et biologiques, plus spécialement au nombre inférieur des vertèbres que présente constamment mon *Annectus balleoides,* quand j'ai reconnu que tous les principaux caractères des *Ballen* de Baldegg, plus grandes que celles de Hallwyl, se retrouvent presque identiques chez la *Rheinanke* du Traunsee, en Autriche, nommée par Nüsslin (l. c. p. 38) *C. Steindachneri,* et quand il m'a paru que des Corégones de forme très voisine devaient se trouver aussi, non seulement dans les Hallstatter et Volfgangsee indiqués par l'auteur précité, mais encore probablement dans l'Attersee, comme me portent à le croire certaines données de H. Danner, soit dans son article *Die Finnerln des Attersees* [1], soit dans les lettres qu'il m'écrivait en février et octobre 1885.

Les *C. Steindachneri* d'Autriche et *C. balleoides* de Suisse sont pour moi très voisins; toutefois, faute d'avoir pu apprécier de visu l'importance des petites divergences ressortant de la comparaison de ma description avec celle de Nüsslin, je n'ai pas cru pouvoir identifier complètement *à priori,* sous le premier de ces noms, deux Corégones d'habitat géographiquement assez différents. Avec une tête un peu plus longue que le *Steindachneri,* un museau moins arrondi, une bouche relativement plus terminale et un nombre de rayons parfois un peu inférieur à la dorsale, notre *Balleoides* doit peut-être constituer, dans un même groupe spécifique, une sous-espèce ou espèce locale parallèle à

---

[1] Deutsche Fischerei-Zeitung, 9 juin 1885.

celle du Traunsee. Ces deux Corégones, également de forme plutôt élevée, avec une livrée ordinairement très colorée et des nageoires bien pigmentées, frayent généralement près des rives dans les mois de novembre ou décembre. Je crois, avec Nüsslin, que le Corégone autrichien, autrefois insuffisamment décrit par Valenciennes, sous le nom de *Cor. Reisingeri*, doit rentrer dans la même espèce (*C. annectus*), à côté du *Steindachneri*, près de notre *Balleoides*.

28 (1). HALLWYLER-BALLEN — BALDEGGER-BALLEN

COR. ANNECTUS, BALLEOIDES.

Corps plutôt élevé et convexe en avant; pédicule caudal assez étroit et allongé. Tête conique assez grande; museau plutôt étroit, plus ou moins carrément tronqué à l'extrémité. Bouche terminale ou subterminale. Intermaxillaire vertical ou subvertical, relativement peu élevé. Maxillaire un peu arqué et retroussé, arrivant sous le bord de l'œil ou à peu près. Opercule moyen, assez large. Œil plutôt grand; espace préorbitaire à peu près égal à celui-ci, chez l'adulte. Écailles relativement petites. Caudale un peu plus longue que la tête. Dorsale moyenne et médiocrement déclive. Pectorales plutôt petites et étroites. — Vert bleu, verdâtre ou olivâtre, en dessus; anale et nageoires paires plus ou moins mâchurées de noir bleuâtre. — (Taille moyenne d'adultes et de vieux : 0^m23,-32 à 0^m,35.)

Brchsp. 1, 33–38 = 1 : 4,30–4,75. — IV, 24–31.

D. 4–5/9–11, A. 4/12–13, V. 2/11–(12), P. 1/13–15, C. 19 *maj.*

$$Squ.\ 86\ \frac{9—10}{8—9}\ 95. \text{ — } Vert.\ 57–58.$$

SALMO ALBULA, *Hartmann*, loc. cit. p. 153 (*partim*).
COREGONUS MARÆNA et ALBULA, *Schinz*, l. c. p. 161 et 162 (*part.*).
    »   WARTMANNI et FERA, *Siebold*, l. c. p. 245 et 252 (*part.*).
    »   ANNECTUS, BALLEOIDES, *Fatio*, l. c., tab. 1, C. 6.

Noms vulgaires : *Balle* ou *Ballen*, Baldegg et Hallwyl : autrefois *Hegling* ou *Hägling*, selon Wagner (Helv. cur. 211) et Schinz (Fauna Helv. 162).

Corps fusiforme moyennement comprimé, plus ou moins élevé et graduellement voûté en avant de la dorsale, chez l'adulte, quoique toujours assez atténué aux deux extrémités ; d'une hauteur maximale, au poisson sans la caudale, le plus souvent comme 1 : 3,70—4,65, suivant les individus des lacs de Baldegg ou de Hallwyl, ainsi que selon l'âge plus ou moins avancé, voire même parfois 4.80 chez des jeunes plus élancés. — Le pédicule caudal relativement étroit et allongé.

Tête plutôt grande, quasi-plane ou faiblement convexe et assez déclive, un peu plus courte que la hauteur du corps chez l'adulte de Baldegg, à peu près égale chez les sujets de Hallwyl plus petits, soit d'une longueur latérale, au poisson sans la caudale, généralement comme 1 : 4,35—4,80. — Museau conique, plutôt étroit, plus ou moins carrément tronqué ou subarrondi à l'extrémité. — Bouche parfois franchement terminale, plus souvent légèrement en dessous, ou subterminale. — Intermaxillaire vertical ou subvertical, médiocrement ou plutôt peu élevé, selon les individus de Baldegg ou de Hallwyl. — Maxillaire un peu arqué et retroussé, avec un coude assez reculé, de largeur moyenne et parvenant volontiers sous le bord antérieur de l'œil ou à peu près. — Opercule moyen, assez large. — Œil relativement grand, d'un diamètre, à la longueur latérale de la tête, comme 1 : 3,85—4,15, chez des individus adultes ou jeunes de taille moyenne. — Espace préorbitaire égal au diamètre de l'œil ou très légèrement plus grand, chez l'adulte.

Branchiospines semblables chez les sujets des deux lacs ; plutôt allongées et assez nombreuses, quoique relativement peu serrées, soit sur un appareil branchial un peu plus ouvert que chez la majorité des représentants du *C. Wartmanni ;* au nombre ordinaire de 33 à 38 sur le premier arc ; les plus grandes, vis-à-vis de celui-ci, comme 1 : 4,30—4,75, avec 14-18 (20) denticules latéraux. Généralement 24 à 31 épines sur le quatrième arc.

Nageoires : caudale profondément échancrée, à lobes acuminés
égaux ou subégaux, un peu plus longue que la tête, soit généralement, à la longueur totale, comme 1 : 5,20—5,60,
plus rarement 4,95 chez certains petits sujets de Hallwyl. —
Dorsale médiocrement déclive, quasi-droite sur la tranche
et notablement plus courte que la tête, souvent de $\frac{1}{6}$ à
$\frac{1}{5}$ de celle-ci. — Anale d'une élévation environ $\frac{2}{3}$ de celle
de la dorsale, quasi-droite sur la tranche et souvent un peu
plus large que haute. — Ventrales assez larges, demeurant,
couchées, à une distance de l'anus variant entre $\frac{1}{3}$ et $\frac{1}{2}$
de leur longueur. — Pectorales assez acuminées, relative-
ment courtes, soit atteignant, renversées, au bord antérieur
de l'œil ou près de la narine. — Adipeuse plutôt petite.

Écailles assez solides et de dimensions un peu au-dessous de la
moyenne, quoique, comme toujours, passablement variables,
quant à leurs rapports vis-à-vis de l'œil, avec l'âge et les
individus ; une squame médiane sur la ligne latérale souvent,
chez des adultes de 0^m,290 à 0^m,320, d'une surface $\frac{1}{5}$ environ
de celle de l'œil, de forme subcarrée, un peu découpée au
bord fixe, avec des stries assez fines, un nœud passablement reculé vers le bord libre et un tubule plutôt fort,
médiocrement allongé et recourbé à l'extrémité. Une écaille
lat. post. inférieure presque de même dimension, mais un
peu plus ovale ou élevée ; une squame lat. sup. antérieure
un peu plus petite, subcarrée ou subarrondie.

Coloration verdâtre ou olivâtre à reflets bleus, ou d'un vert bleu
et plus ou moins foncée, en dessus, d'un argenté légèrement
bleuâtre sur les flancs, blanche en dessous. Le bout du
museau souvent noirci par la concentration d'un pointillé
pigmentaire plus ou moins répandu sur toutes les faces dorsales et latérales. Dorsale et anale d'un gris jaunâtre et plus
ou moins mâchurées de noirâtre dans leur moitié extrême,
parfois presque entièrement lavées de noir bleuâtre, la première assez souvent avec de petites macules sombres. Caudale grise plus ou moins mâchurée. Ventrales d'un jaunâtre
pâle lavé de noir bleu vers le sommet, souvent jusqu'à la
moitié. Pectorales jaunâtres plus ou moins mâchurées vers
l'extrémité. Les sujets provenant du lac de Hallwyl sont

volontiers plus pigmentés que ceux de Baldegg. On trouve du reste parfois, parmi les uns et les autres, des individus qui, capturés plus profondément, présentent une livrée beaucoup plus pâle.

Taille généralement plus forte dans le lac de Baldegg que dans celui de Hallwyl pourtant plus grand. La moyenne des adultes que j'ai examinés variait entre 0^m,290 et 0^m,320 pour le premier de ces lacs, et 0^m,230 à 0^m,290 pour le second. La plupart des individus capturés dans le lac de Baldegg pèseraient entre un quart et une demi-livre environ ; cependant les pêcheurs affirment que l'espèce peut dépasser un poids de 400 à 500 grammes, qu'ils ont pris même de temps à autre des sujets de 1 ¼ livre. La plupart des sujets pêchés à Hallwyl sont loin d'atteindre au quart de livre ; des exemplaires de 250 grammes sont quasi-exceptionnels.

Jeunes généralement plus élancés que les adultes, avec l'œil plus grand, le museau relativement plus court et la livrée volontiers moins mâchurée.

Vertèbres au nombre de 57 ou 58, dont 33 à 35 costales. La dernière vertèbre vraie, solidement ossifiée et taillée en biseau pour recevoir la grande plaque caudale supérieure, est généralement suivie de deux, plus rarement de trois fausses vertèbres empâtant l'extrémité de la *chorda dorsalis* [1].

Le Corégone que j'ai nommé *Irrballe* (*Balleoides*) présente, comme nous l'avons vu, quelques légères différences dans les lacs de Baldegg et de Hallwyl ; plus petit et un peu plus élancé dans le dernier, il présente en même temps un museau

---

[1] C'est en accordant à ces dernières une importance que je leur ai enlevée ici dans nos diverses espèces, que j'avais cru pouvoir précédemment rapprocher le *Balleoides* du *Confusus* de Morat comptant 60, plus rarement 61 vertèbres jusqu'à celle qui porte la dernière grande plaque caudale et qui présentait avec lui bien des analogies extérieures. Je néglige donc aujourd'hui, comme je l'ai dit plus haut, les fausses vertèbres terminales, pour rendre mes données plus facilement comparables avec celles de divers auteurs, de Nüsslin en particulier, qui a le premier signalé la réduction des vertèbres chez ce nouveau Corégone.

souvent un peu plus acuminé et une livrée volontiers plus foncée, sans que les influences locales qui ont agi sur ces quelques caractères extérieurs aient modifié en rien une complète communauté sur bien d'autres points plus importants.

Notre *Ballcoides*, qui jusqu'ici n'avait été signalé par les auteurs que dans le lac de Hallwyl, a été successivement rapproché par ceux qui en ont eu connaissance : soit du *Cor. Albula* par Hartmann, à cause de sa taille relativement réduite, soit du *Cor. Maræna*, par Schinz, trompé par le nom de *Ballen* généralement appliqué aux Balchen dans nos cantons allemands [1]; soit encore et tour à tour du *C. Wartmanni* et du *C. Fera* par de Siebold qui, ne l'ayant pas vu, n'a pas su auquel il devait plutôt le rapporter.

Tous ces auteurs ont également commis l'erreur de confondre la *Balle* de Hallwyl avec celle de Sempach, de forme particulière très différente et toujours avec 5 ou 6 vertèbres de plus.

Je n'ai trouvé qu'une seule espèce de Corégone à Baldegg et à Hallwyl; il ne m'a pas paru qu'il y eut avec celle-ci aucun représentant ni du *Wartmanni*, ni de l'*Exiguus*.

Notre *Irrballe* semble confinée, en Suisse, dans les deux petits lacs, très voisins l'un de l'autre et reliés, de Hallwyl dans le canton d'Argovie et de Baldegg dans celui de Lucerne. Elle fraye, dans les deux lacs, sur le gravier ou le sable, le long des rives et sous très peu d'eau, souvent un pied au plus, et cela généralement un peu plus tôt dans le premier que dans le second : volontiers entre le 20 novembre et le 10 décembre dans le lac de Hallwyl, entre les derniers jours de novembre et le 20 décembre dans celui de Baldegg. Ses œufs, assez gros, mesurent jusqu'à 2^{mm},75 de diamètre. Plusieurs individus capturés au milieu de septembre avaient déjà laites et ovaires passablement développés. Quelques femelles prises le 5 décembre dans le lac de Baldegg, avec des œufs mûrs, ne m'ont pas offert de tubercules épidermiques.

---

[1] Schinz (Fauna Helv., 162) a rangé dans la synonymie de son *C. Albula* le prétendu *Hägling* du lac de Hallwyl, en l'identifiant à tort avec le Hägling du lac de Zurich.

On pêche les *Ballen* durant l'époque de reproduction, soit
en enveloppant les places de frai avec des filets, soit avec des
nasses disposées le long des rives. Passé ce temps, ces poissons se retirent dans les profondeurs, et ce n'est plus guère
qu'en juillet et août, alors qu'ils se rapprochent un peu des
bords, qu'on peut les prendre de nouveau avec le grand filet
(*Schleifgarn*).

Il est assez difficile d'expliquer pourquoi l'espèce demeure
constamment de plus petite dimension dans le lac de Hallwyl
plus grand que dans celui de Baldegg plus petit; cependant, il
semble que cela doive provenir probablement d'une alimentation insuffisante. Le nombre et les dimensions des Ballen dans le
lac de Baldegg paraissent avoir varié, selon les époques, avec
les circonstances qui ont tour à tour augmenté ou diminué le
développement des plantes aquatiques (*Chara* et autres) et des
petits êtres, crustacés principalement (*Daphnis, Cypris, Cyclops*, etc.), qui servent de nourriture aux Corégones dès leur
bas âge [1]. Peut-être y a-t-il dans les conditions du lac de Hallwyl quelque circonstance défavorable qui contrarie la multiplication des animalcules indispensables au premier développement de la Balle, et entraîne par là une croissance beaucoup
plus lente et limitée de l'espèce.

[1] Un vieux pêcheur de Gelfingen (lac de Baldegg) dit que les *Ballen*,
à Hallwyl comme à Baldegg, frayaient autrefois plus profondément,
sur une sorte de plante aquatique dite *Kreb* ou *Fisch-brod*, et que le
développement s'y faisait beaucoup mieux que sur le gravier de la
grève, où la vague en déferlant détruirait beaucoup d'œufs trop exposés.
On croit, au pays, qu'un abaissement des eaux de ces lacs vers la fin
du siècle passé a dû anéantir en grande partie la flore sous-lacustre et
nuire alors grandement aux Corégones, soit en les forçant d'aller
frayer au bord, soit en les privant de l'abondante nourriture qu'ils
trouvaient sur ladite plante, qui depuis quelques années paraît se
répandre de nouveau. Je regrette de ne pouvoir partager complètement
l'opinion du vieux praticien de Gelfingen; car, comme je l'ai dit plus
haut, je ne crois pas que le développement de la micro-faune lacustre
dépende toujours entièrement de celui des plantes aquatiques.

J'ai reçu du Dr O. Suidter, de Lucerne, des échantillons du végétal en
question recueillis entre 35 et 40 pieds de profondeur dans le lac de Baldegg. C'est la *Chara ceratophylla* (Wallr.), sans fleur ni fruit, selon le
D^r-prof. Müller, à Genève.

29. LE CORÉGONE MIGNON

ALBELE [1].

CORÉGONUS EXIGUUS, Klunsinger [2].

Branchiospines généralement longues, nombreuses et serrées. Mâchoires égales ou presque égales. Intermaxillaire vertical ou quasi-vertical, peu ou médiocrement élevé. Bouche terminale ou quasi-terminale. Maxillaire dépassant plus ou moins le bord de l'œil.

Corps plus ou moins élancé; pédicule caudal plus ou moins allongé. Tête longue et forte, museau plutôt gros. Œil grand. Écailles relativement petites. Caudale profondément échancrée, relativement courte, à lobes aigus. Dorsale généralement petite, plus ou moins déclive et acuminée. Nageoires paires plutôt cour-tes, les pectorales assez acuminées. — Taille petite. — Vertèbres : 58 ou 59 à 60—61.

FORMULES : voyez aux diagnoses des différentes sous-espèces.

SALMO MARÆNULA, *Bloch*, Fische Deutschl. 1, p. 176 (*partim*). — *Hartmann*, Helvet. Ichthyologie, p. 148 (*part.*). — COREG. MARÆNULA, *Schinz*, Europ. Fauna, II, p. 355 (*part.*).
   »   ALBULA, *Hartmann*, Helv. Ichthyol. p. 152 (*part.*). — COREG. ALBULA, *Schinz*, Fauna Helvetica, p. 162, et Europ. Fauna, II, p. 355 (*part.*).
COREGONUS WARTMANNI, *Schinz*, Fauna Helv. p. 163 (*part.*). — *Rapp*,

---

[1] *Albula parva*, Gessner, Fischbuch (Trad.), 1598, folio 189 (*part.*). — *Albula lacustris*, Wagner, Helv. cur., 210.

[2] Avant d'avoir eu connaissance du travail de Klunsinger sur les Coré-gones du lac de Constance (Felchen-Arten des Bodensees, 1884), j'avais remplacé par celui de *Restrictus* le nom de *Macrophthalmus* attribué par Nüsslin au *Gangfisch* (Coreg. Arten des Bodensees, 1882), parce que le caractère invoqué, la grandeur de l'œil, varie trop avec l'âge. Main-tenant, reconnaissant priorité et supériorité au nom de Klunsinger, *Exiguus*, je l'adopte ici, non plus seulement pour la sous-espèce propre au lac de Constance, mais pour l'ensemble des petites formes de nos divers lacs en Suisse.

Fische des Bodensees, p. 12 (*part.*). — *Heckel et Kner*, Süsswasserfische, p. 235 (*part.*). — *Siebold*, Süsswasserfische,
p. 243 (*part.*). — *Jäckel*, Fische Bayerns, p. 75 (*part.*). —
Günther, Catal. of Fishes, VI, p. 187 (*part.*).

»   MACROPHTHALMUS, *Nässlin*, Beit. zur Kenntnis der Coregonus-
Arten des Bodensees; Zool. Anzeiger, 1882, n° 104, p. 17,
fig. 2 et 4.

»   RESTRICTUS, *Fatio*, Corégones de la Suisse, p. 15 et tab. I, D.

NOMS VULGAIRES : Voyez aux diverses sous-espèces qui suivent.

Nos divers représentants du *C. exiguus*, qui dépassent très
rarement 30 à 32 centimètres de longueur, avec un poids
maximum de 200 à 250 grammes au plus, qui restent même
généralement à l'état adulte bien au-dessous de ces dimensions
extrêmes, ont été longtemps confondus, tantôt avec le *Coregonus Albula* de Linné, tantôt avec le *Coregonus Wartmanni* de
Bloch.

Ils n'ont cependant jamais ni la mâchoire inférieure proéminente et retroussée, ni surtout la forme particulière du maxillaire du véritable *Cor. Albula* du nord de l'Allemagne (voyez
Pl. 11, fig. 7); et, dans tous les lacs où ils se trouvent avec des
représentants de notre *C. Wartmanni*, on les distingue assez
facilement des jeunes à même taille de ces derniers, quelquefois au nombre différent de leurs branchiospines ou de leurs
vertèbres, le plus souvent à leur tête plus forte, à leur museau
moins acuminé, à leur œil toujours grand et leurs écailles relativement petites, ou à leur livrée généralement pâle, sans parler
de leurs allures parfois assez différentes.

Partout les pêcheurs font la distinction, et, bien que ce ne
soit pas toujours une raison de grande valeur, il est impossible,
après de nombreuses comparaisons, de ne pas leur donner cette
fois raison contre la majorité des ichthyologistes qui, depuis
tantôt vingt-cinq ans, ont rattaché toutes ces petites formes au
C. Wartmanni.

Les mêmes influences locales agissant simultanément, dans un
même lac, sur le représentant du *Wartmanni* et sur celui de
l'*Exiguus*, on remarque souvent chez eux comme un parallé-
lisme dans la variabilité, ou plutôt comme une analogie de ten-

dances à la déviation de certains caractères, si bien que l'*Exiguus* d'un lac ressemblera beaucoup moins au jeune du *Wartmanni* d'un autre lac que l'*Exiguus* de ce dernier.

Il est difficile d'apprécier exactement l'importance, au point de vue spécifique, de la variabilité de certains caractères qui parfois semblent montrer comme des transitions entre l'*Exiguus* et le *Wartmanni*; il faudrait pouvoir décider aujourd'hui si ces analogies résultent d'une origine commune ou peut-être de quelque croisement dans nos eaux. Je n'ai pas, il est vrai, trouvé jusqu'ici dans les petits Corégones du nord que j'ai pu examiner, une espèce qui offre assez de ressemblance avec nos représentants du dit *Exiguus*, pour pouvoir être considérée comme souche de ceux-ci, et je constate que, dans la plupart des cas, l'*Exiguus* se rencontre dans les lacs habités par des représentants du *Wartmanni*. Cependant, je ne puis méconnaître aussi l'importance du fait que les deux formes, petite et grande, conservent leurs différences caractéristiques, quoique vivant côte à côte dans un même lac, et que l'abondance comparée de l'une et de l'autre peut varier beaucoup jusque dans un même bassin. On peut remarquer, en effet, d'un côté, que la *Bondelle*, très abondante à Neuchâtel, est presque le seul représentant du type à branchiospines nombreuses dans les lacs jurassiques; de l'autre, que certaines formes de l'*Exiguus*, *Kropflein* de Thoune par exemple et surtout *Hügling* de Zurich, sont par contre plus rares que les représentants du *Wartmanni* dans les mêmes eaux. Les conditions locales de tel ou tel de nos lacs habités en même temps par le *Wartmanni* et l'*Exiguus*, entravent-elles la formation dans les mêmes proportions de deux races issues d'une même souche dans nos eaux; ou bien entraînent-elles la disparition graduelle de l'une des deux formes au profit de l'autre, celles-ci étant autrefois arrivées spécifiquement distinctes dans nos lacs différents.

Les jeunes, dans cette petite espèce, présentent, comme dans d'autres, des formes généralement plus élancées, un museau plus court, un œil plus grand, des écailles relativement plus petites et une livrée moins pigmentée que les adultes.

Quoique quelques-uns des caractères extérieurs invoqués pour la distinction spécifique de la petite forme à l'état adulte

(*Exiguus*), soient par le fait en même temps des traits caractéristiques du jeune âge de la grande (*Wartmanni*) : dimensions relatives de l'œil, du maxillaire et des écailles entre autres, il est difficile de ne pas subordonner ces quelques analogies aux différences plus importantes que l'on peut constater dans les formes de diverses parties de la tête, du museau et de l'opercule entre autres, ainsi que dans les branchiospines et les vertèbres, sans parler des questions de livrée et d'allures trop sujettes à varier dans les différentes espèces.

J'admettrai donc ici, jusqu'à preuve du contraire, l'*Exiguus* sous ses diverses formes comme *espèce suisse actuelle*, tout en conservant l'idée de la possibilité d'une origine ancienne commune avec le *Wartmanni*, dans le *Dispersus*, et sans me prononcer actuellement, faute de matériaux suffisants, sur la place spécifique à attribuer à certaines petites formes signalées dans quelques lacs étrangers, aux *Finnerln* par exemple, observées par Danner dans l'Attersee, en Autriche[1]. Hartmann s'est trompé, quand il a réparti nos divers petits Corégones dans deux espèces différentes, les uns sous le nom de *Salmo Maraenula*, les autres sous celui de *S. Albula*. Le caractère distinctif qu'il invoque en premier rang pour cette distinction, dans son Helv. Ichthyol., p. 148 et 152, repose sur une erreur, erreur répétée par Schinz dans son Europ. Fauna, II, 355 : le *Hägling* de Zurich compte ordinairement 9 rayons branchiostèges, comme le *Brienzling*, le *Nachtfisch* ou Weissfisch, le *Gangfisch* et les divers *Albeli* qui n'en ont que rarement 8 seulement. Les chiffres donnés pour les branchiostèges par ce premier auteur, 5

---

[1] D'après H. Danner (Die « Finnerln » des Attersees; deutsche Fischerei-Zeitung, 9 juin 1885), les pêcheurs de l'Attersee, en Autriche, distingueraient, sous le nom de *Finnerln* ou *Pfinnen*, un petit Corégone pâle qu'ils prennent entre la fin de septembre et le commencement de novembre, et au sujet du frai duquel on n'a pas encore de données bien précises. Ce petit poisson paraît rappeler plus ou moins notre *Exiguus*, cependant des données assez circonstanciées à son sujet nous manquent jusqu'ici pour opérer semblable rapprochement. Danner croit que ce sont de jeunes individus de la Rheinanke que Nüsslin a distinguée sous le nom de *C. Steindachneri*. On prend les *Pfinnen* par milliers, pour les saler; comme notre Bondelle, elles s'amollissent assez vite.

et 7, également erronés, ne peuvent donc pas plus motiver des
distinctions vraiment spécifiques entre nos petites formes suisses, que des rapprochements justifiés avec des Corégones étrangers de petite taille.

Le Corégone mignon abonde surtout dans nos plus grands
bassins, comme le lac de Constance, à l'est, et celui de Neuchâtel, à l'ouest, et ses allures varient avec les conditions de
milieu. Ses bandes, généralement nombreuses dans les eaux
qui lui conviennent, tantôt se rassembleront pour frayer sur le
limon, dans les plus grandes profondeurs, tantôt voyageront en
quête d'eaux moins profondes, s'engageront même parfois plus
ou moins dans les eaux courantes, pour y pondre sur le sable
ou le gravier. Ces petits poissons sont excellents et justement
estimés; on les prend souvent en très grande quantité. Les
plus abondants et les plus fermes, soit les plus susceptibles de
se conserver ou de voyager, font l'objet d'un commerce assez
étendu. La plupart, pris dans les grandes profondeurs, ne survivent guère à leur capture; beaucoup arrivent goitreux ou très
gonflés à la surface. Des individus capturés entre 5 et 10 mètres
de profondeur sont souvent déjà passablement enflés par le
développement de leur vessie natatoire; ils ne sont cependant
pas forcément condamnés à mort pour cela, car, avec une
légère pression, on peut vider en partie leur vessie aérienne
et les rendre à l'existence. On peut aussi retarder la mort d'individus plus gonflés, en leur crevant la vessie depuis l'anus.

Le *C. exiguus* se trouve, en Suisse, sous diverses formes
ainsi que plus ou moins abondant, dans huit sur seize des lacs
habités par des Corégones. Je l'ai étudié dans les lacs de Constance, Zurich, Lucerne, Thoune, Brienz, Morat, Neuchâtel et
Bienne. Il est bien possible, je l'ai dit, qu'il se trouve aussi dans
le lac de Zoug, confondu sous le nom d'*Albeli* avec les jeunes
du *Albock* de la localité, quoique les pêcheurs affirment qu'ils
ne trouvent point d'analogues du *Weissfisch* de Lucerne. Bien
qu'accusant quelques caractères propres dans chacun de nos différents bassins, les représentants divers de cette forme réduite
doivent se grouper tous, comme sous-espèces ou races locales,
dans un même cadre spécifique. Certaines différences morpho-

logiques entre formes de l'est, du centre et de l'ouest, nous permettront cependant de décrire séparément, à titre de sous-espèces locales, cinq formes principales [1] :

1° *Cor. (exiguus) Nusslinii*, Gangfisch du lac de Constance.
2° » » *Heglingus*, Hägling ou Heglig du lac de Zurich.
3° » » *albellus*, Weissfisch, Brienzling et Kropflein des lacs de Lucerne, Brienz et Thoune.
4° » » *Feritus*, Ferit ou Kropfer du lac de Morat.
5° » » *Bondella*, Bondelle et Pfaerrit des lacs de Neuchâtel et Bienne.

Les *Heglingus* de Zurich et *Feritus* de Morat, qui font exception à la règle générale, le premier par un nombre un peu supérieur des vertèbres, le second par des formes notablement plus massives, mériteraient presque d'être élevés au rang d'espèces locales, s'ils ne se rapprochaient beaucoup des autres à divers égards.

29 (1). GANGFISCH

COR. EXIGUUS NUSSLINII [2].

Corps plus ou moins élancé ou subélevé; pédicule caudal plutôt allongé. Tête longue et forte; museau assez épais, subcarré ou

---

[1] Je ne crois pas qu'il ait été fait jusqu'ici une étude spéciale des parasites de nos Corégones petite forme (*Exiguus*), et les données manquent presque totalement sur ce point. J'ai observé quelquefois l'*Ergasilius Sieboldii* sur leurs branchies, et on a cité le *Tænia longicollis* (Rud) dans les intestins du Gangfisch (était-ce un jeune du Blaufelchen qui héberge en effet cet Helminthe?). Les *Ascaris Albulæ* (Rud) et *Monostomum Ma.rænulæ* (Rud) sont attribués au *Coregonus Marænula* de Cuvier; mais ces données doivent être probablement rapportées au *C. Albula* (Linné) du nord.

[2] J'attribue ici au *Gangfisch*, forme de l'*Exiguus* dans le lac de Constance, le nom de l'excellent ichthyologiste qui, le premier, a bien étudié et distingué ce petit Corégone; lui refusant le nom de *Macroph-thalmus* que lui avait donné Nüsslin (l. c.), soit parce que ce qualificatif serait mieux mérité par d'autres formes dans nos eaux, soit parce que ce caractère me semble varier trop, comme je l'ai dit, avec l'âge et les individus.

subarrondi. Bouche terminale. Intermaxillaire vertical, peu ou médiocrement élevé. Maxillaire médiocrement arqué, faiblement retroussé, dépassant un peu le bord de l'œil. Opercule moyen. Œil grand. Écailles moyennes ou relativement petites. Caudale à peu près égale à la tête ou légèrement plus longue. Dorsale plutôt courte, médiocrement déclive. Pectorales plutôt petites et assez acuminées. — Vert, olivâtre ou fauve, en dessus; anale et ventrales un peu ou pas mâchurées; pectorales pas. — (Taille moyenne d'adultes et de vieux : 0^m,23—27 à 0^m,30.)

Brchsp. I, 36-44 = 1 : 3,50-4,50. — IV, 26-34.

D. 3-5/9-11, A. 3-4/10-12, V. 2/(9)-10-11, P. 1/(13)-14-16, C. 19 *maj.*

$$Squ.\ 79\ \frac{8—10-(11)}{(7)-8—9}\ 90.\ —\ Vert.\ 59\ (58-60).$$

Salmo Maraenula, *Bloch*, loc. cit. (*partim*). — *Hartmann*, l. c. (*part.*).
— *Nenning*, Fische des Bodensees, p. 22. — *Schinz*, Europ. Fauna,
II, 355 (*part.*).
» Albula, *Hartmann*, l. c. (*part.*).
Coregonus Wartmanni, *Schinz*, Fauna Helv. 163 (*part.*). — *Rapp*, l. c.
(*part.*). — *Heckel et Kner*, l. c. (*part.*). — *Siebold*, l. c.
(*part.*). — *Jäckel*, l. c. (*part.*). — *Günther*, l. c. (*part.*).
» macrophthalmus, *Nüsslin*, l. c.
» exiguus, *Klunsinger*, Felchen-Arten des Bodensees; Jahrhefte
Ver. vaterl. Naturk. Würtemberg, 1884, 105-128.
» restrictus, Nusslinii, *Fatio*, l. c. (*part.*).

Noms vulgaires : *Gangfisch, Weissgangfisch;* lac de Constance. (Autrefois : *Wattfische = Vadi pisces*).

Corps fusiforme plus ou moins effilé chez la majorité (*a*), notablement plus élevé et voûté dans la variété (*b*) signalée par Nüsslin (l. c.) sous le nom de *Steckbornensis*. La hauteur maximale, par le fait, au poisson sans la caudale, comme 1 : 5,30—4,70—3,70, suivant les individus; avec un pédicule caudal assez allongé ou effilé, bien que relativement plus ou moins élevé [1].

---

[1] Nüsslin (l. c.) fait à juste titre remarquer que les côtés du ventre,

Tête forte, soit généralement grande et assez haute; d'une
longueur à peu près égale à l'élévation du corps, souvent
un peu plus forte chez *a*, ou un peu plus faible chez *b*. —
Museau subarrondi, parfois subcarré, assez épais ou massif.—
Bouche généralement terminale. — Intermaxillaire peu ou
médiocrement élevé et vertical, parfois même légèrement
incliné en avant de haut en bas. — Maxillaire supérieur médiocrement arqué, relativement peu retroussé en arrière
et dépassant plus ou moins le bord de l'œil, avec un coude
inférieur bien en avant de son milieu (voy. Pl. II, fig. 13). —
Opercule moyen. — Œil relativement grand, à la longueur
latérale de la tête, comme 1 : 3,75—4,35, chez des adultes
taille moyenne, un peu plus petit ou plus grand, en dehors
de ces limites ordinaires, suivant l'âge plus ou moins
avancé[1]. — Espace préorbitaire à peu près égal à l'œil, chez
des sujets de taille moyenne; généralement un peu plus
court chez les jeunes ou un peu plus grand chez les vieux.

Branchiospines longues, grêles, serrées et variant en nombre
de 36 à 44 sur le premier arc, de 26 à 34 sur le quatrième
(souvent 39—42 et 30—32), le maximum volontiers chez
(*b*); avec 18 à 25 denticules latéraux sur les plus grandes
(plus rarement 16 à 17 seulement). Les branchiospines majeures, vis-à-vis du premier arc, comme 1 : 3,50 à 4,50 (le
plus souvent = 1 : 4).

Nageoires : caudale profondément échancrée et assez acuminée, volontiers un peu plus longue que la tête, souvent de
$\frac{1}{15}$ ou $\frac{1}{20}$, parfois au contraire légèrement plus courte. —
Dorsale plutôt petite, quoique moyennement étroite et
médiocrement déclive; sa hauteur toujours beaucoup moin-
dre que la longueur latérale de la tête, souvent de $\frac{1}{5}$ à $\frac{1}{3}$
environ. — Anale égale en hauteur à peu près aux $\frac{2}{3}$ de la
dorsale et souvent un peu plus longue que haute. — Ventrales
moyennes ou plutôt courtes, soit demeurant, rabattues, à une

au bas des flancs, sont généralement moins arrondis et plus saillants
chez le *Gangfisch* que chez le *Blaufelchen*. Cette différence, plus ou
moins constante, m'a paru dépendre un peu de l'état des individus.

[1] Nüsslin (l. c.) donne les extrêmes = 1 : 3—5,2.

distance de l'anus variant selon les sujets de ¹/₃ à ²/₃ de leur
longueur.—Pectorales généralement petites, étroites et assez
acuminées, parvenant, renversées en avant, suivant les individus, l'âge et le sexe, au bord antérieur de l'œil ou à la
narine. — Adipeuse petite ou moyenne.

Écailles plutôt petites, moyennement nombreuses, assez épaisses et solides. Une squame médiane sur la ligne latérale
généralement subarrondie, avec des stries concentriques
médiocrement serrées autour d'un nœud un peu reculé vers
le bord libre et un tubule moyennement délié, recourbé à
l'extrémité; sa surface variant le plus souvent avec l'âge et
les individus entre ¹/₄ et ¹/₅ de celle de l'œil (voy. Pl. II,
fig. 27).

Coloration tantôt assez vive, d'un vert olivâtre en dessus ou
d'un vert à reflets bleuâtres plus ou moins semé d'un pointillé pigmentaire sur le dos, la tête et le museau; tantôt plus
pâle et plutôt d'un olive brunâtre. Les flancs argentés,
volontiers légèrement teintés de jaunâtre; le ventre blanc.
Beaucoup, parmi les plus pâles ou les moins pigmentés,
deviennent blonds ou fauves à l'air libre. Nageoires impaires d'un gris jaunâtre ou d'un grisâtre pâle et légèrement
pigmentées ou mâchurées sur la tranche. Ventrales parfois
aussi très légèrement pigmentées au sommet. Pectorales
généralement jaunâtres et non mâchurées.

Taille relativement petite, quoique maximale dans l'espèce,
allant parfois jusqu'à 30, exceptionnellement 32 centimètres, avec un poids de 200 à 250 grammes. La majorité des
adultes restant cependant entre 0ᵐ,23 et 0ᵐ,27 de longueur
totale.

Vertèbres au nombre de 58 à 60, dont 35 à 36, exceptionnellement 37 costales. Le minimum 58 signalé par Nüsslin et le
maximum 60 que j'ai rencontré deux fois (abstraction faite
de une ou deux bagues semi-osseuses faisant parfois suite à
la vertèbre qui porte la dernière grande plaque caudale supérieure) m'ont paru moins fréquents que le chiffre moyen 59.

De la brève description ci-dessus, il ressort que le *Gangfisch* se distingue surtout du *Blaufelchen jeune*, à taille égale : extérieurement, par des formes à la fois plus longues et plus massives de la tête, ainsi que par un museau plus épais ou moins acuminé; intérieurement par un nombre de vertèbres inférieur et le plus souvent par des branchiospines par contre plus longues et plus nombreuses. Les figures 1 et 2 de Nüsslin (Coreg. Arten, p. 17) donnent une très bonne idée des différences que présentent les têtes de ces deux poissons.

Nous avons vu que le *C. exig. Nusslinii* peut se présenter sous deux formes extérieurement assez différentes : l'une (*a*) plus abondante et plus répandue, de forme plus élancée, que l'on pourrait distinguer sous le nom de *var. Bodensis*; l'autre plus élevée et voûtée (*b*), plus rare et plus localisée, habitant principalement les profondeurs du bas lac de Constance (Untersee), du côté de Steckborn, et que Nüsslin a qualifiée de *var. Steckbornensis*. Des différences analogues, quoique peut-être un peu moins exagérées, se rencontrent du reste chez d'autres représentants du *C. exiguus*, en d'autres lacs.

Le *Gangfisch*, spécial au lac de Constance, a été jusqu'à Nüsslin, en 1882, tour à tour séparé ou rapproché du Blaufelchen (*Wartmanni*) par les différents ichthyologistes, bien que, depuis des siècles, les pêcheurs le distinguassent sous le nom de *Weissgangfisch*, du jeune Blaufelchen (*Grüngangfisch*) et du jeune *Adel* ou *Sandfelchen* (*Sand-Gangfisch*). Nous venons de voir que dans ce cas les pêcheurs avaient raison.

C'est un excellent petit poisson qui, grâce à son abondance et à sa fermeté, fait l'objet d'une exportation assez étendue, soit à l'état frais, soit surtout à l'état fumé sous lequel il est le plus généralement connu. Nüsslin fait à ce propos remarquer que les côtés du ventre plus fermes et plus carrés, ainsi que la peau plus forte et les écailles plus solides chez le Gangfisch que chez les jeunes Blaufelchen, permettent aux pêcheurs de fumer le premier sans le vider, tandis que les seconds, moins fermes, doivent être forcément ouverts.

A l'approche du temps des amours, vers le milieu de novembre, les *Gangfische* (*a*) qui ont passé la belle saison dispersés dans les profondeurs des différentes parties du lac, Boden et Untersee, arrivent de partout et se réunissent en bandes très nombreuses dans le Rhin et le long de la première partie de la rive sud de l'Untersee, principalement dans la région comprise entre Constance et Ermattingen. C'est là surtout que fraye le Gangfisch, généralement depuis les derniers dix à douze jours de novembre et jusque vers le milieu de décembre, à des niveaux assez différents, parfois non loin du bord, quelquefois sur d'assez grands fonds ou depuis la surface, souvent sur le sable ou le gravier jusque dans les eaux courantes du fleuve. Les pêcheurs en peuvent prendre alors de très grandes quantités d'un seul coup de filet. Mâles et femelles portent à cette époque sur les côtés du corps, les mâles surtout, des lignes de tubercules épidermiques qui tombent assez vite après le temps du frai. On compte le plus souvent 7 à 8 raies superposées de ces boutons erotiques chez le *Gangfisch*; tandis que la *Bondelle*, forme voisine propre au lac de Neuchâtel, en porte d'ordinaire beaucoup plus, parfois près du double.

Les œufs mûrs, volontiers un peu plus gros que ceux du Blaufelchen dans le lac de Constance et ceux des Albeli dans le lac de Zurich, mesurent environ 2^{mm},8 de diamètre, parfois près de 3^{mm} selon Nüsslin.

Souvent pêché à des profondeurs relativement petites, le *Gangfisch* résiste mieux que le Blaufelchen et peut survivre alors plusieurs jours à sa capture.

La variété élevée (*b*) distinguée, nous l'avons dit, sous le nom de *Steckbornensis* par Nüsslin, serait, selon cet auteur, relativement rare, et se tiendrait généralement, comme le *Kilchen*, dans les plus grandes profondeurs de l'Untersee. Ses allures en temps de frai sont peu connues; cependant Nüsslin aurait trouvé quelques individus déjà prêts à pondre, parmi ceux ramenés par le filet de fond, vers le milieu d'octobre. La pêche du Gangfisch sous cette forme se ferait principalement en août et septembre.

20,000 alevins du *Gangfisch* de Constance ont été versés, en 1882, dans le lac de Zurich, où ils contribueront certainement à augmenter encore la confusion qui règne déjà entre Corégones d'espèces et de formes diverses.

29 (2). HÆGLING [1]

Cor. exiguus, Heglingus, Cuvier [2].

Corps fusiforme, assez élancé; pédicule caudal médiocrement effilé. Tête conique plutôt allongée; museau subcarré. Bouche terminale. Intermaxillaire vertical, relativement peu élevé. Maxillaire légèrement arqué, arrivant sous le bord de la pupille. Opercule plutôt petit. Œil grand. Écailles plutôt petites. Caudale à peu près de la longueur de la tête. Dorsale plutôt petite, relativement peu pointue. Pectorales assez acuminées, plutôt courtes et étroites. — Olivâtre en dessus; anale et nageoires paires un peu ou pas mâchurées. — (Taille moyenne d'adultes et de vieux : 0^m,17 —18 à 0^m,213.)

Brchsp. 1, 35–39 = 1 : 3,75–4. — IV, 26–30.

D. 4–5/10–11, A. 3–4/10–11, V. 2/9–10, P. 1/14–16, C. 19 *maj.*

$$Squ.\ 79\ \frac{8-9}{7-8}\ 90. — Vert.\ 61.$$

Salmo Albula, *Hartmann*, loc. cit. (*partim*).
Coregonus Albula, *Schinz*, l. c. (*part.*).
   »   Heglingus, *Cuvier*, Règ. Anim. Trad. *Schinz*, II, p. 275.
   »   Wartmanni, *Siebold*, l. c. (*part.*). — *Schoch*, Fischfauna des cantons Zürich, 1879, p. 18 (*part.*).
   »   restrictus, Nusslinii (*part.*), *Fatio*. Corég. de la Suisse, p. 16, 8 et tab. 1, D, 8, k.

Noms vulgaires : *Hægling, Hegling, Heglig* ou *Häglig*, Zürich.

Corps effilé, d'une hauteur, à la longueur du poisson sans la caudale, comme 1 : 4,40—4,60, pour les quatre individus que j'ai pu examiner (dus à l'obligeance des Dr G. Asper et

---

[1] *Hägelin* ou *Hägling, Albula minima* de Gessner. Fischbuch (Trad.), 1598, fol. 189.
[2] Dans la traduction du Règ. Anim. de Cuvier, par Schinz.

Dr G. Schoch), mesurant de 170 à 213 millimètres de longueur totale; avec un pédicule caudal médiocrement étiré.

Tête moyennement élevée, conique, plutôt étroite et faiblement comprimée en dessous, d'une longueur à peu près égale à la hauteur du corps, soit dans les mêmes rapports. — Museau un peu carré. — Bouche terminale. — Intermaxillaire vertical médiocrement ou plutôt peu élevé. — Maxillaire supérieur parvenant sous la pupille, légèrement arqué et faiblement retroussé. — Opercule plutôt petit et subcarré. — Œil grand, à la tête = 1 : 3,30—3,90. — Espace préorbitaire égal à l'œil chez le plus grand sujet, un peu moindre chez les autres.

Hartmann [1] s'est trompé quand il a attribué, comme caractère distinctif, au *Hügling* de Zurich *cinq rayons branchiostèges* seulement, il en compte *neuf*, comme les formes voisines.

Branchiospines assez grêles et serrées, au nombre de 35 à 39 sur le premier arc, de 26 à 30 sur le quatrième; les plus grandes, vis-à-vis du premier arc qui les porte, comme 1 : 3,75—4, avec 15 à 20 denticules latéraux environ.

Nageoires : caudale à peu près de la longueur de la tête ou très légèrement plus longue, profondément échancrée et assez acuminée. — Dorsale petite et relativement peu aiguë, de $^1/_4$ à $^1/_3$ moins haute que la longueur latérale de la tête; chez un de $^1/_9$ seulement. — Anale d'une élévation environ $^2/_3$ de celle de la dorsale, volontiers un peu plus longue que haute. — Pectorales assez étroites et acuminées, parvenant, renversées, entre l'œil et la narine; chez un dépassant légèrement cette dernière. — Ventrales petites et, quoique reculées jusque sous les derniers rayons de la dorsale, demeurant à $^2/_5$ ou à $^3/_5$ de leur longueur, de l'anus.

Écailles plutôt petites, assez solides quoique peu épaisses, de dimensions assez semblables sur les différentes parties latérales du tronc, plus arrondies en avant, plus ovales en arrière, avec des stries assez fines et un nœud légèrement reculé vers le bord libre. Une squame médiane sur la ligne

____
[1] Helv. Ichthyol., p. 152.

latérale d'une surface entre ¹/₈ et ¹/₆ de celle de l'œil, chez
mes plus petits sujets (0ᵐ,170-178), entre ¹/₅ et ¹/₆ chez le
plus grand (0ᵐ,213), Le tubule muqueux assez large, médiocrement allongé et un peu recourbé à l'extrémité, sur la
moitié postérieure du corps surtout.

Coloration difficile à décrire sur des individus conservés à l'alcool; elle paraît cependant avoir dû être olivâtre sur toutes
les faces supérieures, d'un blanc argenté sur les faces latérales. Les ventrales et même les pectorales sont très légèrement mâchurées chez le plus grand.

Taille très petite : mon sujet de 213ᵐᵐ paraît devoir être un
individu de très grande taille, les pêcheurs affirmant que le
Häglig dépasse rarement 16 à 18 centimètres de longueur,
avec un poids de 50 à 60 grammes.

Vertèbres au nombre de 61 chez les deux individus que j'ai
sacrifiés, sur les quatre reçus de Zurich comme grande
rareté; 36 costales chez l'un, 37 chez l'autre. Une petite
gaine incomplètement ossifiée, vertèbre rudimentaire, faisait
suite, chez l'un, à la vertèbre 61ᵐᵉ, biseautée et portant la
dernière grande plaque caudale.

Hartmann (Helv. Ichthyol., p. 152) a eu tort, quand il a spécifiquement rapproché le *Högling* de Zurich du *S. Albula* du
nord de l'Allemagne et de la Suède, sous le prétexte qu'il ne
compte que cinq rayons branchiostèges; nous avons vu qu'il en
compte le plus souvent 9 (plus rarement 8), comme nos autres
petits Corégones indigènes; ajoutons que l'*Albula* du nord, au
moins sur quelques sujets de Prusse que j'ai examinés, en
compte 7 ou 8 suivant les individus.

Je ne vois d'analogies entre ces deux espèces que dans la
taille, également petite, et dans la fréquence des nombres
minima d'écailles, 8 en dessus et 7 en dessous de la ligne latérale, chez notre *Heglingus* comme chez l'*Albula*. A part cela,
le premier se distingue constamment du second : par sa bouche
horizontale non retroussée, par des branchiospines moins longues et moins nombreuses (1, 47-49=1 : 3,5 chez l'*Albula*), par
la forme non tordue de son maxillaire supérieur semblable à

celui de nos autres représentants de l'*Exiguus* (voy. Pl. 11, fig. 7, 13 et 14) et par un nombre de vertèbres bien supérieur (57-58 chez l'*Albula*).

C'est surtout à ce dernier point de vue, par le nombre de ses vertèbres un peu supérieur à celui de nos autres Corégones de petite forme (61 au lieu de 58-60), que le *Hägling* mérite d'être distingué parmi ceux-ci. Faute de sujets d'étude assez nombreux et ne pouvant préjuger de la constance de ce caractère anatomique différentiel, je ne crois pas devoir lui accorder, jusqu'à nouvel ordre, une importance dépassant celle d'une distinction subspécifique.

Le *Hägling*, abondant du temps de Gessner[1], qui, selon Hartmann, se prenait encore fréquemment au grand filet à un fond de 100 pieds environ, au commencement de ce siècle, dans le lac de Zurich, particulièrement du côté de Badenschwyl, Zollikofen et Wollishofen, et qui constituait autrefois, dit-on, la principale nourriture des abbesses du Fraumünster, est devenu de nos jours tellement rare, que les Drs Schoch et Asper n'ont pu s'en procurer que trois individus en vingt ans, avant 1887, en s'adressant cependant à tous les pêcheurs les plus adroits. Il est vrai que, depuis lors, en mars 1888, le Dr Schoch m'écrivait qu'on avait retrouvé le *Hägling* et que les pêcheurs pourraient maintenant donner satisfaction à mes demandes. On avait, disait-on, découvert la retraite de ce petit poisson; et toutefois, je n'en ai reçu qu'un seul depuis lors, un quatrième sujet d'étude. L'espoir exprimé paraît avoir été déçu; le Hägling est encore une rareté.

Nous avons signalé les quelques caractères pouvant le faire distinguer, d'un côté des *Albeli* de Zurich, de l'autre des petits Corégones de plusieurs de nos autres lacs; il nous est après cela difficile, faute de documents, d'entrer dans l'examen de

---

[1] *Gessner*, Fischbuch, 1598, fol. 189, dit du *Hägling*, son *Albula minima* : qu'il reste plus petit que l'*Albula parva* de divers lacs, qu'il fraie en juillet (Heumonat) et qu'on le prend en grande quantité au filet à 40 ou 50 pas de profond, particulièrement du côté de *Wädischweil*, dans le lac de Zurich.

son existence, de ses allures et de ses agissements en temps de frai jusqu'ici mal connus.

Selon l'auteur de l'Ichthyologie helvétique, ce petit poisson passait pour très délicat et ne pouvait se prendre que de nuit ou par des temps très sombres; il aurait frayé en juillet et en novembre et aurait rarement dépassé 6 ¹/₂ à 7 pouces de longueur. D'après le Dʳ Asper et les données des pêcheurs actuels, qui le distinguent parfaitement des Albeli, on ne prendrait le *Hägling* qu'en mai seulement, et encore tout ce qu'il y a de plus rarement, entre Wollishofen et Zurichhorn, avec une espèce de ligne de fond dite *Hegene*, au moyen de hameçons sans amorces, munis d'attaches différemment colorées, à 20 ou 25 mètres de profondeur. Jamais on n'aurait pris un de ces petits poissons en état de frai; si bien que l'on ne connaît rien de sa reproduction. Quelques pêcheurs supposent qu'il doit frayer au fond, côte à côte avec les Albeli. Il est peu probable, en tout cas, qu'il ponde à deux époques, comme le supposait Hartmann.

L'espèce s'est-elle peut-être épuisée par croisements avec les *Albeli*, en perdant peu à peu de ses caractères propres? Cette supposition purement gratuite expliquerait à la fois la rareté du *Hägling* et la grande variabilité des *Albeli* de Zurich, dans leur bas âge surtout.

29 (3). WEISSFISCH

COR. EXIGUUS ALBELLUS[1].

Corps médiocrement élancé; pédicule caudal conique, plutôt étroit. Tête assez longue et haute; museau assez gros. Bouche terminale ou quasi-terminale. Intermaxillaire vertical peu ou médiocrement élevé. Maxillaire légèrement arqué, dépassant le bord de l'œil. Opercule plutôt petit. Œil grand. Écailles relativement petites ou moyennes. Caudale généralement un peu plus longue que la tête. Dorsale petite, médiocrement déclive. Pectorales

---

[1] *Albellus* : qualificatif que j'ai formé en latinisant les noms vulgaires *Albele* et *Albuli* qui me semblent dériver de l'adjectif *albus* (blanc) généralement appliqué à ces petits Corégones dits aussi *Weissfische*.

*petites ou moyennes, assez étroites. — Verdâtre, olivâtre ou fauve,
en dessus; anale et nageoires paires jaunâtres, pas mâchurées.
— (Taille moyenne d'adultes et de vieux : 0ᵐ,16—21 à 0ᵐ,225.)*

Brchsp. I, 36–43 = 1 : (3,25)–3,40–4. — IV, (26) 28–32.

D. 4–5/10–11, A. 3–4/11–12, V. 2/10–11, P. 1/14–16, C. 19 *maj.*

$$Squ.\ 78\ \frac{9—10-(11)}{8—9-(10)}\ 88.\ —\ Vert.\ 59–60.$$

Salmo Maraenula, S. Albula, *Hartmann*, loc. cit. (*partim*). — *Schinz*,
    l. c. (*part.*).
Coregonus Wartmanni *juv.* (*part.*) auctorum : *Heckel et Kner* (l. c. *part*).
    — *Siebold* (l. c. *part.*). — *Jäckel* (l. c. *part.*). — *Günther* (l. c.
    part.).
    »   restrictus, Nusslinii, *Fatio*, Corég. de la Suisse, p. 16 et
    tab. I, D. 8. 1′, 1″ (*part.*).

Noms vulgaires : *Albule, Albele* ou *Albeli*, en général ; plus particulière-
    ment : *Weissfisch*, autrefois *Nachtfisch*, à Lucerne ; *Brienzling*
    à Brienz, *Kropflein* ou *Kropfer* à Thoune. Le nom de *Nacht-
    fisch* attribué par Hartmann à ce poisson, dans le lac de Lucerne,
    m'a paru beaucoup moins connu et répandu aujourd'hui que
    celui de *Weissfisch*.

Corps fusiforme, plus ou moins élancé et volontiers un peu con-
    vexe ou légèrement voûté en avant ; la hauteur maximale,
    au poisson sans la caudale, comme 1 : 3,70—4,20—4,70,
    selon les individus femelles, mâles ou jeunes, plus ou moins
    élevés ; avec un pédicule caudal conique plutôt étroit.
Tête plutôt forte, conique, assez haute en arrière, parfois très
    légèrement pincée en dessous et d'ordinaire, chez l'adulte, à
    peu près égale à la hauteur maximale du corps ou légère-
    ment moindre, soit, le plus souvent, à la longueur du pois-
    son sans la caudale, comme 1 : 4,30—4,70. — Museau plutôt
    épais, carré ou subcarré. — Intermaxillaire vertical peu
    ou médiocrement élevé. — Bouche terminale ou quasi-termi-
    nale. — Maxillaire long, dépassant le bord de l'œil, arrivant
    même souvent à la pupille, faiblement arqué et légèrement
    retroussé, avec un coude médiocrement reculé. — Opercule

généralement petit, subcarré ou trapézoïdal. — Œil grand,
vis-à-vis de la longueur latérale de la tête, comme 1 : 3,55
—3,90 chez la majorité des adultes, parfois 1 : 3,10 chez
des jeunes ou 1 : 4,10 chez des vieux. — Espace préorbitaire,
selon l'âge, un peu plus petit, égal ou légèrement plus grand
que l'œil.

Branchiospines longues, grêles et serrées, au nombre de 37 à
43 sur le premier arc (plus rarement 36) et de 28 à 32 sur
le quatrième (plus rarement 26), avec 17-24 denticules latéraux sur les plus grandes antérieures. Une branchiospine
majeure sur le premier arc, vis-à-vis de celui-ci, comme
1 : 3,40—4, voire même une fois chez le *Kropfer* de Thoune
1 : 3,25.

Nageoires : caudale profondément échancrée et acuminée,
généralement un peu plus longue que la tête, souvent de $\frac{1}{12}$
à $\frac{1}{9}$. — Dorsale plutôt petite, bien moins haute que la longueur latérale de la tête, volontiers de $\frac{1}{7}$ à $\frac{1}{4}$ de celle-ci,
subacuminée et médiocrement déclive. — Anale égale à peu
près aux $\frac{2}{3}$ de la précédente en hauteur et volontiers d'une
étendue basilaire un peu plus forte que son élévation. —
Ventrales moyennes, soit couchées, demeurant distantes de
l'anus de $\frac{1}{3}$ à $\frac{2}{3}$ de leur longueur, généralement plus chez
les sujets des lacs de Thoune et Brienz que chez ceux de
Lucerne. — Pectorales petites et étroites, arrivant généralement, ramenées en avant, entre l'œil et la narine, assez
souvent jusque entre la narine et la bouche chez le *Weissfisch*
du lac de Lucerne.

Écailles plutôt petites, plus ou moins délicates, arrondies ou
subovales, avec des stries médiocrement déliées. Une
squame médiane sur la ligne latérale, subarrondie et d'une
surface variant, selon l'âge, entre $\frac{1}{6}$ et $\frac{1}{5}$ de celle de l'œil,
avec le nœud légèrement reculé vers le bord libre et le tubule
médiocrement allongé, plutôt large et franchement recourbé
à l'extrémité.

Coloration généralement assez pâle, verdâtre, olivâtre, fauve
ou blonde, en dessus, argentée et parfois légèrement nuancée
de jaunâtre sur les côtés, avec nageoires, suivant les cas,
quasi-incolores ou jaunâtres, les ventrales et les pectorales

voire même parfois presque orangées. Les dorsale et caudale assez souvent légèrement mâchurées vers l'extrémité,
chez l'adulte. N'ayant pas pu assister à la sortie de l'eau
de ce poisson, et n'ayant pu étudier que des sujets morts
depuis quelques heures, je ne saurais dire si ces petits
Corégones n'ont pas, comme d'autres, en état de vie, une
coloration plus brillante et plus verte sur le dos et la tête.
Taille petite, variant chez l'adulte de 0^m,160 à 0^m,225, avec un
poids maximum de 100 à 120 grammes.
Vertèbres au nombre de 59 à 60, le maximum plus fréquent
chez le *Kropfer* ou *Kropflein* de Thoune, dont d'ordinaire
36 costales.

Le *Kropflein* et le *Brienzling* se distinguent surtout à première vue du *Albock* jeune, comme le *Weissfisch* de l'*Edelfisch* à taille égale, par leur tête plus longue et leur livrée plus
pâle; le nombre de leurs vertèbres est avec cela généralement
moins élevé, tandis que leurs branchiospines sont, par contre,
d'ordinaire plus nombreuses et plus effilées.

Le *Weissfisch* du lac des Quatre-Cantons présente assez souvent des nageoires pectorales un peu plus longues que ses
analogues de Thoune et de Brienz. Cependant les légères divergences qui existent, à quelques égards, entre ces petites formes, pour ainsi dire alpines, de nos trois lacs centraux, constituent tout au plus des variétés locales.

Notre *Cor. exiguus albellus* existe donc dans les lacs alpins
de Brienz, de Thoune et des Quatre-Cantons (Lucerne), sans
être nulle part abondant. Il est possible qu'il se rencontre aussi
dans le lac de Zoug, confondu, comme je l'ai dit, avec les petits
Corégones dits *Albeli*, quoique ceux de tailles différentes que
j'ai pu examiner de cette provenance présentassent les caractères plus ou moins accusés du jeune âge de la sous-espèce du
Wartmanni que j'ai nommée *C. W. compactus* et qui prend en
grandissant le nom de *Albock* dans la localité. Bien que plusieurs pêcheurs de Zoug m'aient assuré qu'ils n'avaient jamais
trouvé l'analogue du *Weissfisch* de Lucerne dans leurs eaux, il

se pourrait cependant qu'il y existât en petit nombre, peut-être croisé avec lesdits *Albeli* (*Albeli-Albock*), comme porterait à le croire la grande variabilité de ceux-ci et la large extension de l'époque de frai qui leur est attribuée (mi-septembre à fin décembre). Quoique bons observateurs, les pêcheurs se trompent assez souvent dans leurs appréciations; je n'en veux pour preuve que les données contradictoires des pêcheurs du lac de Thoune qui nient pour la plupart l'existence d'un analogue du *Brienzling* dans leurs eaux; tandis que, aux deux extrémités du lac, Roth à Untersee et Gilliéron à Scherzlingen m'ont tous deux assuré de la présence dans celui-ci d'un petit Corégone qu'ils disaient également assez rare, qu'ils distinguaient parfaitement du jeune *Albock* à taille égale et qu'ils appelaient : le premier *Kropflein*, le second *Kropfer*, à cause de la saillie produite sous la partie antérieure du corps par le gonflement de la vessie, chez les individus ramenés des grands fonds par le filet. C'est même au dernier de ces pêcheurs que je dois les quelques échantillons mâles et femelles que j'ai pu étudier de cette forme du lac de Thoune.

Ces divers petits Corégones se tiennent de préférence dans les profondeurs et ne font guère l'objet d'une pêche spéciale dans les trois lacs centraux ci-dessus cités. On ne les prend guère qu'à l'approche du temps de frai et par hasard, dans le grand filet destiné à d'autres espèces de plus grande taille.

L'époque des amours ainsi que les allures en temps de frai paraissent varier passablement dans les différents lacs, et les pêcheurs ne semblent pas avoir à cet égard des données bien précises. L'époque du frai tomberait sur la fin d'août ou la première semaine de septembre, pour le *Kropfer* dans le lac de Thoune ; tout au moins, des femelles capturées le 1er septembre 1887 portaient encore des œufs mûrs, jaunâtres et d'un diamètre de 2 à 2 ½ millimètres, alors qu'un mâle avait déjà vidé ses laites. Le gonflement assez apparent des individus ainsi capturés en état de frai ferait supposer qu'ils ont été pris à une certaine profondeur. Je n'ai point vu de tubercules épidermiques chez les quelques sujets que j'ai pu alors examiner. Les femelles pleines présentaient un peu la forme carrée ou anguleuse du bas des flancs signalée par Nüsslin chez le *Gangfisch*.

La ponte s'opérerait, suivant plusieurs pêcheurs, environ un mois plus tard dans le lac de Brienz, soit dans le courant d'octobre, époque à laquelle le *Brienzling* devient, disent-ils, rêche au toucher (*rüsch*). N'ayant pu me procurer que de jeunes individus de ce dernier, il ne m'a pas été possible de déterminer d'une manière exacte l'époque certaine de sa ponte. Je ne saurais également citer ici aucune observation propre sur les agissements en temps de frai de cette seconde variété, généralement un peu plus petite que la précédente. Selon divers pêcheurs, elle déposerait ses œufs non loin des rives, parfois sous deux à six pieds d'eau ; elle viendrait même, pour cela, au dire de quelques-uns, jusque dans l'embouchure de la rivière l'Aar.

Quant au *Weissfisch* du lac des Quatre-Cantons, les données varient beaucoup aussi ; cependant il semble que ce soit surtout en août et septembre que l'on trouve la majorité des individus ornés de leurs petits boutons de noces et que s'opère le dépôt du frai, particulièrement du côté de Weggis. La ponte serait même, suivant les circonstances, plus ou moins avancée en juillet ou retardée jusqu'en octobre. Le dire de quelques pêcheurs qui veulent avoir trouvé le *Weissfisch* en état de frai jusque vers la fin de décembre me paraît très sujet à caution et reposer probablement sur quelque confusion d'espèce ; par contre, une jeune femelle de 13 centim. environ, recueillie par le Dr Suidter, portait déjà des œufs assez développés, de $1^1/_2$ mm., le 16 juin, en 1882. C'est, je crois, à l'observation de semblables cas exceptionnels qu'il faut attribuer l'idée émise quelquefois d'une double ponte annuelle.

Le *Weissfisch* présenterait, suivant les pêcheurs, des allures assez variables : pour les uns, il frayerait dans les grandes profondeurs, pour d'autres, près du rivage ; pour la majorité, il pondrait entre deux eaux, laissant couler ses œufs sur les grands fonds, et serait assez souvent capturé dans ces conditions avec le filet volant (*Schwebnetz*). On prend aussi le Weissfisch dans des filets de fond posés de nuit, et c'est à cette circonstance que ce petit poisson a dû le nom de *Nachtfisch* sous lequel il était autrefois surtout connu.

29 (4). FÉRIT

COR. EXIGUUS FERITUS[1].

Corps ramassé, assez voûté; pédicule caudal médiocrement allongé, relativement peu élevé. Tête massive, assez déclive; museau gros et obtus. Bouche terminale ou quasi-terminale. Intermaxillaire vertical ou subvertical, médiocrement élevé. Maxillaire allongé, arqué, assez retroussé, dépassant notablement le bord de l'œil. Opercule moyen. Œil bas, assez grand. Écailles relativement petites. Caudale à peine plus longue que la tête. Dorsale petite, étroite et moyennement déclive. Pectorales petites ou moyennes, plutôt étroites. — Verdâtre, olivâtre ou fauve, en dessus; anale un peu mâchurée, nageoires paires peu ou pas mâchurées. — (Taille moyenne d'adultes et de vieux : 0ᵐ,25—0ᵐ,30.)

Brchsp. 1, 35–38 = 1 : 4,40–4,60. — IV, 26–27.

D. 4–5/10, A. 3–4/11–12, V. 2/11–12, P. 1/14–16, C. 19 *maj.*

$$Squ. \ 90 \ \frac{10-11}{8-9} \ 95. \ — \ Vert. \ 60.$$

CORÉGONUS (RESTRICTUS) FERITUS, *Fatio*, Corég. de la Suisse, p. 16, tab. 1, D. 7.

NOMS VULGAIRES : *Kropfer, Pfenrig, Pferrig* ou *Pferrit, Férit,* à Morat; souvent confondu avec le *C. confusus,* forme locale du *Wartmanni,* sous les quatre derniers noms.

Corps gros, assez élevé et voûté, d'une hauteur maximale chez l'adulte (abstraction faite du gonflement par la vessie), à la longueur sans la caudale, comme 1 : 3,30—3,60; avec un pédicule caudal médiocrement allongé, relativement peu élevé. Tête massive, haute et passablement déclive, à la longueur sans la caudale, comme 1 : 4,40—4,55. — Museau épais, relativement court et parfois légèrement saillant en dessus. —

[1] *Feritus* = Férit latinisé.

Mâchoires égales ou presque égales; la bouche, par le fait, terminale ou quasi-terminale. — Intermaxillaire vertical ou quasi-vertical, médiocrement élevé. — Maxillaire allongé, passablement arqué et retroussé, dépassant notablement le bord de l'œil. — Opercule moyen, subcarré ou trapézoïdal. — Œil assez grand et relativement assez bas, soit très distant du profil frontal, à la longueur latérale de la tête, comme 1 : 3,75—4,10, chez l'adulte des deux sexes. — Espace préorbitaire au plus égal au diamètre oculaire.

Branchiospines moyennement longues, assez nombreuses et relativement peu serrées : 35 à 38 sur le premier arc et 26 à 27 sur le quatrième. Les plus fortes antérieures, d'une longueur, vis-à-vis de l'amplitude assez grande du premier arc, comme 1 : 4,4—4,6, avec le plus souvent 14 à 18 denticules latéraux.

Nageoires généralement petites : caudale acuminée, profondément échancrée, à peine plus longue que la tête. — Dorsale d'environ ¹/₄ plus courte que la tête, assez étroite, mais médiocrement acuminée et moyennement déclive. — Anale de près de ¹/₄ ou ¹/₃ plus basse que la précédente, quoique volontiers légèrement plus haute que longue. — Ventrales couchées, demeurant distantes de l'anus d'environ la moitié de leur longueur. — Pectorales renversées atteignant entre l'œil et la narine ou au plus à celle-ci, plus ou moins étroites selon le sexe. — Adipeuse plutôt petite et étroite.

Écailles relativement petites, nombreuses et assez minces, plus ou moins obliques sur les parties postérieures du corps et se recouvrant passablement. Chez les cinq individus que j'ai pu examiner, au nombre de 90 à 95 sur la ligne latérale, et de 10 à 11 en dessus, sur 8 à 9 en dessous jusqu'aux ventrales. Les squames lat. sup. antérieures, lat. médianes et lat. post. inférieures le plus souvent d'une surface, vis-à-vis de celle de l'œil, égale à ¹/₈ ou ¹/₇, ¹/₇ ou ¹/₆ et ¹/₆ ou ¹/₅. Une écaille médiane, sur la ligne latérale, subarrondie ou subcarrée, un peu découpée, avec des stries assez fines, un nœud quasi-médian et un tubule assez étroit et allongé, un peu recourbé à l'extrémité.

Coloration pâle, verdâtre, olivâtre, fauve ou blonde, restreinte

aux faces supérieures ; les côtés argentés ; les nageoires
impaires un peu pigmentées dans leur partie extrême, les
ventrales aussi un peu, les pectorales pas ou presque pas.
Taille d'adultes variant de 0ᵐ,25 à 0ᵐ,30 de longueur totale,
avec un poids moyen de 120 à 200 grammes environ. Trois
Kropfer belle taille pesant à peu près une livre, et l'espèce
atteignant rarement une demi-livre, selon les pêcheurs.
Vertèbres au nombre de 60, abstraction faite d'une gaine au
delà de celle qui porte la grande plaque supérieure, chez les
deux individus que j'ai sacrifiés ; 37 costales.

Ce petit Corégone remplace dans le lac de Morat la *Bondelle*
de Neuchâtel qui, au dire des pêcheurs du premier de ces lacs,
manque totalement dans leurs eaux, et dont il se distingue à
première vue par ses formes lourdes et ramassées. Il se tient
de préférence dans les profondeurs et, bien qu'il ne soit pas
rare, il ne se prend guère qu'au moment du frai, avec le filet qui,
l'arrachant souvent à un fond de 20 brasses environ, le ramène
la plupart du temps tout gonflé ou pourvu du prétendu goî-
tre qui lui a valu le nom de *Kropfer*.

Le Kropfer ou *Férit* fraie d'ordinaire sur le sable, sur un
haut-mont au côté S.-O. du lac, entre 30 et 40 mètres de profondeur, dans les mêmes conditions que notre *C. Wartmanni
confusus* qui, malgré cette analogie de frai et une fréquente
similitude de nom, est cependant toujours franchement distingué du *Kropfer* par les pêcheurs qui reconnaissent trois espèces
dans leur lac : la *Palée* (assez rare), la *petite Féra* ou Pfærrig,
et le *Kropfer*; trois espèces représentant, comme dans la majorité de nos lacs, le *C. Schinzii*, le *C. Wartmanni* et le *C. exiguus*.

L'époque du frai, d'ordinaire entre les derniers jours de
décembre et la première moitié de janvier, commence généralement, pour le Kropfer (*Feritus*), cinq à six jours plus tard que
celle de son congénère et voisin le *C. W. confusus*.

Les mâles sont alors ornés de 8 à 10 raies de tubercules épidermiques blanchâtres ; volontiers 3 à 4 raies au-dessus de la
ligne latérale et 5 à 6 en dessous. Les œufs d'une femelle prête
à pondre mesuraient de 2 ¹/₄ à 2 ¹/₂ millimètres.

La ponte s'opérant sur les mêmes places et presque simultanément, au moins pendant quelques jours, pour nos *C. exig.
Feritus* et *C. W. confusus*, il est fort probable qu'il doit se
produire assez souvent des croisements fortuits entre ces deux
Corégones; c'est même, je l'ai dit, à la fréquence de ces frottements que je crois devoir attribuer la création de la variété élevée du dernier.

29 (5). BONDELLE

COR. EXIGUUS, BONDELLA.

(Pl. I.)

*Corps élancé; pédicule caudal assez allongé. Tête longue;
museau un peu convexe, assez épais. Bouche terminale ou subterminale. Intermaxillaire vertical ou quasi-vertical, médiocrement
élevé. Maxillaire arqué et plus ou moins retroussé, dépassant
plus ou moins le bord de l'œil. Opercule petit. Œil grand. Écailles relativement très petites. Caudale à peine plus longue que la
tête. Dorsale petite, étroite, acuminée et très déclive. Pectorales
petites et acuminées. — Vert clair chatoyant, ou blond en dessus;
anale et nageoires paires pas mâchurées. — (Taille moyenne
d'adultes et de vieux : $0^m,20$—22 à $0^m,26$ (0^m29).*

Brchsp. I, (32) 34-40 (41) = 1 : 3,8-4,8. — IV, (22) 25-29.

D. 4-5/9-10, A. 3-4/10-13, V. 2/10-11, P. 1/14-15, C. 19 *maj.*

$$Squ.\ 80\ \frac{10—11}{8—9}\ 90.\ —\ Vert.\ 59\ (58-60).$$

SALMO SALVELINUS (*false*), *Hartmann*, Helv. Ichthyol. p. 124.
COREGONUS ALBULA, *Schinz*, loc. cit. (*partim*).
　　　» 　　　CANDIDUS, *Goll*, Contrib. à l'Hist. nat. des Corégones du lac de
　　　　　　　Neuchâtel; Soc. Helv. Sc. nat. 1883; Archives Sc. phys. et
　　　　　　　nat. III, t. 10, p. 341.
　　　» 　　　RESTRICTUS BONDELLA, *Fatio*, l. c. p. 16, 9 et tab. I, D. 9.

NOMS VULGAIRES : *Bondelle* ou *Bondèle*, lac de Neuchâtel; *Pfærrit* (*part.*),
　　　lac de Bienne.

Corps effilé, soit allongé et assez comprimé, avec un profil
supérieur généralement un peu plus convexe que l'inférieur,
sauf chez les femelles pleines ou les individus gonflés; d'une
hauteur maximale, à la longueur du poisson sans la caudale,
le plus souvent comme 1 : 4,10—4,65 chez l'adulte, parfois
jusqu'à 4,85 chez certains mâles; avec un pédicule caudal
assez long, étroit et relativement peu élevé.

Tête longue, médiocrement épaisse et plutôt peu élevée en
arrière; d'une longueur latérale à peu près égale à la hauteur du tronc, soit, vis-à-vis du poisson sans la caudale, chez
l'adulte généralement comme 1 : 4,20—4,65. — Museau un
peu convexe, assez épais. — Bouche terminale ou subterminale. — Intermaxillaire médiocrement élevé, vertical ou
quasi-vertical. — Maxillaire assez arqué, quoique plus ou
moins suivant l'âge et les individus, et beaucoup plus retroussé que chez nos autres représentants du *C. exiguus*, avec
un coude passablement reculé (voy. Pl. II, fig. 14), parvenant
sous le bord de l'œil, parfois presque jusque sous le bord de
la pupille. (Il paraît un peu trop prolongé sur la Pl. I). —
Opercule petit, soit peu élevé, mais relativement assez large.
— Œil grand, d'un diamètre, à la longueur latérale de la tête,
comme 1 : 3,45—3,95 au plus 4, chez l'adulte. — Espace
préorbitaire à peu près égal à l'œil ou légèrement plus grand.

Branchiospines grêles et serrées, bien que plus ou moins longues et nombreuses; présentant à cet égard d'assez grandes
différences entre individus plus constants du lac de Neuchâtel et sujets plus variables (probablement mélangés de
bâtards) du lac de Bienne [1].

Bondelle de Neuchâtel : 35 à 40 (plus rarement 34 ou 41)

---

[1] Les *dents*, que je n'ai pas cru devoir prendre en considération dans
la détermination spécifique de nos Corégones, à cause de leur peu d'importance ordinaire et de la difficulté de leur appréciation, dont j'ai dit
seulement quelques mots dans les généralités du genre, sont ici non
seulement bien développées sur les pharyngiens supérieurs et inférieurs,
mais encore assez nombreuses sur la langue pour présenter un maximum
rare chez nos autres espèces et sous-espèces : les petites dents linguales
sont, chez la Bondelle, ou assez serrées et plus ou moins en quinconce,
ou disposées sur 7 à 8 raies quasi-parallèles.

sur le premier arc, les plus grandes, vis-à-vis de l'amplitude assez restreinte de celui-ci, comme 1 : 3,80—4,65, avec 15 à 20 denticules latéraux ; 25 à 29 épines sur le quatrième arc.

Pfærrit de Bienne : souvent 32 à 36 sur le premier arc, comme 1 : 4—4,80, avec 12 à 16 denticules latéraux ; 22 à 25 épines sur le quatrième arc. (Voyez plus loin, à la discussion de la variabilité de cette sous-espèce, les divergences extrêmes au point de vue des branchiospines dans ce dernier lac, et leur explication la plus probable.)

Nageoires généralement acuminées, petites ou moyennes : caudale acuminée et profondément échancrée, à peu près égale à la tête, très peu plus longue ou parfois légèrement plus courte. — Dorsale beaucoup plus courte que la tête, de $^1/_4$ à $^1/_3$ de celle-ci, droite, étroite, pointue et fortement déclive. — Anale d'une hauteur environ $^2/_3$ de celle de la dorsale et généralement un peu plus longue que haute, plus rarement très légèrement plus haute. — Ventrales couchées demeurant le plus souvent distantes de l'anus de $^2/_5$ ou $^1/_2$ de leur longueur. — Pectorales plutôt étroites et acuminées, atteignant, renversées en avant, entre l'œil et la narine ou à cette dernière, principalement chez les mâles. — Adipeuse assez longue, plus ou moins arquée, subacuminée ou subarrondie à l'extrémité.

Écailles petites, très délicates, minces et tombant très facilement ; subarrondies à l'avant du tronc, plus ovales ou élevées en arrière. Une squame médiane sur la ligne latérale, subarrondie ou subcarrée, avec des stries médiocrement déliées, un nœud légèrement reculé vers le bord libre et un tubule assez allongé, plus ou moins étroit, passablement infléchi vers le bas à l'extrémité ; d'une surface le plus souvent, chez l'adulte, $^1/_8$ à $^1/_6$ de celle de l'œil (voy. Pl. 11, fig. 28). Une squame lat. sup. antérieure souvent de surface $^1/_{12}$ à $^1/_9$ de celle de l'œil ; une lat. post. inférieure plus étroite et élevée, de $^1/_8$ à $^1/_6$. Ces rapports très variables n'ont du reste, je le répète, qu'une valeur tout à fait relative.

Coloration pâle et très peu pigmentée. Toutes les faces supérieures d'un joli vert clair et chatoyant, au sortir de l'eau, parfois un peu grisâtre dans le lac de Bienne, mais passant généralement très vite, à l'air, à une teinte d'un brun jaunâtre pâle ou blonde; quelques individus seulement conservent encore après quelques heures le manteau vert clair de leur livrée à l'état de vie. Les côtés du corps et de la tête brillamment argentés, avec des reflets jaunâtres, verdâtres, bleuâtres ou lilacés; ventre blanc. Les environs de l'œil et du museau plus ou moins teintés de noirâtre violacé. Iris argenté. Dorsale et caudale grisâtres ou verdâtres pâles, très légèrement mâchurées ou plus foncées aux extrémités; anale transparente, verdâtre ou bleuâtre. Ventrales et pectorales légèrement jaunâtres et non mâchurées (voy. Pl. I)[1].

Taille petite ou moyenne dans l'espèce; la longueur totale variant chez l'adulte de 0^m,20 à 0^m,26 (except. 29); le plus souvent 21 à 23 centimètres, avec un poids moyen de 75 à 90 grammes. Les pêcheurs comptent d'ordinaire six individus à la livre.

Vertèbres généralement au nombre de 59, dont 34 à 35 costales, chez la Bondelle de Neuchâtel; assez souvent 58 ou 60, avec 34 à 36 costales, chez le Pfaerrit de Bienne qui semble comprendre, comme je l'ai dit, pas mal de petites formes bâtardes ou étrangères à la sous-espèce. Chez les deux, assez souvent en outre une ou deux gaines ou fausses vertèbres, au delà de celle biscautée qui porte la dernière grande plaque caudale supérieure.

Le *Cor. exiguus Bondella*, assez constant dans ses divers caractères dans le lac de Neuchâtel, varie par contre beaucoup à plusieurs égards, comme nous l'avons vu, dans le lac de Bienne beaucoup plus petit et beaucoup moins profond. L'on pourrait même distinguer dans ce dernier deux variétés : l'une (*a*) très semblable à la Bondelle de Neuchâtel; l'autre (*b*) avec un nombre inférieur de branchiospines, un total de vertèbres assez variable, la tête souvent un peu plus courte et les nageoires, même les pectorales, volontiers plus mâchurées.

[1] La couleur argentée de la planche I ayant tourné un peu au noir a malheureusement couvert en partie le dessin des écailles et des diverses pièces céphaliques.

Cette dernière (*b*), avec une variabilité dans plusieurs caractères qui semble indiquer des traces de mélanges, pourrait bien n'être représentée en majorité que par des produits bâtards du véritable Pfœrrit (*Bondelle*) avec la *Palée*, ou par des jeunes de notre *C. W. confusus* dont nous avons dit qu'il pourrait aussi ne devoir son origine qu'à semblable croisement, au moins pour les formes qui le représentent, soit dans le lac de Neuchâtel où il est rare, soit dans celui de Bienne où il est plus fréquent et où nous l'avons vu confondu tour à tour, soit avec le Pfœrrit, soit avec les jeunes Palées, sous les noms de *Brœler* et de *Balchpfœrrit*.

L'examen comparé de divers caractères et de l'état des ovaires en décembre et janvier, que j'ai pu faire en différentes années, m'a dès l'abord fait soupçonner l'existence de formes voisines confondues sous le même nom de Pfœrrit dans le lac de Bienne, la question de taille ayant dû présider surtout à la détermination spécifique des pêcheurs.

J'ai reçu de Bienne, par M. le Dr Vouga, en décembre 1882, de soi-disant *Pfœrrit* dont quelques-uns ne portaient que 32, 31, voire même 30 épines sur le premier arc branchial, avec un minimum sur le quatrième descendant exceptionnellement jusqu'à 21. Le 22 décembre 1887, j'ai reçu encore, par M. le colonel F. Imer, du lac de Bienne où ils avaient été capturés ensemble au nord de l'Isle, plusieurs individus de tailles différentes (entre 0^m,22 et 0^m,29) qui, avec 58 à 60 vertèbres et 32 à 36 branchiospines sur le premier arc, ou présentaient des ovaires très peu développés, ou avaient pour la plupart déjà frayé, les plus grands seuls montrant encore quelques boutons de noces, alors que le frai de la *Bondelle* (véritable Pfœrrit) ne devait commencer que huit à dix jours plus tard, dans les mêmes eaux. Deux d'entre les plus petits présentaient avec cela des oppositions de caractères qui ne sauraient guère s'expliquer autrement que par quelque bâtardise; l'un avait 62 vertèbres; chez l'autre les branchiospines, au nombre de 36 sur le premier arc, étaient exceptionnellement courtes, soit vis-à-vis de celui-ci comme 1 : 6,85.

J'ai déjà dit, à propos de mon *C. Wartmanni confusus*, que cette forme, à l'état adulte de proportions moyennes entre le Pfœrrit et la Palée, s'était assez multipliée dans ces dernières années pour faire supposer aux pêcheurs de la localité que ce poisson pourrait arriver, par l'Aar, du lac de Thoune dans celui de Bienne, depuis la correction des eaux de cette rivière. J'ai dit aussi que rien ne m'a paru justifier cette supposition, car le poisson en question est constamment très différent des Corégones (*Balchen, Albock* et *Kropfer*) qui habitent le lac de Thoune. J'attribue plutôt la multiplication de cette forme moyenne, jusqu'ici moins remarquée, aux troubles que l'abaissement du niveau du lac a dû apporter dans les conditions de frai.

La *Bondelle* vit exclusivement dans les lacs de Neuchâtel et Bienne, où elle est abondante et jouit d'une réputation bien méritée, car elle est d'un goût très agréable et fait, sur plusieurs points du littoral, particulièrement à Auvernier et Douane, l'objet d'une importante consommation. Elle remplace à quelques égards le *Gangfisch* du lac de Constance; cependant, grâce à sa délicatesse même, à sa consistance relativement molle, au développement de la graisse qui enveloppe généralement ses intestins et à la prompte caducité de ses écailles, elle ne supporte pas aussi bien que celui-ci l'exportation à grandes distances. Genève, Lausanne et Berne en reçoivent plus ou moins en janvier; cependant une bonne partie du produit de la pêche est consommée sur place et vendue à très bas prix, pour être plus rapidement écoulée. On l'achète d'ordinaire chez le pêcheur au *quarteron*, soit par 25 à 30 individus pesant ensemble environ trois et demi livres, pour la somme de un à un et demi franc, suivant les circonstances. Sa peau très peu pigmentée est, dégarnie d'écailles, d'un blond blanchâtre, tandis que celle des jeunes *Palées* de même taille paraît d'un bleu d'acier sur toutes les faces supérieures et le haut des flancs.

Ce charmant et excellent petit poisson habite de préférence les profondeurs, où il mène, en nombreuse société, une vie tout à fait sédentaire et dont il ne s'écarte guère qu'au premier printemps, après avoir satisfait aux besoins de sa reproduction; alors qu'à la suite d'un jeûne plus ou moins prolongé, il remonte entre deux eaux pour y faire jusqu'en juin la chasse aux petits crustacés de la faune pélagique.

Le temps de frai tombe généralement entre le 1er et le 20 janvier, parfois déjà sur les deux ou trois derniers jours de décembre au lac de Bienne, exceptionnellement jusqu'en février, comme en 1887 où la basse température des eaux résultant de la persistance des neiges sur le Jura amena un retard de deux à trois semaines. La ponte s'opère sur le sable ou le limon, dans les grands fonds; souvent à 90, 100 et même 130 mètres de profondeur. Les œufs sont assez gros, nombreux et jaunâtres. Ils m'ont paru varier chez différentes femelles de 2^{mm},40 à 2^{mm},70. Les individus des deux sexes sont alors ornés de nombreuses rangées parallèles de boutons de noces, soit tubercules épidermiques carré-longs et blanchâtres; les mâles, toujours plus brillamment parés que les femelles, en portent parfois jusqu'à 13 ou 14 lignes superposées, ceux de la ligne muqueuse latérale moins développés que leurs voisins (voy. Pl. I), tandis que leurs épouses n'en comptent le plus souvent que cinq à huit.

Un fait intéressant que je n'ai trouvé signalé nulle part et que je n'ai observé chez aucun autre de nos Corégones, c'est l'usure fréquente des rayons de la caudale après le temps de frai, chez les mâles principalement[1]. M. Bachelin, d'Auvernier, excellent pêcheur et observateur, qui m'a envoyé plusieurs individus capturés à la fin de janvier 1887 dans cet état, les appelait *Bondelles queue-brûlée*, nom parfaitement justifié par l'aspect et la couleur de cette nageoire extrême, alors rougeâtre et irrégulièrement rognée aux deux lobes, souvent jusqu'à la moitié et plus. Les autres nageoires sont en même temps, ainsi que la ligne latérale, plus ou moins injectées de sang. Cette détérioration érotique de la caudale doit dénoter probablement chez les nombreux individus qui en sont affectés, ou un mouvement de frottement très actif de cette nageoire sur le sable du fond, durant les jeux de l'amour, ou des poursuites et des luttes acharnées, avec voies de fait et morsures répétées, entre concurrents jaloux. Mais ce qui nous intéresse surtout, c'est que, faute de retrouver en d'autres saisons des Bondelles ainsi

---

[1] Voyez: La *Bondelle queue-brûlée*, par V. Fatio; Archiv. des Sc. phys. et nat. Déc. 1887.

émargées, on doit se demander si ces victimes de la fièvre amou-
reuse ne meurent pas peu après leur ardente contribution au repeuplement, et si l'on ne doit pas voir là une nouvelle preuve
à l'appui de l'espèce et de la limite assez réduite de sa taille.

Après trois ou quatre mois de dispersion et de chasse entre
deux eaux, temps durant lequel il est difficile de les prendre,
les *Bondelles*, dans le lac de Neuchâtel, reviennent en juin sur
le haut-mont longitudinal qui porte chez les pêcheurs le nom
de *Motte*, et se tiennent alors à 15 ou 20 mètres de profondeur, entre sable et végétation (*verde*), en compagnie des
Palées de toutes formes et tous âges. C'est depuis ce moment
surtout et jusqu'en novembre qu'on peut prendre les Bondelles
au grand filet, en même temps que ses autres congénères.
Après ce stage estival et plus ou moins tôt ou tard dans le
courant de novembre, suivant les années, elles descendent sur
les flancs de la *Motte* à la recherche de profondeurs plus
grandes et des conditions de température ou de pression qu'exi-
geront, quatre à cinq semaines plus tard, les besoins de leur
reproduction.

La principale pêche de la *Bondelle* se pratique d'ordinaire
en janvier, au moment du frai, avec des filets dormants, sortes
d'étoles qui portent le nom de *Bondellières* et que l'on descend
alors jusque dans les plus grandes profondeurs du lac, pour
les y laissser jusqu'à trois ou quatre jours. Ce sont des filets
à simple maille, de 1 mètre de hauteur sur 60 à 65 mètres de
long, que l'on relie par 5, 6 ou 7, et que l'on dispose ainsi réunis
selon l'axe du lac ou dans le sens des courants. Cette pêche est
souvent très fructueuse. J'ai vu sortir ainsi de l'eau, dans le
même filet, des individus passablement gonflés par le développement de leur vessie, avec d'autres pas ou à peine déformés,
et il m'a paru que les femelles pleines étaient généralement les
plus goitreuses, probablement à cause de la réplétion préalable
de leur cavité viscérale. Ces dernières arrivaient la plupart du
temps mortes à la surface, et les autres ne leur survivaient
guère, mourant bien vite après leur sortie du lac, dans l'eau du
réservoir [1].

---

[1] Les *Bondellières* peuvent être aussi employées en été, disposées
alors en zigzag sur les bords de la *Motte*.

COREGONUS II. A, *b* [1].

BALLEUS

Les Corégones européens, parmi ceux que j'ai pu examiner, qui me semblent devoir rentrer, à titre de *Sp. cognatæ*, dans cette seconde espèce mère ou ce second type, comme appartenant à la section A, fraction *b* présentant *une mâchoire infé-rieure généralement moins longue que la supérieure, une bouche par là plus ou moins inférieure, soit moins terminale, et des bran-chiospines moins nombreuses, relativement courtes*, peuvent être ici plus spécialement caractérisés par les quelques traits suivants, dont l'élasticité permet encore soit la distinction de diverses espèces géographiques et sous-espèces locales, soit l'adjonction de certaines formes *intermédiaires* ou *composées* faisant plus ou moins exception à tel ou tel d'entre eux :

Intermaxillaire haut ou moyennement élevé, plus ou moins incliné en arrière et en dessous, ou subvertical; maxillaire supé-rieur n'atteignant pas le plus souvent jusque sous le bord anté-rieur de l'œil, chez l'adulte; gorge non pincée; corps plus ou moins élevé ou médiocrement élancé, avec pédicule caudal plutôt ramassé; nageoires moyennes ou plutôt grandes; écailles moyennes ou relativement grandes.

Le *Salmo Lavaretus* de Linné, de la mer Baltique et de ses principaux affluents, au moins dans une partie des formes que cet auteur comprenait sous ce titre, peut être considéré comme la souche de la plupart des Corégones du continent qui répondent à la double diagnose ci-dessus; et, si je ne crois pas devoir conserver à cet ensemble d'espèces géographiques le nom donné par Linné, c'est qu'il embrassait des espèces très différentes, et à

[1] Pour éviter une confusion possible, je dois expliquer que les lettres A et *b* ne correspondent pas à celles employées plus haut, à la gauche du tableau de la page 67. Elles doivent rappeler les sections et fractions du genre établies aux pages 59-61. Ce sont les chiffres : 1, pour DISPERSUS, p. 103, et II, ici pour BALLEUS, qui correspondent aux A et B dudit tableau, où ils auraient dû peut-être être de préférence employés.

cause de la confusion qu'il pourrait laisser subsister avec le *Lavaret* d'autres auteurs appartenant au type précédent, avec le *Lavaretus* de Cuvier et Valenciennes, entre autres. J'ai créé pour ce groupe de formes variées le nom de *Balleus*, rappelant celui des *Balchen* et *Ballen* très répandues dans la plupart de nos lacs.

Le *Salmo Maræna* de Bloch, des lacs du nord de l'Allemagne, paraît n'être qu'un descendant du *Lavaret* devenu sédentaire dans les eaux douces, et c'est au même titre de dérivés de la Maræne, plus ou moins modifiés par des conditions d'habitat différentes, qu'il faut en rapprocher aussi plusieurs de nos Corégones distingués sous les noms de *C. Fera* et *C. hiemalis* (Jurine), *C. Palea* (Cuv. et Val.), *C. acronius* (Rapp), et peut-être *Cor. Sikus* (Cuv. et Val.) du cap Nord et de Laponie.

Je ne saurais être aussi affirmatif pour d'autres prétendues espèces d'Europe qui présentent, il est vrai, une assez grande ressemblance extérieure avec ces premières, mais dont je n'ai pu jusqu'ici étudier l'appareil branchial, les *C. gracilis* (Günther) de Suède, *C. Widegreni* (Malmgren) de Finlande en particulier, et pour quelques autres encore trop imparfaitement connues.

Certains Corégones asiatiques et américains qu'il m'a été permis d'examiner au Museum de Paris, sur les types de Valenciennes, se rapprochent aussi assez de notre *Balleus* d'Europe, par leur bouche inférieure et leurs branchiospines peu nombreuses; ce sont en particulier le *C. Polcur* (Cuv. et Val.) de Russie septentrionale et le *C. albus* de Valenciennes qui comprend les *C. Couesi* (Milner) et *C. Williamsoni* (Girard), des lacs de l'Amérique du Nord [1], spécialement caractérisés à côté de cela : le premier par un museau charnu notablement plus élevé, le dernier par un profil plus convexe en avant et un maxillaire plus prolongé en arrière.

Les espèces qui doivent rentrer dans le cadre de notre Balleus, en Europe, sont donc les suivantes :

[1] Mélangés avec les types du *C. albus* de Valenciennes et classés sous le même nom, j'ai trouvé aussi quelques individus qui, avec une mandibule projetée et des branchiospines nombreuses, doivent être plutôt rapportés au *Cor. harengus* (Richards.) de notre section B.

Salmo Lavaretus, *Linné*, Syst. Nat. éd. 12, p. 512 (*partim*).
   »   Maræna, *Bloch*, Fische Deutschl. I, p. 172, Taf. 27 et n° 36, p. 64.
   »   Maræna media, *Hartmann*, Helv. Ichthyol. p. 145.
Coregonus Fera, *Jurine*, Poissons du Léman, p. 190, Pl. 7 (*Coregonus*).
   »   hiemalis, *Jurine*, loc. cit. p. 200, Pl. 8.
   »   Sikus? *Cuv. et Val.* XXI, p. 500.
   »   Palea, *Cuv. et Val.* XXI, p. 496.
   »   acronius, *Rapp*, Fische des Bodensees, p. 22.
   »   Lavaretus, *Günther*, Catal. of Fishes, VI, p. 178.
   »   Balleus Asperi, Schinzii, acronius et hiemalis, *Fatio*, Corég.
      de la Suisse, p. 17 et 18 et tab. 1.
   »   Bezola, *Fatio*, Comptes rendus de l'Académie des Sciences,
      Paris, 28 mai 1888.

La plupart des Corégones réunis ici sous le titre de Balleus arrivent, dans de bonnes conditions, à une taille et un poids bien plus grands que ceux groupés plus haut sous le nom général de *Dispersus*; quelques-uns atteignent même aux proportions maximales dans le genre, principalement dans des eaux plus septentrionales et plus riches que les nôtres, voire même jusqu'à un mètre et plus (1ᵐ,30) de longueur totale, avec un poids de 20 à 24 livres (10-12 kilos).

Beaucoup viennent déposer leurs œufs le long des rives sous très peu d'eau, comme nos *Sandfelchen*, nos *Palées de bord* et nos diverses *Ballen* ou *Balchen*; d'autres, comme le *Kilchen*, la *Féra*, la *Palée de fond* (var.) et le *Blauling* (part.) frayent au contraire plus ou moins profondément.

La Suisse compte des représentants de ce type dans douze sur seize de ses lacs habités par des Corégones autochthones. Je n'ai pas constaté leur présence dans les lacs de Hallwyl, Baldegg et Wallenstadt; peut-être se trouve-t-il cependant dans ce dernier des analogues du *C. Asperi maraenoides* (*Blauling*, pars), jusqu'ici confondu dans le lac de Zurich avec notre *C. Wartmanni dolosus* proche du *Blaufelchen*.

Nos différentes formes suisses, avec des facies et des allures un peu différentes, peuvent être groupées sous deux chefs principaux, sous-espèces continentales ou espèces locales plus ou moins isolées (*cognatae*), auxquelles j'ai attribué les noms de *C. Asperi* et *C. Schinzii*, et dont on peut rapprocher soit le *C. acronius* (Rapp) du lac de Constance, soit les *C. hiemalis* (Jurine) du Léman, et *C. Bezola* du Bourget.

Nous verrons plus loin la subdivision en diverses sous-espèces des deux premières. Ajoutons seulement que c'est à tort, comme nous le verrons, que le Kilchen (*C. acronius*) du lac de Constance a été rapproché par la majorité des ichthyologistes de la Gravenche (*C. hiemalis*) du Léman, très différente à beaucoup d'égards et plus voisine par contre de la Bezoule (*C. Bezola*) du lac du Bourget en Savoie.

Quoique maintenant mon hypothèse relative à l'origine mixte des deux dernières que j'ai taxées d'intermédiaires ou composées, parce qu'elles paraissent devoir le désaccord de quelques-uns de leurs caractères à un mélange ancien des représentants de nos deux types, dont l'un aurait aujourd'hui disparu dans les lacs où elles sont confinées, je crois, pour simplifier, devoir les rapprocher ici de nos formes du *Balleus* auxquelles elles ressemblent le plus. Notre *Coregonus Suidteri* de Sempach, trop variable à beaucoup d'égards pour être rationnellement rangé près de l'un ou de l'autre des types dont il accuse tour à tour tel ou tel des caractères, pourrait plutôt être mis à l'écart et mérite mieux que celles-ci le titre d'espèce bâtarde (*Coregononothus*) que sa description ultérieure justifiera peut-être.

On pourra donc grouper comme suit les représentants du *Balleus* en Suisse et dans le lac du Bourget.

α *Formes simples*, plus constantes : *C. Asperi marænoïdes* [1], *C. Schinzii* et *C. acronius*.

β *Formes intermédiaires ou composées*, plus variables sur quelques points : *C. hiemalis* et *C. Bezola*.

30. LE CORÉGONE DE ASPER

BRATFISCH (*part.*).

COREGONUS ASPERI [2].

Branchiospines moyennement ou relativement peu nombreuses et médiocrement allongées. Mâchoire supérieure dépassant plus

---

[1] Les *Asperi Sulzeri* et *Dispar*, peut-être sous-espèces composées de celui-ci, sont moins constantes dans plusieurs des caractères du groupe.

[2] J'ai appelé *Asperi* ce Corégone, que l'on aurait pu qualifier de

ou moins l'inférieure. Bouche inférieure ou subterminale. Inter-maxillaire haut ou moyennement élevé, incliné en arrière en dessous ou subvertical. Maxillaire bien arqué arrivant plus ou moins sous le bord de l'œil.

(Suivant les sous-espèces, simple α, 1, ou composées β, 2 et 3) :

Corps plus ou moins épais et élevé ou moyennement élancé; pédicule caudal plutôt court et large. Tête moyenne ou plutôt forte; museau plus ou moins conique, haut et saillant ou plutôt acuminé. Œil plutôt petit ou assez grand. Écailles relativement assez grandes ou moyennes. Caudale assez profondément échan-crée, à lobes acuminés. Dorsale plus ou moins grande et déclive. Ventrales moyennes. Pectorales plus ou moins fortes. — Taille assez grande ou moyenne. — Vertèbres 57—59, plus rarement 60.

FORMULES : Voir aux diagnoses des sous-espèces; plus particulièrement du C. *Asp. marænoides,* type du groupe spécifique.

α 1. SALMO LAVARETUS, *Linné,* Syst. Nat. 1, éd. 12, p. 512 (*partim*).
     »   MARÆNA, *Bloch,* loc. cit. (*part.*). — *Hartmann,* Helv. Ichthyol. p. 139 (*part*).
COREGONUS MARÆNA, *Schinz,* Fauna Helv. p. 161 (*part.*).
     »   WARTMANNI, *Siebold,* Süsswasserfische, p. 243 (*part*).
     »   FERA et WARTMANNI, *Schoch,* Fischfauna des Cantons Zurich, 1879, p. 18 (*part.*).
     »   ASPERI MARÆNOIDES, *Fatio,* Corég. de la Suisse, p. 17 et tab. I, II, A, 1.

Sous-composées.

β 2. COREGONUS SULZERI, *Nüsslin,* Coreg. Arten des Bodensees, etc..., p. 33, fig. 5 et 6.
     »   ASPERI SULZERI, *Fatio,* l. c. p. 18, tab. I, II, A, 2.
   3. COREGONUS »   DISPAR, *Fatio,* l. c. p. 18, tab. I, II, A, 3.

NOMS VULGAIRES : Voyez aux sous-espèces.

L'ambiguïté, sur bien des points, de la diagnose ci-dessus

Tigurinus, comme propre dans sa forme typique au lac de Zurich, en témoignage de reconnaissance vis-à-vis du Dr G. Asper de Zurich, qui m'a fourni, quant aux poissons de ce lac et des plus proches, soit de précieux matériaux, soit beaucoup d'observations intéressantes.

attribuée d'une manière générale à notre *C. Asperi*, dont une
forme du *Bratfisch* de Zurich, notre *Marœnoides*, est le véritable type dans les eaux suisses, provient de ce que j'ai cru
devoir rapprocher de celui-ci parfaitement défini, sous les
numéros 2 et 3, deux Corégones géographiquement très voisins,
les *C. Sulzeri* du lac de Pfäffikon et *C. dispar* du lac de Greifen
qui paraissent en dériver, mais qui, modifiés par des conditions
d'habitat différentes, ont acquis certains traits distinctifs plus
ou moins contradictoires.

Les différences caractéristiques qui autorisent ici une dislocation spécifique des divers représentants de notre *Balleus*, dans
deux premières espèces locales, *C. Asperi* et *C. Schinzii*, reposent surtout sur les proportions comparées et souvent opposées des branchiospines et des vertèbres : *moins de vertèbres
(le plus souvent 57 à 59), avec un maximum de branchiospines
supérieur (jusqu'à 33 sur le premier arc)*, chez la première; *plus
de vertèbres (le plus souvent 61 à 63) et généralement moins de
branchiospines (rarement au delà de 28 sur le premier arc)*,
chez la seconde. A ce double point de vue, notre *Marœnoides*
de Zurich, type de l'*Asperi*, se rapproche beaucoup de la grande
Marœne des lacs de Prusse (*C. Marœna*, Bloch) et mérite bien
le nom que je lui ai donné, pour rappeler ses affinités toutes
particulières avec celle-ci.

L'examen comparé des formes assez différentes de l'intermaxillaire plus ou moins élevé, incliné ou vertical, et du maxillaire plus un moins arqué ou allongé, ainsi que de la bouche
inférieure ou subterminale et du museau gros et saillant ou
conique et plus ou moins pointu, m'a permis de constater : soit
d'importantes différences entre Corégones confondus à Zurich
sous les noms de *Bratfisch* et de *Blauling*, soit d'intéressantes
affinités entre les deux formes du dit Bratfisch du lac de Zurich
et les Corégones soi-disant *Albeli* ou *Albuli* des lacs de Pfäffikon
et de Greifen.

J'ai dû renvoyer à mon *C. Schinzii*, sous le nom de *Duplex*,
une forme du premier toujours mélangée et généralement confondue avec le type de notre *C. Asperi*, dans le lac de Zurich.
Puis, j'ai été peu à peu amené à reconnaître chez les *C. Sulzeri*
(Nüsslin) et *C. dispar* un mélange confus de plusieurs des carac-

tères des *Asperi marænoides* et *Schinzii duplex*, plus ou moins exagérés dans d'autres conditions de milieu. Si bien que les dits *Albeli* des lacs de Pfäffikon et de Greifen ne sont plus pour moi que des dérivés du *Bratfisch*, peut-être descendants directs et distincts des deux formes différentes de ce dernier, plus probablement, à cause de certaines anomalies de structure, produits mixtes de celles-ci continuellement mélangées, et tirant chacun plus ou moins sur l'une ou sur l'autre des espèces qui leur ont donné naissance; qu'ils soient arrivés anciennement, par la voie naturelle, du lac de Zurich dans ses deux voisins, ou qu'ils aient été autrefois artificiellement transportés du plus grand dans les deux autres plus petits [1].

Les représentants de notre *C. Asperi* frayent, suivant les circonstances, plus ou moins profondément. Cette opération se faisant, dans le lac de Zurich, côte à côte avec d'autres formes du *Blauling* appartenant les unes au *C. Wartmanni,* les autres au *C. Schinzii,* il résulte de ces constants frottements en temps de frai, la création inévitable de nombreuses formes intermédiaires, *bâtards féconds,* qui non seulement rendent souvent la détermination des espèces mères très difficile, mais encore font nécessairement naître des doutes justifiés sur la pureté de l'origine des Corégones les plus voisins. C'est à la confusion résultant de la similitude de lieu et d'époque de frai qu'il faut attribuer, à la fois, les fréquentes contradictions entre données de différents pêcheurs et la constante indécision des auteurs quant à l'appréciation spécifique des Corégones du lac de Zurich.

Les formes de Corégones propres aux lacs de Pfäffikon et de Greifen, que Nüsslin avait cru pouvoir, faute d'examen de la seconde, réunir sous le même nom spécifique de *Cor. Sulzeri,* sont donc isolées, ainsi que toujours bien différentes dans ces deux petits bassins. Si je les rattache au *C. Asperi,* à titre de sous-espèces composées ou plutôt de *sous-composées,* c'est en reconnaissant que leur isolement, aussi bien que quelques-uns de leurs caractères secondaires propres, méritent sinon une

---

[1] Le cours d'eau, qui peut mettre en communication ces deux petits lacs avec celui de Zurich, est actuellement beaucoup trop réduit pour permettre aux Corégones la circulation libre de l'un à l'autre.

distinction spécifique, au moins une dénomination particulière, comme sous-espèces locales actuelles.

Les *Albuli* de Pfäffikon (β, 2), *C. Sulzeri* (Nüsslin), avec un corps fusiforme épais et un museau élevé un peu proéminent ou saillant en dessus, rappellent surtout le *Marænoides*, type de notre *C. Asperi.*

Les *Albuli* de Greifen (β, 3), *C. dispar*, avec un corps plus élancé, un museau conique plus acuminé et une fréquente inégalité plus ou moins accentuée des lobes de la caudale, inégalité qui semble trahir une origine irrégulière, rappellent par contre plutôt la forme du *Blauling* que j'ai dû renvoyer sous le nom de *Duplex* dans le *C. Schinzii*, et près de laquelle, n'était le nombre un peu inférieur de leurs vertèbres, ils auraient pu, comme forme composée, tout aussi bien trouver leur place.

Pour bien faire saisir, par une comparaison de tous points, les différences extrêmes entre formes toujours mélangées et généralement confondues, à Zurich, sous la désignation vulgaire de *Bratfisch* ou *Blauling*, dont j'ai dit qu'elles doivent rentrer l'une dans notre *C. Asperi*, sous le nom de *Marænoides*, l'autre dans le *C. Schinzii*, près des Palées et Féra, sous le titre de *Duplex*, je mettrai dans la description qui suit (pas dans la diagnose), à côté des détails concernant la première, les données comparées relatives à la seconde.

30 (1). α. BRATFISCH

COR. ASPERI, MARÆNOIDES.

Corps assez épais et voûté; pédicule caudal plutôt ramassé. Tête moyenne ou plutôt petite, un peu convexe; museau assez fort, un peu renflé en dessus. Bouche inférieure. Intermaxillaire haut, un peu incliné en arrière et en dessous. Maxillaire arqué et bien retroussé, n'arrivant pas au bord de l'œil. Opercule assez grand. Œil plutôt petit. Écailles relativement grandes. Caudale plus longue que la tête, à lobes égaux ou quasi-égaux. Dorsale assez grande, médiocrement déclive. Ventrales moyennes. Pectorales plutôt grandes et assez larges. — Gris verdâtre, vert ou d'un brun olivâtre en dessus; anale et nageoires paires très mâchurées de noir bleu. — (Taille moyenne d'adultes et de vieux : 0^m,38—45 à 0^m,55.)

Brchsp. 1, (29) 30–32 (33) = 1 : 4,50-4,75. — IV, 24-25.

D. 5/9–11, A. 4/11–12, V. 2/10–11, P. 1/14-15, C. 19 *maj.*

$$Squ. \; 80 \; \frac{10-12}{8-9} \; 87. \; — \; Vert. \; 57—58.$$

Synonymes : les mêmes que ci-dessus, au C. Asperi, à l'exception des *Sulzeri* et *Dispar*.

Noms vulgaires : *Bratfisch; Blauölig, Blaalig, Blaulig, Blauling (part);* *Bodenblaalig; Schweb* et *Felsenblaalig (part.)*, lac de Zurich.

Dans la description des divers caractères qui suit, pour bien faire comprendre les analogies et les différences entre formes voisines, *Asperi maraenoïdes* et *Schinzii duplex*, souvent, je le répète, confondues sous le nom commun de Bratfisch ou de Blauling, je fournirai, entre parenthèses, après les données sur le premier : μ. = *Maraenoïdes*, celles comparativement relevées sur le second (δ = *Duplex*).

Corps assez épais et passablement convexe, le plus souvent d'une hauteur, chez l'adulte, à la longueur du poisson sans la caudale, comme 1 : 3,60—4,20, suivant les individus des deux formes continuellement mélangées μ. = *Maraenoïdes* plus élevée, et (δ = *Duplex* plus allongée); avec un pédicule caudal subconique plutôt court, assez haut et épais.

Tête plutôt petite ou moyenne, plus convexe chez μ (plus plane chez δ), d'une longueur latérale bien moindre que la hauteur du poisson et généralement, à la longueur de celui-ci sans la caudale, comme 1 : 5,30 chez μ (à 4,70 chez δ), pour l'adulte.

Museau assez fort, un peu renflé ou convexe en dessus, subarrondi en avant chez μ (plus carré chez δ). — Intermaxillaire assez élevé, incliné en arrière et en dessous chez μ (presque vertical chez δ); avec une bouche franchement inférieure chez μ, (pré-inférieure ou quasi-terminale chez δ). — Maxillaire supérieur franchement arqué, arrivant plus ou moins près du bord de l'œil, bien retroussé chez μ (voy. Pl. II, fig. 18), (plus droit et allongé chez δ). — Opercule assez grand chez μ (plus petit chez δ). — Œil plutôt petit chez μ (moyen ou plutôt grand chez δ), à la longueur latérale de la tête, comme 1 ; 5,05—4,25, chez des adultes, (le maximum 4,25 chez δ). — Espace préorbitaire sensiblement plus grand que l'œil, chez l'adulte; l'interorbitaire plus grand encore, souvent égal à 1 $\frac{1}{2}$ diamètre oculaire.

Branchiospines moyennement nombreuses, médiocrement grêles et allongées, au nombre ordinaire de 30 à 32 (plus rarement 29 ou 33) sur le premier arc, chez μ, (26-29 plus trapues chez δ); les plus longues, vis-à-vis du premier arc, volontiers comme 1 : 4,50—4,65—4,80, (le dernier rapport plus fréquent chez δ), avec de petits denticules latéraux souvent au nombre de 15 à 20. Généralement 20 à 25 épines sur le quatrième arc (le minimum chez δ)[1].

Nageoires : caudale notablement plus longue que la tête, parfois de $\frac{1}{6}$ ou même $\frac{1}{5}$, à lobes égaux ou subégaux assez acuminés, et assez profondément échancrée, souvent, à la longueur totale du poisson, comme 1 : 5—5,20. — Dorsale plutôt grande et anguleuse, quoique médiocrement déclive, d'une hauteur un peu moindre que la longueur latérale de la tête, souvent de $\frac{1}{6}$—$\frac{1}{11}$ parfois de $\frac{1}{30}$ seulement. — Anale volontiers de $\frac{1}{3}$ moins élevée que la dorsale et souvent légèrement plus haute que longue. — Ventrales de moyennes dimensions, demeurant le plus souvent, rabattues, à une distance de l'anus égale à $\frac{1}{2}$ de leur longueur ou à peu près. — Pectorales assez larges et atteignant, renversées en avant, à la fente buccale ou près de celle-ci. — Adipeuse assez élevée et épaisse chez μ, (volontiers un peu plus effilée chez δ).

Écailles solides, assez grandes et allongées, ainsi qu'assez découpées et anguleuses chez μ, (plus petites et moins découpées chez δ); une squame médiane sur la ligne latérale d'une sur-

---

[1] Il est possible que le minimum des branchiospines sur le 1ᵉʳ arc tombe plus bas encore chez δ. Toutefois, je n'ai pas pu le constater d'une manière certaine, ayant eu en mains bien moins d'individus du *Duplex* que du *Marænoides*. On trouve assez souvent, surtout chez δ, des épines bifides ou même trifides, subdivisées dans leur croissance par la succion de l'*Ergasilius Sieboldii*.

face, chez l'adulte, souvent $^1/_3$ de celle de l'œil chez μ., (plutôt $^1/_4$ chez δ), avec des stries assez déliées, un nœud un peu reculé vers le bord libre et un tubule médiocrement allongé, un peu recourbé à l'extrémité chez μ., (souvent plus chez δ).

Coloration très variable dans les deux espèces : gris verdâtre ou verte, ou d'un brun olivâtre, en dessus ; d'un blanc argenté à reflets plus ou moins accentués jaunâtres, verdâtres ou bleuâtres, sur les côtés ; le bord des écailles plus ou moins pigmenté, parfois jusque assez bas sur les flancs. Les côtés de la tête argentés aussi, avec des reflets cuivrés ou dorés. Ventre blanc. Dorsale d'un gris noirâtre souvent légèrement lavée de rougeâtre et finement bordée de noirâtre. Caudale d'un gris noirâtre, plus foncée ou d'un noir bleuâtre vers les extrémités. Anale, ventrales et pectorales grisâtres ou jaunâtres, très largement bordées de noir bleu, parfois presque entièrement noires. Iris blanc argenté.

Taille relativement grande. Bien que la majorité des adultes capturés pèsent de 500 à 750 grammes (1 à 1 $^1/_2$ livre), avec une longueur totale de 0^m,40 à 0^m,45, le *Bratfisch* peut cependant atteindre, dans le lac de Zurich, au poids respectable de 4 livres (2 kilos), avec plus de 0^m,50 de longueur, exceptionnellement même dit-on jusqu'à 5 ou 6 livres. Selon certains pêcheurs, les individus bruns qu'ils distinguent sous le nom de *Bodenblaulig*, par où il faut entendre surtout le *Maraenoides*, deviendraient les plus grands[1].

Jeunes plus élancés, avec museau plus court, œil plus grand et livrée plus pâle, quant aux nageoires paires surtout.

Vertèbres, au nombre ordinaire de 57 ou 58, dont 33 à 35 costales, chez notre *Maraenoides*, (de 60 ou 61, dont 36 à 37 costales, chez le *Duplex*).

Il ressort de la double description ci-dessus que le *Bratfisch* (*Blauling, pars*) du lac de Zurich se présente sous deux formes

---

[1] Il est probable que c'est à cette forme majeure qu'il faut rapporter le gros *Blaalig* empaillé du Musée de Zurich, qui aurait pesé, dit-on, plusieurs kilos, comme une véritable Maræne du lac Madui.

généralement confondues, mais bien distinctes dans leurs extrêmes, dont les principaux caractères différentiels sont :

μ. *Marænoides : Formes plus élevées. Bouche inférieure. Museau obtus. Maxillaire plus ramassé et bien retroussé. Œil plus
petit. Écailles relativement plus grandes. Branchiospines ordinairement 30-32 sur le premier arc. Vertèbres 57-58. — Avec le maximum de taille.*

δ. *Duplex : Formes moins élevées. Bouche presque terminale.
Museau carré. Maxillaire plus long et moins arqué. Œil plus
grand. Écailles relativement plus petites. Branchiospines 26-29
sur le premier arc. Vertèbres 60-61. — Avec taille inférieure.*

*Écailles et rayons des nageoires également assez variables, chez
μ. et δ, pour qu'il soit difficile de séparer les formules de ces deux
Corégones. — Proportions du corps et de la tête variant un peu,
pour chacun, autour des chiffres moyens ci-dessus indiqués.*

J'avais déjà relevé ces différences, quand le D⟨r⟩ Schoch, de
Zurich, attira de nouveau mon attention sur le fait, en me signalant, dans une lettre en date du 4 janvier 1884, des divergences
analogues chez deux individus qu'il soumettait à mon étude. Les
formes plus voûtées, avec bouche inférieure, chez l'un, et plus
allongées, avec bouche quasi-terminale chez l'autre, l'avaient
souvent frappé et devaient peut-être, selon lui, faire rapporter :
le premier au *C. Fera*, le second au *Wartmanni*. Semblable différence n'avait point échappé au coup d'œil exercé du D⟨r⟩ Schoch,
et au premier abord les rapprochements pouvaient paraître jus-
tes; cependant, l'examen des branchies et des vertèbres me
prouva une fois de plus qu'il n'y avait là, dans leurs extrêmes,
que les deux formes μ. et δ ci-dessus décrites. L'individu rappelant un peu le *Wartmanni* avait des branchiospines beaucoup
moins nombreuses et effilées que mon *C. dolosus* (*Wartmanni
s-sp.*), adulte grande taille des *Albeli* de Zurich, tandis qu'il
avait par contre trois vertèbres de plus que notre *Marænoides*.

Le *Bratfisch* du lac de Zurich n'est du reste pas le seul exemple de semblable mélange de formes plus ou moins différentes
emprisonnées dans les mêmes conditions. J'ai constaté, en effet,
des dissemblances, moindres à la vérité, mais jusqu'à un certain point analogues, parmi des individus du *C. Marœna*
(Bloch) reçus d'Allemagne (Neumark), comme point de compa-

raison. Avec un museau plus ou moins saillant en dessus, parfois presque caréné, et une bouche plus ou moins inférieure, j'ai trouvé des *Marœnes*, les unes avec 29—31 branchiospines, les autres avec 26-27 seulement, sur le premier arc. — Il est vrai qu'elles comptaient également 60 ou 61 vertèbres [1].

Le *Bratfisch* (*Blauling, pars μ.*) de Zurich est donc, de tous les Corégones suisses, celui qui se rapproche le plus de la grande Marœne de Prusse, *C. Marœna* (Bloch).

Nous avons dit que les pêcheurs prétendent distinguer, d'après leurs livrées et leurs allures, des races différentes de *Blauling* sous les noms de *Bodenblauling* et *Schwebblauling*. Toutefois, je dois à la vérité de dire aussi que la distinction ainsi établie ne me paraît pas complètement justifiée, en ce sens qu'elle ne correspond pas toujours aux différences anatomiques ci-dessus signalées entre μ. et δ. La coloration dorsale brun olivâtre et la bordure pigmentée des écailles plus ou moins accentuée m'ont paru assez inconstantes dans les deux formes, et n'être de fait le propre exclusif d'aucune. Je crois, avec le Dr Asper de Zurich, que, dans bien des cas, les pêcheurs qualifient de *Boden* ou de *Schwebblauling* un poisson, suivant qu'ils l'ont pris plus ou moins profondément, avec tel ou tel filet; de même qu'ils l'appelleront *Felsenblauling*, s'il l'ont pris près des rochers.

Quant à la question de la ponte à époque de quelques jours plus ou moins hâtive et à des profondeurs plus ou moins grandes, selon les individus censés *Schweb* ou *Bodenblauling*, je ne sais trop quelle importance lui accorder, ayant reçu, vers la fin de novembre, des individus de formes différentes avec des œufs à un état de développement analogue. Peut-être faut-il rapporter plutôt cette prétendue différence à des individus d'espèces plus complètement différentes : au Blauling (*Wartmanni dolosus* ad.) et au Blauling (*Asperi marœnoïdes*); en supposant que les individus plus âgés du premier entrassent en rut un peu

---

[1] *Nüsslin* (Coreg. Arten des Bodensees, p. 7) donne jusqu'à 32-33 branchiospines au 1er arc branchial de la grande Marœne du lac Madui, *Cor. Marœna* (Bloch). — *Rosenthal* (Ichthyol. Tafeln) n'attribue que 56 vertèbres au *C. Marœna*; y aurait-il confusion avec la petite Marœne, *C. Albula* (Linné), *Marœnula* (Bloch).

avant les plus jeunes, comme cela a été observé chez plusieurs autres poissons.

Le Blauling (*pars*), communément vendu sur le marché sous le nom de *Bratfisch*, ne se trouve jusqu'ici que dans le lac de Zurich, où il abonde assez pour constituer un important objet de consommation. Sa chair est savoureuse et agréable. Les individus exportés dans quelques parties du pays reçoivent à tort et indistinctement le nom de Felchen ou de Féras.

C'est un poisson de grande eau qui ne s'approche guère des rives et se tient de préférence sur les grands fonds, plus ou moins profondément suivant la température plus ou moins basse à la surface. La pêche s'opère par conséquent, suivant les circonstances et les saisons, à des profondeurs diverses et avec des engins différents. On prendrait sur le fond, à de grandes profondeurs, le dit *Bodenblaulig* avec des filets de fond (*Grundnetzen*), ou avec la ligne de fond appelée *Hegene* dont il a été parlé à propos du Häglig; tandis que le dit *Schwebblaulig* serait capturé d'ordinaire, alors qu'il voyage entre deux eaux, avec le grand filet flottant dit *Schwebnetz*, à une profondeur moyenne de quinze mètres environ. Le *Felsenblaulig*, Blauling des rochers, se prend de préférence contre certaines parois plus escarpées du mont, avec la ligne de fond (*Hegene*).

Capturés plus ou moins profondément, ces poissons périssent aussi plus ou moins vite ramenés par le filet, si bien qu'un pêcheur, bon observateur à Wollishofen, m'assurait que le *Bodenblaulig* survivait rarement quelques minutes à son transport du grand fond à la surface, tandis qu'il avait pu conserver jusqu'à huit à dix jours en réservoir des *Schwebblaulige*, beaucoup moins gonflés pour avoir été arrachés à une pression beaucoup moindre.

L'époque des amours tombe d'ordinaire entre la dernière semaine de novembre et le milieu de décembre, un peu plus tôt ou un peu plus tard selon les années et les conditions. *Tous les Blaulinge* se réunissent alors pour déposer, sur les hauts-monts ou plus ou moins profondément sur les flancs du mont, entre 15 et 100, voire même 130 mètres de profondeur, des œufs de $2^{mm},4$ —$2^{mm},5$ de diamètre.

Le *Schwebblaalig* serait, selon quelques pêcheurs, le plus pressé et pondrait de préférence sous les plus grandes pressions, tandis que le *Bodenblaalig* opérerait le dernier et à de moindres profondeurs, parfois à 12 ou 15 mètres seulement, sur les hauts-monts. J'ai déjà dit que l'on a pris quelquefois des *Albeli* frayant en même temps et sur la même place que le *Blauling*, et que c'était probablement à cette circonstance qu'il fallait attribuer la naissance de certaines *formes bâtardes* entre ces espèces. Certains assurent que le *Blaalig* laisse parfois couler ses œufs sur le fond depuis la surface, lorsque la température est relativement élevée en décembre, ainsi qu'il a été observé chez le *Blaufelchen* du lac de Constance. Sont-ce peut-être alors de grands sujets d'*Albeli* (*Dolosus*); je n'ai malheureusement pas de données plus précises à cet égard.

Au dire des pêcheurs, le *Bratfisch* (Blauling, *pars*) passerait de préférence la belle saison dans l'Untersee du côté de Zurich, et l'hiver, au moment du frai, ainsi que le printemps, dans l'Obersee du côté de Rapperswyl. Comme ses congénères, il se nourrit de vers, de larves d'insectes, de phryganides et de moucherons; cependant, il semble donner surtout une chasse active aux petits crustacés de la faune pélagique qu'il poursuit, suivant la température et la lumière, à différentes profondeurs.

Quant aux parasites de ce poisson dans le lac de Zurich, je ne sache pas qu'il en ait été fait une étude spéciale. Il est probable qu'il héberge beaucoup des mêmes espèces que les Corégones voisins, Féra, Felchen, etc. On a cité le *Tænia longicollis* dans ses intestins, et j'ai dit que j'ai trouvé souvent l'*Ergasilus Sieboldii* sur ses branchies. Hartmann attribue aussi les *Ascaris* et *Echinorhynchus Marœna* à l'ensemble des Corégones qu'il réunit au Blauling sous le nom de *Marœna*. Le même auteur, dans son *Helv. Ichthyol.*, p. 144, parle d'épidémies qui ont sévi à diverses reprises parmi les *Blaulinge* des lacs de Zurich et Wallenstadt et signale, dans ce cas, des pustules qui entraînèrent, particulièrement en 1762 et 1813, la mort d'un très grand nombre d'individus, assez décomposés pour être complètement impropres à l'alimentation. Bien que la description de cet auteur soit excessivement sommaire, il semble qu'il y ait là un cas semblable à celui signalé par Jurine chez la *Féra* et décrit sur

l'examen de Claparède, par Lunel dans ses poissons du Léman :
le développement de tumeurs pleines de *Psorospermies* sous la
peau, sur diverses parties du corps et jusque sur les branchies.

30 (2). β. PFÆFFIKONER ALBULI

COR. (ASPERI), SULZERI, Nüsslin.

*Corps fusiforme, épais; pédicule caudal subconique, assez épais.
Tête plutôt longue. Museau gros, avec des saillies nasales bien
accentuées. Bouche inférieure ou préinférieure. Intermaxillaire
assez élevé, plus ou moins incliné en arrière et en dessous. Maxillaire très arqué et retroussé, atteignant à peu près au bord de
l'œil. Opercule moyen. Œil plutôt grand. Écailles moyennes. Caudale volontiers légèrement plus longue que la tête, à lobes égaux ou
quasi-égaux. Dorsale moyenne, médiocrement déclive. Nageoires
paires moyennes. — Vert ou vert-bleu, en dessus; anale et nageoires paires mâchurées. — (Taille moyenne d'adultes et de vieux :
$0^m,25$—$0^m,30$.)*

Brchsp. 1, (26) 28–32 (33) = 1 : 4,80–5. — IV, (18) 20–23 (25).

D. 4–5/9–12, A. 3–4/11–13, V. 2/10–12, P. 1/13–15, C. 19 *maj*.

$$\text{Squ. } 87 \frac{9-11}{8-10} \; 90 \,(95). \; — \; \text{Vert. } 57-59-(60).$$

CORÉGONUS FERA, *Schoch*, Fischfauna des Cantons Zurich, 1879, p. 18.
    »   SULZERI, *Nüsslin*, loc. cit. p. 33-38, fig. 5 et 6.
    »   ASPERI, SULZERI, *Fatio*, l. c. p. 18, tab. 1, 11, A, 2.

NOMS VULGAIRES : *Albuli* ou *Albeli*, lac de Pfäffikon.

Corps fusiforme, plutôt élancé ou peu élevé, quoique relativement très épais, chez l'adulte; la hauteur maximum, à la
longueur du poisson sans la caudale, généralement comme
1 : 4,50 à 5; l'épaisseur la plus forte dépassant la $^1/_2$ de la
hauteur, parfois presque égale aux $^2/_3$ de celle-ci; profils
supérieur et inférieur médiocrement convexes, assez semblables. — Pédicule caudal subconique, assez épais.

Tête moyenne ou plutôt grande, quoique relativement peu élevée, d'une longueur latérale à peu près égale à la hauteur du poisson, soit, à la longueur sans la caudale, volontiers comme 1 : 4,50—5,02 chez l'adulte. — Museau plutôt gros, avec des saillies nasales bien accentuées, formées de chaque côté par la proéminence de la tête articulaire du maxillaire supérieur. — Bouche inférieure ou préinférieure. — Intermaxillaire assez élevé, un peu incliné en arrière en dessous ou presque vertical. — Maxillaire supérieur très arqué et retroussé atteignant à peu près au bord de l'œil, le dépassant même légèrement chez les jeunes (voy. Pl. II, fig. 19). —Opercule moyen; sous-opercule large. — Œil plutôt grand, à la longueur latérale de la tête, souvent comme 1 : 3,75—4,35. — Espace préorbitaire à peu près égal au diamètre oculaire, ou légèrement plus grand.

Branchiospines médiocrement nombreuses et moyennement allongées, au nombre de 28 à 32 sur le premier arc (plus rarement 26 à 33 selon Nüsslin), les plus longues, vis-à-vis de l'arc, volontiers comme 1 : 4,80—5, avec 12 à 15 denticules latéraux assez apparents. Généralement 20 à 23 épines sur le quatrième arc (plus rarement 18 ou 25).

Nageoires : caudale parfois quasi égale à la tête, souvent un peu plus longue, profondément échancrée et à lobes acuminés quasi-égaux; souvent, à la longueur totale de poisson, comme 1 : 5,20—5,60. — Dorsale relativement peu élevée, quoique assez large, de $^1/_5$ à $^1/_4$ (plus rarement $^1/_{10}$) moins haute que la longueur latérale de la tête, médiocrement déclive et assez variable quant au nombre des rayons; j'ai trouvé, en effet, 4—5/9 et 5/10 chez quelques individus, voire même exceptionnellement 6—7/11 chez d'autres, tandis que Nüsslin donne jusqu'à 4/12. — Anale souvent plus longue que haute et généralement de $^1/_3$ environ moins élevée que la dorsale.— Ventrales plutôt larges et arrondies, demeurant, rabattues, suivant les individus à $^1/_3$ environ ou à un peu plus de la $^1/_2$ de leur longueur de l'ouverture anale. — Pectorales un peu plus longues et acuminées parvenant, renversées en avant, selon les cas, entre l'œil et la narine ou presque à la bouche. — Adipeuse moyenne et subarrondie.

Écailles assez solides, ovales ou subarrondies et médiocrement
découpées, avec des dimensions moyennes. Une squame
médiane sur la ligne latérale, souvent légèrement plus longue que haute, mesurant, suivant les cas, une surface un
peu plus forte ou un peu moindre que $^1/_5$ de celle de l'œil, chez
l'adulte, avec des stries moyennes, un nœud un peu reculé
vers le bord libre et un tubule plutôt allongé, un peu
recourbé à l'extrémité.

Coloration assez intense et brillante : les régions supérieures
bleues ou d'un vert bleu, les flancs d'un argenté brillant, le
ventre blanc : les faces dorsales assez richement pigmentées,
principalement sur le museau ; les pièces operculaires argentées à reflets verts. La dorsale mâchurée de gris noirâtre
un peu partout, souvent avec quelques macules plus foncées.
Caudale grisâtre mâchurée sur la tranche. Anale et ventrales
grisâtres ou jaunâtres et plus ou moins largement bordées
de noir violet. Pectorales jaunâtres, mâchurées vers le bout,
chez l'adulte.

Taille moyenne ou relativement petite. Les plus grands individus que j'ai étudiés mesuraient de 0^m,26 à 0^m,29 et paraissaient bien adultes. Il ne semble pas, au dire des pêcheurs,
que ce Corégone, nommé *Albuli* à cause de sa taille relativement réduite, dépasse beaucoup ces dimensions dans le
petit lac de Pfäffikon.

Vertèbres en nombre assez variable, semble-t-il, car j'en ai
compté 59 et 60, dont 36 ou 37 costales, chez mes plus grands
individus, abstraction faite de deux gaines semi-osseuses terminales ou fausses vertèbres ; tandis que Nüsslin (l. c.) n'en
a trouvé que 57 à 58, comme chez notre *Maraenoides,* avec
35 à 37 costales, chez trois sujets de taille un peu moindre.

De la description ci-dessus il ressort que le Corégone du
petit lac de Pfäffikon présente à la fois bien des analogies avec
le Bratfisch (*Maraenoides*) de Zurich et plusieurs caractères
propres, dont quelques-uns pourraient bien n'être dus qu'à sa
réclusion dans un bassin de beaucoup moindre surface et profondeur.

Il rappelle beaucoup notre *Marænoides* : par le nombre moyen de ses branchiospines, par la forme très retroussée de son maxillaire supérieur, ainsi que par la disposition généralement inférieure de sa bouche et le chiffre minimum de ses vertèbres. Ses formes plus élancées, sa tête plus forte, son œil plus grand et ses écailles relativement plus petites sont trop souvent la caractéristique du jeune âge pour qu'on leur attribue grande importance, alors que nous avons remarqué que l'habitat dans un bassin plus petit, moins profond ou plus pauvre, ralentit le développement du poisson, en lui conservant plus ou moins, avec une taille moindre, plusieurs des traits distinctifs de l'enfance.

Il paraît donc bien probable, comme je l'ai dit, que le Corégone du lac de Pfäffikon aurait la même origine que le *Bratfisch* de Zurich ; et la variabilité que nous constatons chez lui sur quelques points plus ou moins importants, comme les branchiospines, les vertèbres, le nombre des écailles et des rayons des nageoires, et la position même de la bouche, milite en faveur de l'idée d'un produit mixte des deux formes toujours mélangées du Blauling : *Asperi marænoides* et *Schinzii duplex*.

Ce qui frappe au premier abord chez le Corégone de Pfäffikon, c'est surtout la fermeté et la forme en fuseau relativement peu comprimée de son corps, ainsi que les saillies que présente de chaque côté son nez comme bicorné. Ces deux caractères ne me paraissent pas mériter l'importance que leur a accordée Nüsslin en élevant au rang d'espèce son *C. Sulzeri* ; cependant, en les joignant aux différences de moindre valeur signalées plus haut, je crois bien que les *Marænoides* et *Sulzeri*, actuellement géographiquement séparés, peuvent être considérés comme deux races ou sous-espèces locales distinctes dans notre *Coregonus Asperi*.

Le Corégone qui, seul représentant du genre, habite le petit lac de Pfäffikon, sous le nom vulgaire de *Albuli*, se tient la plupart du temps dans les profondeurs[1] et fraie généralement

---

[1] La profondeur maximum du lac de Pfäffikon n'irait pas, dit-on, au delà de 35 à 40 mètres.

dans la seconde moitié de novembre, à une certaine distance du bord, sous une pression de 10 à 20 mètres d'eau. C'est à cette époque surtout que la pêche pratiquée avec des *Stellnetzen*, filets dormants, est surtout productive, ainsi que pendant les premières semaines qui suivent, quand, après un jeûne plus ou moins prolongé, ce poisson recherche avidement les petits animalcules qui constituent sa principale nourriture. Il devient alors si rapidement gras que, déjà le 12 décembre, j'ai reçu des individus d'une rondeur et d'une fermeté incroyables. Ses œufs mesureraient, selon le Dr Asper de Zurich, de 2^{mm},6 à 2^{mm},7 de diamètre. D'après le même observateur et au dire des pêcheurs, les frayères auraient été autrefois surtout du côté de Robenhausen ; mais un glissement de terrain s'étant effectué en 1865 dans le lac, vers le village de Pfäffikon, les Albuli viendraient depuis lors déposer leurs œufs presque exclusivement dans cette dernière localité, sur les débris sous-lacustres de cet éboulement.

25,000 alevins d'*Albuli* de Pfäffikon ont été versés, en 1888, dans le lac de Zurich.

30 (3). β. GREIFENSEES ALBULI

COR. ASPERI, DISPAR [1].

Corps assez élancé, moyennement comprimé ; pédicule caudal subconique, plutôt allongé, quoique assez épais. Tête assez longue ; museau conique plus ou moins carrément tronqué à l'extrémité. Bouche quasi-terminale. Intermaxillaire médiocrement élevé, quasi-vertical. Maxillaire arqué, arrivant plus ou moins sous le bord de l'œil. Opercule assez large. Œil plutôt grand. Écailles moyennes ou relativement petites. Caudale un peu plus longue que la tête ; le lobe inférieur souvent plus long que le supérieur. Dorsale plutôt petite et déclive. Nageoires paires plutôt courtes. — Gris-bleu ou bleu, en dessus ; anale et nageoires paires plus ou moins mâchurées. — (Taille moyenne d'adultes et de vieux : 0^m,24 à 0^m,31.)

[1] C'est à cause de la fréquente inégalité des lobes de sa nageoire caudale que j'ai nommé ce Corégone *Dispar*.

Brehsp. 1, 22–29 = 1 : 4,45–5,20. — IV, 18–22.

D. 4–5/9–10, A. 4/11, V. 2/10, P. 1/10–13, C. 19 *maj.*

$$Squ.\ 83\ \frac{10\,^1/_2 - 11\,^1/_2}{8-9}\ 90.\ —\ Vert.\ 59—(60).$$

Coregonus Sulzeri? *Nässlin*, Coregonus-Arten des Bodensees, p. 33-38.
     »   Asperi, dispar, *Fatio*, Corégones de la Suisse, p. 18, 3, tab. I,
         II, A, 3.

Noms vulgaires : *Albeli* ou *Albuli*, lac de Greifen.

Corps fusiforme, assez élancé, médiocrement élevé et moyennement comprimé, d'une hauteur maximale, à la longueur
sans la caudale, souvent comme 1 : 4,30—4,40 chez des adultes de taille moyenne, plus effilé chez les jeunes; avec des
profils légèrement et graduellement convexes, assez semblables. — Pédicule caudal conique, assez épais, bien que
plutôt allongé.

Tête subconique plus ou moins longue selon les individus, souvent plus forte chez les mâles que chez les femelles, à la
longueur sans la caudale, comme 1 : 4,50 à 5 chez des adultes. — Museau conique, subcarré ou subarrondi, parfois légèrement saillant. — Bouche terminale ou quasi-terminale. —
Intermaxillaire médiocrement élevé, quasi-vertical. — Maxillaire supérieur assez fort, un peu arqué, arrivant à peu près
sous le bord de l'œil, le dépassant même souvent légèrement
chez des sujets moyens ou petits (voy. Pl. II, fig. 20, le
maxillaire d'un individu jeune encore). — Opercule plutôt
court, mais assez large, le bord inférieur souvent presque
égal à l'antérieur. — Œil plutôt grand, à la longueur latérale de la tête, volontiers comme 1 : 3,75—4,50. — Préorbitaire égal à l'œil ou légèrement plus grand. Interorbitaire
un peu plus fort.

Branchiospines en nombre assez réduit et médiocrement allongées : 22—29 sur le premier arc, les plus longues, vis-à-vis
de celui-ci, volontiers comme 1 : 4,45—5,20, avec, le plus
souvent, 12-16 denticules assez apparents. Généralement
18—22 épines sur le quatrième arc.

Nageoires : caudale un peu plus longue que la tête, profondément échancrée, à lobes acuminés généralement plus ou
moins inégaux : l'inférieur d'ordinaire plus long que le supérieur, parfois de 4 à 5ᵐᵐ seulement, d'autre fois de ¹/₄ environ de son plus grand rayon, dépassant par exemple de
14.ᵐᵐ le supérieur, chez une femelle de 0ᵐ,26. — Dorsale plutôt
petite et passablement déclive, volontiers de ¹/₅ à ¹/₄ moins
haute que la longueur latérale de la tête. — Anale égale en
hauteur à peu près aux ²/₃ de la dorsale. — Ventrales, rabattues, demeurant de l'anus à une distance un peu moindre ou
peu plus forte que la ¹/₂ de leur longueur. — Pectorales
volontiers plus larges chez les mâles, plus étroites chez les
femelles, parvenant, renversées en avant, au bord antérieur
de l'œil ou aux narines. — Adipeuse plus ou moins large et
arrondie.

Écailles moyennes ou plutôt petites, solides et plus ou moins
découpées ; une squame médiane, sur la ligne latérale, subarrondie, d'une surface à peu près égale à celle de la
pupille, soit ¹/₆ environ de celle de l'œil, chez des adultes de
taille moyenne (rapport du reste, je le répète, toujours assez
variable, ici comme chez nos autres espèces), avec un nœud
un peu reculé vers le bord libre et un tubule plutôt large,
très légèrement ou à peine infléchi à l'extrémité.

Coloration gris-bleu ou bleue en dessus, argentée sur les flancs,
blanche sous le ventre ; le bout du museau plus ou moins
pigmenté ou noirâtre, les pièces operculaires souvent avec
des reflets verdâtres et dorés ; l'iris, comme chez la majorité
de nos Corégones, d'un blanc argenté. Les nageoires grisâtres ou d'un gris jaunâtre ; les dorsale, anale, caudale et
ventrales plus ou moins lavées de noirâtre, vers l'extrémité
surtout ; les pectorales peu ou pas mâchurées, chez des
adultes de taille moyenne.

Taille : les adultes en état de frai que j'ai examinés mesuraient
de 0ᵐ,24 à 0ᵐ,31. Des sujets moyens de 26 à 28 cm.
pesaient 150 à 160 grammes ; cependant on prendrait quelquefois, au dire des pêcheurs, des individus passablement
plus grands, pesant près d'une livre, exceptionnellement
même un peu plus.

Vertèbres au nombre de 59, plus rarement de 60, dont 35 ou 36, plus rarement 37 costales.

Le Corégone du lac de Greifen a été à tort confondu, faute d'examen, avec celui du lac de Pfäffikon, par Sulzer[1] et Nusslin[2], ainsi que par la majorité des pêcheurs des deux localités; cependant il se distingue à première vue de ce dernier, quoique d'un habitat si voisin, par ses formes moins épaisses, son museau conique plus bas et moins saillant, sa bouche plus terminale et son maxillaire moins retroussé et plus allongé.

Comme le *Sulzeri*, et bien qu'atteignant des proportions un peu supérieures dans un lac plus grand et un peu plus profond, il rappelle plus ou moins le *Bratfisch* ou le *Blaulig* de Zurich, et semble n'être qu'une race dérivée de celui-ci, à certains égards exagérée dans des conditions d'habitat différentes. Par les quelques caractères morphologiques ci-dessus plus particulièrement relevés, ainsi que par le nombre relativement inférieur de ses branchiospines, il se rapproche plutôt de la forme du Blauling que nous avons distinguée du Bratfisch sous le nom de *C. Schinzii, duplex;* tandis que par ses vertèbres, le plus souvent réduites au nombre de 59, il se rapproche par contre de notre *C. Asperi maraenoides.* Comme pour le *Sulzeri,* on est donc ici aussi presque forcément amené à l'idée, non seulement d'une même provenance et d'une descendance du *Blauling* de Zurich, mais encore d'une origine irrégulière ou bâtarde, trahie par la fréquente inégalité anormale des lobes de la caudale et résultat probable du mélange constant des deux formes de ce dernier.

Après avoir placé le Corégone de Pfäffikon près du *Maraenoides* dont il paraît surtout tenir, il eût été peut-être plus logique de renvoyer celui de Greifen dans le *C. Schinzii,* près du *Duplex* avec lequel il présente un maximum d'analogies; toutefois, en tenant compte du nombre généralement inférieur des

[1] Internationale Fischerei - Ausstellung zu Berlin, 1880. Schweiz. Zusammenstellung sämmtl. in den schweiz. Gewässern vorkomm. den genus *Coregonus* angehörenden Formen... p. 17-19.
[2] Nüsslin (l. c.), p. 37.

vertèbres chez le *Dispar*, j'ai préféré ne pas séparer aussi complètement deux poissons probablement parents rapprochés et géographiquement très voisins. Les caractères qui distinguent aujourd'hui ces deux sous-espèces locales du Blauling tirent une certaine importance de l'isolement actuel de celles-ci et du fait qu'un nouveau mélange par les voies naturelles est devenu impossible, faute d'un cours d'eau praticable aux Corégones entre lacs en question.

Le Corégone qui seul habite le lac de Greifen, deux ou trois fois plus grand que le petit lac de Pfäffikon et de 20 à 25 mètres plus profond, semble mener à peu près le même genre de vie que le précédent. Cependant, il frayerait souvent, selon les pêcheurs, sous un peu moins d'eau, tantôt sur le sable, tantôt sur le gravier et, suivant les places, plus ou moins loin du bord, entre la fin de novembre et le commencement de décembre. C'est également à l'époque du frai qu'on le prendrait le plus aisément. Le Dr Asper de Zurich m'écrivait que les œufs mesurent, comme ceux du *Sulzeri*, de 2^{mm},6 à 2^{mm},7 de diamètre; ceux que j'ai rencontrés, chez des femelles prêtes à pondre, ne mesuraient que 2^{mm},3 à 2^{mm},5. Les mâles que j'ai examinés en temps de frai portaient sept rangées de tubercules épidermiques latéraux.

31. LE CORÉGONE ORDINAIRE

FELCHEN, BALCHEN, PALÉE, FÉRA.

COREGONUS SCHINZII [1].

Branchiospines peu nombreuses et relativement courtes. Mâchoire supérieure dépassant généralement la supérieure. Bouche

---

[1] J'ai cru devoir donner à ce groupe spécifique le nom de *Schinz* qui avait déjà bien compris les affinités reliant les divers Corégones que nous y faisons rentrer à titre de sous-espèces. Schinz (Fauna Helv. p. 161) était seulement allé un peu trop loin, quand il avait rapproché de ceux-ci soit le *Bratfisch* de Zurich, soit les *Ballen* de Hallwyl et de Sempach.

plus ou moins inférieure, parfois subterminale. Intermaxillaire haut ou assez élevé, plus ou moins incliné en arrière et en dessous, ou subvertical. Maxillaire plus ou moins arqué et allongé, n'atteignant pas sous le bord de l'œil, dans la majorité des cas, chez l'adulte.

Corps plus ou moins élevé; pédicule caudal plus ou moins ramassé. Tête plus ou moins forte; museau plus ou moins épais, arrondi ou subcarré. Œil plutôt petit ou moyen. Écailles relativement grandes. Caudale assez profondément échancrée, à lobes acuminés quasi-égaux. Dorsale de moyenne hauteur, médiocrement déclive. Ventrales plutôt courtes. Pectorales relativement longues ou moyennes. — Taille grande ou assez grande. — Vertèbres 61—63, plus rarement 60.

FORMULES : Voir aux diagnoses des sous-espèces.

SALMO LAVARETUS, *Linné.* Syst. nat. 1, éd. 12, p. 512 (*partim*).
» MARÆNA, *Bloch,* loc. cit. (*part.*). — *Hartmann,* Helv. Ichthyol. p. 139 (*part.*). — *Nenning,* Fische des Bodensees, p. 20.
» WARTMANNI, *Hartmann,* Helv. Ichthyol. p. 154 (*part.*).
CORÉGONUS MARÆNA, *Schinz,* Fauna Helvetica, p. 161 (*part.*).
FERA, *Jurine.* Poissons du Léman, p. 190, Pl. VII. — *Cuv. et Val.* XXI, p. 472. — *Rapp,* Fische des Bodensees, p. 12, Taf. II. — *Heckel et Kner,* Süsswasserfische, p. 238, fig. 135 (*part.*). — *Siebold,* Süsswasserfische, p. 251 (*part.*), etc...
» PALEA, *Cuv. et Val.* XXI, p. 477, pl. 628.
» WARTMANNI, *Heckel et Kner,* l. c. p. 235 (*part*). — *Siebold,* l. c. p. 243 (*part.*).. — *Günther,* Catal. of Fishes, VI, p. 187 (*part.*).
» LAVARETUS, *Günther,* l. c. VI, p. 178 (*part.*).
» SCHINZII, *Fatio,* Corég. de la Suisse, p. 18 et tab. 1, 11, B. 4, 5, 6.

NOMS VULGAIRES : Voyez aux sous-espèces qui suivent.

Avec des formes plus ou moins élevées, des écailles et des nageoires de proportions un peu variables, une caudale entre autres plus ou moins profondément échancrée et acuminée, et avec des allures, suivant les lacs, un peu différentes, les divers Corégones que je rapproche ici sous le nom de *Schinzii* se ressemblent cependant assez, sur la plupart des points les plus essentiels, pour qu'il soit impossible de méconnaître leurs affinités et d'attribuer à leurs traits distinctifs propres une valeur supérieure à celle de simples sous-espèces.

Les représentants de ce groupe spécifique, sous diverses formes, sont les plus répandus en Suisse, en ce sens qu'ils se trouvent dans dix sur seize de nos lacs habités par des Corégones autochthones, et qu'ils y sont presque partout les plus communs. Toujours les plus grands, ils font aussi partout l'objet d'une pêche très active et productive [1].

Plusieurs, comme les *Balchen* de nos lacs centraux, frayent près des rives sous très peu d'eau; tandis que d'autres, ainsi que la *Féra* du Léman et les *Palées* de Neuchâtel, déposent leurs œufs ou exclusivement dans les grands fonds, comme la première, ou, suivant les circonstances, le long du bord ou plus ou moins profondément, comme les secondes.

Nous avons déjà dit que c'est à tort que *Cuv. et Valenciennes* ont distingué spécifiquement la Palée de Neuchâtel sous le nom de *Cor. Palea,* et que la plupart des ichthyologistes, après ceux-ci, ont cru devoir rapporter ledit *Palea* au *C. Wartmanni,* à cause de ses formes un peu plus élancées, de sa tête plus acuminée, de sa bouche volontiers moins inférieure et de son maxillaire souvent un peu plus prolongé en arrière. Nous verrons que ces quelques traits distinctifs extérieurs, qui se retrouvent plus ou moins chez le *Duplex* de Zurich, perdent beaucoup de leur importance en face de la similitude de ces formes locales plus allongées avec nos Corégones plus élevés d'autres lacs, quant à plusieurs caractères plus profonds, ceux tirés des vertèbres et des branchiospines en particulier.

Les discussions de caractères que l'établissement des précédentes espèces a déjà nécessité sur un grand nombre de points me permettant de ne pas revenir ici sur l'examen et l'appréciation des différentes particularités appelées, soit à distinguer le *C. Schinzii* des espèces voisines, soit à caractériser les divers fractionnements de celui-ci, je me bornerai à renvoyer à la diagnose ci-dessus, en établissant dans ledit *Schinzii* les quatre sous-espèces suivantes :

1° Formes médiocrement allongées. Museau subcarré. Bou-

---

[1] Les mélanges constants entre formes diverses du *Blauling* rendent difficile à apprécier l'abondance proportionnelle du *C. Schinzii, duplex* dans le lac de Zurich.

che inférieure ou préinférieure. Maxillaire médiocrement allongé. Branchiospines courtes. Vertèbres 61—63. — Fraie au bord. = *Felchen, Balchen* et variétés locales ; lacs centraux et orientaux.. *Helveticus*.

2° Formes plus allongées. Museau plus acuminé. Bouche subterminale. Maxillaire plus allongé. Branchiospines médiocrement allongées. Vertèbres 61-63. — Fraie partie au bord, partie au fond = *Palées* de bord et de fond ; lacs jurassiques.. *Palea*.

3° Formes plus ramassées. Museau plus arrondi. Bouche inférieure. Maxillaire plus court. Branchiospines courtes. Vertèbres 60-63. — Fraie au profond = *Féra* du Léman... *Fera*.

4° Formes plutôt allongées. Museau conique, subcarré. Bouche préinférieure ou subterminale. Maxillaire plus allongé. Branchiospines médiocrement allongées. Vertèbres 60-61. — Fraie assez profond = *Blauling, pars.* Zurich....... *Duplex*.

N'était la confusion que son mélange constant avec d'autres formes du *Blauling* entraîne dans sa caractéristique, je n'aurais pas hésité, malgré un habitat assez différent et un nombre de vertèbres un peu inférieur, à rapprocher le *Duplex* du *Palea* avec lequel il offre bien des analogies.

Les jeunes, dans les différentes sous-espèces, présentent, comme chez les Corégones en général, des formes plus élancées que les adultes, avec un museau plus court, un maxillaire par le fait plus prolongé en arrière, un œil plus grand, des écailles relativement plus petites et une livrée moins pigmentée, des nageoires pectorales plus pâles entre autres.

31 (1). BALCHEN — FELCHEN

COR. SCHINZII, HELVETICUS [1].

Corps moyennement allongé, plus ou moins voûté en avant; pédicule caudal ramassé. Tête plutôt courte et haute; museau

---

[1] J'ai substitué ici le titre de *Helveticus* à celui d'*Alpinus* que j'avais donné à ce groupe dans ma note sur les Corégones de la Suisse, pour attribuer plus spécialement ce dernier aux *Albock* et *Edelfisch* auxquels il s'applique à plus juste titre.

conique, subcarré. *Bouche inférieure ou préinférieure. Inter-maxillaire élevé, plus ou moins incliné en arrière et en dessous. Maxillaire légèrement ou médiocrement arqué, n'atteignant pas d'ordinaire sous le bord de l'œil. Opercule moyen ou assez grand. Œil moyen ou plutôt petit. Écailles assez nombreuses, moyennes ou relativement grandes. Caudale plus ou moins profondément échancrée, à lobes assez acuminés, généralement plus longue que la tête. Dorsale assez haute. Ventrales courtes. Pectorales gran-des.* — *Olivâtre ou verdâtre en dessus; anale et nageoires paires mâchurées de noir bleuâtre.* — *(Taille moyenne d'adultes et de vieux 0,^{m}35—45 à 0^m,60 (65).*

Brchsp. 1, (19) 20–28 = 1 : 5–6–6,60. — IV, 17–22.

D. 4–5/10–12, A. 1/10–12–13, V. 2/9–10–11, P. 1/14–16, C. 19 *maj.*

$$\text{Squ. } 82\ \frac{9-10-11}{(7)-8-9}\ 99. \ \text{— Vert. } 61\text{–}63.$$

SALMO LAVARETUS, *Linné*, loc. cit. p. 512 (*partim*).
>   MARÆNA, *Bloch*, l. c. 1, 172, III, 148, Taf. 27 (*part.*). — *Hartmann*, l. c. p. 139 (*part.*). — *Nenning*, l. c. p. 20.
COREGONUS MARÆNA, *Schinz*, l. c. p. 161 (*part.*).
>   FERA, *Rapp*, l. c. p. 18, Taf. II. — *Heckel et Kner*, l. c. p. 238, fig. 135 (*part.*) [1]. — *Siebold*, l. c. p. 251 (*part.*). — *Jäckel*, Fische Bayerns, p. 76 (*part.*). — *Klunsinger*, Fische des Würtemberg, p. 258.
>   LAVARETUS, *Günther*, l. c. p. 178 (*part.*).
>   SCHINZII, ALPINUS, *Fatio*, Corég. de la Suisse, p. 18, tab. I, II, 3, 4.

NOMS VULGAIRES : *Balche, Balchen, Balle, Ballen*, lacs de Brienz, Thoune, Zoug et Lucerne. (*Kraut-Schwein-Stein-Edelbalchen*, sec. Schinz), *Felchen, Adel-Sand-Weissfelchen*, (*Adelfisch, Mies-adler*, sec. Hartmann) ad., lac de Constance; juv. (*Adelsperle*, sec. Hartmann) ou, comme le jeune Blaufelchen, *Seelen, Hör-ling, Stuben, Gangfisch (Sandgangfisch), Renken.*

---

[1] La figure 135 du *Cor. Fera* de Heckel et Kner est trop élancée pour le *Cor. Fera* de Jurine, ainsi que pour la majorité des Balchen et Felchen; elle rappelle plutôt le *C. Palea* du lac de Neuchâtel que ces auteurs rangent à tort dans le *Cor. Wartmanni*.

Corps médiocrement allongé, assez élevé, plus ou moins voûté en avant et assez épais ; la hauteur maximale, à la longueur du poisson sans la caudale, suivant les formes locales, comme 1 : 3,75—4,35, chez des adultes, voire même 4,65 chez des jeunes. — Pédicule caudal généralement court et élevé.

Tête ramassée, relativement courte et assez haute, plus ou moins déclive et pl. ou m. convexe devant l'œil; d'une longueur latérale, au poisson sans la caudale, volontiers comme 1 : 4,75—5,45, chez des adultes. — Museau épais, subconique et plus ou moins carrément tronqué en avant, parfois avec de légères saillies des têtes articulaires du maxillaire. — Bouche plus ou moins inférieure, parfois presque subterminale, chez la Balche de Thoune en particulier. — Intermaxillaire élevé ou assez élevé, plus ou moins incliné en arrière et en dessous, parfois presque vertical. — Maxillaire supérieur assez large, très légèrement arqué et à peine ou faiblement retroussé, avec un coude inférieur assez reculé; atteignant rarement le bord de l'œil chez l'adulte, parfois cependant chez la Balche de Zoug, le dépassant plus ou moins chez les jeunes. (Voy. Pl. II, fig. 21.) — Opercule moyen ou assez grand et large. — Œil moyen ou plutôt petit, généralement à la longueur latérale de la tête, comme 1 : 4,20—4,60, parfois 4 seulement chez des Balchen adultes du lac de Thoune, d'autres fois 1 : 5,10 chez des Weissfelchen du lac de Constance ou certaines vieilles Balchen de Lucerne; souvent seulement = 1 : 3,50 à 4 chez des jeunes. — Espace préorbitaire d'ordinaire passablement plus long que le diamètre oculaire, souvent de $^1/_6$ à $^1/_4$ de celui-ci chez des adultes, parfois même de $^1/_3$ à $^1/_2$ chez de vieux sujets; par contre, plus petit que l'œil chez des jeunes. Espace interorbitaire volontiers de $^1/_4$ à $^2/_5$ plus large que l'œil, chez des adultes.

Branchiospines relativement peu nombreuses, assez espacées et plus ou moins trapues; généralement 20 à 28 (plus rarement 19), sur le premier arc, les plus longues, vis-à-vis de celui-ci, ordinairement comme 1 : 5,60—6,60, souvent cependant comme 1 : 5 chez la Balche de Lucerne, avec des denticules latéraux plus ou moins apparents, variant en nombre de 8 à 19, le minimum chez la Balche de Zoug, le maximum chez celle de Lucerne. — En général, 17—22 épines sur le quatrième arc.

Nageoires : caudale plus ou moins profondément échancrée, les rayons médians étant tantôt un peu plus longs que $\frac{1}{3}$ des grands externes, tantôt égaux à $\frac{1}{3}$ de ceux-ci ou même parfois légèrement plus courts ; présentant avec cela des lobes assez acuminés, égaux ou subégaux, et d'ordinaire passablement plus longue que la tête, plus rarement presque égale à celle-ci, chez certaines Balchen de Zoug, ou au contraire jusqu'à $\frac{1}{4}$ plus grande, chez quelques Balchen de Thoune et de Brienz. — Dorsale généralement d'une hauteur un peu moindre que la longueur latérale de la tête, souvent de $\frac{1}{7}$ à $\frac{1}{6}$, jusqu'à $\frac{1}{5}$ chez certaines Balchen de Lucerne, ou par contre presque de même dimension, chez quelques individus du lac de Zoug ; avec cela, assez déclive, quasi-droite sur la tranche et plus ou moins anguleuse ou acuminée. — Anale volontiers de $\frac{1}{3}$ moins haute que la dorsale, parfois cependant un peu plus élevée, chez quelques Felchen du lac de Constance, ou au contraire de presque $\frac{2}{5}$ plus basse, chez certaines Balchen de Thoune ; sa longueur basilaire d'ordinaire un peu plus forte que son élévation, quoique parfois égale à celle-ci, ou même légèrement moindre, comme chez quelques Felchen du lac de Constance. (Un maximum de 13 rayons divisés parfois chez la Balche de Thoune.) — Ventrales relativement courtes et subarrondies, demeurant couchées, à une distance de l'anus variant le plus souvent de $\frac{2}{5}$ à $\frac{3}{5}$ de leur longueur, exceptionnellement $\frac{2}{7}$ ou $\frac{4}{6}$. (Un minimum accidentel de 9 rayons divisés parfois chez la Balche de Lucerne.) — Pectorales relativement grandes, subtriangulaires et assez acuminées, quoique de dimensions assez variables et souvent moindres chez les femelles que chez les mâles ; atteignant, renversées en avant, suivant les cas et dans les diverses variétés, les narines, la fente buccale ou le bout du nez, dépassant même un peu ce dernier chez certains mâles de Thoune. — Adipeuse généralement assez grande ou grande, plus ou moins épaisse et arrondie ou recourbée vers l'extrémité, plus ou moins écail-

leuse sur la partie basilaire; d'une longueur à peu près
égale aux rayons médians de la caudale, ou sensiblement
plus forte; du reste toujours très variable.

Écailles relativement grandes, solides, plus ou moins épaisses,
ovales ou subcarrées. Une squame médiane sur la ligne latérale plus ou moins découpée au bord fixe, d'une surface le
plus souvent de $^1/_4$ à $^1/_3$ de l'orbite oculaire, chez des Balchen
adultes de Thoune, Brienz et Zoug, jusqu'à $^2/_5$ de l'œil
dans la Balche de Lucerne, chez laquelle ladite écaille est
volontiers légèrement plus grande que celle des Felchen de
Constance; avec des striés concentriques assez déliées, un
nœud un peu reculé vers le bord libre et un tubule plutôt
étroit chez l'adulte, plus ou moins allongé (volontiers plutôt
court chez la Balche de Zoug) et généralement courbé à
l'extrémité. Les écailles latérales sup.-antérieures, ovales, un
peu plus petites; les lat.-postérieures inférieures plus hautes
que longues, subcarrées et un peu plus grandes. Le maximum de 11 squames en dessus de la ligne latérale assez fréquent chez la Balche de Zoug; un minimum accidentel de 7
en dessous chez une Balche de Thoune. Le nombre inférieur
d'écailles sur la ligne latérale rencontré chez la Balche de
Thoune, le supérieur chez des Felchen du lac de Constance.

Coloration généralement olivâtre ou d'un gris olivâtre, avec des
reflets verdâtres ou bleuâtres en dessus; les flancs d'un
argenté plus ou moins doré, jaunâtre ou verdâtre, parfois
avec de légers reflets bleuâtres; ventre blanc ou blanc-jau-
nâtre mat. Un pointillé pigmentaire noirâtre plus ou moins
abondant sur les faces supérieures et sur le bord des écailles.
La tête souvent plus olive ou plus verte, avec l'extrémité du
museau plus ou moins mâchurée de noirâtre. Iris argenté.
Dorsale et caudale d'un gris noirâtre, parfois brunâtres et
plus ou moins mâchurées de noir ou de noir bleuâtre sur la
tranche ou vers les extrémités; la première souvent avec
quelques macules noirâtres. Anale, ventrale et pectorales
grisâtres ou jaunâtres et largement mâchurées de noir bleu,
sur moitié ou deux tiers de leur longueur à partir de l'extrémité; les dernières un peu moins mâchurées que les autres,
surtout dans le jeune âge.

Taille relativement grande, bien que variant beaucoup avec les
conditions : la majorité des adultes capturés mesurant $0^m,30$
à $0^m,38$, avec un poids de 300 à 500 grammes, dans le lac
de Thoune ; $0^m,35$ à $0^m,40$, avec un poids de 500 à 600 grammes, dans le lac de Zoug ; $0^m,40$ à $0^m,45$, avec un poids de
600 à 750 grammes, dans le lac de Lucerne ; $0^m,42$ à $0^m,50$,
avec un poids de 600 à 850 grammes, dans celui de Constance. — Cependant on prend aussi quelquefois des individus passablement plus grands et plus lourds dans ces différents lacs : d'un poids maximum de 2 ½ livres dans le lac de
Thoune, de 2 ½ à 3 livres dans celui de Zoug, même de 4 à
5 parfois 6 livres dans ceux de Lucerne et de Constance,
avec une taille maximale de 50 à 65 centimètres. La nature
des eaux plus ou moins voisines de leur source glaciaire,
et leur richesse relative en éléments nutritifs semblent influer beaucoup sur les dimensions auxquelles l'espèce peut
atteindre. C'est ainsi, par exemple, que la Balche reste
d'ordinaire dans des proportions bien moindres dans le
lac de Brienz qui reçoit directement les eaux glaciaires de
l'Aar, que dans celui de Thoune, pourtant si voisin.

Vertèbres au nombre de 61 à 63, dont 37 à 38 costales ; le minimum surtout chez la Balche de Zoug ; cela, abstraction faite
de deux ou trois bagues semi-osseuses ou fausses vertèbres
faisant le plus souvent suite à la vertèbre biseautée qui porte
la dernière grande plaque caudale.

Les Corégones alpins ou subalpins connus sous le nom de
Balchen dans les lacs de Thoune, Brienz, Zoug et Lucerne, et
sous celui de *Sand* et *Weissfelchen* dans le lac de Constance,
présentent à la fois assez de rapports entre eux et assez de différences avec la *Palée* et la *Féra* des lacs jurassiques de l'ouest,
pour que l'on puisse les distinguer de ces derniers, en les réunissant dans une même sous-espèce, comme simples variétés locales. Cependant ces variétés accusent toutes plus ou moins, dans
des conditions différentes, des tendances divergentes ou
comme des affinités avec d'autres Corégones voisins que je vais
chercher à mettre en relief, sous les lettres *a, b, c* et *d,* dans
de petites diagnoses comparées :

a. Var. Thunensis (Balchen, Thoune et Brienz) : Formes plus élancées. Tête plutôt allongée. Bouche presque subterminale. Œil plutôt grand. Écailles moyennes ou plutôt petites vis-à-vis de l'œil, en nombre moyen relativement moindre dans l'espèce. Nageoires plutôt grandes; la caudale profondément échancrée. (Parfois 13 rayons divisés à l'anale.) — Taille plutôt petite. —Fraie au bord.

Branchiospines le plus souvent I, 23—27=1 : 6, avec 12—16 denticules.—IV, 17—21.

Cette variété *a* présente au premier abord certains rapports extérieurs avec le *C. hiemalis* du Léman ; elle s'en distingue cependant constamment par le nombre moins élevé de ses branchiospines et par ses vertèbres par contre plus nombreuses, ainsi que par le développement moindre de ses nageoires, dorsale et ventrales principalement.

b. Var. Zugensis (Balchen, Zoug) : Formes plutôt élancées. Tête également plutôt allongée. Pédicule caudal relativement moins large. Maxillaire volontiers plus long, arrivant assez souvent sous le bord de l'œil ou à peu près. Œil moyen. Écailles plutôt petites (assez souvent 11 au-dessus de la ligne latérale). Dorsale haute. Caudale relativement courte, quoique profondément échancrée. Souvent 61 vertèbres seulement. — Taille moyenne. — Fraie au bord.

Brchsp. d'ordinaire I, 19—24=1 : 6—6,30, avec 8—10 denticules. — IV, 17—18.

Le nombre réduit des branchiospines et de leurs denticules latéraux pourrait faire supposer quelque parenté de cette variété locale avec le *C. acronius* du lac de Constance; mais les formes moins ramassées de son corps et moins obtuses de son museau, ainsi que la disposition moins inférieure de sa bouche et le plus grand allongement de son maxillaire en arrière, sans parler d'allures très différentes, suffisent à distinguer très nettement ces deux poissons.

1,859,500 alevins de cette *Balche*, obtenus, entre 1885 et 1887, par l'établissement de pisciculture de Zoug, ont été mis : partie dans le lac de Zurich (86,500), partie dans celui de Zoug et partie dans celui d'*Aegeri* où il n'y avait pas de Corégones jusqu'alors. 105,000 ont été en outre versés, en 1888, dans le lac de Sarnen où les Corégones faisaient aussi jusqu'alors défaut.

c. Var. Lucernensis (*Balchen*, Lucerne) : Formes moins élancées, plus ou moins élevées ou convexes en avant. Tête plutôt haute, plus convexe. Œil plutôt petit. Écailles relativement grandes. Nageoires moyennes; caudale d'ordinaire assez profondément échancrée; dorsale plutôt courte. Branchiospines relativement allongées. — Taille grande. — Fraie au bord.

Brchsp. souvent I, 23—28=1 : 5, avec 17—19 denticules. . — IV, 21—22.

Si les proportions des branchiospines rappellent ici un peu les Palées (*C. Palea*) de Neuchâtel, par contre les formes moins élancées du corps et moins acuminées de la tête, ainsi que les dimensions plus fortes des squames donnent à ce poisson un facies bien différent.

D'après le Dr O. Suidter de Lucerne, quelques pêcheurs distingueraient, dans le lac des Quatre-Cantons, une seconde Balche qui, quoique plus rare que la précédente, se rencontrerait cependant à des âges divers, soit séparément, soit mêlée avec celle-ci, et qui porterait une livrée beaucoup plus bleue en dessus. N'ayant pu obtenir aucun échantillon de ce Corégone prétendu différent, j'en suis réduit à me demander s'il n'y a pas là seulement une question d'âge, de saison ou d'habitat, comme je l'ai vu souvent ailleurs, chez la Féra en particulier.

d. Var. Bodensis (*Sand* et *Weissfelchen*, Constance[1]) : Formes assez élevées. Tête assez ramassée. Bouche plus inférieure. Œil plutôt petit. Écailles relativement moyennes et nombreuses (parfois jusqu'à près de 100 sur la ligne latérale). Nageoires moyennes; caudale d'ordinaire assez profondément échancrée. — Taille grande. — Fraie au bord, ou un peu plus bas contre le mont.

Brchsp. souvent I, 19—23=1 : 5,65—6,60, avec 10—12 denticules. — IV, 16—17.

---

[1] Plus particulièrement *Lavaretus* ou *Adelfisch*, selon Gessner, Fischbuch, 187.

Je n'ai pas trouvé de bien grandes différences entre les *Sand-felchen* frayant au bord et les dites *Weissfelchen* frayant un peu plus profondément; les dernières ont peut-être seulement une livrée volontiers un peu plus pâle et assez souvent un œil un peu plus petit, ou des branchiospines parfois légèrement plus longues.

Cette quatrième forme de notre *C. Sch. helveticus* rappelle assez la *Féra* du Léman, quoique avec des formes moins ramassées, une bouche un peu moins inférieure et des écailles notablement plus nombreuses sur la ligne latérale. Elle se distingue aussi constamment du *Kilchen*, qui vit avec elle dans le même lac, par un museau moins obtus, un maxillaire moins large, des nageoires moins grandes et des branchiospines en nombre moins réduit.

1350 alevins de ce *Felchen* du lac de Constance ont été versés, en 1884, dans le lac de Zurich.

Entre 1880 et 1887, des mélanges ont été opérés dans les divers lacs suisses habités par notre *Helveticus*, par l'introduction de nombreux alevins, soit des *Balchen* de Zoug et *Felchen* de Constance, soit de la Grande Maræne (*C. Maræna*) du nord de la Prusse et du White-Fish (*C. albus ?*) d'Amérique.

J'ai reçu du lac de Lucerne, le 1ᵉʳ décembre 1888, par l'entremise de M. le Dʳ O. Suidter, un Corégone capturé du côté de Stanzstadt, de forme plutôt allongée un peu convexe en avant, mesurant 0ᵐ,56 de longueur totale, avec un poids de 1170 grammes environ, que l'on supposait descendre peut-être du White-Fish (*C. Albus ?*) d'Amérique ou de la Grande Maræne (*C. Maræna*) de Prusse introduits dans ce lac, le premier depuis 1883, le second dès 1880.

Le museau du poisson en question, quoique un peu plus fort que chez la majorité des *Balchen* de Lucerne, ne présente cependant ni la convexité si accentuée du museau du *White-Fish* importé, ni même la forme assez saillante du nez de la *Grande Maræne* en dessus; sa caudale, semblable à celle de nos Corégones en général, ne rappelle en rien celle à lobes subarrondis et si profondément échancrée de l'espèce américaine.

Le White-Fish (*C. Albus ?*) n'a donc rien à prétendre dans le cas. Le *C. Maræna* seul peut être mis en question, soit à cause des formes relativement allongées du corps chez le poisson de Lucerne qui, avec la taille d'une vieille *Balche,* pourrait être un individu moins âgé de la *Maræne,* soit à cause de la forme un peu plus arquée de son maxillaire. Les dimensions assez fortes des écailles sont bien celles de la *Balche* de Lucerne, mais celles-ci diffèrent peu de celles de la *Maræne.* Le nombre des branchiospines, 27 d'un côté, 28 de l'autre sur le premier arc, rentre bien dans les limites de la *Balche,* tandis que la *Maræne* compte d'ordinaire jusqu'à 32 ou 33 épines sur le même arc; cependant nous verrons que cette dernière présente aussi quelquefois, dans l'une de ses formes en Prusse, moins de branchiospines, jusqu'à 26 seulement. Je n'ai pas cru devoir sacrifier cet exemplaire unique, pour en compter les vertèbres; car, comme pour les deux caractères ci-dessus, je n'y eusse trouvé peut-être encore qu'une présomption, la *Maræne* portant 60 à 61 vertèbres, et la *Balche* 61 à 63.

La longueur des plus grandes épines branchiales comparée à l'amplitude du premier arc, comme 1 : 5 chez le sujet en question, est tout à fait celle qui caractérise notre *Schinzii helveticus, var. Lucernensis,* alors que ce rapport est plutôt = 1 : 5,6— 6 chez le *Cor. Maræna;* mais il est difficile de décider s'il faut accorder plus d'importance à cette différence, jointe à une forme moins relevée du nez, qu'aux petites analogies signalées dans la forme du corps et du maxillaire. Il y a, en tout cas, chez le poisson en question, une tendance bien accusée dans le sens des caractères propres à la *Balche* de Lucerne, soit du lac des Quatre-Cantons.

Si l'inégalité de structure que j'ai constatée dans la mandibule de ce poisson, normale soit très relevée dans l'intérieur de la bouche d'un côté, beaucoup plus basse ou presque droite de l'autre, devait trahir une origine irrégulière, ce ne serait toujours que la *Maræne* importée qui pourrait être soupçonnée de croisement [1].

[1] Deux appendices mous qui pendaient, comme de petits barbillons, à la partie antérieure de la mandibule, l'un à droite, l'autre à gauche de la bouche, sur une longueur de 8 à 10ᵐᵐ, m'ont paru formés de lambeaux de peau détachés au revêtement de la mandibule et arti-

Les Corégones que j'ai réunis sous le titre de *Helveticus* se trouvent, nous l'avons dit, dans les lacs de Brienz, Thoune, Zoug, Lucerne et Constance, dans diverses conditions et à des niveaux assez différents, entre 565 mètres au-dessus de la mer à Brienz, au pied des Alpes dans le centre du pays, et 398 mètres au-dessus de la mer dans le lac de Constance à l'est, sur le parcours du Rhin. Ce sont des poissons qui se tiennent la majeure partie de l'année dans les grandes eaux et ne viennent près des rives qu'en arrière-automne, pour y déposer leurs œufs presque au ras du bord, généralement sous très peu d'eau. C'est alors surtout que la pêche est fructueuse dans plusieurs de nos lacs, ainsi que pendant la première partie de l'hiver, quant, après un jeûne plus ou moins prolongé, ils donnent avidement la chasse aux mollusques, vers, insectes divers et petits crustacés qui leur servent de principale nourriture, sautant souvent à la surface après les moucherons. Quelques menus débris végétaux trouvés dans l'estomac de ces poissons ont fait gratuitement supposer qu'ils absorbent parfois exceptionnellement des fragments des plantes diverses qui garnissent, dans la plupart de nos lacs, les flancs du mont ou la surface des hauts-monts.

La ponte s'opère de préférence de nuit, quelquefois déjà dans la soirée, dans les jours sombres, et généralement tout au bord, parfois à peine sous quelques centimètres d'eau, suivant les circonstances et les localités, sur le sable ou le gravier, ou sur les pierres calcaires plus grosses et anguleuses qui, dans quelques-uns de nos lacs à bords par places assez abrupts, comme ceux de Thoune et Lucerne, garnissent souvent la rive sur divers points.

Pour les *Balchen b* et *c* des lacs de Zoug et Lucerne, le moment du frai est en général entre les huit ou dix derniers jours de novembre et les huit ou dix premiers de décembre, un peu plus tôt ou plus tard selon les années. Pour la *Balche a*, c'est plutôt dans la première moitié de décembre dans le lac de Thoune; 10 à 15 jours plus tôt dans celui de Brienz où la ponte

ficiellement sinon accidentellement tordus, si bien que je n'en parle ici que pour mémoire et pour compléter la description de ce poisson censé extraordinaire.

commence déjà dans les derniers jours de novembre. Pour le *Felchen d* du lac de Constance, l'époque est généralement plus hâtive; les Sandfelchen frayent d'ordinaire sur le sable ou le gravier du bord, dans les deux semaines du milieu de novembre, tandis que les dits *Weissfelchen* frayent un peu plus tard, vers la fin du même mois et un peu plus profondément, volontiers sur les herbes qui garnissent les flancs du mont.

Les œufs, généralement jaunâtres, semblent varier un peu de dimensions dans des conditions différentes et mesurer de 2^{mm},30 à 2^{mm},60 et 2^{mm},80 chez *a, c* et *d,* voire même, selon le Dr G. Asper de Zurich, jusqu'à trois millimètres de diamètre, pour des œufs fécondés, chez la *Balche* de Zoug *b* pour laquelle la durée moyenne d'incubation est de quatre semaines environ.

Dans les diverses formes, les individus en livrée de noces, les mâles surtout, sont ornés de cinq à sept, parfois huit séries longitudinales de boutons ou tubercules épidermiques blanchâtres plus ou moins apparents, qui tombent bientôt après le temps du rut.

C'est souvent avec un bruit comme de crépitation, qui s'entend de loin, que les phalanges serrées de ces Corégones s'approchent des rives, pour venir s'y livrer aux jeux de leurs amours; aussi les pêcheurs qui connaissent parfaitement les places de frai préférées, sont-ils tout prêts à recevoir la bande joyeuse dans leurs filets, voire même à l'attirer au besoin où la maille les attend avec des feux allumés sur le bord[1]. Cependant, le calme est nécessaire à la réussite de cette pêche, et un vent tant soit peu fort peut la contrarier complètement. On prend, suivant les circonstances, ces poissons au grand filet, ou avec des filets à battue et de fond, ou encore à la ligne amorcée d'un vers ou d'une larve. La pêche la plus abondante s'est faite jusqu'ici en enveloppant et couvrant pour ainsi dire avec un filet les individus occupés à frayer près du bord. Un seul pêcheur peut par exemple, dans le lac de Zoug, prendre jusqu'à 40 ou 50 quintaux de *Balchen* en une saison de frai.

Nous avons dit que *Balchen* et *Felchen* vivent une bonne par-

---

[1] Places de frai marquées sur la rive, pour divers points du lac des Quatre-Cantons. — Surtout près de Merligen, pour le lac de Thun.

tie de l'année plus ou moins profondément dans les grandes
eaux; cependant, il semble y avoir sous ce rapport quelques
différences dans nos divers lacs. C'est ainsi, par exemple, qu'on
peut prendre presque toute l'année des *Felchen* avec les filets
dits *Seginen* et *Trieben*, dans le lac de Constance; tandis que
les *Balchen* se prêteraient moins facilement à l'usage constant
du grand filet dans nos autres lacs plus centraux, ne s'appro-
chant souvent qu'en été assez près des rives pour permettre
l'emploi de celui-ci, offrant même rarement alors occasion de
capture au pêcheur dans les lacs de Brienz, de Thoune et de
Zoug, où leur pêche se fait presque exclusivement durant le
temps de frai. On voit pourtant quelquefois, en février, les *Balchen* de Thoune voyager en bandes compactes près de la surface,
à 6 ou 700 mètres du bord, particulièrement devant le château de
la Leerau, mais il n'est guère possible de les prendre alors, les
pêcheurs, avec un bateau, pouvant difficilement amarrer ou
fixer leur embarcation sur ces grands fonds.

Comme d'autres, ces Corégones survivent d'autant mieux à
leur capture qu'ils sont pris moins profondément. La fécondation artificielle se fait facilement avec les individus pêchés au
bord, et ceux-ci peuvent être souvent conservés plusieurs jours
vivants dans le réservoir des pêcheurs; tandis que les sujets
pris plus profondément arrivent plus ou moins gonflés et souf-
frants à la surface. On peut du reste, nous l'avons dit, sauver
momentanément les poissons qui ne sont pas trop endommagés,
en leur perçant depuis l'anus la vessie qui comprime les viscères.

Les *Balchen* et *Felchen* portent, comme nos autres Corégones,
quelques parasites principalement Helminthes [1].

---

[1] Je ne sache pas qu'il ait été fait une étude spéciale des parasites
de ces Corégones de nos lacs suisses qui hébergent probablement plusieurs des mêmes espèces que nous signalons chez des formes voisines,
principalement dans les genres *Tænia, Echinorhynchus* et *Ascaris* les
plus répandus. Hartmann (Helv. Ichthyol. p. 145) cite en particulier,
chez son *Salmo Marœna*, les *Tænia Frœlichii, Ascaris Marœnæ* et
Echinorhynchus Marœnæ, par où il a probablement entendu *Tænia longicollis* (Rud.), *Ascaris obtusocaudata* (Rud.) et *Echin. proteus* (West.)?

31 (2). PALÉE

COR. SCHINZII, PALEA, Cuv. et Val.

Corps assez élancé; pédicule caudal médiocrement allongé. Tête plutôt petite, peu élevée et assez déclive; museau conique assez fort, subcarré. Bouche préinférieure ou subterminale. Intermaxillaire assez élevé, subvertical ou presque vertical. Maxillaire supérieur un peu arqué, arrivant plus ou moins au bord de l'œil. Opercule plutôt haut et étroit. Œil moyen. Écailles moyennes, volontiers nombreuses. Caudale assez profondément échancrée et acuminée, un peu plus longue que la tête. Dorsale moyenne, assez large, relativement peu déclive. Ventrales courtes. Pectorales moyennes. — Vert, vert-bleu ou olivâtre, en dessus; anale et nageoires paires mâchurées de noir bleu. — (Taille moyenne d'adultes et de vieux : $0^m,36$—42 à $0^m,50$.)

Brchsp. 1, 22–28 (29) = 1 : 4,40–5,70 (6). — IV, 19–23 (24).

D. 4–5/11–12, A. 4–5/11–13, V. 2/10–11, P. 1/14–16, C. 19 *maj.*

$$Squ. 83 \ \frac{(9) \ 10—11}{8—9} \ 100. — Vert. 61–63.$$

SALMO LAVARETUS, *Linné*, loc. cit. 1, 512 (*partim*).
   »   MARÆNA, *Bloch*, l. c. 1, 172, III, 148 (*part.*).
   »   MARÆNA et WARTMANNI, *Hartman*, l. c. p. 139 et 154 (*part.*).
COREGONUS MARÆNA, *Schinz*, l. c., p. 161 (*part.*).
    »   PALEA, *Cuv. et Val.* XXI, p. 477, pl. 628.
    »   WARTMANNI, *Heckel et Kner*, l. c. p. 235 (*part.*). — *Siebold*,
       l. c. p. 243 (*part.*). — *Günther*, l. c. VI, p. 187 (*part.*).
    »   SCHINZII, PALEA, *Fatio*, l. c. p. 18 et tab. I, II, B, 5.

NOMS VULGAIRES : ad. : *Palée, Palée de bord, Palée blanche, Palée de fond, Palée noire;* jeune : *petite Palée, Féra, petite Féra, Gibbion (part.),* à Neuchâtel; ad. *Balaie, Palchen;* j. *Balchpfœrrit (part.)* à Bienne; *Palée,* à Morat.

Corps relativement allongé ou assez élancé, soit plutôt peu élevé, passablement comprimé et faiblement voûté, sauf un

peu en avant; avec un profil inférieur volontiers un peu plus
droit ou légèrement aplati en avant des ventrales. La hauteur maximale, au poisson sans la caudale, le plus souvent
comme 1 : 4,15—4,55 chez des adultes. Pédicule caudal
médiocrement allongé, selon les individus plus ou moins
épais ou élevé.

Tête plutôt petite, relativement peu élevée, assez déclive et
plane ou faiblement convexe; d'une longueur latérale, au
poisson sans la caudale, volontiers comme 1 : 4,75—5,30
chez des adultes, même 5,50 chez des jeunes de taille
moyenne. — Museau conique, assez fort, volontiers subcarré
chez l'adulte, un peu plus arrondi chez les jeunes. — Bouche préinférieure ou subterminale. — Intermaxillaire assez
haut et presque vertical. — Maxillaire supérieur un peu
arqué, quoique faiblement retroussé et plus ou moins allongé, atteignant assez souvent jusque sous le bord de l'œil
chez l'adulte, le dépassant même un peu dans le jeune âge.
— Opercule plutôt haut et étroit ou oblique. — Œil moyen,
à la longueur latérale de la tête, volontiers comme 1 : 4,25
—4,60, chez des adultes, parfois un peu plus fort chez la
Palée de fond que chez celle *de bord*; comme 1 : 3,35 à 3,75
chez des jeunes de taille moyenne. — Espace préorbitaire
un peu plus long que le diamètre de l'œil, plus de $^1/_5$ de
celui-ci chez des adultes; égal à l'œil chez des jeunes de
taille moyenne, un peu plus court chez des sujets plus
petits.

Branchiospines peu ou assez peu nombreuses et peu serrées,
médiocrement allongées ou plutôt courtes, généralement
22-28 (exceptionnellement 29) sur le premier arc, vis-à-vis
de celui-ci, comme 1 : 4,40—5,30 chez la Palée de bord,
jusqu'à 5,70 chez certaines Palées de fond, plus rarement
4,35 dans le lac de Neuchâtel ou 6 dans celui de Bienne
(exceptionnellement 6,25 chez une jeune Palée de bord). Les
denticules latéraux, assez grêles et plus ou moins nombreux,
variant souvent de 12 à 17 sur les plus grandes épines.
— En général 19—23, plus rarement 24 épines sur le quatrième arc.

Nageoires : caudale assez profondément échancrée, à lobes

quasi-égaux assez acuminés, légèrement plus longue que la
tête chez les jeunes et parfois chez quelques Palées de fond,
soit de $\frac{1}{12}$ à $\frac{1}{7}$, exceptionnellement de $\frac{1}{4}$ plus grande chez
certaines Palées de bord. — Dorsale médiocrement élevée,
soit notablement moins haute que la longueur latérale de la
tête, souvent de $\frac{1}{12}$ à $\frac{1}{5}$, par contre, assez large, médiocrement acuminée et relativement peu déclive. — Anale d'une
hauteur égale environ aux $\frac{2}{3}$ de celle de la dorsale, à peu
près de même longueur et hauteur ou assez souvent sensiblement plus longue. — Ventrales courtes et assez larges,
demeurant, couchées, à une distance de l'anus souvent égale
à $\frac{3}{4}$ ou $\frac{4}{5}$ de leur longueur, plus rarement $\frac{2}{3}$ seulement. —
Pectorales plutôt courtes aussi, plus ou moins larges ou
acuminées, selon le sexe et les individus, atteignant, renversées en avant, le plus souvent entre l'œil et la narine, quelquefois au bord antérieur de l'œil seulement, plus rarement
à l'angle de la fente buccale. — Adipeuse grande et subarrondie.

Écailles assez solides, nombreuses, de moyennes dimensions,
subovales ou subcarrées et généralement plus hautes que
longues. Une squame médiane, sur la ligne latérale, un peu
anguleuse et découpée au bord fixe, d'une surface d'ordinaire à peu près $\frac{1}{4}$ de celle de l'œil, chez l'adulte, avec des
stries assez déliées autour d'un nœud un peu reculé vers le
bord libre et un tubule assez effilé, passablement courbé
à l'extrémité. Une squame post. inférieure, à mi-hauteur
entre la ligne latérale et l'anus, un peu plus grande, moins
découpée et plus ovale (voy. Pl. II, fig. 29).

Coloration variant assez avec l'âge et les saisons ou les conditions d'existence : olivâtre, d'un gris vert, verte ou d'un
vert bleu en dessus, avec un pointillé pigmentaire noirâtre
plus ou moins accentué, parfois assez important pour assom-
brir fortement et noircir même toutes les faces supérieures, ainsi que le bord des écailles latérales, surtout chez
les *Palées* dites *noires*. Côtés du corps et de la tête d'un
blanc argenté, à reflets jaunâtres ou verdâtres; ventre
d'un blanc mat. Nageoires, avec une base grise, jaunâtre
ou même d'un orangé rougeâtre, toutes très fortement

mâchurées ou noirâtres; les inférieures largement teintées
de noir bleu ou de noir violacé, les pectorales sur la ¹/₂ ou
les ²/₃ de leur longueur chez l'adulte, et déjà passablement
mâchurées même chez des jeunes de 23 à 25 centimètres,
alors d'un vert bleu sur le dos.

Taille relativement grande. La majorité des individus capturés
mesurent 0ᵐ,365 à 0ᵐ,420, avec un poids de ³/₄ à près d'une
livre (375 à 450 grammes); cependant, on prend assez souvent des Palées de 1 ¹/₂ à 2 livres, parfois même de 3 à 3 ¹/₂
livres, au hameçon. Des sujets de 5 livres (2 ¹/₂ kilos), pas
très rares autrefois, sont aujourd'hui tout à fait exceptionnels. La Palée dite de bord deviendrait, au dire de quelques pêcheurs, plus grosse que la dite de fond; cela paraît
varier avec les localités.

Vertèbres au nombre de 61 à 63, le plus souvent 62, dont 36 à
37 costales; volontiers avec une gaine ou fausse vertèbre
terminale au delà de la dernière vraie biseautée.

Avec ses formes généralement assez élancées, sa tête conique
plutôt basse et allongée, sa bouche souvent presque terminale,
son maxillaire relativement long et sa livrée assez souvent d'un
vert bleuâtre, la *Palée* présente quelquefois certains rapports
extérieurs avec le *Blaufelchen* du lac de Constance; si bien que
les ichthyologistes, même les plus récents, l'ont généralement
rapprochée du *C. Wartmanni,* comme Rapp, Heckel et Kner,
de Siebold et Günther, par exemple. D'autres, trompés par les
noms différents que ce poisson reçoit dans le lac de Neuchâtel,
selon qu'avec un facies un peu différent, il fraie tôt et au bord,
ou tard et au fond, ont cru pouvoir le rapporter partie au
C. Maraena ou au *C. Fera,* partie au *C. Wartmanni,* comme
Hartmann, par exemple, qui cite les Pallaye et Palée de Neuchâtel également dans la synonymie des deux espèces (p. 140
et 155), voire même comme Cuvier et Valenciennes qui ont cru
devoir distinguer, en tant qu'espèce particulière, la *Palée* dite
noire ou de fond de la dite *blanche ou de bord,* sous le nom de
C. Palea. Schinz, dans sa *Fauna Helvetica,* est le seul qui ait
bien compris les affinités naturelles des *Palées* de Neuchâtel
avec les *Balchen, Felchen* et *Féra* de nos autres lacs. En effet,

l'examen d'un assez grand nombre d'individus des *Palées de bord* et *Palées de fond* m'a démontré qu'elles ne présentent, d'une manière constante, aucune différence anatomique tant soit peu profonde; qu'elles ont en particulier, le plus souvent, mêmes branchiospines et mêmes vertèbres, et que les petites dissemblances morphologiques, très sujettes à varier, que l'on peut saisir entre elles ont fort peu d'importance au point de vue spécifique [1]. Les divergences biologiques relatives aux dates et lieux de frai ne sont dues également, à mon avis, qu'à l'influence de conditions locales différentes résultant, sur différents points du lac, de la configuration de celui-ci, de la distribution de ses tributaires et de la température momentanée des eaux.

J'ai vu quelquefois des *Palées* dites *de fond* qui présentaient des formes plus élancées que d'autres dites *de bord*, avec un œil volontiers un peu plus grand, une caudale parfois un peu plus courte et une livrée olivâtre plus mâchurée; mais on ne peut attacher grande importance à semblables caractères distinctifs, quand l'on remarque que la seconde, celle *de bord*, varie beaucoup aussi sous ces divers rapports, et surtout quand l'on sait que, dans des conditions et circonstances différentes, ce même poisson peut présenter aussi des allures pour ainsi dire transitoires, quant à l'époque et à la profondeur du dépôt de son frai.

Bien que je l'aie déjà démontré, à propos du *Cor. exiguus Bondella* de Neuchâtel, je ne crains pas de répéter ici que les *jeunes Palées* sont toujours, à taille égale, très différentes des *Bondelles*, qui s'en distinguent par une tête plus forte, avec museau plus épais, par des écailles plus petites, par des branchiospines bien plus longues et plus nombreuses, par des vertèbres en nombre inférieur, et par une livrée plus pâle, beaucoup moins pigmentée.

[1] Dans leurs *Informations* (manuscrites) *sur les Poissons des lacs de Neuchâtel, Bienne et Morat*, en date de 1811, L. Perrot et J. Droz disent que la Palée blanche ou de bord aurait le ventre, jusqu'à l'anus, de un pouce plus court que ladite noire ou de fond, et la queue, y compris le pédicule caudal, d'autant plus longue; je n'ai rien trouvé de bien frappant à cet égard entre individus des deux formes, et je doute qu'il y ait rien là de bien constant.

Le seul Corégone de nos lacs occidentaux qui, avec un aspect extérieur rappelant la Palée, puisse être rapproché du *Wartmanni*, est celui que j'ai décrit plus haut, sous le titre de *Confusus*, comme commun dans le lac de Morat où il porte le nom de *Pfarrig*, comme assez commun dans celui de Bienne sous le nom de *Balchpfarrit*, principalement depuis ces dernières années, et comme relativement rare dans le lac de Neuchâtel où il est confondu, selon sa taille, avec les Bondelles ou avec les jeunes Palées, sous les noms de *Gibbion*, de *petite Palée* ou de *petite Féra*. Cependant, ce n'est point ce poisson de taille moyenne, jusqu'ici méconnu, différant de la Palée par ses branchiospines plus nombreuses et son museau plus bas, de la Bondelle par le nombre généralement supérieur de ses vertèbres, ainsi que par les proportions majeures de ses écailles et de certaines nageoires, que les auteurs ont eu en vue, aussi bien dans leur rapprochement avec le Blaufelchen (*Wartmanni*) que dans la création de l'espèce dite *Palea*. Ils ont, je le répète, tous basé leur distinction sur les petites dissemblances morphologiques et biologiques signalées entre *Palées de bord* et *Palées de fond*, et aucun ne s'est douté de l'existence de cette forme particulière, faute d'avoir étudié comparativement les branchies et les vertèbres.

La *Palée* habite les lacs de Neuchâtel, Bienne et Morat; cependant c'est surtout dans le premier qu'elle abonde en toute saison. Avec un instinct migrateur plus développé que chez les formes voisines, Felchen, Balchen et Féra, elle exécute annuellement, en remontant le courant, de petits voyages d'un lac à l'autre. Des individus, en plus ou moins grand nombre suivant les années, passent en automne du lac de Neuchâtel par la Broye dans celui de Morat, pour y frayer; d'autres viennent, au contraire, depuis le lac de Bienne, pondre dans celui de Neuchâtel par la rivière la Thièle, à l'entrée de laquelle on les prend quelquefois avec des filets tendus près de la surface. Ce poisson, rare autrefois dans le lac de Morat, y serait même, au dire de quelques pêcheurs, devenu assez commun depuis l'abaissement des eaux de l'Aar dans la région et depuis l'endiguement de la Broye, dont les eaux étaient auparavant beaucoup plus sales et troubles qu'aujourd'hui. Ce serait plutôt le contraire qui aurait eu lieu pour le lac de Bienne.

On m'a signalé, en 1886, l'existence de la *Palée* dans le lac Gironde et un autre plus petit bassin très voisin, près de Sierre, en Valais, où ce poisson aurait été importé, dit-on, quelques années auparavant de Neuchâtel. Elle atteindrait même le poids d'une livre dans le plus petit de ces deux bassins. Cependant, comme il m'a été impossible de me procurer un seul individu de la prétendue Palée de ladite localité, je ne saurais décider, ni si c'est bien au genre qui nous occupe et plus particulièrement à cette espèce qu'il faut rapporter le poisson en question, ni quelle influence la réclusion dans un lac aussi petit a pu avoir sur ce prétendu Corégone importé.

Nous avons dit que la *Palée* fraie à des époques et dans des conditions très différentes, en novembre sur le bord et jusqu'en février dans le profond, sur divers points du lac de Neuchâtel. Les mêmes différences d'allures ne semblent pas se présenter dans les lacs plus petits et moins profonds de Bienne et de Morat, où l'on ne fait pas la distinction entre Palée de bord et Palée de fond. Ce poisson dépose généralement ses œufs sur le gravier, non loin du bord, dans les trois premières semaines de novembre, au lac de Bienne ; tandis qu'il pond de préférence en décembre et jusque dans le commencement de janvier, plus profondément sur le sable ou les pierres, ou au bord des herbes du *Mont,* sous 5 à 15 mètres d'eau dans celui de Morat.

Au dire de plusieurs pêcheurs, la ponte de la Palée, dans le lac de Neuchâtel, commencerait d'ordinaire avec le premier jour de novembre, sur le gravier du bord, sous très peu d'eau, pour se continuer en décembre et janvier, voire même jusqu'en février, de plus en plus profondément. La température des eaux plus ou moins vite refroidies, suivant les années, ainsi que la configuration des bords et du fond, selon les localités, paraissent influer surtout sur l'époque et les conditions du frai, si bien que, dans des circonstances exceptionnelles, des Palées ont parfois déjà commencé à frayer sur le bord à la fin d'octobre, tandis que d'autres frayaient encore dans les profondeurs jusque vers le milieu de février, sous 25 à 50 mètres d'eau et plus. Il est à remarquer à ce propos que la rive nord du lac reçoit plusieurs cours d'eau qui, en arrière-automne, amènent d'ordinaire du Jura des eaux de neige assez froides, tandis que la rive sud opposée, qui n'a pour ainsi dire point d'affluent, conserve, au contraire, plus longtemps une température relativement élevée; ajoutons que la *Beine* s'étend beaucoup moins sur la majorité des points de la rive nord, plus promptement abrupte, que sur la rive sud où elle se prolonge passablement sur presque tout le pourtour de ce côté du lac. On s'explique par là pourquoi la Palée vient frayer plus ou moins vite en novembre et au bord seulement du côté d'Auvernier, entre le Seyon et la Reuse qui lancent à cette époque dans les profondeurs des eaux neigeuses, lourdes et froides, pendant qu'en face de ce point, à Pont-Alban, sur l'autre rive, le même poisson, après avoir frayé en partie près du bord en novembre, se retire en descendant peu à peu et toujours frayant sur les herbes des flancs du *Mont*, dans une température graduellement abaissée, en décembre, janvier et même février. La *Palée* dite *noire* ou *de fond* se trouverait alors principalement du côté de la rive sud, fribourgeoise et vaudoise, ou sur la *Motte* que j'ai dit être un *haut-mont* quasi-médian.

La *Palée* ne fraie guère sur le gravier du bord que de nuit ou dans les soirées sombres; la lumière semble la refouler pendant le jour dans des couches plus profondes. Les œufs, un peu jaunâtres, mesurent généralement de 2^{mm},25 à 2^{mm},60. Mâles et femelles, les premiers surtout, portent à l'époque du rut six ou sept, parfois huit raies de tubercules ou boutons épidermiques blanchâtres, qui, comme chez d'autres poissons, semblent jouer un rôle dans le frottement des individus de sexes différents durant les jeux de l'amour.

On peut pêcher les Palées au filet dans le lac de Neuchâtel, du 1er novembre à la fin de juin ou au commencement de juillet, passé cette époque, l'eau devenant trop chaude, beaucoup de ces poissons disparaissent dans les plus grandes profondeurs et leur capture devient plus difficile. Cette pêche est surtout aisée et destructive au temps de frai, alors que l'on peut, de nuit ou dans la soirée, envelopper avec un filet ancré au bord les nombreux poissons qui s'assemblent au ras de la grève sur des points bien connus. Passé ce temps et dès décembre, on

prend plus loin du bord, de plus en plus profondément, les
Palées qui, après avoir frayé, cherchent avidement et en nombreuse société les petits animalcules, vers, mollusques, crustacés et autres qui leur servent de nourriture. On se sert
alors principalement du grand filet à sac, dit parfois *Gros-
Pierre*, qui va chercher ces poissons jusqu'à 60 et 80 mètres de profondeur, et la pêche est alors souvent si productive que des poissons de $^3/_4$ à 1 livre se vendent seulement
80 centimes à 1 franc la pièce. Sur certains points de la rive où
la Palée descend frayer plus profondément, on la prend encore
avec des filets dormants tendus une ou deux nuits durant. On
la capture quelquefois aussi au hameçon, avec des lignes de fond,
dans de grandes profondeurs, et, à ce sujet, divers pêcheurs
m'ont assuré avoir pris parfois des Palées à un hameçon amorcé
d'une petite Perche ou *Perchette*.

Enfin, en été, on prend encore la Palée sur le haut-mont
dit *Motte* qui s'élève longitudinalement sur le fond de la moitié
orientale du lac, un peu en avant du milieu, vers la côte sud,
et où les divers Corégones du bassin semblent se donner rendez-
vous. On trouve là, en effet, réunis pendant la belle saison, sur
le sommet en partie sablonneux de ce haut-mont, sous 10 à 20
mètres d'eau, puis peu à peu de plus en plus bas, sur les herbes et la mousse qui en garnissent les flancs, la Bondelle et la
Palée à différents âges et sous diverses formes. On y prend,
entre autres, les jeunes Palées de taille moyenne qui, comme
les jeunes Féras demi-taille du Léman, sont distinguées par
les pêcheurs sous des dénominations spéciales. C'est parmi ces
jeunes Palées de forme relativement élancée, qui reçoivent tour
à tour les noms de *Petites Palées*, *Petites Féras* ou de *Gibbions*[1], que j'ai, en particulier, reconnu pour la première fois,
le Corégone, jusqu'alors méconnu, dont j'ai parlé plus haut
et que j'ai cru devoir rapprocher du *C. W. confusus* de Morat,
bien qu'en conservant des doutes sur la pureté de son origine.

Suivant qu'elle est pêchée au bord ou plus profondément,

---

[1] Le nom de *Gibbion*, appliqué indistinctement aux petits Corégones
momentanément réunis en grand nombre, vient du mot *gibbionner* qui,
en argot de pêcheurs neuchâtelois, signifie pulluler, abonder, frétiller.

sous une pression croissante, la Palée est aussi plus ou moins résistante, en ce sens que les individus pris sous peu d'eau peuvent survivre en vivier bien des jours, voire même des semaines, à leur capture, tandis que ceux ramenés plus ou moins gonflés des grandes profondeurs périssent assez rapidement.

Je n'ai pas de données spéciales sur les parasites de la Palée; cependant il est probable qu'elle doit héberger plusieurs des mêmes Helminthes que ses congénères en d'autres lacs.

31 (3). FÉRA [1]

Cor. Schinzii, Féra, Jurine.

*Corps assez élevé, médiocrement ou relativement peu allongé; pédicule caudal assez ramassé. Tête assez forte et élevée; museau subarrondi, plus ou moins proéminent. Bouche inférieure ou pré-inférieure. Intermaxillaire élevé, plus ou moins incliné en arrière et en dessous. Maxillaire supérieur un peu arqué, arrivant rarement sous le bord de l'œil. Opercule moyen. Œil plutôt petit. Écailles relativement assez grandes et plutôt peu nombreuses. Caudale assez profondément échancrée, d'ordinaire légèrement plus longue que la tête. Dorsale moyenne et médiocrement déclive. Ventrales plutôt courtes; pectorales assez grandes. — Gris-olivâtre, olive, verte ou d'un vert bleu, en dessus; anale et nageoires paires mâchurées de noir bleu. (Taille moyenne d'adultes et de vieux : 0*ᵐ*,37—42 à 0*ᵐ*,55.)*

Brchsp. I, 21–28 = 1 : 5,35–5,90. — IV, 17–20.

D. 4–5/10–11, A. 4/11–12, V. 2/(9)10–11, P. 1/15–18, C. 19 *maj.*

$$Squ.\ 74\ \frac{(9)—10—11}{8—(9)}\ 82.$$ — *Vert.* (60) 61–62 (63).

Salmo Lavaretus, *Linné*, loc. cit. (*partim*).
  » Maræna, *Bloch*, l. c. (*part.*). — *Hartmann*, l. c. (*part.*).

[1] *Farra* ou *Ferra* selon Rondelet, part. 2, répété par Gessner, *Fischbuch*, f. 188. Confondue aussi autrefois, sous le nom de *Bezole*, avec la Gravenche.

Coregonus Fera, *Jurine (Corregonus)*, Poissons du lac Léman, 1825, p. 190,
    Pl. VII. — *Cuv. et Val.*, XXI, p. 472. — *Heckel et Kner*,
    l. c. (*part.*). — *Siebold*, l. c. (*part.*). — *Blanchard*, Poissons
    de la France, p. 429. — *Lunel*, Poissons du bassin du Léman,
    1874, p. 106, Pl. XI. — *Moreau*, Hist. nat. des Poissons de
    France, 1881, p. 549.
  » Maræna, *Schinz*, l. c. (*part.*).
  » Lavaretus, *Günther*, l. c. (*part.*).
  » Schinzii, Fera, *Fatio*, l. c. p. 18 et tab. I, II, B, 6.

Noms vulgaires : *Féra* ou *Ferra*, *Féra blanche*, *Féra verte*, *Féra noire*,
    Féra bleue, Léman ; *Féra du Travers*, Genève ; *Besole* ou
    Besule (vieux, rare aujourd'hui), surtout Savoie ; juv. *Zouland*
    (Vaud)[1].

Corps oblong, relativement peu allongé, médiocrement épais
et assez élevé, quoique d'ordinaire faiblement voûté ou
graduellement convexe en dessus du museau à la dorsale,
avec un profil inférieur, selon les circonstances, quasi semblable ou passablement plus droit ; la hauteur maximale, à
la longueur du poisson sans la caudale, souvent comme 1 :
3,55—3,90 chez des adultes, jusqu'à 1 : 5,10 chez de très
jeunes individus. — Pédicule caudal assez ramassé, quoique
médiocrement épais. — Les mâles souvent de formes plus
élancées que les femelles.

Tête relativement forte, assez haute et épaisse, volontiers légèrement aplatie sur le front et un peu convexe en avant,
d'une longueur latérale, au poisson sans la caudale, souvent
comme 1 : 4,65—5,15 chez des adultes. — Museau un peu
charnu, subarrondi et un peu proéminent. — Bouche généralement plus ou moins inférieure (voy. Pl. II, fig. 2), parfois presque subterminale. — Intermaxillaire élevé, d'ordinaire un peu incliné en arrière et en dessous. — Maxillaire
supérieur un peu arqué, faiblement retroussé, n'atteignant
que rarement au bord de l'œil, chez l'adulte (voy. Pl. II,
fig. 22 et 23). — Opercule moyen. — Œil relativement petit,
à la longueur latérale de la tête, volontiers comme 1 : 4,20—

[1] Selon E. Frossard de Saugy : Étude de la pêche dans le lac Léman,
Lausanne, 1884.

5,50 chez des adultes, notablement plus grand chez le jeune.
— Espace préorbitaire volontiers de $^1/_6$ à $^1/_3$ de l'œil plus
grand que celui-ci, chez des adultes.

Branchiospines peu ou médiocrement nombreuses, trapues et
bien écartées, généralement au nombre de 21 à 28 sur le
premier arc ; les plus longues, vis-à-vis de celui-ci, comme
1 : 5,35—5,90, avec des denticules latéraux plutôt faibles ou
médiocrement allongés, espacés et peu nombreux, souvent
10—15. En général 17 à 20 épines sur le quatrième arc.

Nageoires : caudale assez profondément échancrée, à lobes acuminés égaux ou sub-égaux, d'ordinaire légèrement plus longue que la tête ou quasi-égale, chez l'adulte. — Dorsale
moyennement grande, médiocrement déclive et assez anguleuse, généralement de $^1/_6$ à $^1/_5$ moins haute que la longueur
latérale de la tête. — Anale assez déclive, un peu concave, généralement de $^1/_3$ moins haute que la dorsale et le
plus souvent un peu plus large que haute, quoique assez
variable à cet égard. — Ventrales subarrondies et peu ou
médiocrement allongées, demeurant, couchées, distantes de
l'anus de $^2/_5$ à $^3/_5$ de leur longueur. — Pectorales triangulaires, subacuminées, souvent plus longues et plus larges
chez les mâles que chez les femelles, atteignant, renversées,
suivant l'âge et le sexe, presque au bout du museau ou à la
narine, voire même au bord antérieur de l'œil seulement. —
Adipeuse assez grande et arrondie, plus ou moins recourbée
ou crochue.

Écailles médiocrement solides, quoique assez épaisses et plutôt
grandes, subovales dans le sens vertical et en nombre relativement assez réduit. Une squame médiane sur la ligne
latérale généralement conique et assez découpée au bord
fixe, volontiers légèrement sinueuse au bord libre et d'une
surface souvent près de $^1/_3$ de celle de l'œil, chez l'adulte,
comme toujours, beaucoup plus petite chez le jeune, souvent
en particulier de $^1/_9$ ou $^1/_{10}$ de la surface de l'œil seulement,
chez des jeunes de 12 centimètres ; avec des stries concentriques médiocrement déliées, plus ou moins serrées et un
nœud plus ou moins reculé vers le bord libre, selon l'âge
plus ou moins avancé (voy. Pl. II, fig. 30 et 31). Le tubule

muqueux assez large et médiocrement allongé, volontiers
plus fortement courbé à l'extrémité chez le mâle. Le plus
souvent dix écailles vers la plus grande hauteur en dessus
de la ligne latérale.

Coloration, selon l'âge et les circonstances, d'un gris olivâtre,
d'un vert olive ou d'un vert bleu en dessus, d'un argenté
plus ou moins lavé de jaunâtre sur les côtés, blanchâtre en
dessous. Les faces supérieures et le haut des flancs généralement avec un pointillé pigmentaire noirâtre sur le bord
des écailles et plus ou moins sur le museau. Le dessus de la
tête d'ordinaire plus foncé que le dos, parfois un peu violacé; volontiers des reflets métalliques et comme des taches
vertes ou dorées sur la joue et les pièces operculaires. Nageoires généralement jaunâtres, verdâtres ou d'un gris jaunâtre
et plus ou moins rosées à la base en livrée de noces; la dorsale et la caudale plus ou moins mâchurées de noirâtre dans
la partie extrême, la première volontiers avec quelques
macules de la même couleur; l'anale et la ventrale fortement lavées de bleu ou d'un noir bleu ou violacé sur le tiers
ou la moitié extrême; les pectorales plus pâles plus ou moins
mâchurées aussi vers l'extrémité chez l'adulte, peu ou pas
chez le jeune.

Taille relativement grande : la plupart des individus capturés
mesurent 0^m,360 à 0^m,415 et pèsent un peu moins ou un peu
plus d'une livre (400 à 650 gr.). La Féra dépasse cependant
ce poids moyen, comme les autres sous-espèces voisines dans
nos autres lacs, car on prend assez souvent des individus de
2 à 2 $^1/_2$ livres, parfois même des sujets de 4 à 4 $^1/_2$ livres
(2 kilos), avec une taille de 0^m,500 à 0,550 et plus. On aurait
pris même, dit-on, autrefois des Féras de six livres [1]. L'augmentation de poids se traduit généralement avec l'âge plutôt
par l'élévation et l'épaississement du corps que par un
allongement proportionnel [2].

[1] Dans les rubriques qui accompagnent une carte du Léman dressée
en 1588 par *Jean Du Villard*, la Féra (sous les anciens noms de *Bezole*
ou *Ferra*) est censée atteindre le poids énorme de dix livres. S'il n'y a
pas erreur, ce doit être, croyons-nous, tout à fait exceptionnellement.

[2] Le tableau des dimensions donné par *Lunel*, dans son bel ouvrage

Vertèbres au nombre ordinaire de 61 à 62, exceptionnellement
de 60 ou 63, dont 36 à 37 (exceptionnellement 38) costales ;
le plus souvent, 2 à 4 bagues semi-osseuses terminales ou
fausses vertèbres, au delà de celle qui porte la dernière
grande plaque caudale.

La variabilité que présente la Féra, comme la majorité de
nos Corégones, aussi bien dans ses diverses proportions que
dans sa livrée, soit avec l'âge et le sexe, soit avec les conditions,
lui a valu de la part des pêcheurs des noms différents que justifie plus ou moins l'aspect extérieur du poisson. Jurine[1] cite les
qualifications de *Féra blanche*[2] pour les individus d'un habitat
plus profond, qui se tiennent de préférence sur le sable et
deviennent les plus gros, de *Féra verte* pour ceux qui se rencontrent plus près de la surface, et de *Féra noire* pour ceux qui se
tiennent de préférence sur les herbes à une profondeur
moyenne. A celles-ci je dois ajouter le nom de *Féra bleue* attribué par quelques pêcheurs à des individus d'un vert quasi-
bleu en dessus, de taille en dessous de la moyenne, par conséquent relativement jeunes encore, et qui, par le fait même de
leur âge, paraissent de formes plus élancées et voyagent encore
en nombreuse compagnie, souvent non loin de la surface.

Rappelons aussi que certains mâles adultes, avec des nageoires
pectorales parfois bien plus larges et plus longues que celles des
femelles de même taille, semblent se rapprocher à cet égard un
peu de la *Gravenche* du même lac; en ajoutant cependant que
cette différence sexuelle n'est pas toujours constante à différents âges. Cette remarque a son importance, en ce sens que les
données de certains auteurs qui ont parlé de la Féra du Léman
attribuent à ces nageoires des proportions plus constantes et
bien plus réduites. Lunel dit, en particulier, que les pectorales
renversées en avant atteignent seulement au bord antérieur de
l'œil, tandis que je les ai vues arriver jusque vers le bout du

sur les poissons du Léman, doit être rapporté à un individu au-dessous
de la moyenne et relativement jeune encore.

[1] Poissons du Léman, p. 194.

[2] Ce même nom s'applique aussi à la Gravenche.

museau chez bien des mâles et même, bien que plus rarement il est vrai, chez quelques femelles aussi.

La *Féra* du Léman, contrairement à la majorité des formes voisines dans l'espèce, est un Corégone qui fraie en même temps profondément et tardivement ; c'est même celui qui fraie de beaucoup le plus tard dans les eaux du pays. Après avoir erré et chassé pendant la belle saison, suivant les circonstances plus ou moins près de la surface ou des rives, les jeunes alors volontiers en nombreuse compagnie, elle gagne peu à peu, à l'approche de l'hiver, les profondeurs où sa ponte s'opérera quelques semaines plus tard. Sa nourriture semble consister principalement en mollusques, vers, insectes et larves de diverses sortes, ainsi qu'en petits crustacés. Elle saute volontiers à la surface après les moucherons, et, comme l'ont déjà fait remarquer Jurine et Lunel, elle happe parfois aussi des insectes plus durs et relativement assez gros. On a trouvé quelquefois dans son estomac de petits fragments des végétaux qui garnissent les flancs du Mont ou la croupe des hauts-monts ; je doute cependant que ceux-ci contribuent normalement à son alimentation.

C'est, en général, entre le 12 février et le 10 mars que s'opère la ponte de la Féra dans le grand lac, principalement du côté de la rive savoyarde ; parfois sur les herbes les plus profondes du mont, le plus souvent sur le sable ou le limon du fond, assez souvent sous cent, voire même deux cents mètres d'eau. Suivant la température et les années, l'époque du frai peut être plus ou moins avancée ou reculée. J'ai vu, par exemple, des mâles provenant de Meillerie ornés déjà de leurs boutons de noces dans la première semaine de janvier, et j'ai trouvé, vers la fin du même mois, des œufs de Féras dans le tube digestif de petites *Lotes* capturées au grand fond ; tandis que j'ai rencontré des femelles portant encore leurs œufs entre le 15 et le 20 mars. Les tubercules ou boutons épidermiques qui, sur 6 à 7 rangées longitudinales, ornent les flancs, des mâles surtout, durant le temps des amours, n'apparaissent guère que peu de temps avant l'époque du rut, en même temps que les écailles des bords du ventre, entre les pectorales et les ventrales, deviennent plus rudes ou dures au toucher.

Les œufs de la Féra, d'un jaunâtre pâle, sont de moyenne dimension et médiocrement nombreux. J'en ai mesuré de 2^{mm},20 2^{mm},40 et 2^{mm},60; Lunel en a compté de 5,992 à 11,808 chez des femelles de tailles différentes et affirme que 25 à 30 jours d'incubation suffisent à leur éclosion. Les alevins, qui se nourrissent principalement de divers petits crustacés branchiopodes, abondent souvent aux environs des herbes sous-lacustres et grandissent assez vite pour mesurer déjà, après 12 à 18 mois de vie, 15 à 16 centimètres de longueur totale.

Chaque année, vers le milieu de mai, les Féras apparaissent soit en *Beine* le long des rives plates, soit sur le banc de sable transversal dit le *Travers* qui, sous peu d'eau, barre le lac à quelques cents mètres en avant du port de Genève, banc sur lequel elles n'ont pas frayé, faute de profondeur suffisante, mais où elles viennent donner la chasse aux Phryganides qui voltigent alors en abondance à la surface. La Féra est un poisson délicat d'un goût très agréable; celle prise sur le *Banc du Travers* passe pour la meilleure, probablement parce qu'y trouvant plus de nourriture elle s'y engraisse plus vite; les pêcheurs genevois la vendent alors sous le nom bien connu de *Féra du Travers*.

Jamais la Féra ne se laisse entraîner dans le courant du Rhône; elle reste dans le lac exclusivement et, après avoir fait une station de deux mois environ dans la partie occidentale inférieure, plus étroite et moins profonde du bassin, dite petit lac, elle remonte vers la mi-juillet du côté du grand lac, se répandant généralement plus sur la rive savoyarde que vers la côte vaudoise. La pêche devient alors plus générale et très productive, principalement dans les nuits sombres, pendant près de trois mois, jusque dans le courant d'octobre. On cite des captures de 3000 Féras d'un seul coup de filet et des pêcheurs qui ont pris jusqu'à 80 à 100 kilos de ce poisson dans une seule nuit.

La pêche se pratique principalement avec la Senne dite *Grand-filet* ou *Monte* suivant ses dimensions, ou avec un filet dormant nommé *Méni*, que l'on dispose sur le fond plus ou moins près du bord et laisse séjourner une ou deux nuits. La manœuvre du grand filet, qui mesure 100 mètres et plus sur 7 à 8 de haut, se fait, suivant les circonstances, avec un seul bateau, quand le fond permet d'amarrer fixement un des bouts de la corde, ou avec deux bateaux sur des eaux trop profondes. On prendrait, paraît-il, au commencement de la pêche (en temps de frai), d'abord des femelles surtout, puis peu après des mâles principalement.

La Féra survit plus ou moins à sa capture, selon qu'elle est prise plus ou moins près de la surface; celles qui sont pêchées en hiver ou à l'époque du frai périssent généralement assez rapidement, parce que, arrachées alors à d'assez grandes profondeurs, elles sont presque toujours ramenées très gonflées par le filet. Il n'y a du reste rien là de propre à la Féra et rien sur quoi on puisse se baser pour une distinction spécifique, comme Jurine a cru pouvoir le faire. La différence qui existe à cet égard entre la *Féra* frayant sous une assez forte colonne d'eau et la *Gravenche* frayant dans le même lac au ras du bord, réside simplement, comme nous avons déjà eu maintes occasions de le remarquer, non pas dans une rusticité plus ou moins grande de l'espèce, mais bien seulement dans une question de pêche à des profondeurs et sous des pressions très différentes.

La Féra porte diverses espèces de vers parasites, particulièrement Cestodes et Nématodes [1]. Elle est, entre autres, fréquemment affectée d'une maladie particulière, due au développement de *Psorospermies* dans des kystes saillants entre les muscles, sous les téguments et jusque sur la muqueuse des branchies. Cette affection, généralement fatale, se traduit extérieurement par un soulèvement de la peau en diverses places sur des tumeurs où les écailles ne tardent pas à tomber. Jurine [2] avait déjà signalé la chose, sans y reconnaître la présence d'un parasite, et nommait cette maladie petite vérole des poissons.

[1] Dans une étude spéciale des vers parasites des poissons du Léman intitulée : *Recherche sur l'organisation et la distribution zoologique des vers parasites des poissons d'eau douce*, en 1884, le Dr *Fritz Zschokke* a reconnu sept espèces différentes chez la *Féra* à diverses époques; ce sont les *Tænia longicollis* (Rud), appendices pyloriques et intestin grêle. *Tænia ocellata* (Rud.), intestins. *Tænia torulosa* (Batsch.), intestins. — *Cyathocephalus truncatus* (Pallas), appendices pyloriques. — *Bothriocephalus infundibuliformis* (Rud.), intestins. — Des *kystes de Nématodes*, sur la face externe des viscères — et des *Psorospermies*, dans des kystes sous la peau.

[2] Histoire abrégée des poissons du lac Léman, 1825, p. 194.

Depuis lors, Lunel, ayant soumis des Féras ainsi affectées à
l'examen microscopique de feu Claparède, a donné d'après
celui-ci une description exacte de ces kystes et de leur contenu [1].

31 (4). BLAULING (*pars*).

COR. SCHINZII, DUPLEX [2].

*Corps moyennement élancé et médiocrement comprimé; pédicule
caudal plutôt court. Tête de moyenne longueur, assez plane;
museau conique carrément tronqué ou subcarré. Bouche préinférieure ou quasi-terminale. Intermaxillaire assez élevé, quasi-vertical. Maxillaire un peu arqué et allongé, atteignant souvent jusque sous le bord de l'œil. Opercule plutôt petit. Œil moyen.
Écailles moyennes. Caudale bien échancrée, plus longue que la
tête. Dorsale assez grande, médiocrement déclive. Ventrales
moyennes. Pectorales plutôt grandes. — Vert-bleuâtre, vert ou
d'un brun olivâtre, en dessus; anale et nageoires paires bien mâchurées de noir bleu. — (Taille moyenne d'adultes et de vieux :
0^m,38 à 0^m,42.)*

Brchsp. 1, 26–29 = 1 : 4,70–4,80. — IV, 20–21.

D. 5/9–11, A. 4/11–12, V. 2/10–11, P. 1/14–15, C. 19 *maj*.

$$Squ. \ 81 \ \frac{10-11 \ (12)}{8-9} \ 88 \ (90). — Vert. \ 60-61.$$

SALMO MARÆNA, *Hartmann*, loc. cit. p. 139 (*partim*).
COREGONUS MARÆNA, *Schinz*, l. c. (*part.*).
　　　» 　　WARTMANNI, *Siebold*, l. c. (*part.*).
　　　» 　　FÉRA et WARTMANNI, *Schoch*, Fischfauna des Cantons Zurich,
　　　　　　p. 18 (*part.*).

NOMS VULGAIRES : *Bratfisch* (*part.*), *Blaalig*, *Blawlig* ou *Blauling* (*part.*),
　　　à Zurich.

[1] Hist. nat. des poissons du bassin du Léman, 1874, p. 112.
[2] J'ai qualifié ce poisson de *Duplex* pour rappeler les différentes
appréciations auxquelles ses formes trompeuses ont donné lieu.

Pour ne pas répéter les détails de la description de ce poisson, jusqu'ici confondu sous les noms de *Bratfisch* et de *Blauling*
avec notre *Asperi maraenoides* plus commun, je me bornerai à
renvoyer ici aux données y relatives déjà fournies, entre parenthèses, comparativement et simultanément dans l'exposé des
caractères du dit *Maraenoides*, pages 204 à 207 ; en faisant
observer que les divers rapports de proportions de la tête, du
corps, etc. peuvent varier un peu au-dessus et au-dessous des
chiffres indiqués.

La diagnose ci-dessus suffit à dénoter : soit d'importantes
divergences entre différents Bratfische ou Blaulinge, entre
Maraenoides et *Duplex* ; soit de grandes analogies entre *Duplex*
et *Palea* dans le *C. Schinzii*, du côté des formes du museau, de
la disposition de la bouche et des dimensions du maxillaire en
particulier, analogies qui attribuent au dit *Duplex* la représen-
tation dans le lac de Zurich du groupe des *Felchen*, *Balchen*,
etc... abondant dans la plupart de nos autres bassins.

Ajoutons que l'examen d'un plus grand nombre d'individus
de notre *Duplex*, souvent assez difficile à discerner à première
vue entre les nombreuses formes mixtes ou intermédiaires qui
encombrent l'espèce dans le lac de Zurich, pourrait étendre
probablement les limites de la variabilité des *branchiospines*,
peut-être du côté du minimum.

Il y a donc, sous le nom commun de BLAULING, trois Corégones distincts dans le lac de Zurich :

a. Les adultes grande taille dudit *Albeli*, atteignant à peu près
aux dimensions moyennes du *Bratfisch*, avec 34—39 branchiospines et 61 ou 62 vertèbres ; ceux que j'ai rapprochés du
C. Wartmanni, sous le nom de.................... *Dolosus.*

b. Ceux que j'ai plus spécialement désignés comme type de
l'*Asperi*, avec le plus souvent 30-32 branchiospines et 57 ou 58
vertèbres, le véritable *Bratfisch*, notre......... *Maraenoides.*

c. Ceux que nous séparons ici du *Bratfisch*, pour les rapprocher plutôt de la *Palée*, dans notre *C. Schinzii*, avec 26-29 branchiospines et 60-61 vertèbres, notre .... *Duplex.*

Ce n'est pas tout, et la confusion ne s'arrête pas là dans le
lac en question, car, ainsi que je l'ai déjà signalé plus haut, on

trouve entre *a* et *b*, comme entre *b* et *c*, un très grand nombre
de formes bâtardes résultant d'une similitude de lieu et d'époque de frai. Avec un nombre de branchiospines plus ou moins
réduit ou élevé, ces nombreux individus intermédiaires présentent aussi des vertèbres plus ou moins nombreuses, un maxillaire plus ou moins prolongé en arrière et une bouche plus ou
moins inférieure. Il n'en faut pas davantage pour expliquer l'indécision et les erreurs des naturalistes qui, tour à tour, ont
rapproché le *Blauling* de Zurich du *C. Wartmanni*, du *C.
Marœna* ou du *C. Fera*.

Ce sera bien autre chose quand, dans ce chaos déjà presque
inextricable, de nouveaux éléments de confusion auront été
encore apportés par la récente introduction dans les eaux zurichoises, du White-Fisch (*C. albus*?) d'Amérique, de la grande
Marœne (*C. Marœna*) de Prusse, de la *Balche* du lac de Zoug,
du *Sandfelchen* et du *Gangfisch* du lac de Constance. Il est
donc intéressant de constater ici qu'avec le *Hägling* et les trois
espèces plus ou moins confondues sous le nom de *Blauling*, le
lac de Zurich possède actuellement, comme celui de Constance,
quatre Corégones autochthones, alors que les plus favorisés des
autres bassins n'en comptent que trois, dans le pays.

32. LE GOITREUX

Kilchen.

Coregonus acronius, Rapp.

*Corps plutôt trapu, voûté en avant; pédicule caudal court.
Tête assez ramassée et déclive; museau gros et court. Bouche plus
ou moins inférieure. Intermaxilliare haut, plus ou moins incliné
en arrière et en dessous. Maxillaire large et ramassé, arrivant à
peu près au bord de l'œil. Opercule moyen. Œil moyen ou assez
grand. Écailles relativement moyennes ou plutôt petites, médiocrement ou assez nombreuses. Caudale profondément échancrée, à
lobes acuminés quasi-égaux, plus longue que la tête. Dorsale assez
haute et très déclive. Ventrales plus ou moins longues. Pectorales
assez grandes. — Verdâtre, fauve ou olivâtre, en dessus; anale et*

*nageoires paires plus ou moins mâchurées. — (Taille moyenne
d'adultes et de vieux : 0ᵐ,285—320 à 0ᵐ,34.)*

Brchsp. 1, 17–21 == 1 : 6–6,60. — IV, 12–16.

D. 4-5/9–11, A. 4-5/10–11, V. 2/10–11, P. 1/15–16, C. 19 *maj.*

$$Squ. \ 78 \ \frac{8^{1}/_{2}—10}{7—8(9)} \ 88 \ (92). \ — \ Vert. \ 61–63.$$

Salmo Maræna media, *Hartmann*, Helv. Ichthyol. p. 145. — *Nenning*,
Fische Bodensees, p. 21. — *Schinz (Coregonus) Maræna media*,
Fauna helvetica, p. 162 (*part.*).
Coregonus acronius, *Rapp*, Fische Bodensees, p. 22. — *Heckel et Kner*,
Süsswasserfische, p. 240, fig. 136 (*juv.*). — *Fatio*, Corég.
de la Suisse, p. 18, tab. 1, C, 7.
» hiemalis, *Siebold*, Süsswasserfische, p. 254 (*part.*). — *Jäckel*,
Fische Bayerns, p. 77 (*part.*). — *Günther*, Catal. VI, p. 183
(*part.*). — *Klunsinger*, Fische des Würtemberg, 1881,
p. 260 (*part.*).

Noms vulgaires : *Kilch, Kilchen, Kirschfisch, Kropffelchen*, lac de
Constance.

Corps plutôt court, relativement assez élevé et passablement
voûté du museau à la dorsale; le profil inférieur presque
semblable ou un peu moins convexe, chez les jeunes et les
sujets dont la vessie n'est pas gonflée. La hauteur maximale,
à la longueur du poisson sans la caudale, généralement
comme 1 : 3,75—4,15 chez des adultes. — Pédicule caudal
très court, quoique médiocrement, même peu élevé vis-à-vis
de la hauteur maximale du corps; la distance comprise entre
le dernier rayon de l'anale et le premier de la caudale,
assez souvent égale à $^{1}/_{14}$ seulement de la longueur du
poisson sans la caudale, alors qu'elle mesure à peu près $^{1}/_{10}$
de celle-ci chez les Felchen, Palées, Féra, Gravenche, etc.
Tête assez ramassée, un peu convexe, déclive et toujours notablement moins longue par le côté que la hauteur du corps;
la longueur céphalique latérale, au poisson sans la caudale,
le plus souvent comme 1 : 4,40—4,80, chez l'adulte. —
Museau plutôt gros et court, subcarré et un peu proémi-

nent. — Bouche le plus souvent franchement inférieure, parfois un peu plus avancée ou presque préinférieure. — Intermaxillaire élevé et plus ou moins incliné en arrière et en dessous. — Maxillaire large, médiocrement arqué et relativement court, quoique arrivant à peu près sous le bord de l'œil chez l'adulte, par le fait de la brièveté du museau (voy. Pl. II, fig. 24). — Opercule de moyenne hauteur et plutôt large. Le bord inférieur du préopercule parfois plus ou moins dentelé, chez l'adulte. — Œil moyen ou assez grand, soit, à la longueur céphalique latérale, comme 1 : 3,80—4,36 chez l'adulte. — Espace préorbitaire égal au diamètre oculaire ou légèrement plus grand.

Branchiospines courtes, très espacées et en nombre très réduit; le plus souvent 17 à 21 sur le premier arc, les plus longues, vis-à-vis de celui-ci, comme 1 : 6—6,60, avec d'ordinaire 5 à 7 denticules latéraux très saillants et distants. Assez souvent des épines accidentellement bifurquées ou trifurquées, par suite de la succion de petits parasites crustacés; souvent aussi les denticules en majorité absents. Généralement 12 à 16 épines sur le quatrième arc. — Les dents linguales, et pharyngiennes surtout, bien développées. (Voy. Pl. II, fig. 4,5 et 6.)

Nageoires : caudale profondément échancrée, à lobes acuminés quasi-égaux, d'ordinaire de $\frac{1}{12}$ à $\frac{1}{5}$ plus longue que la tête, accidentellement presque égale, soit, à la longueur totale du poisson, le plus souvent comme 1 : 4,80—5,60, chez l'adulte. — Dorsale droite, haute, et quoique large très déclive sur la tranche, d'ordinaire de $\frac{1}{5}$ à $\frac{1}{20}$ seulement plus courte que la tête. — Anale égale à peu près aux $\frac{2}{3}$ de la dorsale en hauteur, avec une longueur basilaire presque égale à son élévation ou, plus souvent, légèrement moindre. — Ventrales généralement larges et assez grandes, quoique toujours assez variables; couchées, demeurant distantes de l'anus d'une quantité égale, suivant le sexe et les individus, à $\frac{2}{5}$ ou $\frac{1}{7}$ ou même $\frac{1}{17}$ seulement de leur longueur. — Pectorales également de longueur assez variable et plus ou moins larges ou effilées, suivant le sexe, l'âge ou les individus; atteignant, renversées en avant, la narine, la bouche ou

le bout du museau. — Adipeuse grande, haute et recourbée
ou arrondie.

Écailles solides, à peu près ovales en hauteur sur les parties
antérieures du corps, plus carrées sur les postérieures, médiocrement ou parfois assez nombreuses et de dimensions
moyennes ou plutôt petites, bien que paraissant assez grandes, par le fait de leur élévation et d'un moindre recouvre-
ment. Une squame médiane sur la ligne latérale de forme
subcarrée, élevée, un peu découpée au bord fixe et légère-
rement festonnée au bord libre, chez l'adulte, avec des
stries assez fines, un nœud quasi-médian ou très légèrement
reculé vers le bord libre, et un tubule médiocrement long
et large, franchement infléchi vers le bas ; de surface, le
plus souvent, entre ¹/₄ et ¹/₅ de celle de l'œil. Les écailles des
flancs, surtout sur la région ventrale en dessous de la ligne
latérale, en apparence bien plus grandes et plus hautes que
les autres, par le fait qu'elles se recouvrent peu ou pas,
comme nous l'avons dit, demeurant même souvent plus ou
moins séparées, sous l'action du gonflement de la vessie natatoire, chez les individus capturés sous de fortes pressions.

Coloration pâle, verdâtre, fauve, gris-brun ou d'un blond olivâtre en dessus, argentée sur les flancs, parfois avec de légers
reflets jaunâtres ; ventre blanc. Nageoires jaunâtres : dorsale et caudale plus ou moins lavées de noirâtre vers le
bout, anale et ventrales d'ordinaire plus ou moins mâchurées au sommet, chez l'adulte ; pectorales souvent en entier
jaunâtres, parfois légèrement mâchurées à l'extrémité.

Taille, moyenne dans nos Corégones suisses ; la majorité des
adultes capturés variant entre 0ᵐ,290 et 0ᵐ,325, avec un
poids de 280 à 350 grammes environ. Les sujets qui ont servi
à la description de Heckel et Kner devaient être relativement jeunes, ne dépassant pas 9 pouces de longueur totale.
Selon Hartmann et Nenning, l'espèce ne dépasserait pas un
poids de ¹/₂ livre. Les plus grands individus observés par Rapp
mesuraient 12 pouces ; de Siebold en signale de 14 ¹/₂ pouces. J'ai examiné moi-même plusieurs adultes des deux sexes
capturés vers la fin d'octobre, en livrée de noces et avec laites et œufs mûrs, qui mesuraient jusqu'à 0ᵐ,335 et 0ᵐ,340.

Vertèbres au nombre de 61 à 63, dont 36 à 37, voire même 38 costales, abstraction faite de une ou de deux bagues semi-osseuses ou fausses vertèbres faisant parfois suite à la vertèbre
biseautée qui porte la dernière grande plaque caudale. Les
chiffres que j'ai trouvés sur quelques squelettes préparés *ad
hoc* me paraissent avoir ici une certaine importance ; en ce
sens qu'ils diffèrent complètement de ceux fournis par d'autres ichthyologistes suisses, Hartmann et Rapp entre autres,
qui attribuent au Kilchen, le premier 56 ou 57, le second 59
vertèbres, et parce qu'ils peuvent contribuer à leur manière
à la distinction spécifique des *C. acronius*, Rapp, et *C. hiemalis*, Jurine, à d'autres égards déjà bien différents. Je ne puis
m'expliquer autrement la divergence qui existe sur ce point
entre mes observations et les données des auteurs précités,
ainsi que de nombreux ichthyologistes qui ont répété ces
dernières, qu'en supposant ou une erreur, principalement
chez Hartmann, ou que les cervicales n'ont pas été addition-
nées, ou encore que les individus de taille petite ou moyenne
préparés par mes prédécesseurs étaient peut-être des sujets
grande taille du *Gangfisch* confondus avec de jeunes Kilchen.

Le *Coregonus acronius* (Rapp) a été rapproché à tort du
C. hiemalis (Jurine), à cause de sa taille moyenne, des formes
ramassées de sa tête et de son museau, des dimensions relativement grandes de ses nageoires et de la pâleur de sa livrée ; il s'en
distingue cependant constamment, par des branchiospines plus
courtes et en nombre bien inférieur, par des vertèbres en nombre par contre supérieur, par un maxillaire bien plus large
et ramassé, et par des allures bien différentes au temps de la
reproduction. — Le Kilchen varie passablement quant aux proportions relatives de ses diverses nageoires, dans le lac de Constance, et il semblerait, d'après Siebold, que le représentant de
cette espèce dans le Ammersee, en Bavière, présente généralement des nageoires plus courtes, avec une taille plus petite.

Le *Kilchen* n'habite en Suisse que le lac de Constance. Les lacs de Zurich, des Quatre-Cantons et de Bienne ne renferment aucun Corégone capable de justifier l'opinion de C. Gessner qui croyait analogues du *Kilch* de Constance les poissons appelés de son temps, *Butz, Alpken* et *Angelin,* dans ces derniers. C'est également, avons-nous dit, par suite d'un défaut d'études comparées suffisantes qu'on a rapproché à tort cette espèce de la *Gravenche (C. hiemalis)* du lac Léman, si différente à tant d'égards. Siebold ne croit pas que le *Kilch* puisse être confiné dans le lac de Constance seulement ; il se trouverait, suivant lui, dans le Léman sous le nom de *Gravenche,* et probablement dans divers autres lacs alpins, dans le Ammersee de Bavière, en particulier[1]. Peut-être le célèbre ichthyologiste allemand a-t-il raison de douter d'un habitat aussi limité; nous avons signalé cependant son erreur quant au premier de ses rapprochements, celui du Kilchen avec le Gravenche du Léman ; le second, concernant le Ammersee, est-il plus juste que le premier, c'est ce que je ne saurais dire maintenant, faute d'avoir pu comparer de visu les deux formes.

Le *Kilch, Kilchen* ou *Kropffelchen,* passe presque toute l'année dans les eaux profondes du lac de Constance, souvent à plus de 100 mètres de la surface, rarement à moins de 20 ou 25. C'est en particulier à cet habitat profond et caché que l'on doit l'ignorance dans laquelle sont encore de nos jours les ichthyologistes et mêmes les pêcheurs sur les mœurs et les allures de ce poisson à différentes époques. C'est aussi à la forte pression sous laquelle il vit constamment et à laquelle il est arraché par le filet qu'il doit son nom de Goitreux (*Kropffelchen*), parce que toujours il arrive à la surface plus ou moins gonflé en dessous, voire même souvent complètement arrondi en ballon entre la gorge et l'anus. Inutile d'ajouter que le Kilchen doit compter, par le fait, parmi les poissons qui survivent le moins à leur capture, qu'il arrive généralement mort ou mourant à la surface de l'eau.

Le *Kilchen* se trouve dans différentes parties du lac de Constance, voire même dans l'Untersee, et semble frayer, selon les

---

[1] Von Siebold : *Ueber den Kilch des Ammersees* : Neue Münchner Zeitung 1860, n° 67, p. 265.

circonstances, à des époques un peu différentes. Il paraît qu'il était autrefois assez abondant du côté de Landschlacht et de Constance, mais que c'est aujourd'hui surtout du côté de Langenargen, vers la côte wurtembergeoise, qu'on le pêche en plus grande quantité du printemps à l'automne. On le prend aussi en été à Horn, près Rohrschach, et en automne, quoique moins abondamment, soit à Ueberlingen à l'autre extrémité du lac, soit à Steckborn dans l'Untersee. On le pêche, suivant les cas, au grand filet ou avec des filets de fond et dormants. Bien que la chair de ce poisson soit ferme et agréable, il n'en est guère fait une pêche spéciale et on le voit peu sur le marché; soit que, vu son habitat profond, sa capture soit toujours incertaine, soit que son ventre fortement distendu lui donne un aspect peu engageant.

Les pêcheurs déclarent généralement qu'ils n'ont jamais vu frayer un Kilchen et qu'ils ne savent pas du tout où sont ses places de ponte préférées. Cependant les états de développement que j'ai constatés, tant des œufs chez les femelles que des testicules et des boutons de noces chez les mâles, semblent indiquer que l'époque du frai doit varier des derniers jours d'octobre aux derniers de novembre, et que les jeux de l'amour doivent s'opérer au fond, sous une forte pression, puisque les individus des deux sexes capturés à maturité des organes de reproduction sont tous passablement gonflés. Selon quelques données, celles de Siebold entre autres, l'époque du frai pourrait commencer parfois déjà fin septembre; je n'ai aucune observation à l'appui. Les œufs que j'ai examinés étaient jaunâtres et mesuraient 2^{mm} à $2^{mm},20$ de diamètre. La nourriture du Kilchen paraît consister surtout en petits mollusques, vers et crustacés. De Siebold refusait ces derniers à l'alimentation de ce Corégone de grand fond; cependant Nüsslin a trouvé abondamment l'*Asellus aquaticus* dans ses intestins.

Je ne crois pas qu'il ait été fait une étude spéciale des parasites du Kilchen, et je n'ai, pour ma part, observé chez lui que l'*Ergasilius Sieboldii* quelquefois sur ses branchies.

33. LA GRAVENCHE [1]

GRAVENCHE.

CORÉGONUS HIEMALIS, Jurine.

Corps médiocrement allongé, un peu convexe en avant; pédicule caudal plutôt court. Tête assez ramassée et déclive; museau plutôt court, plus ou moins arrondi. Bouche préinférieure ou subterminale. Intermaxillaire médiocrement haut, légèrement incliné en arrière ou subvertical. Maxillaire allongé, assez arqué, parvenant d'ordinaire sous le bord de l'œil. Opercule moyen. Œil assez grand. Écailles moyennes, relativement peu nombreuses. Caudale assez profondément échancrée et acuminée, un peu plus longue que la tête. Dorsale haute et largement développée, quoique assez déclive. Ventrales et pectorales longues. — Vert pâle, olivâtre ou fauve, en dessus; anale et ventrales plus ou moins mâchurées de noir-bleu, pectorales un peu ou pas. — (Taille moyenne d'adultes et de vieux : $0^m,29$ à $0^m,345$.)

Brchsp. I, 25–33 = 1 : 5-6. — IV, 21-24.

D. 4-5/9-12, A. 4-5/11-14, V. 2/10-11, P. 1/15-16, C. 19 *maj.*

$$Squ. \ (70).73 \ \frac{9-10}{(7).\ 8-9} \ 83. \ — \ Vert. \ 59-60. \ (61).$$

SALMO MARÆNULA, *Hartmann,* Helv. Ichthyol. p. 149 (*partim et false*).
CORÉGONUS HIEMALIS, Jurine,. Poissons du Léman, p. 200, pl. VIII. — *Cuv. et Val.* XXI, p. 479. — *Siebold,* loc. cit. p. 254 (*part.*). — *Jäckel,* Fische Bayerns, p. 177 (*false*). — *Günther,* l. c. VI, 183 (*part.*). — *Blanchard,* Poissons de France, p. 342. — *Lunel,* Poissons du Léman, p. 114, pl. XII. — *Moreau,* Hist. nat. Poiss. de France, III, p. 551. — *Fatio,* l. c. p. 16, tab. I, Comp. II.
MARÆNA MEDIA, *Schinz,* Fauna Helv. p. 162 (*part.*).

[1] Autrefois confondue avec la *Féra* sous le nom commun de *Bezole* que j'ai conservé à une forme voisine, propre au lac du Bourget où elle est encore actuellement appelée Bézole ou Bézoule.

Noms vulgaires : *Gravenche, Féra blanche, Féra jaune, Petite Féra,*
Genève et Vaud. — *Bézole, Bezeule* ou *Bézule,* Savoie; nom
devenu rare sur les bords du Léman.

Corps médiocrement allongé, moyennement épais, graduellement mais passablement convexe en avant, avec un profil
inférieur (abstraction faite des individus gonflés), suivant
les circonstances, ou presque semblable au supérieur, ou
volontiers plus ou moins aplati vers la gorge, en avant; la
hauteur maximale, à la longueur du poisson sans la caudale,
comme 1 : 3,40—4,30, suivant la saison et les individus
femelles ou mâles adultes. — Pédicule caudal plutôt court
et subconique, mais médiocrement élevé.

Tête assez ramassée, un peu convexe et passablement déclive,.
d'une longueur latérale, au poisson sans la caudale, comme
1 : 4,35 à 5, chez des adultes. — Museau plutôt court,
subarrondi ou subcarré, parfois légèrement proéminent.
— Bouche préinférieure ou subterminale. — Intermaxillaire
médiocrement élevé, très légèrement incliné en arrière en
dessous ou quasi-vertical. — Maxillaire allongé, passablement arqué et sensiblement retroussé, parvenant généralement sous le bord de l'œil ou le dépassant légèrement
(voy. Pl. II, fig. 16). — Opercule moyen, oblique et plutôt
étroit. — Œil moyen ou assez grand, à la longueur latérale
de la tête, comme 1 : 3,65—4,38, chez des adultes. — Espace préorbitaire relativement court, égal au diamètre oculaire ou légèrement plus fort, chez l'adulte.

Branchiospines passablement variables, peu ou médiocrement
nombreuses et relativement courtes ou trapues; généralement 25 à 33 sur le premier arc; les plus longues, vis-à-vis
de celui-ci, comme 1 : 5—6, avec des denticules latéraux
assez apparents, souvent au nombre de 12-15. D'ordinaire,
21 à 24 épines sur le quatrième arc.

Nageoires généralement grandes et larges : caudale à lobes
quasi-égaux médiocrement acuminés et assez profondément
échancrée; selon l'âge et les sujets, de $^1/_{15}$ à $^1/_5$ (souvent
$^1/_8$-$^1/_{10}$) plus longue que la tête, soit, à la longueur totale du
poisson, comme 1 : 4,75—5,45. — Dorsale grande et large

dans le haut, à tranche quasi-droite, assez déclive; son rayon majeur de $^1/_6$ à $^1/_{28}$ seulement plus court que la longueur latérale de la tête (souvent $^1/_{10}$-$^1/_{15}$), parfois presque égal, exceptionnellement légèrement plus grand que la tête et toujours notablement plus long que la base de cette nageoire, ordinairement de $^1/_3$ au moins [1]. — Anale d'une hauteur égale environ à $^2/_3$ de celle de la dorsale et souvent à peu près égale en hauteur et longueur. — Ventrales longues, assez larges, subtriangulaires, quoique assez arrondies et, couchées, demeurant de l'anus à une distance variant d'ordinaire de $^2/_7$ à $^1/_{25}$ de leur longueur, parfois presque nulle. — Pectorales grandes et plus ou moins larges, triangulaires, subacuminées, atteignant, renversées en avant, la bouche ou le bout du museau, dépassant même souvent celui-ci de quelques millimètres (5 à 6^{mm}). — Adipeuse assez grande, plus ou moins haute et recourbée.

Écailles assez solides, ovales ou subarrondies et généralement peu découpées ; relativement peu nombreuses et de moyennes dimensions, quoique paraissant assez grandes par le fait qu'elles se recouvrent d'ordinaire un peu moins que chez les espèces voisines. Une squame latérale médiane, ovale en hauteur, plutôt peu échancrée au bord fixe, avec des stries assez fines, un nœud quasi-médian et un tubule plutôt court légèrement infléchi vers le bas, parfois presque droit, d'une surface souvent $^1/_4$ de celle de l'œil, chez l'adulte. Parfois 70 squames seulement sur la ligne latérale, et quelquefois seulement 7 en dessous de celle-ci, jusque sur la base des ventrales.

Coloration d'un gris vert, olivâtre ou d'un blond verdâtre en dessus, souvent avec un léger pointillé pigmentaire noirâtre et d'autant plus pâle que l'individu a séjourné plus longtemps hors de l'eau; d'un blanc argenté à reflets verdâtres ou bleuâtres sur les côtés, d'un blanc mat en dessous. Les côtés de la tête volontiers ornés de taches vertes et de reflets

---

[1] Lunel (Poissons du Léman, p. 114) attribue le même chiffre de 47^{mm} à la hauteur et à la longueur de la dorsale. Il doit avoir comparé la hauteur avec la largeur sur la tranche,

dorés. Les nageoires, d'un jaunâtre ou d'un grisâtre pâle,
légèrement mâchurées vers le sommet ; la dorsale souvent
avec quelques macules ; l'anale et les ventrales lavées de
bleu ou de noir bleu sur la tranche, en livrée de noces ; les
pectorales d'ordinaire légèrement ou pas mâchurées, jaunâtres à la base.

Taille, moyenne parmi nos représentants du genre ; la plupart
des adultes capturés variant entre 0ᵐ,285 et 0ᵐ,330, avec un
poids de 290 à 380 grammes, selon l'état des individus ; les
mâles généralement plus allongés ou plus grands que les femelles. Jurine et Lunel donnent près de 1 pied ou 33 centimètres comme taille extrême de l'espèce ; j'ai trouvé plusieurs mâles mesurant 0ᵐ,340 et même 0ᵐ,345. Les mêmes
donnent le poids de 1 livre, soit 500 grammes, comme correspondant à la taille maximale de 33 centimètres ; je crois
que ce poids doit être considéré comme un maximum assez
rare, même pour les plus grands sujets.

Vertèbres au nombre ordinaire de 59 ou 60 (rarement 61), dont
35 à 36 costales ; souvent une ou deux bagues semi-osseuses
après la dernière vertèbre vraie.

La *Gravenche*, décrite pour la première fois par Jurine,
en 1825, comme propre au lac Léman, a été très vite rapprochée du Kilch ou *Kirchlin* de Mangolt[1], soit du *Kropffelchen* de
Wartmann[2], et est encore à tort confondue aujourd'hui par
tous les ichthyologistes, tant suisses qu'étrangers, avec la *Maraena media* (Hartmann) du lac de Constance, soit avec le
C. acronius de Rapp, cependant bien différent à plusieurs
égards.

A part quelques ressemblances extérieures de valeur secondaire, telles que : tête ramassée avec museau court et gros,
nageoires relativement grandes, livrée pâle, ces deux poissons diffèrent entièrement sur plusieurs points importants : sur le nombre ordinaire et les proportions des branchiospines et des vertè-

[1] Fischbuch, p. 41.
[2] Schrift. Berl. Gesell. naturforsch. Freunde, IV, 1783, p. 431.

bres, ainsi que sur les formes et dimensions du maxillaire, entre
autres.

	Gravenche (C. hiemalis).	Kilchen (C. acronius).
Brchsp. I	25—33	17—21
Vertèbres	59—60	61—63
Maxillaire	allongé.	ramassé.

Les allures même sont à certains égards bien différentes,
quoique les deux poissons passent, il est vrai, la plus grande
partie de l'année dans les profondeurs: le *Kilchen* fraie dans les
grands fonds fin octobre et en novembre; tandis que la *Gravenche* vient déposer ses œufs au ras du bord, en décembre seulement. Il est curieux, à ce propos, de voir de Siebold, l'illustre
auteur des Süsswasserfische von Mitteleuropa, qui a le plus contribué au rapprochement des deux espèces, s'efforcer (p. 259) de
prouver que Jurine a dû se tromper et faire quelque confusion
avec le *Lavaret*, quand il a attribué à la Gravenche (avec raison)
des allures si différentes de celles du *Kilchen* en temps de frai.

La variabilité que montre le *Coregonus hiemalis* dans quelques-uns de ses caractères, tels que : épines branchiales, bouche,
maxillaire et rayons des nageoires, semble devoir faire attribuer à ce poisson une position moyenne entre nos deux types
primordiaux *Dispersus* et *Balleus*, entre les *Albeli* et les *Balchen* qu'il rappelle tour à tour plus ou moins. La grandeur de
ses nageoires, qui lui donne un aspect particulier, pourrait
même trahir une origine mixte, si l'on doit attacher quelque
importance à la remarque que les plus grandes irrégularités de
ce côté se trouvent d'ordinaire chez des Corégones qui, à d'autres égards, présentent aussi des formes intermédiaires.

Cependant le *Hiemalis* possède, comme nous l'avons vu, quelques caractères propres qui, en le distinguant suffisamment tantôt de l'une, tantôt de l'autre des espèces les plus voisines dans
les deux groupes, justifient sur divers points la distinction spécifique établie par Jurine.

La *Gravenche* diffère au moins autant du Kilchen (*C. acronius*) du lac de Constance, que de la Féra (*C. Fera*), avec
laquelle elle se trouve confinée dans le Léman. Elle se rapproche, par contre, bien davantage du Corégone du lac du Bourget que j'ai séparé du *Lavaret* de Cuvier sous le nom de

C. Bezola, et qui porte encore en Savoie le nom autrefois appliqué à la Gravenche [1]. Sa description cadre sur la majorité des points avec celle de ce dernier; toutefois, le *Bezola* se distingue encore du *Hiemalis* par des proportions un peu moindres des nageoires paires, par des totaux de vertèbres et d'écailles sur la ligne latérale un peu supérieurs, ainsi que par le fait qu'il dépose ses œufs, non pas au ras du bord, mais bien dans les grandes profondeurs. N'étaient les doutes que je conserve sur la pureté de l'origine de ces deux Corégones, j'eusse certainement fait ici, pour les *Hiemalis* et *Bezola*, ce que j'ai fait plus haut pour le *C. ann. balleoides* des lacs de Baldegg et de Hallwyl et le *C. Steindachneri* (Nüsslin) du Traunsee, en Autriche; je les eusse rapprochés plus complètement, à titre de sous-espèces locales, dans une même espèce que l'on eût pu nommer alors *Coregonus medius;* espèce jusqu'ici représentée en Suisse et en Savoie, tenant une position moyenne entre nos deux types, et dont, comme je l'ai dit, le Kilchen (*C. acronius*) se distingue toujours franchement par plusieurs caractères assez constants et importants.

Coregonus medius : 1° Gravenche, *C. hiemalis* (Jurine), Léman;
  2° Bezoule, *C. Bezola* (Fatio), Bourget.

Ce qui m'a empêché de faire dès à présent ce rapprochement, en apparence très justifié, c'est, je le répète, l'idée que ces deux Corégones doivent peut-être leur origine à quelque croisement ancien entre représentants du *Dispersus* et du *Balleus* dont tour à tour l'un ou l'autre aurait disparu dans les lacs en question. La Gravenche (*C. hiemalis*) remplacerait plus ou moins le premier de ces types dans le Léman, où il fait actuellement défaut; tandis que la Bezoule *(C. Bezola)* représenterait jusqu'à un certain point le second dans le lac du Bourget, où il paraît manquer à son tour.

La *Gravenche,* propre au Léman, semble vivre la majeure partie de l'année dans les grandes profondeurs, et ne quitter

---

[1] Sur un nouveau Corégone français (*Cor. Bezola*) du lac du Bourget, par V. Fatio; Comptes rendus de l'Académie, Paris, 28 mai 1888.

guère ses retraites difficilement accessibles au filet qu'au mois
de décembre, durant lequel elle vient frayer sur le gravier au
ras du bord, généralement entre le 5 et le 25 du mois, un peu
plus tôt ou plus tard suivant les années. — Cependant on
prend parfois aussi durant la belle saison, en mai et juin surtout, en même temps que la Féra, au grand filet et principalement dans le haut lac, quelques individus de cette espèce égarés dans des couches moins profondes, qui, à cause de leur taille
moindre et de leur livrée très pâle alors, arrivent sur les marchés de Lausanne et Genève sous le nom de petites Féras, de
Féras blanches ou de Féras jaunes.

Les mâles en livrée de noces sont ornés sur les côtés du corps
de cinq à sept rangées superposées de boutons ou tubercules
épidermiques carré-longs, partie en dessus, partie en dessous
de la ligne tubulée latérale. Les femelles, avec des boutons
moins saillants et en rangées d'ordinaire moins nombreuses,
portent alors des œufs médiocrement nombreux, légèrement
jaunâtres et plutôt petits. Lunel a compté 5901 œufs chez une
femelle de 370 grammes, et 7062 chez une autre de près de
500 grammes; ceux que j'ai mesurés sur diverses femelles prêtes à pondre présentaient un diamètre de 2^{mm} à 2^{mm},25.

La ponte de la Gravenche semble se faire sur quelques points
déterminés de la grève, sous très peu d'eau et volontiers près
des anses, où les lames en mourant produisent un léger courant
sur le gravier, surtout sur la rive suisse, du côté de Céligny et
de Saint-Prex entre autres, parfois aussi sur le bord savoyard,
du côté de Thonon par exemple. Les individus des deux sexes
arrivent alors en bandes nombreuses, en faisant avec la bouche
un bruit de claquements qui s'entend d'assez loin, de manière
que la pêche, qui se fait surtout de nuit, est alors assez aisée au
moyen de filets, ou traînés, *senne* et *monte*, ou dormants, *étoles*
et *tramails*, dans lesquels on attire au besoin le poisson au
moyen de feux allumés sur la rive.

Prise dans ces conditions, souvent sous quelques centimètres
d'eau, la Gravenche offre beaucoup plus de vitalité et de résistance que la Féra. On peut la conserver bien des semaines dans
un réservoir convenable. Les pêcheurs se servent même des plus
petits individus comme d'amorce vivante pour l'Omble et le

Brochet. Les sujets ramenés de plus grands fonds résistent beaucoup moins, étant alors plus ou moins gonflés par un développement anormal de leur vessie natatoire.

L'espèce, très abondante il y a quelques années encore, semble avoir passablement diminué depuis quatre ou cinq ans.

La nourriture de la Gravenche consiste principalement en mollusques, insectes, larves diverses et petits crustacés. Comme chez quelques-uns de ses congénères, on a trouvé aussi parfois de menus débris de plantes aquatiques dans son estomac. Sa chair, assez ferme, est différemment appréciée; quelques-uns l'aiment mieux que celle de la Féra, cependant la majorité des consommateurs préfèrent cette dernière.

Il est probable que la Gravenche doit porter plusieurs des mêmes parasites que la Féra; mais je ne crois pas qu'il ait été fait jusqu'ici une étude spéciale de ce Corégone à cet égard [1].

Corégone de Savoie, très voisin de notre C. hiemalis.

LA BEZOULE

CoREGONUS BEZOLA, Fatio.

Corps médiocrement élancé, un peu élevé; pédicule caudal moyennement allongé, un peu rétréci. Tête conique, assez élevée en arrière; museau gros ou obtus. Bouche inférieure, parfois préinférieure. Intermaxillaire haut, plus ou moins incliné en arrière et en dessous. Maxillaire plutôt large et assez arqué, arrivant presque sous le bord de l'œil. Opercule trapézoïdal, moyen, plutôt large. Œil moyen. Écailles épaisses, de proportions moyennes. Caudale passablement plus longue que la tête, subacuminée et assez profondément échancrée. Dorsale assez haute, large et moyennement déclive. Ventrales et pectorales assez longues et larges. — Olivâtre ou brun-jaunâtre pâle, en dessus; toutes

---

[1] Lunel (l. c.) signale en particulier les *Echinorhynchus nodulosus* (Schr.) et *Filaria ovata* (Encycl.). La Gravenche présente parfois aussi les mêmes kystes de *psorospermies* dont il a été parlé à propos de la Féra.

les nageoires jaunâtres, plus ou moins mâchurées. — (Taille moyenne d'adultes et de vieux : 0ᵐ,30 à 0ᵐ,40 et plus.)

Brchsp. I, 26–33 (34) = 1 : 5-6 (4,8). — IV, 18–23 (25). — *Brchstèg.* 8-9.

D. 4–5/10–11, A. 4/11, V. 2/10–11, P. 1/15, C. 19 *maj.*

Squ. 81 $\frac{9-10}{8-9}$ 87. — *Vert.* 60–61 (36 à 37 *costales*).

COREGONUS LAVARETUS, *Cuv. et Val.* loc. cit., p. 466 (*partim*). — *Blanchard*, l. c., p. 425 (*part.*). — *Moreau*, l. c., p. 546 (*part.*).
» BEZOLA, *Fatio*, Un nouveau Corég. français (*Cor. Bezola*). Comptes rendus Acad. Paris, 28 mai 1888, et Archives Sc. phys. et nat. Genève, 15 août 1888.

NOMS VULGAIRES : *Bezoule*, *Besoule* ou *Bezeule*, parfois *Bezole*, lac du Bourget, en Savoie.

J'ai déjà dit, à propos du Lavaret du même lac (Bourget, en Savoie), que le poisson distingué par les pêcheurs au grand filet sous le nom de *Besoule* ou Bezoule avait été jusqu'ici confondu par les auteurs, sous le même nom spécifique de *Lavaretus,* avec un poisson plus élancé, à branchiospines plus longues et plus nombreuses, dont j'ai montré les analogies avec le *C. Wartmanni.* J'ai montré également plus haut comment la *Bezoule,* malgré ses allures différentes, se rapproche assez de la *Gravenche* (*C. hiemalis*) du Léman, à formes plus ramassées, museau plus obtus et nageoires plus grandes.

L'irrégularité que présente la Bezoule, comme la Gravenche, quant aux proportions de ses branchiospines et aux dimensions comparées de ses nageoires, semble trahir chez elle aussi une origine plus ou moins irrégulière, peut-être composée : un mélange ancien avec un représentant quelconque de notre *Balleus,* aujourd'hui disparu. Peut-être y a-t-il aussi, malgré les différences d'allures en temps de frai, des croisements accidentels entre *Bezoules* et *Lavarets.*

La *Bezoule* est moins réputée pour sa chair que le Lavaret du Bourget, sous le nom duquel elle se consomme cependant généralement. Sa taille paraît pouvoir dépasser passablement celle de la Gravenche du Léman, même un peu celle du Lavaret. La plupart des sujets que j'ai examinés mesuraient 0^m,29 à 0^m,37; cependant on en prendrait de bien plus grands; on en verrait même, dit-on, parfois de 1 à 1 ½ kilo. On la pêche comme le Lavaret, soit avec des tramails descendus sur le fond, soit, au moyen de deux bateaux, avec le grand filet dans lequel on prend souvent ensemble les deux espèces mélangées durant la belle saison. Prise à une certaine profondeur, elle se gonfle plus facilement et plus que le *Lavaret*.

Plus tard, la Bezoule se retire dans les profondeurs, pour aller frayer sur le limon du fond du lac, sous 70 à 80 mètres d'eau, le plus souvent entre la fin de décembre et les premiers jours de janvier; parfois, selon quelques-uns, un peu plus tard dans ce dernier mois (voire même jusqu'au commencement de février).

Species composita.

A-B. 34? LE CORÉGONE DE SEMPACH

SEMPACHER BALLE.

COREGONUS SUIDTERI [1].

Corps oblong, assez élevé et convexe en avant; pédicule caudal relativement allongé. Tête plutôt courte et élevée; museau subcarré. Bouche préinférieure ou quasi-terminale. Intermaxillaire élevé, quasi-vertical. Maxillaire un peu arqué, atteignant sous le bord de l'œil. Opercule moyen. Œil moyen. Écailles relativement petites et assez nombreuses. Caudale courte, souvent moindre que la longueur de la tête et assez profondément échancrée. Dorsale plutôt petite, médiocrement déclive. Ventrales courtes; pectorales moyennes. — Vert olivâtre ou d'un vert bleuâtre, en dessus; anale et nageoires paires fortement mâchurées de noir bleu. — (Taille moyenne d'adultes 0^m,35 à 0^m,40).

[1] D'après le nom du Dr *O. Suidter*, de Lucerne, qui m'a fourni de précieux matériaux pour l'étude de ce poisson.

Brchsp. 1, 38–12 == 1 : 4,40–4,60 — 5,40–5,60. — IV, 24–28.

D. 4–5/10–11, A. 3–4/12, V. 2/9–10, P. 1/15–16, C. 19 *maj.*

$$Squ.\ 88\ \frac{10—11}{9—10}\ 98. — Vert.\ 63\ (64).$$

Coregonus Albula, *Schinz*, Fauna Helvetica, p. 162 (*partim et false*).
    »   Suidteri, *Fatio*, Corég. de la Suisse, p. 16 et tab. 1, *Comp.* 1.

Noms vulgaires : *Balle* ou *Ballen, Balche* ou *Balchen, Sempacher Balle;*
    Sempach.

Corps oblong, assez épais et élevé, passablement convexe en
avant, tantôt graduellement jusqu'à la dorsale, tantôt sur
la nuque principalement, avec un profil inférieur assez semblable au supérieur et un pédicule caudal relativement
allongé et étroit. La hauteur maximale, à la longueur du
poisson sans la caudale, généralement comme 1 : 3,55—3,80,
chez des adultes. — La longueur du pédicule caudal, de
l'anale à l'origine de la caudale, proportionnellement de ¹/₃
environ plus long que chez la *Balche* de Lucerne; son élévation minimale, à la hauteur maximale du corps, volontiers
comme 1 : 3,45—3,65, toujours chez l'adulte, alors qu'elle
est le plus souvent comme 1 : 3,25—3,35 chez la *Balche* de
Lucerne, ou comme 1 : 3—3,20 chez le *Sandfelchen* de
Constance.

Tête conique, assez élevée, plutôt étroite, notablement plus
courte que la hauteur du corps, faiblement convexe ou
quasi-plane en dessus et peu ou médiocrement déclive. Sa
longueur latérale, vis-à-vis du poisson sans la caudale, volontiers comme 1 : 4,80—5,30, chez l'adulte. — Museau assez
haut, subcarré et médiocrement allongé. — Bouche préinférieure ou quasi-terminale. — Intermaxillaire élevé, quasi-
vertical ou vertical. — Maxillaire assez large, un peu
arqué, faiblement retroussé, avec un coude bien reculé, et
atteignant au bord de l'œil, le dépassant même plus ou
moins (voy. Pl. II, fig. 15). — Opercule moyen, quoique
assez variable dans ses formes et dimensions. — Œil moyen,

à la longueur latérale de la tête, comme 1 : 4,10—4,65, chez des adultes. — Espace préorbitaire à peu près égal au diamètre de l'œil ou un peu plus grand, chez l'adulte ; l'interorbitaire un peu plus fort seulement que le préorbitaire.

Branchiospines nombreuses et assez serrées, mais plus ou moins grêles et allongées. Chez les quelques individus d'assez grande taille que j'ai pu examiner : 38 à 42 épines sur le premier arc; les plus grandes, souvent assez grêles et allongées et vis-à-vis de celui-ci comme 1 : 4,40—4,60, avec 18 à 22 denticules latéraux, parfois plus ramassées et alors vis-à-vis du premier arc comme 1 : 5,40—5,60, avec 14 à 15 denticules. — Généralement 24 à 28 épines sur le quatrième arc.

Nageoires généralement assez courtes : caudale moyennement ou assez profondément échancrée, à lobes égaux médiocrement acuminés; le plus souvent bien plus courte que la tête, voire même parfois de $\frac{1}{9}$ ou $\frac{1}{7}$ de celle-ci, plus rarement très légèrement plus longue, soit, à la longueur totale du poisson, comme 1 : 6,05—6,90, plus rarement $= 1 : 5,55$. — Dorsale plutôt petite et étroite, moyennement acuminée, médiocrement déclive et volontiers droite ou même subconvexe sur la tranche; toujours beaucoup plus courte que la tête, volontiers de $\frac{1}{9}$ à $\frac{1}{5}$, parfois même de $\frac{1}{3}$ de celle-ci. — Anale de hauteur très variable, soit égale, suivant les individus, à $\frac{3}{4}$ à $\frac{2}{3}$ ou seulement à $\frac{3}{5}$ de l'élévation de la dorsale, avec une longueur à la base volontiers un peu plus forte que la hauteur, exceptionnellement de près de $\frac{1}{3}$ plus grande. — Ventrales courtes et plutôt larges, demeurant, couchées, à une distance de l'anus égale à environ $\frac{1}{2}$ ou $\frac{3}{5}$ de leur longueur. — Pectorales assez larges et médiocrement acuminées, atteignant, renversées, à la narine ou entre celle-ci et la bouche. — Adipeuse moyenne.

Écailles assez solides, relativement petites et nombreuses, de forme ovale plus ou moins élevée et peu ou médiocrement découpées. Une squame médiane sur la ligne latérale d'une surface égale à $\frac{1}{4}$ ou $\frac{1}{5}$ de celle de l'œil, subcarrée, un peu découpée au bord fixe, avec un nœud un peu reculé vers le bord libre et un tubule plutôt mince et allongé, légèrement courbé à l'extrémité. Les squames post-inférieures, au-dessus de l'origine de l'anale, notablement plus petites aussi que chez la *Balche* du lac de Lucerne si voisin ; d'une surface généralement $\frac{1}{4}$ ou $\frac{1}{5}$ seulement de celle de l'œil, comme la médiane latérale, quoique de forme beaucoup plus élevée. Ces rapports de surfaces des squames et de l'œil, du reste, comme je l'ai dit, assez variables avec l'âge et d'individu à individu, comme chez tous nos Corégones.

Coloration d'un vert olivâtre tirant plus ou moins sur le bleu en dessus ; flancs argentés à reflets bleuâtres, légèrement pigmentés ; toutes les nageoires fortement mâchurées de noir bleu, les pectorales souvent même sur le quart extrême de leur longueur, chez des adultes.

Taille un peu au-dessus de la moyenne : les individus, tous adultes, que j'ai pu examiner variaient entre $0^m,360$ et $0^m,395$, avec un poids maximum de une livre, soit 500 grammes environ. Les pêcheurs m'assurent qu'on en prend aussi assez souvent de 1 $\frac{1}{2}$ livre.

Vertèbres au nombre de 63, parfois 64, dont 37 à 38 costales ; sur trois squelettes préparés, deux fois 63 et une fois 64, plus une ou deux gaines semi-osseuses ou fausses vertèbres au delà de la dernière vraie.

Le Corégone du lac de Sempach que j'ai nommé *C. Suidteri,* en reconnaissance des précieux matériaux et renseignements que M. le Dr O. Suidter, de Lucerne, a bien voulu me fournir, semble tenir par quelques-uns de ses caractères, tantôt du *Dispersus,* dont il a les branchiospines nombreuses et le maxillaire allongé, tantôt du *Balleus,* dont il a, par contre, les formes généralement hautes ou épaisses et le museau élevé. Les dimensions d'ordinaire assez réduites de ses nageoires rappellent un peu celles des *Albeli* ; le nombre supérieur de ses vertèbres le rapproche, par contre, plutôt des *Felchen* ou des *Balchen.* L'irrégularité même que nous avons constatée dans les proportions de ses nageoires impaires et dans les dimensions relatives de ses épines branchiales semble indiquer chez lui comme un mélange de deux formes ; bien que, depuis des siècles confiné dans un bassin relativement très réduit, il ait pris avec le temps un facies et quelques caractères propres suffisant à le faire aujourd'hui distinguer.

Autrefois très abondante et de petite taille, dépassant rarement $1/4$ à $1/3$ de livre, la *Balle* de Sempach serait avec le temps devenue de nos jours à la fois beaucoup moins abondante et notablement plus grosse. Nous verrons 'plus loin à quelles influences naturelles et accidentelles ces différences peuvent être en partie attribuées.

Bien que les pêcheurs croient que le lac de Sempach n'a jamais possédé qu'une seule espèce de Corégone, je me demande s'il n'existe pas, à côté de la forme mixte que je viens de décrire sur quelques individus adultes de taille moyenne ou assez grande, une autre espèce méconnue ou peut-être confondue avec les jeunes de la *Balle* en question et que je n'ai pu me procurer. On peut se demander aussi, dans le cas où les pêcheurs auraient actuellement raison, s'il n'y a pas eu peut-être autrefois, parmi ces poissons alors en majorité plutôt petits, quelque forme de notre *Dispersus* (*Wartmanni* ou *Exiguus*) qui, d'abord fréquemment mélangée avec une *Balche* locale, par le fait d'un emprisonnement assez resserré, aurait ensuite peu à peu disparu devant certaines modifications des conditions de milieu et d'existence.

La *Balle* de Sempach, qui a gratuitement conservé sa réputation de petite taille jusqu'à aujourd'hui, a été, de par le fait, rapprochée à tort par Schinz, dans sa *Fauna helvetica*, p. 163, des *Ballen* du lac de Hallwyl. Il est aisé pourtant de trouver entre ces poissons des différences spécifiques importantes, non seulement dans les proportions des branchiospines et des nageoires, mais encore et surtout dans le nombre des vertèbres, généralement de 57 ou 58 chez notre *Balleoides* de Hallwyl, et de 63, parfois 64, chez la *Balle* de Sempach, au moins chez les individus que j'ai pu examiner et auxquels j'ai attribué le nom de *C. Suidteri*. De nombreuses dissemblances dans les formes et proportions du corps, du museau, de la bouche, du maxillaire, des écailles et des nageoires, corroborant un nombre de branchiospines très supérieur, distinguent aussi à première vue notre Balle de Sempach de la *Balche* (*C. Schinzii*, *helveticus*) du lac de Lucerne pourtant si voisin.

Le Corégone de Sempach diffère donc à bien des égards des divers représentants du genre qui' habitent, à peu de distance, dans d'autres lacs appartenant à une même fraction du bassin de l'Aar; et cependant, il est difficile de décider si ces différences doivent autoriser la création d'une espèce particulière à habitat de nos jours très limité, ou si, attachant plus de poids à la grande variabilité de ce poisson sur bien des points importants, on ne doit pas plutôt le considérer comme forme mixte ou intermédiaire entre nos deux types *Dispersus* et *Balleus*, peut-être comme résultant d'un ancien mélange de ceux-ci, comme *Species composita* ou *Coregononothus*.

La *Balle* ou *Ballen* spéciale au lac de Sempach est, comme je l'ai dit, beaucoup moins abondante qu'autrefois, mais atteint, par contre, aujourd'hui à une taille notablement supérieure à celle sous laquelle elle était généralement pêchée dans le temps.

D'après la copie que m'a aimablement fournie le Dr Suidter d'un relevé officiel du rendement de la pêche aux *Ballen* ou *Balchen* dans le lac de Sempach, de l'année 1580 à 1835 (*Verzeichniss über den Balchen Fang im Sempacher See, etc.*), il ressort nettement que ce poisson était environ trois fois plus abondant au XVIme et au XVIIme siècle qu'au XVIIIme et au XIXme. Dans le dernier cinquième du XVIme, par exemple, il a été pris : au maximum 685,200 Balchen en 1585, au minimum 174,000 en 1595, en moyenne 429,600 annuellement; dans le XVIIme, au maximum 894,600 en 1600, au minimum 53,063 en 1680, en moyenne 473,831 annuellement; dans le XVIIIme, au maximum 347,612 en 1711, au minimum 7979 en 1760, en moyenne annuelle 177,785; enfin dans le premiers tiers du XIXme, au maximum 171,250 en 1804, au minimum 84,800 en 1810, en moyenne annuelle 128,025. La majorité des individus capturés autrefois étaient taxés de *Vierling*, ne pesant guère que $^1/_4$ de livre, tandis qu'on prend aujourd'hui, nous l'avons dit, beaucoup moins de ces petits individus et presque exclusivement des sujets de $^3/_4$ à 1 livre, atteignant même 1 $^1/_2$ livre, soit de 375 à 750 grammes.

Les pêcheurs s'expliquent en général cette importante dimi-

nution dans la production des *Ballen* par les effets délétères
d'un abaissement du niveau du lac vers le commencement
du siècle, abaissement qui aurait à la fois porté préjudice aux
places de frai ordinaires et considérablement entravé la croissance des plantes aquatiques diverses, *Kreb* et *Tröt*[1], qu'ils
taxent de *Fisch-Brod* et qu'ils croient servir de nourriture
indispensable aux *Ballen* dans leur bas âge. Je ne reviendrai
pas sur ce que j'ai dit plus haut (p. 92) au sujet de l'importance
très contestable de la végétation sous-lacustre, autrement
que comme abri, eu égard aux jeunes Corégones, non seulement
comme aliment direct, mais encore comme censément nécessaire au développement des petits crustacés, Branchiopodes et
Entomostracés principalement, qui servent de nourriture à ces
poissons. S'il faut vraiment attribuer à la diminution de la végétation dans le lac le moindre développement actuel de la *Balle*
de Sempach, peut-être est-ce plutôt alors à la plus grande facilité par là donnée aux *Perches* de tout âge pour détruire soit le
frai, soit surtout les petits alevins. Quoi qu'il en soit, il est
avéré que l'on ne prend plus guère que des adultes ou de vieux
individus; si bien que le nombre de ceux-ci a tellement diminué
que la pêche a dû être interdite depuis deux ans, et que l'on
songe à créer un établissement de pisciculture dans la localité.

Les *Ballen* de Sempach frayent, suivant les années, entre le
milieu et la fin de novembre, ou encore au commencement de
décembre, cela surtout sur un haut-mont connu sous le nom de
Ballenberge, à peu près en face de l'embouchure de la petite
rivière dite *Aabach*, généralement à une profondeur moyenne
de 3 à 5 mètres, un peu au delà d'une ligne tirée entre Warten-
see et Sempach.

N'ayant pas pu recevoir des individus à l'état frais au moment
des amours, il me serait difficile de rien préciser sur les propor-

---

[1] Les pêcheurs du lac de Sempach désignent, sous le nom vulgaire
de *Tröt* ou *Trötli*, une plante, sorte de mousse, bien différente du *Kreb*
et qui, par places, paraît se trouver jusqu'à 50 pieds, 16 à 18 mètres
de profondeur environ. Des échantillons de ce végétal qui m'ont été
aimablement fournis par le Dr O. Suidter, de Lucerne, ont paru au
prof. Müller, à Genève, rappeler tour à tour l'*Amblystegium riparium*
de Schimper et le *Rhynchostegium rusciforme* du même auteur.

tions des œufs de cette forme locale. Des sujets capturés en décembre n'avaient déjà plus ni œufs, ni boutons de noces; des femelles prises en septembre portaient des œufs en voie de développement qui m'ont paru plutôt petits et assez nombreux.

On pêche la Ballen, suivant les circonstances, avec divers filets de chasse ou de fond, *Landgarn* ou *Netze*. C'est un poisson de chair assez ferme et agréable.

Corégone importé du nord de l'Allemagne, forme du Balleus.

GROSSE MARÆNE — MADUI-MARÆNE

Coregonus Maræna, Bloch.

Corps moyennement ou assez allongé, quoique passablement convexe en avant de la dorsale; pédicule caudal assez ramassé. Tête de dimensions moyennes, peu convexe en dessus; museau assez fort, large et élevé, un peu saillant en dessus. Bouche inférieure ou préinférieure. Intermaxillaire haut, plus ou moins incliné en arrière et en dessous. Maxillaire assez large, passablement arqué, arrivant à peu près ou pas tout à fait au bord de l'œil. Opercule assez large. Œil moyen. Écailles relativement grandes. Caudale légèrement plus longue que la tête, profondément échancrée, à lobes assez acuminés. Dorsale assez grande et large, médiocrement déclive. Ventrales moyennes. Pectorales grandes. — Olivâtre, passablement pigmenté en dessus; nageoires inférieures largement bordées de noir bleu. — (Taille moyenne d'adultes et de vieux: 0ᵐ,50 à 0ᵐ,80 et plus.)

Brchsp. I, (26)-29-31-(33) = 1 : 5,60-6. — IV, 23-24. — *Brchsièg.* 9.

D. 4-5/10-11, A. 4-5/10-12, V. 2/9-10, P. 1/15-16 (17), C. 19 *maj.*

$$Squ.\ 95\ \frac{9{-}10}{8{-}9}\ 97\ (98).$$ — *Vert.* 60-61 (37-38 *costales*) [1].

[1] 56 vertèbres seulement, selon Rosenthal (Ichthyot. Tafeln), peut-être par confusion avec le *C. Albula, Kleine Maræne.*

Salmo Lavaretus, *Linné*, Syst. nat. p. 512, n° 15 (*partim*).
   »   Maræna, *Bloch*, Fische Deutschl. I, p. 172, Taf. 27.
Coregonus Maræna, *Nilsson*, Prodr. p. 15. — *Cuv. et Val.* XXI, p. 481,
        pl. 629. — *Siebold*, Süsswasserfische, p. 263, fig. 50. —
        Günther, Catal. of Fishes, VI, p. 178 (*part.*).

J'ai relevé la diagnose ci-dessus sur deux individus de 0ᵐ,49
et 0ᵐ,56, qui m'ont été envoyés de Neumark (Prusse) à l'état
frais, et qui présentaient quelques différences à certains égards :
le plus petit avait la bouche plus en dessous que le plus grand
et le nez plus saillant, presque caréné en dessus ; son maxillaire
n'arrivait pas aussi près du bord de l'œil, ses écailles étaient un
peu plus petites et moins découpées ; ses branchiospines plus
nombreuses, quoique de même longueur à peu près, mais un peu
plus grêles, étaient au nombre de 29 à gauche et 31 à droite,
sur le premier arc, tandis que l'autre n'en comptait que 26
d'un côté et 27 de l'autre. Nous avons vu que ce total peut
s'élever jusqu'à 33, selon Nüsslin.

Quant à la taille, ces sujets devaient être plutôt au-dessous de
la moyenne des adultes, car l'espèce peut atteindre, dans de
bonnes conditions, au poids énorme de 5, 6 et 8 kilos, voire même
de 10 kilos, avec une longueur de 1ᵐ,30 dans le lac Madui, selon
M. von dem Borne [1].

Le *Coregonus Maræna* n'est probablement qu'une forme du
Lavaret de mer confiné et acclimaté dans les eaux douces ;
il paraît bien probable aussi qu'il est proche parent de nos
espèces suisses, *Asperi* et *Schinzii*, auxquelles il ressemble
beaucoup, malgré la taille bien supérieure qu'il acquiert dans
des eaux moins froides et plus riches en éléments nutritifs.

Ce gros Corégone se tient la plus grande partie de l'année
dans les profondeurs et ne s'approche guère des rives que pour
frayer, entre le milieu de novembre et le milieu de décembre,
volontiers sous assez peu d'eau.

Les femelles portent environ 5200 à 5400 œufs par livre de
leur poids.

La *Grande Maræne* de Prusse a été importée en assez grande

____

[1] *Die Fischzucht*, 1881, p. 137.

quantité dans divers lacs, entre 1878 et 1885. L'Allemagne en
a introduit quelques milliers dans le lac de Constance; je n'ai
pu malheureusement savoir le nombre exact. La Suisse, pendant ces huit années, paraît en avoir versé 117,900 alevins,
produits par divers établissements de pisciculture du pays, dans
plusieurs de ses lacs. Les données que j'ai pu recueillir à cet
égard dans les rapports officiels du Département fédéral [1] ne
sont pas assez circonstanciées pour suivre cette distribution dans
tous ses détails : 2000 auraient été versés, en 1880, dans le lac
Majeur; 17,000, entre 1882 et 1883, dans le lac de Zurich;
46,000, entre 1880 et 1885, dans les lacs de Lucerne, Sempach
et Baldegg, la très grande majorité dans le premier [2]; 6000, en
1882, dans le lac de Joux, à 1009 mètres sur mer dans le Jura,
où il n'y avait point encore de Corégones et où on a mis aussi,
depuis 1883, le *White-Fish* d'Amérique. Il ne m'a pas été possible de savoir d'une manière certaine où les autres avaient été
versés. Quelques milliers doivent avoir été lâchés dans le
Léman. Un certain nombre ont été vendus, dit-on. On a, du
reste, importé beaucoup moins de *Marænes* que de *White-
Fishes*, parce que les œufs des premières sont notablement plus
chers que ceux des seconds.

S'il est facile de reconnaître à première vue, entre nos Corégones, un jeune de l'espèce importée d'Amérique sous le nom
de *White-Fish*, à son museau très busqué et à sa caudale en
croissant plus profondément échancrée; il est mal aisé, par contre, de distinguer, à taille égale, une Maræne d'un individu de
l'une de nos plus grandes espèces à branchiospines peu ou
médiocrement nombreuses, de nos Sandfelchen et Balchen, de
notre *Asperi marænoides* plus particulièrement. M. Laübli,
pêcheur à Ermattingen, au bord du lac de Constance, dit avoir
remarqué, en 1887, des Corégones différents des espèces ordinaires de ce lac, qui venaient frayer, non loin du bord, de suite
après le *Sandfelchen* et qu'il suppose devoir être d'espèce

---

[1] Rapports du département fédéral de l'industrie et de l'agriculture,
troisième division : Forêts, chasse et pêche.

[2] Je dois les données sur l'importation à Lucerne à M. le Dr O. Suid-
t r-Langenstein.

importée, peut-être des *Maranes*. J'ai dit plus haut, à propos
de la *Balche* de Lucerne, deux mots d'un poisson capturé fin
novembre 1888 dans le lac des Quatre-Cantons, qui, avec une
taille de 0ᵐ,56 et rappelant en même temps le *C. Marana* et la
forme propre au lac de Lucerne de notre *C. Schinzii*, pourrait
être peut-être un descendant direct ou indirect du premier.

Je ne connais pas, en dehors de ces cas encore douteux, de captures certaines de la *Marane* importée dans les lacs ci-dessus,
soit au nord des Alpes, où elle se confondra probablement assez
vite avec les formes les plus voisines, soit au sud, dans le Tessin.
Je ne doute pas cependant qu'elle ait plus de chance de réussite
dans notre pays que le *White-Fish* de l'Amérique.

Corégone importé d'Amérique sous le nom de White-Fish

WHITE-FISH

COREGONUS ALBUS ? [1].

*Corps moyennement allongé et comprimé, assez convexe en
avant; pédicule caudal plutôt court, quoique relativement pas
très élevé. Tête plutôt ramassée, haute et convexe; museau assez
grand, en entier ou en majeure partie au-dessous de l'œil, arrondi
et plus ou moins fortement busqué en avant. Gorge plus ou moins
pincée sur les branchiostèges. Bouche inférieure ou préinférieure. Intermaxillaire assez élevé, un peu incliné en arrière et
en dessous. Maxillaire un peu arqué, médiocrement large, arrivant sous le bord de l'œil ou à peu près. Opercule moyen, assez
souvent plus ou moins strié ou dentelé sur le bord. Œil moyen.
Écailles relativement grandes. Caudale en croissant, notablement
plus courte que la tête, très profondément échancrée, à lobes
subarrondis à l'extrémité. Dorsale plutôt courte, bien déclive et*

---

[1] Ce n'est pas au véritable *Cor. albus* (Lesueur), mais bien probablement au *Cor. Williamsoni* (Girard), que la plupart des individus
issus des œufs importés semblent devoir être rapportés; cependant, la
variabilité de plusieurs peut faire supposer un mélange de deux espèces
voisines, du *Williamsoni* et du *Quadrilateralis* (Richardson).

acuminée. Nageoires paires moyennes ou assez longues. Adipeuse assez grande. — Verdâtre pâle ou gris olivâtre, en dessus; nageoires peu ou pas mâchurées. — (Taille d'adultes 0^m,50—80 et plus.)

Brchsp. 1, 22-26 = 1 : 6-6,30. — IV, 17-20. — *Brchstèg.* 8-9.

D. 4/10-11, A. 4/9-10, V. 2/9-10, P. 1/15-16, C. 19 *maj.*

$$Squ.\ 76\ \frac{10}{9-10}\ 85^{1}.\ —\ Vert.\ 60\ (37\text{-}38\ costales).$$

CORÉGONUS WILLIAMSONNI? *Girard*, Proceed. Acad. Nat. Sc. Philad. 1856, p. 136. — *Günther*, Catal. of Fishes, VI, p. 187 *(partim)*. — *Jordan et Gilbert*, Fishes of North America, 1882, p. 297.
» QUADRILATERALIS? *(Richardson) Cuv. et Val.* XXI, p. 512 *(part.)*. — *Günther*. Catal. VI, p. 176, fig. *(part.)*.
» ALBUS *(Lesueur)*, *(false)*, Rapp. du Dép. féd. du comm. et agriculture, 1882-87.

La diagnose ci-dessus, que j'ai relevée sur quelques individus de un à quatre ans (entre 15 et 45 centimètres), élevés à Genève, dépeint à grands traits le poisson issu des œufs reçus d'Amérique par la Confédération suisse, sous la désignation de *White-Fish* commune à beaucoup de Corégones, et sous le faux nom de *Cor. albus* (Lesueur), au moins pour ceux qui ont été envoyés à l'établissement de pisciculture de Genève.

Bien que les descriptions des Corégones du Nouveau-Monde qui nous ont été fournies jusqu'ici soient généralement trop peu circonstanciées et trop peu comparables entre elles pour permettre toujours de trancher entre espèces voisines, on peut cependant, grâce aux données de Jordan et Gilbert[2] sur les branchiospines des espèces du nord de l'Amérique, déclarer

---

[1] Le nombre des écailles, relevé ici sur quelques sujets de 1 à 4 ans, semble varier passablement suivant les auteurs, en dehors de ces limites; Jordan et Gilbert donnent : pour leur *Williamsoni* 8—74 à 88—7, pour leur *Quadrilateralis* 9—80 à 90—8; Cuv. et Val. donnent pour le *Quadrilateralis* 19/93; Günther, pour le même, 10—86 à 90—12.

[2] Synopsis of the Fishes of North America. Washington 1882, p. 296.

sans hésitation que le Corégone importé sous les noms de *White-Fish* et *C. albus* n'a rien de commun avec le *Cor. albus* de Lesueur, *Otsego Lake Bass* ou *Common White-Fish*, soit *C. clupeiformis* de Mitchill et de Jordan et Gilbert, qui, avec une chair plus délicate, des formes plus élevées et un museau obliquement tronqué, présente, selon Jordan et Gilbert, des branchiospines relativement longues et nombreuses.

Ce n'est pas davantage le Corégone américain que, sous le nom de *C. albus*, Cuv. et Valenciennes ont rapproché de l'espèce de Lesueur. Les types de Valenciennes qu'il m'a été donné d'examiner au Muséum de Paris se distinguent, en effet, à la fois : de l'*Albus* de Lesueur par des branchiospines courtes et peu nombreuses, et de notre *White-Fish* importé, par un museau beaucoup moins convexe, plus prolongé et plus charnu, museau qui en ferait plutôt un *C. Couesi* (Milner), *Chief Mountain White-Fish*.

Le Corégone qui, depuis six ans, a été introduit dans le Léman et beaucoup de nos lacs suisses, semble tenir plus ou moins, suivant l'âge et les individus, du *C. quadrilateralis* (Richard.) et du *C. Williamsoni* (Girard), tous deux à museau busqué et qui, sur bien des points, paraissent assez voisins. Il répond à plusieurs égards à la description du *Williamsoni*, *Rocky Mountain White-Fish* par Jordan et Gilbert ; cependant, il paraît avoir davantage d'écailles en ligne transverse, et il accuse en même temps certains caractères censés spécifiques du *Menomonea White-Fish*, *C. quadrilateralis*. Les écailles de la ligne latérale sont, en effet, chez lui plus petites et de forme plus triangulaire que leurs voisines, rappelant ainsi plus ou moins un des traits distinctifs relevés par Cuv. et Valenciennes chez ce dernier, de même que son opercule, assez anguleux, souvent plus ou moins strié, voire même parfois dentelé sur le bord, serait, selon Günther, celui de cette seconde espèce.

Dans un petit article sur quelques-uns des poissons importés en Suisse[1], j'ai cru précédemment devoir rapprocher plutôt notre White-Fish du *Quadrilateralis*, en renvoyant à la figure

---

[1] Les poissons d'Amérique en Suisse; Diana, Vme année, n° 24, et VIme ann. n° 1 ; Berne, 1888.

de la tête de cette espèce fournie par Günther (Catal. VI, p. 176),
pour donner une idée de la forme busquée du museau chez
quelques Corégones américains. Ayant depuis lors eu l'occasion
d'étudier deux sujets plus âgés et de plus grande taille, je crois
aujourd'hui devoir rapprocher plutôt les élèves faits à Genève
du *C. Williamsoni* qui affecte des formes de la tête généralement
plus ramassées; tout en me demandant cependant encore si les
différences que j'ai remarquées dans les formes plus ou moins
élancées du corps et plus ou moins busquées du museau chez
de jeunes individus, doivent s'expliquer par la seule variabilité
de l'espèce; si les deux Corégones (*Williamsoni* et *Quadrilatera-*
lis) ne sont pas spécifiquement plus voisins qu'on ne croit, ou s'il
n'y a pas eu peut-être mélange dans les envois.

Quel que soit le nom qu'on lui attribue, notre Corégone américain ne s'en distingue pas moins constamment à première vue
de nos espèces indigènes à branchiospines peu nombreuses :
par un museau, dès le bas âge, très busqué, ainsi que par la
forme en croissant de sa caudale, très profondément échancrée et
à lobes subarrondis à l'extrémité, forme très caractéristique,
bien que les auteurs précités n'en aient point fait mention ;
sans parler de la pâleur de sa livrée, particulièrement de ses
nageoires, ni de la fréquente compression plus ou moins accusée de sa gorge aux branchiostèges.

Ce poisson, abondant surtout dans les lacs et grands cours
d'eau dépendant des Montagnes Rocheuses au nord de l'Amérique, est censé atteindre de bien plus grandes dimensions que
nos espèces indigènes, voire même, comme la Maræne, un poids
de cinq à six kilos et plus. Sa croissance paraît passablement
plus rapide que celle de nos plus grands Corégones dans le pays :
des individus élevés en aquarium, à Genève, mesurèrent jusqu'à
0^m,15 de longueur totale à un an, 0^m,25 à deux ans, 0^m,37 à
trois ans, 0^m,45 à quatre ans. Sa chair, quoique assez bonne,
passe cependant pour bien moins délicate que celle de l'*Otsego*,
C. albus (Lesueur) = *Clupeiformis* (Mitch.) des grands lacs.

Il fraie, dit-on, en novembre, non loin des rives, au plus sous
dix à vingt mètres d'eau, selon les localités et les circonstances,
sur les herbes, les pierres ou le sable. Les indications à cet égard
ne me paraissent pas suffisamment circonstanciées, étant donné

la confusion des espèces. L'essai d'importation de ce poisson dans nos lacs, pourvus déjà d'excellentes espèces du même genre, paraît jusqu'ici assez peu justifié.

Le *White-Fish*, importé d'Amérique à l'état d'œufs embryonnés, a été introduit dans les eaux suisses par divers établissements de pisciculture. D'après les renseignements que je dois à la direction des Eaux et Forêts du Département fédéral de l'Agriculture, les alevins auraient été distribués comme suit, entre 1883 et 1886, dans les lacs suivants : 25,000, lac de *Constance* ; 320,600, lac de *Zurich* ; 206,000, lac de *Lucerne* ; 43,700, lacs de *Sempach* et de *Baldegg* ; 292,800 en majorité dans le lac de *Zoug*, en partie dans celui d'*Egeri* où il n'y avait point jusqu'alors (1886) de Corégones ; 160,000 dans les lacs de *Thoune* et *Brienz* ; 600 (en 1883) dans le petit lac de la *Lenzerheide*, à 1490 mètres sur mer, dans les Grisons, et 35,000, la même année, dans le lac de *Saint-Moritz*, à 1765 m. s/m., dans l'Engadine, deux lacs où il n'y avait pas de Corégones auparavant ; 30,500 (1883-1886) au lac de *Joux*, dans le Jura, petit bassin où ne se trouvaient pas non plus de Corégones jusqu'alors ; 81,860 dans le lac *Majeur*, dans le Tessin au sud des Alpes, où les Corégones manquaient également ; enfin 198,000 dans le *Léman*. A ces importations suisses, il faut encore ajouter 920,000 *White-Fishes* introduits dans nos eaux limitrophes au lac de *Constance* par la Société allemande de pisciculture [1].

Il est difficile jusqu'ici de dire le résultat en différentes conditions de ces 2,314,060 alevins mis en eau libre ; cependant, il n'est pas venu à ma connaissance que la reproduction de cette espèce américaine ait été constatée d'une manière certaine dans aucun de nos lacs.

Une demoiselle anglaise aurait vu, dit-on, sur les bords du lac de Saint-Moritz, en Engadine, il y a deux ou trois ans, des bandes de petits poissons qu'elle croit devoir être de jeunes Corégones ; rien n'est venu confirmer jusqu'ici cette supposition, et il est possible que les censés descendants du *White-Fish* fus-

---

[1] 6000 alevins du dit *Albus*, produit de la pisciculture de M. Lugrin, à Grémat, dans l'Ain (France), ont été aussi introduits, au commencement de mai 1888, dans le lac d'Annecy, en Savoie, où manquaient les Corégones.

sent de jeunes Truites. Dans le n° 4 des *Berichte des Schweiz. Fischereivereins*, 1886, on annonce qu'un *Blanquet* de forme particulière et pesant 2 kilos (peut-être *White-Fish ?*) a été pris dans la partie postérieure du lac de Zurich. M. Laübli, pêcheur à Ermattingen, au lac de Constance, aurait remarqué, en 1887, des Corégones différents de ceux connus dans ce lac, qui seraient venus frayer près du bord, de suite après le Sandfelchen, et suppose, avons-nous dit, que ce pourrait être des descendants d'une des espèces importées, *White-Fish* ou *Marœne*.

Un anonyme écrivait, le 14 septembre 1888, au *Journal de Genève*, qu'il avait acheté, le 11 du même mois à la halle de Rive, à Genève, un Corégone de 600 grammes venu avec des Féras de Thonon, qu'il croyait devoir rapporter à l'espèce américaine importée dans le Léman, à cause de sa tête et de sa caudale très développées. Ce poisson présentait une saveur fade et grasse bien inférieure à celle de la Féra. N'ayant pas vu le sujet en question, je ne saurais émettre d'opinion à son égard.

Le Dr Suidter m'a envoyé de Lucerne un Corégone assez grand capturé à la fin de novembre 1888 dans le lac des Quatre-Cantons et que l'on supposait également descendre de l'*Albus* ou du *Marana*; j'ai dit plus haut que cet individu n'avait rien de commun avec l'espèce américaine. Enfin, on aurait repris, dit-on, au commencement de septembre 1888, dans le lac d'Annecy (Savoie), un ou deux jeunes Corégones du poids de 120 grammes environ, élèves de l'*Albus* introduits, quatre mois auparavant, par M. Lugrin de Gremaz (Ain), dans ce lac voisin de nos frontières et où il n'y avait jusqu'alors pas de poissons de ce genre.

Voir, à la fin du volume, un tableau des époques
et conditions de frai des Corégones.

Genre 2. OMBRE

THYMALLUS, Cuvier.

Bouche en travers, peu fendue. De petites dents sur les deux mâchoires et l'intermaxillaire, sur les palatins, sur

le vomer, ainsi que sur les pharyngiens supérieurs et infé-
rieurs; point sur la langue. Maxillaire supérieur ne dé-
passant pas l'œil, avec un os supplémentaire à la face
externe. Tête conique. Corps fusiforme, couvert d'écailles
cycloïdes moyennes ou assez grandes, avec des stries concen-
triques. Dorsale grande, naissant très en avant du milieu
du corps et des ventrales, plus large que haute. Caudale
assez échancrée. Pseudobranchies bien développées. Appen-
dices pyloriques assez nombreux.

Ce genre compte un petit nombre d'espèces assez voisines, en Europe, en Asie et dans l'Amérique du Nord.
Une seule, représentée par de nombreuses variétés, se rencontre sur notre continent.

Les Ombres habitent de préférence les eaux fraîches et
courantes. Leurs œufs, relativement assez gros, tiennent le
milieu entre ceux des Corégones et ceux des Saumons ou
des Truites.

35. L'OMBRE COMMUNE

AESCHE—TEMOLO.

THYMALLUS VEXILLIFER, Agassiz.

Corps fusiforme, moyennement comprimé, un peu convexe en
dessus en avant, un peu carré au bas des flancs. Tête petite et
conique. Museau assez large et déprimé. Mâchoire supérieure
recouvrant l'inférieure. Espace interorbitaire à peine plus grand
que le préorbitaire. Maxillaire supérieur arrivant à peu près sous
le bord antérieur de l'œil. Écailles moyennes, un peu découpées au
bord fixe; les antérieures inférieures de beaucoup les plus petites,
faisant souvent plus ou moins défaut entre les pectorales ou
vers les ventrales. Dorsale naissant très en avant des ventrales,
assez haute, convexe sur la tranche et d'une largeur à la base au

moins double de celle de l'anale. Caudale au plus égale à la tête, assez échancrée, avec de petites squames allongées sur la base des grands rayons. — Quatre ou cinq rangées de taches noirâtres plus ou moins apparentes sur la nageoire dorsale. — (Taille moyenne d'adultes et de vieux : 0^m,25—40, à 0^m,50.)

$$D.\ 5\text{-}8/(12)\,14\text{-}16\,(17),\quad A.\ 3\text{-}5/9\text{-}10,\quad V.\ 2/8\text{-}9\ (10),\quad P.\ 1\,(2)/14\text{-}15,$$
$$C.\ 19\ maj.$$

$$Squ.\ (75)\ 80\ \frac{7\text{—}8\,(9)}{(7)\,8\text{—}10}\ 90.\ \text{—}\ Vert.\ 58\text{-}61.$$

Salmo Thymallus, *Linné*, Syst. Nat. 1, p. 512. — *Bloch*, Fische Deutschl. 1, p. 158, Taf. 24. — *Schrank*, Fauna Boica, p. 325. — *Hartmann*, Helv. Ichthyol. p. 133. — *Steinmüller*, N. Alpina, II, p. 338. — *Nenning*, Fische des Bodensees, p. 19. — *Holandre*, Faune de la Moselle, p. 257.

Coregonus Thymallus, *Lacép.* V, p. 254. — *Jurine*, Poissons du Léman, p. 187, pl. 6.

Thymallus vulgaris, *Nilsson*, Ichthyol. Skand. p. 13. — *Yarrell*, Brit. Fish. éd. III, 1, p. 304. — *Siebold*, Süsswasserfische, p. 267. . — *Jäckel*, Fische Bayerns, p. 77. — *Canestrini*, Prosp. Crit. p. 83. — *Günther*, Catal. of Fishes, VI, p. 200. — *Lunel*, Poissons du Léman, p. 120, pl. XIII. — *Moreau*, Hist. nat. Poiss. de France, III, p. 543. — *Mela*, Vert. Fennica, p. 345. — *Möbius et Heincke*, Fische der Ost-See, p. 129.

 » vexillifer, *Agassiz*, Poissons d'eau douce, pl. 15-16. — *Schinz*, Fauna Helvet. p. 161. — *Selys-Longchamps*, Faune Belge, p. 222. — *Cuv. et Val.* XXI, p. 438. — *Heckel et Kner*, Süsswasserfische, p. 242, fig. 137. — *Fritsch*, Fische Böhmens; Ceske Ryby, p. 29, fig. 35. — *Blanchard*, Poissons de France, p. 437, fig. 113. — *Paresi*, Pesci e Pesca, p. 45.

 » gymnothorax, *Cuv. et Val.* XXI, p. 445, pl. 625. — *Günther*, Fische des Neckars, p. 117. — *Rapp*, Fische des Bodensees, p. 25.

 » Aeliani, *Cuv. et Val.* XXI, p. 447.

 » Gymnogaster ? *Cuv. et Val.*, XXI, p. 446, pl. 626 [1].

Noms vulgaires : *Ombre à écailles*. *Ombre de rivière* (*Lumbra*, vieux ; *Ombre d'Alondon*, local), Genève. — *Ombre ou Ombrette*, Vaud. — *Ombre d'Auvergne*, Neuchâtel. — ad. *Asch, Aesche, Aeschen*; juv. *Kresling, Knab, Ischer, Aeschling, Mittler*, Suisse allemande. — *Temolo*, Tessin.

---

[1] Peut-être aussi *Th. Pallasii* de Cuv. et Valenciennes, XXI, p. 448.

Corps fusiforme assez allongé, un peu plus convexe en dessus et en avant qu'en dessous, et moyennement comprimé. Le dos, un peu voûté et tectiforme en avant, suivant à peu près la courbe de la tête jusqu'à la dorsale dont l'origine est bien en avant du milieu du corps et des ventrales. Les côtés du ventre un peu anguleux ou carrés. La hauteur maximale, au poisson sans la caudale, généralement comme 1 : 3,80 —4,60, chez des adultes de taille moyenne ; l'épaisseur maximale d'ordinaire légèrement plus forte que la moitié de la hauteur. — Pédicule caudal d'une élévation volontiers un peu plus grande que le tiers de celle du corps.

Tête conique, assez haute et déclive, mais plutôt courte; avec un museau paraissant acuminé vu de profil, mais assez large et déprimé; sa longueur latérale bien moindre que la hauteur du corps, au poisson sans la caudale, comme 1 : 5,15— 5,45, chez des adultes moyens. — Bouche petite, quoique assez large transversalement, légèrement arquée et un peu en dessous; la mâchoire supérieure recouvrant l'inférieure, avec une lèvre assez épaisse. — Maxillaire supérieur assez large, arrivant à peu près sous le bord antérieur de l'œil chez l'adulte, parfois un peu plus en arrière chez des jeunes; avec quelques très petites dents sur la tranche inférieure. — Opercule un peu plus élevé que long et relativement petit, à bords supérieur et postérieur généralement arrondis; sous-opercule très large. — Narines doubles, un peu plus près de l'œil que du bout du museau. — Œil rond, d'un diamètre, à la longueur latérale de la tête, généralement comme 1 : 3,90—4,30, chez des adultes moyens. — Espaces préorbitaire et interorbitaire à peu près égaux, le second parfois légèrement plus fort, et un peu plus grands que le diamètre de l'œil, chez l'adulte.

Branchiospines sur le premier arc : volontiers au nombre de 22 à 24, les plus grandes, vis-à-vis de celui-ci, volontiers comme 1 : 7,50—8,50; souvent 12 à 14 épines sur le quatrième arc.

Branchiostèges assez constamment au nombre de dix, exceptionnellement neuf.

Dents petites et légèrement crochues, sur un rang ou un peu

alternantes, sur l'intermaxillaire, le maxillaire supérieur, la mâchoire inférieure et les palatins. Quelques dents aussi, en ligne transverse, souvent jusqu'à 8 ou 10, sur le vomer en avant. D'autres enfin, plus petites encore, groupées sur les pharyngiens supérieurs et inférieurs. Point sur la langue, ni sur l'os hyoïde.

Nageoires : caudale petite, généralement un peu plus courte que la tête, au plus égale et assez échancrée; le lobe supérieur acuminé, l'inférieur quasi-égal généralement subarrondi, chez l'adulte; d'une longueur, à la longueur totale, comme 1 : 6—6,75, chez des adultes moyens. — Dorsale naissant très en avant du milieu du corps, grande, toujours beaucoup plus longue que haute, à tranche convexe, relativement peu décroissante en arrière et très flexible, soit susceptible de pendre sur le côté; la hauteur maximale, vers le premier tiers, généralement de près de $^1/_3$ moindre que la longueur latérale de la tête; la longueur basilaire, par contre, volontiers de $^1/_6$ à $^1/_4$ plus forte que la tête et, par là, au moins double de la base de l'anale. La plupart des rayons divisés volontiers flexibles et comme ondulés dans leur partie bifurquée extrême. — Anale subcarrée, bien plus petite que la dorsale, à peine moitié aussi large à la base et souvent de $^2/_5$ à $^1/_2$ plus basse, convexe sur la tranche et généralement beaucoup plus longue que haute, souvent de $^1/_3$ à $^2/_5$[1]. Le grand rayon simple parfois, comme à la dorsale, élargi et un peu frangé ou pectiné au bord externe, vers le bout. — Pectorales assez larges, quoique assez acuminées, un peu plus longues que la hauteur de la dorsale, leur pointe arrivant à peu près sous l'origine de celle-ci. — Ventrales un peu plus courtes, naissant à peu près sous le milieu ou les $^3/_5$ de la dorsale, triangulaires, subarrondies et demeurant distantes de l'anus d'une quantité au moins égale à la moitié, le plus souvent aux $^2/_3$ ou même aux $^9/_{10}$ de leur longueur. — Adi-

[1] La figure de *Heckel et Kner* (Süsswasserfische, p. 242, fig. 137), pourrait, si elle est exacte, faire croire à une espèce différente de la nôtre, car la dorsale paraît avoir son maximum de hauteur en avant, et l'anale y est représentée plutôt plus haute que longue.

peuse grande, soit généralement bien plus longue que les
rayons médians de la caudale, haute et épaisse, ainsi que
plus ou moins arrondie vers le bout.

Écailles solides, assez grandes sur les faces dorsales, latérales et inférieures en arrière des nageoires ventrales, par
contre de plus en plus petites en avant des ventrales, faisant
même volontiers défaut, de chaque côté de la ligne médiane
à la gorge, en dessous de la base des pectorales [1]. — La ligne
latérale, un peu au-dessus du milieu du corps, droite, de
l'angle supérieur de l'opercule au centre de la caudale. Une
squame moyenne sur cette ligne, d'une surface souvent à
peu près ¹/₄ de celle de l'œil chez l'adulte, quoique assez
variable, subovale, volontiers un peu plus longue que haute,
bien découpée, avec un lobe médian assez saillant au bord
fixe, subconique et arrondie au bord libre, et marquée de
stries bien apparentes autour d'un nœud quasi-médian ; le
tubule allongé, passablement large dans sa partie couverte
(voy. Pl. IV, fig. 12). Une écaille latérale médiane, voisine
de la ligne latérale, égale ou un peu plus grande et généralement multilobée au bord fixe. Des squames de forme plus
allongée recouvrent plus ou moins la moitié basilaire des
rayons majeurs de la caudale.

Coloration variant beaucoup avec les époques et les conditions
de milieu. En dehors du temps de frai et selon les eaux plus
ou moins transparentes : les faces dorsales d'un olivâtre plus
ou moins foncé ou d'un gris verdâtre pâle ; les faces latérales d'un gris argenté, souvent avec des lignes longitudinales
parallèles plus sombres, plus ou moins apparentes, ou avec
de petites taches noirâtres, sur les parties antérieures principalement ; le ventre blanc.

Durant la saison des amours, chez les mâles surtout :
le dos et le dessus de la tête olivâtres ou d'un brun verdâtre à reflets, suivant les individus, bleuâtres ou dorés ; la
teinte sombre des faces supérieures, de plus en plus pâle

---

[1] *De Siebold* (Süsswasserfische, p. 268) signale aux environs des ventrales un espace nu qui m'a paru plus fréquent, chez nos individus,
vers les pectorales que près des ventrales.

ou diluée dans des tons argentés, s'étendant sur les côtés du corps, parfois jusque sur les bords du ventre où se voit souvent une bande jaune, et paraissant, suivant la lumière, tantôt verdâtre ou bleuâtre, tantôt rosâtre ou violacée. Les côtés de la tête irisés, volontiers avec un espace vert de chaque côté de l'occiput ; la lèvre inférieure généralement rose. Le ventre le plus souvent jaunâtre ou blanc, à reflets jaunâtres ou bleuâtres. Des lignes longitudinales d'un brun un peu rougeâtre ou brunâtres à reflets métalliques distribuées parallèlement sur le dos et les côtés du corps entre les rangées d'écailles. Nageoire dorsale d'un orangé plus ou moins foncé dans le haut, d'un jaune citron plus pâle et plus ou moins mélangé de tons bleuâtres ou violacés vers la base, avec quatre à cinq rangées de taches superposées d'un noir bleu entre les rayons. Anale violacée, ou d'un gris lilacé, avec une bande d'un blanc jaunâtre au-dessus de sa tranche grise, ou encore bleuâtre à la base, orangée vers le sommet. Caudale verdâtre, souvent nuancée de bleu sur les rayons médians ou violacée sur la moitié extrême de ses lobes. Pectorales d'un orangé plus ou moins lavé de verdâtre. Ventrales orangées et bleuâtres entre les rayons vers la base, parfois avec quelques taches noirâtres. Adipeuse verdâtre plus ou moins lavée de vert et de rouge. Iris argenté verdâtre plus ou moins mâchuré.

On trouve de temps à autre des individus qui ont les côtés du corps lavés d'un rouge-brique. J'en ai vu d'autres chez lesquels le sous-opercule et les branchiostèges étaient noirâtres ou noirs.

Dimensions, plus ou moins fortes dans des eaux et des milieux différents ; la plupart des adultes ne dépassant pas, dans la majorité de nos rivières, $0^m,35$ à $0^m,40$ de longueur totale, avec un poids de 1 à 1 $^1\!/_2$ livre (500 à 750 grammes). Des individus de deux livres passent pour rares dans les cours d'eau du bassin du Léman dépendant du Rhône ; tandis qu'on m'a signalé des captures d'Ombres (Aesche) pesant jusqu'à 3 livres (mesurant probablement alors environ 50 centimètres) dans les eaux de l'Aar, tributaire du Rhin.

Vertèbres au nombre de 58 à 61, le plus souvent 60 ou 61, dont

généralement 34 à 36 costales. — Tube digestif plus court
que le poisson, avec des appendices pyloriques assez nombreux, souvent 20 à 26. — Vessie aérienne simple, reliée à
l'œsophage et remplissant toute la cavité viscérale.—Ovaires
et testicules doubles. — Des pseudobranchies pectinées bien
développées derrière le post-orbitaire.

Le *Thymallus vexillifer* ou *vulgaris* [1] varie assez avec l'âge et
les conditions pour avoir donné lieu à la création de quelques
prétendues espèces locales. C'est ainsi que le *Thymallus gymnothorax* de Cuv. et Valenciennes ne repose que sur des individus
chez lesquels la partie nue de la poitrine, entre les pectorales,
paraissait un peu plus étendue. Le *Th. Aeliani* des mêmes
auteurs, censément propre au lac Majeur, ne paraît pas davantage mériter la distinction spécifique. L'Ombre décrit par les
ichthyologistes italiens qui ont traité des mêmes eaux ne paraît différer en rien du nôtre. Les dimensions relativement
moindres de la dorsale, invoquées par Cuv. et Val., n'ont pas
grande importance en face de la variabilité de cette nageoire
chez le *Thymallus vexillifer;* j'ai trouvé, en effet, chez une
Ombre provenant des Grisons, le minimum de 17 rayons (5/12)
signalé par ces auteurs chez leur prétendue espèce. Les rapports de proportions de la tête et du corps rentrent aussi dans
notre moyenne. La seule différence que je puisse relever dans
la description trop sommaire du *Th. Aeliani* réside dans le nombre inférieur des rayons branchiostèges, 8 au lieu de 9 ou 10,
encore est-il difficile d'apprécier la constance de cette petite
divergence.

L'espace nu de la poitrine de notre Ombre s'étendant parfois
plus ou moins du côté du ventre, je ne pense pas qu'une plus
grande extension de celui-ci vers les ventrales puisse suffire à
distinguer spécifiquement le *Thym. gymnogaster* (Cuv. et Val.)
de la Néva; les plus petites dimensions des écailles, jusqu'à 100
sur la ligne latérale, et le nombre inférieur des appendices
pyloriques (17) attribués à ce poisson auraient peut-être plus
de valeur. Je ne saurais également me prononcer d'une manière

---

[1] *Thymallus Umbra, Asch, Escher, Iser*, Gessner, Fischbuch, 174.

péremptoire, faute de descriptions assez circonstanciées, sur le compte du *Th. Pallasii* des mêmes auteurs, propre aux eaux douces de la Russie.

J'ai trouvé une fois, chez un jeune, 7 écailles seulement entre la ligne latérale et la base des ventrales; je n'ai jamais trouvé les nombres 11 et 12 !signalés par Heckel et Kner, peut-être jusqu'au milieu du ventre.

L'Ombre commune est très répandue en Europe, depuis le nord de l'Italie, en France, en Allemagne, en Angleterre, en Suisse, en Finlande et jusqu'en Laponie. En Suisse, on la rencontre dans presque toutes les rivières d'une certaine importance dépendant du Rhône et du Rhin, au nord des Alpes, ainsi que dans l'Inn à l'est, et dans les eaux du Tessin au sud. On la prend de temps à autre dans les lacs, non loin des embouchures de rivières; cependant son habitat préféré est dans les eaux fraîches et courantes, au sein desquelles elle remonte plus ou moins avant, suivant les conditions. Elle semble ne pas dépasser 5 à 600 mètres d'élévation dans plusieurs de nos rivières; tandis qu'elle parvient jusqu'à 1000 ou 1200 mètres au-dessus de la mer dans quelques autres, parfois même un peu plus haut encore. C'est ainsi, par exemple, que Tschudi la cite, dans son Thierleben, jusqu'à Steinberg, à 4525 pieds d'élévation, dans l'Inn, et que cette donnée exceptionnelle m'est confirmée par lettre du Dr Killias, m'assurant que le Thymalle (*Aesche*) se trouve, en effet, dans la dite rivière jusqu'un peu au-dessus de 1400 mètres.

L'ombre voyage volontiers par petites troupes et saute fréquemment hors de l'eau après les moucherons qui volent sur le courant.

A l'époque des amours, on la rencontre assez souvent par paires. Sa nourriture consiste principalement en vers, mollusques, larves d'insectes divers, en éphémères, mouches, phryganes, etc...; elle absorbe, dit-on, au besoin, des débris végétaux et de la vase; on l'accuse même de happer volontiers du frai de poisson et du menu fretin.

L'époque du frai semble varier un peu avec la nature des

eaux, voire même avec la température dans un même courant. C'est, en général, entre la dernière semaine de mars et fin avril que la ponte s'opère ; cependant, elle peut commencer déjà dans les premiers jours de mars ou être retardée, au contraire, jusque dans les premiers jours de mai. Les individus, mâles surtout, en livrée de noces, ont alors les écailles un peu saillantes et rugueuses sur les parties latérales du corps, en arrière principalement. Les œufs jaunes et nombreux, avec un diamètre de 3ᵐᵐ à 3ᵐᵐ70, sont déposés dans l'eau courante, sur fond graveleux, non loin des bords. Quinze à dix-huit jours d'incubation sont censés suffire, par huit à dix degrés, pour l'éclosion, et les jeunes alevins restent assez longtemps sur la place qui les a vu naître.

L'Ombre, avec une chair ferme et très agréable, fait l'objet d'une pêche assez active et fructueuse, principalement dans les cours d'eau qui permettent l'usage des filets, sans donner lieu cependant à un commerce très étendu. On la prend soit à la ligne, avec le hameçon amorcé de quelque mouche ou insecte, ou même encore avec des larves de phryganes, soit au filet, soir et matin, voire même de nuit, et principalement durant la saison des amours. Divers filets traînants ou à battue, *tramails* surtout, peuvent être employés, suivant les dimensions des cours d'eau, filets avec lesquels on enveloppe successivement les stations connues de l'espèce entre le rivage et un bateau qui nage rapidement avec le courant, pour revenir plus ou moins vite à la rive. Dans le Rhône, au-dessous de Genève, on se sert d'ordinaire d'un filet dit *Étole*, de 1ᵐ,20 de haut sur 18 à 20 mètres de longueur environ, avec plomb dans le bas et liège dans le haut. Un homme, sur le bord, tient une corde reliée à l'une des extrémités dudit tramail, et un second, sur un bateau, met le filet à l'eau, pendant qu'un troisième rame vigoureusement vers le large ; après cela, le pêcheur à pied et le bateau marchent, suivant les circonstances, plus ou moins longtemps de conserve, pour se rapprocher bientôt vivement et retirer prestement le filet depuis la rive. De nombreux *traits* peuvent être faits ainsi en quelques heures, qui donnent quelquefois bien des kilos de cet excellent poisson ; mais il faut pour cette pêche des hommes très lestes et adroits.

Le *Thymallus vexillifer* héberge de nombreux parasites, surtout helminthes[1].

Genre 3. SAUMON

SALMO

Bouche grande. Dents coniques sur les deux mâchoires, les palatins, la langue et le vomer; d'autres dents beaucoup plus petites groupées sur les pharyngiens supérieurs et inférieurs. Tête ou chevron du vomer avec ou sans dents à la base; le corps de cet os allongé et garni longitudinalement, sur une carène médiane plus ou moins saillante, de dents plus ou moins caduques. Maxillaire arrivant sous l'œil ou un peu plus loin, avec un os supplémentaire à la face externe. Tête conique, plus ou moins forte. Corps assez allongé, un peu comprimé, couvert de petites écailles. Dorsale et anale moyennes; la première naissant en avant des ventrales. Caudale plus ou moins échancrée ou droite sur la tranche. Appendices pyloriques nombreux.

Ce genre, tel que je l'entends ici, c'est-à-dire comprenant les Truites et les Saumons, à l'exclusion des Ombles (*Salvelini*), est richement représenté dans les eaux, tant douces que salées, de l'hémisphère nord.

---

[1] On cite, en divers pays et cours d'eau, les *Ascaris dentata* (Zeder), dans les intestins. — *Spiroptera cystidicola* (Rud.); œsophage et vessie natatoire. — *Echinorhynchus fusiformis* (Zeder), intestins. *Ech. Proteus* (Westr.), intestins. — *Distomum varicum* (Zeder), intestins. *Dist. lanreatum* (Zeder), intestins. *Dist. folium* (Olfers), vessie urinaire. *Dist. globiporum* (Rud.), intestins. — *Tænia longicollis* (Rud.), intestins et foie. — *Bothriocephalus infundibuliformis* (Rud.), appendices pyloriques. — *Triænophorus nodulosus* (Rud.), foie et appendices pyloriques. Enfin, le *Gordius aquaticus* (Gmel.), arrivé dans les intestins avec la nourriture.

Certaines espèces remontent des mers ou de l'océan dans les fleuves et les rivières des différents continents, pour y frayer ; d'autres, plus spéciales aux eaux douces, se rencontrent également dans le nouveau et dans l'ancien monde. Plusieurs habitent les mers, les lacs et les cours d'eau de l'Europe, depuis l'Italie et l'Espagne jusque dans les régions les plus septentrionales.

La Suisse compte deux membres de ce groupe : le Saumon (*Salmo Salar*) qui tous les ans remonte de la mer du Nord dans ses eaux par le Rhin, et la Truite (*Salmo lacustris*) qui a reçu tant de noms différents sous ses diverses formes : petites (*S. Fario*), grandes (*S. lacustris*) ou stériles (*S. Schiffermülleri*).

Beaucoup de représentants du genre sont plus ou moins maculés sur le dos ou les flancs. Les mâles adultes ont volontiers la mâchoire inférieure plus ou moins recourbée en crochet à l'extrémité. Les œufs sont généralement gros dans les diverses espèces. La plupart varient du reste tellement avec l'âge et selon le sexe, ainsi que suivant les circonstances et les conditions d'habitat, qu'ils ont trompé bien des naturalistes et donné lieu à la création de nombreuses fausses espèces. Bon nombre des caractères appelés à les différencier se transforment en divers sens, sous les mêmes influences qui modifient ceux des genres précédents [1].

Si j'ai élevé au rang de genre le groupe des *Salvelini* de Nilsson [2], tour à tour distingué des autres Saumons ou confondu

---

[1] Si je n'attache pas ici autant d'importance aux *branchiospines* que dans le genre *Coregonus*, c'est que ces organes m'ont paru perdre un peu, chez des poissons aussi cosmopolites que les Truites et les Saumons, l'importance qu'ils avaient chez des espèces plus sédentaires et plus localisées.

[2] Skand. Fauna, Fisk, p. 368.

avec eux, suivant les auteurs, en attribuant une importance toute particulière à la forme du vomer et à la dentition de cet os chez ces poissons, il m'est impossible, par contre, de maintenir, comme Blanchard [1], une distinction générique entre Saumons (*Salmo*) et Truites (*Trutta*), si voisins à tous égards. Je suis, à ce dernier point de vue, l'exemple de Siebold [2], mais je substitue au nom de *Trutta* génériquement établi par cet auteur, celui de *Salmo* plus ancien.

Les différences de dentition du vomer qui ont présidé à l'établissement des genres *Salmo* (Saumons et Ombles), *Fario* (Forelles) et *Salar* (Truites) par Cuvier et Valenciennes [3], genres qui, plus tard, ont été acceptés par Heckel et Kner [4], n'ont point la fixité et l'importance que leur ont attribuées ces auteurs.

La disposition des dents en une ou deux rangées longitudinales sur le corps du vomer varie, en effet, beaucoup, comme nous le verrons, non seulement entre diverses espèces et variétés, mais encore, avec l'âge, jusque chez plusieurs de ces dernières [5].

Les *Saumons*, les formes marines principalement, pourraient se distinguer peut-être des *Truites*, des formes d'eau douce surtout, par un plus grand allongement du vomer, par une forme plus ovale (hexagonale ou pentagonale) de la tête de cet os, quasi-triangulaire chez les secondes (voy. Pl. III, fig. 1 à 7 et 8 à 25), par l'absence de dents sur cette partie antérieure, et par une plus grande caducité des dents avec l'âge, sur le

---

[1] Poissons des eaux douces de la France, pp. 443 et 464. — Blanchard rapproche, par contre, l'*Omble* du *Saumon*.

[2] Süsswasserfische, p. 292.

[3] Cuv. et Val., XXI, p. 166, 277 et 314.

[4] Süsswasserfische, p. 247, 267 et 273.

[5] Il est curieux, en particulier, de voir des ichthyologistes aussi compétents que Heckel et Kner rapprocher, dans leur même genre *Salmo*, le Saumon ordinaire (*Salmo Salar* Linné) des Ombles (*S. Hucho* et *S. Umbla* Lin.), par le fait qu'ils n'auraient ni les uns, ni les autres, de dents sur le corps du vomer. Il faut pour cela que ces auteurs n'aient examinés que de vieux sujets du Saumon ordinaire, puisque les jeunes, jusqu'à un certain âge, portent, comme les Truites, des dents tout le long de cette partie de l'os en question.

corps de l'os en arrière de celle-ci; cependant, on trouve chez les deux trop de formes intermédiaires pour qu'il soit possible de soutenir une distinction même subgénérique.

Diverses importations en eaux suisses ont été faites, dans ces dernières années, de représentants étrangers de ce genre, dont j'aurai à dire quelques mots. Je parlerai brièvement plus loin : du *Salmo Sebago*, américain et en tout presque semblable à notre Saumon d'Europe (*S. Salar*); des *Salmo levenensis* et *S. stomatichus* d'Écosse et d'Irlande, très voisins de notre Truite ordinaire (*S. lacustris*), et du *Salmo irideus* d'Amérique, charmante Truite qui jouit actuellement d'une grande faveur auprès de nos pisciculteurs. Je devrai m'arrêter aussi quelques instants soit sur la Truite de mer (*Salmo Trutta*), souche probable de nos diverses formes de Truites d'eau douce, soit sur le *Quinnat*, dit Saumon de Californie, qui a été également introduit dans nos eaux et qui représente un genre voisin de celui-ci, le genre *Oncorhynchus*.

36. LE SAUMON

LACHS—SALM.

SALMO SALAR, Linné.

Corps fusiforme, assez allongé et effilé en arrière. Tête conique, relativement petite. Museau plus ou moins acuminé, parfois un peu prolongé. Mâchoires quasi-égales. Maxillaire supérieur médiocrement élargi en arrière, arrivant sous l'œil ou le dépassant un peu. Vomer à tête ou palette antérieure hexagonale ou ovale, assez étroite et sans dents; le corps de cet os, depuis le col, long et assez mince, généralement plus large au milieu que la palette antérieure, avec des dents sur un rang, ou parfois en quinconce et tombant assez vite avec l'âge d'arrière en avant. Préopercule volontiers plus ou moins anguleux, présentant un bord inférieur assez délimité, plutôt long. Écailles subovales, assez petites et nombreuses. Nageoires relativement courtes; caudale plus ou moins échancrée. — Les côtés de la tête et du corps plus ou moins brillamment argentés, avec des taches noires plus ou moins nombreuses, parfois des macules rougeâtres. — (Taille moyenne d'adultes et de vieux : 0^m,60— 1^m,20 à 1^m,60.)

D. 3-5/9-11, A. 3-4/7-8, V. 2/8-9, P. 1 12-13, C. 19 *maj*.

$$Squ. 115 \frac{22—26}{18—23} ^1 130. — Vert. 59-60.$$

Brchstèg. 11—12. --- *App. pylor*. (53). 58—68 (77).

Salmo Salar, *Linné*, Syst. Nat. 1, édit. 12, p. 509. — *Bloch*, Fische Deutschl. 1, p. 128, Taf. 20, et III, p. 146, Taf. 98. — *Turton*, Brit. Fauna, p. 103. — *Hartmann*, Helv. Ichthyol. p. 87. — *Gloger*, Schlesiens Wirb. Fauna, p. 72. — *Holandre*, Faune de la Moselle, p. 255. — *Ekström*, Fische von Mörkö, p. 186. — *Yarrell*, Brit. Fish. illust. p. 155. — *Agassiz*, Poissons d'eau douce, tab. I et II. — *Schinz*, Fauna Helv., p. 159. — *Selys-Longchamps*, Faune belge, p. 221. — *Günther*, Fische des Neckars, p. 111 =(335). — *Nilsson*, Skand. Fisk, p. 370. — *Heckel et Kner*, Süsswasserfische, p. 273, fig. 152. — *Fritsch*, Fische Böhmens, p. 204. — *Günther*, Catal. of Fisches, VI, p. 11. — *Blanchard*, Poissons de France, p. 448, fig. 116-119. — *Moreau*, Poissons de France, III, p. 525. — *Mela*, Vert. Fennica, p. 339. — *Jordan et Gilbert*, Fishes of north America, p. 312. — *Moebius et Heincke*, Fische der Ostsee, p. 124.

» nobilis, *Pallas*, Zoogr. Ross. Asiat. III, p. 342.

» hamatus, *Cuvier*, Règ. anim., et *Cuv. et Val.*, XXI, p. 212, pl. pl. 615. — *Holandre*, Faune de la Moselle, p. 255. — *Heckel et Kner*, Süsswasserfische, p. 276.

» Salmo, *Cuv. et Val.*, XXI, p. 169, pl. 614.

» Sebago, S. Gloveri, *Girard*, Proc. Ac. Nat. Sc. Philad., 1853, p. 380, 1854, p. 85.

Trutta Salar, *Siebold*, Süsswasserfische, p. 292.

Noms vulgaires : ad. *Salm* (été); *Lachs* ou *Lächs* (automne); *Rhein-lachs*; *Laichsalm, Laichlachs*; *Wintersalm, Winterlachs*; *Hacken* ♂, *Ludern* ou *Liederen* ♀ ; false, *Lachsforelle*; juv. *Sälmling* ou *Sälbling*.—France : j. *Saumoneau*, ad. *Saumon*. — Allemagne : j. *Sälmling*; méd. *St Jacobs-Salm*; ad. *Lachs*. — Angleterre : j. *Paar, Smolt*; méd. *Grilse*; ad. *Salmon; Kelt*, peu après la ponte.

(Le Saumon variant passablement en différents bassins, je ne m'occuperai, dans cette description, que du Saumon de Hollande ou du Rhin qui, seul, arrive dans nos eaux.)

¹ Sur la base des ventrales.

Corps fusiforme, élancé, relativement peu élevé et médiocrement comprimé. La hauteur maximale devant la dorsale, vis-à-vis du poisson sans la caudale, souvent comme 1 : 4,75— 5,20, chez des adultes de taille moyenne et au-dessus (plus rarement jusqu'à 5,85 chez des individus très amaigris ou effilés, certains mâles bécards en particulier); l'épaisseur d'ordinaire à peu près moitié de la hauteur. — Pédicule caudal un peu étranglé en arrière et relativement allongé, mesurant d'ordinaire, chez des sujets de taille moyenne, du dernier rayon anal au premier caudal, notablement plus, soit que la base, soit que la hauteur de la nageoire dorsale; volontiers 1 $\frac{1}{2}$ à plus de 2 fois la dernière.

Tête conique, acuminée, assez large en arrière et plutôt courte, soit un peu moins longue, par le côté, que la hauteur du corps ou à peu près égale à celle-ci, chez l'adulte; un peu plus forte chez des sujets très effilés ou bécards; en général un peu plus grande chez les mâles que chez les femelles. — Museau généralement conique, mais plus ou moins arrondi à l'extrémité, avec des mâchoires quasi-égales et un peu arquées, l'inférieure portant un crochet terminal plus ou moins développé, chez les mâles; parfois notablement prolongé, par allongement des intermaxillaires, chez certains vieux mâles porteurs d'un crochet mandibulaire beaucoup plus fort rentrant dans une cavité *ad hoc* entre les intermaxillaires (voy. Pl. IV, fig. 16). — Bouche souvent entre-bâillée sur le côté, par le fait d'une courbure plus accentuée des mâchoires, chez l'adulte. — Maxillaire supérieur un peu arqué, plus ou moins élargi dans sa moitié postérieure, arrivant sous l'œil chez les jeunes, dépassant celui-ci de $\frac{1}{4}$ à $\frac{3}{5}$ du diamètre oculaire chez des adultes. — Opercule et sous-opercule intimement unis, largement arrondis et volontiers plus ou moins striés sur les bords, chez l'adulte. — Préopercule souvent un peu échancré ou sinueux au bord postérieur, avec un angle plus ou moins arrondi, mais généralement assez accusé, et un bord inférieur relativement assez long. — Œil rond et plutôt petit, soit, à la longueur latérale de la tête, comme 1 : 7 à 10 chez des adultes, même = 1 : 12 chez de vieux mâles bécards, ou = 1 : 3,70 à 4,50 chez des jeunes. —

Espace préorbitaire volontiers plus grand chez les mâles féconds que chez les femelles, mesurant d'ordinaire 2 $\frac{1}{2}$ à 3 $\frac{1}{2}$ diamètres de l'œil, chez des adultes moyens de 2 à 10 kilos, même 5 $\frac{1}{2}$ à 6 diamètres chez de vieux mâles bécards, ou, par contre, à peu près de même dimension que l'œil, chez de très jeunes sujets. — Interorbitaire égal au préorbitaire, ou de $\frac{1}{8}$ à $\frac{1}{5}$ plus fort, chez des adultes et des vieux.

Branchiospines souvent au nombre de 19 à 22 sur le premier arc, les plus grandes, vis-à-vis de celui-ci, comme 1 : 9—13. D'ordinaire, 14 à 17 épines sur le quatrième arc.

Rayons branchiostèges ordinairement au nombre de 11 à 12.

Dents coniques, médiocrement hautes, droites ou un peu inclinées en arrière et en dedans, en une rangée et en nombre assez variable, vu leur caducité, sur la mâchoire supérieure (intermaxillaire et maxillaire), sur la mâchoire inférieure et sur les palatins. — D'autres dents, au moins aussi fortes que les maxillaires antérieures, mais plus inclinées en arrière, de chaque côté sur la langue en avant, volontiers au nombre de quatre à droite et à gauche (plus rarement jusqu'à six), chez des jeunes, souvent de une ou deux seulement chez des adultes. — Des dents, aussi très caduques avec l'âge, sur le vomer, en arrière de la tête de cet os. — D'autres, enfin, petites et groupées ou en cardes, sur les pharyngiens supérieurs et inférieurs. — (J'ai compté, chez des jeunes, jusqu'à 24—26 dents sur un côté de la mâchoire supérieure, les antérieures ou intermaxillaires généralement les plus grandes, 16-22 sur la mâchoire inférieure et 14-17 sur les palatins. Beaucoup d'adultes, entre 2 et 10 kilos, m'ont présenté, par contre, des mâchoires déjà à moitié dégarnies : souvent seulement 13-18 dents sur la mâchoire supérieure, 7-11 sur l'inférieure et 6-11 sur les palatins. C'est avec étonnement que j'ai trouvé une dentition quasi-complète, sur ces os, chez un vieux mâle bécard de 1^{m},18 de long, qui n'avait plus qu'une seule dent vomérienne et une de chaque côté de la langue.)

Vomer composé d'une tête, chevron ou palette antérieure, et

d'un corps généralement assez allongé, en arrière de celle-ci; la palette antérieure, pentagonale, hexagonale ou ovale, ordinairement plus longue que large chez l'adulte, un peu plus courte et plus carrée chez les jeunes; le corps de l'os plat, en fuseau ou en feuille de saule, avec une largeur maximale, près du milieu chez l'adulte, plus en avant chez le jeune, d'ordinaire un peu plus forte que celle de la palette antérieure, et une longueur volontiers quatre à cinq fois celle de cette dernière. Une sorte de col, au bas de la palette, est plus ou moins relevé en un bourrelet qui se prolonge sur la ligne médiane du corps de l'os et y forme une carène étroite, peu saillante, beaucoup moins accentuée que chez la Truite et de plus en plus effacée avec l'âge. — Pas de dents sur le chevron ou la palette antérieure; les premières, assez fortes et les plus durables, sont implantées sur le col de l'os; d'autres, inclinées en arrière et tombant très vite avec l'âge d'arrière en avant, sont disposées, en dessous de ces premières, sur la carène médiane de plus en plus déprimée. Ces dents, sur un rang chez l'adulte, avant leur chute, plus ou moins en quinconce chez des jeunes, assez souvent sur deux rangs plus ou moins irréguliers dans le bas âge (voy. Pl. III, fig. 7)[1]. — Des saumons de 1 à 1 ½ kilo n'ont souvent déjà plus que 3 à 5 dents sur le corps de l'os en avant (voy. Pl. III, fig. 3 et 4); des individus de 4 à 5 kilos n'en ont parfois plus qu'une en avant sur le col, en dessous de la palette (voy. Pl. III, fig. 1 et 2); des vieux n'en ont d'ordinaire plus du tout. On trouve même quelquefois des sujets relativement jeunes, de 2 kilos au plus, déjà complètement édentés quant au vomer.

[1] Heckel et Kner (Süsswasserfische, p. 273) signalent, comme caractère distinctif de leur genre *Salmo*, la présence de dents seulement sur la plaque antérieure du vomer. Il faudrait en conclure que ces auteurs ont compris le col ou le bourrelet du col de cet os dans la palette antérieure, et qu'ils n'ont pas eu en mains de très jeunes individus. Même observation pour Günther (Fische des Neckars, p. 335). Au reste, la plupart des auteurs, comme Valenciennes, Blanchard et autres, ont fait de ce côté de nombreuses confusions, soit qu'ils aient été trompés par l'examen de quelques sujets du *Fario*, soit qu'ils n'aient pas eu des Saumons de divers âges sous les yeux.

Nageoires généralement plutôt courtes : caudale enchâssée
dans un renflement terminal du pédicule, pouvant être par
le fait très différemment appréciée, selon qu'elle est mesurée depuis l'étranglement qui fait suite au dit renflement en
avant, ou sur son plus grand rayon seulement; d'une longueur, sur son plus grand rayon, à la longueur totale du
poisson, généralement comme 1 : 8,50—7,50—6,60, selon
l'âge plus ou moins avancé ; les rayons médians, avec cela,
égalant, selon les cas, entre le tiers et la moitié des plus
grands externes. Cette nageoire plus ou moins échancrée ou
en croissant, selon l'âge moins ou plus avancé, presque droite
chez des vieux ; avec lobes subarrondis chez les jeunes, acuminés chez l'adulte, parfois même recourbés en crochet aux
extrémités, chez de vieux mâles, bécards principalement. —
Dorsale ayant son origine en avant du milieu du poisson
sans la caudale, souvent d'une quantité égale à un tiers ou
presque moitié de la longueur latérale de la tête, chez des
adultes, ou de un cinquième seulement de celle-ci chez des
jeunes; plus longue que haute chez l'adulte, souvent presque
égale dans ses deux dimensions dans le jeune âge, quasi-
droite sur la tranche et médiocrement déclive; sa longueur
basilaire, chez l'adulte, volontiers de $^1/_6$ à $^1/_5$ plus forte que
sa hauteur au plus grand rayon ; cette dernière à peu près
égale à la moitié de la longueur latérale de la tête ou un peu
plus, parfois près de deux tiers chez des jeunes. — Anale
plus haute que longue, volontiers de $^1/_{10}$ à $^1/_8$ chez l'adulte,
même de près de $^1/_3$ chez certains jeunes; cette hauteur
souvent de $^1/_{10}$ à $^1/_7$ moindre que celle de la dorsale, chez les
premiers, parfois presque égale chez les seconds; médiocrement déclive, quasi-droite ou un peu concave sur la tranche.
— Ventrales naissant à peu près sous le milieu de la dorsale, petites et subtriangulaires, généralement un peu plus
courtes que la hauteur de la dorsale, même que celle de
l'anale chez des adultes, et demeurant, rabattues, d'autant
plus distantes de l'anus que l'individu est plus âgé, souvent
de plus que leur longueur chez l'adulte, parfois même de
près de une fois et un tiers à une fois et demie leur longueur
chez de vieux sujets. — Pectorales subacuminées et petites

aussi, bien qu'un peu plus grandes que les ventrales; mesurant généralement entre la hauteur et la base de la dorsale,
chez l'adulte, parfois égales à la dernière chez des jeunes.—
Adipeuse un peu recourbée et plutôt courte, de dimensions,
du reste, un peu différentes chez des Saumons de diverses
provenances.

Écailles plutôt petites, subarrondies sur les parties antérieures
du corps, plus grandes et plus allongées dans le sens hori-
zontal sur les parties latérales moyennes et postérieures.
Une squame médiane sur la ligne latérale, un peu au-dessus
du milieu de la hauteur du corps, généralement ovale ou de
forme carré-long à angles arrondis, avec un nœud un peu
reculé vers le bord libre, des stries concentriques médiocrement fines plus ou moins effacées et un tubule allongé relativement effilé, un peu rétréci et courbé vers le bout, chez
l'adulte (voy. Pl. IV, fig. 14); cette écaille médiane d'une
surface généralement un peu plus forte que celle de la
pupille, soit entre $\frac{1}{4}$ et $\frac{1}{5}$ de celle de l'œil, chez des adultes
de taille moyenne, entre $\frac{1}{3}$ et $\frac{1}{2}$ de la surface de l'œil chez
des sujets plus vieux, par contre $\frac{1}{3}$ ou $\frac{1}{4}$ seulement de celle
de la pupille chez de très jeunes individus. Les squames
moyennes, en dessus et en dessous de la ligne latérale, ainsi
que les latérales sur les parties postérieures du corps, à peu
près de mêmes formes et dimensions.

La peau s'épaissit et se recouvre d'ordinaire, chez les
vieux mâles en livrée de noces, d'un enduit muqueux qui
noie et dissimule plus ou moins les écailles.

Coloration des faces supérieures, chez l'adulte : d'un gris
ardoisé ou brunâtre, ou d'un vert bleuâtre rapidement atténué sur le haut des flancs; les côtés du corps et de la tête
plus ou moins brillamment argentés, parfois nuancés de
rose ou de bleuâtre en temps de frai ; le ventre d'un blanc
nacré ou d'un blanc jaunâtre, ou même souvent rougeâtre
chez les mâles en livrée de noces. Quelques taches noires,
arrondies et assez grandes, éparses sur la tête et les pièces
operculaires; d'autres plus petites, subarrondies, carrées
ou en X sur le dos et les flancs, principalement au-dessus de
la ligne latérale, volontiers comme un peu distribuées en

séries longitudinales; souvent aussi quelques taches rousses ou rouges mélangées avec les précédentes, principalement chez les jeunes ou chez les adultes en livrée de noces, après un certain séjour en eaux douces. Dorsale grise ou noirâtre, volontiers un peu maculée dans le bas. Caudale noire ou noirâtre. Pectorales plus ou moins mâchurées, noires ou d'un noir bleu. Ventrales et anale grisâtres ou blanches, volontiers un peu rougeâtres vers la base dans la livrée de noces. — Les mâles généralement plus brillamment colorés que les femelles. — Les jeunes, dans leur première année, portent de nombreuses bandes verticales foncées sur les côtés du corps; plus tard, en seconde ou troisième année, ces bandes, moins nombreuses et comme voilées, présentent l'aspect de grandes taches bleuâtres indécises sur un fond argenté souvent nuancé de rougeâtre, et s'effacent peu après, pour laisser paraître la livrée de l'adulte.

La chair du Saumon, généralement rosée ou rougeâtre, pâlit peu à peu sous l'influence d'un séjour prolongé en eau douce, surtout à l'approche du temps des amours.

Dimensions : le Saumon, qui jeûne durant toute la saison des amours, mange, au contraire, beaucoup et croît en proportion durant son séjour dans la mer. Quelques mois d'habitat en eau salée suffisent à augmenter sa taille de bien des centimètres et son poids de bien des livres. Il peut atteindre jusqu'à 1^m,50 à 1^m,60 de longueur totale, avec un poids de 25 à 30 kilos (exceptionnellement 70-90 livres). Cependant, la plupart des individus capturés dans le Rhin suisse restent dans une moyenne de 6 à 12 kilos, avec une taille de 0^m,90 à 1^m,10; quelques-uns pèsent jusqu'à 15 ou plus rarement 20 kilos. On cite comme exceptionnel un sujet de 50 livres pris à Bâle, en 1830. Parmi les individus du Rhin que j'ai examinés : un Saumon de 0^m,640 a pesé environ 2 kilos; un de 0^m,760 à peu près 4 kilos; un de 0^m,950 environ 6 kilos, et un de 1^m,02 à peu près 9 kilos. Calculant sur le dire de quelques observateurs, le premier pouvait avoir 2 à 3 ans, le second 3 à 4 ans, le troisième 4 à 5 ans et le quatrième 5 à 6 ans. On ne prend guère, à la remonte, de jeunes saumoneaux dans nos eaux; la plupart n'arrivent pas jusqu'à nous, et ceux de 1 ½ à 3 kilos, dits généralement *St Jakobs-Salmen*, Saumons de Saint-Jaques, sont déjà relativement rares dans le Rhin, à Bâle. Les petits nés dans nos cours d'eau sont redescendus pour la plupart à la mer avec une taille de 8 à 12 centimètres.

Mâles présentant une tête un peu plus forte et un museau plus allongé que les femelles, avec un crochet mandibulaire terminal plus ou moins développé. La mâchoire inférieure, parfois très courbée et très crochue, fermant incomplètement la bouche sur les côtés. La tranche de la nageoire caudale plus droite, parfois un peu recourbée en dedans aux extrémités, chez de vieux sujets. Les écailles volontiers plus noyées dans la peau, ainsi que plus couvertes d'un enduit muqueux, et la livrée généralement plus colorée, en temps de frai.

Jeunes ornés, dans leur première année, de grandes taches ovales ou bandes verticales noirâtres qui diminuent peu à peu en nombre et en intensité; ressemblant en cela aux jeunes de beaucoup de Salmonides, des Truites entre autres; avec des formes plutôt moins allongées que l'adulte, une tête relativement grosse, un museau plus court et plus obtus, un œil relativement bien plus grand et des écailles proportionnellement plus petites, des nageoires souvent un peu plus hautes, une caudale en particulier plus échancrée, à lobes moins acuminés. Leur dentition généralement aussi plus complète. — Le corps du vomer plus large dans le haut, avec une palette antérieure moins allongée et plus anguleuse, et des dents, sur le corps de l'os, en zigzags, en quinconce ou plus ou moins sur deux rangs. J'ai trouvé, chez de très jeunes individus, de quelques mois, des dents vomériennes tantôt alternantes et plus ou moins divergentes, tantôt en partie parallèles et dirigées en arrière (voy. Pl. III, fig. 7).

Les Anglais ont donné au jeune Saumon des noms différents adoptés aujourd'hui dans la langue française; ils appellent *Paar* un individu de premier âge, à bandes latérales encore nombreuses, volontiers douze à dix-huit; *Smolt,* un sujet de second âge, chez lequel les bandes diminuent et s'effacent, et *Grilse,* un saumon de troisième âge, de-

venu fécond déjà, sans avoir encore tout à fait l'aspect de
l'adulte.

Vertèbres au nombre de 59 ou 60, dont ordinairement 32 à 33
costales. — Appendices pyloriques en quantités très variables, souvent 58 à 68, de 53 à 77 selon Günther (Catal. of
Fishes). — Vessie aérienne grande, simple et reliée à l'œsophage. — Des pseudobranchies pectinées bien développées,
derrière le postorbitaire. — Ovaires et testicules doubles ;
les œufs mûrs tombent dans la cavité viscérale.

Le Saumon varie, quant aux formes et à la livrée, non seulement avec l'âge et d'un sexe à l'autre, mais encore dans des
conditions d'habitat différentes et jusque dans le même milieu.
Tous les pêcheurs distinguent dans nos cours d'eau le *Laichsalm*
ou Saumon bon pour frayer, du *Wintersalm* ou Saumon d'hiver,
qui remonte plus tard et dont les organes de la génération ne
sont pas suffisamment développés pour lui permettre de concourir à la reproduction de l'espèce la même année.

Le *Wintersalm,* qui nous arrive depuis novembre seulement
et en hiver, est généralement d'assez belle taille et toujours
bien plus gras ou plus replet, avec une chair bien plus rouge,
que le *Laichsalm* plus précoce. Ayant moins dépensé de sa
graisse acquise pour le développement de ses organes de reproduction, il est à juste titre plus recherché et plus apprécié.

Bien des auteurs ont spécifiquement distingué, sous le nom de
Salmo hamatus, des Saumons qui présentent un développement
extraordinaire du museau et du crochet mandibulaire. On sait
maintenant que ces individus, dits *Bécards,* ne sont que des
mâles, le plus souvent déjà assez vieux, du Saumon ordinaire,
affichant d'une manière très exagérée le prolongement des os
de la face et la courbure de la mâchoire inférieure qui, à un
degré bien moindre, différencie d'ordinaire les mâles des femelles.

J'ai eu, entre autres, l'occasion d'examiner un superbe bécard
qui, vers le 20 octobre 1882, fut capturé à la Poissine, dans
l'Arnon, petite rivière se jetant dans le lac de Neuchâtel
non loin de Onnens-Bonvillars. Il mesurait 1^m,18 de longueur

totale, avec un poids de 11 $^1/_2$ kilos; sa chair était flasque et molle, sa robe était très pâle en dessus, ses flancs portaient quelques taches noirâtres entremêlées de nombreuses macules rousses arrondies; les deux extrémités de sa caudale étaient franchement recourbées en crochet en dedans. La tête avait atteint chez lui des proportions extraordinaires, mesurant 0^m,285 de long, alors que le tronc n'avait que 0^m,235 de hauteur maximale. La face, déprimée devant l'œil, se relevait en avant pour former une sorte de bec, et la mâchoire inférieure, assez droite sur la majeure partie de sa longueur, se recourbait à angle droit vers le bout, en un solide crochet osseux de 0^m,055 armé d'une sorte de dent cornée à la face interne. Ledit crochet rentrait, en avant de la tête du vomer, dans un espace libre entre les deux intermaxillaires prolongés et venait faire saillie sous la peau du nez. Il avait avec cela, comme je l'ai dit, une dentition quasi-complète, sauf sur le vomer qui ne présentait qu'une seule dent. Son œil était relativement très petit (0^m,025), alors que l'espace préorbitaire mesurait environ la moitié de la longueur totale de la tête. (Voy. Pl. IV, fig. 16.)

On admet généralement que le Saumon ne saurait vivre long-temps sans retourner à la mer et ne peut multiplier dans les eaux calmes des lacs. Le Saumon mûr qui remonte les rivières, en quête d'une place de frai, traverse d'ordinaire nos lacs sans guère s'y arrêter; et le Saumon d'hiver retardé quitte également les eaux tranquilles où il a pu s'égarer, pour venir frayer, après dix à douze mois, dans les courants. Beaucoup d'essais d'empoissonnement par le Saumon ont été faits en divers lacs qui ont rarement donné des résultats très satisfaisants [1]. Les importations faites dans le Léman sont tout particulièrement intéressantes, par le fait que ce grand lac est non seulement tributaire de la Mediterranée où il n'y a pas de Saumon, mais aussi complètement isolé par la perte du Rhône à Bellegarde.

En 1852 et 1853, MM. Mayor et Duchosal élevèrent à Sous-terre, près Genève, plusieurs centaines d'alevins du Saumon du Rhin qui leur échappèrent dans le Rhône, presque au débouché

---

[1] A part quelques réussites en Norvège obtenues avec le Saumon du nord (Nordsalm) qui semble différer passablement de celui du Rhin.

du lac, au printemps de 1855. Selon le prof. Chavannes, environ 7,000 alevins du même Saumon furent lâchés dans un petit tributaire de la tête du lac (Bay de Noville), entre 1857 et 1860, et 4,600 dans la petite rivière la Dullive, près Nyon, en 1863. M. Lugrin, pisciculteur à Gremaz, près Genève, m'a affirmé avoir versé aussi près de 100,000 alevins du Saumon du Rhin dans le Rhône, près de Genève, en 1882. Enfin, bien des milliers d'alevins de Saumons purs et de bâtards de celui-ci avec notre Truite ont été lâchés encore, durant ces dernières années, dans les tributaires du Léman ou directement dans le lac, par des établissements de pisciculture vaudois et genevois, aux deux extrémités de celui-ci.

De tout cela, il ne serait pas resté grand'chose, et, malgré quelques captures à différentes époques de soi-disant descendants de tailles diverses de ces Saumons importés, on ne peut pas dire que l'acclimatation du Saumon dans le Léman soit un fait acquis. Chavannes a signalé, dans le bassin, la capture de plusieurs prétendus Saumons de 300 grammes à 1 kilo, entre 1859 et 1869[1] ; une femelle de 2 kilos, pleine d'œufs et consément poursuivie par un mâle de Truite, aurait même été prise dans la rivière la Veveyse. Lunel[2], qui rapporte le dire de Chavannes, ajoute en note qu'un desdits jeunes Saumons, attentivement examiné par lui avec ce dernier, fut reconnu pour simple Truite. Depuis lors bien des censés Saumons, d'âge et de poids différents, ont été capturés, dont la détermination spécifique me paraît sujette à caution ; étant donné que la Truite stérile, dite bleue ou argentée, dont le nombre paraît s'être accru surtout dans le Léman depuis les dernières vingt à trente années, rappelle extérieurement beaucoup le Saumon, comme nous le verrons plus loin, et que souvent elle doit avoir été prise pour celui-ci. Le plus gros Saumon pêché dans le Léman, dont j'ai eu connaissance, serait un individu de 6 kilos capturé, selon M. Lugrin, à Morges en 1882.

J'ai dit que je parlerai plus bas de la Truite argentée à facies

<hr>

[1] Bulletin de la Soc. zool. impériale d'acclimatation, 2ᵐᵉ série, t. VI, 6 juin 1869, p. 364, et séance du 2 juillet 1869.

[2] Poissons du bassin du Léman, 1874, p. 128, 129 et note.

trompeur qui, dans le Léman, pourrait bien devoir, au moins en partie, son origine à quelque croisement du Saumon et de notre Truite ordinaire; je me bornerai donc à dire ici quelques mots des individus rapportés au Saumon dont j'ai pu apprécier les caractères : *a.* un jeune (*Grilse*) du poids de 1 kilo, pris à Évian, en octobre 1873, qui m'a été aimablement donné empaillé par le Dr Mayor ; *b.* un sujet de 3 ½ kilos environ, pris aussi dans le lac, la même année (1873) et dont la tête desséchée m'a été également fournie par M. Mayor; *c.* un sujet de 2 ½ kilos capturé, en mars 1882, dans l'Aubonne, tributaire du Léman, envoyé au prof. Th. Studer et conservé à Berne.

Le premier (*a*) avait des formes assez élancées, un pédicule caudal plutôt allongé comme le Saumon, autant qu'on peut en juger sur un empaillage, et une tête égale à la hauteur du corps, environ comme 1 : 4,70, vis-à-vis du poisson sans la caudale, avec un vomer rappelant à la fois celui du jeune Saumon et celui de la Truite argentée. Cet os présentait chez lui une palette antérieure subconique hexagonale plutôt courte et un corps relativement assez allongé ; deux dents recourbées en arrière étaient implantées sur le col de l'os et huit en quinconce étaient groupées par places sur une arête médiane passablement écrasée; les espaces dépourvus de dents et la position de la dernière de celles-ci semblaient indiquer une caducité prochaine plus ou moins complète. (Voy. Pl. III, fig. 6.) Il avait avec cela : des nageoires de moyennes dimensions, la caudale assez échancrée ; un maxillaire supérieur peu élargi en arrière, dépassant le bord postérieur de l'œil de $^2/_5$ du diamètre oculaire; 22 dents, dont 4 intermaxillaires, à la mâchoire supérieure, d'un côté, 9 à la mâchoire inférieure sur une des branches, 8 palatines d'un côté, 3 linguales à gauche, 2 à droite, et un préopercule assez largement arrondi, avec bord inférieur plutôt court mal délimité, bien que le bord postérieur fut légèrement raplati vers le bas.

Le second (*b*), beaucoup plus grand, était passablement caractérisé, quoique représenté par une tête seulement. Cette tête, de 0^m,153 de long, présentait un museau assez allongé, avec un bec ou crochet bien accentué à la mâchoire inférieure qui trahissait le sexe mâle. Le maxillaire supérieur très arqué, mais peu renflé en arrière, dépassait l'œil de $^1/_3$ diamètre de celui-ci environ. L'opercule, plutôt haut, était un peu strié au bord postérieur; le préopercule, assez échancré en arrière, présentait un bord inférieur assez incliné et plutôt court. La mâchoire supérieure portait 16 dents de moyennes dimensions, dont 4 intermaxillaires, d'un côté; la mâchoire inférieure présentait un double rang de dents : des externes plus grandes et plus espacées au nombre de 8 d'un côté, et d'autres plus petites et plus serrées, évidemment destinées au remplacement, comme cela se voit aussi souvent chez la Truite, sur une ligne interne ; les palatins portaient 12 dents d'un côté, 7 de l'autre ; la langue en comptait 6 assez fortes et courbées en arrière, à gauche et à droite.

Le vomer était long, étroit, plat en arrière, ainsi que très mince et souple dans sa moitié postérieure, comme chez le Saumon. La palette antérieure était pentagonale ou à peu près hexagonale comme chez ce dernier, bien qu'un peu plus large et épaisse ; le corps de l'os allongé ne présentait plus de carène médiane que dans sa partie antérieure, seule encore armée de dents : deux sur le col, sous le bord inférieur de la palette (dont une récemment tombée) et quatre en quinconce et divergentes en dessous, sur le premier tiers dudit corps de l'os. (Voy. Pl. III, fig. 5.) Ce vomer seul eut suffi à trahir des affinités bien plus grandes avec le Saumon qu'avec la Truite du Léman. (Comparez Pl. III, fig. 5 et 9.)

Le troisième (c), décrit sur le frais par le prof. Th. Studer, présentait un singulier mélange des caractères de la Truite et du Saumon. Il était plus élancé et plus comprimé que la Truite du Léman généralement assez ramassée, la hauteur de son corps devant la dorsale étant, vis-à-vis de la longueur totale du poisson, comme 1 : 5,50 ; sa tête était par contre proportionnellement plus forte que celle du Saumon, passablement plus longue que la hauteur du corps, soit, vis-à-vis de la longueur totale, comme 1 : 4,60. Le maxillaire supérieur dépassait chez lui l'œil d'un centimètre environ. Le corps du vomer portait, sur une ligne, des dents alternant à droite et à gauche. Les nageoires présentaient des proportions moyennes, mais la caudale était encore franchement échancrée comme chez le Saumon, bien que l'individu fut un mâle de 5 livres mesurant 0^m,690 et porteur déjà d'un crochet mandibulaire assez développé, alors que le mâle de la Truite présente d'ordinaire à cette taille la tranche caudale déjà droite ou rectiligne. La livrée était grisâtre nuancée de parties sombres en dessus, d'un blanc argenté sur les flancs et le ventre; les nageoires étaient toutes d'un gris foncé, la dorsale seulement blanchâtre à la base. Il avait 28 ½ écailles au-dessus de la ligne latérale, vers la plus grande hauteur, et 36 ½ au-dessous, jusqu'au milieu du ventre. Il portait 68 appendices pyloriques, nombre un peu supérieur à celui des Truites du Léman en général.

En examinant la tête de cet intéressant sujet, j'ai été frappé de lui voir un préopercule d'un côté anguleux, avec bord inférieur comme chez le Saumon, de l'autre largement arrondi, comme chez la Truite.

Ce qu'il y a de plus étonnant dans les données du prof. Studer sur ce curieux poisson qu'il tient pour bâtard, c'est qu'il portait, le 10 mars, des laites mûres, à une époque où la Truite du Léman a généralement fini de frayer depuis deux mois au moins et à laquelle le Saumon retardé (Wintersalm), demeuré en eau douce faute de développement suffisant des organes de reproduction, présente rarement semblable maturité. Il y avait donc, sur ce point aussi, anomalie complète dans les fonctions et le développement.

Il est bien difficile de se prononcer maintenant d'une manière péremptoire sur l'origine de ces trois salmonides hétérogènes du Léman. La confusion de leurs caractères extérieurs ne permet guère de décider si l'on doit les prendre pour des individus grandis et plus ou moins modifiés en eau douce des alevins introduits à diverses époques dans le lac, pour des descendants de ceux-ci peu à peu transformés, ou pour des produits mixtes de la Truite et du Saumon, soit survivants des bâtards à diverses reprises artificiellement introduits, soit résultant de croisements naturels dans les affluents du Léman.

La présence de laites mûres et d'un crochet mandibulaire chez (c) empêchant tout rapprochement avec la Truite argentée (stérile), qui rappelle extérieurement un peu le Saumon, il est probable qu'il faut attribuer à ce dernier une large part dans l'origine de l'individu empaillé au musée de Berne. Faute d'avoir pu examiner le vomer, je ne sais s'il faut y voir un indi-

vidu dégénéré du Saumon, ou plutôt, par le fait de la présence
des dents alternantes signalées sur cet os, un produit bâtard,
comme le suppose le prof. Studer.

Même hésitation en face du sujet plus petit (*a*) dont le vomer
(Pl. III, fig. 6.), quoique rappelant un peu celui de la Truite
stérile (Pl. III, fig. 17, 18, 19, 20 et 22), se rapproche pourtant
assez de celui des Saumons adulte et jeune (Pl. III, fig. 1 et 7),
par sa palette antérieure subconique hexagonale, pour que l'on
y voie aussi l'intervention certaine de ce dernier, qu'il soit
bâtard ou plutôt descendant d'un Saumon modifié en eau douce.

Chez (*b*) enfin, l'étude de la tête, particulièrement du vomer,
trahit une telle prédominance du Saumon qu'il me paraît très
probable que cet individu devait être un représentant de celui-
ci accusant, par suite de son développement en eau douce, certains rapprochements avec la Truite du Léman emprisonnée
dans les mêmes conditions. (Comparez, Pl. III, la fig. 5 avec la
fig. 1, vomer du Saumon du Rhin adulte, et la fig. 9, vomer de
la Truite du Léman adulte).

Les pêcheurs de quelques-uns de nos plus grands courants,
du Rhin, de la Reuss, de la Limmat et de l'Aar même jusqu'à
Thoune, veulent reconnaître des bâtards de la Truite et du Saumon dans certains Saumons qu'ils nomment d'ordinaire *Lachsforelle* et qui se distingueraient par des formes assez élancées,
une livrée ornée de nombreuses taches noirâtres et la présence
fréquente de macules rouges mélangées avec les noires. Il est
connu que le Saumon, qui se croise assez souvent avec la Truite
de mer (*Meerforelle*), produit aussi parfois des bâtards par
croisement libre avec la Truite d'eau douce, cette dernière fournissant généralement le mâle; il n'y a donc rien d'inadmissi-
ble dans la supposition des pêcheurs en question. Cependant,
n'ayant pu réussir à me procurer de ces prétendues *Lachsforellen*
capturées dans nos eaux, je me demande si ces soi-disant bâtards
rencontrés à différentes époques, même en mai, ne seraient pas
peut-être des représentants du Saumon d'hiver *Winterlachs* ou
Wintersalm, dont j'ai dit plus haut qu'il reste souvent un an et
plus dans nos grands cours d'eau, ou simplement une des nombreuses variétés de notre Truite[1].

[1] Un individu de 25 centimètres, fourni récemment au Musée de Berne

Nous voyons arriver sur nos marchés, particulièrement à Genève, non seulement des Truites d'eau douce de différentes parties du pays et des *Truites de mer* ; mais encore des Saumons de diverses formes et provenances. Citons, en passant, parmi ces derniers :

1° Des *Saumons de l'Elbe* généralement reçus sous le nom de *Silberlachs,* incontestablement de même espèce que ceux du Rhin, bien qu'un peu moins élancés ou plus larges, avec des écailles assez fortes, très argentées sur les flancs [1].

On vendait, m'a-t-on dit, à Berne, en février 1886, sous le même nom de Silberlachs, des poissons de 7 à 15 livres, censément pris dans l'Aar, près de cette ville. Il m'a été impossible de savoir s'il s'agissait de Saumons de l'Elbe que l'on prétendait indigènes pour en favoriser la vente, ou si c'était peut-être encore des individus du Wintersalm attendant dans l'Aar la maturité de leurs organes de reproduction.

2° Des *Saumons de la Loire et de la Gironde* également de même espèce que celui du Rhin, avec un livrée très argentée et une chair bien rouge généralement très appréciée.

3° Des *Saumons de Norvège* généralement reçus sous le nom de *Nordsalm,* passablement différents des précédents et répondant assez complètement à la description du *Salmo cambricus* (Donovan) par Günther, dans son Catal. of Fishes (VI, p. 34).

Ces Saumons du nord affectent des formes moyennes entre celles du Saumon et celles de la Truite de mer; se différenciant à première vue du Saumon du Rhin : par des formes plus trapues et élevées, un pédicule caudal plus court; une tête plus massive, plus convexe et moins acuminée, des écailles généralement un peu plus petites et plus arrondies, sur les parties postérieures du corps principalement, et une livrée, à même époque, beaucoup plus sombre:

comme bâtard par un pêcheur de la localité, m'a paru une simple petite Truite à livrée pâle, piquetée en dessus et ornée de points rouges sur les flancs, avec une tête plutôt allongée ; son vomer portait quatre dents en travers du chevron et plusieurs autres, sur deux rangs, en arrière de celles-ci.

[1] On m'a assuré que les mâles de ce dit *Silberlachs* de l'Elbe ont rarement un crochet mandibulaire aussi prononcé que ceux du Saumon du Rhin.

Les dents sont en général chez eux plutôt petites et très caduques. Le vomer est un peu plus ramassé; la palette antérieure, d'un ovale court ou subtriangulaire à angles émoussés, est dépourvue de dents, mais suivie en arrière, après un étranglement, d'un col élargi sur lequel se trouvent volontiers deux dents, l'une à droite l'autre à gauche, bien séparées (parfois une seulement); le corps de l'os, droit et plat, mais moins allongé que chez notre Saumon et relativement plus large, est très vite dépourvu de ses dents et ne présente le plus souvent de carène médiane que tout à fait en avant, chez l'adulte.

Les individus mâles et femelles, de 0^m,80 à 0^m,90, que j'ai examinés, avaient, en juillet: les faces supérieures d'un gris ardoisé foncé; les flancs grisâtres plus ou moins argentés, comme quadrillés par la pigmentation noirâtre des écailles, avec de grandes macules noirâtres et parfois quelques points rougeâtres; les côtés de la tête d'un brun foncé; les rayons branchiostèges noirâtres; toutes les nageoires fortement lavées de noir, sauf l'anale souvent un peu moins mâchurée en arrière.

4° J'ai trouvé enfin, çà et là sur nos marchés, des poissons provenant des côtes de la mer Baltique ou des embouchures de l'Elbe ou de l'Oder, qui, soit par leurs diverses proportions extérieures, soit par les formes transitoires de leur vomer, m'ont paru trahir de *fréquents croisements* entre Saumons et Truites de mer, dans les eaux de l'Allemagne du nord.

Le Saumon (*S. Salar*) est propre à l'océan Atlantique et aux diverses mers qui en dépendent, à l'exception de la Méditerranée et de ses dépendances, entre le 43me degré de latitude nord, au sud-ouest de la France, et les côtes de la mer Glaciale, vers le 70me degré. Éminemment voyageur, il fréquente tour à tour les eaux salées de l'océan, des mers du Nord, Baltique et Blanche, ou les eaux douces de la plupart des grands cours d'eau de l'Europe, voire même de l'Asie septentrionale et de l'Amérique du Nord [1]. Il remonte tous les ans par le Rhin jusqu'à nous, et, de la mer du Nord, vient régulièrement frayer dans nos principales rivières.

[1] Où il descendrait, paraît-il, jusqu'au 41me degré de latitude nord.

Il ne se trouve, en Suisse, que dans les cours d'eau dépendant du Rhin en dessous de la chute. C'est certainement dans le Rhin lui-même que ce poisson se trouve en plus grande quantité; cependant, il remonte aussi dans la plupart des tributaires de ce fleuve, voire même jusqu'au pied des Alpes, au centre du pays, après avoir franchi les rapides de Laufenbourg et sauté mille obstacles sur sa route.

La chute du Rhin à Schaffhouse étant pour lui une barrière insurmontable, il fait défaut à toutes les parties orientales du pays desservies par le cours supérieur de ce fleuve. Il manque naturellement aussi, abstraction faite des essais d'importation dont j'ai parlé plus haut, dans tout le bassin du Léman et du Rhône; non pas du fait de la perte infranchissable de ce fleuve à Bellegarde, mais avant tout parce qu'il n'existe pas dans la Méditerranée, comme nous l'avons dit[1]. On ne trouve pas davantage et pour la même dernière raison le Saumon, ni dans le Tessin au sud des Alpes, ni dans l'Inn en Engadine.

Il s'engage plus ou moins dans plusieurs de nos tributaires directs du Rhin, comme la Birse, l'Aar, la Glatt, la Töss, la Thour et autres; mais c'est surtout par l'intermédiaire de l'Aar et de ses principaux affluents, comme la Limmat, la Reuss, l'Emme et la Sarine, qu'il se répand le plus loin dans nos divers cours d'eau, traversant sans presque s'y arrêter, en plus ou moins grand nombre suivant les années, les grands lacs de Zurich et de Wallenstadt, des Quatre-Cantons, de Thoune et de Brienz, pour monter plus haut encore dans les eaux vives descendant de nos montagnes. La correction des eaux de l'Aar et l'établissement du canal de Hageneck semblent avoir facilité au Saumon l'accès de nos grands lacs jurassiques de Bienne et de Neuchâtel, où ce poisson très rare autrefois arrive aujourd'hui bien plus souvent.

[1] Ogérien (Hist. nat. du Jura, III, p. 367) dit qu'il passe de temps à autre de jeunes Saumons du Rhin dans le Doubs, par le canal Rhône au Rhin; mais Olivier (Faune du Doubs, 1883, p. 63) nous apprend que ces prétendus Saumons remontés par le canal ne sont que des individus mélangés de Saumons et de Truites provenant de l'établissement de pisciculture de M. Guerrin, près Besançon, et lâchés dans le Doubs il y a une vingtaine d'années.

Il ne semble pas que l'on ait rencontré souvent le Saumon dans nos lacs de seconde et troisième grandeur, comme ceux de Zoug, Egeri, Sarnen, Sempach, etc.; par contre, la présence de ce poisson a été constatée dans divers cours d'eau de premier et second ordre, avec ou sans lacs sur leur parcours, jusqu'à des niveaux plus élevés : dans la Thour, tributaire direct et sans lac du Rhin, au-dessus de Bischofzell, où l'on prend souvent des sujets de 8 à 10 kilos, parfois de 14 kilos, et jusque dans le bas Toggenburg (St-Gall), à 600 mètres au moins au-dessus de la mer; dans le cours supérieur de l'Aar jusqu'au delà du lac de Thoune, dans celui de Brienz et même un peu au delà, à un niveau de 625 mètres environ, (l'écluse d'Untersee, entre les deux lacs, semble, depuis quelques années, entraver passablement le passage de ce poisson d'un lac à l'autre); dans la Sarine, affluent sans lac de l'Aar, jusque passablement au-dessus de Fribourg, entre 650 et 700ᵐ s/m, où l'on prend encore des individus de 10 à 12 kilos; dans la grande Emme, également affluent sans lac de l'Aar, jusqu'à Biberist [1], à 450ᵐ s/m environ; dans la petite Emme, joignant la Reuss un peu au-dessous du lac de Lucerne, jusqu'à Schüpfen, à 740ᵐ s/m à peu près; dans la Reuss elle-même, principal tributaire de l'Aar, au delà du lac des Quatre-Cantons, jusqu'au-dessus d'Amstegg, à 600ᵐ s/m au moins, (bien plus haut encore, si l'on en croit le dire du naturaliste Nager, qui signalait la capture exceptionnelle, en 1833, d'une *Lachsforelle* d'assez grande taille dans la vallée d'Urseren, à 1,440ᵐ environ) [2]; dans l'Aa, affluent direct du même lac des Quatre-Cantons, jusqu'à Engelberg, à 1,000ᵐ environ, selon Tschudi [3]. Par la Limmat, enfin, dernier grand affluent de l'Aar, le Saumon arrive aussi au lac de Zurich qu'il traverse

---

[1] D'après une communication du prof. F. Lang, le Saumon, maintenant arrêté à Biberist par un large barrage, aurait été un peu plus haut, à Gerlafingen, jusque dans ces dernières années.

[2] On s'explique difficilement la présence, à cette hauteur, du Saumon qui semble demeurer ailleurs bien plus bas, surtout quand il s'agit d'une rivière aussi accidentée que la Reuss dans son cours supérieur; la soi-disant *Lachsforelle* était-elle Truite ou Saumon, c'est ce qu'il est impossible de préciser aujourd'hui.

[3] Thierleben der Alpenwelt, 2ᵐᵉ trad. française, 1870, p. 73.

volontiers dans toute sa longueur, pour gagner celui de Wallenstadt par le canal de la Linth et se montrer soit au delà du lac, dans la Seez, plus loin que Sargans du côté de Mels, à 500ᵐ s/m environ, soit dans la Linth elle-même, presque jusqu'au Pantenbrücke, selon Tschudi, à près de 975ᵐ. De 1811 à 1814, dans les premières années qui ont suivi la correction de la Linth par la construction du canal, les Saumons, non encore au courant de la situation, se sont accumulés en grand nombre dans le petit tronçon de Linth qui restait à l'extrémité du lac de Zurich et y ont été capturés en quantité.

Les pêcheries de Bâle à Laufenbourg ont beaucoup contribué, paraît-il, à diminuer depuis quelques années la proportion des Saumons qui annuellement remontaient dans les divers cours d'eau ci-dessus indiqués, en différents cantons.

Les Saumons qui, suivant leur taille, ont pour la plupart quitté la mer en mai, juin, juillet ou août, et remonté le Rhin en troupes plus ou moins nombreuses, arrivent généralement à Bâle en juillet, août, septembre ou octobre, pour venir frayer dans les principaux tributaires de ce fleuve, d'ordinaire entre mi-novembre et mi-décembre, un peu plus tôt ou plus tard selon les années et les conditions de température ou de niveau ; les mâles étant volontiers plus précoces que les femelles. La plupart des adultes qui ont satisfait aux besoins de la reproduction nous ont quitté entre fin décembre et fin janvier.

Nos principaux cours d'eau ne sont cependant pas pour cela complètement dépourvus de Saumons passé cette époque ; car, sans parler du frai qui leur a été confié, on y trouve encore certains individus qui, ayant quitté plus tard la mer, ne parviennent à nous qu'entre novembre et mars, et qui, faute d'un séjour assez prolongé en eau douce, nous arrivent avec des organes de reproduction, ovaires et laites, insuffisamment développés. Quelques-uns de ces Saumons retardés, distingués généralement sous le nom de *Wintersalmen* de leurs frères mûrs dits *Laichsalmen*, regagnent peut-être les eaux salées en même temps que ces derniers ; toutefois, il semble qu'il en reste toujours plus ou moins, selon les années, qui attendent pour frayer jusqu'à l'automne suivant. Ces derniers demeureraient par conséquent douze à quinze mois dans nos eaux, alors que les autres n'y passeraient guère que la moitié de l'année, parfois même deux ou trois mois seulement.

Le Saumon, qui s'est abondamment nourri en mer, ne mange rien ou presque rien durant tout son voyage de noces en eau douce, vivant sur sa graisse acquise, jusqu'au moment où il est rentré en mer, après avoir donné satisfaction aux besoins de la reproduction. Le Dr Miescher-Ruesch, qui a publié d'intéressantes recherches sur la vie du Saumon en eau douce[1], démontre clairement que le développement des laites et des ovaires se fait entièrement aux dépens de la musculature de plus en plus amaigrie.

L'époque du frai arrivée, en novembre et décembre principalement, parfois déjà en octobre ou encore en janvier suivant les circonstances, les sexes se rapprochent et, après de nombreux ébats, souvent même après de terribles combats entre individus du même sexe jaloux, la ponte s'opère en plein courant, sur des places déterminées, dans de grands sillons, parfois de 30 à 50 centimètres de profondeur, que la femelle creuse avec son ventre dans le lit de la rivière, qu'elle balaye soigneusement de sa queue et dans lesquels, le frai une fois fécondé, elle ramène, dit-on, de la même manière du sable et du gravier pour abriter son précieux dépôt. Il arrive assez souvent que la ponte s'opère dans des cours d'eau si peu profonds que c'est à peine si le dos du Saumon est entièrement couvert.

Les œufs fécondés du Saumon, d'abord d'un blanc opalin assez transparent, un peu plus tard de couleur rosée, mesurent d'ordinaire 5 à 6[mm] de diamètre et paraissent varier assez en nombre avec les individus, bien que l'on en compte d'ordinaire autant de milliers que l'individu qui les porte pèse de livres; de telle sorte qu'une femelle de 5 kilos en porterait au moins 10,000, de plus pesantes jusqu'à 20 à 25,000. La durée de leur développement, dépendant de la température de l'eau et par conséquent de l'altitude et de l'époque plus ou moins hâtive ou tardive de la ponte, varie volontiers de 80 à 90 jours dans

[1] Statistische und biologische Beiträge zur Kenntniss vom Leben des Rheinlachses im Süsswasser (Internationale Fischerei-Austellung zu Berlin, 1880. Schweiz, p. 155 à 232.

des conditions ordinaires, de 50 à 160 même dans des eaux variant de 7 ou 8 à 2 degrés.

Après avoir résorbé leur vésicule, au bout de six à dix semaines selon les conditions, et après être demeuré dans les environs immédiats de leur lieu d'éclosion jusqu'aux premières chaleurs du printemps, les petits alevins regagnent peu à peu les plus grands cours d'eau et entreprennent en été leur voyage vers la mer, dans laquelle beaucoup arrivent en automne, environ un an après leur mise au monde, à l'état de *Paar*, avec une taille moyenne de 8 à 12 centimètres, quelques-uns seulement après deux ans, comme *Smolt*, avec une taille de 15 à 30 centimètres. Croissant très rapidement dans l'eau salée, où ils trouvent une nourriture abondante, ils reprendront comme *Grilse*, dans leur seconde ou leur troisième année d'existence, alors qu'ils sont devenus assez forts et aptes à la reproduction, avec un poids déjà de 1 $\frac{1}{2}$ à 2 kilos, le même chemin qui les avait amenés à la mer [1]. J'ai dit plus haut qu'il était rare de rencontrer à la remonte, dans nos eaux suisses, des Saumons de moins de deux à trois kilos. La rapidité de la croissance du Saumon en mer, comparée à celle de la Truite dans les eaux douces, est vraiment extraordinaire ; quelques expériences faites en Angleterre sembleraient prouver qu'un séjour de deux à trois mois en eau salée suffit souvent à augmenter son poids de deux ou trois, parfois même de cinq kilos.

La nourriture du Saumon paraît consister principalement en proies de dimensions assez réduites, en mollusques, annelés, articulés divers et crustacés ; cependant, il happe aussi de petits poissons. Heureusement qu'il mange peu ou pas lorsqu'il remonte en troupes nombreuses pour venir frayer dans nos cours d'eau, car, avec l'appétit dont il fait preuve en mer, il aurait bientôt fait de dépeupler nos rivières.

La pêche de cet excellent poisson qui, ne mangeant pas en voyage de noces, ne mord par conséquent pas alors au hameçon, se fait différemment dans diverses conditions. On le prend

---

[1] Il paraîtrait que le jeune mâle est déjà souvent fécond à deux ans, tandis que la femelle ne le devient guère avant trois ans et un séjour plus prolongé en mer.

chez nous à la remonte de bien des manières : avec des filets fixes ou flottants, dits *Waage*, en particulier avec un grand filet dit Loup ou *Wolf;* avec différents engins disposés entre des barrages ou auxquels amènent des claies et auxquels parfois une femelle est attachée pour attirer les mâles, avec des nasses et des corbeilles de formes diverses, *Reussen, Bären, Korben;* avec des trappes à ressort, des lacets, des grappins, *Schorpfen*, avec des piques et des tridents ou des harpons, *Geeren,* employés soit de jour, soit de nuit avec l'aide de flambeaux ; au moyen des armes à feu et même, malgré la défense, avec diverses matières étourdissantes ou des amorces empoisonnées.

La chair du Saumon, dont nous avons dit qu'elle perd peu à peu de sa fermeté, de sa couleur rosée et de sa délicatesse à l'approche du moment du frai, passe à raison pour excellente, en dehors de l'époque de reproduction et des premières semaines qui suivent, alors que ce poisson épuisé, efflanqué et flasque, regagne la mer pour se refaire (d'ordinaire entre octobre et janvier). L'estime dont jouit généralement cette chair succulente et le prix élevé auquel elle se vend de nos jours (selon l'abondance relative, trois à sept francs le kilo), ainsi que la propriété qu'elle a de se conserver facilement et de pouvoir voyager sans danger fraîche ou fumée, font de la pêche de ce poisson une industrie très productive, et, comme chacun le sait, un objet de commerce très étendu, principalement pour les riverains du Rhin, entre Bâle, Laufenbourg et Schaffhouse, ainsi que pour ceux des premières parties du cours de l'Aar, en ce qui concerne la Suisse.

Bien que la pêche du Saumon ait fait depuis des siècles l'objet de différentes prescriptions en divers pays, l'incessance des poursuites dirigées contre ce poisson, même contre les jeunes *Paars* descendant à la mer gros comme un doigt, jusqu'à il y a quelques années encore, a nécessité dans ces derniers temps, soit une réglementation plus sévère de la pêche dans les divers États intéressés, soit une convention protectrice entre ceux-ci. Pour réparer les brèches faites continuellement dans les rangs de l'espèce, tant au nord que dans les cours d'eau de l'Europe centrale, des établissements de pisciculture officiels doivent aussi tous les ans produire, par fécondation artificielle, des centaines de milliers d'alevins de Saumon à mettre à l'eau dans les fleuves et rivières. On a ainsi introduit en quelques années, dans les eaux suisses, plusieurs millions d'alevins du Saumon du Rhin (*S. Salar*) et de ses bâtards avec la Truite [1], et quelques milliers de Saumons du nord de l'Amérique, du *Salmo Sebago* (Girard), qui n'est autre qu'une variété du *Salar*, et dont je crois devoir dire deux mots en note ci-dessous [2].

On a fabriqué artificiellement, comme nous l'avons vu, des milliers de *bâtards* de la Truite et du Saumon qui présentent des formes intermédiaires, qui paraissent pouvoir se reproduire plus ou moins dans de bonnes conditions et qui semblent n'exiger plus, comme le Saumon, la nécessité du retour à la mer.

[1] D'après les documents qui m'ont été aimablement fournis par le Département fédéral de l'agriculture (section forestière), il aurait été versé, depuis 32 ans, dans les eaux suisses, par divers établissements de pisciculture en différents cantons (abstraction faite des importations privées beaucoup plus restreintes et dont il est difficile de tenir compte), un total de 12,302,825 alevins de Saumon du Rhin et de 3,784,896 bâtards de celui-ci avec la Truite suisse. Le nombre des établissements de pisciculture croissant chaque année, la proportion des alevins produits a été aussi toujours en augmentant ; ainsi, sur les chiffres ci-dessus, 1,048,218 Saumons et 1,082,500 bâtards avaient été lâchés en vingt ans, de 1857 à 1876, tandis que 11,254,607 Saumons et 2,702,396 bâtards ont été versés dans les mêmes eaux publiques en douze ans, de 1877 à 1888. — 20,000 alevins du Saumon d'Amérique (*S. Sebago*) ont été introduits dans les eaux zurichoises en 1883. — Le gouvernement italien a lâché aussi, il y a 4 ou 5 ans, quelques milliers de *Salmo Salar* dans les eaux de la rivière le Tessin, qui prend sa source en Suisse dans le canton du même nom, au sud des Alpes.

[2] SALMO SEBAGO (Girard), d'Amérique (*Common Atlantic Salmon*).

SALMO SEBAGO, S. GLOVERII, *Günther*, Catal. of Fishes, VI, p. 153. — SALMO SALAR, *Jordan et Gilbert*, Fishes of North. America, p. 312.

Le Saumon qui de l'Atlantique remonte dans les fleuves et rivières de l'Amérique septentrionale, qui a été baptisé *S. Sebago* par Girard et qui, sous ce nom, a été introduit dans divers cours d'eau, non seulement de Suisse, mais encore de divers pays d'Europe, n'est, comme je l'ai dit, qu'une forme de notre Saumon, du *Salmo Salar* de Linné, dont aucun caractère spécifique ne permet de le distinguer. Il semble, selon Jordan et Gilbert, s'établir plus facilement dans les lacs, en Amérique, le lac Sebago en particulier, et est souvent alors distingué sous le nom de *Land-locked Salmon*.

D'après certaines observations, le croisement réussirait d'autant mieux que le mâle reproducteur aurait été fourni par l'espèce de la Truite.

Quoique ne mangeant guère en eau douce, le Saumon héberge cependant, au nombre de ses parasites helminthes [1], quelques-unes des mêmes espèces que nous retrouvons chez nos poissons indigènes.

37. LA TRUITE

Bach et Seeforelle—Trota.

Salmo lacustris, Linné.

Corps fusiforme plus ou moins allongé ou ramassé, avec pédicule caudal plutôt trapu. Tête relativement grande. Museau assez fort, un peu écrasé, quoique plus ou moins conique ou obtus. Mâchoires égales ou quasi-égales. Maxillaire supérieur plus ou moins élargi en arrière, arrivant sous le bord postérieur de l'œil

---

[1] Divers auteurs, parmi lesquels il faut citer le Dr F. Zschokke (*Erster Beitrag zur Parasitenfauna von Trutta Salar.* Verhandl. der Naturf. Gesell. in Basel, Th. VIII, Heft 3, 1889), ont signalé chez le Saumon, en différents pays et cours d'eau, les : *Agamonema capsularia* (Dies.), dans le foie, la rate, le péritoine, les reins, les organes générateurs et sur la paroi extérieure de l'intestin. — *Ascaris clavata* (Rud.), œsophage, intestins, péritoine ; *Asc. capsularia* (Dies.), intestins et cavité abdominale. — *Cucullanus elegans* (Zed.), intestins. — *Echinorhynchus proteus* (Westr.), intestins ; *Echin. pachysomus* (Crepl.), intestins ; *Echin. sp. ?* (Zschokke), enkysté dans le péritoine. — *Distomum varicum* (Zeder), œsophage et estomac ; *Dist. ocreatum* (Rud.), estomac ; *Dist. appendiculatum* (Rud.), intestins ; *Dist. reflexum* (Crepl.), œsophage ; *Dist. Mieschesi* (Zschokke), œsophage. — *Dibothrium proboscideum* (Rud.), appendices pyloriques. — *Stenobothrium appendiculatum* (Dies), foie et muscles. — *Schistocephalus dimorphus* (Crepl.), estomac. — *Bothriocephalus cordiceps* (Leidy), intestins ; *Bothr. infundibuliformis* (Rud.), appendices pyloriques ; *Bothr. spec., larva* (Zschokke), enkysté dans la paroi intestinale. — *Tetrarhynchus solidus* (Drumm.), péritoine et rectum ; *Tetrarh. grossus.* (Rud.), rectum et enkysté dans le péritoine. — *Rhynchobothrium paleaceum* (Rud.), *larva*, parois intestinales, péritoine, enkysté dans le foie.

*ou le dépassant plus ou moins. Vomer à tête ou chevron anté-
rieur large, triangulaire, avec 2 à 5 (plus rarement 6) dents
en ligne transverse à la base; le corps de l'os, en arrière, médiocrement allongé, rarement plus large que le chevron et portant,
sur une carène longitudinale médiane, des dents plus ou moins
sur un ou sur deux rangs, ou en quinconce et plus ou moins
persistantes. Préopercule largement arrondi, avec un bord inférieur le plus souvent court et mal délimité. Écailles subovales,
petites et nombreuses. Nageoires moyennes; la caudale, selon
l'âge, échancrée ou droite sur la tranche. — Manteau, très variable, plus ou moins marqué de taches noires, bleuâtres, brunes,
rouges ou rougeâtres. — (Taille moyenne d'adultes et de vieux :
0m,30—90 à 1m,35.)*

D. 3-5/9-11, A. 3-4/7-9 (10), V. 2/8-9, P. 1/12-14, C. 19 *maj.*

$$Squ.\ 108\ \frac{22\text{-}27\text{—}29\text{-}30}{(21)\ 23\text{—}29}\ 128.\ (132).\ —\ Vert.\ (56)\ 57\text{-}59\ (60).$$ [1]

Brchstèg. (10), 11, 12 (13). — *App. pylor.* 34-74 *et plus.*

A (*a*). Salmo Fario, *Linné*, Syst. Nat. 1, éd. 12, p. 509. — *Bloch*, Fische
Deutschl., 1, p. 148, Taf. 22 et p. 157, Taf. 23. — *Schrank*,
Fauna Boica, 1, p. 320. — *Turton*, Brit. Fauna, p. 103. —
Hartmann, Helv. Ichthyol., p. 113. — *Holandre*, Faune
de la Moselle, p. 256. — *Schinz*, Fauna Helvet., p. 160. —
Agassiz, Poissons d'eau douce, Tab. III et IV. — *De Selys*,
Faune belge, p. 221. — *De Betta*, Ittiol. Véron., p. 102. —
Günther, Catal. of Fisches, VI, p. 59, 60 et 64. — *Möbius*
et *Heincke*, Fische der Ostsee, 1883, p. 127.
» alpinus, *Bloch*, l. c. III, p. 158, Taf. 104. — *Cuvier*, Règ.
anim., II, p. 304.
» saxatilis, *Schrank*, l. c. I, p. 320.
» punctatus, *Cuvier*, l. c. II, p. 304. — *Nilsson*, Skand. Fauna
417.
» marmoratus (*juv.*), *Cuvier*, l. c. II, p. 304 = *T. Fario var.
marmorata*, de Siebold, Fische Ober-Engadins. Verhl.
Schw. Naturf. 1863, p. 187.

---

[1] Comme ailleurs, jusqu'à la base des ventrales seulement; certains
auteurs en indiquent quelques-unes de plus, en comptant jusqu'au milieu
du ventre.

SALAR AUSONII, *Cuv. et Val.*, XXI, p. 319, pl. 618. — *Heckel et
        Kner*, Süsswasserfische, p. 248, fig. 138. — *Fritsch*,
        Fische Böhmens, p. 204.
    »   BAILLONI, *Cuv. et Val.*, XXI, p. 342, pl. 619. — *Günther*,
        l. c. VI, p. 87. — *Moreau*, Poissons de France, III, p. 539.
TRUTTA FARIO, *Malmgren*, Fischfauna Finnlands, p. 337. — *De
        Siebold*, Süsswasserfische, p. 319. — *Canestrini*, Prosp.
        Crit., p. 89. — *Blanchard*, Poissons de France, p. 472,
        fig. 123 [1].

NOMS VULGAIRES SUISSES : (S. F.), *Truite de ruisseaux*, *Petite Truite*,
        Truite de rivière, *Truite saumonée (part.)*, *Truite bigarrée*,
        Truite noire (part.), *Truite blanche (part.)*, *Truite dorée*, etc.;
        Truite des Alpes, et (suivant les localités) Truite de tel ou tel
        cours d'eau: *Truite de l'Aloudon, de l'Orbe, de la Suze, de
        l'Arnon*, etc., etc.—(S. A.), *Bachforelle* ou *Bachförne*, *Teich-
        forelle*, *Waldforelle*, *Steinforelle*, *Bergforelle*, *Alpforelle*,
        Weissforelle, *Silberforelle (part.)*, *Goldforelle*, *Schwarzfo-
        relle*, et (selon les localités) Truite de tel ou tel cours d'eau :
        Reussforelle, *Sitternforelle*, *Puschlaverforelle*, etc., etc.
        Ameli, Bâle et Soleure (sec. Schinz); — *Truttell*, ou *Truttal
        (part.)*, *Trottela*, *Trutcla dè fiumm.*, Tessin [2]. — *Litgivas*
        ou *Litschivas*, ou encore *Forella cotschna*, et *Schild* ou
        Schille (part.) H[te] Engadine [3].

A (b). SALMO LACUSTRIS, *Linné*, l. c. p. 510, — *Bloch*, l. c. III, p. 180. —
        Hartmann, l. c. p. 101. — *Nenning*, Fische des Bodensees,
        p. 16. — *Schinz*, l. c. p. 160.
    »   CARPIO, *Linné*, l. c. I, p. 510 *(part.)*.
    »   ILLANCA, *Wartmann*, Schriften der Berlin. Gesell. naturf.
        Freunde, IV, 1783, p. 55.
    »   TRUTTA, *Schrank*, l. c. p. 319. — *Jurine*, Poissons du Lé-
        man, p. 158. — *Holandre*, Faune de la Moselle, p. 255.
        — *Schinz*, l. c. p. 160. — *Agassiz* (et *var. Lemanus*), l. c.
        Tab. VI, VII et VIII.
    »   MARMORATUS *(ad.)*, *Cuvier*, l. c. p. 304.
    »   CARPIO *de Betta*, l. c, p. 118 (?). — *Günther*, l. c. p. 80 (?).
    »   LEMANUS, S. RAPPII, S. MARSILII, *Günther*, l. c. VI, p. 81,
        82 et 84,

___

[1] Le *Salar macrostigma* de Duméril (Rev. et mag. de zoologie, 1858,
n° 9, Pl. 10), dont j'ai vu des types algériens au Museum de Paris, et que
Günther attribue également à l'Algérie, à l'Espagne et à l'Asie Mineure,
m'a paru excessivement voisin de notre Truite, sous sa forme jeune ou
petite (a).
[2] False : *Torrentina*, sec. Hartmann.
[3] False : *Crives*, sec. Hartmann.

FARIO LEMANUS, *Cuv. et Val.*, XXI, p. 300, pl. 617.
    »   MARSILII (MARSIGLII), *Heckel*, Beiträge zur Gattungen *Salmo*,
        Fario, *Salar*, etc., p. 348 et 354, Taf. III, fig. 6-8. —
        Heckel et Kner, l. c. p. 267, fig. 149.
    »   TRUTTA, *Rapp*, Fische des Bodensees, p. 29, Taf. IV.
    »   CARPIO *Heckel et Kner*, l. c. p. 271, fig. 151 (?).
TRUTTA LACUSTRIS (*a*), *Siebold*, l. c. p. 301. — *Blanchard*, l. c.
        p. 465.
    »   CARPIO, *Canestrini*, Prosp. crit., p, 87 (*part.*).
    »   TRUTTA, *Pavesi*, Pesci e Pesca, p. 47.
    »   VARIABILIS, *Lunel*, Poissons du bassin du Léman, p. 146,
        pl. XVI, XVII et XVIII.

NOMS VULGAIRES SUISSES : (S. F.) *Truite*, *Truite du lac*, *Truite saumonée*
    (*part.*), *Truite verte*, *Truite blanche* (*part.*), *Truite noire*
    (*part.*). — (S. A.) *Forelle*, *Förne* ou *Furne*, *Seeforelle* ou *See-*
    förne, *Grundforelle* ou *Grundförne* (*part.*) ; ou aussi *Lachsfo-*
    relle ou *Lachsförne* : souvent *Grauforelle* à Thoune et Brienz ;
    ou encore *Rheinlanke* ; *Illanke*, au Rhin sup. — *Trota* ou
    Truta, au Tessin, — *Schild*, *Scarun*, en H[te]-Engadine.

B. SALMO SCHIFFERMÜLLERI, *Bloch*, l. c. p. 157, Taf. 103. — *Schrank*,
    l. c. p. 323.
    »   TRUTTA, *Nenning*, l. c. p. 17.
    »   LACUSTRIS, *Agassiz*, l. c. Tab. XIV et XV. — *Günther*, l. c. VI,
        p. 83.
SALAR SCHIFFERMÜLLERI, *Cuv. et Val.*, l. c. p. 344. — *Heckel*, Beiträge
    l. c. p. 349, Taf. III, fig. 1-3. — *Heckel et Kner*, l. c. p. 261,
    fig. 145 (*part.*).
    »   LACUSTRIS, *Heckel et Kner*, l. c. p. 265, fig. 147.
FARIO LACUSTRIS, *Rapp*, l. c. p. 27, Taf. III.
TRUTTA LACUSTRIS (*b*), *Siebold*, Süsswasserfische, p. 301 (302).

NOMS VULGAIRES SUISSES : (S. F.), *Truite argentée*, *Truite bleue*, *Truite*
    saumonée (*part.*). — (S. A.), *Schwebforelle* ou *Schwebförne*,
    Silberforelle, *Blauforelle*, parfois Grünforelle (Brienz), (*false*
    See et Grundforelle), ad. *Forüde*, *Sprützerli*, *Schnapperli*,
    juv., (*part.*), bas lac de Constance (sec. Laübli[1]) ; *Brachteli*,
    juv., lac de Constance (Hartmann) ; parfois *Silberlachs* (en
    Autriche *Maiforelle*).

Corps fusiforme, généralement moins élancé que celui du Saumon, bien que plus ou moins allongé ou ramassé et épais,

---

[1] Statistiche und technische Darstellung der Fischerei im Bodensee
und Untersee, von G. Laübli Sohn (Intern. Fisch. Ausstellung zu Berlin,
1880; Schweiz., p. 78).

selon l'âge et les conditions d'existence ; le profil supérieur médiocrement et à peu près graduellement convexe ; l'inférieur assez semblable. La hauteur maximale, devant la dorsale, au poisson sans la caudale, parfois comme 1 : 3, 55—3,90, le plus souvent comme 1 : 4—4,80, selon l'âge, le sexe et les conditions ; les jeunes, suivant les localités, plus ou moins élancés que les adultes ; les mâles volontiers plus trapus que les femelles. L'épaisseur la plus grande, plus ou moins en avant entre la tête et le bout des pectorales, selon les individus jeunes ou vieux plus ou moins comprimés, variant généralement entre un peu moins ou un peu plus que la moitié de la hauteur du corps. — Pédicule caudal plutôt court et plus ou moins épais, mesurant d'ordinaire, du dernier rayon de l'anale au premier de la caudale, une longueur à peu près égale à la base ou à la hauteur de la dorsale (parfois un peu plus), avec une élévation minimale variant, selon l'âge, de $^2/_5$ à $^1/_2$ de la hauteur maximale du corps (parfois légèrement moins, chez des sujets à pédicule plus allongé, volontiers stériles).

Tête plus ou moins forte, ainsi que plus ou moins conique et déclive, suivant l'âge, le sexe et les conditions ; d'une longueur latérale, sur le bord postérieur de l'opercule, au poisson sans la caudale, généralement comme 1 : 3,30—3,90—4,50, selon les sujets jeunes ou vieux ; parfois = 1 : 3,33 chez de vieux mâles du Léman, ou = 1 : 4,55 chez certaines femelles stériles de Zurich ; par le fait, volontiers un peu peu plus grande que la hauteur du corps chez les adultes, mâles surtout, ou parfois à peu près égale à celle-ci chez certains jeunes et quelques femelles stériles. La hauteur à l'occiput variant, selon les individus, entre $^3/_5$ et $^2/_3$ de la longueur. — Museau assez long, quoique relativement large et un peu écrasé chez les adultes, plus court et plus obtus ou arrondi chez les jeunes, plus conique ou acuminé chez certaines formes stériles ; généralement un peu plus allongé chez les mâles que chez les femelles. — Narines doubles, bien plus près de l'œil que du bout du museau. — Bouche fendue jusque sous l'œil ou un peu au delà, fermant souvent imparfaitement sur les côtés chez de vieux sujets, par le fait d'une courbure plus accentuée des deux mâchoires.

Mâchoires égales ou subégales[1] : l'inférieure, toujours assez épaisse, pourvue d'un crochet terminal plus ou moins développé, chez les mâles adultes féconds ; parfois aussi un léger crochet chez de très vieilles femelles. — Maxillaire supérieur plus ou moins arqué, selon l'âge, ainsi que plus ou moins élargi dans la partie postérieure, arrivant à peine au delà du bord postérieur de l'œil, chez bien des jeunes, dépassant par contre celui-ci de la moitié d'un diamètre oculaire ou d'un diamètre au moins chez beaucoup d'adultes, la bouche étant fermée ; l'os supplémentaire appliqué en lame allongée contre le bord externe du maxillaire, depuis l'aplomb du bord antérieur de l'œil environ jusque tout près de l'extrémité postérieure. — Le museau s'allongeant avec l'âge, les rapports de longueur de l'espace préorbitaire et du maxillaire, depuis sa jonction avec l'intermaxillaire, varient constamment comme 1 : 1 $^3/_4$ chez des jeunes, à 1 $^1/_2$ ou 1 $^1/_3$ chez des adultes de taille moyenne, à 1 : 1, soit à l'égalité, chez de vieux sujets. Le maxillaire n'en demeure pas moins, à tout âge, à peu près égal à $^2/_5$ de la longueur latérale de la tête, un peu plus ou un peu moins.

Opercule lisse ou légèrement strié, rarement plus élevé que la moitié de la hauteur de la tête, subcarré, à angles plus ou moins arrondis et, selon l'âge et les individus, plus ou moins large vis-à-vis de sa hauteur. — Préopercule parfois légèrement anguleux, d'ordinaire largement arrondi, avec un bord inférieur mal délimité généralement assez court, plus rarement de moyenne longueur, quelquefois de formes et longueurs différentes sur les deux côtés du même poisson, chez certaines formes stériles ou bâtardes surtout. — Les pièces postérieures de l'arcade sous-orbitaire plus ou moins striées en éventail, chez l'adulte.

Œil rond ou légèrement subovale, d'un diamètre relativement bien plus grand chez les jeunes que chez les vieux, soit, vis-à-vis de la longueur latérale de la tête, comme 1 : 4,50— 9,50, voire même = 1 : 3,90 chez des jeunes de l'Inn, en

---

[1] L'inférieure paraît plus ou moins longue, selon que la bouche est ouverte ou fermée.

Engadine, ou = 1 : 10 chez de vieux sujets du lac Léman.
— Espace préorbitaire, bien plus court chez les jeunes que
chez les vieux, mesurant, selon l'âge, de 1 à 3 diamètres
oculaires, parfois même légèrement plus, comme chez certains grands sujets du Léman, et égalant alors un peu plus
que un tiers de la longueur latérale de la tête. — L'espace
interorbitaire à peu près égal au préorbitaire, soit légèrement plus large ou plus étroit, chez l'adulte; par contre
d'ordinaire sensiblement plus large, relativement au préorbitaire plus court, chez les jeunes, parfois de $^1/_6$ à $^1/_3$.

Branchiospines généralement au nombre de 17 à 22, le
plus souvent 18 à 20, sur le premier arc branchial, et d'ordinaire courtes, quoique plus ou moins allongées suivant l'âge
et les individus; les plus grandes, vis-à-vis de l'arc, volontiers
comme 1 : 10—14, chez des adultes de diverses formes féconds ou inféconds; parfois = 1 : 7—8 plus effilées et bien
denticulées, comme chez quelques petites Truites de l'Inn
et du Tessin; d'autres fois par contre = 1 : 17—20 plus trapues, comme rognées et peu denticulées, ainsi que chez
quelques gros sujets des lacs de Lucerne et de Zurich. Il
n'y a pas lieu cependant à attacher ici une très grande importance à semblables disproportions; car les branchiospines sont souvent tellement usées, probablement par
frottement lors de l'ingurgitation de proies volumineuses,
qu'elles sont en majorité très réduites, parfois même presque rasées; ce qui n'arrive guère chez des poissons à petite
bouche absorbant de plus petites proies. J'ai trouvé quelquefois, chez de petites Truites du Rhône, comme chez quelques autres formes fécondes et chez une assez grosse femelle
stérile du lac de Constance, les premières épines de l'arc du
côté de la langue, mousses, comme tuberculeuses et un peu
en brosse au sommet. — Ordinairement 10 à 12 épines sur
le quatrième arc (plus rarement 9), parfois jusqu'à 14
ou 15[1].

---

[1] Les chiffres constamment inférieurs indiqués par Heckel et Kner
pour les branchiospines sur le dernier arc branchial (suivant les espèces 6—7 ou 7—8, ou 9—10) ont dû être relevés, non sur le quatrième

Rayons branchiostèges au nombre de 11 à 12, plus rarement de 10 ou de 13 (exceptionnellement de 9); parfois en nombres différents sur les deux côtés d'un même animal.

Dents en une rangée sur les deux mâchoires, plus ou moins fortes et nombreuses, ainsi que plus ou moins courbées ou inclinées en arrière et en dedans, suivant l'âge et les individus; pouvant paraître quelquefois sur deux rangs, à cause de leur caducité et de la présence fréquente de petites dents de remplacement croissant en dedans, un peu en dessous des premières. Des dents aussi sur les palatins, sur la langue (pas sur l'hyoïde), sur le vomer, et en petits groupes de peu d'importance sur les pharyngiens supérieurs et inférieurs.

Généralement 5 à 7 dents intermaxillaires assez fortes, des deux côtés, parfois 3 à 4 debout seulement. D'ordinaire 14 à 16, parfois jusqu'à 18 ou 19 chez des jeunes, plutôt moins grandes ainsi que moins recourbées, sur le bord du maxillaire supérieur, de chaque côté; quelquefois 12 debout seulement[1]. (Les dents maxillaires postérieures souvent un peu moins longues que les antérieures, parfois égales en longueur, ou même légèrement plus hautes, comme chez quelques individus de la petite Truite à taches bleues de l'Engadine supérieure). Souvent 10 à 14 dents plus fortes et plus espacées, parfois jusqu'à 17 ou même 18[2], en comptant 3 à 4 alvéoles vides, sur la mâchoire inférieure, des deux côtés; quelquefois 8 ou 9 debout seulement. Sur une rangée aussi, des dents d'ordinaire un peu plus courtes, sur les palatins de droite et de gauche; celles-ci souvent au nombre de 8 à 12 d'un côté chez des adultes, parfois de 15 à 18 chez des jeunes, par suite de la présence de quelques petites dents de renouvellement à côté d'elles[3]. Sur la langue, en avant, 3 à 5 (plus rarement 6) dents fortes et recourbées en ar-

arc, mais sur la branche suivante reliée aux pharyngiens inférieurs, où elles sont toujours plus irrégulières et moins nombreuses.

[1] Jusqu'à 30 chez le *Salar dentex* de Dalmatie, selon Heckel et Kner, Süsswasserfische, p. 257.

[2] Jusqu'à 19 ou 20 chez le *S. dentex*, selon Heckel et Kner.

[3] Jusqu'à 20 ou 21 chez le même *S. dentex*, selon Heckel et Kner.

rière, de chaque côté; assez souvent en nombre différent à droite et à gauche; parfois 3 grandes avec 3 petites intercalaires des deux côtés.

Tous ces chiffres et leurs limites, *en dessus comme en dessous,* du reste très variables à divers âges et en différentes conditions, n'ayant donc pas ici grande valeur spécifique.

Par le fait de l'allongement graduel du museau avec l'âge, l'extrémité antérieure de l'arc denté palatin, qui chez les jeunes arrive de chaque côté plus ou moins en contact avec la ligne transverse des dents de la tête du vomer, semble se séparer et reculer de plus en plus chez les vieux. Vomer composé d'une tête, chevron ou plaque antérieure, triangulaire ou subtriangulaire, plus ou moins conique et élevée ou surbaissée et écrasée, et d'un corps généralement plus court que chez le Saumon, bien que plus ou moins allongé selon l'âge, faisant suite à celle-ci en arrière. La hauteur du triangle de la tête de l'os parfois égale à la base, souvent beaucoup moindre. La largeur du corps de l'os, vers son milieu en arrière, parfois égale à celle de la tête ou chevron, souvent moindre, chez les jeunes surtout. La longueur totale de l'os variant, avec les conditions et l'âge plus ou moins avancé, entre 3 $\frac{1}{2}$ et 5 $\frac{2}{3}$ fois la largeur maximale. Le col, entre le chevron et le corps de l'os, généralement plus rétréci chez les vieux sujets que chez les jeunes. La carène dentée longitudinale médiane de la face inférieure du corps de l'os plus ou moins saillante, selon l'âge; la face postérieure ou supérieure plus ou moins droite ou convexe.

Des dents coniques assez fortes, plus ou moins courbées ou inclinées en arrière, disposées en travers sur le bas de la tête du vomer, au nombre de 4 à 5, souvent en partie tombées, plus rarement de 6, parfois de 2 à 3 seulement; d'autres, assez fortes aussi, courbées tantôt en arrière, tantôt latéralement en divergeant, parfois même en avant, distribuées en long sur l'arête médiane du corps de l'os, volontiers au nombre de 12 à 18 [1], souvent aussi en partie tombées, parfois au nombre de 8 à 10 seulement; ne tombant

---

[1] Jusqu'à 20 chez le *S. dentex* de Dalmatie, selon Heckel et Kner.

cependant pas toutes ni régulièrement avec l'âge, d'arrière
en avant, comme chez le Saumon, ni même comme chez la
Truite de mer. Ces dents d'ordinaire disposées sur deux
rangées chez les jeunes, mais tendant à se rapprocher de
plus en plus avec l'âge sur la ligne médiane, soit sur le milieu
de l'arête, de telle sorte qu'elles paraissent, chez l'adulte et
les vieux sujets, tantôt en quinconce ou quasi-alternantes,
tantôt sur un seul rang plus ou moins régulier [1]. — Nous verrons, en parlant de quelques races locales, combien les
formes de la tête du vomer, ainsi que la disposition des
dents peuvent varier, non seulement avec l'âge, mais encore avec les lacs et les conditions d'existence; comment, en
particulier, des Truites de 10 à 15 kilos peuvent, dans certains cas, afficher encore en partie l'arrangement sur deux
rangs, propre ailleurs au bas âge seulement, et comment
certains individus inféconds présentent des formes plus
étroites de la tête de l'os dans le bas et, par le fait, d'ordinaire moins de dents antérieures. (Voy. Pl. III, fig. 8 à 16
et 17 à 23.)

Nageoires : caudale assez échancrée, avec des lobes quasi-égaux
arrondis ou subarrondis dans le bas âge, de moins en moins
creusée chez l'adulte, avec des extrémités de plus en plus acuminées, quelquefois un peu recourbées en crochet en dedans
chez de vieux mâles; droite sur la tranche, parfois légèrement convexe chez certains adultes, souvent même déjà
rectiligne chez des mâles féconds de taille au-dessous de la
moyenne; d'une longueur, sur son plus grand rayon, très
variable à tout âge, dans des conditions différentes, soit, à la

---

[1] Il est impossible de se rendre compte de la disposition réelle des
dents sur l'arête vomérienne, sans dégager parfaitement l'os de la
muqueuse; car l'alternance des extrémités de celles-ci, déjetées tour à
tour à droite ou à gauche, peut aisément faire croire à l'existence de
deux rangées parallèles là où les bases se trouvent cependant sur une
même ligne. Il arrive souvent que des dents peu solides ou prêtes à
tomber restent dans la muqueuse à l'enlèvement de celle-ci; des alvéoles vides, parfois avec une dent de remplacement au fond, montrent
cependant presque toujours, comme dans mes figures, les places qu'elles
occupaient.

longueur totale du poisson, selon l'âge plus ou moins avancé
et les individus, comme 1 : 6—7,80 (plus rarement 8 ou
5,60); les rayons médians mesurant, selon la forme plus ou
moins échancrée de la caudale, la $\frac{1}{2}$, les $\frac{3}{5}$ ou même les $\frac{5}{6}$
des plus longs. — Dorsale ayant son origine légèrement,
mais, suivant les individus, plus ou moins en avant de la
moitié de la longueur du poisson sans la caudale, parfois
presque au milieu, chez des jeunes surtout; peu ou médiocrement déclive, quasi-droite ou très légèrement concave
sur la tranche et, par le fait, moins ou plus anguleuse au
sommet (exceptionnellement légèrement convexe), volontiers un peu plus haute et souvent relativement un peu plus
étroite chez les jeunes que chez les vieux sujets. Sa hauteur,
au plus grand rayon, variant de $\frac{2}{5}$ à peu près à $\frac{2}{3}$ de la
longueur latérale de la tête, selon l'âge et les individus; sa
base souvent égale à sa hauteur ou à peu près, parfois cependant un peu plus grande, même de $\frac{1}{5}$ chez certains
vieux sujets, ou assez fréquemment, chez des jeunes surtout,
par contre un peu plus courte, même de $\frac{1}{4}$ ou $\frac{1}{3}$ du plus
grand rayon. — Anale d'une hauteur, suivant les individus,
à peu près égale à la base ou à l'élévation de la dorsale, parfois légèrement plus forte que cette dernière, exceptionnellement jusqu'à $\frac{1}{6}$, souvent un peu moindre, même de $\frac{1}{8}$ à
$\frac{1}{6}$; sa base le plus souvent moindre que sa hauteur de $\frac{1}{5}$—
$\frac{1}{4}$—$\frac{1}{3}$ ou presque de $\frac{1}{2}$, quelquefois par contre à peu près
égale, ou même légèrement plus forte, chez certains jeunes
surtout; de forme, suivant les individus, assez ou médiocrement déclive, légèrement concave ou quasi-droite et plus ou
moins acuminée (exceptionnellement faiblement convexe).—
Ventrales implantées sous le milieu de la base de la dorsale
ou, plus souvent, un peu en arrière sous les $\frac{2}{3}$ ou les $\frac{3}{4}$ de
celle-ci, parfois même sous le dernier ou l'avant-dernier
rayon dorsal; d'une longueur généralement un peu moindre
que la hauteur de la dorsale, souvent de $\frac{1}{10}$ à $\frac{1}{6}$, parfois
même de $\frac{1}{4}$, quelquefois au contraire très légèrement plus
grande; triangulaires plus ou moins larges et arrondies ou
subacuminées, demeurant, rabattues, à une distance de
l'anus variant, suivant l'âge et les individus, de $\frac{1}{3}$ à peu

près à ³/₄ ou parfois à presque égalité de leur longueur. — Pectorales plus fortes que les ventrales, généralement un peu plus grandes que la hauteur de la dorsale, parfois légèrement moindres chez certains jeunes, atteignant le plus souvent, renversées en avant, à la moitié de l'œil ou près du bord antérieur de celui-ci, ne dépassant quelquefois pas le bord postérieur de l'orbite ou même l'extrémité du maxillaire, chez certains vieux sujets. — Adipeuse variant beaucoup dans les deux sexes à tout âge, avec l'habitat et même d'individu à individu ; plus ou moins droite ou recourbée, ainsi que plus ou moins allongée ou ramassée et plus ou moins étranglée vers la base ; naissant en dessus du ou des derniers rayons de l'anale et d'une longueur oscillant entre un peu plus de 1 et près de 2 diamètres de l'œil.

Écailles généralement petites et nombreuses, subarrondies sur les parties antérieures supérieures du corps, plus ovales, allongées et plus grandes sur les parties moyennes et postérieures, plus ou moins solides, ainsi que plus ou moins apparentes, suivant la saison et l'état des individus ; plus noyées, en particulier, dans la peau durant le temps des amours et presque dissimulées sous une abondante couche de mucus, chez les mâles en rut. Une squame médiane sur la ligne latérale, sous la dorsale, un peu en dessus de la moitié de la hauteur du corps, généralement ovale, plus longue que haute, plus ou moins découpée au bord fixe, ainsi que plus ou moins raplatie sur les côtés et subconique dans sa partie libre, non rayonnée, avec des stries concentriques assez fines et un tubule assez large plus ou moins allongé suivant l'âge plus ou moins avancé et les individus, souvent légèrement incliné vers le bas à l'extrémité ; d'une surface égale, suivant l'âge plus ou moins avancé, à ³/₅, ¹/₂, ¹/₃, ¹/₆ ou ¹/₇ de celle de la pupille, parfois même ¹/₉ ou ¹/₁₀ chez des jeunes à yeux relativement grands, ou ⁴/₅ chez de très vieux sujets (voy. Pl. IV, fig. 15). Les écailles latérales postérieures, au-dessus de l'anale, également ovales et légèrement plus fortes ou de même dimension, quoique paraissant plus grandes par le fait qu'elles se recouvrent un peu moins. Les latérales antérieures supérieures, par contre, plus petites et plus arrondies. J'ai compté de 108 à 132 écailles distribuées en long sur la ligne latérale (le plus souvent 112 à 125) et 45 à 59 squames en ligne transverse de l'avant de la dorsale à la base des ventrales (moyenne 50-56), la proportion en dessus et en dessous de la ligne latérale toujours assez variable ; le plus souvent une ou deux de plus en dessus qu'en dessous, jusqu'aux ventrales, parfois le contraire. Les maxima et minima parfois dans un même lac. — Assez souvent, intercalation, par places, d'écailles sans tubule sur la ligne latérale, chez certaines Truites stériles.

Coloration excessivement variable à tout âge dans les deux sexes et en diverses saisons, dans des conditions différentes ; non seulement quant aux teintes fondamentales du manteau, mais encore quant au nombre, à la forme, à la disposition et à la couleur des taches ornementales. Le manteau peut être gris, jaunâtre, brunâtre, olive, vert, bleu, violacé ou presque noir sur le dos, d'un argenté plus ou moins brillant, jaunâtre, cuivré ou doré, gris, verdâtre ou brunâtre, voire même noirâtre ou parfois encore violacé ou rougeâtre sur les côtés. Les taches sont : tantôt entremêlées jaunâtres, rouges et noires, ou violettes, ou bleues, et plus ou moins nombreuses en dessus ou en dessous de la ligne latérale, avec ou sans auréole claire ou sombre, tantôt noires seulement ou brunes, arrondies, carrées, en X, ou en lignes sinueuses et plus ou moins serrées sur le dos ou les côtés du corps et de la tête, ou encore presque complètement effacées. L'iris argenté, doré, plus ou moins mâchuré ou brun, volontiers avec un cercle doré autour de la pupille.

Impossible de décrire toutes les livrées que peut offrir la Truite en différentes circonstances, jusque dans un même milieu, étant donné qu'à part l'éclat métallique, la pigmentation a son siège dans la peau très sensible aux influences extérieures.

Les jeunes présentent généralement des bandes sombres qui, du dos de couleur variable et plus ou moins foncé selon les eaux, s'étendent assez bas sur les flancs et disparaissent avec l'âge ; les côtés du corps et de la tête sont, avec cela, chez eux grisâtres, argentés, verdâtres ou dorés et semés de taches noirâtres, brunes, jaunâtres ou rouges, plus ou moins nombreuses et apparentes ; leurs nageoires sont volontiers jaunâtres ou verdâtres, la dorsale avec de petites macules foncées. Certaines petites Truites de l'Inn, en Engadine supérieure, présentent souvent, avec des formes un peu plus effilées et une tête un peu plus forte, des taches peu nombreuses et assez grandes, noires et bleues, entremêlées sur des flancs gris et argentés. Celles qui habitent les deux petits lacs du col de la Bernina, à 2220 mètres dans les Grisons, sont très pâles ou très sombres, suivant qu'elles se trouvent dans le lac dit Blanc, à fond graveleux, que desservent les eaux sablonneuses et froides du glacier de Cambrena, ou, à quelques pas de là, dans le lac Noir, à fond sombre et tourbeux. Chaque petit lac alpestre et pour ainsi dire chaque ruisseau peut présenter de nouvelles variétés, sans qu'il y ait lieu d'attacher la moindre importance, ni à la teinte générale, ni à la couleur et au nombre ou à la forme des taches.

Les adultes, avec des livrées assez variées aussi dans divers milieux, diffèrent généralement moins d'un sexe à l'autre en dehors du temps des amours que durant ce dernier : d'un gris ardoisé, brunâtres, olivâtres ou bleuâtres en dessus, la tête souvent plutôt verdâtre, et d'un argenté plus ou moins grisâtre sur les côtés, avec des taches brunes ou noires plus ou moins grandes et éparses sur le corps et les pièces operculaires, ils deviennent alors plus hauts en couleur et plus ornés, les mâles surtout. Ceux-ci prennent en effet, à l'approche du rut, des couleurs souvent très sombres ou foncées sur presque tout le corps ; le ventre, d'ordinaire blanchâtre, devient chez eux volontiers gris, parfois même noirâtre ou noir, par places ou en entier. Les nageoires, plus ou moins enfumées, prennent des teintes olivâtres, d'un noir bleuâtre, ou violacées. La dorsale est d'ordinaire plus ou moins marquée de petites taches foncées brunes ou noires ; cependant celles-ci font quelquefois presque complètement défaut. — Les points rouges de la robe ne sont pas le propre exclusif du jeune âge ; on trouve, dans les courants d'une certaine dimension, des Truites déjà de belle taille qui, selon que les eaux sont plus ou moins transparentes, en même temps que plus ou moins froides, sont : ou ornées aussi de jolies macules de couleur rouge ou rougeâtre, ou presque entièrement grises et quasi-immaculées, ou, au contraire, toutes couvertes de taches arrondies ou de chamarrures irrégulières brunes ou d'un brun rougeâtre.

Beaucoup des Truites que j'ai examinées provenant du versant sud des Alpes, des cours d'eau du Tessin et du nord de l'Italie, étaient foncées, brunâtres en dessus, et comme entièrement marbrées de taches brunes en zigzags sur les côtés de la tête et sur les flancs presque jusqu'au ventre. J'en ai vu d'assez semblables de quelques rivières de France, de la Loue, en particulier, tributaire de la Saône et du Rhône dans le bassin de la Méditerranée.

Le retour et le séjour dans les lacs éclaircissent du reste généralement les teintes des faces supérieures et inférieures, et ramènent les reflets argentés sur les flancs, en même temps qu'ils font pâlir les nageoires inférieures, diminuent le nombre des taches noires ou brunes et effacent plus ou moins les macules rouges.

Les individus qui, par suite d'un défaut de développement des organes de la reproduction, sont demeurés dans les eaux calmes des lacs durant une ou plusieurs années deviennent, avec des formes un peu plus élancées, d'un gris-bleu ou bleus sur le dos et très brillamment argentés sur les flancs, ne présentant plus que quelques rares petites taches noires, principalement au-dessus de la ligne latérale et en avant, avec des nageoires inférieures blanches ou à peine mâchurées.

La couleur de la *chair*, blanche, jaunâtre, rose ou rougeâtre, paraît dépendre soit de l'alimentation, soit de l'état des individus ou de leur origine. Les Truites qui habitent des cours d'eau riches en petits crustacés semblent avoir plus souvent la viande rose, et celles qui, pour certaines raisons, ne peuvent pas concourir à la multiplication annuelle de l'espèce ont aussi la chair généralement saumonée.

Dimensions très variables à âge égal, non seulement dans des eaux et des conditions différentes, mais encore jusque dans un même milieu, selon l'abondance de la nourriture; variant même du simple au double, jusque entre sujets issus d'une même ponte.

Les individus confinés dans des eaux courantes de peu d'importance, ou emprisonnés dans de petits lacs alpestres, semblent croître bien moins rapidement que ceux qui habitent, au moins une partie de l'année, les eaux calmes plus réchauffées et plus riches de nos grands lacs, et peuvent circuler, en temps de frai, dans des fleuves ou des rivières plus larges et plus profondes. La Truite croît, du reste, en eau douce beaucoup moins vite que le Saumon dans la mer, et l'augmentation de poids, passé une certaine taille, se traduit chez elle plus par un accroissement de la hauteur et de la largeur du corps que par un allongement correspondant. J'ai vu des Truites du Léman importées à l'état d'alevins dans un bassin de quelques cents mètres carrés, avec une nourriture assez précaire, dont les plus grandes ne dépassaient pas 0^m,370, plusieurs même 0^m,268 de longueur totale, après 9 années d'existence; alors que bien des Truites de même provenance mesurent facilement jusqu'à 0^m,200, même 0^m,240, à 18 mois, dans les eaux plus vastes et plus riches du Rhône; dimensions qui ne sont par contre atteintes, en liberté complète, qu'à l'âge de 3 ou 4 ans, dans des milieux moins propices. Les premières, quoique beaucoup plus âgées, présentaient encore en partie les formes et la livrée du jeune âge, voire même, pour quelques-unes, les bandes latérales caractéristiques de l'enfance.

L'augmentation de taille et de poids étant plus ou moins rapide dans des conditions différentes, on trouve des Truites qui ont atteint l'âge de puberté, les unes avec un poids de 400 à 500 grammes environ et une longueur de 35 à 40 centimètres, les autres avec une longueur de 25 à 30 centimètres et un poids de 180 à 250 grammes seulement. Les mêmes disproportions entre l'âge et la taille peuvent s'accentuer encore par la suite. Cependant, l'on compte assez généralement qu'une Truite adulte, à l'état libre dans un milieu favorable, augmente en poids de 500 grammes à peu près par an (parfois beaucoup plus, richement nourrie en

captivité); de sorte qu'un individu de 15 kilos (non artificiellement poussé) devrait compter 30 à 35 ans environ (abstraction faite de mille exceptions possibles).

De même que dans des courants d'importances différentes
et plus ou moins riches, les Truites grandissent plus ou
moins vite, ainsi celles auxquelles l'accroissement de leur
taille interdit l'accès des ruisseaux et qui doivent rester
dans les grandes eaux, courantes ou tranquilles, atteignent-
elles, à âge égal, dans nos divers lacs, à des dimensions
très différentes; sans parler ici des disproportions que l'on
remarque, dans chacun de ces derniers, entre Truites fécondes ou infécondes, les dernières demeurant généralement
plus petites, sauf, paraît-il, dans le lac de Constance.

La Truite qui, dans le lac Léman, ainsi que dans le lac
de Lugano au sud des Alpes selon Pavesi, arrive au poids
de 15 à 20 kilogr., exceptionnellement peut-être un peu
davantage, avec une longueur de $1^m,15$ à $1^m,35$ [1], semble
dépasser rarement : 14 à 15 kil. dans les lacs de Zurich et
Constance; 12 à 14 kil. dans ceux de Lucerne et Zoug, ainsi
que dans ceux de Neuchâtel, Bienne et Morat; 11 à 13 kil.
dans celui de Thoune; même 9 à 10 kil. dans ceux de
Brienz, Wallenstadt, Égeri, Sarnen et Lungern; 6 à 7 kil.
dans celui de Joux, à près de 1000 mètres dans le Jura;
1 ½ à 2 kil., exceptionnellement 3 à 5 kil. dans les petits
lacs plus élevés des Alpes, restant même le plus souvent
bien au-dessous [2].

[1] Certaines données anciennes, un peu sujettes à caution, attribuent à
la Truite du Léman des proportions bien supérieures. *Wagner* (Hist.
nat. Helvetiæ curiosa 1680, p. 220) parle d'une Truite de 62 livres.
Grégoire de Tours (Journal helvétique, juin 1741) attribue à ce poisson
jusqu'à 100 livres de poids. Selon *Hartmann* (Helv. Ichthyol., 1827,
p. 105), la Truite pèserait dans le lac de Genève jusqu'à 40 à 50 livres.
Bien des auteurs, se basant sur ces diverses données, ont répété que
notre Truite arrive au poids de 50 à 60 livres, qui paraît aujourd'hui
assez exagéré. — Heckel et Kner (Süsswasserfische, p. 269) attribuent
aussi jusqu'à 50 à 60 livres à leur *Fario Marsiglii*, dans certains lacs
d'Autriche.

[2] Ogérien (Hist. Nat. du Jura), qui distingue un *Salmo Fario* et un
S. alpinus, dit que le premier atteindrait le poids de 10 à 20 kilos dans
le lac Châlin.

Les lacs alpins de la Haute-Engadine (Saint-Moritz, Camfer, Silvaplana et Sils), à 1800 mètres sur mer environ, semblent devoir à leurs dimensions relativement très grandes à pareil niveau, de faire exception à la règle ordinaire de décroissance. On y verrait parfois, non pas des Truites de 45 livres comme l'a avancé Bansi [1], au commencement du siècle, mais bien des individus ayant atteint le poids de 12, 13 et même 16 kilogr. à un âge très avancé [2].

Mâles adultes volontiers moins nombreux que les femelles et plus trapus que celles-ci, avec une tête d'ordinaire plus forte, un museau un peu plus long, un crochet retroussé plus ou moins dur et saillant au bout de la mâchoire inférieure, chez les sujets féconds (parfois un léger crochet aussi chez de vieilles femelles), des dents souvent moins nombreuses et un peu plus fortes, et une caudale plus vite rectiligne sur la tranche. Ils portent aussi, durant le temps des amours, une livrée généralement plus sombre, et ont à cette époque les écailles plus noyées dans la peau et plus dissimulées sous une abondante couche de mucus.

Jeunes de formes et couleurs très variables dans des eaux différentes, même à taille égale, jusque dans un même milieu et selon l'état du développement des organes de la reproduction, comme je l'ai dit. Généralement cependant un peu plus comprimés que les vieux, avec une tête plus grosse, un museau plus court, plus ou moins arrondi, un œil plus grand, des dents souvent comparativement plus longues, une caudale plus échancrée, à lobes moins acuminés et souvent relativement un peu plus courte, une dorsale souvent plus étroite, des squames plus petites relativement à l'œil. Leur robe, d'abord traversée de quelques bandes sombres ou taches transversales ovalaires, volontiers au nombre de 8 à

---

[1] Beit. zur Topog. und Naturbesch. des Ober-Engadins : Alpina III, 1808, p. 101.

[2] M. Coaz, inspecteur fédéral des Eaux et Forêts de la Confédération, m'a avisé, le 7 février 1889, qu'une Truite du poids de 16 kilos et mesurant 1 mètre de long, sur 0^{m},60 de circonférence, avait été prise, le 19 août 1888, avec un filet, dans le lac de Sils, à 1795 mètres s/m, en Engadine.

12, sur les côtés, est d'ordinaire plus marquée de taches arrondies orangées, rouges, violettes ou bleues. — Le vomer, chez eux peu ou pas étranglé au col, sous le chevron, ainsi que plus allongé et moins large ou moins convexe en arrière, sur les côtés du corps de l'os, porte aussi des dents plus régulièrement disposées sur deux rangs (voy. Pl. III, fig. 10, 13 et 16). — Quelques individus temporairement inféconds ont parfois le museau plus conique, ainsi que la robe plus argentée et moins tachetée.

Vertèbres le plus souvent au nombre de 57 à 59 (plus rarement 56 ou 60 [1]), dont 32 à 33, parfois 31 ou 34 costales.

Appendices pyloriques en nombre très variable. J'en ai compté souvent 56 à 62, les antérieurs les plus longs, chez bien des Truites, jeunes et adultes de diverses provenances suisses. Lunel a trouvé des totaux inférieurs chez plusieurs Truites du bassin du Léman, soit 34 à 54. Rapp, pour le lac de Constance, donne par contre 60 à 74, pour son *Fario lacustris*, et 48 pour son *Fario Trutta* (=*F. Marsiglii*, Heckel); tandis que Heckel et Kner donnent 80 et plus pour le même *F. Marsiglii*. Je ne crois pas que semblables écarts dépendent nécessairement des développements différents des organes de la génération; car j'ai trouvé, à diverses reprises, les mêmes chiffres, entre 58 et 62, chez des Truites, les unes fécondes, les autres infécondes, des lacs de Neuchâtel et de Zurich. Les minima et maxima, au-dessous et au-dessus de la moyenne, tiennent peut-être à des influences de milieu ou d'alimentation. Il peut en tout cas y avoir des différences de 15 à 20 entre individus de même provenance et autrement tout semblables. — Estomac formant en arrière une courbure en sac. Intestin généralement court et droit, volontiers plus court que la longueur du poisson,

---

[1] Je n'ai pas trouvé le minimum de 56 indiqué par Agassiz et Vogt, ainsi que par Günther dans ses poissons du Neckar. Le maximum 60, attribué par Rapp à son *Fario lacustris* du lac de Constance, me paraît plutôt rare dans nos eaux, alors qu'il serait plus fréquent dans la forme scandinave du *Salmo Fario* (*S. Fario Gaimardi*, Günther, Catal. VI, p. 60).

comme chez les Salmonides, en général. — Vessie aérienne
reliée à l'œsophage, simple, subcylindrique et grande. —
Une rangée de petites pseudobranchies pectinées derrière
le post-orbitaire. — Ovaires et testicules doubles; les œufs
mûrs, assez gros, tombant dans la cavité viscérale.

La grande variabilité de la Truite, à tout âge ainsi qu'en différentes conditions et circonstances, a de tout temps sérieusement embarrassé les ichthyologistes de tous pays; si bien que
divers naturalistes ont successivement et spécifiquement distingué bien des variétés qui, peu à peu, ont dû être groupées et
rapprochées de quelques formes principales. Après avoir compté,
abstraction faite des véritables Saumons et des Ombles, un
grand nombre d'espèces censément différentes dont il ne reste
plus à faire justice, les eaux douces de l'Europe moyenne semblent aujourd'hui n'en posséder plus que deux ou trois, même
encore assez discutables. L'insuffisance des descriptions ne permettant pas toujours des comparaisons qui eussent autorisé des
rapprochements, il a fallu des travaux consciencieux comme
ceux de Heckel et Kner, en 1858, et de Siebold, en 1863,
d'abord pour préciser certaines différences, puis pour réduire à
leur juste valeur ces différences elles-mêmes. De Siebold a rapporté à deux : *Trutta lacustris*, Seeforelle (*a* et *b*) et *Trutta
Fario*, Bachforelle, les *Fario Marsiglii, Salar Schiffermülleri,
S. lacustris* et *Salar Ausonii* de Heckel et Kner, qui eux-mêmes
avaient aussi rapproché de ces quatre dernières bon nombre de
prétendues espèces de Linné, de Bloch, de Cuvier et Valenciennes et de bien d'autres, dans le détail desquelles il serait
superflu d'entrer ici. L'opinion de Siebold se rapproche beaucoup de celle d'Agassiz qui, déjà en 1835 [1], émettait l'idée que
les divers Saumons dentés d'Europe pourraient bien n'être
que des variétés locales des *S. Fario, S. Trutta, S. lacustris
S. Salar, S. Hucho* et *S. Umbla*, les trois derniers n'entrant
pas ici en discussion.

[1] Remarks on the different species of the genus Salmo, etc. (Report
of the fourth meeting of the British association; London, 1835, p. 617),
ou Wiegman's Archiv., 1835, II, p. 265.

Les études consciencieuses de l'auteur des *Süsswasserfische von Mitteleuropa* semblaient avoir fait faire un grand pas à la question, quand, en 1866, Günther, dans son riche *Catal. of Fishes*, vol. VI, releva de nouveau six espèces dans la région alpine de l'Europe centrale, les *Salmo Fario Ausonii, S. Carpio, S. Lemanus, S. Rappii, S. lacustris* et *S. Marsilii*, sur lesquels je serai contraint de revenir ici plus ou moins, laissant pour le moment de côté la discussion de bien d'autres prétendues espèces orientales, méridionales, britanniques et septentrionales plus ou moins douteuses.

Valenciennes [1] a certainement rendu un grand service, quand il a attiré l'attention sur les différentes dispositions des dents de l'os vomer ; mais, il est allé un peu trop loin, en basant sur un caractère aussi variable les trois genres : *Salmo, Fario* et *Salar*, adoptés dans la suite par Heckel et Kner. Nous avons vu que les Truites se distinguent bien des vrais Saumons par la présence de dents en travers de la base de la tête du vomer qui manquent à ces derniers ; mais nous avons vu aussi que la disposition des dents du corps même de l'os, sur un ou sur deux rangs, qui devrait différencier les genres *Fario* et *Salar*, varie beaucoup avec l'âge et dans diverses conditions. Je réunis donc les genres *Salar* et *Fario* sous le titre commun de *Salmo* (au lieu de *Trutta*, Siebold); je vais même plus loin que de Siebold, en réunissant ses deux *Trutta lacustris* et *T. Fario* dans une seule et même espèce, avec diverses formes locales.

A (a), Forma fecunda, minor.

La Truite de ruisseaux, Bachforelle, à différentes tailles, soit le *Salmo Fario* de Linné (*Salar Ausonii* Cuv. et Val., Heckel et Kner, etc., *Trutta Fario* Siebold, *Salmo Fario* Günther), n'est pour moi qu'une forme jeune, ou parfois retardée par les conditions de milieu, de la Truite des lacs et des grands cours d'eau, soit du *Salmo lacustris* de Linné (*Salar Schiffermülleri* et *Fario Lemanus* Cuv. et Val., *Salar Schiffermülleri, S. lacus-*

[1] Hist. nat. des poissons, XXI, p. 163 (1848).

tris, Fario Marsiglii, F. Carpio?, Heckel et Kner, *Salmo, Lemanus, Rappii, lacustris, Marsilii, Carpio?*, Günther.

Jurine, en 1825, et Lunel, en 1874, ont déjà fait pareil rapprochement pour les Truites du Rhône et de ses tributaires et celles du lac Léman, le dernier sous le nom de *Trutta variabilis* [1]. Pavesi (Pesci e Pesca, p. 47) a fait la même chose pour les Truites du Tessin, sous le nom de *Trutta Trutta*. La comparaison de nombreux individus de toutes tailles, des rivières et des lacs des différents bassins suisses, m'amène à généraliser la conclusion de ces auteurs, en confirmant ici, soit l'opinion que j'avais déjà émise en lettre à Pavesi sur ce sujet, en 1871 [2], soit les observations faites, depuis lors et dans le même sens, en d'autres pays [3]. La question de taille, pas plus que celle de la livrée, n'a rien à faire dans la discussion. On sait que les proportions du vase, et surtout les conditions de température et d'alimentation, influent beaucoup sur le développement et les dimensions de l'individu, abstraction faite des exceptions artificielles que peut produire en champ clos une nourriture exceptionnellement abondante. La Truite grandit plus ou moins vite selon la capacité, la température et la richesse en éléments nutritifs du cours d'eau où les circonstances l'ont placée; et il n'y a rien que de naturel dans le fait que les Truites remontent d'autant moins haut dans nos rivières et nos ruisseaux, de plus en plus réduits et accidentés, qu'elles ont atteint une taille plus forte, leur interdisant l'accès de ces derniers.

La *Truite de ruisseaux, Bachforelle*, malgré la taille relativement grande qu'elle peut atteindre avec l'âge, en conservant plus ou moins ses prétendus caractères spécifiques, dans certaines rivières ou dans quelques lacs élevés de nos Alpes, n'est pas autre chose que la Truite de nos grands lacs (*Trutta lacustris*, Siebold) n'ayant point encore subi les transformations qu'amène plus ou moins vite le séjour dans les grandes eaux; grandes

---

[1] Poissons du bassin du Léman, p. 138—146.

[2] Voyez : I Pesci e la Pesca nel cantone Ticino, 1871-72, p. 52.

[3] *Klunsinger* a, en particulier, très savamment discuté les prétendus caractères spécifiques des Truites de lacs et de ruisseaux, dans un intéressant travail paru, en 1885, sous le titre : *Ueber Bach und Seeforelle*, dans les Jahreshefte des Vereins für vaterl. Naturk. in Würtemberg.

eaux dans lesquelles elle affichera toujours plus les formes propres à son bassin. Si Günther a cru pouvoir établir, au profit de la distinction spécifique, une distinction entre le *Salmo Fario*, avec une aire géographique étendue, et les grandes espèces de nos divers lacs, avec une aire géographique limitée, c'est précisément parce que les différences de formes, qui donnent le facies local, ne s'accusent d'une manière un peu tranchée qu'alors que, plus ou moins vite refoulés vers leur centre de rayonnement par les circonstances de lieu, par le fait d'une alimentation devenue insuffisante, par la taille acquise ou par un défaut de développement interne, les différents représentants de l'espèce reviennent de divers côtés au grand courant ou au lac qui achèvera de les transformer dans le sens de l'adaptation locale; que ce lac soit inférieur, comme ceux de Constance, de Lucerne, de Neuchâtel, du Léman, de Lugano, etc., ou à la fois élevé et assez grand, comme ceux de la Haute-Engadine, ou encore élevé et restreint comme quelques-uns de nos petits lacs alpins dans lesquels la Truite de ruisseaux emprisonnée acquiert parfois, avec des formes quasi-intermédiaires, des proportions assez respectables.

Il n'y a rien de surprenant dans le fait de petites différences entre Truites vivant au nord ou au sud des Alpes, ou habitant des eaux tributaires de la mer du Nord, de l'Adriatique, de la Méditerranée ou de la mer Noire; il n'est pas étonnant non plus que, confinées dans une aire d'habitat plus limitée, les Truites des lacs de Constance, au-dessus de la chute du Rhin, et du Léman, au-dessus de la perte du Rhône, également barrières infranchissables, présentent des facies différant un peu de celui des Truites d'autres bassins plus ouverts ou étendus. Les jeunes, quoique à des degrés d'accentuation plus ou moins sensibles, présentent déjà souvent aussi, sous la forme de Truite de ruisseaux (*S. Fario*), quelques-uns des caractères locaux propres à leurs parents de grande taille : certains rapports de proportions, certaines formes de dentition, voire même certaines analogies dans les formes du vomer, de la tête de l'os en particulier (voy. Pl. III, fig. 9 et 10 ainsi que 14 et 15 comparées). Les divergences entre Truites de divers lacs ne vont toutefois pas jusqu'à prendre l'importance de celles que nous avons reconnues chez différents Corégones de même espèce-mère, depuis des siècles confinés dans les conditions différentes, mais plus stables, des divers lacs où ils sont emprisonnés.

Tous les caractères de forme et de livrée attribués jusqu'ici à la Truite de ruisseaux (*S. Fario*) sont ceux que nous avons vus le propre du jeune âge, plus ou moins accusés par un séjour plus ou moins prolongé en eau courante, ou modifiés par des circonstances particulières d'habitat. La dentition vomérienne, qui se transforme peu à peu, n'a pas non plus l'importance prépondérante qu'on a cru pouvoir lui accorder, pas plus que les dimensions relatives des dents en général; et l'on peut en dire autant des caractères tirés soit des proportions de la tête et du museau, soit des nageoires ou des écailles, soit encore des formes et dimensions du maxillaire ou des pièces operculaires et de la livrée.

Qu'il me suffise de renvoyer ici aux détails de ma description dans laquelle j'étudie et compare à tous égards les caractères de l'espèce à divers âges et dans différentes conditions. La variabilité est telle qu'il est impossible de soutenir la distinction spécifique non-seulement entre *Salmo Fario* (Linné), *S. alpinus* (Bloch), *S. saxatilis* (Schrank), *S. Bailloni* (Cuv.), et *S. marmoratus* (Cuv.), etc., mais encore entre ceux-ci et divers représentants du *Salmo lacustris* de plus grandes dimensions.

Le développement plus ou moins précoce ou retardé des organes de reproduction peut enfin modifier aussi, jusqu'à un certain point, le facies des individus jusque dans un seul ruisseau, et paraître justifier alors la croyance à deux espèces remontant simultanément le même cours d'eau; cependant, avec des formes plus ou moins effilées, un museau plus ou moins conique, des nageoires plus ou moins grandes et une livrée plus ou moins maculée, ces individus différents peuvent provenir d'une même mère. On rencontre, en effet, souvent, chez la Truite des ruisseaux et rivières, des individus inféconds ou temporairement stériles des deux sexes qui, comme l'a déjà signalé de Siebold, se reconnaissent en temps de frai, non seulement à leurs nageoires plus faibles ou à leur museau moins obtus, mais encore à leurs écailles plus apparentes par le fait de l'absence d'enflure et de sécrétion muqueuse de la peau, ainsi qu'au moindre développement des muscles basilaires de l'anale et de la papille uro-génitale.

Barfurth[1] attribue la stérilité de la *Bachforelle* au fait que les produits des organes reproducteurs n'ont pas pu être émis en temps voulu; peut-être provient-elle aussi, dans certaines circonstances, de croisements fortuits avec le Saumon.

Nous verrons plus loin, à l'article B, *Forma sterilis, lacustris*, qu'une stérilité plus prolongée peut amener des modifications plus profondes, et donner à des Truites plus grandes et toujours plus sédentaires, non seulement des formes différentes du corps, de la tête et des nageoires, avec une livrée particulière, mais encore une dentition du vomer et des proportions de cet os passablement différentes aussi.

La Truite de ruisseaux plus petite, ou Bachforelle (*S. Fario*), n'en déplaise à la plupart de nos pêcheurs, qui veulent toujours distinguer deux espèces, n'est donc pas, pour moi, spécifiquement différente de la Truite des lacs (*S. lacustris*) plus grande, quelle que soit sa provenance ou quel que soit son aspect et le nom qu'on lui donne.

A (*b*), Forma fecunda, major.

Les considérations émises ci-dessus relativement aux questions d'âge, d'habitat et de fécondité, doivent nous permettre d'abréger maintenant la discussion des diverses prétendues espèces basées sur des variétés locales ou biologiques de notre Truite féconde plus grande, dans les bassins : du Rhin en dessous et en dessus de la chute; du Rhône au-dessus de la perte, de l'Adige et du Tessin, bassin du Pô, au sud des Alpes, et de l'Inn, bassin du Danube, en Engadine; en renvoyant plus bas, sous la lettre B, l'étude de la forme stérile, assez différente, de nos divers lacs.

1° *Var. Rhenana.*

Si l'on considère les Truites fécondes de nos lacs et cours

---

[1] *Biologische Untersuchungen über die Bachforelle* (Archiv für mikroskopische Anatomie, XXVII, 1, 1886, p. 128-179, Pl. VII et VIII).

d'eau reliés au Rhin, au-dessous de la chute, comme représentant une forme du Rhin (*forma* ou *var. Rhenana*), typique pour le pays en tant que la plus répandue, et si l'on tient compte en même temps de la constante variabilité de ces poissons en diverses conditions, il est impossible d'attribuer une importance spécifique aux quelques prétendus caractères sur lesquels Günther (Catal. VI, p. 82) se fonde pour distinguer, sous le nom de *Salmo Rappii*, la Truite féconde du lac de Constance, si bien décrite et figurée sous le nom de *Fario Trutta* par Rapp, dans ses Fische des Bodensees. Les proportions de la tête, vis-à-vis du poisson sans la caudale (comme 1 : 4,30 à 4,50 chez des sujets de taille moyenne), sont celles de beaucoup de nos Truites dans d'autres lacs. Les formes et dimensions du museau sont aussi celles de la moyenne. La disposition des dents vomériennes sur une seule série irrégulière et leur persistance durant la vie entière se retrouvent dans bien d'autres lacs dépendant du Rhin. Les nombres d'écailles et de rayons aux diverses nageoires, ainsi que des appendices pyloriques, sont ceux de la majorité de nos Truites. Enfin, les taches de la livrée sont toujours trop variables pour pouvoir être prises en sérieuse considération. Peut-être les dents du corps du vomer sont-elles plus souvent sur un rang, dans l'adulte, chez nos Truites du Rhin, aussi bien au-dessus qu'en dessous de la chute du fleuve, que chez celles d'autres bassins relativement méridionaux (comparez Pl. III, fig. 8, 11, 9 et 14); cependant cette différence est, comme je l'ai dit, trop inconstante pour avoir ici grande valeur.

Les traits distinctifs permettant de reconnaître un *Facies Bodensis* particulier résideraient donc uniquement : dans une forme souvent un peu plus voûtée du dos en avant, dans une légère dépression de la tête en arrière, dans un plus grand élargissement de la partie postérieure du maxillaire, dans une accentuation plus forte du bord inférieur du préopercule et dans un total de vertèbres parfois de une supérieur à la moyenne. Or, nous avons vu qu'avec une nuque plus ou moins convexe, bien des Truites ont aussi des hauteurs relatives de la tête à l'occiput assez différentes, et que les formes du préopercule peuvent varier passablement jusque sur les deux côtés d'un même individu. Nous verrons qu'un fort élargissement du maxillaire en arrière se retrouve ailleurs que dans le lac de Constance. Enfin, je ne pense pas, devoir attribuer à la présence, inconstante du reste, d'une vertèbre de plus que la moyenne, une importance plus grande qu'au fait d'une vertèbre en moins chez d'autres en d'autres conditions. Il n'y a rien dans tout cela, à mon avis, qui puisse permettre d'élever au rang d'espèce la Truite depuis longtemps isolée dans le lac de Constance et ses affluents, au-dessus de la chute du Rhin.

Il y a si peu de différences entre ledit *S. Rappii* de Günther et le *Fario Marsiglii* (Heckel) des lacs d'Autriche, que Rapp lui-même n'a pas hésité à rapporter à ce dernier son *F. Trutta* (*S. Rappii* Günther) du lac de Constance.

2° *Var. Lemani.*

La Truite du Léman, également emprisonnée depuis des siècles dans le lac Léman et ses affluents, tributaires de la Méditerranée, a pris aussi, dans les conditions d'isolement que lui procure la perte du Rhône, un facies particulier qui l'a faite ériger en espèce par Cuvier, sous le nom de *Salmo Lemanus.* De Siebold, Blanchard et Lunel ont déjà fait rentrer dans la synonymie de la Truite ordinaire des lacs cette prétendue espèce; Günther, par contre, a conservé à cette forme locale le titre spécifique que lui avait attribué Cuvier.

Pour ne pas revenir sur la discussion des caractères, pour la plupart de peu de valeur, invoqués par l'auteur du Catal. of Fishes pour la distinction de l'espèce, sur les formes et proportions, en particulier, de l'opercule et du préopercule toujours très variables avec l'âge, je me bornerai à indiquer les principales différences que cette variété locale m'a paru présenter, en face de notre type du Rhin, après l'examen d'un grand nombre d'individus d'âges différents : Tête forte, parfois chez de vieux mâles, vis-à-vis du poisson sans la caudale, comme 1 : 3,33, avec un grand crochet mandibulaire; œil plutôt petit et préorbitaire relativement grand, chez l'adulte; maxillaire plus ou moins large en arrière, dépassant parfois le bord postérieur de l'œil d'un fort diamètre oculaire chez des vieux; livrée plus ou moins tachetée selon l'âge, la saison et l'habitat momentané dans l'eau courante ou dans le lac; les vieux mâles en noces souvent bruns ou noirs sur toutes les faces supérieures et inférieures; appendices pyloriques en nombre variable : 34 à 54 selon Lunel, jusqu'à 58 selon mes observations; écailles en nombre très variable sur la ligne latérale. (C'est parmi les Truites du Léman que j'ai trouvé, en effet, soit le minimum 108, déjà signalé par Lunel, soit le maximum 132 chez une petite Truite bleue). Vomer, chez l'adulte et les vieux sujets, de forme et dentition souvent assez particulières : la tête de l'os triangulaire, à la fois longue ou élevée et large à la base, le col au-dessous passablement étranglé, le corps de l'os relativement étroit; généralement 4 dents, plus rarement 3 chez des vieux ou 5 chez des jeunes, en travers de la première; les dents distribuées en dessous sur l'arête médiane plus ou moins sur deux rangs ou en quinconce chez les jeunes, en partie sur deux rangées ou sur une ligne et alternantes chez l'adulte; assez souvent sur deux rangs en avant, puis alternantes ou sur une ligne et assez caduques en arrière (voy. Pl. III, fig. 9, le vomer d'un adulte de 3 kilogr., fig. 10, celui d'un jeune).

Lunel signale la caducité des dents de l'arête vomérienne chez les vieux sujets du Léman, et, en parlant de l'irrégularité de la disposition des dents à différents âges, il indique comme fréquent un arrangement sur deux rangs à la partie postérieure de l'os qui m'a semblé se présenter moins souvent que le contraire chez l'adulte [1].

Pour Günther, les dents vomériennes du *S. Lemanus* seraient rangées sur une seule série. On rencontre donc aussi, chez la Truite féconde du Léman, à divers âges, les dispositions différentes des dents vomériennes qui devraient servir à distinguer la plupart des espèces de Heckel et Kner.

Facies arvensis : Je ne dois pas négliger, avant de clore ce qui a trait au prétendu *Salmo Lemanus,* de mentionner que j'ai trouvé dans l'Arve, qui se jette dans le Rhône au-dessus de la perte, tout près de Genève, mais dont les eaux, plus voisines de leur source glaciaire en Savoie et encore très chargées de sable, sont plus troubles, plus pauvres et plus froides que celles

---

[1] La figure de cet auteur (*Poissons du bassin du Léman,* Pl. XVII, 1 et 1 *a*) me paraît rappeler plutôt le vomer grossi d'une jeune Truite du Rhône.

du Rhône, des Truites au premier abord passablement différentes : plus effilées et moins colorées que celles de ce dernier. Un individu de 2 k. 500 gr., capturé le 1er juillet 1887, dans l'Arve et mis frais côte à côte avec un sujet de même poids pris le même jour dans le Rhône, était sensiblement plus long et moins élevé, avec un pédicule caudal à la fois plus allongé et plutôt plus haut, relativement à l'élévation moindre du tronc. Sa tête, grande et longue, portait des dents plus fortes. Sa livrée était beaucoup plus pâle, grise en dessus, grisâtre et argentée sur les flancs, avec fort peu de taches; ses nageoires étaient aussi très peu colorées. L'habitat prolongé dans des conditions différentes avait, quoique dans un même bassin, opéré des modifications bien plus profondes qu'entre Truites de lacs différents.

3° *Var. meridionalis.*

Les ichthyologistes qui ont parlé des poissons des lacs du Tessin et de la Lombardie, au sud des Alpes, n'ont pas résolu la question de savoir si la Truite des lacs de Lugano, Majeur et Côme, est de même espèce que celles qui habitent nos lacs des bassins du Rhône et du Rhin, ou si elle se rapproche plutôt de celle qui, sous le nom de *Salmo Carpio* (Linné), se trouve dans le lac de Garda, tributaire, comme ceux du Tessin, du Pô et de l'Adriatique.

Les auteurs italiens, de Betta [1] et Canestrini [2], en particulier, distinguent, sans autre, deux espèces lombardes : *Salmo (Trutta) Carpio* et *S. Fario*; ceux qui ont traité plus spécialement du Tessin n'y reconnaissent qu'une Truite : la *Trota* selon Monti [3], la *Trutta Trutta* selon Pavesi [4]. Günther, en conservant

[1] Ittiologia Veronese, 1862, p. 110. Le *S. Carpio* de de Betta atteindrait le poids de 16 kilogr. et descendrait jusqu'à la mer.

[2] Prospetto critico dei Pesci d'acqua dolce, 1865, p. 87. La *Trutta Carpio* de Canestrini irait aussi à la mer.

[3] Notizie dei Pesci delle provincie di Como e Sondrio e del cantone Ticino, 1864, p. 68, XXII.

[4] I Pesci e la Pesca, 1871-72, p. 47. Pavesi, réunit les *T. lacustris* et *T. Fario*, et semble les rapprocher de la Truite de mer *Trutta Trutta* Linné.

le titre spécifique de *Salmo Carpio* à la Truite du lac de Garda,
rapproche sans discussion celle du lac Majeur du *S. Lemanus*.
De Siebold, dans une note sur les poissons de la Haute-Engadine [1], signale beaucoup de ressemblance entre les Truites stériles de nos lacs, au nord des Alpes, et la dite *Carpio* des lacs
lombards, au sud, et propose de désigner cette dernière sous le
titre de *Trutta lacustris, varietas Carpio*.

Le fait est que les caractères extérieurs attribués au *S. Carpio* du lac de Garda varient assez avec les auteurs qui en parlent, pour qu'il soit difficile de les fixer exactement et pour donner à présumer que ce lac lombard doit héberger aussi, dans
son espèce quelle qu'elle soit, les deux formes, féconde et stérile,
que nous reconnaissons en d'autres bassins. Günther décrit
une Truite non migratrice à nageoires immaculées; tandis que
de Betta parle d'un poisson qui va jusqu'à la mer et qui présente quelquefois, avec un dos très foncé, des nageoires pectorales, ventrales et caudale, du plus beau noir [2]. Heckel et Kner
basent surtout la distinction spécifique de leur *Fario Carpio*
sur le fait que le vomer porte 3 dents presque en triangle sur
le chevron et 13 en une série sur le corps de l'os, ainsi que sur
la grosseur des écailles du côté du ventre en avant.

N'ayant pas eu la Truite du lac de Garda entre les mains, je
ne puis apprécier l'importance du dernier prétendu caractère.
Cependant, ayant trouvé dans nos eaux du Tessin ainsi que
dans le lac de Poschiavo tributaire de l'Adige, des Truites
avec des écailles de proportions très différentes, souvent assez
grandes (parfois au nombre de 22 au-dessus de la ligne latérale,
et de 24 ou 22 seulement au-dessous jusqu'aux ventrales), je ne
saurais attribuer une bien grande valeur spécifique à un caractère aussi constamment variable chez les Truites de tous nos
lacs [3]. Quant à la position des dents du corps du vomer, j'en ai
dit assez plus haut pour ne plus m'y arrêter ici, et, si le nombre et l'arrangement des dents sur le chevron de cet os, selon

---

[1] Ueber die Fische des Ober-Engadins. Verhandl. der Schw. Naturf.
Gesell., 1863, p. 188.

[2] Materiali per una Fauna Veronese, p. 138.

[3] J'ai trouvé une fois 21 squames seulement entre la ligne latérale et
la ventrale, chez une petite Truite bleue de Neuchâtel.

les auteurs des Süsswasserfische, ne concordent pas avec ceux
que j'ai observés chez quelques Truites fécondes de Poschiavo,
de Lugano, de Côme et de l'Arno, peut-être cela tient-il à ce
que ces auteurs ont eu quelque individu stérile sous les yeux
(comparez Pl. III, les fig. 14, 15 et 19, 20 et 22).

Selon de Betta et Canestrini, le *Salmo* ou *Trutta Carpio*
frayerait entre novembre et janvier dans le lac de Garda ; tandis que, d'après les données plus récentes de Pavesi, en 1884[1],
la même Truite frayerait surtout en été, entre la fin de juin et
le commencement d'août, dans le même lac. Ce caractère biologique différentiel amène ce dernier auteur à distinguer deux
espèces dans les lacs lombards et tessinois : une Truite plus
répandue, frayant en hiver, qu'il rapproche, *a priori*, du
S. Lemanus de Cuvier, et une Truite d'habitat plus restreint,
frayant en été, qui serait le véritable *Carpione* (*S. Carpio*) du
lac de Garda. Les matériaux me manquent malheureusement
pour pouvoir apprécier la constance et l'importance au point
de vue spécifique de cette différence dans l'époque de frai, et
pour décider s'il s'agit peut-être ici de Truites temporairement
stériles, chez lesquelles le développement des ovaires s'est fait
à une époque anormale, comme cela se voit parfois, ou s'il ne
faut voir là que des pontes exceptionnellement hâtées par des
conditions ou circonstances particulières, ainsi que cela se rencontre quelquefois aussi chez nos Truites au nord des Alpes.
Renvoyant aux ichthyologistes italiens la discussion de cette
prétendue espèce du lac de Garda, hors nos frontières, je me
bornerai à signaler les quelques différences que me semble présenter, dès le bas âge, au sud des Alpes, notre Truite féconde
(*Salmo lacustris* A. *b.*), de même espèce dans nos lacs du nord
et dans ceux du Tessin au sud.

Les Truites qui voyagent dans les cours d'eau se déversant
dans l'Adriatique ou la Méditerranée présentent, comme celles
qui habitent nos divers bassins en relation avec la mer du Nord,
des formes et des livrées assez différentes, selon leur âge et
selon qu'elles ont vécu plus ou moins longtemps dans les eaux

---

[1] *Brani biologici di due celebrati pesci nostrali di acque dolci*, del
prof. P. Pavesi ; R. Istituto Lomb. 6 marzo, 1884.

courantes des fleuves et des rivières ou dans les eaux calmes des lacs. On voit, des deux côtés des Alpes, les mêmes transformations s'opérer avec le changement d'habitat, et cependant il semble que l'on puisse, au moins pour celles de nos lacs du sud, leur reconnaître un faciès un peu différent, et, sous leur forme propre aux ruisseaux et rivières, une livrée assez particulière.

Facies marmorata. Frappé des particularités de la livrée des Truites de ruisseaux dans les affluents de l'Adriatique, au sud des Alpes, de Siebold, en 1863 [1], a distingué celles-ci sous le nom de *Trutta Fario, varietas marmorata*; sans se douter, partisan qu'il était de la distinction spécifique entre *Trutta Fario* et *T. lacustris*, que son *Fario var. marmorata* devenait, dans les lacs tessinois et lombards, notre *Salmo lacustris* A, b, fécond, *var. meridionalis*. Bien que Cuvier ait attribué son *Salmo marmoratus* plus spécialement aux *lacs* de Lombardie [2], il est impossible de ne pas rapprocher de suite ces deux noms et ces deux poissons de même origine.

Voici, brièvement, les principales différences que m'ont paru présenter, vis-à-vis de la majorité de nos Truites A, b (var. *septrionalis* ou *Rhenana*), celles, fécondes aussi, que j'ai eu l'occasion d'étudier, provenant, comme je l'ai déjà dit, de la Poschiavine et du lac de Poschiavo, tributaires de l'Adige [3], ainsi que du ruisseau Soveglia, des lacs de Lugano et de Côme, et de l'Arno, tributaires du Pô.

Tête longue et forte, vis-à-vis du poisson sans la caudale, souvent comme 1 : 3,60—4 chez des adultes de taille moyenne; museau grand et obtus; maxillaire fort et très élargi dans sa partie postérieure; écailles assez fortes; manteau sombre et tout marqué de taches confluentes serrées ou de larges marbru-

---

[1] Ueber die Fische des Ober-Engadins; Verhl. Schw. Nat. Gesell. 1863, p. 187.

[2] Règne animal, II, p. 304.

[3] La Truite du *lac Blanc*, sur le col de la Bernina, à 2216 mètres, n'est pas de même forme, malgré la supposition de Siebold (l. c.). Elle est très pâle et non marbrée, et doit avoir été apportée de l'Inn dans ce petit bassin; car bien que ce lac se déverse du côté du sud, la Truite de Poschiavo n'y peut pas remonter, à cause des chutes trop répétées de la Poschiavine.

res brunes distribuées jusque sur le bas des flancs et sur les côtés de la tête, chez les individus vivant en eau courante, plus pâle, plus argenté, et beaucoup moins taché chez les sujets des lacs. Le vomer présente aussi ici des formes un peu différentes : sa tête triangulaire est large, mais peu allongée et comme surbaissée, le plus souvent avec 5 dents (ou au moins les traces de cinq dents) en travers de sa base ; le corps de l'os, relativement peu étranglé au col, porte des dents en majorité sur un rang ou alternantes, bien que les premières soient assez souvent, comme chez la Truite du Léman, plus ou moins sur deux rangs en avant (voy. Pl. III, fig. 14 et 15).

J'ai dit, plus haut, que j'avais vu en France des Truites de la Loue, tributaire du Rhône et de la Méditerranée, présentant la même forte tête et la même livrée très marbrée que celles du Tessin et de l'Arno [1] ; et nous venons de voir que, sur bien des points, la Truite du Léman offre certaines analogies avec celles de nos lacs au sud des Alpes. Peut-être la livrée marbrée n'est-elle pas le propre exclusif des tributaires de l'Adriatique.

4° *Var. excelsa.*

Les Truites qui habitent les petits bassins élevés de la Haute-Engadine, aux sources de l'Inn tributaire du Danube et de la mer Noire, ne sont encore, petites et grandes, malgré leurs aspects un peu différents en diverses conditions, que des représentants de notre espèce unique. Là encore, on retrouve la prétendue petite espèce, dite *Fario* ou *Ausonii*, avec ses points rouges, dans l'Inn, les ruisseaux et les petits lacs alpins, ainsi que la grande forme plus argentée et moins tachetée, dans les lacs, relativement grands pour le niveau, de Sils, Silvaplana, Campfer et Saint-Moritz, à près de 1800 mètres au-dessus de la mer.

Les circonstances exceptionnelles dans lesquelles se trouve la Truite dans la Haute-Engadine offrent, au point de vue de la

---

[1] Je n'ai malheureusement pas pu examiner à fond les dites Truites marbrées de la Loue, en France, et n'ai, en particulier, pas pu étudier les formes et la dentition de leur vomer.

question d'espèce un intérêt tout particulier dont Siebold a
méconnu la portée, par le fait de la distinction qu'il persistait à
faire entre les *Trutta Fario* et *Trutta lacustris*.

Arrivée par l'Inn, peut-être en partie apportée du sud [1], la
Truite a dû subir dans ces lacs élevés les mêmes transformations que le changement de conditions lui inflige en d'autres
lacs plus grands, relativement inférieurs. Rencontrant à ce
niveau des eaux assez vastes, calmes et encore assez riches, elle
y a acquis peu à peu, avec les modifications de forme et de
livrée qui caractérisent la Truite des lacs, une taille plus
grande qui, toujours plus, l'a confinée dans ces bassins, en lui
interdisant l'accès des ruisseaux voisins, trop petits ou trop
accidentés, et en la transformant de plus en plus.

Parvenue à une certaine taille, elle ne s'écarte guère des lacs
et se borne, pour frayer, à venir, en octobre, soit dans les parties de l'Inn qui réunissent ceux-ci, soit aux embouchures de
cette rivière, à la *Buocha Sela* par exemple, au sortir du lac
Campfer. Seuls, les jeunes issus de ces grosses mères viennent
se mélanger dans l'Inn avec les Truites piquées de rouge et
plus petites qui, nées dans les ruisseaux, sont moins sédentaires
et voyagent d'affluents en affluents, en remontant les vallées
latérales.

La tête de la grosse Truite du lac de Sils présentée par le
Dr G. Brügger à la réunion de la Société helvétique des sciences naturelles, à Samaden en 1863, m'a paru alors, comme à de
Siebold, appartenir à une Truite, mâle à crochet, très semblable
à celle de beaucoup de nos lacs. L'espèce pèserait dans les lacs
de la Haute-Engadine jusqu'à 25 à 30 livres [2]; il en a même été
pris au filet, le 19 août 1888, dans le lac de Sils, un individu de
16 kilogr., qui passe pour exceptionnel, avec une longueur de un
mètre et une circonférence de 60 centimètres [3]. Des individus de

---

[1] Si du moins on peut attacher une certaine importance aux proportions relativement grandes de la tête et aux formes du vomer (voy.
Pl. III, fig. 14, 15 et 16).

[2] Il doit y avoir de l'exagération dans la donnée de Bansi, qui, en 1808
(Alpina, III, 101), signale une Truite de 45 livres prise dans les lacs de
la Haute-Engadine.

[3] Selon avis aimablement fourni par M. Coaz, inspecteur fédéral des
eaux et forêts.

taille moyenne présenteraient encore quelquefois, selon Brügger, de très petites taches rouges mêlées aux macules noires de
leurs flancs, sur fond argenté.

Je n'ai malheureusement pas pu me procurer de très grands
sujets de la Haute-Engadine ; mais j'ai examiné bon nombre de
plus petits individus de même provenance, capturés dans l'Inn
aux abords immédiats des lacs, qui, se distinguant à première
vue des autres petites Truites de la rivière, à flancs plus ou
moins cuivrés et à points rouges, sont pour moi les descendants
directs des grandes mères des lacs mélangés avec ceux nés de
mères plus petites de la rivière ou des ruisseaux.

Comme d'autres, les pêcheurs engadinois veulent distinguer,
sous le nom de *Litschivas,* une espèce plus petite de ruisseaux,
d'une espèce plus grande des lacs nommée *Scarun* et dont ils ne
prendraient jamais des jeunes, parce que ceux-ci se tiendraient
dans les grandes profondeurs. Embarrassé par l'idée des deux
espèces qu'il partageait aussi, de Siebold (loc. cit. p. 184) a dû
supposer la formation de bâtards entre petites Truites à flancs
cuivrés et points rouges et grosses Truites à flancs argentés et
taches noires, pour expliquer la présence dans l'Inn des petits
individus à taches noires ou bleues, dits *Schild,* qui ne sont pour
moi, je le répète, que les jeunes censés introuvables de la grosse
Truite des lacs, forcée de frayer plus ou moins dans des conditions anormales.

Les individus du dit *Schild* ou *Schille* que j'ai étudiés, avec
une taille variant de 0ᵐ,185 à 0ᵐ,220, présentaient en même
temps plusieurs caractères propres au jeune âge et quelques
particularités locales, dont quelques-unes se retrouvent plus ou
moins ailleurs chez des Truites d'un habitat élevé. Ils avaient :
des formes assez élancées ; la tête forte (vis-à-vis du poisson
sans la caudale, comme 1 : 3,65—3,75) ; la dorsale plutôt
étroite ; les pectorales assez longues ; la caudale bien échancrée ;
les écailles relativement petites ; les faces dorsales d'un ardoisé
bronzé et les flancs argentés légèrement grisâtres, avec quelques
taches éparses, arrondies, noires ou bleues, sur les côtés de la
tête et du corps, en dessus et en dessous de la ligne latérale ;
les nageoires inférieures étant jaunâtres, plus ou moins mâchurées et la dorsale maculée. Le préopercule, parfois un peu

anguleux, avait un bord inférieur plus ou moins allongé. Les dents, pas très nombreuses, étaient relativement fortes ; les postérieures sur le maxillaire supérieur souvent au moins aussi grandes que les antérieures. Le vomer présentait une tête triangulaire surbaissée, rappelant assez celle de cet os chez notre var. méridionale, avec 4 dents transversales, en cas de dentition complète, parfois deux seulement au milieu ; le corps de l'os, assez allongé, portait des dents plus ou moins sur un rang, en quinconce ou sur deux rangs (voy. Pl. III, fig. 16).

Selon Bansi (l. c.), ces Truites à taches bleues seraient moins prolifiques et moins recherchées que celles à taches rouges.

B. Forma sterilis, lacustris.

Nous avons dit que certaines Truites, par suite de diverses circonstances, peuvent être plus ou moins retardées dans le développement de leurs organes génitaux et, dans différentes conditions, demeurer plus ou moins longtemps stériles ou infécondes dans les deux sexes. Il arrive aussi que des individus qui ont déjà frayé, resteront un ou deux ans sans concourir à la reproduction de l'espèce. Les premières, avec une stérilité prolongée, acquerront un facies particulier de plus en plus accusé ; les seconds se distingueront moins facilement au premier abord des Truites fécondes ordinaires.

La Truite stérile dite *Schwebforelle, Silberforelle, Blauforelle,* (parfois *Maiforelle*), *Salar lacustris* (Heckel et Kner), *Salmo lacustris* (Günther), *Trutta lacustris, b* (de Siebold), n'est pas propre seulement au lac de Constance et à quelques lacs d'Autriche ; je l'ai trouvée aussi en quantités différentes dans la plupart de nos grands lacs, dans ceux de Thoune, des Quatre-Cantons, de Neuchâtel et de Zurich, par exemple. Elle paraît exister aussi en petite quantité, depuis quelques années, dans le Léman, comme je l'expliquerai plus loin, et on me la signale jusque dans les lacs du Tessin. Partout elle présente à peu près le même facies, ainsi que les mêmes allures et les mêmes caractères différentiels plus ou moins accusés.

La plupart des pêcheurs assurent qu'elle ne quitte pas, comme les autres, les lacs au moment du frai et déclarent n'avoir jamais trouvé en elle d'œufs bien développés; corroborant ainsi l'opinion de Siebold qui, le premier, l'a réunie, comme forme stérile, à la Truite ordinaire des lacs de l'Europe moyenne.

L'examen que j'ai fait des organes générateurs de semblables Truites de diverses provenances, à différents âges et à différentes époques, m'amène à confirmer aussi l'opinion de Siebold, avec quelques réserves, eu égard à la cause et à la durée de la stérilité qui modifie d'autant plus l'individu qu'elle le frappe plus jeune et qu'elle persiste davantage.

Dans ses formes extrêmes, après quelques années de stérilité, la Truite argentée *Schwebforelle, Trutta* ou *Salmo lacustris* B, rappelle au premier abord presque autant le Saumon que la Truite ordinaire. (Voir les excellentes figures d'Agassiz [1] et de Rapp [2].)

Ses formes générales sont plus élancées; sa tête est plus conique, avec un museau plus acuminé; son pédicule caudal, entre le dernier rayon de l'anale et le premier de la caudale, est plus allongé; ses nageoires paires sont volontiers plus étroites ou plus acuminées, sa caudale demeure plus longtemps échancrée; ses écailles, moins noyées dans la peau et moins recouvertes de mucus à l'époque du frai, sont aussi plus caduques et plus apparentes. Les mâles ne présentent pas le crochet mandibulaire qui distingue, en temps de frai ordinaire, les individus féconds. Sa livrée est généralement d'un vert-bleu, bleue ou d'un gris bleuâtre sur le dos, ses flancs sont très brillamment argentés avec quelques rares taches noires ou noirâtres, principalement au-dessus de la ligne latérale; ses nageoires inférieures sont volontiers blanches ou peu mâchurées; sa chair est rose ou saumonée. Bien que la bouche paraisse parfois plus fendue, je ne crois pas qu'il y ait là rien de bien fixe; je n'ai également pas trouvé de différences bien constantes ni dans les formes des pièces operculaires parfois dissemblables sur les deux côtés de la tête, ni dans le nombre des vertèbres et des appendices pyloriques. J'ai par contre remarqué de fréquentes irrégularités dans la

[1] Hist. Nat. des Poissons d'eau douce de l'Europe centrale, 1839, Pl. XIV et XV.

[2] Fische des Bodensees, 1854, Pl. III.

distribution des tubules sur les écailles de la ligne latérale qui semblent trahir un état anormal : l'intercalation fréquente d'écailles non tubulées entre les autres pourvues d'un tubule peu renflé, parfois comme déprimé.

J'ai trouvé aussi ordinairement des formes plus pincées de l'os vomer en avant, correspondant à la forme plus conique et acuminée du museau. La tête du vomer, en se rétrécissant de plus en plus dans le bas, réduit peu à peu à 3 ou à 2 les dents antérieures qu'elle refoule vers le col de l'os. Les autres dents vomériennes peuvent être avec cela, comme chez les Truites fécondes, plus ou moins sur un ou sur deux rangs, ou alternantes, si bien que les dispositions de celles-ci, invoquées par Heckel et Kner pour distinguer leurs *Salar Schiffermülleri, S. lacustris* et *Fario Marsiglii,* n'ont de fait aucune fixité, ni aucune importance spécifique (voy. Pl. III, fig. 18 à 23).

Le *Salar Schiffermülleri* de Cuv. et Val. et de Heckel et Kner, avec des formes un peu moins élancées que notre *Schwebforelle,* une tête un peu moins acuminée et une livrée un peu plus marquée de taches sur les flancs, ne serait également, selon de Siebold, qui, dans ses *Süsswasserfische,* a très bien étudié la question, qu'une forme stérile de la Truite ordinaire (*Fario Marsiglii*) dans les lacs autrichiens. J'ai rencontré, quant à moi, dans nos lacs des individus rappelant tout à fait la description de ces auteurs, et un individu, type de Valenciennes que j'ai eu l'occasion d'examiner au Museum de Paris, m'a paru très semblable à beaucoup de nos Truites suisses. Peut-être les moindres divergences dans les formes et la livrée sont-elles ici dues à une *stérilité* moins prolongée ou seulement *temporaire.*

La Truite vraiment stérile paraît, dans plusieurs de nos lacs, atteindre généralement à une taille ainsi qu'à un poids notablement moindres que la Truite féconde. Elle atteindrait, selon les pêcheurs, un poids maximum de 2 ¹/₂ à 3 kilog. dans le lac de Brienz, de 4—5 kilog. dans ceux de Thoune, des Quatre-Cantons et de Zurich, de 5 et 8 kilog. dans celui de Constance ; voire même parfois 25 à 30 livres dans ce dernier, selon Rapp et Heckel et Kner, dépassant alors par exception la taille de la Truite féconde, par contre, plus petite [1]. Les individus stériles

---

[1] Georg Laübli, maître pêcheur à Ermattingen (*Statistische und tech-*

de différents lacs que j'ai examinés variaient entre 0^m,30 et
0^m,74 de longueur totale, avec un poids de 245 grammes à
3 kilog. 300 grammes; le plus grand provenait du lac de Zurich.

La proportion des Truites infécondes varie beaucoup avec les
circonstances et les conditions d'habitat. La récolte des Truites
pour la pisciculture a démontré que beaucoup des individus qui
sont pris dans les rivières en temps de frai, sont temporairement inféconds ou inutiles pour la reproduction, sans présenter
pour cela le facies et la chair rouge (saumonée) de la véritable
Truite stérile, de la *Schwebforelle* qui a grandi dans les lacs et
s'est modifiée peu à peu sous l'influence de son infécondité persistante. Le Dr G. Asper de Zurich m'écrivait qu'il avait compté
parfois jusqu'à 70 % d'individus temporairement impropres à
la reproduction parmi les Truites taxées par lui de *T. Fario*,
qu'on lui apportait de la Limmat pour la pisciculture; tandis
qu'il ne croyait pas pouvoir évaluer à plus de 5 % le nombre
des Truites argentées vraiment stériles existant dans le lac de
Zurich. Je crois que la proportion des Truites temporairement
infécondes est bien loin d'être aussi forte dans d'autres cours
d'eau du pays, dans le Rhône suisse par exemple; par contre,
celle des sujets véritablement stériles, modifiés par un habitat
constant dans les eaux tranquilles, paraît devoir être bien plus
grande dans le lac de Constance, puisque Kollbrunner[1] va jusqu'à dire que la *Schwebforelle* est plus abondante dans l'Untersee que la *Grundforelle* ordinaire.

La stérilité temporaire proviendrait selon Barfurth, avons-
nous dit, du fait que les produits des organes générateurs n'ont
pas pu être émis ou expulsés. Si pareil accident, faute d'une
résorption assez rapide, se reproduit au delà de une ou deux
saisons, une stérilité durable peut en résulter; et la Truite qui,

nische Darstellung der Fischerei im Bodensee und Untersee, in : Internationale Fischerei-Austellung in Berlin, 1880; Schweiz, p. 78, attribue aussi un poids maximum de 15 kilos à la *Schwebforelle* stérile
du lac de Constance, et de 10 kilos à la *Grundforelle* féconde. N'ayant
pas pu me procurer des Schwebforelle de ce lac avec un poids pareil, il
m'a été impossible de décider si cette donnée de taille exceptionnelle
est indubitable ou si elle repose peut-être sur quelque confusion.

[1] Thurganische Fischfauna, 1879, p. 65.

dans ce dernier état, est revenue au lac, ne remonte plus dans les ruisseaux.

J'ai examiné à ce point de vue des *Truites argentées* ou *Schwebforelle*, des deux sexes, capturées en novembre, décembre et janvier dans les lacs de Constance, de Zurich, de Neuchâtel et du Léman qui toutes, avec une chair rose et saumonée, présentaient des organes reproducteurs pas, peu ou mal développés : des testicules très courts et étroits, parfois presque filiformes et à peine perceptibles, ou des ovaires tantôt très petits, de 2 ou 3 centimètres, renfermant des œufs dont les plus gros atteignaient au plus un millimètre d'épaisseur, tantôt passablement plus grands, avec des œufs distribués par feuillets, en décembre de 1 à 2^{mm} de diamètre seulement.

Une *Schwebforelle* femelle, parfaitement caractérisée, du poids de 3 kilog. 300 grammes et d'une longueur de 0^m,74, prise dans le lac de Zurich, le 9 juin 1886, était tout particulièrement intéressante : son ovaire gauche, large de 0^m,030 en avant et effilé en arrière, mesurait 0^m,128 de longueur ; le droit, plus allongé, mais d'épaisseur plus constante, 0^m,020, avait une longueur de 0^m,166. La membrane enveloppante, formant diverses cloisons séparatrices, était passablement sanguine ; les œufs, de grosseurs très différentes et inégalement répartis, étaient, les uns d'un jaunâtre parfaitement transparent, les autres d'un blanc opaque ; beaucoup, parmi les plus gros surtout, mesurant jusqu'à 0^m,0032 de diamètre, présentaient une tache noire très apparente. Évidemment la plupart de ces germes opaques ou tachés étaient frappés de mort et l'ovaire était alors, non pas en voie de développement, mais bien en activité de résorption. Cette femelle n'avait pas pu frayer en hiver 1885-86, ni probablement auparavant, et il n'était guère possible que le renouvellement fut assez rapide pour permettre une ponte en hiver 1886-87.

Il est difficile d'établir les causes qui, nuisant au développement des organes de la génération, amènent, chez la Truite comme chez le Saumon, une stérilité plus ou moins durable, parfois même une atrophie plus ou moins complète des testicules ou des ovaires chez la première. Doit-on supposer que les conditions de milieu, dans différents bassins, sont plus ou moins favorables au développement des organes sexuels, ou faut-il attribuer la chose au fait de quelque bâtardise ou de quelque dégénérescence, ou bien encore serait-ce peut-être, selon l'hypothèse de Lunel [1], le résultat d'un hermaphroditisme plus ou moins complet. N'ayant rien observé jusqu'ici qui puisse appuyer l'idée de ce dernier auteur, je me bornerai à exposer brièvement les remarques qui tour à tour militent en faveur de l'une ou de l'autre des deux premières explications ci-dessus.

Les deux poissons qui, remontant de l'océan ou de la mer dans les eaux douces, peuvent être accusés de dégénérescence par le fait de séquestration, sont le Saumon (*Salmo Salar*), qui arrive tous les ans dans nos lacs et rivières, et la Truite de mer (*S. Trutta*), qui a pu probablement y parvenir aussi autrefois. Peut-être se pourrait-il que, dans certains cas, l'une ou l'autre de ces espèces, privée du retour à la mer, ait été plus ou moins frappée de stérilité; cependant, cette raison qui pourrait avoir quelque valeur pour certains de nos lacs actuellement isolés par un accident dans le cours du fleuve qui les a traversés, n'en aurait aucune pour plusieurs autres en large communication avec l'Océan, et qui comptent pourtant bien des Truites argentées ou stériles. S'il s'agissait de croisement ou bâtardise réduisant la proportion des individus féconds, le Saumon devrait être bien plutôt accusé que la Truite de mer, car notre forme stérile, *Schwebforelle,* ressemble extérieurement bien plus au premier qu'à la seconde, comme le montrera la brève description que je donne plus loin du *S. Trutta*.

Il est bien possible qu'il s'opère assez souvent des croisements fortuits entre Truites et Saumons dans plusieurs de nos cours d'eau dépendant du Rhin, comme plus bas entre Truites de mer et Saumons; cela pourrait expliquer l'infécondité d'une certaine proportion d'individus dans nos bassins dépendant de ce fleuve au-dessous de la chute; mais cela ne peut être la seule raison, car pourquoi la *Schwebforelle* serait-elle alors tout particulièrement abondante dans le lac de Constance, où le Saumon ne peut arriver à cause de la chute du Rhin à Schaff-

---

[1] Poissons du bassin du Léman, p. 158; d'après le dire d'une poissonnière qui aurait vu des Truites à la fois laitées et ovées.

house. Serait-il possible que la stérilité de beaucoup de Truites
dans ce bassin, aujourd'hui fermé, soit due à la descendance
de nombreux Saumons autrefois emprisonnés par un brusque
accident sur le parcours du fleuve; ou bien faut-il supposer plutôt qu'il y ait dans les conditions d'habitat des tributaires du
lac de Constance des éléments particuliers d'infécondité. La
présence de formes stériles dans plusieurs lacs en relation avec
des fleuves et des mers où le Saumon (*Salmo Salar*) fait complètement défaut, comme en Autriche, dans le Tessin, au sud
des Alpes, et dans le nord de l'Italie, doit écarter, semble-t-il,
au moins dans ces cas, l'explication par bâtardise. Si c'est aux
circonstances locales qu'il faut attribuer la prédominance de la
Schwebforelle dans le lac de Constance, ce doit être à des conditions spéciales de frai ou d'alimentation, ou à la nature des
eaux; car, si c'était au simple fait de la réclusion, le même cas
devrait se présenter aussi dans le Léman, où la Truite argentée
est, au contraire, relativement rare.

Peut-être les deux raisons supposées peuvent-elles tour à
tour concourir au retard du développement des organes sexuels
dans des conditions différentes.

D'un côté : les formes plus élancées et acuminées de la
Truite argentée, la déformation fréquente de la tête de son os
vomer et le déplacement des dents qui en est la conséquence,
sa livrée même et la coloration généralement rougeâtre de sa
chair semblent rapprocher passablement cette forme du Saumon, dans nos eaux dépendant du Rhin, et amener jusqu'à un
certain point à l'idée d'une influence de bâtardise corroborée
par la constatation du fait que les bâtards obtenus de ce dernier avec la Truite perdent d'ordinaire aussi leur instinct migrateur. De l'autre, il faut bien reconnaître : soit que les dents du
corps du vomer ne participent pas de la caducité précoce qui
caractérise celles de cet os chez le Saumon, soit que les bâtards
fabriqués croissent volontiers plus rapidement, tandis que la
Truite stérile semble se développer, au contraire, plus lentement, et que la couleur saumonée analogue de la chair peut
provenir quelquefois simplement de la prédominance de certains
éléments dans l'alimentation.

Il m'a paru que la proportion des Truites à chair rose dans

un cours d'eau est souvent en relation avec l'abondance des petits crustacés vivant dans celui-ci, des Crevettes (*Gammarus*), en particulier. L'observation faite au château de Kothberg et que rapporte Jurine (l. c. p. 165), de Truites qui étaient saumonées ou à chair blanche, selon que le fossé où elles vivaient était abondamment garni de plantes aquatiques ou au contraire fraîchement desséché et curé, me semble militer au moins autant en faveur de la question d'alimentation que dans le sens de l'explication proposée par cet auteur, d'une pauvreté d'oxygène dans l'eau. Le curage du fossé devait, en effet, priver ses habitants d'une quantité de ces petits crustacés qui fourmillent d'ordinaire dans la vase et dans le voisinage des végétaux aquatiques.

Le fait que j'ai rencontré dans le Léman quelques *Truites bleues stériles* rappelant beaucoup celles d'autres lacs, alors que Jurine, en 1825, ne semble pas avoir eu même connaissance de cette forme dans les mêmes eaux tributaires de la Méditerranée, pourrait être invoqué en faveur ou d'une dégénérescence du Saumon importé, ou de l'idée de croisement; surtout si l'on considère que c'est depuis que le Saumon du Rhin a été introduit un peu en grand dans le Léman, depuis 1852, qu'on y a peu à peu reconnu, je ne dis pas ce qu'on appelle vulgairement la Truite saumonée, mais bien la Truite bleue ou argentée et inféconde que bien des pêcheurs de ce lac ne connaissent encore qu'imparfaitement [1].

Il est évident que les divers arguments ci-dessus exposés pour expliquer tour à tour la stérilité par le fait de croisements ou par des circonstances d'habitat particulières ne suffisent pas à éclaircir la question en toutes conditions. Force est donc de supposer *une cause de retard ou d'infécondité dans l'origine ou l'essence même de l'espèce*, à part peut-être quelques cas attribuables à des croisements, dans des conditions particulières.

---

[1] M. Lugrin, pisciculteur à Grémaz (Ain), près Genève, et marchand de poissons du lac, m'a assuré que l'on avait pris dans le Léman, principalement à la *traîne*, entre le 1er janvier et le 25 février 1884, près de 50 kilog. de Truites argentées stériles. Il croit que cette Truite devait exister déjà dans le lac avant les dernières importations du Saumon, mais en beaucoup moins grand nombre que maintenant.

Il paraît avéré que les Truites de mer, ainsi que les Saumons, ne quittent pas toutes tous les ans l'eau salée pour venir frayer en eau courante, et que ces poissons restent parfois un an ou deux sans concourir à la reproduction de leur espèce; il n'y aurait donc rien d'étonnant à ce que pareilles irrégularités se retrouvassent chez les Truites d'eau douce, exagérées même dans certaines conditions locales, et puissent expliquer, par analogie, l'infécondité temporaire de beaucoup de ces dernières, qu'elles descendent de la Truite de mer, ce qui est bien possible, ou qu'elles appartiennent à une espèce originairement distincte. Cependant, semblables abstentions momentanées ne suffisent pas à motiver les différences de structure que nous avons signalées, dans le vomer en particulier, chez certaines Truites argentées demeurées stériles depuis quelques années, et il est difficile d'admettre que ces modifications assez profondes disparaissent complètement sous l'influence d'un retour plus ou moins tardif à la fécondité, encore moins que ces différences paraissent et disparaissent annuellement chez le même individu, selon qu'il est capable ou non de reproduction.

Il faut donc distinguer entre *Truites temporairement infécondes et Truites stériles de naissance,* et admettre que les transformations morphologiques qui accompagnent la stérilité, alors que celle-ci frappe l'individu avant l'âge de fécondité et persiste plusieurs années durant sa croissance, résultent le plus souvent *d'un défaut, accidentel ou héréditaire,* des transformations diverses qui, dans les formes de différentes parties de la tête et du corps, accompagnent d'ordinaire dans les deux sexes le développement des organes de la génération.

J'ai dit plus haut, à l'article *S. Salar,* que l'on prend depuis quelques années dans le Léman des Saumons plus ou moins modifiés par l'habitat constant en eau douce. Les Truites maintenant en question, bien qu'avec certaine ressemblance extérieure, s'en distinguent cependant à divers égards, comme on peut le voir en comparant les descriptions des uns et des autres. Voyez, en particulier, quant aux vomers : Pl. III, fig. 17, le vomer d'une jeune Truite bleue inféconde du Léman; fig. 10, celui d'une jeune Truite féconde de même taille, du Rhône; fig. 5 et 6, les vomers de deux Saumons du Rhin modifiés par leur développement dans le bassin fermé du Léman. — Voyez aussi Pl. III, les vomers comparés du Saumon du Rhin, fig. 1 à 4 ; de la Truite stérile de différents lacs, fig. 17 à 23, et de diverses Truites fécondes, fig. 8 à 16. — Sans attacher une valeur spécifique aux différences que peuvent présenter tous ces vomers, j'ai cru intéressant d'en figurer quelques-uns, pour montrer leur variabilité en différentes conditions.

. Les auteurs qui ont traité des Truites suisses ont tous, à l'exception de Jurine, de Pavesi et de Lunel, distingué spécifiquement la Truite de ruisseaux (*Bachforelle*) de celle des lacs (*Seeforelle*). Ceux qui ont parlé de la Truite argentée (*Schweb-forelle* du lac de Constance ont tous fait plus ou moins, jusqu'à Rapp, en 1854, des confusions entre formes stériles et fécondes : Hartmann, en 1827, considérait la *Seeforelle* ou *Schwebförne* comme une variété de la *Grundforelle* ordinaire ; il savait qu'elle ne s'engage pas comme cette dernière dans les rivières en temps de frai, mais il croyait qu'elle devait frayer de mi-novembre à mi-décembre dans les profondeurs du lac. Nenning, en 1834, avec les mêmes données au sujet des allures en temps de frai, distingue spécifiquement les deux formes ; seulement il nomme *Salmo Trutta* la Schwebforelle et *Salmo lacustris* la Grundforelle ordinaire. Schinz, en 1837, distingue aussi deux espèces à côté de la Flussforelle (*Salmo Fario*), une Truite *Salmo Trutta*, qui pèserait jusqu'à 40 livres, qui habite tous nos lacs et irait jusqu'à la mer, et un Saumon argenté *Salmo lacustris*, qui vit dans le lac de Constance et le Rhin supérieur ; mais il embrouille de nouveau la question, en confondant le Saumon argenté avec la *Rheinlanke* qui s'engage pour frayer dans le Rhin et dont il dit que le mâle en rut porte un crochet mandibulaire. Agassiz, en 1839, figure les deux formes, comme spécifiquement différentes, sous les noms de *S. lacustris*, pour la forme argentée du lac de Constance, et de *S. Trutta*, pour la forme ordinaire des autres lacs. *Rapp*, en 1854, avec de bonnes figures des deux formes de la Truite dans le lac de Constance, donne le premier de bonnes descriptions comparées de ces deux poissons, qu'il distingue spécifiquement sous les noms de *Fario lacustris* et *Fario Trutta*. Nous avons vu que Heckel et Kner, en 1858, ont conservé la distinction spécifique de Rapp, et que c'est de Siebold qui a enfin, en 1863, attiré l'attention sur la stérilité de la forme argentée, *Salmo* ou *Trutta lacustris*, dont je viens d'indiquer les caractères.

Variations exceptionnelles ou accidentelles.

On trouve assez souvent des Truites, tantôt de forme étroite et très allongée, tantôt, au contraire, très courtes et élevées; les premières, qui reçoivent volontiers le nom de *Schlankforellen*, en allemand, de *Fourreaux*, en français, ne sont, la plupart du temps, que des sujets exceptionnellement maigres ou qui viennent de subir, durant le temps de frai, un jeûne trop prolongé; j'ai vu quelques individus des secondes rappelant un peu la forme ventrue du vieux *S. Umbla*, dans le Léman, un sujet même avec une caudale largement convexe, comme parfois chez celui-ci. J'ai rencontré aussi, particulièrement chez des Truites emprisonnées dans de petits lacs élevés et pauvres en éléments nutritifs, des individus présentant une tête exceptionnellement grande, avec un corps très mince en arrière. On prend aussi de temps à autre, principalement dans les ruisseaux, des Truites contrefaites, plus ou moins tordues ou bossues [1]. Enfin, on connaît encore des *Truites à tête de Mops* singulièrement déformées. J'en ai vu, entre autres, une qui, avec un museau très rond et très court, portait une mâchoire inférieure dépassant la supérieure d'une quantité égale à l'espace préorbitaire. Ses dents supérieures antérieures étaient très fortes; son vomer, écrasé, portait 2 grosses dents en avant et 8 en quinconce en arrière. Elle avait, malgré cette forme malheureuse de la gueule, atteint déjà le poids de 8 livres et n'était pas exceptionnellement maigre.

Bien que la Truite de mer, *Meerforelle* (*Salmo Trutta*, Linné), qui des mers du Nord remonte pour frayer, comme le Saumon, dans les fleuves et rivières, soit censée ne pas arriver de nos jours jusqu'à nous, je ne suis pas éloigné de croire qu'elle a dû être autrefois, alors que les communications étaient plus larges

---

[1] Je ne parle pas ici des nombreuses difformités que la fécondation artificielle semble multiplier chez les embryons et les jeunes alevins de notre Truite.

et plus faciles, *la souche des diverses Truites d'eau douce qui habitent actuellement nos lacs et nos cours d'eau.* Très différente du Saumon à tous égards, elle se rapproche par contre beaucoup de notre Truite, forme féconde, soit adulte, soit dans le jeune âge. Les descriptions souvent contradictoires qu'en donnent les auteurs ne permettent pas de lui trouver, malgré la différence d'habitat, des caractères spécifiques de bien grande valeur. Les quelques individus que j'ai reçus de divers côtés, sous le nom de *Lachsforelle*, à part quelques légères différences : dents vomériennes moins persistantes, préopercule volontiers un peu plus anguleux, nageoires souvent un peu moins développées, ne m'ont pas paru, dans leurs formes diverses, s'éloigner beaucoup de nos Truites suisses.

De Siebold (Süsswasserfische) signale chez elle une forme stérile, comme chez ces dernières ; et Günther (Catal. VI) parle de bâtards entre elle et la Truite de rivière (*S. Fario Gaimardi*). Malmgren (Krit. Uebersicht über die Fisch-Fauna Finnlands [1]) émet l'opinion que *Balchforelle* et *Landseeforelle* ne sont que des variétés de la *Meerforelle*. Mela (Vert. Fennica, 1882, p. 341), range, *à priori,* sous le même nom de *Salmo eriox* (Linné), le *Salmo Trutta* L., ainsi que les *Trutta Trutta, T. lacustris* et *T. Fario* de Siebold.

Des mers du Nord et Baltique, la Truite de mer s'engage plus ou moins avant, pour frayer, dans les cours d'eau de Russie, d'Allemagne, de Suède, de Norvège et d'Angleterre ; la grande ressemblance qu'offre avec elle le *Fario argenteus* de Cuvier remontant dans le bassin de la Loire, ferait même supposer que son aire géographique s'étend, dans l'océan, bien au delà de ce qu'on suppose généralement. Selon quelques ichthyologistes [2], elle arriverait jusque dans la Moselle et le Main, tributaires du Rhin, sans cependant avoir été reconnue plus près de nous dans les eaux de ce fleuve. Il est vrai que quelques

---

[1] Deutsch, von Frisch, in Archiv für Naturgeschichte, 1864, p. 334.

[2] Selon *Schaefer* (Moselfauna, 1844), la Truite de mer se prendrait assez souvent dans la Moselle, près Trier ; tandis que, selon *Holandre* (Faune de la Moselle, 1841), elle serait déjà rare près de Metz. *De Siebold* (Süsswasserfische) la dit rare dans le Main.

pêcheurs m'ont parlé, sous le même nom de *Lachsforelle*, de Truites d'un facies particulier qu'ils auraient remarquées parfois remontant nos plus grandes rivières, l'Aar particulièrement; mais je n'ai, moi-même, jamais vu la Truite de mer dans le pays autrement que sur les marchés, venant du nord, et je doute fort que ce soit d'elle qu'il s'agisse dans le cas. Si elle reste aujourd'hui pareillement en arrière du Saumon qui, tous les ans, revient à nous et s'engage même jusque dans bien des petits cours d'eau accidentés, ce n'est cependant pas, à mes yeux, une raison pour qu'elle n'ait pas été plus entreprenante autrefois, dans des conditions plus faciles, et pour que l'on voie là un motif de séparer spécifiquement deux poissons qui présentent des analogies aussi frappantes. (Voyez plus loin une brève description de la dite Truite de mer (*Trutta Trutta* L.) et quelques-unes de ses variétés.)

La Truite des lacs, des rivières et des ruisseaux habite sous diverses formes les eaux douces de l'Europe, depuis l'Italie, l'Espagne et le Portugal, au sud, jusqu'en Laponie, au nord. On la trouve : en Suisse, en France, en Belgique, en Hollande, en Allemagne, en Danemark, en Autriche, en Russie, en Finlande, en Angleterre, en Suède et en Norvège; même, en dehors du continent, en Algérie et en Asie-Mineure, si, comme je le crois, le *S. macrostigma* de Duméril n'est qu'une variété locale de la même espèce dans les régions méditerranéennes.

Quoique prospérant plus ou moins dans des eaux de diverses natures, la Truite semble cependant préférer généralement les eaux vives des régions montagneuses, et acquérir ses plus grandes dimensions dans les eaux de quelques-uns des grands lacs de la Suisse et de l'Autriche[1]. Les individus qui vivent plus constamment en eau courante ou dans des bassins élevés trop petits demeurent généralement dans de moindres proportions, partie à cause de la température plus basse des eaux, partie par le fait d'une alimentation moins abondante; et nous avons vu combien les formes et la livrée peuvent varier avec

---

[1] Voyez plus haut les dimensions comparées de l'espèce dans nos différents lacs.

cela dans des conditions de milieu différentes. Il est bien connu
que la Truite recherche, pour frayer, les eaux fraîches et
courantes, et que, dans ce but, la très grande majorité des
représentants de l'espèce abandonnent plus ou moins vite, dans
la belle saison, les eaux tranquilles et profondes de nos lacs ou
de nos plus grands courants, pour remonter, plus ou moins
avant suivant leur taille, dans les différents affluents de ceux-ci ;
tandis que la Truite stérile, *Truite argentée*, Truite bleue ou
Schwebforelle, dont j'ai parlé plus haut, reste alors dans nos
lacs, ayant perdu l'instinct de migration, faute d'éprouver les
besoins de la reproduction. Nous avons vu plus haut, en effet,
que certains individus, frappés de stérilité persistante et présentant un aspect particulier, se confinent de plus en plus dans les
lacs, où ils atteignent, suivant ceux-ci, des proportions plus ou
moins fortes.

Les grandes Truites fécondes, dites *des Lacs ou Seeforelle*,
qui ont déjà acquis un certain volume dans nos plus grands
cours d'eau ou dans nos grands lacs inférieurs, ne peuvent naturellement remonter aussi haut que les petites; il est
rare d'en rencontrer de bien grosses au delà de 900 à 1000 mètres au-dessus de la mer, en dehors de certains lacs alpestres de
grandes dimensions, où, comme dans ceux de la Haute-Engadine, elles ont pu prendre un accroissement exceptionnel.

On signale la *Seeforelle*, ou grande Truite, dans le Rhin antérieur jusque un peu en dessus de Trons, à près de 890 mètres ;
moins haut dans le Rhin postérieur, dont les eaux plus troubles
paraissent moins lui convenir. Il est rare que les grosses Truites
du Léman remontent plus haut dans le Rhône, en Valais;
beaucoup de celles de la partie inférieure occidentale du lac se
bornent même à descendre plus ou moins dans le Rhône, pour y
déposer leur frai en eau courante, à très courte distance. Parfois des Truites emprisonnées par l'accroissement de leur
taille dans un petit lac élevé, sont contraintes de frayer à l'embouchure ou au débouché de quelque petit affluent de celui-ci.
Les plus petites, dites *Truites de ruisseaux* ou *Bachforelle*, plus
légères et moins exigeantes quant au volume d'eau, remontent,
en franchissant mille obstacles, parfois jusqu'au delà de 2000
mètres.

Beaucoup qui peuvent regagner les eaux profondes d'un lac s'y réfugient pour y passer la mauvaise saison; d'autres, pour éviter la surprise des gels, quittent les petits ruisseaux et viennent hiverner plus bas dans des courants plus importants. Si bien que l'on ne rencontre plus guère dans nos petites rivières de second ou de troisième ordre, durant la mauvaise saison, que des individus de taille relativement très inférieure et d'autant moindre que le cours d'eau est plus élevé, plus étroit ou moins profond.

On trouve, en Suisse, des Truites en plus ou moins grand nombre, non seulement dans tous les lacs et les cours d'eau d'une certaine importance, dans les régions inférieures, mais encore dans presque toutes les rivières de la région montagneuse, dans le Jura et les Alpes, au nord comme au sud de celles-ci, et jusque dans beaucoup des torrents, des ruisseaux et des petits lacs de la région alpine, jusqu'à la limite à peu près des neiges éternelles.

Inutile de rappeler ici les noms de beaucoup de lacs, en majorité déjà cités plus haut, qui, depuis nos niveaux inférieurs, 197 mètres sur mer (lac Majeur) au sud des Alpes, ou 244 mètres s/m. sur le Rhin (à Bâle) au nord, s'échelonnent, en différents cantons, sur le parcours de nos principaux courants, tous plus ou moins riches en Truites : dans les bassins du Rhône, au-dessus de la perte, du Rhin, au-dessus comme au-dessous de la chute, de l'Inn, de l'Adda et du Tessin[1]. Une nomenclature de nos cours d'eau de diverses importances serait également superflue; aussi me bornerai-je à signaler, en diverses parties du pays, *quelques-uns seulement* des petits lacs élevés dans lesquels l'existence de la Truite a été constatée, au-dessus de 900 mètres, dans les régions montagneuse et alpine;

---

[1] Il y a, en particulier, en région relativement inférieure, des Truites dans les lacs : du Léman, de Neuchâtel, de Morat, Bienne, Thoune, Brienz, Sempach, Baldegg, Hallwyl, Lucerne, Sarnen, Lungern, Zoug, Egeri, Lowertz, Zurich, Wallenstadt, Lugano, Majeur et autres; ainsi que dans le Rhône, le Rhin et les principales rivières des divers bassins : Arve, Doubs, Aar, Sarine, Emme, Reuss, Limmat, Thour, Inn, Adda, Tessin, etc., et la plupart de leurs nombreux tributaires en divers cantons.

ainsi : le lac de *Poschiavo* (Grisons), à 962 mètres au-dessus de la mer, sur le versant méridional des Alpes; le lac de Joux (Vaud), à 1009 mètres s/m. dans le Jura ; les *Seealp* et *Semtis See* (Appenzell), à 1142 et 1210 mètres ; le lac de *Lenz* (Grisons), à 1544 mètres; d'*Arnon* (Berne), à 1546 mètres ; de *Davos* (Grisons), à 1561 mètres ; de *S.-Moritz, Campfer, Silvaplana* et *Sils* (Engadine, Grisons), entre 1767 et 1796 mètres ; d'*Engstlen* (Berne), à 1852 mètres ; de *Piora* (Tessin), à 1854 mètres; de *Palpuogna* (Albula, Grisons), à 1918 mètres; d'*Alzasca* (Tessin), à 2000 mètres; de l'*Oberalp* (Uri), à 2031 mètres; de *Lucendro* et *della Sella* (Gothard), à 2024 et 2231 mètres [1]; du *Stockhorn* (Berne), dit-on, à 2027 mètres; dans les lacs *Noir, Blanc* et *della Croce* (Bernina, Grisons), à 2220, 2230 et 2331 mètres ; du *Julier* (Grisons), à 2287 mètres; de *Rims* (Engadine, Grisons), à 2392 mètres ; de *Sgrischus* (Engadine, Grisons, selon de Siebold), à 2630 mètres.

Bien que les petites Truites puissent, nous l'avons dit, remonter d'elles-mêmes très haut dans les cours d'eau souvent si accidentés de nos Alpes, il n'en est pas moins vrai que plusieurs de nos petits lacs alpins, d'un accès trop difficile, ont été, même à un niveau relativement inférieur, artificiellement empoissonnés, principalement dans le courant du siècle passé. Si la Truite parvient, en Engadine, à un niveau plus élevé qu'en quelques autres parties du pays, cela doit tenir à ce que les proportions et conditions de l'Inn lui permettent une ascension plus facile et, au fait, qu'elle rencontre, à près de 1800 mètres, non seulement d'assez grands lacs, qui lui servent comme de reposoir, mais encore d'assez riches affluents de ceux-ci. Et cependant, là encore, les petits lacs les plus élevés semblent devoir la présence de la Truite dans leurs eaux à l'intervention de la main de l'homme.

L'alimentation de la Truite varie beaucoup avec l'âge et les circonstances. Diverses espèces de petits Crustacés, copépodes et branchiopodes, *Cyclops, Cypris, Daphnis, Linceus*, entre autres,

---

[1] La Truite importée aurait, dit-on, sinon complètement disparu, au moins fortement diminué depuis quelques années dans ces deux petits lacs gelant presque à fond et relativement pauvres en éléments nutritifs.

lui servent de première nourriture, auxquels elle joint peu après des vers de diverses sortes, *Naïs, Hirudinées,* etc., ainsi que des moucherons ou *Ephémères* divers et leur larves. Peu à peu des Crustacés et des Insectes plus gros, *Crevettes d'eau douce, Mouches, Phryganes, Libellules* et leurs larves viennent enrichir ce premier menu, agrémenté de quelques Mollusques, *Lymnées, Pisidies* et autres. Puis viennent les œufs de poissons et le menu fretin, et, l'appétit croissant avec la taille, ce sont bientôt des poissons de toutes espèces, frères même, sœurs ou enfants qui doivent payer leur tribu à la grande voracité de la Truite devenue grosse.

Si les Truites font une forte consommation de poissons, particulièrement de *Cyprins* et de *Chabots,* dans beaucoup de nos lacs et cours d'eau, il en est par contre qui, isolées ou presque seules dans certains lacs élevés, doivent se contenter de plus maigres proies, de Crustacés, d'Insectes et de Mollusques, de temps à autre accompagnés d'œufs et d'alevins de leur propre espèce. L'alimentation peut être même plus précaire encore dans quelques petits lacs supérieurs, pauvres et froids, où les Truites emprisonnées semblent limitées parfois aux petits êtres, *Insectes, Fourmis, Diptères, Orthoptères* ou *Papillons* que le vent vient jeter à la surface de l'eau.

La Truite mange beaucoup et croît en proportion de l'abondance ou de la pauvreté de la nourriture à sa portée; cependant, elle paraît jeûner d'ordinaire durant la saison des amours et vivre alors pendant quelques semaines sur sa graisse acquise, se réservant de manger d'autant plus, quand elle aura donné satisfaction aux exigences de la reproduction. Elle ne mord guère alors au hameçon. L'estomac des individus capturés en temps de frai est généralement vide; et les Truites fécondes que l'on rencontre peu après le moment de la ponte sont volontiers maigres et efflanquées, tandis que les *stériles,* qui ont continué à se nourrir, sont alors grasses et replètes.

Chacun sait quelle force et quelle adresse ce poisson est appelé à déployer, pour surmonter les obstacles qui s'opposent souvent à son ascension dans bien des cours d'eau barrés ou tourmentés; comment, en particulier, il peut franchir d'un bond des chutes ou des barrages d'une grande hauteur, soit d'un vigoureux coup de queue, soit en se pliant en deux pour se détendre subitement comme un ressort. On sait également de quelle ruse et de quelle rapidité il fait preuve dans la recherche de sa nourriture ; comment, par exemple, en dehors des heures de repos qu'il passe immobile sur le fond, couché sous une pierre ou caché sous quelque berge, il procède tour à tour avec la patience du chat qui guette la souris, ou avec la rapidité de l'éclair pour bondir sur sa proie.

L'époque de la remonte en vue de la fraye varie beaucoup avec l'âge et les conditions. Les petites Truites se mettent d'ordinaire en voyage avant les grosses, et le degré de la température, ainsi que le niveau des lacs et des rivières avancent ou retardent tour à tour le moment de la ponte. Quelques petites Truites quittent déjà les lacs inférieurs au mois de mai et sont prêtes parfois à frayer dès la fin de juillet ou en août [1] ; d'autres, retardées par contre dans certains ruisseaux ou dans quelque petit lac élevé, n'arrivent quelquefois à pouvoir pondre qu'à la fin de janvier ou même en février. Ce n'est cependant qu'entre la fin de septembre et le commencement de janvier, principalement dans la seconde moitié d'octobre, en novembre et dans la première moitié de décembre, que le plus grand nombre de nos Truites frayent dans les divers cours d'eau du pays ; quelques semaines, parfois un ou deux mois même, selon les localités, après avoir quitté les lieux, lacs ou grandes rivières, où elles ont séjourné et où elles reviendront plus ou moins vite, la ponte terminée.

La Truite arrivée à son terme, après avoir plus ou moins longtemps voyagé en eau courante et y avoir acquis ou complété sa livrée de noces, se creuse dans le lit de la rivière ou du ruisseau, en plein courant, une sorte de berceau ou *frayère*, en balayant de sa queue le sable ou le gravier du fond. Ce n'est que lorsqu'elle a ainsi préparé une place convenable plus ou moins grande, suivant sa taille, qu'elle y laisse couler ses œufs, pour les recouvrir plus ou moins, dit-on, avec les déblais du sillon,

---

[1] Lunel (Poissons du bassin du Léman, p. 154) raconte avoir vu une frayère de Truite en pleine activité dans le Rhône, déjà à la fin de juillet, en 1869.

après que le mâle, souvent côte à côte avec elle, les a aspergés
et fécondés de sa laitance. Souvent plusieurs Truites se réunissent pour creuser ensemble une frayère commune, qui peut
avoir alors quelques mètres de long sur un ou deux de large et,
selon les cas, vingt à cinquante centimètres ou plus de profondeur [1].

Les œufs de la Truite, comme ceux des autres Salmonides, se
détachent peu à peu des ovaires et deviennent libres dans la cavité
viscérale, où ils s'accumulent jusqu'au moment où les plus mûrs
peuvent être expulsés par la moindre pression. Ces germes n'arrivant pas tous à la fois au point voulu de maturité, la ponte
doit se faire fréquemment en diverses reprises. Toujours assez
gros, les œufs varient beaucoup, non seulement quant à leur
nombre et leur diamètre, avec l'âge du poisson, mais encore
quant à leur couleur, suivant les conditions de milieu et d'alimentation, d'un jaune rosâtre pâle, ambrée, d'un jaune orangé
assez foncé ou rougeâtre.

Le diamètre des œufs mûrs varie de 4^{mm},7 à près de 6^{mm}, suivant les individus qui les ont produits ; un peu gonflés après fécondation, par absorption d'eau, ils peuvent même mesurer parfois jusqu'à 6^{mm},5. Leur nombre peut, par le fait, dépasser, suivant les cas, de un ou de deux mille le chiffre ordinaire de 7,500
à 8,000 au kilogr., chez des Truites moyennes de 8 à 15 livres, ou
rester au contraire notablement en dessous. Il semblerait que
les vieilles femelles fassent volontiers les plus gros œufs et les
jeunes les plus petits : cependant il n'y a rien là de très régulier, car on trouve des dimensions assez variables chez des
Truites de taille moyenne. Le nombre des œufs va d'abord
croissant avec la taille de l'individu ; mais il semble que cette
proportion ne soit pas constante et que les sujets vieux ou de
grandes dimensions produisent moins, relativement à leur poids,
que les petits et les moyens. On compte souvent 1,000 œufs par
livre ou demi-kilogr. du poids de la Truite ; mais ce chiffre m'a

---

[1] C'est ainsi, par exemple, que l'on peut voir dans le lit du Rhône,
près de Genève, de grands espaces blancs parfaitement nettoyés de
végétation et de gravier par les grosses Truites venues du lac pour
y frayer.

paru généralement un peu exagéré pour bien des femelles d'un
certain âge. J'ai compté, il est vrai, de 1,250 à 1,370 œufs chez
des petites Truites d'une livre ou ½ kil. environ ; mais la quantité proportionnelle, très variable, semble baisser plutôt après
quelques années de production. Lunel a compté 3,822 œufs chez
une Truite de 2 ½ kil., ainsi que 6,800 et 7,364 chez deux femelles de 4 kilogr. Une Truite du Rhône de 5 kil. 750 gr. portait
7,136 œufs mûrs, représentant une proportion de 1,230 œufs par
kilogr. de son poids ; une autre de même provenance, pesant 7 kil.
800 gr., portait 10,000 œufs, donnant un rapport de 1,283 par
kilogr. de son poids [1] ; une troisième enfin, de 9 kilogr, portait,
selon M. Covelle, directeur de la pisciculture à Genève, 11,650
œufs, représentant le chiffre de 1,294 œufs par kilogr. de son
poids.

La durée de l'incubation varie énormément avec la température de l'eau ; elle est en moyenne de trois mois, pour beaucoup
de nos grands courants, 90 à 100 jours, par 4 degrés au-dessus de zéro ; mais elle peut être prolongée de 3 à 4 semaines,
dans les eaux plus froides de quelques-uns de nos ruisseaux
supérieurs. Diverses expériences en privé ont démontré que le
développement de l'œuf, de la fécondation à l'éclosion, peut
varier de 32 jours par 10 degrés, à 165 jours par 2 degrés [2].

Des œufs fécondés ou embryonnés, emballés avec de la glace,
peuvent voyager bien des semaines, sans perdre leur faculté
germinative.

De même que beaucoup d'œufs sont péris faute d'avoir été
fécondés, ou gobés par des poissons très friands de ce mets
délicat, ainsi foule de nouveau-nés, grouillant pendant quelques
temps, en moyenne 50 à 70 jours, sur la place de leur éclosion,
avant la résorption de leur vésicule vitelline, deviennent la proie
de nombreux amateurs, ou meurent par suite de vice de conformation [3].

La croissance de la Truite est, comme nous l'avons dit plus

---

[1] Une autre Truite de 7 kil. 500 portait, par contre, selon Lunel
(Poissons du Léman), jusqu'à 14,130 œufs.

[2] Die Fischzucht, von Max von dem Borne, 1881, p. 76.

[3] En captivité, particulièrement par formation d'individus doubles ou
à deux têtes.

haut, très variable dans des milieux de températures différentes
et plus ou moins riches en éléments nutritifs. A partir de 20 à 25
millimètres de longueur et un mois environ d'existence, la taille
croît plus ou moins vite selon les sujets et l'abondance de la
nourriture absorbée par chacun ; si bien que l'on trouve des individus provenant de la même ponte qui ont atteint, dans les
mêmes eaux, les uns 10, les autres 16 cent. de longueur à l'âge
d'un an. Les disproportions s'exagèrent encore dans des eaux
différentes, à tel point que de jeunes Truites de 18 mois à 2 ans
peuvent varier souvent du simple au double. L'âge de la puberté
est aussi plus ou moins précoce, selon le développement plus ou
moins rapide du poisson. La Truite devient, suivant les conditions, capable de reproduction dans sa troisième ou sa quatrième
année, exceptionnellement dès la seconde, avec des dimensions
très différentes, de $0^m,25$ à $0^m,40$ environ, et un poids de 180
à 500 gr. Si l'on compte qu'une Truite libre, dans des conditions
ordinaires, augmente à peu près de 500 grammes par an, passé
l'âge de puberté, on peut estimer approximativement qu'un
individu de 5 kilogr. doit avoir 10 ou 12 ans et un sujet de 20 kilogr. près de 40 ans. Cependant, il n'y a rien là de rigoureusement
exact, car la croissance, souvent très retardée par l'insuffisance
de la nourriture, peut être par contre très accélérée par une riche
alimentation, surtout en captivité, mais aussi en liberté. Les
mâles, volontiers moins nombreux que les femelles, semblent
croître moins vite que celles-ci et seraient, selon quelques observateurs, généralement en retard sur elles eu égard à la maturité des organes de reproduction. Ce serait, si le fait est avéré,
le contraire de ce qui se passe chez le Saumon, dont nous avons
dit que le mâle est volontiers plus précoce.

Nous avons vu que beaucoup de Truites, accidentellement
retardées ou qui n'ont pu pondre en temps voulu, peuvent rester plus ou moins longtemps infécondes, dans les deux sexes ;
que souvent même cette stérilité peut persister la vie durant,
privant alors les individus qui en sont atteints de l'instinct de
migration et les confinant dans les lacs, où ils atteignent rarement, sauf dans celui de Constance, les dimensions extrêmes de
nos plus grands sujets féconds.

La chair de la Truite, excellente et très appréciée, peut

être blanche ou rouge soit saumonée, selon l'état des individus,
ainsi que selon les conditions d'habitat et de nutrition. Nos
grosses Truites des lacs l'ont le plus souvent blanche ou très
légèrement teintée ; celle des individus stériles est généralement
rouge. Les petites Truites, dans certains ruisseaux, sont souvent
aussi saumonées, et leurs œufs sont alors d'un jaune plus intense. Je ne reviendrai pas ici sur ce que j'ai dit plus haut (pages
364 et 365) des causes probables de cette différence ; rappelons
seulement que la chair pâlit volontiers durant l'époque des
amours. Ajoutons pourtant que, suivant les goûts, c'est tour à
tour la chair blanche ou la chair rouge qui passe pour la
meilleure.

La pêche de la Truite se pratique de mille manières, selon les
saisons, soit dans les lacs, soit dans les cours d'eau : avec de
grands filets volants ou à sac, en usage sur nos lacs sous des
noms différents [1] ; ou avec divers filets plus petits, toujours sans
sac et souvent mis bout à bout, de fond, dormants, traînants ou à
battue, à maille simple ou triple et, suivant les cas, employés
dans les lacs ou les rivières [2] ; ou encore avec d'autres filets de
moindres dimensions, utilisés surtout dans les cours d'eau, plom-
bés et jetés à la main, ou avec manche et montés sur un cadre
carré, en cercle ou demi-cercle [3].

On en prend aussi beaucoup, soit avec des engins fixes, auxquels amènent parfois de grandes claies ou des barrages en cul-
de-sac : avec des nasses en fer, en ficelle ou en baguettes, ou avec
des caisses ou trébuchets de diverses sortes [4], comme les précédentes fixés par des piquets, déposés sur le fond ou disposés de
place en place dans les ouvertures de constructions en bois ou
en pierres établies *ad hoc*; soit au hameçon en chaîne ou isolé :

---

[1] Senne, Grand-filet, Monte, Tragale, Gros-Pierre, Senelle, Revin. —
Waade, Sege, Garn, Schwebgarn, Zuggarn, Landgarn. — Cocù, Redaquedo, Rione, Bighezzo, Riacera, etc...

[2] Méni, Étole ou Tramail. — Bodennetz, Stellnetz, Spannnetz, Treib-
netz. — Tremaggione, Bastardella, etc...

[3] Épervier, Capé, Truble. — Wurflaube, Streifen, Faümer. — Muscia, Guada, etc.

[4] Vanel, Nasses, Berfous et Berfolets. — Reussen, Bären, Fallen. —
Peschiere, Bertovello, Cassa, etc.

avec des fils dormants ou de fond amorcés d'un poisson, à la ligne traînante, au brillant ou à la planchette, depuis le bord ou en bateau, ou avec la ligne montée, au ver ou à la mouche [1]; soit encore au trident ou au harpon, au lacet ou à la pince [2], au fusil, à la coiffe ou à la main même, entre les pierres des barrages, à l'époque de la remonte; souvent enfin et malheureusement, avec l'intervention de la dynamite et d'amorces étourdissantes ou empoisonnées, de la chaux et de la coque du levant en particulier, malgré l'interdiction.

La Truite, partout très estimée pour sa chair délicate et d'une vente toujours facile, malgré le prix élevé qu'elle a atteint aujourd'hui [3], fait l'objet d'une pêche très active et d'un commerce étendu, non seulement en Suisse, mais encore dans les pays voisins, où l'on prise fort les belles pièces de nos lacs. Quoique la loi protège cet excellent poisson, en interdisant la pêche durant l'époque de la reproduction [4] et en condamnant les engins trop destructeurs [5], celui-ci a cependant assez diminué dans quelques-uns de nos lacs et cours d'eau, grâce à des poursuites incessantes et au braconnage, pour que les autorités aient entrepris de réparer les brèches annuelles par la multiplication artificielle en divers cantons, et par la mise à ban de quelques petits lacs et de certaines parties de diverses rivières.

Les établissements de pisciculture, fort peu nombreux en

---

[1] Fils, Traîneau, Traîne, avec ou sans planchette, Ligne ou Fouette. — Schnüre, Otter, Angelruthe. — Ligna, Tirlindana, Canna, etc.

[2] Trident, Harpon, Grispi, Grappins. — Stechgabel, Speer, Geeren, Schorpfen. — Fiocina, Froina, etc...

[3] Suivant les années, les saisons et les localités, de 3 à 8 francs le kilogr.

[4] D'une manière générale, du 1er octobre au 31 décembre, selon la loi fédérale du 21 décembre 1888 qui fait une exception un peu dangereuse pour la Truite stérile dans les lacs, Truite bleue ou argentée, *Schwebforelle.*

[5] L'établissement de pêcheries fixes; les pièges à ressort, les tridents, les harpons, grappins et lacets, le fusil, les matières explosibles ou empoisonnées, certains genres de traînes, la planchette en particulier, et les nasses dans certaines circonstances. L'extension des filets a été aussi limitée dans les cours d'eau, et le minimum de la maille à l'état humide a été fixé à trois centimètres en hauteur et largeur.

Suisse jusqu'en 1874, se sont rapidement multipliés; si bien que l'on en comptait 70, répartis dans 22 cantons, en 1888. Le total des Truites (Truite de lacs et Truite de ruisseaux) élevées et officiellement versées dans les eaux publiques du pays, a par le fait énormément augmenté. On peut évaluer à 8 ou 8 ½ millions le nombre des alevins versés pendant 20 ans, entre 1855 et 1874; il en a été par contre mis environ 17 millions (16,963,906), en différentes eaux suisses, dans les 14 dernières années (1875-1888), par des établissements officiels plus ou moins subventionnés, sans compter les produits de l'initiative privée.

J'ai dit, à propos du Saumon, que de nombreux *bâtards* avaient été artificiellement produits de la Truite (*S. lacustris*) et du Saumon (*S. Salar*), et que beaucoup de ceux-ci avaient été versés dans plusieurs de nos lacs. (Voyez p. 322.)

Comme tous autres poissons, la Truite héberge aussi bon nombre de parasites, principalement Helminthes [1].

Deux mots, maintenant, de quelques espèces étrangères qui nous intéressent à divers égards [2].

---

[1] Le Dr Zschokke, dans ses *Recherches sur les Vers parasites des poissons d'eau douce (1884)* ne signale, chez la Truite du Léman, à différentes saisons, que les : *Tænia ocellata* (Rud.) dans les intestins; *Bothriocephalus infundibuliformis* (Rud.) dans les intestins et appendices pyloriques; *Triænophorus nodulosus* (Rud.), dans le foie, la rate, les muscles, le péritoine et les intestins, surtout enkysté; *Distoma tereticolle* (Rud.) dans l'estomac et l'œsophage; *Dist. folium* (Olfers), dans la vessie urinaire; *Cucullanus elegans* (Zeder), dans les appendices pyloriques, et un *Tetrarhynchus?*, dans la cavité abdominale. — A ceux-ci, divers auteurs ont ajouté, en différents pays : *Ascaris obtusocaudata* (Rud.), estomac et intestins; *Asc. clavata* (Rud.), intestins; *Asc. acus* (Bloch), intestins; *Cucullanus globulosus* (Zeder), intestins et ovaires; *Spiroptera cystidicola* (Rud.), vessie natatoire; *Echinorhynchus clavæceps* (Zeder), *Echin. globulosus* (Rud.), *Echin. fusiformis* (Zeder), *Echin. angustatus* (Rud.), *Echin. clavula* (Duj.), *Echin. Proteus* (Westr.), intestins; *Discocotyle sagittata* (Leuck.), branchies; *Distomum laureatum* (Zeder), intestins; *Dist. Trutta* (Moulinié), enkysté dans la cavité orbitaire; *Tænia longicollis* (Rud.), foie et intestins; *Dibothrium proboscideum* (Rud.), intestins, et *Ligula nodosa* (Rud.), cavité abdominale.

[2] Avant de passer à notre genre suivant (*Salvelinus*), je donnerai encore rapidement : d'abord une brève description comparée de la *Truite*

Espèce étrangère, très voisine, peut-être souche de notre Truite.

(Voyez, p. 368 et 369, ses affinités morphologiques et géographiques.)

LA TRUITE DE MER

MEERFORELLE — LACHSFORELLE.

SALMO TRUTTA, Linné.

Corps fusiforme plus ou moins ramassé, moins effilé en arrière que celui du Saumon. Tête plus ou moins massive. Museau sub-conique plus ou moins obtus. Mâchoires égales ou quasi-égales. Maxillaire supérieur un peu élargi en arrière, dépassant plus ou moins le bord postérieur de l'œil. Vomer à chevron antérieur triangulaire, avec 2 à 4 (parfois 5 ou 6) dents transversales à la base; le corps de l'os passablement allongé, rarement plus large que le chevron et portant, sur une carène médiane, des dents plus ou moins sur deux rangs ou en quinconce en avant, le plus souvent sur un rang ou alternantes en arrière, qui tombent plus ou moins vite avec l'âge en tout ou partie d'arrière en avant. Préo-percule subarrondi ou légèrement anguleux, souvent sinueux en arrière, avec une branche inférieure volontiers mieux délimitée que chez la Truite d'eau douce. Écailles petites ou moyennes. Nageoires plutôt courtes; dorsale relativement basse; caudale, selon l'âge, échancrée ou droite sur la tranche. — Manteau plus ou moins tacheté, rappelant assez celui de la Truite d'eau douce, dans le jeune âge surtout. — R. branchiostèges 10-12. — Appen-dices pyloriques (43). 49—61. (67). — (Taille moyenne d'adultes $0^m,40$—$0^m,80$).

de mer, qui pourrait, je l'ai dit, avoir été la souche de nos Truites d'eau douce; puis les diagnoses sommaires, soit de quelques représentants étrangers du genre *Salmo, S. levenensis* et *S. stomatichus* d'Écosse et d'Irlande (probablement variétés de notre Truite) et *S. irideus* d'Amé-rique qui ont été dans ces dernières années importés dans nos eaux, pour faciliter leur distinction en vue de l'avenir; sans revenir sur ce qui a été dit déjà du *S. Sebago* d'Amérique, presque semblable au *S. Salar*, Linné. Je dirai également, plus loin, quelques mots du Saumon *Quinnat* d'Amérique, également importé, et qui doit rentrer dans le genre *Oncorhynchus* assez voisin.

D. 3-4/9-11, A. 3/7-9, V. 2/8, P. 1/12-13, C. 19 *maj.*

$$Squ.\ 112\ \frac{23-30}{21-30}\ 128.\ (130).\ —\ Vert.\ 59-60\,[1]$$

Salmo Trutta, *Linné*, Syst. Nat. I, p. 509, *et auctorum.* — Salmo eriox,
Linné, loc. cit. — Fario argenteus, *Cuv. et Val.* XXI, p. 294,
pl. 616 (*Salmo ferox*, Cuv. et Val. XXI, p. 338? — Günther, VI,
p. 92 ?).

Selon *Mela* (Vertebrata Fennica, 1882, p. 341) : *Salmo eriox*, Linné =
S. Trutta, Linné, et serait de même espèce que *Trutta Trutta*, *T. lacustris* et *T. Fario* de Siebold.

Le corps est plus trapu et ventru que celui du Saumon, et le
pédicule caudal notablement plus court; la hauteur du tronc,
vis-à-vis de la longueur du poisson sans la caudale, était comme
1 : 4,25—4,65 chez les quelques sujets de taille moyenne (2 à
3 kilogr.) que j'ai pu examiner. — La tête, quoique taxée de
courte par bien des auteurs, était cependant, vis-à-vis du poisson sans la caudale, comme 1 : 4,30—4,80, même 3,95 chez des
mâles. — J'ai compté 17 à 19 branchiospines sur le premier
arc, chez quelques individus.

La livrée, plus ou moins argentée sur les flancs, avec taches
noirâtres, partie arrondies, partie en X, présente souvent des
points rouges dans le jeune âge, comme chez nos petites Truites, voire même parfois chez des adultes en noces d'assez
grande taille.

Les mâles en rut portent un crochet mandibulaire plus ou
moins développé.

La chair est rose, jaunâtre ou rougeâtre, mais plus flasque
et réputée moins bonne, soit que celle du Saumon, soit que
celle de la Truite d'eau douce.

La plupart des adultes capturés pèsent entre 5 et 6 kilogr.;
cependant l'espèce peut atteindre parfois, dit-on, jusqu'à 25 ou
30 livres.

Cette Truite remonte, comme le Saumon, de la mer dans les

---

[1] Vertèbres : selon Günther, Catal. of Fishes VI, p. 24.

fleuves et rivières, pour y déposer son frai en octobre ou novembre; elle pousse cependant généralement moins loin que celui-ci ses voyages périodiques dans les eaux courantes du continent, et semble, en particulier, ne pas arriver, de nos jours, dans le Rhin jusqu'à nos frontières.

La *Truite de mer* varie tellement dans ses formes avec les différents fleuves ou bassins dans lesquels elle se reproduit, qu'il est très difficile de soutenir une distinction spécifique bien franche entre le *Salmo Trutta* (Linné) des mers du Nord et Baltique et le *Fario argenteus* (Cuv. et Val.), volontiers plus brillant et de forme plus allongée, qui de l'Océan remonte dans la Loire. On ne peut, en particulier, expliquer que par la caducité des dents vomériennes chez la Truite de mer, l'opposition établie par Günther (Catal. of Fishes) entre *Salmo Trutta*, censément sans dents sur la tête du vomer, et *S. argenteus* portant 5 à 6 dents en travers de la base du chevron du dit os. J'ai vu, en effet, des sujets du *Fario argenteus* (Cuv. et Val.) avec 3 ou 2 dents seulement au bas du chevron vomérien, et je n'ai guère rencontré de *S. Trutta* du nord édentés en avant, chez lesquels on ne puisse reconnaître encore la trace de quelques dents tombées au bas du dit chevron (voy. Pl. III, fig. 25).

La dentition, ainsi que les formes et les proportions du vomer varient chez le *Salmo Trutta* au moins autant que chez la Truite d'eau douce, en diverses circonstances, bien qu'avec une plus prompte et plus complète caducité des dents. J'ai constaté, entre autres, chez quelques Truites de mer provenant d'Altona, à l'embouchure de l'Elbe, près Hambourg, un pincement du chevron vomérien dans le bas qui, en chassant les dents latérales et refoulant vers le col de cet os les médianes, semblait, au premier abord, rappeler un peu la disposition particulière au Saumon et trahir peut-être quelque mélange avec ce dernier.

Varietas.

J'ai vu, enfin, quelques Truites prises à la fin de février 1887 dans un petit lac en relation directe avec la mer Baltique, non loin de Stolp, en Poméranie, et envoyées à un marchand de comestibles de Genève, sous le nom de *Silberforelle*, qui présentaient des formes du corps et de la tête, ainsi qu'un vomer différent assez des formes générales et de l'os en question chez d'autres Truites de mer d'autres provenances.

D'une taille moyenne, 0^m,45 à 0^m,50, elles avaient des formes à la fois assez allongées et peu comprimées, une tête conique pointue, un préopercule un peu anguleux à branche inférieure assez délimitée, plutôt longue, et une caudale un peu échancrée, avec une livrée gris-bleu sur le dos, argentée sur les côtés, marquée de petites taches noirâtres en dessus et en dessous de la ligne latérale; les nageoires inférieures blanches ou grisâtres. L'état de leurs organes sexuels, alors très peu développés, ne permettait pas de décider si elles devaient être fécondes ou non. Cependant, la forme de leur vomer, très différente de celle de cet os chez nos Truites stériles, semble devoir écarter toute présomption d'infécondité; et l'expéditeur, questionné par lettre, assura que la dite *Silberforelle* vient de la mer et y retourne, qu'elle remonte même au delà du lac, pour frayer dans divers cours d'eau tributaires de ce dernier.

Le vomer de cette Truite de Poméranie, relativement court, porte un chevron antérieur largement triangulaire, avec 4 à 6 dents transversales, parfois 4 grandes dirigées en arrière et 2 petites intercalaires; les dents du corps de l'os tombent, comme chez la Truite de mer ordinaire, en majorité et d'arrière en avant. (Voy. Pl. III, fig. 24).

Deux Truites importées des Iles britanniques.

On a importé, dans ces dernières années, d'Angleterre en Suisse, sous le nom de *Loch Leven Trout* et de *Gillaroo Trout*[1], deux Truites des lacs d'Écosse et d'Irlande qui, bien que spécifiquement distinguées par *Günther* (Catal. VI) sous les noms de *Salmo levenensis* et *S. stomatichus*, paraissent n'être que des variétés locales de notre Truite ordinaire d'eau douce (*Salmo lacustris*) sous sa petite forme. La plupart des caractères invoqués par le célèbre ichthyologiste du British Museum, pour différencier ces deux Truites de son *Salmo Fario*, perdent beau-

[1] A tort *Gitterao Trout*, dans le Rapport du Dép^t fédéral pour 1886.

coup de leur importance en face du rapprochement que j'ai dû faire de plusieurs Truites petites et grandes de cet auteur dans un même cadre spécifique.

Les différences signalées dans les formes et proportions comparées du corps et de la tête, ainsi que dans la livrée, se rencontrent plus ou moins chez nos Truites suisses en différentes circonstances. Les pièces operculaires et le maxillaire ne présentent pas non plus des divergences de structure bien importantes; et nous avons vu que la disposition et les dimensions relatives des dents sont très sujettes à varier. Enfin, les nombres censés caractéristiques des rayons aux nageoires, des rayons branchiostèges, des appendices pyloriques et des vertèbres, ne sortent pas des limites de notre espèce indigène unique.

Une comparaison exacte, non plus avec le *Salmo Fario* seulement, mais avec les Truites de même espèce et de tailles différentes qui, sous divers noms, habitent nos différents lacs et cours d'eau, en montrant combien ces poissons peuvent varier à tous égards à divers âges, avec les circonstances et conditions d'habitat, suffirait, je crois, à susciter des doutes sérieux à l'égard de la valeur spécifique des *Loch Leven* et *Gillaroo Trout*. Aussi suis-je de l'opinion que ces Truites britanniques, non seulement s'identifieront très vite avec les nôtres dans nos eaux, mais encore n'ont pas plus de droits que celles-ci aux honneurs de la multiplication artificielle.

Voici, du reste, extraits des diagnoses de *Günther* (l. c.), les caractères qui devraient surtout servir à distinguer ces deux Truites, soit entre elles, soit du *S. Fario* du même auteur.

LOCH LEVEN TROUT

Salmo levenensis, Walker.

Corps beaucoup moins fort que dans le S. Fario, avec pédicule caudal plus étroit. Tête plutôt petite. Point de jonction de l'opercule et du sous-opercule plus bas, soit plus près de l'angle inférieur antérieur du dernier que du sommet de la fente branchiale. Préopercule généralement avec un bord inférieur très indistinct. Museau moyen, conique, moins développé et sans crochet mandibulaire chez le mâle. Maxillaire beaucoup plus long que le museau, plus étroit, arrivant sous le bord postérieur de l'œil ou le dépassant rarement beaucoup. Dents moyennes. Tête du vomer assez semblable, avec 2 ou 3 dents à la base; les dents sur le corps de cet os en série simple et persistantes. Nageoires bien développées, pas arrondies; pectorales pointues, relativement courtes. Caudale toujours à lobes acuminés et plus ou moins échancrée. 13 ou 14 squames en rangée transverse de derrière l'adipeuse à la ligne latérale. — Coloration brunâtre ou olive-verdâtre en dessus; des taches en forme d'X sur les côtés, quelquefois avec des points arrondis bruns. Dorsale tachetée de noir. Bout des pectorales noirâtre. Dorsale et anale sans marge claire. — (Taille : observé des sujets de 21 pouces [1].)

$$\text{D. 13, A. 11, V. 9, P. 14.} - App.\ pyl.\ 60\text{-}80.$$

$$Squ.\ 118\ \frac{28}{26}. - Vert.\ 59.$$

Salmo levenensis, *Walker*, Wern. Mem. 1, p. 541. — *Yarrell*, Brit. Fish. 3me édit. 1, p. 257. — *Günther*, Catal. of Fishes, VI, p. 101.

Habite le lac *Loch Leven* et d'autres lacs en Écosse méridionale, ainsi que dans le nord de l'Angleterre.

Entre 1886, 1887 et 1888, quelques milliers d'alevins de cette Truite ont été introduits dans les rivières suisses dépendant du bassin du Rhin. Le canton de Fribourg en aurait en particulier élevé, dit-on, 4700 en 1886, et celui de Thurgovie en aurait produit et lâché 56,075 dans ces trois dernières années. Je doute qu'on ait jusqu'ici reconnu une Truite anglaise parmi les nôtres, et je crois que cette distinction deviendra toujours plus difficile.

GILLAROO TROUT

Salmo stomatichus, Günther.

Corps plutôt comprimé et élevé, jusque dans sa partie caudale. Tête plutôt petite relativement au corps. Point de jonction de l'opercule et du sous-opercule plus près de l'angle inférieur antérieur du dernier que du sommet de la fente branchiale. Préopercule avec bord inférieur très oblique, plutôt distinct. Museau assez obtus. Maxil-

---

[1] Diagnose extraite de la description de *Günther*, Catal. VI, p. 101.

laire beaucoup plus long que le museau, fort et très élargi, ne dépassant pas tout à fait le bord postérieur de l'œil, chez un sujet de 14 pouces. Dents petites. Tête du vomer petite et triangulaire; les dents du corps de cet os en double série et persistantes. Nageoires bien développées, pas arrondies. Pectorales pointues, relativement longues. Caudale toujours à lobes acuminés et plus ou moins échancrée. 12 à 13 squames de derrière l'adipeuse à la ligne latérale.— Sur le dos et les côtés du corps, des taches noires réticulées entremêlées de taches rouges, en dessus et en dessous de la ligne latérale; dorsale, anale et caudale avec une marge blanchâtre. — (Taille : divers individus de 6 à 14 pouces.)

Parois de l'estomac plus épaisses que chez ses congénères, dans l'adulte surtout [1].

D. 15, A. 12-13, V. 9, P. 13. — *App. pyl.* 44.

$$Squ.\ 125\ \frac{28}{33}.\ -\ Vert.\ 59\text{-}60.$$

Salmo stomatichus, *Günther*, Catal. of Fishes, VI, p. 95.

Propre aux lacs d'Irlande où, malgré l'épaisseur de ses parois stomacales, ce poisson se nourrit de la même manière que d'autres Truites.

930 alevins, élevés en Thurgovie, auraient été versés, en 1886, dans les eaux de ce canton (bassin du Rhin).

Comme pour la précédente, je doute qu'il soit aisé de retrouver et reconnaître, parmi nos jeunes Truites, un individu de cette variété importée.

Espèce importée d'Amérique.

RAINBOW TROUT

Truite arc-en-ciel — Regenbogen Forelle.

Salmo irideus, Gibbons.

Corps médiocrement élancé et comprimé. Tête convexe, moyenne. Bouche plus petite que chez la majorité des espèces du genre.

[1] Diagnose extraite de la description de *Günther* : Catal. VI, p. 95.

Dents vomériennes en deux séries irrégulières sur le corps de l'os. Maxillaire assez large, dépassant un peu le bord de l'œil, chez l'adulte. Préopercule arrondi, à bord inférieur assez accentué. Œil grand. Écailles plutôt petites. Nageoires moyennes; caudale assez échancrée. — Manteau très variable, bleuâtre ou olivâtre en dessus, argenté sur les côtés, avec reflets irisés et nombreuses taches noires irrégulières sur la tête, le tronc et les nageoires; mâles adultes souvent avec deux bandes longitudinales ou de larges taches latérales rouges. Individus qui ont été à la mer volontiers d'un argenté presque uniforme. — (Taille moyenne d'adultes et de vieux : 0^m,60—0^m,80 [1].)

D. 3-4/13, A. 3-4/12-13[2], V. 2/10, P. 1/12, C. 19 *maj.*

Squ. L. lat. : 135-146[3]. — *R. brchst.* 10-12[4].

SALMO IRIDEA, *Gibbons*, Proc. Cal. Acad. Nat. Sc., 1855, p. 36. — SALAR IRIDEA, *Girard*, Proc. Acad. N. S. Philad. 1856, p. 220. — FARIO GAIRDNERI, NEWBERRII, CLARKII, *Richards*, U. S. Pac. R. R. Surv. Fish. X, p. 313; et Proc. Acad. N. S. Philad. 1858, p. 224 et 219. — SALMO IRIDEUS, *Günther*, Catal. of Fishes, VI, p. 119; *Jordan et Gilbert*, Fishes of North America, p. 312.

La Truite dite Arc-en-ciel, qui mérite plus ou moins son nom suivant les conditions et circonstances, est propre aux cours d'eau du N.-O. de la 11ⁱⁿ-Californie et est très appréciée dans les États-Unis, où on l'a beaucoup répandue et multipliée depuis quelques années. Bien qu'avec un poids moyen de 6 livres envi-

---

[1] Diagnose en majeure partie extraite de la description de *Jordan et Gilbert* : Fishes of North America, p. 312.

[2] Les auteurs ne paraissent pas très d'accord sur le nombre des rayons des deux principales nageoires. Günther (Catal. VI, p. 119) dit : D. 14, A. 14, probablement en ajoutant aux rayons divisés le 1er grand simple. Jordan et Gilbert (Fishes of North America, p. 312) donnent : D. 11, A. 10. Le prof. Studer, de Berne, a compté, sur un jeune d'un an élevé à Zoug, en distinguant seulement le grand simple : D. 1/13, A. 1/12, V. 1/10, P. 1/12.

[3] Jordan et Gilbert donnent, pour les écailles en ligne verticale, 21 sur 20 pour leur *S. irideus*, et 33 sur 33 pour le *Fario Newberrii* qu'ils tiennent pour de même espèce.

[4] Le prof. Studer a trouvé 10 branchiostèges chez plusieurs jeunes et 12 chez un plus grand individu.

ron, elle n'atteigne pas d'ordinaire aux dimensions de plusieurs autres Salmonides, sa facilité d'adaptation, la rapidité de sa croissance et la délicatesse de sa chair rouge, en font un des poissons actuellement les plus recherchés. Introduite depuis quelque temps en Europe, elle a bien vite acquis la faveur des pisciculteurs et elle paraît devoir actuellement détrôner la plupart des autres espèces importées.

Quelques essais de multiplication ont été récemment faits en Suisse, qui paraissent donner d'excellents résultats. 1500 alevins élevés dans l'établissement de Bâle-Campagne ont été mis en eau libre (Bassin du Rhin) en 1887. L'année suivante (1888), 3000 alevins de même provenance étaient encore introduits dans des étangs, à Liestal ; tandis que 12,000 autres, provenant des établissements de Lucerne et de Zoug, étaient aussi versés dans des étangs ou petits bassins voisins de cette dernière ville. Je n'ai pas appris que quelque sujet de la Truite arc-en-ciel ait été pris en eau libre dans le pays, mais j'ai vu ce printemps plusieurs jeunes, dont un mesurant déjà 0^m,165, provenant des bassins de Zoug [1].

Espèce d'un genre voisin, importée d'Amérique.

Genre : **ONCORHYNCHUS**, Suckley [2].

Bouche très grande. Dents coniques sur les mâchoires, sur les palatins, sur le vomer et sur la langue, mais pas sur l'hyoïde ; les vomériennes et linguales assez caduques. Vomer médiocrement allongé et relativement étroit, denté sur le chevron en avant et plus ou moins sur le corps de l'os en arrière. Maxillaire supérieur arqué, dépassant générale-

---

[1] Le prof. Th. Studer, de Berne, qui a reçu de l'établissement de Zoug des jeunes du *S. irideus* éclos entre le 8 et le 10 avril 1889, a eu l'obligeance de me communiquer qu'ils mesuraient : long. du corps 0^m,050, de la tête 0^m,012, à trois mois ; long. 0^m,053, tête 0^m.013, à 4 mois ; long. 0^m,085, tête 0^m,019, à 5 mois ; long. 0^m,096, tête 0^m,021 à 6 mois ; enfin : long. 0^{m}165, tête 0^m,037 à 1 an.

[2] Ann. Lyc. Nat. Hist. N. Y., 1861, p. 312.

ment l'œil. Tête conique, forte. Corps fusiforme assez comprimé, couvert de petites écailles. Dorsale plutôt courte, au-dessus des ventrales; anale relativement longue, avec au moins 14 rayons. Caudale échancrée. Appendices pyloriques très nombreux.

Les mâchoires s'allongent, deviennent toutes deux crochues et prennent des dents notablement plus fortes, sur les intermaxillaires et sur les côtés de la mandibule, chez les mâles adultes; le corps de ceux-ci se comprime aussi, et ils présentent une bosse charnue devant la nageoire dorsale, en été et en automne.

Les Salmonides de ce genre, tous étrangers et généralement de grande taille, remontent de l'océan Pacifique dans les fleuves et rivières d'Amérique et d'Asie. Une espèce, le *Oncorhynchus Quinnat*, a été, dans ces dernières années, importée dans les eaux de la Suisse.

QUINNAT SALMON

SAUMON QUINNAT OU DE CALIFORNIE [1]. — KALIFORNISCHER LACHS.

ONCORHYNCHUS QUINNAT, Richardson.

Corps fusiforme assez fort en avant, très atténué dans sa partie caudale. Tête grande et pointue, environ un quart du corps et égale d'ordinaire à la hauteur de celui-ci. Bouche profondément fendue. Vomer assez large en avant, pas très allongé, étroit et acuminé en arrière[2]. Œil relativement petit. Préopercule et opercule fortement convexes. Écailles petites et nombreuses. Dorsale assez incurvée et déclive. Ventrales à peu près au-dessous du milieu de la dorsale ou un peu en arrière. Caudale grande, à peu près comme la tête, profondément échancrée et acuminée. — Man-

---

[1] Aussi, *Saumon du Sacramento.*

[2] Le vomer d'un individu de 0^m,82 était en forme de clou et avait déjà perdu toutes ses dents en arrière; il n'en avait plus que deux sur le bas du chevron et une sur le col de l'os au-dessous.

*teau gris-bleu ou vert, d'un grisâtre argenté sur les flancs, avec
de nombreuses taches noires, en majorité arrondies, sur la tête et
le dos, au-dessus de la ligne latérale, ainsi que sur la dorsale et la
caudale. — Rayons branchiostèges : 15—17 (19), rarement le
même nombre des deux côtés. — Appendices pyloriques 140—185.
— (Taille moyenne d'adultes et de vieux : 0ᵐ,65—1ᵐ,00 à 1ᵐ,80.)*

D. 4/9-10, A. 3/13-14, V. 2/9, P. 1/13, C. 19 *maj.*

Squ. L. lat. 135-155 [1] — *Vert.* 66. [2]

Salmo Quinnat, *Richardson*, Fauna Bor. Amer. III, p. 219.—S. orientalis,
Pallas, Zoog. Ross. Asiat. III, p. 367. — Fario argyreus, *Girard*,
Acad. Nat. Sc. Philad. 1856, p. 218. — Oncorhynchus Quinnat,
Onc. orientalis, *Günther*, Catal. of Fishes, VI, p. 158 et 159. —
Oncorh. chouicha, *Jordan et Gilbert*, Fishes of North America,
1882, p. 306.

Le Saumon Quinnat ou de la Californie remonte en abondance, en été, de l'océan Pacifique, pour frayer en septembre
dans les fleuves soit du nord de la Chine, soit de l'Alaska en
Amérique septentrionale, dans l'Orégon (Columbia) et dans le
Sacramento, en particulier. Les mâles sont alors souvent presque noirs, parfois avec des taches rougeâtres. C'est un poisson
assez vorace, qui peut atteindre des proportions supérieures à
celles de notre Saumon ordinaire. La plupart des sujets capturés varient entre 16 et 22 livres; cependant, on en prend de
temps à autre de quatre-vingts, même de cent livres, dit-on. La
délicatesse de sa chair, son rapide accroissement et la facilité
avec laquelle il paraît s'acclimater dans des eaux très différentes, sa reproduction même dans certains lacs, ont depuis quelques années attiré l'attention des pisciculteurs en Amérique et
en Europe. La France tente, en particulier, de l'introduire dans
le bassin de la Seine, ainsi que dans celui du Rhône où le
Saumon ordinaire fait défaut comme à tous les cours d'eau
dépendant de la Méditerranée [3].

---

[1] Jordan et Gilbert (Fishes of North America, p. 307) donnent 27 sur
29 écailles en ligne verticale.

[2] Vertèbres, selon Günther (Catal. VI, p. 158).

[3] M. Raveret-Wattel a publié, dans les Bulletins de la Société d'accli-

Quelques introductions peu importantes du *Quinnat* ont été faites en Suisse dans ces dernières années, sur lesquelles il m'a été impossible d'obtenir des renseignements très détaillés. Des alevins de ce Saumon californien, élevés dans des établissements suisses, auraient été versés à deux reprises, en 1879 et 1886, dans les eaux du pays dépendant du bassin du Rhin, 500 une fois, 600 l'autre.

M. Lugrin, pisciculteur à Gremat (Ain) près de Genève, m'a dit avoir versé dans le Léman, il y a treize ou quatorze ans, quelques milliers d'alevins de ce poisson, issus d'œufs reçus par l'entremise de l'établissement d'Huningue. Le même élevait encore à Gremat cette espèce en 1885, et m'écrit qu'une centaine environ de ses élèves lui ont alors échappé, en gagnant la petite rivière dite Allemogne, tributaire du Rhône, par le trop plein des eaux de son établissement. J'ai vu, à cette époque, au dépôt de ce pisciculteur, à Genève, de jeunes individus du Quinnat provenant de Gremat et mesurant déjà 0^m,30 à 0^m,32.

M. Lugrin assure que, pendant deux ans, on a repêché des sujets du dit Saumon de Californie, soit dans l'Allemogne, soit dans la London, petite rivière voisine; mais qu'il n'a plus entendu parler de ces poissons depuis lors. Il a entendu dire seulement qu'on en aurait repris aussi dans l'Arve, mais ne peut rien affirmer à ce sujet.

Je ne sache pas qu'on ait retrouvé des descendants de cette espèce dans nos cours d'eau dépendant du Rhin.

Genre 4. OMBLE

SALVELINUS, Nilsson.

Bouche plus ou moins grande. Dents coniques sur les

matation de Paris, une intéressante notice sur le *Saumon de Californie* (Bull. janvier 1878).

Depuis 1885, 90,000 alevins du *Quinnat*, de 10 centimètres environ, ont été versés dans la Seine. Or, M. Jousset de Bellesme écrit, dans la Nature du 15 juillet 1889, que, le 24 juin 1888, un Saumon de Californie a été pris dans la Seine, à Marly, qui, devant être âgé de 3 ans, mesurait 1^m,05 et pesait déjà 10 kilog. Sa chair était d'un blanc légèrement jaunâtre.

deux mâchoires, les palatins, la langue et la tête du vomer, ainsi que, suivant les espèces, le long de l'hyoïde, ou pas; des groupes de très petites dents sur les pharyngiens supérieurs et inférieurs. Le corps du vomer relativement court ou petit, très déprimé au-dessous du chevron et dépourvu de dents. Maxillaire arrivant sous l'œil ou le dépassant plus ou moins, avec un os supplémentaire contre la face externe. Tête assez forte. Corps plus ou moins allongé, couvert de très petites écailles ovales. Dorsale et anale moyennes; la première naissant plus ou moins en avant des ventrales; la seconde, à base relativement courte, comptant rarement plus de quatorze rayons. Caudale, selon l'âge et les espèces, plus ou moins échancrée, droite ou subconvexe. Appendices pyloriques nombreux.

Les représentants de ce genre, détachés du genre *Salmo* de Artedi[1], à cause de la structure et de la dentition particulières de leur vomer, ont, suivant les espèces, des formes plus ramassées, comme notre *Omble-Chevalier*, ou plus allongées, comme le *Huch* du Danube; les uns sont plus ou moins confinés dans les eaux tranquilles des lacs, les autres préfèrent les eaux courantes; leurs œufs sont généralement assez gros.

Différentes espèces d'Ombles habitent les régions moyennes et septentrionales de l'ancien et du nouveau monde[2].

On peut les répartir dans deux groupes différents ayant chacun pour type l'une de nos deux espèces européennes, selon qu'ils ont, en arrière de la langue :

---

[1] *Genera Piscium*, 1738, p. 11.

[2] J'ai trouvé au Muséum de Paris, parmi les types de Valenciennes, des Salmonides étiquetés *Salmo autumnalis* (Pallas) et *S. coregonoides* (Pallas) de la Newa, qui extérieurement m'ont paru devoir rentrer dans le genre *Salvelinus*.

1° *des dents sur l'os hyoïde, comme notre* S. Umbla ;

2° *point de dents sur l'hyoïde, comme le* S. Hucho.

Une seule espèce, le *Salv. Umbla,* habite les lacs de la Suisse, ainsi que bien d'autres en Europe, depuis le nord de l'Italie jusqu'en Écosse, en Islande et dans le nord de la péninsule scandinave où, avec des formes un peu différentes, elle a été distinguée sous des noms différents.

Nous verrons plus loin que l'on a importé, depuis quelques années dans les eaux suisses ; soit le *Sal. Namaycush* (Penn.) d'Amérique, qui vit dans les lacs comme le *Salv. Umbla* d'Europe et se rapproche de lui dans le groupe (*a*) des espèces à dents sur l'hyoïde ; soit les *Salv. Hucho* (Linné) du Danube et *S. fontinalis* (Mitch.) propres aux rivières de l'Amérique du nord qui, tous deux, font partie du second groupe (*b*) des espèces dépourvues de dents sur l'hyoïde en arrière de la langue.

Salvelini, groupe I.

38. L'OMBLE-CHEVALIER

Ritter. — Saibling. [1]

Salvelinus Umbla, Linné.

Corps de plus en plus ramassé avec l'âge. Tête massive ; museau épais et arrondi. Bouche terminale, fendue jusqu'en dessous de l'œil. Maxillaire supérieur plutôt étroit, arrivant très avant sous l'œil ou le dépassant plus ou moins. Dents maxillaires et intermaxillaires sur un rang, assez fortes, et de grandeur assez constante. De petites dents sur l'hyoïde, en arrière de la langue, sur une ou deux rangées confuses. Vomer plus de deux fois aussi long que large, avec 3 à 6 (7) dents disposées transversalement en V sur une forte saillie au bas de la tête de l'os. Écailles très

---

[1] *Salmarino,* en italien.

petites, d'un ovale allongé. Caudale bien échancrée dans le bas âge, quasi-droite ou parfois subconvexe chez l'adulte. — Des macules pâles, arrondies et plus ou moins apparentes sur le dos et les flancs; les premiers rayons des nageoires inférieures souvent blancs ou blanchâtres et généralement plus ou moins empâtés. — (Taille moyenne d'adultes et de vieux, suivant l'habitat : 0,^{m}25—50 à 0^m,85.)

D. 4-6/8-10, A. 3-5/7-9, V. 2/7-8, P. 1/12-13(14), C. 19 *maj.*

$$Squ. (94)^1\ 120\ \frac{30—34}{28—34}\ ^2\ 132\ tubulées. — Vert.\ 62-65.$$

a) Salmo salvelinus, *Linné.* Syst. Nat., p, 511, n° 9. — *Bloch*, Fische Deutschl., part. III, p. 149, pl. 99 ♂. — *Schrank*, Fauna Boica, p. 322. — *Hartmann*, Helv. Ichthyol., p. 123. — *Steinmüller*, Fische im Walensee, N. Alpina, II, p. 338. — *Nenning*, Fische des Bodensees, p. 18. — *Schinz*, Fauna helvetica, p. 161. — *Cuv. et Val.* XVI, p. 246. — *Heckel et Kner*, Süsswasserfische, p. 280, fig. 155. — *Siebold*, Süsswasserfische, p. 280. — *Günther*, Catal. of Fishes VI, p. 126. — *Canestrini*, Prospet. Crit., p. 85. — *Blanchard*, Poissons de France, p. 444, fig. 115.

» Umbla, *Linné*, l. c. p. 511, n° 11. — *Bloch*, l. c. p. 154, pl. 101 ♀. — *Razoumowsky*, Hist. Nat. du Jorat, p. 129. — *Jurine*, Poissons du Léman, p. 179, pl. 5. — *Holandre*, Faune de la Moselle, p. 256. — *Hartmann*, l. c. p. 130. — *Agassiz*, Poissons d'eau douce, pl. X et XI. — *Thompson*, Ann. and Mag. Nat. Hist., 1840, VI, p. 439. — *Cuv. et Val.* XXI, p. 233. — *Rapp*, Fische des Bodensees, p. 32. — *Heckel et Kner*, l. c. p. 285, fig. 156. — *Günther*, l. c. p. 125. — *Lunel*, Poissons du Léman, p. 130, pl. XIV et XV. — *Moreau*, Hist. Nat. Poissons de France, III, p. 530.

» distichus, monostichus, *Heckel*, Beiträge zu den Gattungen Salmo, etc., p. 357.

b) » alpinus, *Linné*, l. c. p. 510. — *Nilsson*, Skand. Fauna, Fisk, p, 426. — *Günther*, l. c. p. 127. — *Mela*, Vert. Fennica, p. 343.

Noms vulgaires : *Omble-Chevalier* (et à tort *Ombre-Chevalier*), lac Léman ; *Amble*, Neuchâtel[3]. — *Ritter, Rothforelle, Röthel, Win-*

---

[1] Les nombres d'écailles sur la ligne latérale 94-98 indiqués par Jurine (Poiss. du Léman, p. 179) me paraissent constituer un minimum rare dans nos eaux, même pour le Léman.

[2] Jusque contre la base des ventrales.

[3] *Hartmann* a commis une grossière erreur, quand (Helv. Ichthyol.,

terröthel, Sommerröthel, d'une manière générale, en Suisse allemande ; souvent *Rothförne,* à Lucerne ; *Rötheli, Röttelin* ou *Rottelen, Zwick* forme stérile, à Zoug ; parfois *Humel* (ou à tort *Grundförne*), à Thoune et Brienz.

Corps plus ou moins ramassé et élevé, ainsi que plus ou moins convexe en avant, selon l'âge plus ou moins avancé ; avec deux profils assez semblables chez des sujets de taille moyenne. Hauteur maximale, un peu en avant de la dorsale, au poisson sans la caudale, comme 1 : 2,15 chez de très gros sujets, à 3,20 chez des moyens, à 4,90 chez des jeunes, même = 1 : 6,30 chez certains jeunes particulièrement élancés. Épaisseur maximale, en avant, près du bout des pectorales, égale à la moitié ou même aux $^3/_5$ de la hauteur du corps, chez des jeunes ; réduite, par contre, à près de $^1/_4$ de celle-ci, chez de vieux sujets. — Pédicule caudal plus ou moins étranglé, d'une hauteur, suivant les individus jeunes ou vieux, égale à $^1/_2$ ou $^1/_3$ de la hauteur du corps en avant, ou seulement à $^1/_4$, voire même à moins de $^1/_5$ de celle-ci chez de très gros sujets.

Tête assez massive, large et haute, subarrondie en avant, quasiplane sur le front, d'une longueur latérale, au poisson sans la caudale, comme 1 : 3,35—3,90—4,35, selon les individus, vieux, moyens ou jeunes. — Museau arrondi, large et épais ; narines doubles, généralement un peu plus près de l'œil que du bout du museau. — Bouche terminale, fendue jusque dessous le bord antérieur ou la moitié de l'œil. — Mâchoires quasi-égales ; l'inférieure, cependant volontiers un peu plus longue lorsque la gueule est ouverte, très épaisse et généralement plus ou moins crochue chez les mâles. — Maxillaire supérieur faisant suite, assez en arrière du nez ou bec, à un intermaxillaire assez large, et se prolongeant jusque assez avant sous l'œil, même plus ou moins au delà, chez certains jeunes surtout ; de forme légèrement arquée, allongé et plutôt étroit, quoique doublé en arrière par un os supplé-

p. 124) il attribue à ce poisson, dans les lacs de Neuchâtel et de Bienne, les noms de *Bondelle* et de *Ronzon* qui sont ceux d'un petit Corégone (*Cor. exiguus, Bondella*) et d'un Cyprin (*Squalius leuciscus*).

mentaire externe et un peu élargi près de son extrémité
postérieure. — Opercule lisse, subcarré et relativement
petit ; sous-opercule large. — Œil rond et petit, d'un diamètre, à la longueur latérale de la tête, comme 1 : 8, même
8,30, chez de vieux sujets, comme 1 : 5 chez des sujets
moyens, et comme 1 : 4,10 chez des jeunes. — Espace
préorbitaire à peu près égal à l'œil chez de très jeunes individus, mesurant par contre jusqu'à 3 diamètres au moins
de celui-ci chez de vieux sujets. — Interorbitaire à peine plus
large que l'œil chez de petits exemplaires, presque moitié
plus grand chez des sujets de taille moyenne, égal environ à
deux et demi diamètres oculaires chez des vieux.

Branchiospines plutôt courtes, au nombre ordinaire de 21
à 27 sur le premier arc ; les plus grandes, vis-à-vis de celui-ci,
comme 1 : 6,70—9,20, avec des denticules latéraux médiocrement nombreux, assez déliés.

Rayons branchiostèges au nombre de 10 à 12.

Dents en nombre assez variable chez divers individus ; assez
fortes, généralement sur un rang, quasi-droites ou légèrement crochues ou inclinées en dedans et de hauteur assez
égale, sur l'intermaxillaire (souvent 5 à 8, d'un côté), sur le
maxillaire supérieur (souvent 14-21) et sur la mâchoire
inférieure (souvent 11-15) ; d'autres, sur une rangée aussi,
mais un peu plus petites, sur les palatins (souvent 11-16).
3 à 5 assez fortes et crochues de chaque côté sur la langue, les postérieures les plus grandes ; une série d'autres
plus couchées et plus petites, en arrière des linguales, sur
l'hyoïde, les dernières souvent par deux ou alternantes, jusqu'au niveau du troisième arc branchial à peu près (volontiers 17 à 26). Sur les pharyngiens supérieurs et inférieurs,
des groupes de dents plus petites encore. Enfin, sur le
vomer, 3 à 6 (plus rarement 7) dents plus ou moins fortes
et crochues, disposées en V transversal sous le bord inférieur de la tête ou du chevron de l'os.

Vomer large et assez court, composé d'une tête ou chevron,
large palette pentagonale en avant, et d'un corps en dessous, plus étroit, plus ou moins acuminé en arrière, faisant
suite à un col plus ou moins étranglé dans le bas âge, avec

une longueur d'ordinaire une et demie à deux fois celle de la
tête de l'os, chez l'adulte. Les dents, disposées en forme de V,
les plus grandes en avant, sur deux ou trois rangs superposés, sont portées par une forte saillie de l'os, tout au bas du
chevron ; il n'y en a jamais sur le corps même du vomer, en
dessous. Les dentitions les plus complètes présentent 5 ou 6
dents (2, 2, 1 ou 3, 2, 1), exceptionnellement 7, selon Siebold (l. c. p. 280); on ne trouve quelquefois que trois ou
quatre dents en tout (2, 1 ou 2, 2). — (Voy. Pl. III, fig. 26,
le vomer de face d'un jeune de taille moyenne du Léman, et
fig. 27, le vomer de profil et plus acuminé d'un jeune plus
petit du lac de Zoug.)

Nageoires : caudale courte, bien échancrée et à lobes subégaux
plus ou moins acuminés ou subarrondis chez des jeunes,
relativement peu échancrée chez l'adulte, à peu près droite
sur la tranche, parfois même subconvexe chez de vieux
sujets ; d'une longueur, à la longueur totale du poisson,
comme 1 : 6,20—7,70, selon les individus jeunes ou vieux ;
les rayons médians $^2/_5$ à $^7/_{10}$ du plus grand externe; de nombreux petits rayons décroissants à la base du grand externe,
en haut et en bas, souvent 6 sur 7, ou 8 ou 9 sur 7). —
Dorsale ayant son origine à peu près au milieu de la longueur du poisson sans la caudale ou un peu en avant, subcarrée, peu ou médiocrement déclive et quasi-droite ou
légèrement concave sur la tranche, avec une élévation
variant entre $^1/_2$ et $^3/_5$ de la longueur latérale de la tête, et
une longueur basilaire passablement moindre, surtout chez
les jeunes; le grand rayon simple souvent un peu plus court
que le premier divisé. — Anale un peu plus basse et un peu
plus déclive que la dorsale et de forme subcarrée aussi,
quoique généralement plus haute que large. — Ventrales
naissant à peu près sous le milieu de la dorsale, assez larges,
subtriangulaires et relativement courtes, soit laissant, entre
leur extrémité et l'anus, un espace variant le plus souvent
entre $^3/_5$ et $^2/_3$ ou $^3/_4$ de leur longueur, avec le second ou
grand rayon simple généralement bien plus court que le
premier divisé, parfois de près de un quart. — Pectorales
plus grandes, assez larges et médiocrement acuminées,

attcignant d'ordinaire, renversées, au bord antérieur de l'œil ou à la narine. — Adipeuse recourbée ou arrondie, assez haute et épaisse, un peu étranglée à la base et plutôt courte.

Les diverses nageoires, les paires surtout, volontiers plus fortes chez les mâles que chez les femelles, à âge égal ; quoique avec des exceptions individuelles. Les inférieures généralement épaisses ou comme empâtées et pâles sur les premiers rayons.

Écailles solides, nombreuses, très petites, minces, et généralement plus longues que hautes ; plus arrondies sur les parties antérieures du corps, plus ovales et allongées, ainsi que plus imbriquées sur les parties postérieures. Celles voisines de la ligne latérale généralement ovales et les plus grandes. Une squame moyenne latérale d'une surface souvent $^1/_9$ à $^1/_{12}$ de celle de la pupille de l'œil, chez des individus moyens de $0^m,40$ ou $0^m,30$; celles du ventre bien plus petites encore.

La ligne latérale, quasi-droite, passant aux $^2/_3$ environ de la hauteur du corps, composée de petites lamelles squameuses ovalaires, noyées dans la peau, entre les rangées d'écailles supérieures et inférieures, et ne laissant paraître entre celles-ci presque de même longueur mais moins étroites et se recouvrant davantage, que leur grand tubule large et saillant, à peu près en forme de bouteille (voy. Pl. IV, fig. 13). Le nombre des tubules d'ordinaire passablement inférieur au total des écailles sur la ligne latérale, les squames tubulées étant souvent séparées par une écaille simple. C'est ce qui explique en partie les grandes différences entre données de divers auteurs : 100 à 130 ou 200 à 220, selon la manière de compter. Les chiffres 94-98 fournis par Jurine, pour l'Omble du Léman, me paraissent un minimum rare dans nos eaux, même pour ce lac.

Tout le corps, ainsi que les nageoires, recouvert d'un épiderme muqueux dissimulant, soit en partie les écailles, soit les points de contact de bien des petites pièces céphaliques.

Coloration variant beaucoup avec les époques, l'âge, le sexe et les conditions :

En dehors de l'époque des amours : les faces dorsales et le haut des flancs généralement d'un gris olivâtre, souvent avec des reflets lilacés ou bleuâtres; les côtés du corps d'un gris argenté pâle ou, comme les faces inférieures, d'un blanc laiteux plus ou moins argenté, jaunâtres ou légèrement rosâtres. Le dos et les flancs parfois sans taches, le plus souvent semés plus ou moins de points pâles, soit de petites macules arrondies, blanchâtres, jaunâtres ou rougeâtres, ou à reflets bleuâtres, ou entourées d'une auréole claire, ou encore pâles avec un point rougeâtre au centre; les côtés de la tête volontiers un peu irisés; souvent une tache bleue ou noirâtre sur les côtés du museau. Les nageoires dorsale et caudale d'un gris jaunâtre; les inférieures jaunes ou jaunâtres, avec les premiers rayons pâles. Iris d'un blanc argenté jaunâtre et plus ou moins mâchuré. — La femelle généralement moins colorée que le mâle. — Les jeunes volontiers plus pâles et souvent plus tachetés de clair.

Livrée de noces, chez les mâles : les faces supérieures généralement plus sombres, d'un gris olivâtre plus ou moins foncé, avec ou sans taches charbonneuses ou noirâtres, voire même parfois d'un bronzé noirâtre; les faces latérales et inférieures d'un jaune orangé ou d'un orangé rougeâtre; les petites macules claires alors plus ou moins dissimulées ou apparentes sur le dos et les flancs. Les parties latérales et inférieures de la tête, ainsi que la mandibule et les branchiostèges, d'un noir verdâtre ou noires. La dorsale brunâtre, plus ou moins maculée ou mâchurée de noir; la caudale grise ou noirâtre, souvent un peu blanchâtre sur les côtés et plus ou moins lavée d'orangé vers le centre; les pectorales, les ventrales et l'anale, d'un orangé rougeâtre, avec les premiers rayons comme empâtés dans une enveloppe semi-cartilagineuse d'un blanc pur tranchant vivement sur la couleur orangée. L'iris volontiers brun, avec un cercle doré autour de la pupille.

Femelles en noces : leur livrée, moins variable, est assez généralement grise ou beaucoup plus pâle. Cependant, elle se rapproche un peu de celle du mâle, à l'époque du rut, chez de vieilles femelles; celles-ci présentent alors parfois quel-

ques taches noirâtres sur le dos, pendant que les faces latérales et inférieures, volontiers chez elles argentées ou blanches, deviennent alors plus ou moins roses au jaunes.

Lunel donne de belles planches coloriées de l'espèce et
décrit un certain nombre de |variétés accidentelles de la
livrée chez ce poisson dans le Léman.

Taille très différente, à âge égal, dans les divers lacs du pays.
Des individus du poids de 5 à 6 livres passent pour de beaux
sujets dans beaucoup des lacs de Suisse et d'Autriche, et des
exemplaires pesant 10 à 15 livres, avec 2 pieds (0^m,65) environ de longueur totale, y sont considérés comme de rares
exceptions. Heckel (Süsswasserfische, p. 283) parle cependant de *Saiblinge* de 18 à 20 livres, dans les Fuschler et Hin-
tersee, en Autriche; et Jurine (Poissons du Léman, p. 183)
rapporte qu'on dit avoir pris autrefois des Ombles de 25 à
30 livres dans le Léman, en ajoutant toutefois qu'il n'en a
pas vu lui-même de plus de 12 livres. — Quoiqu'il en soit,
c'est bien dans le Léman que l'espèce semble acquérir
aujourd'hui les plus grandes dimensions, en Suisse au
moins, et c'est à ce fait surtout qu'il faut attribuer l'erreur
de bien des auteurs qui, déjà depuis Gessner[1], ont cru y trouver une espèce particulière. J'ai mesuré moi-même des individus, mâles provenant de ce lac, de 0^m,740 et 0^m,850 de
longueur totale, avec un poids, le premier de 7 kilog., le
dernier de 8 kilog. 750[2], soit 17 $\frac{1}{2}$ livres. Un marchand de
comestibles de Genève m'a assuré avoir reçu autrefois
d'Yvoire, sur le même lac, un individu pesant jusqu'à vingt
livres.

Selon Perrot et Droz (Informations manuscrites, 1811),
l'Omble ou *Amble* ne dépasserait pas 10 à 11 livres dans le
lac de Neuchâtel. Au dire de plusieurs pêcheurs, la *Rothförne* atteindrait très rarement 10 livres dans le lac des

---

[1] Gessner (Fischbuch, 190 et 191) distinguait, d'après la taille, trois
espèces de Rötelin : *Umbla minor; Umbla major, sive Salmo Lemanni
lacus*, et *Umbla maxima, vel Salmo alter Lemanni lacus*.

[2] Ces deux grands sujets ont été pris en temps de frai, près d'Yvoire,
rive savoyarde du Léman, le premier au commencement de mars 1885,
le second dans les premiers jours d'avril 1888.

Quatre-Cantons ; un poids de 6 à 7 livres serait déjà exceptionnel pour les lacs de Brienz et de Thoune. Le *Röthel* n'arriverait également qu'exceptionnellement au poids de 7 ou 7 $\frac{1}{2}$ livres dans le lac de Zoug, où, suivant les gens du métier et selon les notes de J.-A. Stadler (1865), la plupart des adultes demeureraient plutôt entre 1 $\frac{1}{2}$ et 3 livres. Enfin, à en croire les données de Steinmüller, de Hartmann, de Schinz, de Rapp et de quelques pêcheurs, l'espèce ne dépasserait guère 4 à 5 livres dans les lacs de Zurich et de Wallenstadt, voire même de 2 à 3 livres dans celui de Constance.

Vertèbres au nombre de 62 à 65, dont volontiers 34 à 35 costales. — Tube digestif plutôt court et gros, souvent de la longueur du poisson ou à peu près ; l'estomac en forme de sac un peu charnu, suivi d'appendices pyloriques assez nombreux et allongés, le plus souvent au nombre de 30 à 40. — Vessie natatoire simple, remplissant à peu près la cavité viscérale, atténuée dans la partie postérieure, large et arrondie en avant et reliée à l'œsophage. — Un groupe de pseudobranchies pectinées, assez allongées, derrière le post-orbitaire. — Ovaires et testicules doubles.

La grande variabilité de notre Omble en diverses conditions d'habitat, ainsi que les différences parfois si frappantes qu'il peut présenter, quant aux proportions diverses et à la livrée, à différents âges et en différentes saisons, jusque dans un même milieu, ont trompé jusqu'ici la plupart des ichthyologistes qui n'ont pas eu entre les mains tous les degrés transitoires entre formes opposées. Atteignant, dans des eaux plus ou moins favorables, des dimensions plus ou moins fortes, il peut, avec des formes plus ou moins ramassées ou allongées, présenter, suivant les cas, les caractères morphologiques plus ou moins accusés des vieux, des adultes moyens, ou des jeunes et petits sujets.

Comme Rapp et de Siebold, je ne trouve dans les descriptions spécifiques des *Salmo Umbla* et *S. salvelinus* de divers auteurs, Hartmann, Heckel et Kner, et Günther entre autres, aucun caractère différentiel qui ne puisse être attribué à une question d'âge ou d'habitat, qui atteigne même l'importance des différences que j'ai ci-dessus indiquées entre jeunes et vieux, jusque dans un même lac. Les disproportions énormes que j'ai signalées, à âges différents, dans les rapports de hauteur et de longueur du corps, dans ceux de la tête vis-à-vis de ce dernier, et dans ceux de l'œil et du préorbitaire vis-à-vis de la tête, ainsi que dans les formes de la caudale, enlèvent toute valeur aux caractères basés sur ces proportions comparées. Les figures données par Gessner (*Fischbuch*, fol. 190 et 191) de ses trois espèces d'*Umbla*, *minor*, *major* et *maxima*, montraient déjà clairement, il y a trois siècles, les grandes transformations qui accompagnent, avec l'âge, l'accroissement de la taille.

Les différences que nous avons constatées également dans la livrée, selon les sexes et en diverses saisons, suffisent à expliquer aussi les erreurs, soit de Bloch, qui décrit et figure séparément, sous les noms de *Salvelinus* et d'*Umbla*, d'abord le mâle, puis la femelle de notre espèce; soit de Heckel et Kner, quand (Süsswasserfische, p. 285), en relevant les principaux caractères différentiels de leur *S. salvelinus* d'Autriche et de leur *S. Umbla* des lacs suisses, ils disent péremptoirement, mais à tort, que le dernier n'a jamais le ventre rouge. L'importance des taches foncées et des points clairs plus ou moins apparents, parfois même absents, varie aussi à tout âge et en diverses conditions. Le nombre des écailles diffère à son tour chez notre *S. Umbla* dans un même lac, au moins autant qu'entre les deux prétendues espèces ci-dessus. Les dimensions des dents varient également assez, soit avec l'âge, soit d'individu à individu. Enfin, les formes du vomer, ramassé ou plus allongé et acuminé, et plus ou moins étranglé, me semblent tenir surtout à une question d'âge plus ou moins avancé.

La présence exceptionnelle d'une septième petite dent vomérienne, signalée par Heckel et Kner et de Siebold, dent que je n'ai pas retrouvée chez les individus par moi examinés, me paraît ici sans valeur, en face de la variabilité constante des

---

[1] Lunel, l. c. p. 135 et 136, décrit un grand nombre de variantes de la livrée chez l'Omble-Chevalier du Léman.

dites dents, (3-6) chez les représentants de l'espèce dans nos eaux.

Le Röthel du lac de Zoug, dit généralement *Zugerrötheli* tant qu'il est de petites dimensions, ne diffère en rien du *Ritter*, de la *Rothforelle* ou de l'*Omble-Chevalier* de nos autres lacs suisses, bien que les pêcheurs de Zoug et quelques personnes dans le pays persistent à croire qu'il est d'espèce locale tout à fait particulière. Ses formes plutôt élancées, les taches claires assez constantes de son manteau et l'époque de son frai, qui devraient en particulier le faire distinguer de l'Omble (*Salvelinus Umbla*) d'autres bassins suisses, se retrouvent aussi à des âges différents et dans plusieurs de nos lacs. Les formes et la couleur, ainsi que l'époque de reproduction, varient en effet énormément dans toutes nos eaux, avec les conditions de milieu. Les quelques individus du *Zugerrötheli* que j'ai comparés avec des sujets de même taille de diverses provenances ne m'ont présenté aucun caractère différentiel important. J'ai trouvé dans le Léman de jeunes Ombles-Chevaliers tout aussi élancés, avec les mêmes rapports de proportions de la tête au corps et de l'œil à la tête. Le pointillé de la livrée m'a paru varier d'importance jusque dans le lac de Zoug même.

Le maxillaire supérieur, dépassant souvent un peu l'œil chez le *Zugerrötheli*, présente aussi parfois les mêmes rapports chez des *Umbla* d'autres provenances, surtout aux mêmes petites dimensions. Il n'y a pas jusqu'aux formes du vomer, volontiers un peu plus étroites, plus étranglées au col et plus acuminées en arrière que je n'aie retrouvées, comme je l'ai dit, chez des jeunes de l'*Umbla* d'autres lacs.

Au reste, le *Zugerrötheli* devient, avec l'âge, le *Röthel* du même lac, qui pèse jusqu'à 5; 6, parfois même 7 ½ livres, et est alors de plus en plus semblable à l'*Umbla* de même taille d'autres bassins. Les pêcheurs, qui tiennent à la distinction de leur espèce locale, affirment, il est vrai, que les gros individus ne sont pas de même sorte que les petits; mais ils ne sauraient distinguer parfaitement les jeunes des deux prétendues espèces. Les petits sujets qui m'ont été donnés comme devant représenter les deux formes étaient, à l'exception de la taille un peu différente et des quelques disproportions résultant de celle-ci, en

tout semblables sur tous les points de quelque importance.
Des différences de taille et de proportions, à âge égal, provien-
nent souvent, comme chez d'autres poissons, la Truite en particulier, ou d'une alimentation plus ou moins riche, ou de l'âge
et des dimensions différentes des mères qui ont donné naissance
aux jeunes individus comparés.

Le *Salvelinus Umbla* des lacs de Zoug et Égeri présente
cependant, à d'autres égards, un intérêt particulier, en ce sens
qu'il paraît donner assez souvent naissance à une forme stérile
de l'espèce qui, sous le nom local de *Zwick*, fait à peu près le
pendant de la Truite distinguée dans nos lacs sous les noms de
Schweb et de *Silberforelle*. Dans le mémoire manuscrit cité plus
haut du pêcheur Anton Stadler de Zoug (1865), le *Zwick* est
indiqué comme rare, comme portant des écailles plus petites
que le Röthel ordinaire, comme plus délicat, soit mourant généralement en réservoir peu d'heures après sa capture, et comme
devant frayer probablement à une époque plus hâtive. Le
Dr F. Kaiser de Zoug, excellent observateur, m'a assuré de son
côté que l'on rencontre assez souvent, dans ce lac, des sujets du
Röthel qui, connus sous le nom de *Zwick*, ne portent jamais
d'œufs et qu'il considère comme une forme stérile de l'espèce.
Je regrette de n'avoir pu me procurer de semblables sujets,
pour les soumettre à un examen plus détaillé et voir s'il n'y
avait pas peut-être chez eux des indices de bâtardise [1].

Heckel (Beiträge zu den Gattungen Salmo, etc.) avait créé,
sur des variétés de l'*Umbla* et sous les noms de *S. distichus* et
S. monostichus, deux espèces qu'il a lui-même rangées par la
suite dans la synonymie de notre espèce unique.

De Siebold (Süsswasserfische, p. 287) a signalé l'erreur de
Bloch qui a décrit, sous le nom de *S. Goedenii,* une femelle
à museau relativement obtus du *S. salvelinus,* et a montré
comment divers auteurs ont tour à tour rangé sous le même
nom de *S. Goedenii* : un jeune *Salmo Salar,* un individu de la
Trutta Trutta et une Truite ordinaire *Trutta Fario.*

---

[1] Hartmann : Helv. Ichthyol, p. 130, avait déjà signalé, d'après les
pêcheurs, la présence d'individus asexués (*Geschlechtslose*) de son
S. salvelinus, dans le lac d'Égeri.

Plusieurs ichthyologistes ont successivement décrit sous les noms de *Salmo alpinus* et de *Alpforelle* : les uns, comme Linné, Nilsson et Yarrell [1], une forme de l'Omble propre aux régions septentrionales de notre continent ; les autres, comme Schrank et Meidinger [2], le *Saibling* d'Autriche ; d'autres encore, comme Wartmann et Bloch [3], une simple variété alpine de notre Truite de ruisseaux, *Bachforelle*. Günther, qui conserve le rang d'espèce au dit *Salmo alpinus* de l'Écosse, de l'Islande et de la péninsule Scandinave, ne lui attribue dans sa diagnose (Catal. of Fishes, VI, p. 127), à l'exception d'un total de vertèbres un peu inférieur, aucun caractère qui ne soit également applicable au *Salvelinus* de l'Europe moyenne et de la Suisse. Si l'on rapproche la fréquente réduction des vertèbres chez l'*Alpinus*, 59 à 62 selon Günther, au lieu de 62 à 65 chez notre *Umbla*, de l'élévation par contre plus grande du nombre des écailles en dessus et en dessous de la ligne latérale chez le dit *Alpinus*, 36/40 selon Mela dans ses vertébrés de Finlande (*Vert. Fennica*, p. 343), au lieu de 30—34/28—34 chez notre *Umbla*, il semble que l'on puisse reconnaître peut-être dans cette forme septentrionale une sous-espèce géographique (*b*) de notre *Salvelinus Umbla* (*a*) ; cependant, il importerait de connaître la fréquence relative du minimum dans les vertèbres, et de savoir si le maximum d'écailles en dessous de la ligne latérale n'a pas été compté jusqu'au milieu du ventre. Je crois pouvoir émettre les mêmes doutes, eu égard à la valeur spécifique de plusieurs des espèces créées par Günther pour les lacs des îles britanniques, aux dépens des Ombles connus en anglais sous le nom de *Charr* [4], et de quelques formes d'Islande et de Norvège [5].

Plusieurs individus provenant de Norvège et étiquetés *Salmo salvelinus* par Valenciennes, au Muséum de Paris, m'ont paru

[1] Yarrell, *Charr*, Brit. Fish. 3e édit., p. 241.
[2] *Schrank* : Beitrag zur Naturgeschichte des *Salmo alpinus*, p. 297. — *Meidinger* : Icones piscium Austriæ indigenorum, II, Tab. 19.
[3] *Wartmann* : Alpforelle aus dem Seealper See, *Salmo alpinus*; in den Schriften der Berlinischen Gesell. naturf. Freunde, IV, 1783, p. 69. — *Bloch*, Fische Deutschlands, III, p. 155, Taf. 102.
[4] *S. Killinensis, Willugbii, Perisii, Grayi, Colii* (Günther, Catal. IV).
[5] *S. nivalis, Carbonarius, Rutilus* (Günther, l. c.).

en tout semblables à notre *Umbla*; un seul, de taille en dessous
de la moyenne et portant le nom de *S. alpinus*, m'a paru différer un peu, avec un manteau noirâtre plus sombre, des dents
relativement fortes, un maxillaire supérieur étroit dépassant
l'œil d'un demi-diamètre, et des nageoires un peu plus grandes.

Le *S. Umbla* habite les lacs de Suisse, de Savoie, de Bavière,
d'Autriche, des Iles britanniques, d'Islande, de Suède, de Norvège, de Finlande et de Laponie. Canestrini le signale, sous le
nom de *Salmarino*, comme habitant, au nord de l'Italie, le lac
Tevolo, où il paraît à peu près isolé. On le trouve plus ou moins
abondamment en Suisse dans tous les lacs d'une certaine
importance, au nord des Alpes, comme ceux du Léman, de
Neuchâtel, de Lucerne, de Baldegg, de Thoune, de Brienz, de
Zoug, d'Égeri, de Zurich, de Wallenstadt et de Constance[1]. Je
n'ai pu moi-même constater sa présence dans ceux de Hallwyl,
de Sarnen, de Lungern, de Bienne et de Morat. D'après les
données de Perrot et Droz et de quelques pêcheurs, l'Omble
ferait défaut aux deux derniers, où quelques auteurs l'auraient
cité par erreur. De nombreux alevins du *Rötheli* des lacs de
Zoug et Égeri ont été transportés, entre 1882 et 1888, dans les
lacs de Baldegg, Lucerne, Thoune, Brienz, Zurich, Constance
et de Sempach où il est nouveau, ainsi que (en 1882) dans un
petit lac alpin sur la *Lenzerheide*, à près de 1500 mètres dans les
Grisons. L'espèce manque jusqu'ici à nos lacs du Tessin, au
sud des Alpes; on se propose, dit-on, de l'y introduire bientôt.

Souvent confondu avec la Truite de ruisseaux, *Bach*, *Berg* ou
Alpforelle, notre poisson est censé habiter les petits lacs élevés
de nos Alpes; Tschudi cite même le Lago Cavloccio, sur le territoire de Maira dans le Murrethal, à 1900 mètres environ,
comme l'habitat supérieur de l'espèce en Suisse. Je dois avouer
pourtant que je ne l'ai jamais rencontré jusqu'ici au-dessus
de 800 mètres s/m. dans le pays, et que son défaut dans les

[1] Ogérien (H. N. du Jura) dit que le *Salmo Umbla* se trouve quelquefois dans le Doubs. Il y a peut-être là quelque erreur; car Olivier ne
cite pas cette espèce dans sa Faune du Doubs, en 1883.

eaux courantes, au moins dans nos conditions, semble contraire à l'idée de migrations naturelles de ce poisson vers les régions supérieures. Cette citation, que je n'ai pu vérifier, doit-elle être attribuée à quelque transport artificiel, ou plutôt à une confusion avec la petite Truite de nos Alpes.

Notre Omble-Chevalier, Ritter ou Röthel, ne s'écarte guère, sauf en temps de frai, des profondeurs de nos lacs; il ne s'engage qu'accidentellement dans nos eaux courantes, et les jeunes seuls remontent parfois un peu vers la surface, durant la belle saison. Sa taille varie, comme je l'ai dit, énormément d'un lac à l'autre, et le Léman paraît, dans notre pays, sinon le lac où il pullule le plus, au moins celui où il atteint de beaucoup les plus fortes dimensions. Les différences d'habitat qui influent sur les proportions de l'espèce, influent aussi beaucoup sur l'époque de son frai; c'est même à cette double action des conditions de milieu qu'il faut attribuer la plupart des distinctions spécifiques que bien des pêcheurs et des auteurs ont cru pouvoir faire entre Ombles de diverses provenances.

Pour plusieurs des lacs des parties centrales et orientales du pays, comme Thoune, Brienz, Lucerne, Zoug, Zurich et Constance, l'époque de frai est généralement plus ou moins tôt ou tard, en novembre ou en décembre, bien que l'on rencontre parfois des individus déjà prêts à pondre en octobre, exceptionnellement même à la fin de septembre. Dans les lacs jurassiques et occidentaux, le temps ordinaire de la ponte est de plus en plus retardé. L'Omble fraie, suivant les places, dans le lac de Neuchâtel, parfois déjà en novembre, le plus souvent en décembre ou janvier, voire même jusqu'en février. Dans le Léman, où les principales frayères se trouvent devant Yvoire (rive savoyarde), le grand moment du frai, quoique assez variable avec les années et la température des eaux, tombe généralement, plus tard encore, sur les mois de février et mars; j'ai même trouvé, dans les printemps froids, des femelles avec des œufs encore dans les premiers jours d'avril. Ainsi l'Omble peut frayer normalement pendant 8 mois de l'année; voire même accidentellement dans presque tous les mois, dans des conditions différentes, dans des circonstances particulières et à divers âges, comme on peut le déduire des observations suivantes : le Dr P. Vouga m'a écrit qu'il a pris

souvent, en été, dans le lac de Neuchâtel, de jeunes *Ombles*
de 0^m15—20 au plus, en livrée de noces et déjà avec des laites
ou avec quelques gros œufs en complète maturité. M. Lunel a
signalé, le 2 août 1888, à la Société de physique de Genève, que beaucoup d'*Ombles* ont frayé cette année-là, dans
leurs lieux accoutumés, à Yvoire, en juin et juillet; une
femelle de 2 kilog., qu'il a examinée, contenait des œufs mûrs;
un mâle de 6 ½ kilog. portait des laites mûres aussi, avec la
livrée de noces. La saison avait été mauvaise auparavant.

A l'époque des amours, l'Omble quitte les plus grands fonds
pour remonter un peu du côté des rives et venir pondre, volontiers sur fond pierreux ou caillouteux, près de l'embouchure de
quelque rivière, à une profondeur moindre : suivant les localités
sous 20, 30, 60, parfois même 80 mètres d'eau. Les pêcheurs
connaissent si bien cette préférence de l'Omble pour les endroits
caillouteux, qu'ils jettent eux-mêmes au fond de l'eau des char-
gements de pierres, pour établir des places de frai et faciliter
leur pêche. Les œufs, plutôt peu nombreux, sont jaunes et presque aussi gros que ceux de la Truite; A. Stadler, de Zoug, en
attribue 7 à 800 à une femelle de taille moyenne (probablement
une livre); Lunel en a compté 4108 chez une femelle de 8 livres
(4 kilog.). Les œufs mûrs que j'ai mesurés variaient en diamètre
de 4^mm à 4^mm,5. L'incubation dure généralement 65 à 72 jours;
mais la croissance varie beaucoup avec les conditions de milieu
plus ou moins favorables et l'abondance relative des éléments
nutritifs, vers, insectes, mollusques et petits poissons qui servent de principale nourriture à l'Omble-Chevalier.

La pêche se fait, selon les localités, avec le grand filet, avec
des filets dormants, ou avec des lignes de fond amorcées de
petits poissons vivants. C'est surtout sur les places de frai et à
l'époque de la ponte qu'elle donne les plus brillants résultats;
les pêcheurs, intéressés, assurent que c'est alors que la chair
de ce poisson est de beaucoup la meilleure. On prend aussi bien
des Ombles en divers lacs, pendant la belle saison; mais il faut
alors les aller chercher beaucoup plus profondément, souvent
sous 100 à 200 mètres d'eau. De bons observateurs affirment
que les Ombles pris en hiver (*Winterröthel*) se conservent facilement des mois, des années même, vivants en réservoir, tandis
que ceux pêchés en été (*Sommerröthel*) résisteraient beaucoup

moins; cela tient probablement à la question des profondeurs différentes où ils sont pris.

On fait dans quelques lacs, particulièrement à Zoug, un grand commerce des œufs artificiellement fécondés de cette espèce, qui sont expédiés annuellement par milliers, soit à d'autres lacs du pays, comme nous l'avons dit, soit à divers établissements de pisciculture étrangers. Le poisson lui-même, quoique de chair très savoureuse et justement appréciée, fait cependant l'objet d'une exportation beaucoup moins étendue que la Truite, probablement à cause de sa consistance moins ferme et moins résistante.

Bâtards : On a fabriqué assez souvent des bâtards de l'Omble avec le Saumon et avec la Truite. Quelques métis, de 15 à 25 centimètres, de l'Omble et de la Truite m'ont paru présenter une livrée plus chamarrée, parfois ornée de larges taches ocellées plus ou moins confluentes, pour ainsi dire léopardée. Ces métis passent pour excellents, mais ne semblent pas se reproduire facilement [1].

Comme tous les Salmonides, l'Omble est affecté de divers parasites, Crustacés suceurs [2] et surtout Helminthes [3].

Deux mots, maintenant, de quelques espèces étrangères récemment importées et qu'il faut pouvoir reconnaître par la suite.

---

[1] Un individu donné comme bâtard, m'a présenté un vomer allongé, avec de nombreuses dents en zigzags sur le corps de l'os, ainsi que chez la Truite. Il est probable cependant que l'on doit trouver quelquefois des formes de dentitions intermédiaires entre celles des espèces mères.

[2] *Lerncopoda salmonea* (Major).

[3] On a cité, en divers pays, comme Helminthes parasites du *S. Umbla* (Ag.) les : *Distomum seriale* (Rud.) dans les reins (Groenland); *D. laureatum* (Zeder) dans l'intestin. — *Tænia longicollis* (Rud.) dans les intestins et le foie. — *Bothriocephalus Salmonis Umblæ* (Kölliker), dans les intestins. — *Dibothrium infundibuliforme* (Rud.), dans les appendices pyloriques et les intestins. — Comme plus particulièrement parasites dudit *S. salvelinus* (Linné): le même *Dibothrium infundibuliforme*, ainsi que les : *Echinorhynchus Proteus* (Westr.), dans l'estomac, et *Ligula digramma* et *Monogramma* (Crepl.), dans la cavité abdominale.

Dans une étude sur les *Vers parasites des poissons d'eau douce* (1884)

Espèce importée d'Amérique.

SALMON-TROUT — GREAT LAKE TROUT

Saumon Namaycush.

Salvelinus Namaycush, Pennant.

Corps oblong, plutôt fort. Tête grande et quasi-plane en dessus, relativement allongée et pointue en avant, égale à peu près à un quart de la longueur du corps ou un peu plus. Bouche terminale, très grande. Toutes dents fortes. Une série de dents sur l'os hyoïde, en arrière de la langue. Vomer assez large et relativement court, avec quelques dents en lignes transverses au bas du chevron et immédiatement en dessous [1]. *Maxillaire supérieur dépassant notablement l'œil. Œil relativement grand. Préopercule étroit, presque sans bord inférieur. Écailles très petites. Nageoires moyennes; caudale plutôt courte, mais très profondément échancrée. — Manteau gris plus ou moins foncé, parfois noirâtre en dessus, plus clair sur les flancs, avec de petites taches arrondies pâles, souvent rougeâtres. — (Taille moyenne d'adultes et de vieux : 0ᵐ,50—1 mètre.)*

le Dʳ Fritz Zschokke a en particulier signalé, chez le *Salmo Umbla du lac Léman*, les : *Tænia ocellata* (Rud.), enkysté dans les intestins; *T. longicollis* (Rud.), enkysté dans le foie; *T. Salmonis Umblæ* (Zschokke), dans les intestins. — *Triænophorus nodulosus* (Rud.), dans la cavité abdominale. — *Bothrio. (Diboth.) infundibuliformis* (Rud.), dans les appendices pyloriques. — *Cyathocephalus truncatus* (Pallas), dans les appendices pyloriques. — *Distoma folium* (Olfers), dans la vessie urinaire; *D. tereticolle* (Rud.), dans l'œsophage et l'estomac. — *Ascaris truncatula* (Rud.), enkysté dans le foie. — *Echinorhynchus Proteus* (Westr.), dans les intestins. — Enfin, un *Tetrarhynchus*, peut-être nouveau, enkysté dans la cavité abdominale.

[1] Un jeune *S. Namaycush*, élevé à Genève, présentait un vomer large en avant, conique ou graduellement rétréci en arrière, un peu plus de deux fois aussi long que large. Il portait 5 dents assez fortes en ligne concave transverse au bas du chevron et deux dents assez petites en seconde ligne immédiatement au-dessous. — Günther (*Catal. of Fishes*, VI) a dû faire quelque confusion, alors qu'il a classé le *Namaycush* parmi ses véritables *Salmones*, et quand il a dit (p. 123) : *dents du vomer persistant durant toute la vie du poisson et sur un seul rang.*

D. 4-5/9-10, A. 4-5/9-10, V. 2/8, P. 1/12-13, C. 19 *maj.*

Squ. L. lat. 185-205[1]. — *R. brchst.* 12-14. — *Vert.* 63-64[2].

Salmo Namaycush, *Pennant*, Arct. zool. II. p. 139; *Richards.* Faun. Bor. Amer. III, p. 179, pl. 79; *Günther*, Catal. VI, p. 123. — S. Amethystinus, *Mitch.* Journ. Acad. N. S. Philad., 1818, I, p. 410. — Salar Namaycush, *Cuv. et Val.*, XXI, p. 348. — Salvelinus Namaycush, *Jordan et Gilbert*, Fishes of North America, p. 317.

Le Namaycush habite les grands lacs du nord des États-Unis, où il paraît mener une existence tout à fait sédentaire, et où il atteint des dimensions un peu supérieures à celles de notre Omble-Chevalier, jusqu'à 36 pouces selon Jordan et Gilbert (loc. cit.). On le dit peu difficile sur le choix des eaux; sa chair passe pour excellente. Sa queue profondément bifurquée permet de le distinguer à première vue, à l'état adulte, soit de notre espèce indigène, soit du *S. fontinalis* également importé dans nos eaux.

Des œufs embryonnés, reçus d'Amérique par la Confédération, ont été confiés à divers établissements de pisciculture en Suisse, et, en 1886, on mettait à l'eau : 7500 alevins de *Namaycush* dans la Limmat, à Zurich ; 7000 dans les lacs de Thoune et de Brienz; 8400 dans le lac de Zoug; 7638 dans le Rhône, à Genève, et 8239 dans le lac Majeur (au sud des Alpes), où il n'y avait point d'*Omble* jusqu'alors. Enfin, M. le Dr Delachaux, président de la Société oberlandaise de pisciculture, m'écrivait d'Interlaken, le 17 avril 1888, qu'il avait fait transporter la même année (1886) quelques centaines d'alevins de cette espèce dans les petits lacs élevés et voisins, dits *Seyisthalsee* et *Hinterburgsee* (Berne, 1345^m s/m.), qui n'ont pas d'écoulement visible. Je n'ai pas ouï dire que l'on ait pris de ces poissons, ni dans le Léman (Rhône), ni dans le Tessin, au sud des Alpes, ni dans nos divers lacs dépendant du Rhin, à

[1] Selon *Jordan et Gilbert.* — Günther donne 220 sq. en ligne latérale.
[2] Deux jeunes individus, élevés à Genève, que j'ai examinés, portaient, l'un 63, l'autre 64 vertèbres.

l'exception de celui de Brienz. Le Dr Delachaux m'a avisé, en effet, dans la lettre en question, que trois individus de cette espèce américaine, du poids de 300 grammes environ, ont été capturés dans le lac de Brienz, en automne 1887.

Salvelini, groupe 2. Espèce importée d'Amérique.

BROOK TROUT

TRUITE D'AMÉRIQUE. — BACHRÖTHEL.

SALVELINUS FONTINALIS, Mitch.

Corps oblong, médiocrement comprimé. Tête moyenne. Bouche terminale, grande; museau obtus. Dents moyennes; point sur l'hyoïde, en arrière de la langue. Vomer sans crête saillante, avec 6 (8) dents disposées transversalement sur deux lignes au bas du chevron [1]. Maxillaire plutôt étroit et droit, dépassant notablement le bord postérieur de l'œil. Mandibule relevée en crochet, chez le mâle adulte. Œil assez grand. Préopercule arrondi dans le bas, avec un bord inférieur court. Écailles excessivement petites. Nageoires moyennes; dorsale subcarrée; caudale légèrement échancrée chez les jeunes, droite ou même légèrement convexe chez les vieux. — Manteau brun-olivâtre en dessus, plus pâle sur les côtés, marbré d'olive foncé ou de noir sur le dos, et orné de points arrondis plus clairs, jaunâtres ou rougeâtres sur les flancs; dorsale marquée en travers de séries de taches noirâtres; premier rayon des ventrales et de l'anale blanc. — (Taille moyenne d'adultes et de vieux : 0^m,30 à 0^m,60.)

D. 4-5/9, A. 3-4/8 [2], V. 2/7, P. 1/11-12, C. 19 *maj.*

---

[1] Deux individus du *S. fontinalis* (Mitch.) au Muséum de Paris, l'un adulte plus ramassé, l'autre jeune plus allongé, portaient également 6 dents sur le vomer, en avant seulement : quatre assez grandes en ligne transverse concave sur le bas du chevron et deux plus petites, également en travers, immédiatement au-dessous.

J'ai vu de beaux sujets adultes de cette espèce, à l'aquarium du Trocadéro, à Paris.

[2] Günther (Catal. VI, p. 152) dit D. 12, A. 10. Mes chiffres, relevés sur

Squ. L. lat. 200–230 [1]. — *R. brchst.* (9). 10–12 [2]. — *Vert.* 58 [3].

Salmo fontinalis, *Mitch*, Trans. Lit. et Phil. Soc. N. Y. 1, p. 435. —
 Cuv. et Val., XXI, p. 266. — *Günther*, Catal. of Fishes, VI, p.
 152. — *Jordan et Gilbert*, Fishes of North America, p. 320. —
 Salmo Hoodii, *Richards*. Fauna Bor. Amer. III, p. 173. — Salmo
 erythrogaster, *Dekay*, Faun. New-York Fish, p. 236, pl. 39,
 fig. 126.

Cette espèce qui, contrairement à notre Omble, semble préférer les eaux courantes à celles des lacs, se trouve en abondance dans les fleuves et rivières de l'Amérique britannique et
des États-Unis du nord, où elle atteint un poids maximum de
10 livres environ. Sa chair, le plus souvent rose et très délicate,
ainsi que le fait qu'elle n'exige pas la présence de lacs dans un
pays pour y prospérer, ont attiré sur elle l'attention des pisciculteurs, tant européens qu'américains.

Diverses importations ont été, en particulier, faites en Suisse
sur divers points, depuis quelques années. Quelques centaines
d'alevins, issus d'œufs embryonnés donnés, en 1883, par la
Société allemande de pisciculture, ont été élevés, partie sur les
bords du Léman, à Lausanne et dans un étang à Saint-Prex [4],
partie à Zurich; quelques-uns seulement ont pu être versés
dans les eaux de ces deux bassins. En 1885 et 1886, plusieurs
milliers d'alevins, nés d'œufs reçus directement d'Amérique,
ont été versés dans les eaux du lac des Quatre-Cantons : 3000,
en 1885, et 10,000 en 1886. Les rapports fédéraux pour 1887
et 1888 indiquent encore la mise à l'eau, dans le bassin du Rhin
suisse : d'abord de 2000 alevins du même *Fontinalis*, élevés dans
l'établissement de Bâle-Campagne, puis de 12,000 autres, élevés

un jeune de 0^m,195 élevé à Gremat, près de Genève, sont mieux d'accord avec les données de Jordan et Gilbert.

[1] Jordan et Gilbert (l. c.) donnent 37 sur 30 écailles en ligne verticale.

[2] J'ai trouvé une fois 9 *brchst.* Günther donne le maximum 12.

[3] J'ai compté 58 vertèbres, dont 31 costales, sur un jeune élevé à
Gremat. Les auteurs précités ne parlent pas des vertèbres de cette
espèce.

[4] Note de M. H. Goll : *Der amerikanische Bach-Röthel.*

au même endroit et versés dans des étangs à Liestal. Enfin, dans ces dernières années, l'établissement de M. Lugrin, à Gremat (Ain), près de Genève, a élevé bon nombre d'individus de cette espèce.

Je n'ai pas appris que l'on ait retrouvé des représentants de cette espèce en eau libre, ailleurs que dans les cours d'eau avoisinant l'établissement de Gremat, d'où quelques-uns ont réussi à s'échapper. M. Haas, président de la Société d'exploitation, m'a assuré qu'on en avait pris, ce printemps (1889), quelques individus d'un an, de 15 à 18 centimètres, qui, ayant mordu au hameçon et en parfait état, semblent s'être très bien acclimatés. J'ai vu un de ces sujets qui avait été pris dans la Thoiry, tributaire de l'Allemogne et du Rhône.

Essai d'importation, du Danube dans le Rhin.

HUCH ou HUCHEN

Saumon Huch.

Salvelinus Hucho, Linné.

Corps subcylindrique, allongé. Tête grande, plus longue que la hauteur du corps. Bouche antérieure, grande. Museau subconique. Dents de la mâchoire inférieure et palatines plus fortes que celles de la mâchoire supérieure; point sur l'hyoïde, en arrière de la langue. Vomer court et large, portant sur le chevron une rangée transverse de 6 dents assez fortes, mais plus ou moins caduques (souvent seulement 3 ou 4). Maxillaire dépassant le bord postérieur de l'œil. Œil plutôt petit. Préopercule avec un bord inférieur bien délimité. Écailles très petites. Nageoires moyennes ou plutôt petites. Dorsale assez déclive, naissant sur le milieu du corps ou un peu en arrière. Caudale toujours plus ou moins échancrée. — Manteau gris ou olivâtre en dessus, de plus en plus pâle sur les côtés; faces dorsales et haut des flancs, avec de petites taches anguleuses noirâtres; faces inférieures argentées, souvent lavées de rougeâtre. — (Taille moyenne d'adultes et de vieux: 0^m,70—1^m,20 à 1^m,80.)

D. 3-4/9-10, A. 4-5/7-9, V. 1/8-9, P. 1/14-16, C. 19 *maj.*

Squ. L. lat. 180-200. — *R. brchst.* 10-11. — *Vert.* 68 [1].

Salmo Hucho, *Linné,* Syst. Nat. p. 510, *et auctorum : Bloch,* loc. cit.
p. 152, Taf. 100 ; *Agassiz,* l. c. tab. XII et XIII ; *Cuv. et Val.,*
l. c. p. 226 ; *Heckel et Kner,* l. c. p. 277, fig. 154 ; *Siebold,* l. c.
p. 288 ; *Günther,* l. c. p. 140.

Je n'aurais rien dit de ce poisson, propre aux cours d'eau du
bassin du Danube et tout à fait étranger à notre pays, car je ne
sache pas qu'il ait été jamais rencontré dans l'Inn jusqu'en
Engadine, si quelques essais d'introduction de cette espèce dans
le Rhin n'avaient été faits, il y a quelques années.

On espérait pouvoir acclimater dans ce nouveau bassin ce
superbe et excellent poisson, qui atteint facilement un poids de
40 à 60, et même de 100 livres ; mais cet espoir a été déçu, et
l'on paraît y avoir pour le moment renoncé, à cause des diffi-
cultés que présente le transport des œufs durant les grandes
chaleurs, époque de frai de l'espèce.

Selon F. Leuthner (Mittelrheinische Fischfauna, 1877, p. 21),
quelques individus, élevés dans l'établissement de Huningue, se
seraient échappés et auraient pu gagner le Rhin.

Par contre, le directeur du dit établissement, M. Haack,
m'écrivait le 20 juin 1889 : « Je n'ai jamais mis de jeunes
Salmo Hucho dans le Rhin, parce qu'il ne m'a jamais été possible de me procurer des œufs de ce poisson en assez grande
quantité. J'ai cependant élevé plusieurs fois de ces Saumons
dans mes étangs, quoique la chose soit très difficile, parce qu'ils
ne prennent pas d'autre nourriture que des poissons vivants. Ils
sont toujours tombés malades et ont péri après 4 ou 5 ans. Je
ne crois pas que l'administration française ait mis autrefois des
Huch dans le Rhin ; on n'a, en tout cas, jamais trouvé un grand
Saumon du Danube dans le Rhin. Je ne m'occupe plus du
reste de la reproduction de cette espèce, depuis plusieurs années. »

[1] Vert., selon Günther, Catal. VI, p. 140.

Il paraît que, depuis au moins quinze ans, il n'a été fait également aucune tentative d'importation de ce poisson par la Société allemande de pisciculture, ni dans le lac de Constance, ni dans le Rhin.

Famille V. ESOCIDÉS

ESOCIDÆ

Les Esocidés ont le corps plus ou moins allongé, couvert d'écailles cycloïdes. Le bord de la mâchoire supérieure est formé chez eux par l'intermaxillaire et le maxillaire. La bouche grande et bien armée, est dépourvue de barbillons. L'ouïe est largement fendue jusque sous la gorge. Ils ne portent pas de nageoire adipeuse. La dorsale est très reculée, bien en arrière des ventrales qui sont abdominales. L'estomac ne forme pas de cul-de-sac. Ils n'ont pas d'appendices pyloriques, et pas de véritables pseudobranchies. La vessie natatoire est grande et simple.

Les représentants de cette petite famille, propres aux eaux douces des régions tempérées de l'hémisphère nord, peuvent être tous groupés dans le seul genre *Esox*[1] dont la majorité des espèces sont américaines, une seule, notre Brochet (*Esox lucius*) figure à la fois en Europe et dans le Nouveau-Monde.

Ce sont des poissons carnassiers, généralement assez dangereux pour leurs voisins.

[1] L'*Umbra*, quelquefois réuni aux Esocidés, doit former une famille à part dite *Umbridæ*.

Genre 1. BROCHET

ESOX, Linné.

Bouche profondément fendue, pourvue de dents : assez grandes sur la mandibule, beaucoup plus petites sur l'inter-maxillaire, les palatins, le vomer, la langue et les pharyn-giens ; point sur le maxillaire. Museau large et déprimé ; la mâchoire inférieure généralement un peu plus longue que la supérieure. Corps allongé, couvert d'écailles petites ou moyennes ; avec une ligne latérale distincte. Dorsale en face de l'anale. Caudale échancrée.

Ce genre compte cinq espèces dans les eaux douces de l'Amérique du Nord, selon Jordan et Gilbert. La Suisse et l'Europe ne possèdent que l'*Esox lucius* de Linné.

39. LE BROCHET

HECHT. — LUCCIO.

ESOX LUCIUS, Linné.

Corps allongé, un peu comprimé sur les côtés et déprimé sur le dos. Tête longue, carrée en arrière et écrasée en avant en large bec de canard. Mâchoire inférieure dépassant passablement la supérieure. Maxillaire supérieur assez étroit, arrivant dessous l'œil. Dents palatines en cardes, disposées en rangées parallèles, les plus grandes à droite et à gauche de la ligne médiane. Quel-ques dents plus grandes que leurs voisines de chaque côté sur la tête du vomer, en avant. Opercule et préopercule couverts de peti-tes squames dans le haut. Écailles de la ligne latérale moyennes et profondément découpées sur le centre de leur bord libre. Dorsale et anale subcarrées et assez semblables. — De larges taches ou marbrures brunes ou noires, souvent réunies en bandes transver-sales, sur un fond plus clair gris, jaunâtre ou brunâtre, plus

*pâle sur les flancs que sur le dos et la tête. — Taille moyenne
d'adultes et de vieux : 0ᵐ,50—1ᵐ,00 à 1ᵐ,45.*

D. 6–8 (9)/13–15, A. (4)[1] 6–7 (8)/10–13, V. 1–2/7–9, P. 1/13–15,
C. 19 *maj*.

$$Squ. 105 \frac{12—14 (15)}{14—15}{}^{2} 130. — R. \ brchst. \ 14—16. — Vert. (59). 60—63{}^{3}$$

Esox Lucius, *Linné*, Syst. Nat. I, *éd*. 12, p. 516. — *Bloch*, Fische Deutschl.
I, p. 229, Taf. 32. — *Rasoumowsky*, Hist. Nat. du Jorat, I, p. 129.
— *Schrank*, Fauna Boica, p. 326. — *Jurine*, Poissons du lac Lé
man, p. 231, pl. 15. — *Steinmüller*, Fische im Walensee, N. Alpina,
II, p. 341. — *Hartmann*, Helv. Ichthyol., p. 162. — *Flemming*.
Brit. An., p. 184. — *Nilsson*, Prod, Icht. Skand, p. 36. — *Nen-
ning*, Fische des Bodensees, p. 14. — *Pallas*, Zoogr. Ross. As. III,
p. 336. — *Holandre*, Faune de la Moselle, p. 254. — *Schinz*,
Fauna Helv., p. 159. — *Yarrell*, Brit. Fish., 1ʳᵉ édit., I, p. 383.
— *Selys-Longchamps*, Faune Belge, p. 223. — *Cuv. et Val.*, XVIII,
p. 279. — *Günther*, Fische des Neckars, p. 107 ; Catal. of Fishes,
VI, p. 226. — *Rapp*, Fische des Bodensees, p. 11. — *Heckel et
Kner*, Süsswasserfische, p. 287, fig. 157. — *Fritsch*, Fische Böh-
mens; Ceské Ryby, p. 35. — *De Betta*, Ittiol. veron., p. 112. —
Siebold, Süsswasserfische, p. 325. — *Jäckel*, Fische Bayerns, p. 86.
— *Canestrini*, Prosp. crit., p. 94. — *Blanchard*, Poissons d'eau
douce de France, p. 483, fig. 128. — *Pavesi*, Pesci e Pesca, p. 52.
— *Lunel*, Poissons du bassin du Léman, p. 161, pl. XIX. — *Mo-
reau*, Hist. Nat. Poissons de France, III, p. 466. — *Mela*, Vert.
Fennica, p. 355. — *Möbius et Heincke*, Fische der Ostsee, p. 134.
»   Boreus, *Agassiz*, Lake Superior, p. 317 (Amérique).
»   Estor, Depraudus, *Günther*, Catal. of Fishes, VI, p. 228–229 (Amé-
rique).

Noms vulgaires : S. F. *Brochet* ; *Brochet gris, B. doré B. noir, Brochet
gentil* (Neuchâtel); juv. *Brocheton*. — S. A. *Hecht* ; juv.
Schnäbeli (Constance). — Tessin *Luse, Luzzo* ou *Luccio*.

Corps assez allongé, un peu comprimé et de forme plutôt qua-
drangulaire, avec le dos plus ou moins carré ou aplati, parfois comme ensellé ; le profil supérieur presque droit jusqu'à

[1] Selon Heckel et Kner, l. c. p. 288.
[2] Jusque sur la base des ventrales.
[3] 55 à 57, selon Canestrini, *Pesci d'acqua dolce d'Italia*, p. 94.

la dorsale ou parfois légèrement concave; l'inférieur quasi-
parallèle et plus ou moins convexe.

Hauteur maximale, volontiers devant la dorsale, parfois
devant les ventrales, à la longueur totale du poisson, comme
1 : 6,5 à 5,5 , selon les individus jeunes, de taille moyenne
ou adultes de grande taille; souvent comme 1 : 7,25 chez
de très jeunes individus, et alors égale environ à la $^1/_2$ de la
longueur de la tête. L'élévation du corps très vite réduite
à près de $^1/_3$ de son maximum, derrière la dorsale. L'épaisseur la plus forte égale à peu près à $^1/_2$ de la hauteur maximale ou légèrement plus.

Anus ouvert, devant l'anale, à peu près aux $^2/_3$ de la longueur totale.

Tête forte, carrée et aplatie en arrière, un peu creusée longitudinalement sur la ligne médiane en dessus, et déprimée en
avant en large bec de canard; sa longueur latérale, à la longueur totale du poisson, comme 1 : 3,5—4, selon les sujets
moyens ou grands; sa largeur mesurant de $^1/_4$ au moins à
près de $^1/_3$ de sa longueur latérale, selon les individus; sa
hauteur à l'occiput à peu près égale à l'espace postorbitaire.
— Museau déprimé, large et arrondi en avant, souvent
comme légèrement retroussé; sa largeur, vers le milieu de
l'espace préorbitaire à peu près, égale à la largeur derrière
l'œil et souvent un peu réduite devant celui-ci. — Narines
doubles et largement ouvertes devant l'œil, au quart à peu
près de la distance comprise entre le bord de l'orbite et le
bout du bec, chez des sujets de taille moyenne; ce rapport
variant assez avec l'âge. — Bouche largement fendue jusque sous l'œil; langue grande, subcarrée au bout et couverte de petites dents en velours. — Mâchoire inférieure non
protractile, forte, dépassant un peu la supérieure, la bouche étant fermée, bordée d'une lèvre assez épaisse et présentant de chaque côté, en dessous, quatre larges pores
quasi-équidistants. — Maxillaire supérieur droit, relativement étroit, doublé d'un os supplémentaire de forme allongée et acuminée; mesurant un peu moins que la hauteur de
la tête et parvenant jusque sous la moitié de l'œil. — Opercule assez grand, à peu près carré, avec un angle postérieur

inférieur subarrondi, et couvert de petites écailles dans sa moitié postérieure. — Sous-opercule en demi-croissant assez large. — Préopercule largement échancré vers le milieu, volontiers avec quelques petites écailles au sommet. — Interopercule peu découvert.

Le premier sous-orbitaire allongé en avant sur les deux tiers du museau environ; sa base, plus large et subcarrée, bordant en arrière l'œil sur $\frac{1}{3}$ ou $\frac{1}{2}$ de sa largeur; les trois os suivants (parfois 4 par subdivision) petits et en chaîne assez étroite derrière l'orbite. — Susorbitaire assez surplombant. — Quelques larges pores et des canalicules plus ou moins apparents de chaque côté sur la tête, en arrière et autour de l'œil en dessous.

Œil un peu ovale, placé très haut, à peu près au milieu de la longueur latérale de la tête, et d'un diamètre, à cette dernière, comme 1 : 7—9—10, selon les sujets jeunes, de taille moyenne, ou adultes grands. — Espace préorbitaire un peu moindre que la moitié de la tête. — Espace interorbitaire légèrement plus fort que le diamètre orbitaire chez les jeunes, égal à deux fois celui-ci chez des adultes.

Ouïes très largement fendues, avec 14 ou 15, plus rarement 16 rayons branchiostèges.

Dents : une rangée de petites dents de chaque côté sur les intermaxillaires. Cinq rangées parallèles de dents en cardes droites, mais inclinées en dedans, occupant en un groupe allongé toute la surface des palatins, à droite et à gauche de la ligne médiane, d'autant plus grandes qu'elles sont plus voisines de cette dernière. De nombreuses petites dents, de plus en plus réduites d'avant en arrière, sur le vomer, et, parmi celles-ci, deux ou trois (parfois une ou quatre) dents bien plus grandes et inclinées en arrière, de chaque côté sur la tête de cet os en avant. De petites dents aussi, plus ou moins serrées, sur la langue et les pharyngiens. Enfin, de chaque côté, sur le maxillaire inférieur : d'abord quelques petites dents inclinées en arrière, puis, sur un rang en arrière de celles-ci, de cinq à huit dents coniques de beaucoup les plus grandes de toutes (souvent une ou deux petites intercalaires). — Point sur le maxillaire supérieur.

Nageoires : caudale assez échancrée, à lobes subacuminés un peu convexes sur la tranche, et mesurant près de la moitié de la longueur latérale de la tête. — Dorsale très reculée, sur une voûssure du dos, ayant son origine à peu près au-dessus de l'anus, d'ordinaire un peu en avant des $^2/_3$ de la longueur totale du poisson ; sa hauteur à peu près égale à l'espace préorbitaire ou un peu moindre ; sa longueur basilaire presque égale à sa hauteur ou un peu plus forte ; de forme sub-carrée, un peu convexe sur la tranche et peu réduite en arrière. — Anale naissant très près de l'anus, plus ou moins en arrière sous le quart, le tiers, ou la moitié de la dorsale ; convexe comme celle-ci et presque de mêmes dimensions, bien que volontiers un peu plus étroite. — Ventrales implan-tées légèrement en avant du milieu de la longueur totale, de forme subtriangulaire arrondie, assez larges et d'une lon-gueur généralement un peu moindre que la hauteur de l'anale, parfois de $^1/_3$ ou $^1/_4$ environ. — Pectorales subtrian-gulaires, plus ou moins largement arrondies et légèrement plus longues que les ventrales, soit à peu près égales à l'anale.

Écailles enchâssées dans une peau assez épaisse et assez régu-lièrement distribuées sur des lignes quasi-verticales ; les squames moyennes des flancs de forme subcarrée ou plus ou moins arrondies et généralement un peu plus longues que hautes, se recouvrant aux deux tiers environ, avec un à trois ou même quatre festons arrondis assez profondément découpés au bord fixe, correspondant à autant de rayons gagnant le nœud de l'écaille en avant du milieu de celle-ci, du côté du bord libre ; des stries concentriques très fines sur toute la surface ; pas de rayons à découvert. Une squame laté-rale médiane volontiers un peu plus grande que la pupille, soit couvrant à peu près $^1/_4$ ou $^1/_3$ de la surface de l'œil, chez un individu de taille moyenne ; égale au plus à $^2/_3$ de la pupille chez des jeunes de petite taille. Les antérieures et postérieures plus petites ; les dernières de forme un peu plus allongée. Les ventrales plus petites aussi et généralement plus arrondies. Des écailles plus petites encore, peu ou pas festonnées, sur le haut de l'opercule et du préopercule.

Enfin, sur la joue, des squames ovales ou arrondies, les plus petites de toutes et généralement dépourvues de festons.

La ligne latérale naissant vers l'angle de l'opercule, gagnant le centre de la caudale et passant, vers le milieu du corps, aux deux tiers environ de la hauteur de celui-ci. Les squames sur cette ligne sans véritable tubule, mais, de place en place, profondément découpées sur le centre du bord libre jusque vers le nœud, sur leur tiers environ. (Voy. Pl. IV, fig. 17.) Semblables écailles, ainsi bilobées en avant, ovales ou subcarrées et plus ou moins festonnées au bord fixe, se suivant rarement immédiatement, mais d'ordinaire séparées par quelques écailles ordinaires, interposées au nombre de deux, trois ou quatre, souvent plus en arrière qu'en avant de la région moyenne du corps.

Coloration d'un gris verdâtre, jaunâtre, brune ou olivâtre, ou encore noirâtre, en dessus ; la nuque et les parties supérieures de la tête généralement les plus foncées ; les côtés du corps plus clairs que le dos, quelquefois d'un gris argenté, plus souvent d'un gris jaunâtre plus ou moins doré, et plus ou moins couverts de grandes taches ou de larges marbrures foncées brunes, olivâtres ou noirâtres, souvent réunies en bandes transverses plus ou moins jointes par le haut et parfois si rapprochées que la teinte fondamentale claire n'apparaît plus que par places, comme de petites taches pâles ou comme des lignes intercalées qui assez souvent passent d'un côté à l'autre en travers du dos, dans le jeune âge principalement. Le ventre d'un blanc argenté, quelquefois un peu lavé de jaunâtre, souvent immaculé, parfois grisâtre ou légèrement pointillé de noirâtre. La joue et les pièces operculaires argentées, dorées ou jaunâtres et plus ou moins couvertes de taches ou de marbrures foncées ; les côtés du museau plus sombres, verdâtres, bruns ou noirâtres. Iris argenté ou jaune, plus ou moins mâchuré, avec un cercle doré autour de la pupille.

Dorsale, anale et caudale d'un gris jaunâtre ou jaunâtres et plus ou moins lavées de brun rougeâtre, avec de grandes macules brunes ou noirâtres plus ou moins disposées en séries transversales. Pectorales et ventrales d'un jaune plus rougeâtre ou orangées, chez l'adulte, plus pâles chez le jeune, et plus ou moins mâchurées ou maculées, les secondes surtout.

Dimensions très variables, même à âge égal, la croissance pouvant être plus ou moins rapide, dans des conditions d'alimentation plus ou moins favorables. L'espèce semble atteindre ses plus fortes proportions dans les régions septentrionales de notre continent. On a cité des individus de 50 kilos et plus, comme se trouvant parfois en Suède et en Norvège. La moitié de ce poids est déjà rare dans nos eaux suisses, même dans les lacs de Bienne et de Morat qui, avec des parties marécageuses, semblent tout particulièrement propres au développement de ce poisson, et dont le Dr P. Vouga[1] dit qu'on y pêche quelquefois des individus de 20 à 25 kilos. Blanchet[2] attribue au Brochet, dans les marais de Villeneuve à l'extrémité orientale du lac Léman, le même maximum de 50 livres. Un poids de 15 à 17, au plus 18 kilos (30 à 36 livres), avec une taille de 1 mètre à 1^m.25 ou 35, passe pour assez élevé déjà dans la plupart de nos grands lacs. L'espèce ne dépasserait même pas le tiers ou la moitié de ce poids dans quelques-uns de nos petits lacs, incapables de suffire à son colossal appétit. Suivant De la Blanchère[3], le Brochet mesurerait 0^m,20—30 à un an, 0^m,36—42 à deux ans, 0^m,55—60 à trois ans, 1^m,00 à six ans, et 1^m,35 à douze ans. Selon Perrot et Droz[4], ce poisson, dans le lac de Morat, pèserait 1 ½ livre (750 grammes) à la fin de sa première année, 3 livres à la fin de la seconde et 6 livres à la fin de la troisième. J'ai vu, à Genève, un jeune *Brocheton* né de fécondation artificielle qui, bien nourri en aquarium, avait atteint une longueur de 0^m,22 en 84 jours.

Le Brochet pouvant atteindre à un âge très avancé, il n'est pas étonnant qu'il arrive avec le temps à mesurer de très fortes dimensions, dans un milieu favorable[5].

[1] Bull. Soc. Zool. Acclimatation, 13 juillet 1866.
[2] Hist. nat. des environs de Vevey, 1843.
[3] Dict. gén. des Pêches, 1868, p. 116.
[4] Notes manuscrites, 1811.
[5] D'après le *Tagblatt*, les habitants d'Au (St-Gall) auraient capturé,

Les mâles sont généralement plus petits que les femelles,
à âge égal.

Les jeunes sont plus effilés, avec un œil bien plus grand.
Vertèbres au nombre de 60—62, plus rarement 59 ou 63[1]. —
Tube digestif formant deux grands coudes et mesurant,
selon les individus, un peu plus ou moins que la longueur du
poisson ; l'estomac large et descendant jusqu'à la première
courbure, presque au bas de la cavité abdominale. — Ovaires et testicules doubles. — Pas de véritables pseudobranchies. — Vessie aérienne grande et simple, occupant toute
la longueur de la cavité viscérale et reliée en avant à l'œsophage par un conduit court à ouverture assez étroite.

Ce poisson varie beaucoup avec l'âge et les conditions d'habitat, température et revêtement du fond des eaux ou alimentation, non seulement dans ses diverses proportions, comme on
peut le voir dans notre description ci-dessus, mais encore quant
à la teinte fondamentale et aux dessins ornementaux de sa
livrée. Nos pêcheurs, en Suisse, suivant l'uniformité ou la variété des conditions d'habitat que présentent les eaux de leur
région, ne reconnaissent qu'une seule espèce de Brochet ou en
distinguent au contraire deux ou trois différant à la fois par
leurs mœurs, leur coloration et leur époque de frai. C'est ainsi
que, sur les rives de quelques-uns de nos lacs, beaucoup distinguent des individus foncés, dits *Brochets noirs,* frayant généralement en mars dans les marais, d'autres plus pâles, grisâtres
ou jaunes, dits *Brochets gris* ou *Brochets dorés,* frayant plus
tard, principalement en mai, dans les eaux plus profondes, plus
claires et plus froides des lacs. Certains pêcheurs du lac de Neuchâtel distinguent même, sous le nom de *Brochet gentil,* des

en janvier 1873, un grand nombre de Brochets dans un canal latéral
du Rhin, et l'un de ces poissons aurait pesé un quintal et demi (*150
livres!*). Je ne saurais dire quelle part il faut faire ici à l'exagération ;
mais il me paraît probable que le correspondant du journal a dû
voir double, ou triple.

[1] Canestrini (Prosp. Crit., 1865, p. 94) ne donne que 55 à 57 vertèbres au Brochet des eaux douces de l'Italie. Cette différence présenterait quelque intérêt, si elle était prouvée constante.

représentants de l'espèce qui, agréablement ornés de macules ou de marbrures rouges, frayeraient vers la fin d'avril, au lac, du côté d'Yvonand, principalement sur les herbes de la beine, à cinq ou six brasses de profondeur. Inutile de répéter que ces diverses formes constituent au plus des variétés locales, et qu'on ne doit pas plus leur attribuer une importance spécifique qu'aux différences de proportions comparées de l'œil vis-à-vis de la tête, de la tête vis-à-vis du corps, de la hauteur de ce dernier en regard de sa longueur, etc...., toutes divergences pouvant résulter des conditions d'habitat, de la rapidité relative du développement, en particulier; divers individus pouvant être d'âges très différents, quoique de taille semblable.

J'ai vu, le 25 juin dernier, à Genève, un Brochet femelle de 6 kilos provenant du Léman près Coppet, qui était entièrement noir, corps, tête et nageoires, jusqu'au bas des flancs, avec la gorge et le ventre grisâtres.

Le *Brochet* est très répandu dans toutes les eaux douces de l'Europe, dans le nord et dans le sud, dans quelques parties de l'Asie et jusque dans l'Amérique septentrionale. En Suisse, on trouve le Brochet dans tous les lacs d'une certaine importance, au nord comme au sud des Alpes, ainsi que dans la plupart des cours d'eau, par l'intermédiaire desquels il réussit quelquefois à gagner, durant les hautes eaux, bien des marais en apparence isolés et où sa présence soudaine paraît parfois inexplicable au premier abord. Il ne semble pas remonter de lui-même au delà de 7 à 800 mètres dans nos courants de plus en plus pauvres et accidentés. Le prof. Brügger de Coire m'indique (*in litt.*) sa présence dans le Rhin jusqu'à Ilanz, à 720 mètres au-dessus de la mer. L'espèce a été cependant artificiellement implantée à de plus grandes hauteurs, dans plusieurs petits bassins où elle prospère et grandit d'autant plus qu'elle y trouve une nourriture plus abondante. On signale le Brochet dans divers petits lacs et étangs de la région montagneuse, exceptionnellement même jusque sur la limite inférieure de notre région alpine, cela, pour bien des cas, dans la proximité d'une vieille abbaye ou des ruines d'un ancien château. De Tschudi cite notre poisson dans le lac du Klönthal, à 804 mètres au-dessus de la mer, et jusque

dans le Thalalpsee, au canton de Glaris, à 1102 mètres environ.
Je l'ai trouvé moi-même très abondant dans le lac Noir ou Do-
meinaz, à 1056 mètres dans le canton de Fribourg, où il parvient, dit-on, au poids de 12, voire même 15 kilog. On le rencontre aussi sur d'autres points élevés dans le bassin du Rhin,
dans les Grisons entre autres, au lac Grond (Laaxer-See) en
particulier où, à 1040^m s/m, il atteint encore parfois le poids de
13 kilos, avec un mètre de longueur. Enfin, le Brochet se trouve
encore, à ce que m'écrit le prof. Brügger, dans un étang près
du château, à Tarasp, à 1400 mètres, dans le bassin de l'Inn en
Engadine.

Le Brochet est un terrible carnassier ; sa fécondité, la rapidité de sa croissance et son prodigieux appétit en font le plus
dangereux ennemi des habitants divers de nos eaux. Tout lui
est bon ; aucun poisson n'échappe à sa large gueule et, si cette
nourriture de prédilection vient à lui manquer, grenouilles, cra-
pauds, rats d'eau et oiseaux aquatiques y passeront tout aussi
bien. Prompt comme l'éclair et rusé comme un chat, tantôt il
se lance comme un trait à la poursuite de la proie qu'il a choi-
sie, tantôt il reste fixe et immobile comme un morceau de bois,
guettant les innocents qui circulent à sa portée. Quand l'eau
est claire, il manque rarement son coup et il mène bonne
chère ; mais si quelque orage ou crue subite vient troubler son
élément, il peut être condamné quelquefois à un ou deux jours
de jeûne et d'inaction. Il est à la fois si glouton et si osé que
bien souvent son appétit lui fait commettre d'irréparables imprudences. Tantôt, s'étant attaqué à un poisson trop gros et
empêché de regorger par ses dents, il se voit condamné à mourir
la gueule ouverte avec sa proie malheureuse ; c'est ainsi que l'on
peut voir quelquefois, se débattant, au large sur le miroir de
nos lacs, un brochet et une truite, la seconde, souvent la plus
grande, enfoncée la tête la première dans la gueule trop distendue du forban qui expie lentement son péché de gloutonnerie. Tantôt, passant trop rapidement et sans réflexion des profondeurs aux couches superficielles d'un lac, sous une bien
moindre pression, à la poursuite d'un poisson, il se voit arrêté
net et paralysé par la rupture des fibres élastiques de sa vessie
aérienne, trop rapidement distendue pour la mince ouverture

qui lui sert d'exutoire et incapable de se réduire, aussi bien que de se vider dans de pareilles conditions. Il flottera longtemps renversé et balancé par la vague à la surface, se retournant d'abord de temps à autre pour essayer, mais en vain, une nouvelle plongée; puis bientôt on le verra, ballotté comme mort, et immobile à l'exception d'un soulèvement pénible et intermittent de l'ouïe oppressée. Un passant le ramassera quelques heures plus tard échoué sur la grève.

Le Brochet croît très rapidement, la femelle surtout; si donc un jeune de deux ou trois mois peut devenir déjà un terrible pillard, qu'en sera-t-il d'un adulte dans la force de l'âge, toujours aiguillonné par un appétit insatiable et, comme le tigre, mordant à droite et à gauche pour le simple plaisir de tuer. On a calculé qu'un individu de 10 kilog. avait dû consommer plusieurs 100 kilog. d'autres poissons. Le Brochet pouvant atteindre ce poids déjà dans sa sixième ou huitième année, quelle consommation n'aura pas faite, avec l'accroissement de sa taille et de ses besoins, un de ces gloutons sur la fin de ses jours; puisque l'on attribue généralement à notre requin d'eau douce une assez grande longévité, 15, voire même jusqu'à 20 ou 30 ans, dans des conditions favorables, beaucoup plus encore, si l'on ajoute foi à certaines histoires plus ou moins légendaires.

On aurait pris, en 1616, à Constance, sous le pont du Rhin, un très grand Brochet dans l'estomac duquel se seraient trouvés 64 Corégones *(Gangfische)*[1]. On parle aussi d'un Brochet pris dans la Meuse, en 1610, avec un anneau de cuivre à l'opercule portant la date de 1448; et d'un autre, de 19 pieds et de 300 livres, pêché dans l'étang de Keyserweg en 1497, avec un anneau d'or datant du 5 octobre 1230; le premier aurait vécu 162 ans, le second 267 ans.

Très fécond, avec cela, le Brochet n'a guère besoin de protection; il est même sage de combattre sa prodigieuse multiplication et de l'exclure des bassins de culture où il ne tarderait pas à devenir le seul occupant, dévorant d'abord les autres poissons, puis ses frères et sœurs ainsi que ses enfants, faute d'autres proies, crevant enfin de plus en plus décimé et amaigri.

---

[1] Hübners Besch. der Stadt Salzburg, 1, 526.

L'époque du frai peut varier, comme nous l'avons dit, du milieu de février à la fin de mai, parfois même aux premiers jours de juin, avec les conditions locales et la température de l'eau. Les Brochets frayent ordinairement par paires ; cependant on voit quelquefois deux ou trois mâles à la poursuite d'une femelle. Les œufs, très nombreux, 120 à 150,000 environ, et mesurant d'ordinaire 2 à 2 $\frac{1}{2}$ millimètres, sont déposés généralement sous les herbes aquatiques, dans les endroits les plus retirés ; parfois dans la végétation de la beine de nos lacs, à une profondeur pouvant aller jusqu'à cinq ou six brasses, plus fréquemment dans des endroits marécageux, et souvent alors sur des places où l'eau est si peu profonde que l'on peut voir au ras de la surface le dos des brochets quasi-immobiles sur leur lieu de frai. L'éclosion se fait, selon les conditions de lumière et de température, dix à quinze, voire même dix-huit jours après la ponte, et, après un temps à peu près égal, la vésicule étant résorbée, les alevins se séparent en quête de leur première nourriture, vers, larves, petits insectes, etc. Nous avons dit que la croissance est très rapide ; ajoutons que, dès leur seconde année, dans de bonnes conditions, ces petits brochetons seront souvent déjà capables de reproduction, les femelles étant généralement plus précoces que les mâles.

La chair du Brochet est blanche, ferme et savoureuse, aussi fait-on partout une chasse active à ce poisson, avec divers engins et mille moyens différents. On le tue souvent à coup de fusil dans les endroits peu profonds, particulièrement durant l'époque du frai. On le prend aussi avec des nasses et des filets dormants, ou avec l'épervier, ou encore, à la main, avec des collets ou lacets tendus au bout d'une perche, pendant qu'il fraye ou qu'il repose immobile. Cependant, grâce à son extrême voracité, c'est surtout à la ligne pourvue d'amorces vivantes qu'on le pêche avec le plus de succès, particulièrement en automne, de septembre à fin décembre, alors qu'il est surtout en chasse. Les lignes doivent être très solides et les hameçons à plusieurs pointes. On emploie beaucoup un engin que l'on appelle le *Torchon,* soit un petit paquet de roseaux portant une ligne amorcée dont une bonne partie est enroulée autour du torchon flotteur et qui peut ainsi se dérouler d'elle-même, sous la traction

du Brochet qui a mordu. Quand le fuyard est fatigué, le torchon revient immobile à la surface, et l'on peut alors ou retirer
la ligne avec le captif, si celui-ci est assez las, ou ajouter une
nouvelle ligne et un nouveau torchon au premier, pour redonner du champ au prisonnier.

Le Brochet est sujet à une maladie particulière qui, surtout
en été, de fin mai à septembre, affecte et fait souvent périr beaucoup d'individus grands et moyens. C'est d'abord comme une
enflure plus ou moins durable du pédicule caudal, où un liquide
s'accumule sous l'épiderme soulevé; puis ce sont de larges
taches grisâtres ou rougeâtres, parfois sur diverses parties du
corps, le plus souvent du côté de la queue. Les écailles tombent
facilement partout où les téguments ont été tuméfiés; enfin,
peu avant la mort, on voit apparaître une petite mousse blanche
sur les taches et jusque sur les branchies. Le poisson est de plus
en plus lent dans ses mouvements, jusqu'à ce qu'il vienne périr
à la surface. Beaucoup de Brochets dans ces conditions ont été
ramassés morts ou mourants et livrés à la consommation, sans
que j'aie appris qu'il en soit résulté d'inconvénients.

Une épizootie semblable a sévi au printemps et dans le courant de l'été 1886, à la fois dans les eaux du Léman et dans
quelques parties du canton de Berne, au lac de Thoune en particulier. Il est probable que ce fut la même maladie qui occasionna la mortalité du Brochet signalée par Hartmann[1], en 1777
au lac de Constance et en 1790 au lac des Quatre-Cantons. La
cause de mortalité des poissons de l'étang de Saint-Gratien en
1822, poissons dont les corps, en grand nombre à la surface de
l'eau, présentaient des taches rouges, selon Valenciennes[2], doit
avoir été probablement aussi la même que celle qui vient de
décimer nos Brochets en 1886.

Les femelles m'ont paru affectées en plus grand nombre que
les mâles; la plupart portaient encore leurs œufs, bien des semaines, des mois même, après l'époque normale de leur frai;
les ovaires et les parois abdominales étaient tellement gonflés et durcis que ce pouvait être, chez elles, la cause d'une

[1] Helvetische Ichthyologie, 1827, p. 168.
[2] Hist. des Poissons, 1846, t. XVIII, p. 320.

forte inflammation et de désordres mortels. Pour nos pêcheurs, la maladie est due seulement à un empêchement accidentel de la ponte, résultant d'une température trop basse, de la persistance de vents violents ou d'un trouble dans les places de frai. Pour le prof. Blanc[1], qui a trouvé des mâles morts vides de leur laitance, le retard signalé dans la ponte serait non la cause, mais le résultat d'une maladie engendrée, dans des conditions de frai anormales, par l'envahissement du mycelium des petits champignons dits *Saprolegnia ferax* et *Achlia prolifera*. Je ne suis pas convaincu de la supériorité de l'explication de M. Blanc. Quoi qu'il en soit, il n'y a rien là d'épidémique; il peut y avoir simultanéité de circonstances délétères dans différentes localités, mais, la cause ayant cessé, la maladie disparaît rapidement avec la mort successive des individus de prime abord affectés.

Comme le commun des poissons, le tyran de nos eaux, le Brochet, est affecté aussi de nombreux parasites, beaucoup d'Helminthes[2] et quelques Crustacés[3]. Les vieux sujets, surtout dans

---

[1] Sur une mortalité exceptionnelle des Brochets du lac Léman en 1887, par le Dr H. Blanc (Bull. Soc. vaud. sc. nat., XXIII, 96).

[2] On a trouvé, en diverses régions et conditions, chez le Brochet, les : *Ascaris acus* (Bloch), dans l'intestin. *As. adiposa* (Schrank), dans la cavité abdominale, à la surface de l'intestin. *As. mucronata* (Schrank), intestin. *As. cristata* (v. Linstow), intestin. — *Cucullanus elegans* (Zeder), intestin. — *Echinorhynchus tuberosus* (Zeder), intestin. *Ech. angustatus* (Rud.), intestin. *Ech. Proteus* (Westr.), intestin et surface du péritoine. — *Diplozoon paradoxum* (Nordm.), sur les branchies. — *Dactylogyrus monenteron* (Wagen.), branchies. — *Gasterostomum fimbriatum* (Siebold), intestin. — *Distomum folium* (Olfers), dans la vessie urinaire. *Dist. tereticolle* (Rud.), dans l'estomac. *Dist. appendiculatum* (Rud.), estomac et intestin. *Dist. nodulosum* (Zeder), intestin. *Dist. Lucii* (Rud.), intestin. *Dist. campanula* (Duj.), dans le mucus intestinal. *Dist. luteum* (Baer), intestin. *Dist. rosaceum* (Nord.), dans l'œsophage. — *Tylodelphis clavata* (Nordm.), dans l'œil. — *Ligula digramma* (Creplin); cavité abdominale. *Lig. monogramma* (Creplin), cavité abdominale. — *Triænophorus nodulosus* (Rud.), dans le foie, le mésentère et l'intestin (dans des kystes). — *Cephalocotyleum Esocis Lucii* (Dies.) (Tænia truncata, Pallas), au pylore. — *Bothriocephalus infundibuliformis* (Rud.), app. pyloriques. — *Tænia ocellata* (Rud.), intestins.

[3] *Ergasilius Sieboldii* (Nord.), sur les branchies. — *Lerneocera esocina*

de mauvaises conditions, sont aussi assez souvent plus ou moins couverts d'une sorte de *Byssus*, ou mousse blanche très semblable à celle signalée ci-dessus sur les plaies des malades, sans être pour cela forcément condamnés à une mort très prochaine.

Famille VI. SILURIDÉS

SILURIDÆ

Les Siluridés, avec une tête généralement assez large, déprimée et ornée de barbillons plus ou moins nombreux, sont revêtus d'une peau assez épaisse, souvent nue, parfois avec de petites scutelles, mais toujours dépourvue de véritables écailles. Le bord de la mâchoire supérieure est formé, chez eux, par les intermaxillaires seulement; le maxillaire est tout à fait rudimentaire. Ils ne possèdent pas de sous-opercule. Ils portent ou ne portent pas, suivant les genres, de nageoire adipeuse. Leurs nageoires pectorales présentent, en général, un très fort premier rayon osseux plus ou moins dentelé. Leur dorsale présente ou non, selon le cas, un rayon épineux en avant. L'ouïe est très largement fendue. La vessie natatoire existe chez la plupart.

Les représentants de cette riche famille habitent les eaux douces des régions tempérées et tropicales; quelques-uns entrent plus ou moins dans les eaux salées, sans cependant s'écarter jamais beaucoup des côtes. La plupart sont carnassiers.

(Burm.), sur la joue et les branchies. — *Argulus foliaceus* (L.), sur les branchies.

Günther, dans son *Catal. of Fishes*, vol. V, répartit les nombreuses espèces de Siluridés dans huit sous-familles, comprenant divers groupes et caractérisées par les développements comparés ou les particularités des différentes nageoires, ainsi que par l'extension variable des membranes de l'ouïe.

L'espèce qui représente la famille en Suisse et en Europe fait partie de la tribu des *Heteropteræ*, caractérisée par une dorsale rayonnée peu développée et située au-dessus de la région abdominale du corps, quand elle existe, par un faible développement ou absence complète de l'adipeuse, par l'extension de l'anale presque égale à la partie caudale de l'animal, enfin, par le fait que les membranes de l'ouïe passent par-dessus l'isthme et demeurent plus ou moins séparées. Elle rentre en outre dans le groupe des *Silurina* propre à l'ancien monde, dont les divers membres ont les nageoires ventrales au-dessous ou en arrière de la dorsale, la partie dorsale de la colonne vertébrale beaucoup plus courte que la partie caudale, et les vertèbres antérieures réunies en une de grande dimension.

Genre 1. SILURE

SILURUS, Linné.

Bouche large, ornée de 4 ou de 6 barbillons. Dents en cardes et groupées en bandes, sur les intermaxillaires, la mâchoire inférieure, le vomer et les pharyngiens. Peau entièrement nue. Corps assez large et trapu, jusqu'à l'anus, allongé et de plus en plus comprimé dans sa partie caudale. Tête forte, plus ou moins déprimée; le profil supérieur droit. Narines écartées. Nageoire dorsale sans épine, petite et située plus ou moins en avant des ventrales. Pas d'adipeuse. Anale très longue, réunie à la caudale, ou se terminant très près de celle-ci. Caudale arrondie ou subarrondie. Ventrales comptant plus de huit rayons.

Les espèces de ce genre peuvent être différemment groupées, selon qu'elles portent quatre ou six barbillons. Elles habitent les eaux douces des régions paléarctiques tempérées, en Asie surtout. Une seule, le *Silurus Glanis*, se rencontre dans quelques lacs et cours d'eau de l'Europe moyenne.

40. LE SALUT

WELS ou WALLER.

SILURUS GLANIS, Linné.

Corps subcylindrique et trapu en avant, allongé et de plus en plus comprimé en arrière. Tête large et déprimée, à peu près égale à la moitié du corps du museau à l'anus. Bouche très large, ornée de 6 barbillons; un de chaque côté, sur le maxillaire supérieur, beaucoup plus long que la tête, et quatre beaucoup plus petits à la mâchoire inférieure. Dents vomériennes sur une bande transverse non interrompue. Peau lisse, couverte de mucus; un profond pli en fer à cheval sous la gorge, parallèlement aux branches de la mandibule. Œil très petit, en dessus de l'angle de la bouche. Dorsale petite, sans rayon épineux et bien en avant des ventrales. Anale unie à la caudale et ne s'en distinguant que par une légère échancrure. Pectorales avec un rayon osseux irrégulièrement dentelé, notablement plus fortes que les ventrales, elles-mêmes un peu plus grandes que la dorsale. Caudale plutôt courte, convexe sur la tranche. — Manteau gris verdâtre, olivâtre ou noirâtre, marbré ou non, en dessus. — (Taille moyenne d'adultes et de vieux 0^m,75—1^m,50 à 2^m,50.)

D. 1/3-4, A. 1-2/84-91, V. 1-(2)/11-12, P. 1/14-17, C. 17 *maj.*

R. branchiostèges, 15-16. — *Vertèbres,* 68-70.

Silurus Glanis, *Linné*, Syst. Nat., tome I, éd. 12, p. 501. — *Bloch*,
    Fische Deutschl., Th. I, p. 242, Taf. 34. — *Rasoumowsky*,
    Hist. Nat. du Jorat, II, p. 104. — *Schrank*, Fauna Boica, p.
    319. — *Hartmann*, Helv. Ichthyol., p. 83. — *Nenning*, Fische
    des Bodensees, p. 13. — *Schinz.* Fauna Helv., p. 157. — *Cuv.
    et Val.*, XIV, p. 323, pl. 409. — *Rapp*, Fische des Bodensees,
    p. 12. — *Heckel et Kner*, Süsswasserfische, p. 308, fig. 165. —
    Fritsch, Fische Böhmens; Ceské Ryby, p. 39. — *Jeitteles*,
    Fische der March, II, p. 19. — *Siebold*, Süsswasserfische, p. 79.
    — *Jäckel*, Fische Bayerns, p. 15. — *Günther*, Catal. of Fishes,
    V, p. 32. — *Mela*, Vert. Fennica, p. 310. — *Möbius et Heincke*,
    Fische der Ostsee, p. 123.

Noms vulgaires : *Sálut*, lac de Morat; aussi *Glanc*, à Neuchàtel. —
    Wels, *Weller*, *Wellerfisch*, *Schaidfisch*, lac de Constance.

Corps subcylindrique et épais en avant, avec dos et flancs
arrondis, mais de plus en plus comprimé et atténué en
arrière des ventrales, depuis la région anale. Le profil supérieur quasi-droit de l'occiput à la caudale, à l'exception d'un
léger renflement plus ou moins accusé au-dessus des pectorales. La hauteur maximale, vers la dorsale, à la longueur
totale du poisson, comme 1 : 7, chez des individus de taille
moyenne, à 1 : 6 chez des vieux, relativement plus forte
encore chez de très grands sujets; l'épaisseur à peu près
égale à la hauteur, parfois même un peu plus forte vers la
base des pectorales, par contre déjà sensiblement plus faible
vers le bout de ces nageoires couchées.

L'anus, avec une petite papille postérieure, situé entre les
ventrales, vers le tiers de celles-ci, soit un peu en arrière du
premier tiers de la longueur totale du poisson.

Tête grande, large, passablement déprimée et arrondie en
avant, d'une longueur latérale, depuis le museau, à la longueur totale, comme 1 : 5,33—6,5, selon l'âge, le sexe et
les individus; par le fait à peu près égale à la moitié de l'espace compris entre le bout du museau et l'anus. Sa largeur
de $\frac{1}{5}$ à $\frac{1}{4}$ moindre que sa longueur (parfois $\frac{1}{6}$); sa hauteur
à l'occiput à peu près égale à $\frac{3}{4}$ de sa largeur.

Museau largement arrondi en avant. — Narines doubles,
composées, de chaque côté, d'une petite fente entre les
yeux, un peu en avant, et d'une ouverture arrondie située

au bout d'une petite papille, à deux diamètres de l'œil environ en avant de la première, au-dessus du bord du maxillaire. — Bouche antérieure, grande, entourée de lèvres charnues, d'une largeur, suivant les individus, égale à $^2/_3$ ou $^4/_5$
ou $^5/_6$ de la largeur céphalique maximale. — Langue courte,
massive, et dépourvue de dents.

Maxillaire supérieur rudimentaire, portant de chaque
côté, devant l'œil et au-dessus de l'angle de la bouche, un
grand barbillon charnu parvenant, étendu en arrière, selon
l'âge et les individus, aux $^2/_3$ aux $^3/_4$ ou même à l'extrémité
des nageoires pectorales couchées. — Un grand pore ovale
en arrière de la base de ce barbillon. — Mâchoire inférieure
arrondie en avant, dépassant la supérieure d'une quantité
égale au diamètre de l'œil au moins, et portant, de chaque
côté, une paire de petits barbillons dont les postérieurs, un
peu plus longs que les antérieurs, mesurent au plus $^1/_3$, le
plus souvent $^1/_4$ ou $^1/_5$ de celui de la mâchoire supérieure,
parfois moins encore.

Œil rond, très petit et placé assez bas, derrière la base
du grand barbillon, avec une pupille ovalo-verticale ; d'un
diamètre entrant 12 à 16, même 19 fois, dans la longueur
latérale de la tête, chez des individus jeunes et de taille
moyenne, bien moindre encore chez de très gros sujets. —
Espace préorbitaire mesurant 3 $^1/_2$ à 4 diamètres oculaires,
chez des sujets moyens, à la longueur latérale de la tête,
souvent comme 1 : 3,5—4. — Espace interorbitaire à peu
près double du précédent, chez des sujets de taille moyenne.
— Pièces operculaires couvertes par la peau du corps ;
opercule subtriangulaire et plutôt étroit, avec le bord postéro-inférieur concave. — Pas de sous-opercule.

Fente branchiale grande, ouverte en avant presque jusqu'au-dessous de la base du barbillon majeur et très largement bordée d'une épaisse membrane branchiostège soutenue par 15 à 16 rayons osseux. — Branchiospines plutôt
petites et peu nombreuses.

Dents en cardes, recourbées en arrière, serrées et assez régulièrement distribuées sur plusieurs rangées, en une large
bande sur les intermaxillaires, immédiatement derrière la

lèvre supérieure ; cette bande dentée interrompue sur un
très petit espace au milieu, en avant. Derrière celle-ci, sur
le vomer, une seconde bande en croissant, transverse mais
continue et un peu plus courte, couverte de dents un peu
plus petites. Sur le pourtour de la mâchoire inférieure, une
autre longue et large bande de dents en cardes, assez fortes
comme leurs opposées, quoique volontiers un peu plus irrégulières et, comme elles, légèrement séparées à la symphise mandibulaire, en avant. De chaque côté, sur les pharyngiens supérieurs, un assez grand groupe ovale de dents à
peu près de mêmes dimensions que les vomériennes. Enfin,
sur les pharyngiens inférieurs, d'autres petites dents encore,
distribuées, à droite et à gauche, sur un dernier groupe de
forme allongée. Ces groupes latéraux postérieurs réunis en
avant et s'écartant en arrière, derrière le quatrième arc
branchial, de manière à embrasser l'ouverture de l'œsophage.

Nageoires : caudale mesurant entre la moitié et les $^3/_5$ de la
longueur latérale de la tête, convexe et arrondie sur la
tranche, avec dix-sept rayons, les externes légèrement plus
courts que les médians. — Dorsale petite, étroite, acuminée
et implantée entre les $^2/_3$ et les $^3/_4$ de la longueur du corps
(du museau à l'anus), soit à peu près à égale distance de
l'origine des pectorales et des ventrales, et au-dessus du
dernier tiers des pectorales couchées. Sa hauteur à peu
près égale à l'espace préorbitaire ou un peu plus forte ; sa
largeur à la base environ $^1/_4$ de sa hauteur. Un rayon
simple assez mou, non dentelé, le plus long, et trois ou quatre rayons divisés, souvent trois chez les sujets suisses que
j'ai examinés. — Anale naissant immédiatement derrière la
papille anale et prolongée, avec une hauteur à peu près
constante, jusqu'à la caudale qui lui est unie et dont elle ne
se distingue que par une échancrure de la profondeur d'un
demi-rayon à peu près. Sa longueur notablement supérieure à la moitié de la longueur totale du poisson, chez des
sujets moyens, parfois presque égale à celle-ci chez de
grands individus. Sa hauteur moyenne mesurant d'ordinaire de $^1/_{10}$ à $^1/_9$ de sa longueur. Le premier des 85 à 92

rayons le plus court, composé de deux axes réunis dans
une épaisse gaine paucière; les autres tous plus ou moins
épanouis dans le haut, les postérieurs volontiers légèrement plus longs que les antérieurs.

Ventrales arrondies, de $\frac{1}{4}$ à $\frac{2}{5}$ plus longues que la dorsale, et mesurant entre $\frac{2}{5}$ et $\frac{3}{5}$ des pectorales; implantées
un peu en avant de l'anus et couvrant rabattues les pre-
miers rayons de l'anale; avec un rayon simple et onze à
douze divisés. A la base dudit premier simple, qui mesure
environ $\frac{2}{3}$ des plus longs divisés, se trouve, sous la peau, un
autre petit rayon osseux et arqué permettant de porter à
deux le nombre des rayons non divisés.

Pectorales assez grandes, larges et arrondies, parvenant,
rabattues, à peu près sous la moitié de la dorsale couchée;
d'une longueur un peu plus forte que celle de la caudale,
avec un premier rayon non divisé et quatorze à dix-sept divisés, dont les 2⁰, 3⁰ et 4⁰ les plus longs. Le premier rayon,
gros, osseux dans ses deux tiers inférieurs, mou dans le
haut et généralement dentelé sur son bord inférieur, au côté
postérieur; les petites dents rigides distribuées partie sur la
moitié supérieure de la portion osseuse, partie sur la moitié
inférieure de l'extrémité molle.

Peau nue, lisse et couverte de mucosité sur tout le corps et
les nageoires. Un profond pli simulant sous la gorge une
fente en fer à cheval parallèle aux branches de la mandibule; une étroite ouverture en communication avec une
petite cavité sous-cutanée, en arrière et un peu au-dessus
de la base des nageoires pectorales; un large pore ovale en
arrière de la base du grand barbillon supérieur.

Ligne latérale assez droite, naissant à l'angle de l'opercule, passant à peu près aux $\frac{2}{3}$ de la hauteur du corps,
sous la dorsale, et assez distincte tout le long sur les côtés,
comme une gouttière légèrement saillante, sous la peau;
celle-ci, sur cette ligne, percée çà et là de petits pores ou de
petites fentes, particulièrement sur la partie antérieure du
tronc, où elle est plus renflée et où l'on remarque comme
deux boutonnières longitudinales en partie enveloppées par
un épaississement dermique.

Coloration : faces supérieures noirâtres, d'un noir olivâtre, ou d'un gris verdâtre foncé, marbrées ou non, plus sombres en avant et parfois avec de légers reflets bleuâtres; côtés du corps un peu moins foncés, marbrés ou tachés de noirâtre sur fond gris jaunâtre, ou couverts de marbrures verdâtres ou jaunâtres sur fond gris, parfois avec reflets rosâtres ou légèrement irisés; faces inférieures blanchâtres ou jaunâtres, parfois d'un gris rosâtre et plus ou moins mâchurées, ou marbrées de gris noirâtre. Nageoires noires ou noirâtres; anale et caudale souvent un peu bleuâtres ou violacées; pectorales et ventrales généralement plus ou moins nuancées de rosâtre ou de jaunâtre vers le milieu; dorsale parfois rougeâtre à la base. Le barbillon supérieur noirâtre en dessus, grisâtre en dessous; les inférieurs grisâtres, jaunâtres ou rougeâtres. L'iris couvert de petites macules entremêlées d'un gris-noir et dorées, avec un cercle doré autour de la pupille.

Dimensions moindres, semble-t-il, dans nos eaux suisses que dans celles de certaines régions d'Autriche et de Bavière. Heckel et Kner citent des Silures de 4 à 500 livres dans le Danube; par contre, des individus de 200 livres passent déjà chez nous pour de très grands sujets [1]. J'ai vu des Silures du lac de Morat mesurant 1^m,500 à 1^m,750, avec un poids de 65 à 80 livres; même de six pieds ou 2 mètres environ, avec un poids de 50 kilog., ou 100 livres, à peu près. Un individu de 125 livres (62 ½ kilog.), pris dans la Broye, mesurait près de 2^m,28 de long, avec une circonférence de 1^m,14. Des sujets de 200 livres peuvent mesurer près de 8 pieds, soit de 2^m,55 à 2^m,60. Du reste, passé une certaine taille, l'augmentation de poids se traduit plus par un élargissement que par un allongement proportionnel du corps. La majorité des individus capturés est de 10 à 25 kilog.

La croissance n'étant pas très rapide, ce poisson doit arriver à un âge assez avancé. Selon un pêcheur de Morat [2], le

---

[1] Voir plus loin citation douteuse au lac de Brienz.

[2] Perrot et Droz : Notes manuscrites, 1811; informations sur le lac de Morat.

Silure arriverait à un poids de 2 à 3 livres dans sa première
année, de 5 dans la seconde, où il commencerait à frayer, et
de 10 dans la troisième. Cependant, les conditions d'existence doivent influer beaucoup sur le développement plus ou
moins rapide de l'individu. Un Silure du lac de Constance,
de 5 ¼ livres, et probablement âgé de 2 ou 3 ans, mesurait
0^m,794; tandis qu'un jeune sujet du lac de Morat, introduit
dans le petit aquarium de M. Covelle, à Genève, avec une
taille de 0^m,17, en décembre 1877, ne mesurait, quoique
bien nourri, au 23 mars 1885 (jour de sa mort), soit après
7 ans et 3 mois de réclusion, que 0^m,70, avec un poids de
1^k,700 gr.

Vertèbres au nombre de 68 à 70 : 17 costales et 53 caudales,
chez un Silure de 1^m,490, du lac de Morat. — Tube digestif
présentant quelques courbures et mesurant, selon les sujets,
près de la longueur totale du poisson, ou les ⁴/₅ seulement,
avec un estomac en sac assez large, sans appendices pyloriques. — Vessie natatoire fixée aux longues premières vertèbres, occupant presque toute la cavité viscérale, reliée à
l'œsophage par un petit canal, et composée de deux lobes
allongés ne communiquant que par le haut, mais réunis dans
un même sac membraneux blanchâtre et assez épais. —
Ovaires et testicules doubles. — Pas de pseudobranchies.

Ce poisson varie passablement quant aux proportions et à la
coloration dans des conditions différentes; il y en a de plus ou
moins ramassés ou allongés, ainsi que de plus ou moins clairs
ou foncés, avec ou sans marbrures. J'ai vu un individu adulte
du lac de Morat, chez lequel le gros rayon pectoral n'était pas
du tout dentelé; chez un autre, de même provenance, les petites dents de ce rayon se trouvaient au bord postéro-supérieur
de celui-ci. M. Covelle, à Genève, qui a conservé pendant plusieurs années de jeunes Silures en aquarium, m'a fait remarquer que ceux-ci étaient toujours beaucoup plus pâles de nuit que
de jour, que leurs faces inférieures devenaient, en particulier,
parfaitement blanches.

Le *Sâlut* se rencontre dans quelques parties de l'Europe

centrale et orientale, dans certains tributaires du Rhin, de l'Elbe et du Danube, et jusque sur les bords de la mer Baltique, ainsi que dans quelques contrées de l'Asie occidentale. On le trouve çà et là en Allemagne et sur différents points en Autriche, mais il semble faire complètement défaut à la France [1], l'Espagne, l'Italie, la Belgique et l'Angleterre.

En Suisse, il paraît plus particulièrement confiné dans le lac de Constance et dans celui de Morat, beaucoup plus petit, plus particulièrement, pour ce dernier, dans le voisinage de l'embouchure de la Broye, par laquelle il parvient quelquefois accidentellement jusque dans les lacs voisins de Neuchâtel et de Bienne. Quelques vagues citations, dont je dirai deux mots plus bas, pourraient faire supposer qu'il s'est trouvé ou se trouve encore, en nombre beaucoup plus réduit, dans quelques-uns de nos autres lacs ; toutefois, aucune capture avérée n'est venue jusqu'ici confirmer ces suppositions, à ma connaissance. Selon Hartmann et Rapp, le Silure aurait été autrefois beaucoup plus rare dans le lac de Constance qu'aujourd'hui, et il n'y serait arrivé qu'à la faveur d'inondations, mettant momentanément celui-ci en communication avec certains petits lacs voisins en pays allemand ; maintenant, on y prend souvent ce poisson, et parfois d'assez beaux échantillons, principalement du côté de la rive allemande. En 1864, des pêcheurs en prenaient, d'un seul coup de filet, cinq assez grands individus, dont l'un pesait plus de 100 livres. Quelques Silures capturés dans le Rhin suisse, près de Bâle et de Laufenbourg, sont probablement des sujets égarés provenant du lac de Constance. Du lac de Morat, il se répand, comme je l'ai dit, par la Broye, soit jusque dans les parties avoisinantes du lac de Neuchâtel, plus rarement sur l'autre rive et vers l'autre extrémité du lac, soit, par l'intermédiaire de la Thièle, jusque dans le lac de Bienne, où un vieux sujet a été pris encore il y a sept ans. On s'explique difficilement la présence de cette espèce dans le lac de Morat, où elle est géographiquement isolée ; cependant, cet habitat paraît

[1] Ogérien (H. N. du Jura, p. 365) dit qu'accidentellement des *Silures* remontent du Rhin dans le Doubs, par le canal. Il cite la capture d'un individu de 6 ½ kilog., le 1ᵉʳ oct. 1858, près de Dôle.

lui convenir, car elle continue à prospérer dans ce petit bassin, où l'on prend tous les ans encore bon nombre d'individus petits et grands.

Hartmann rapporte une citation de Cysat, concernant un Silure qui aurait été capturé, en 1601, dans le lac des Quatre-Cantons, où, depuis lors, aucun individu de cette espèce n'a été vu. Un essai d'importation a été fait, vers la fin du XVIIme siècle, dans le lac de Zurich, mais aucun de ces poissons n'y a été également revu depuis cette époque. Quelques pêcheurs du lac de Brienz m'ont assuré avoir vu, de temps à autre, près de la surface, de très grands poissons qui bientôt redescendaient dans les profondeurs, pour ne réapparaître qu'à de rares intervalles, généralement par quatre à cinq ou six ensemble. En août 1874, le journal *Anzeiger* d'Interlaken rapportait aussi que diverses personnes dignes de foi avaient vu, en diverses places, dans le même lac de Brienz, de très grands poissons (jusqu'à 25 pieds de long !) qui jamais ne restaient longtemps visibles près de la surface. L'ancien propriétaire du château d'Iseltwald, le général Sinetti, ayant, paraît-il, jeté autrefois de jeunes Silures dans le lac, il n'y aurait rien d'impossible à ce que les monstres signalés fussent de cette espèce, et que ce poisson ait prospéré sur ce point, bien que les conditions de fond ne ressemblent guère à celles qu'il recherche d'ordinaire ; cependant, on n'a jamais pris un de ces poissons, auxquels l'imagination s'est plu probablement à donner des dimensions surnaturelles.

Enfin, un pêcheur de Sierre, en Valais, ayant entrevu et signalé dernièrement un poisson censément énorme dans un petit lac voisin de cette ville (*lac Géronde*), je me transportai sur les lieux, en été 1886 ; mais, faute de pouvoir apercevoir l'animal et à défaut d'une description suffisante, il me fut impossible de décider s'il s'agissait véritablement de Silures ou peut-être seulement de Lottes de très grande taille. Comme à Brienz, de gros poissons se montreraient de temps à autre à la surface, par 4 à 5 individus, quand le temps est parfaitement calme. Le seul vu à courte distance par M. Zuffrey aurait mesuré environ 1^m,50 ; sa tête serait à la vérité forte et son corps rapidement atténué, mais sa livrée aurait été jaunâtre, avec des marbrures et des bandes brunes. Ici encore, il faudrait une capture pour pouvoir décider de l'espèce. Le lac Géronde, à un quart d'heure de Sierre, sur la rive gauche du Rhône, peut avoir 20 minutes de tour, avec 30 pieds de profondeur environ; ses bords sont en bonne partie garnis de roseaux, et son écoulement très réduit semble se faire surtout par filtrations. Le Silure, si Silure il y a, y aurait donc été nécessairement importé, ainsi que les quelques autres poissons qui s'y trouvent [1].

Le Sâlut ou Silure est le plus grand carnassier d'eau douce de notre continent; sa taille, la largeur de sa bouche et sa voracité l'ont rendu souvent l'objet d'histoires fabuleuses et d'une crainte exagérée de la part des baigneurs. On est allé même jusqu'à croire que celui qui avait vu un de ces poissons était condamné à une mort prochaine. Heckel (Süsswasserfische) raconte, il est vrai, que l'on a trouvé un petit chien dans l'estomac d'un vieux Silure; une autre fois même, à Pressbourg, les restes d'un enfant. Cependant, semblables cas sont exceptionnels, et le grand appétit du Sâlut n'offre d'ordinaire de réels dangers que pour des proies plus petites, pour les animaux, poissons et autres, qui vivent dans les mêmes conditions que lui.

Il habite également les cours d'eau calmes et les lacs, et recherche de préférence les eaux à fond vaseux plus ou moins couvertes de végétation. Il est rare qu'il poursuive sa proie, mais il se tient volontiers caché à l'affût de celle-ci, soit sous les herbes ou entre les roseaux, ou sous quelque racine, soit immobile sur la vase, avec laquelle sa couleur le confond presque complètement, et, simulant comme des vers avec l'extrémité de ses longs barbillons seuls alors en mouvement, il attire ainsi de plus en plus près de sa large gueule tous les amateurs de cet appât trompeur. C'est ainsi qu'il happe, non seulement

---

[1] *Chabot, Lotte, Barbeau, Carpe, Chevesne, Tanche, Goujon, Vairon* et *Féra (Palea)*? selon M. Juffrey. Cette dernière aurait été importée, dit-on, du lac de Neuchâtel, il y a quelques années, mais elle y grandirait peu; tandis qu'elle arriverait par contre au poids de une livre dans un lac voisin plus petit où elle aurait été importée en même temps?

quantité de poissons et de grenouilles, mais encore beaucoup
d'oiseaux aquatiques, tels que Râles, Poules-d'eau, Bergeron-
nettes, Canards, etc... Il prend aussi volontiers des Rats d'eau
au passage, ou bien cueille à la surface les fruits qui ont pu
tomber ou être jetés à l'eau [1].

C'est, en général, en juin ou, suivant les localités et les conditions, déjà en mai ou encore assez tard en juillet, que le
Silure vient déposer, près du bord, surtout dans les endroits
garnis de plantes aquatiques, ses œufs jaunâtres, de moyennes
dimensions et passablement nombreux : 60 à 100,000, de 3^{mm} de
diamètre, dont les petits se dégageraient déjà après 8 ou 10
jours [2].

Avant le dessèchement des marais du *Seeland*, et quand les
eaux étaient suffisamment hautes, le Silure venait volontiers du
lac de Morat pour frayer dans les roseaux de ceux-ci, de
même qu'il frayait aussi très volontiers sur les bords et dans
les fossés de la Broye, avant l'endiguement de celle-ci. Maintenant que les frayères de l'espèce ont été en bonne partie
détruites dans ces lieux, ce n'est plus guère que dans les parties
marécageuses du lac qu'il peut procéder à sa multiplication. Ce
ne serait pas du reste une bien grande perte, si les conditions
nouvelles qui lui sont faites contribuaient à entraver la propa-
gation de ce poisson, plus nuisible qu'utile.

On prend le Sâlut au filet, ou au hameçon amorcé d'une
proie vivante, ou encore à la *truble* et au *trident*, principalement à l'époque de la fraye et de nuit. Doué d'une très grande
force, il rompt souvent les mailles et les lignes destinées à le
retenir; il ne fait pas du reste, en Suisse, l'objet d'une pêche

[1] Le prof. Th. Studer, de Berne, m'écrit, le 23 octobre 1889, qu'il
élève en aquarium un petit Silure de 10 à 11 centimètres, qui provient
de Morat, et qui est tout noir avec des barbillons blancs qu'il porte
dans une direction perpendiculaire à l'axe du corps. Ce jeune Sâlut se
tient tout le jour immobile dans une position presque verticale, avec la
tête cachée dans les plantes aquatiques qui couvrent l'eau du vase, le
museau presque au ras de la surface.

[2] Selon : *Gemeinfassliche Belehrung über die Süsswasserfische des
Elbgebietes* (Schriften des Sächsischen Fischereivereines, 1884), n° 1,
p. 15.

spéciale, à cause de son peu d'abondance et surtout de la médiocrité de sa chair. Ailleurs, comme sur les bords de la mer Caspienne, on prépare sa graisse et l'on fait usage de l'enveloppe très résistante de sa vessie aérienne.

On trouve chez le Silure bon nombre de parasites, Helminthes [1] et Crustacés [2].

Famille VII. MURÆNIDÉS [3]

MURÆNIDÆ

Les Murænidés ont le corps très allongé, plus ou moins cylindrique ou comprimé, et nu ou avec des écailles rudimentaires; l'anus étant généralement très distant de la tête. Le maxillaire forme chez eux le côté de la mâchoire supérieure; l'intermaxillaire est plus ou moins réuni au vomer et à l'ethmoïde [4]. Ils n'ont pas de nageoires ventrales. Les pectorales, plus ou moins développées, font défaut dans quelques genres. Les nageoires verticales, quand ils

[1] On a trouvé, en divers pays, chez le *Silurus Glanis*, les : *Ascaris Siluri* (Gmelin), dans l'intestin. — *Cucullanus truncatus* (Zeder), intestin; *Cucul. elegans*, intestin. — *Nematoideum Siluri Glanidis* (Rud.), estomac. — *Filaria bicolor* (v. Linstow), sous l'enveloppe péritonéale de l'estomac. — *Echinorhynchus globulosus* (Rud.), intestin; *Echin. Proteus* (Westr.), intestin. — *Dactylogyrus Siluri Glanidis* (Wagener), branchies. — *Distomum torulosum* (Rud.), intestin. — *Tænia osculata* (Goeze), intestin. — *Ligula digramma* (Crepl.); *Lig. monogramma* (Crepl.), cavité abdominale — et une Hirudinée, *Ichthyobdella fasciata* (Kollar), à la surface du corps.

[2] *Ergasilius trisetaceus* (Nord.), sur les branchies. — *Tracheliastes stellifer* (Kollar), sur les branchies et dans la bouche.

[3] *Malacoptérygiens apodes* de Cuvier.

[4] Le développement souvent assez différent de l'intermaxillaire et les formes variées que peut affecter le maxillaire sont ici la cause d'une fréquente confusion dans le diagnostic de cette famille par différents auteurs, qui ont tour à tour attribué au maxillaire ou à l'intermaxillaire la formation du côté de la mâchoire supérieure.

en ont, sont unies à la caudale ou distinctes de la partie
prolongée de celle-ci. Ils ne portent pas d'adipeuse. L'arc
huméral n'est pas chez eux rattaché au crâne. L'estomac
est développé en forme de cul-de-sac. Ils n'ont pas d'appendices pyloriques. Leur vessie à air est simple. Leurs
organes de reproduction sont dépourvus de canaux éva-
cuateurs.

Les nombreux poissons de cette famille habitent les
mers et les eaux douces des régions tempérées et tropicales. On les partage généralement en deux sous-familles,
Platyschistæ et *Engyschistæ*, selon qu'ils ont les ouvertures
branchiales dans le pharynx en fentes larges ou étroites.

L'Anguille commune, qui seule représente la famille
dans notre pays, appartient à la première de ces tribus et
au groupe dit *Anguillina*, caractérisé par un système mus-
culaire et osseux bien développé, par une partie caudale
du corps plus longue ou à peine plus courte que le tronc,
par des pectorales et des nageoires verticales bien développées, les dernières enveloppant le bout de la queue, par
une langue libre, enfin par des ouvertures branchiales
bien séparées.

Genre 1. ANGUILLE

ANGUILLA, Thunberg.

*Bouche armée de petites dents en cardes ou en brosses
disposées en bandes. Mâchoire supérieure ne dépassant pas
l'inférieure, la bouche étant fermée. De très petites écailles
de forme allongée incrustées dans la peau. Une fente branchiale courte, devant la base des nageoires pectorales.*

Tronc quasi-cylindrique. Partie caudale du corps très allongée. Tête subconique. Dorsale très distante de l'occiput; dorsale et anale unies à la caudale.

Les espèces de ce genre, bien que cosmopolites, ne s'étendent guère dans les régions arctiques. La plupart sont étrangères à l'Europe. Les Anguilles qui, sous différents noms, remontent des mers du nord, de l'Océan, ou de la Méditerranée et de l'Adriatique, dans les différents cours d'eau de notre continent, semblent n'être que des variétés d'une seule et même espèce.

41. L'ANGUILLE COMMUNE

AAL. — ANGUILLA.

ANGUILLA VULGARIS, Turton.

Corps subcylindrique très allongé, comprimé en arrière depuis l'anus un peu en avant du milieu de la long. totale. Tête allongée par le côté, courte en dessus, subconique et un peu déprimée en avant. Bouche fendue à peu près jusque dessous l'œil; la mâchoire inférieure dépassant un peu la supérieure. Dents en cardes légèrement inégales, disposées en bandes décroissant d'avant en arrière, sur la mâchoire inférieure, le maxillaire supérieur, l'intermaxillaire et le vomer [1]; d'autres plus petites sur les pharyngiens, en groupe ovale sur les supérieurs. De petites écailles allongées et réticulées disposées plus ou moins en zigzags dans la peau. Œil petit. Dorsale naissant à 2 ¹/₂ long. lat. de la tête environ. Anale naissant en arrière de l'origine de la dorsale, d'une longueur de tête à peu près. — (Taille moyenne d'adultes et de vieux : 0ᵐ,40 — 1ᵐ à 2ᵐ.)

R. branchiostèges 11-12. — Vertèbres 110-116.

[1] L'intermaxillaire, soudé au vomer, forme une pièce fixe, assez étroite, séparant en avant les maxillaires, os qui affectent ici des formes voisines de celles de l'intermaxillaire dans d'autres familles.

Muraena Anguilla, *Linné*, Syst. Nat. I, p. 426. — *Bloch*, Fische Deutschl.
    III. p. 4, Taf. 73. — *Rasoumowsky*, Hist. Nat. du Jorat. I, p.
    125. — *Lacép.* III, p. 90. — *Jurine*, Poiss. du Léman, p. 147,
    pl. 1. — *Steinmüller*, N. Alpina, p. 333. — *Holandre*, Faune
    de la Moselle, p. 260. — *Hartmann*, Helv. Icht., p. 42. —
    Pallas, Zoogr. Ross. As. III, p. 71. — *Nilsson*, Skand. Fauna
    IV, p. 661. — *Nenning*, Fische Bodensees, p. 9. — *Ogérien*,
    Hist. Nat. du Jura, III, p. 372.
»   unicolor, *Artedi*, Ichthyol. gén., p. 24. 1.
»   oxyrhina, *Ekström*, Fische Mörkö, p. 142.
Anguilla vulgaris, *Turton*, Brit. Fauna, p. 87. — *Flemming*, Brit.
    Anim., p. 199. — *Schinz*, Europ. Fauna, II, p. 421. — *Bona-
    parte*, Cat. Met., p. 38. — *Günther*, Fische des Neckars,
    p. 128; Catal. of Fishes VIII, p. 28. — *Rapp*, Fische Bodensees,
    p. 38. — *De Betta*, Ittiol. Veronese, p. 117. — *Siebold*, Süss-
    wasserfische, p. 342. — *Jäckel*, Fische Bayerns, p. 91. —
    Monti, Not. dei Pesci, p. 88, — *Canestrini*, Prosp. crit.,
    p. 131 ; Fauna d'Italia, p. 29. — *Blanchard*, Poissons de
    France, p. 491, fig. 129. — *Pavesi*, Pesci e Pesca, p. 67. —
    Lunel, Poissons du Léman, p. 172, pl. XX. — *Leuthner*,
    Mittelrhein. Fischfauna, p. 16. — *Fraisse*, Fische d. Main-
    gebietes, p. 16. — *Klunsinger*, Fische d. Wurtemberg, p. 268.
    — *Moreau*, Hist. Nat. Poiss. France, III, p. 560. — *Mela*,
    Vert. Fennica, p. 357. — *Möbius et Heincke*, Fische der
    Ostsee, p. 143 et fig. — *Benecke*, Naturg. und Leben der
    Fische ; Handbuch, 1886, p 172, fig. 177-179.
»   latirostris, acutirostris, mediorostris, *Risso*, Europ. mérid.
    III, p. 198, 199 (1827). — *Yarrell*, Proc. zool. Soc., 1831,
    p. 133. — *Jenyns*, Man., p. 474. — *Selys-Longchamps*, Faune
    Belge, p. 225, 226. — *Blanchard*, Poissons de France, p. 495
    à 497, fig. 130 à 132.
»   migratoria, *Kroyer*, Danm. Fisk. III, p. 616.
»   fluviatilis, *Bujack*, Naturg. höh. Thiere, 1837, p. 384. —
    Heckel et Kner, Süsswasserfische, p. 319, fig. 167. — *Rosen-
    hauer*, Fische von Erlangen, 1858, p. 186. — *Fritsch*, Fische
    Böhmens ; Ceské Ryby, p. 43.
»   cuvieri, marginata, kieneri? etc. *Kaup*, Apod., p. 32-41.
»   eurystoma? *Heckel et Kner*, Süsswasserfische, p. 325, fig. 168.
»   latirostris, *Günther*, Catal. of Fishes, VIII, p. 32.
»   oblongirostris, *Blanchard*, Poissons de France, p. 496 [1].

[1] Il semble qu'on puisse aussi ajouter à la synonymie de notre Anguille ; les formes étrangères suivantes :
Anguilla canariensis, *Val.* Webb. et Berthel. Iles Canar. Poiss. p. 88.
— A. oallensis, *Guichenot*, Explor. Algér. Poiss. p. 111. — A. hiber-
nica, *Couch.*, Brit. Fish., IV, p. 328. — A. bostoniensis, A. texana, *Günther*,

Noms vulgaires : S. F. *Anguille*, *Anguille noire*, *Anguille pâle*, *Anguille jaune*; S. A, *Aal*, *Ohl*, *Krautaale*; Tessin, *Burigh-di-
Inguil*, *Bisseu*, juv. : *Prussiänn*, *Inguila*, ad.

Corps subcylindrique très allongé, ne décroissant sensiblement
en hauteur que très en arrière, entre les nageoires dorsale
et anale, mais de plus en plus comprimé depuis la moitié
environ de sa longueur. Dos et ventre subarrondis. La hauteur maximale, peu différente derrière les branchies et à
l'origine de la dorsale, à la longueur totale, comme 1 : 16 à
18,5 chez des adultes de taille moyenne, soit sensiblement
moindre que la longueur de la tête à l'occiput. L'épaisseur
la plus grande, plus ou moins en avant, variant entre $^2/_3$ et
$^1/_5$ de la hauteur.

Anus ouvert toujours notablement en avant de la moitié
de la longueur totale, quoique d'une quantité un peu variable, souvent d'une longueur de la tête à l'occiput environ.
Tête subconique, un peu déprimée, bien qu'avec un front légèrement bombé, et plus ou moins pincée en avant; sa longueur, à la fente branchiale, vis-à-vis de la longueur totale
du poisson, comme 1 : 7,75 à 8,5, même 9, chez des adultes
de taille moyenne; sa longueur à l'occiput à peu près moitié
de la précédente, ou un peu plus; sa largeur variant entre
les $^3/_5$ et les $^3/_4$ de sa longueur à l'occiput; sa hauteur à peu
près égale à sa largeur ou un peu moindre. — Museau plutôt court et aplati, plus ou moins large ou acuminé, avec
trois ou quatre grands pores de chaque côté dans sa moitié
antérieure. — Narines en fente ovalaire devant et très près
de l'œil, communiquant sous la peau avec un petit tubule
tactile saillant en avant de chaque côté du bec. — Bouche
fendue jusque sous le milieu où le bord postérieur de l'œil
et bordée de lèvres plus ou moins épaisses mais toujours
assez développées. — Langue assez large. — Joue passablement charnue. — Mâchoire inférieure dépassant plus ou

Catal. of Fishes, VIII, p. 31-32. — A. rostrata, *Lesueur*, Journ. Acad.
N. S. Phila. I, p. 81; *Jordan* et *Gilbert*, Fishes of North America, 1882,
p. 361.

moins mais toujours passablement la supérieure, volontiers
de ¹/₃ à ²/₃ du diamètre de l'œil, et présentant généralement
cinq larges pores de chaque côté en dessous.

Œil petit, subarrondi, couvert par la peau du corps amincie, et placé haut près du front, un peu en avant de la
moitié de la longueur de la tête à l'occiput ; d'un diamètre
entrant de 5 à 6 fois dans cette longueur céphalique supérieure, chez des adultes de taille moyenne. — Espace préorbitaire mesurant de 1 ¹/₂ à 2 diamètres oculaires, selon la
forme du bec. — Espace intcrorbitaire presque égal à l'espace préorbitaire ou un peu moindre, selon les individus. —
Les pièces operculaires entièrement dissimulées sous la
peau ; le bord postérieur du petit opercule distant de l'œil
de 4 à 5 diamètres de celui-ci.

Fente branchiale en croissant, la concavité en avant,
devant et sous la base de la pectorale, n'atteignant pas la
gorge, et d'un diamètre variant entre le tiers et la moitié de
la hauteur de la tête à l'occiput. — Onze à douze rayons
branchiostèges, le premier en croissant relativement large
et court, les suivants grêles et allongés ; les moyens, très
longs et fortement recourbés, enveloppant l'appareil operculaire [1].

Dents en cardes, coniques, recourbées, légèrement inégales et
disposées plus ou moins confusément en bandes décroissant
d'avant en arrière, sur la mâchoire inférieure, le maxillaire
supérieur, l'intermaxillaire et le vomer. D'autres, plus petites ou en velours, sur les pharyngiens ; en groupe ovale sur
les supérieurs.

Nageoires : dorsale naissant bien en avant de l'anus, aux ³/₁₀
environ de la longueur totale, à partir du bec, soit distante
de ce dernier de 2 ¹/₂ longueurs de tête environ (la tête
comptée à la fente branchiale), et formant, avec la caudale
et l'anale réunies, une nageoire continue tout autour de la
partie postérieure du corps. Sa hauteur, quasi-constante,
bien qu'atteignant généralement son maximum un peu en

---

[1] Ces rayons longs, grêles, courbés et réunis par la peau, rappelant un
peu les cercles d'une jupe crinoline.

arrière de l'anus, égale à peu près à la moitié de celle du corps à la même place. Cette nageoire, comme les autres, enveloppée par la peau du corps et soutenue par un grand nombre de rayons inclinés, très déliés, flexibles, largement articulés et plus ou moins élargis ou finement divisés à l'extrémité ; les premiers les plus courts [1]. — Anale naissant immédiatement derrière l'anus, à une distance de l'origine de la dorsale égale à la longueur de la tête à l'ouïe, ou un peu plus courte (parfois même de $\frac{1}{6}$ ou $\frac{1}{5}$, chez les individus à large tête surtout) [2], et, comme la dorsale, réunie à la caudale ; son élévation, en face de la hauteur maximale de la dorsale, un peu moindre que celle-ci, de $\frac{1}{5}$ ou $\frac{1}{6}$ environ. Entre les deux revêtements de la peau, des rayons grêles et flexibles en nombre un peu moindre qu'à la dorsale plus allongée. — Caudale confondue avec la dorsale et l'anale environnantes, courte, conique, subarrondie ou lancéolée à l'extrémité, dépassant au bout la dernière vertèbre d'une longueur très variable, mais beaucoup moindre que les rayons couchés contre elle en dessus et en dessous. — Pectorales petites, bien qu'assez larges, très reversibles, subarrondies, soit décroissant des deux côtés, et d'une longueur au plus égale à la moitié de la tête à l'occiput, avec 17 à 19 rayons mous, articulés et généralement subdivisés à l'extrémité, sauf le premier souvent seulement aplati vers le bout.

Écailles très petites, plus ou moins noyées dans la peau, ainsi que assez irrégulièrement distribuées sur les diverses parties du corps, des nageoires et de la tête. Ces petites squames

---

[1] Le nombre exact de ces rayons, difficile à établir à cause de la continuité de cette nageoire avec la caudale, est d'assez petite importance, à cause de sa variabilité. Lunel (Poissons du Léman, p. 173) a compté, chez une Anguille de 0ᵐ,505, 513 à 514 rayons dans la nageoire composée par la dorsale, l'anale et la caudale réunies. La dorsale, y compris la moitié supérieure de la caudale, portait 271 à 272 rayons ; l'anale, avec la moitié inférieure de la caudale, 242.

[2] Je n'ai pas vu en Suisse d'individus chez lesquels cette distance soit plus grande que la tête, ainsi que cela doit arriver parfois, selon Günther, Catal. VIII.

très minces, visibles surtout lorsque la peau est détachée et
desséchée, sont plus ou moins allongées suivant leur position, et semblent comme formées d'un réseau enroulé autour
d'un centre elliptique (voir Pl. IV, fig. 20). Elles offrent
d'ordinaire l'aspect de petits bâtonnets plus ou moins juxtaposés et groupés en carré, par trois à cinq ou un peu plus,
sur des directions différentes ou en zigzags, dessinant
comme un parquet sur les différentes parties du corps; souvent un peu plus grandes et généralement parallèles, ou
moins en quinconce, sur les faces inférieures et les principales nageoires que sur le dos. Plus petites, plus minces encore
et plus irrégulières sur la tête. Quelques petites aussi sur la
partie basilaire des pectorales. Les plus grandes mesurant
d'ordinaire environ 2 à 2 ¹/₂ millim. de long sur 0ᵐᵐ,6 à 7 de
large; parfois un peu plus fortes[1].

Ligne latérale suivant à peu près le milieu du corps,
sauf en avant où elle est un peu plus élevée, présentant
tout du long de petits pores à quelques millimètres les
uns des autres et quasi-équidistants, volontiers en nombre
égal à celui des vertèbres[2]. Le tube mucoso-nerveux ne
paraît pas enveloppé généralement de petites squames
enroulées, comme cela se voit chez la Lotte et le Chabot;
cependant, il semble y avoir, de place en place, comme
une demi-gouttière formée par les téguments plus épaissis.
Ailleurs, les écailles ordinaires passent souvent par-dessus
la ligne latérale ou en travers de celle-ci.

Coloration très variable dans des conditions différentes; très
mobile même chez un seul individu. Faces supérieures souvent d'un vert-olive plus ou moins foncé; parfois presque
noires ou, au contraire, d'un brun jaunâtre très pâle, même
presque blondes quelquefois. Le bas des flancs plus pâle,
plus gris, et souvent avec quelques reflets dorés. Faces inférieures, suivant le cas, blanches avec des reflets un peu

---

[1] Heckel et Kner donnent à ces écailles un maximum de longueur de
2 lignes, soit 5 millimètres, que je n'ai pas trouvé chez les Anguilles de
taille moyenne que j'ai examinées.

[2] Lunel en a compté 110 à 112; il m'a paru y en avoir parfois un ou
deux de plus.

argentés, ou d'un blanc jaunâtre, ou un peu rosâtres, ou
encore légèrement bleuâtres. Dorsale et caudale d'une teinte
olive plus ou moins foncée; anale généralement beaucoup
plus pâle, rosâtre, jaunâtre ou blanchâtre. Pectorales olivâtres, rougeâtres ou jaunâtres. Iris brun doré.

Dimensions assez variables. La plûpart des individus pris
dans nos eaux mesurent généralement de 50 à 60 cm., avec
un poids de 250 à 300 gr.; cependant on prend aussi quelquefois dans nos lacs et nos rivières des Anguilles qui mesurent 1 mètre et plus et pèsent de 2 à 3 kilog. Un pêcheur du
lac de Brienz m'affirme que l'on y prend de temps à autre
des Anguilles noires en dessus, jaunâtres en dessous, qui
mesurent plus de 4 pieds et pèsent 8 livres au moins. On
signale dans d'autres pays, en France et en Allemagne en
particulier, des Anguilles plus grosses encore, de 1 ½ à
2 mètres, avec un poids de 5 à 6 kilog. Les mâles, généralement bien plus petits que les femelles, dépasseraient rarement 40 à 45 cm., selon Möbius et Heincke[1].

Vertèbres au nombre ordinaire de 113 à 116, parfois de 110
seulement selon Günther[2]. — Tube digestif mesurant environ la moitié de la longueur totale du poisson, par là bien
plus long que la cavité viscérale, et présentant deux ou trois
courbures dans la région abdominale; l'estomac formant un
long cul-de-sac, sans appendices pyloriques. — Vessie natatoire simple et allongée, occupant un peu plus des ⅔ de la
cavité viscérale. — Ovaires et testicules doubles, en bande
multilobée et fissurée, ou comme en épais ruban avec de
nombreux plis serrés, de chaque côté de la vessie; les ovaires
plus grands, mais d'aspect assez semblable aux testicules, se
reconnaissant à la loupe à une apparence plus granuleuse.

Ce poisson varie beaucoup à divers âges et dans différentes
conditions, non seulement eu égard à la coloration, comme
nous l'avons montré déjà; mais encore quant à ses formes plus
ou moins élancées, et surtout quant aux proportions relatives de
sa tête et l'aspect de son bec ou museau.

[1] Fische der Ostsee, p. 144.
[2] Fische des Neckars, p. 353 (part. 129).

J'ai entendu quelques-uns de nos pêcheurs distinguer sous les noms d'*Anguilles noires* et d'*Anguilles pâles* ou *jaunes* des sujets les uns très foncés, les autres très clairs. Une livrée particulière plus ou moins accentuée peut sembler parfois propre aux individus de telle ou telle localité, ou accompagner quelquefois certaines divergences dans les formes de la tête et du museau; toutefois, il est difficile d'attacher une bien grande importance à ces différences de coloration, quand l'on sait que la même Anguille en changeant de milieu, ou simplement sous l'influence de la lumière ou de la température, peut modifier complètement et très rapidement la couleur de sa robe.

Les proportions de la tête plus ou moins forte, et du museau avec cela plus ou moins large ou acuminé, ont surtout embarrassé les naturalistes; si bien que plusieurs, Risso, Yarrell, et de Selys entre autres, ont voulu y voir d'importants caractères différentiels et ont spécifiquement distingué : une Anguille à large bec (*Anguilla latirostris*), une Anguille à bec pointu (*Anguilla acutirostris*) et une Anguille à bec moyen (*Anguilla mediorostris*), qu'avec d'autres ichthyologistes, comme Heckel et Kner, de Siebold, Blanchard, etc..., je ne saurais considérer que comme simples formes ou variétés d'une même espèce. Les individus à bec moyen m'ont paru les plus fréquents dans nos eaux ; cependant, j'y ai rencontré aussi des sujets à tête beaucoup plus épaisse en arrière et bec bien plus large et écrasé, ainsi que d'autres à tête étroite et museau pincé assez acuminé, jusque dans la même rivière, la Reuss en particulier, près de Lucerne. Il me serait difficile de dire si les Anguilles à museau acuminé que j'ai rencontrées dans nos eaux doivent être rapportées plutôt à l'*Anguilla acutirostris* de Yarrell, ou à celle que Blanchard place encore, comme quatrième forme, entre cette dernière et celle à bec moyen, sous le nom d'*Anguilla oblongirostris* (Poissons de France, p. 496).

Möbius et Heincke (Fische der Ostsee, p. 144), en décrivant séparément et figurant particiellement les mâles et les femelles de l'Anguille, font observer que les premiers, qui sortent peu de la mer et sont toujours plus petits, ont en général la tête plus étroite et le museau plus acuminé que les secondes, avec des yeux un peu plus saillants et une mandibule, par contre, un peu moins proéminente. Ils croient que c'est à de semblables différences sexuelles qu'il faut attribuer la création des fausses espèces ci-dessus. Tout en reconnaissant l'intérêt de cette distinction sexuelle, je ne saurais, comme ces auteurs, y trouver une explication suffisante des formes différentes de la tête et du museau, puisque celles-ci ont été constatées dans bien des cours d'eau où censément les mâles ne remonteraient jamais, et puisque je trouve en Suisse des femelles avec des becs tantôt larges et obtus, tantôt étroits et pointus. Nous avons vu, du reste, chez d'autres poissons, des déviations d'un type moyen presque aussi accentuées tenir uniquement à des influences de milieu durant le premier développement, où être souvent purement accidentelles. Günther, dans son Catal. of Fisches (VIII, p. 32), a conservé la distinction spécifique pour l'Anguille à large bec (*A. latirostris*), qu'il retrouve à la fois en Grande-Bretagne, sur divers points en Europe, dans le Nil, en Chine, dans les Indes-occidentales et en Nouvelle-Zélande, corroborant chez celle-ci la plus grande largeur de la tête et du museau, par le fait d'une moindre distance entre les origines de la dorsale et de l'anale, d'un plus grand développement des lèvres et d'une plus forte proéminence de la mandibule. Bien que constatant de semblables caractères chez quelques Anguilles à large bec de notre pays, je ne saurais cependant leur attribuer, comme cet auteur, une importance vraiment spécifique, car, ainsi que le montre ma description de l'espèce en Suisse, j'ai trouvé, sur ces divers points, toutes les transitions entre les formes extrêmes, chez notre Anguille ordinaire, sauf peut-être le minimum de distance indiqué par Günther relativement à l'écart entre les nageoires anale et dorsale. Je ne crois pas davantage devoir considérer comme espèce spécifiquement différente l'*Anguilla rostrata* (Lesueur, Journ. Acad. Nat. Sc. Phil., I, 81) des États-Unis, qui comprendrait à titre de simples variétés les *A. bostoniensis* (Lesueur) et *A. texana* (Kaup), également maintenues distinctes par Günther (Catal.), à cause de dissemblances dans les formes et proportions déjà mises en question ci-dessus et qui rentrent pleinement dans les limites de la variabilité de notre espèce.

Il est difficile jusqu'ici, faute de documents suffisants, de dire

si l'*Ang. Kieneri* (Kaup, Apod. 32, fig. 15) capturée à Toulon,
avec un œil aussi large que la longueur du museau, doit être
considérée comme nouvelle espèce européenne, comme variété
accidentelle, ou plutôt comme simple monstruosité.

La même question se pose en face de l'*Ang. eurystoma* de
Heckel et Kner (Süswasserfische, 325), caractérisée par une tête
et une fente branchiale notablement plus grandes, mais basée
sur l'examen d'un seul individu de Dalmatie.

L'Anguille commune, sous diverses formes, habite l'Océan
atlantique et les mers qui baignent les différentes côtes de
l'Europe, jusqu'au delà du 64me degré de latitude nord,
d'où elle remonte plus ou moins avant dans tous les courants, fleuves et rivières, à l'exception des tributaires des Mers
Noire et Caspienne, du Danube entre autres, où elle paraît faire
complètement défaut et où l'on tâche de l'introduire maintenant. En dehors du continent européen, notre Anguille, sous
d'autres noms, se trouve aussi, comme nous l'avons indiqué
ci-dessus, dans l'Amérique du Nord et quelques régions septentrionales de l'Asie, ainsi que dans le Nil, en Chine, dans les
Indes-occidentales et en Nouvelle-Zélande.

En Suisse, l'Anguille se trouve plus ou moins abondamment
dans tous les lacs inférieurs et presque tous les cours d'eau
petits et grands tributaires de l'Aar ou du Rhin; ainsi qu'au sud
des Alpes, dans les lacs et rivières affluents du Tessin ou du
Pô[1]. Elle manque, par contre, en Engadine, dans l'Inn tributaire du Danube, et ne se montre qu'irrégulièrement et en très
petite quantité dans le Léman et le Rhône suisse, au-dessus de
la perte de ce fleuve à Bellegarde. Avec sa facilité à surmonter les obstacles, même en sortant de l'eau au besoin, il lui est
aisé de parvenir là où d'autres poissons ne sauraient arriver.
Elle remonte la chute du Rhin, profitant des moindres fissures
des rochers[2]; mais il ne lui est que rarement permis de passer

---

[1] Il est étonnant que Schinz ait complètement oublié l'Anguille dans
sa *Fauna Helvetica.*

[2] D'après une lettre de M. Moser Ott, qui m'a été aimablement com-
muniquée par M. Coaz, insp. féd. des eaux et forêts, des quantités de

par dessus les gouffres de la perte du Rhône, l'époque des grandes eaux ne coïncidant pas toujours avec celle de la remonte de l'Anguille. Malgré ses facultés ascensionnelles toutes particulières, elle ne semble cependant pas atteindre, dans notre pays, à un niveau aussi élevé que d'autres espèces, et je ne sache pas qu'on l'ait rencontrée jusqu'ici au-dessus de 1100^m, dans notre région montagneuse où les eaux deviennent de plus en plus pauvres en éléments nutritifs. Elle ne remonte guère dans le Rhin antérieur au delà de 718 mètres, selon le Dr Brügger (*in litt.*). Cependant, elle arrive plus haut dans d'autres conditions : au lac de Poschiavo, par exemple, à 963^m s/m., sur le versant méridional des Alpes, dans les Grisons, d'un côté; de l'autre, bien que moins régulièrement, jusque dans le lac Noir, à 1056^m s/m., dans le canton de Fribourg.

L'Anguille se trouve aussi dans quelques étangs et autres petits bassins plus ou moins fermés où elle a été introduite : dans le petit lac de Cauma par exemple, à 1000^m s/m., près de Flims dans les Grisons, où elle a été importée en 1881, où elle réussit parfaitement et où elle atteint même une taille assez respectable[1], sans s'y multiplier toutefois, soit parce qu'elle n'y trouve pas pour sa reproduction les influences de milieu favorables qu'elle va chercher d'ordinaire dans la mer, soit du fait que, les mâles remontant moins dans les eaux douces et se trouvant moins dans le commerce, ce sont presque toujours des femelles seulement qui sont ainsi implantées dans ces conditions d'isolement. C'est aussi le cas pour les Anguilles, souvent assez grosses, que l'on prend çà et là dans le Rhône supérieur et le Léman, où je n'ai vu que des adultes plus ou moins grands, et jamais de très jeunes individus; quelques-uns peuvent avoir franchi la perte du Rhône à la faveur de grosses eaux recouvrant temporairement et plus ou moins l'ouverture de celle-ci; d'autres peuvent provenir de l'étang de la Tuillière, à Ferney,

---

petites Anguilles de 10 à 15 centimètres s'accumuleraient, en juin et juillet, au pied de la chute du Rhin, et on verrait beaucoup de ces poissons gravir l'escarpement élevé de la chute, soit du côté des rives, soit en se cramponnant aux rochers émergeant du milieu de la cascade.

[1] Selon le Prof. Brügger, *in litt.*

en communication avec le lac par le Vengeron et où M. David
a, depuis 1865, introduit à diverses reprises un grand nombre
de jeunes Anguilles qui s'y sont très bien développées. Les plus
gros sujets pris dans le Léman y ont probablement vécu bien
des années emprisonnés.

Si les obstacles de la perte du Rhône pouvaient être suppri-
més, le bassin du Léman verrait arriver ce poisson en abondance, avec bien d'autres espèces qui ne dépassent pas Bellegarde dans ce fleuve, et la malédiction censément lancée contre
l'Anguille au commencement du quinzième siècle par Saint-
Guillaume, évêque de Lausanne[1], serait bientôt levée comme
par enchantement. L'Anguille aurait-elle été autrefois plus
abondante, puisqu'elle a mérité l'excommunication, et serait-
elle arrivée peut-être alors du lac de Neuchâtel dans celui du
Léman par l'ancien canal d'Entre-Roches que l'on dit avoir été
établi par les Romains. Il ne serait pas très difficile de rétablir
de nos jours ce moyen de communication entre le bassin du
Rhin et celui du Rhône; cependant ce ne serait peut-être pas
trop désirable au point de vue de l'Anguille, étant donné la
prédilection de celle-ci pour le frai des autres poissons.

On sait que l'Anguille est très vorace et que, grâce à l'étroitesse ou à l'occlusion possible de sa petite fente branchiale,
elle peut demeurer assez longtemps hors de l'eau, et exécuter
ainsi de nuit d'assez longs parcours, surtout s'il a plu ou si le
sol est humide. Elle vient chasser parfois sur terre, comme
un serpent, après les limaces et les grenouilles, quérir même,
dit-on, des végétaux jusque dans les jardins, alors que sa nourriture préférée, œufs de poissons et de batraciens, fretin et
têtards, insectes, larves, vers, mollusques et corps d'animaux
en décomposition, lui fait défaut dans l'élément liquide.

Elle peut arriver à un âge assez avancé, même dans de très
mauvaises conditions. Témoin l'Anguille du prof. Dumarest
dont Blanchard nous apprend qu'elle vécut et grandit, pendant
25 ans, dans un vase très restreint où l'eau était au plus chan-
gée tous les huit jours, et où elle avait été emprisonnée à une
taille qui comportait déjà au moins 5 ou 6 ans d'existence.

[1] Selon Félix Malleolus (*Tract. de Exorcisino*), d'après Wagner
Historia naturalis Helvetiæ curiosa, 1658, p. 49.

Avec sa vie tenace, ses mouvements insinuants et son adresse, elle se faufile si bien partout qu'elle exécute, par les moindres voies d'eau, des voyages souterrains souvent très prolongés et difficiles; se présentant ainsi quelquefois fortuitement, au grand ébahissement des populations, dans des bassins ou des puits où son apparition paraît pour le moins surprenante.

Elle demeure généralement cachée dans quelque trou pendant le jour, surtout s'il fait calme et chaud; mais elle s'agite beaucoup si le temps est à l'orage. Les sujets qui nous restent en hiver s'enfouissent alors volontiers dans la vase, cela parfois en nombreuse compagnie.

A l'inverse des autres poissons migrateurs qui, de la mer, viennent frayer dans les eaux douces, l'Anguille montée au printemps dans les fleuves et rivières, pour y passer la belle saison, redescend en automne à la mer, pour y satisfaire aux besoins de sa reproduction. C'est, suivant les années et les localités, plus ou moins tôt ou tard entre la fin de février et le commencement d'avril que les petites Anguilles, nées dans la mer ou dans les eaux saumâtres de l'embouchure des fleuves, remontent en rangs serrés et par myriades les différents cours d'eau du continent. Ce sont alors de petits animalcules pâles, presque transparents, allongés comme des aiguilles et mesurant au plus six à sept centimètres. La *montée* est dans certains fleuves si abondante, avant la dispersion dans les divers affluents, qu'avec des corbeilles ou de simples paniers, on peut prendre souvent en peu de temps assez de ces petits poissons pour s'en servir d'engrais ou pour nourrir les pourceaux.

Ce n'est guère avant le milieu ou la fin du printemps, en juin même le plus souvent, que les jeunes Anguilles peuvent arriver dans des rivières aussi éloignées de la mer que les nôtres, après avoir vu leurs rangs de plus en plus décimés par la dissémination dans tous les affluents du fleuve qu'elles ont auparavant rencontrés sur leur route; et c'est souvent déjà en septembre ou octobre que beaucoup d'entre elles nous quittent pour regagner les eaux salées, voyageant de préférence la nuit, par les temps les plus sombres, et enchevêtrées plus ou moins nombreuses en paquets compacts. Leur croissance est si rapide que beaucoup ont déjà atteint trente à quarante centimètres de lon-

gueur, quand elles se réunissent et s'agglomèrent en boules
plus ou moins grosses, souvent de quinze à trente individus,
pour rouler ainsi emportées par le courant jusqu'à la mer.

Toutes ne s'en vont pas pourtant, car il en reste toujours
dans quelques-uns de nos lacs et quelques-unes de nos rivières,
où l'on en peut prendre durant toute l'année, ce qui a fait
croire qu'elles devaient s'y reproduire. Il y a encore bien des
pêcheurs qui croient que l'Anguille fraye dans les herbes et la
vase de nos marais; qu'elle y dépose ou bien des œufs, ou bien
des petits vivants; et le narré de prétendues semblables observations, reproduit par des auteurs de valeur, comme Hartmann[1]
entre autres, n'a pas peu contribué à répandre cette croyance
populaire. Cependant, on n'a jamais pu constater d'une manière certaine la présence ni d'Anguilles nouvellement nées,
dans notre pays, ni d'œufs bien développés dans aucun individu
capturé en eau douce, et il paraît aujourd'hui avéré que ce
poisson ne se reproduit que dans la mer, que les individus qui
restent dans nos eaux et y grandissent demeurent constamment stériles.

Une obscurité complète régnait encore, il y a quinze ans,
sur le mode de reproduction de l'Anguille. Aussi a-t-on vu
tour à tour attribuer à ce poisson des procédés très différents :
ses œufs devaient se développer dans le corps d'autres poissons;
ou bien il mettait au monde des petits vivants, à la suite d'un
enlacement des sexes; ou bien encore chaque individu, porteur
de testicules et d'ovaires, était à la fois mâle et femelle. Vers la
fin du siècle passé, quelques auteurs, Muller[2] et Mundinus[3]
entre autres, et plus tard Rathke[4] avaient déjà plus ou moins
décrit les ovaires de l'Anguille; mais ce n'est que tout récemment qu'on a découvert le véritable organe mâle, et que l'on a
pu, après bien des détours, se faire enfin une idée approximative du procédé de reproduction de ce curieux poisson. Balsa-

<hr>

[1] Helvetische Ichthyologie 1827, p. 44.
[2] Schrift. nat. Freund, 1, 1780, p. 204.
[3] *De Anguillæ ovariis*; Com. Acad. Bonon., 1783, p. 410.
[4] Ueber die weiblichen Geschlechts Werkzeuge des Aales; Wiegm.
Archiv, 1838.

mo-Crivelli et Maggi [1], en 1872, et Ercolani [2], la même année, en confirmant les descriptions des précédents, quant à l'ovaire, croyaient trouver, chez le même individu et intimement uni à ce premier organe, un testicule plus ou moins développé, qui faisait de l'Anguille un hermaphrodite complet. Deux ans après, Syrski [3] renversait cette première donnée, en décrivant et figurant ovaires et testicules observés, à un développement plus avancé, chez des individus séparés, et en démontrant que le prétendu testicule des ichthyologistes italiens n'était qu'un amas de corpuscules graisseux.

Il existe donc chez cette espèce, comme chez nos autres poissons, des mâles et des femelles distincts. Plusieurs auteurs, parmi lesquels je me bornerai à citer Hermes [4] et Robin [5], en 1881, ayant successivement confirmé le dire Syrski par des observations comparées sur des sujets capturés en différentes conditions, en mer et en eaux douces, on admet généralement aujourd'hui que l'Anguille se reproduit par accouplement d'individus de sexes différents, dans les profondeurs de la mer ou de l'océan. Les organes de la génération n'arriveraient à maturité que dans les eaux salées, et les mâles, toujours plus petits que les femelles à âge égal, y attendraient d'ordinaire patiemment les femelles, volontiers plus entreprenantes et voyageuses.

On pêche l'Anguille principalement de nuit, et de bien des manières, dans différentes circonstances; tantôt avec diverses espèces de nasses et de trappes placées soit librement, soit à l'extrémité de certains passages où ce poisson est amené par des constructions et piquetages établis *ad hoc* dans les rivières; tantôt avec le harpon, ou avec la ligne à main, ou même encore,

[1] Intorno egli organi escenziali della reproduzione delle Anguille Inst. Lomb. XII, 1872.

[2] De perfetto ermafroditismo delle Anguille; Inst. Bol. III, I, 1872.

[3] Ueber die Reproductions-Organe der Aale; K. K. Acad. LXIX, 1 Abth., 1874.

[4] Ueber reife männliche Geschlechtstheile des Seeaals (*Conger vulgaris*) und einige Notizen über den männlichen Flussaal *(Anguilla vulgaris)*; Zool. Anzeiger, 1881, n° 74, p. 39-44.

[5] Les Anguilles mâles comparées aux femelles. Comptes rendus, Acad. Sc., Paris, 1881, n° 8, 21 fév., p. 378.

principalement sur les rives de nos lacs, avec la ligne dormante et des jeux de hameçons amorcés de petits poissons, de gros vers, ou de boyaux de poulet, etc. On en prend aussi au filet, mais ce moyen semble moins productif que les précédents. On prend encore des Anguilles en mettant à l'eau des fagots ou des paquets de sarments de vigne attachés d'une corde, avec laquelle on peut retirer brusquement de l'eau et le fagot et les Anguilles qui sont venues s'y cacher. Enfin, on peut prendre, à la remonte, des quantités de petites Anguilles avec des corbeilles ou de simples paniers. L'Anguille étant très rusée, très adroite et très robuste, les engins destinés à la retenir captive ou crochée doivent être toujours bien établis et très solides.

La chair de l'Anguille, blanche et un peu grasse, est saine et agréable.

Comme bien d'autres poissons, celui-ci est affecté de nombreux parasites Helminthes [1] et Crustacés [2].

Ordre III. ANACANTHIENS [3]

ANACANTHINI

Les Anacanthiens ont les nageoires dépourvues de

---

[1] On a observé chez l'Anguille, en diverses régions et conditions, les : *Ascaris labiata* (Rud.), dans l'intestin. — *Liorhynchus denticulatus* (Rud.), dans l'estomac. — *Cucullanus elegans* (Zeder), estomac et intestin. — *Trichina Anguillæ* (Bowman), muscles. — *Nematoideum Murænæ Anguillæ* (Rud.), vessie natatoire. — *Echinorhynchus globulosus* (Rud.), intestin; *Echin. tuberosus* (Zeder), intestin; *Echin. angustatus* (Rud.), intestin; *Echin. Proteus* (Westr.), intestin. — *Distomum polymorphum* (Rud.), intestin; *Dist. appendiculatum* (Rud.), estomac et intestin; *Dist. angulatum* (Duj.). intestin. — *Tænia macrocephala* (Creplin), estomac et intestin grêle; *T. hemispherica* (Molin), intestin grêle. — *Dibothrium claviceps* (Rud.). intestin.

[2] *Ergasilus gibbus* (Nord.), sur les branchies.

[3] *Malacoptérygiens subbrachiens* de Cuvier.

rayons épineux[1]; les ventrales, quand elles existent, sont chez eux jugulaires ou thoraciques. Leurs écailles sont cycloïdes ou cténoïdes. Les pharyngiens inférieurs sont séparés. La vessie à air, quand ils en ont, est dépourvue de conduit pneumatique.

Les représentants de cet ordre, en grande majorité marins, sont généralement divisés, d'après la conformation de leur tête symétrique ou non, en deux grands groupes ou sous-ordres :

1. *Anacanthini gadoidei,* ayant la tête symétriquement conformée ;

2. *Anacanthini pleuronectoidei,* avec les deux côtés de la tête non symétriques [2].

1. Les premiers sont assez généralement répartis dans six familles caractérisées surtout par des extensions différentes de l'ouverture branchiale et des membranes branchiostèges, par le développement des ventrales plus ou moins en avant, quelquefois réduites à un filament ou même absentes, par la présence de une ou de plusieurs dorsales plus ou moins grandes, et par le fait que les dorsales et anales sont ou non réunies à la caudale. Une seule compte un représentant dans nos eaux, celle très répandue des *Gadidæ,* comprenant nombre de poissons bien connus, comme la *Lotte,* la *Morue,* le *Merlan,* etc.

2. Les seconds, dits *poissons plats,* dont quelques espèces

---

[1] A l'exception des *Gadopsidæ.*

[2] Les intéressantes recherches de *Steenstrup* sur le développement de quelques espèces de ce second sous-ordre nous ont appris que ces poissons naissent symétriquement conformés, comme les autres, avec un œil de chaque côté de la tête, et que ce n'est que plus tard que l'asymétrie se produit avec le changement de position du corps.

remontent plus ou moins dans les eaux douces de l'Europe,
sont entièrement étrangers à notre pays, bien qu'arrivant
en grand nombre sur nos marchés, comme la *Sole*, la *Plie*,
le *Turbot*, la *Barbue*, etc.

Impossible de passer ici sous silence une citation d'Ogérien
qui, dans son Hist. nat. du Jura, III, p. 371, signale quelques
captures accidentelles de la Plie (*Pleuronectes platessa*) dans le
Doubs, rivière dont le cours supérieur arrose une partie de la
frontière nord de la Suisse; sans toutefois considérer pour cela
ce *poisson plat* comme devant faire partie de notre faune[1].

Famille I. GADIDÉS

GADIDÆ

Les Gadidés ont le corps plus ou moins allongé, couvert
de petites écailles lisses. Ils portent une, deux ou trois
nageoires dorsales occupant parfois presque toute la ligne
dorsale, les rayons de la postérieure généralement bien
développés. Ils ont une ou deux anales. La caudale est chez
eux distincte de la dorsale et de l'anale, ou, si elle leur
est réunie, la dorsale présente alors une partie antérieure
détachée. Les ventrales sont jugulaires, composées de plusieurs rayons, ou plus ou moins réduites à un fil, et, dans
ce dernier cas, la dorsale est alors d'ordinaire divisée.

[1] Il est fort probable que ce n'est pas dans le cours supérieur du
Doubs que ces apparitions accidentelles ont été observées. Il est à remarquer, en outre, qu'en décrivant le Flet (*Pleuronectes flesus* L.), Blanchard (Poissons de France, p. 266) dit que la Plie (*Pleuronectes platessa*)
n'entre qu'accidentellement dans les eaux douces de la France. Du
reste, E. Olivier, dans sa Faune du Doubs, en 1883, ne cite nulle part,
malgré le dire antérieur d'Ogérien, en 1863, un Pleuronecte dans les
eaux de cette rivière.

L'ouverture branchiale est grande, et les membranes branchiostèges ne sont pas attachées à l'isthme. Ils n'ont pas
de pseudobranchies, ou celles-ci sont glanduleuses et tout
à fait rudimentaires. Ils sont pourvus d'une vessie à air
et, le plus souvent, d'appendices pyloriques.

Les représentants de cette riche famille sont en majorité marins et propres aux régions arctiques et tempérées.

Les différents genres qui rentrent dans la famille des
Gadidæ se distinguent par le nombre de leurs nageoires
dorsales et anales, ainsi que par le fait de l'union ou de la
séparation de celles-ci avec la caudale et par les développements différents de la première, par la structure particulière de leurs ventrales, et par la présence ou l'absence
de dents sur le vomer. Beaucoup sont représentés sur les
côtes de l'Europe, soit dans les mers du nord, soit dans la
Méditerranée ; un seul, le dit *Lota,* exclusivement d'eau
douce, figure dans nos lacs et rivières.

Genre 1. LOTTE

LOTA, Cuvier.

*Tête large. Bouche grande. Un barbillon au menton.
Dents en velours et de dimensions quasi-égales, sur le pourtour de l'intermaxillaire, sur la mandibule et sur le vomer ;
point sur les palatins. Deux dorsales ; la première courte,
généralement avec dix à quinze rayons bien développés.
Anale longue. Caudale séparée. Ventrales étroites, composées de plusieurs rayons. Corps assez allongé, dans sa partie caudale surtout, et couvert de très petites écailles. —
Sept ou huit rayons branchiostèges.*

Le genre *Lota* ne compte jusqu'ici qu'une seule espèce, notre Lotte commune, très répandue dans les eaux douces des régions tempérées de l'hémisphère nord, en Europe et en Amérique [1].

1 [2]. LA LOTTE COMMUNE

TRISCHE [3]. — BOTTATRICE.

LOTA VULGARIS [4].

Corps assez allongé, subcylindrique et épais en avant, de plus en plus comprimé et atténué en arrière. Tête large et déprimée; museau largement arrondi, dépassant légèrement la mâchoire inférieure. Mandibule avec un barbillon plus long que le diamètre de l'œil, au menton. Orifice antérieur des narines bordé d'une valvule prolongée en petit appendice. Les dents vomériennes en large croissant antérieur. Des groupes de petites dents sur les pharyngiens supérieurs et inférieurs. Écailles très petites, juxtaposées et marquées de stries concentriques; ligne latérale n'atteignant pas la caudale. Première dorsale naissant un peu en arrière du milieu du tronc et à peu près de même hauteur que la seconde, très voisine mais beaucoup plus longue. Caudale libre, ovalaire. Ventrales en avant des pectorales, acuminées, composées de cinq à

---

[1] Si on en sépare, comme Günther et d'autres, dans un genre à part exclusivement marin, sous le nom de *Molva*, le *Gadus Molva* de Linné, *Molva vulgaris* (Flem.) des mers du nord, et les deux espèces voisines : *Molva abyssorum* des côtes scandinaves et *M. elongata* de la Méditerranée.

[2] Ayant précédemment recommencé la numérotation des espèces avec chaque nouvel ordre, je dois attribuer ici le n° 1 à la *Lotte*, bien qu'elle soit seule représentant de l'ordre des *Anacanthini*; elle constitue cependant la 47ᵐᵉ espèce de nos Poissons suisses.

[3] Aussi *Aalrutte* ou *Quappe*, en allemand.

[4] *Günther* (Catal. of Fishes, IV, p. 360) indique, comme représentants de la même espèce en Amérique et noms synonymes de *Lota vulgaris*, les : *Gadus Lota* (Penn.), *G. lacustris* (Mitch.), *Lota maculosa* et *L. compressa* (Lesueur), *Molva maculosa* et *M. huntia* (Lesueur), *Lota inornata* (Dekay), et *L. brosmiana* (Storer).

huit rayons, le ou les premiers prolongés en fil mou. — Manteau jaunâtre, brunâtre ou olivâtre, avec des taches ou des marbrures brunes ou noires, en-dessus et sur les côtés. — (Taille moyenne d'adultes et de vieux : $0^m,35-0^m,90$, except. 1^m.)

I. D. 10-15, II. D. 67-80, A. 66-76, V. 5-8, P. 17-22, C. 36-44.

R. brchstèg. 7-8. — *App. pyl.* 19-30 (38). — *Vert.* 57-59.

Gadus Lota[1], *Linné*, Syst. Nat. 1., éd. 12, p. 440. — *Bloch*, Fische Deutschl. II, p. 177, Taf. 70. — *Razoumowsky*, Hist. nat. du Jorat, I, p. 126. — *Lacépède*, Hist. Nat. IV, p. 209. — *Turton*, Brit. Fauna. p. 91. — *Cuvier*, Règ. Anim. II, p. 215. — *Pallas*, Zoogr. III, p. 201. — *Jurine*, Poissons du Léman, p. 148, pl. 2. — *Steinmüller*, Fische im Wallensee, N. Alpina, II, p. 334. — *Hartmann*, Helv. Ichthyol. p. 50. — *Nenning*, Fische des Bodensees, p, 10. — *Ekström*, Fische von Mörkö, p. 235. — *Holandre*, Faune de la Moselle, p. 259.

Enchelyopus Lota, *Gronov.*, Syst. ed. *Gray*, p. 101.

Molva Lota, *Flemming*, Brit. An., p. 192.

Lota vulgaris, *Jenyns*, Manual of. Brit. Vert., p. 448. — *Schinz*, Fauna Helv., p. 158. — *De Selys-Longchamps*, Faune belge, p. 188. — *De Filippi*, Cenni, 7. — *Bonaparte*, Cat. met., p. 44. — *Yarrell*, Brit. Fish., II, p. 267. — *Günther*, Fische des Neckars, p. 124; Catal. of Fishes, IV, p. 359. — *Nilsson*, Skand. Fauna, IV, p. 580. — *Heckel et Kner*, Süsswasserfische, p. 313, fig. 166. — *Fritsch*, Fische Böhmens, p. 8; Ceské Ryby, p. 41. — *De Betta*, Ittiol. Veron., p. 137. — *Jeitteles*, Fische der March, p. 20. — *De Siebold*, Süsswasserfische, p. 73. — *Jäckel*, Fische Bayerns, p. 13. — *Monti*, Notizie dei Pesci, p. 22. — *Canestrini*, Prosp. crit., p. 118. — *Blanchard*, Poissons de France, p. 272, fig. 51. — *Lunel*, Poissons du Léman, p. 20, pl. III. — *Paresi*, Pesci e Pesca, p. 23. — *Fraisse*, Fische des Maingebietes, p. 6. — *Moreau*, H. Nat. Poissons de France, III, p. 256. — *Klunsinger*, Fische im Wurtemberg, p. 212. — *Möbius et Heincke*, Fische der Ostsee, p. 81. — *Benecke*, Naturg. und Leben der Fische, p. 106, fig. 116.

» communis, *Rupp*, Fische des Bodensees, p. 36.

» maculosa, *Lesueur*, Journ. Acad. Nat. Sc. I, p. 83. — *Jordan et Gilbert*, Fishes of North America, p. 802. — *Mela*, Vert. Fennica, p. 301, fig. 157.

---

[1] *Mustela fluviatilis et Trüschen* de Gessner; Fischbuch, fol. 171, avec une bonne planche au verso. — *Mustela et Treusch* de Wagner, Hist. Nat. Helvetiæ curiosa, p. 214.

Noms vulgaires : S. F. *Lotte* ou *Lote*, *Lotte blanche*, *Lotte noire*, *Moutèle*, *Moutelle* ou *Mouteille*. — S. A. juv. *Trischeli*, *Mooserli* ; ad. *Trische*, *Treusch*, *Trüsche* ou *Trüschen*, *Trischeln*, *Treische*, *Schwarztrische*, aussi *Quappe* au lac de Constance, — Tessin : *Böttris*, *Böttrisa*, *Böttrisin* ; aussi *Strinsa* et *Trinscia*, dans le lac Majeur.

Corps assez allongé, subcylindrique jusqu'à l'anus à peu près, graduellement comprimé et atténué en arrière, et couvert d'un épais mucus glutineux. Le profil supérieur légèrement convexe en avant de la dorsale; le dos assez large; la nuque plus ou moins voûtée. Le profil inférieur faiblement convexe de la gorge à la queue; le ventre parfois plus ou moins proéminent. La hauteur maximum, vers la première dorsale, ou un peu en avant, à la longueur totale du poisson, volontiers comme 1 : 6, — 9, même 10, selon l'âge plus ou moins avancé et suivant les conditions d'habitat[1]. L'épaisseur maximale généralement sur l'opercule; celle du corps un peu moindre, sous la dorsale, volontiers à peu près égale à la hauteur en ce point, un peu plus faible ou plus forte selon les sujets; cela en dehors de la saison des amours durant laquelle les parois abdominales sont souvent fortement dilatées par le développement des organes de la génération. — Anus à une distance du museau, relativement à la longueur totale, comme 1 : 2,25 — 2,50, selon l'âge plus ou moins avancé.

Tête forte, large et passablement déprimée, d'une longueur, au bout de l'opercule, à la longueur totale du poisson, comme 1 : 4,8 — 5,8 [2] selon les conditions ; à la longueur jusqu'à l'anus, comme 1 : 2—2,5 suivant les individus; sa largeur sur l'opercule variant, avec l'âge plus ou moins avancé et les conditions, entre $^5/_6$ et $^2/_3$ de sa longueur ; sa hauteur à l'occiput volontiers un peu moindre que la $^1/_2$ de sa longueur

[1] Lunel (Poissons du Léman, p. 20) donne le rapport $= 1 : 5\ ^2/_3$ qui me paraît rare dans la plupart de nos eaux suisses, où ce poisson semble prendre un peu moins de hauteur et d'épaisseur que dans le Léman.

[2] Même comme 1 : 6, chez la Lotte de Genève, selon Steindachner (Ueber *Barbus Mayori*, Val., et *Lota vulgaris*, Cuv.; Verhandl. des K. K. zool. bot. Gesell. im Wien, 1866, XVI, p. 385). Ce rapport me paraît exceptionnel.

latérale chez les jeunes, un peu plus faible ou plus forte chez l'adulte, selon la provenance. —Museau déprimé, largement arrondi ou parfois un peu carré dans sa partie antérieure, souvent un peu relevé en avant des orifices nasaux.—Narines composées de chaque côté de deux orifices assez distants : le premier à peu près à égale distance de l'œil et du museau, entouré d'une valvule membraneuse prolongée en appendice postérieur pouvant atteindre, rabattu en arrière, jusqu'au second orifice ; celui-ci, beaucoup plus près de l'œil, bordé aussi par une valvule, mais sans prolongement. Un double rang de pores distribués en demi-cercle sur la mâchoire, de l'œil au museau ; d'autres sur un rang partant du museau, pour passer de chaque côté sur la tête au-dessus de l'œil et gagner la ligne latérale ; d'autres en travers sur l'occiput ; d'autres enfin tout le long du maxillaire inférieur.

Bouche grande, semi-circulaire et fendue jusqu'en dessous de l'œil. — Langue arrondie en avant, épaisse et lisse. — Lèvres charnues, la supérieure dépassant sensiblement l'inférieure. — Un barbillon suspendu au menton, sous la symphise du maxillaire inférieur, d'une longueur variant entre 1 $\frac{1}{6}$ et 1 $\frac{3}{4}$ diamètre de l'œil. Exceptionnellement un second barbillon plus petit à côté du premier.

Œil rond, situé près du front, soit semi-oblique et plus ou moins saillant ; d'un diamètre, à la longueur de la tête, suivant l'âge et les individus, comme 1 : 5,35—8,5, en moyenne 6,5 — 7. — Espace préorbitaire égal à peu près à deux diamètres de l'œil, ou un peu plus fort chez les vieux sujets, relativement plus petit chez les jeunes. Espace interorbitaire presque égal au préorbitaire ou un peu moindre. Postorbitaire souvent à peu près double de l'interorbitaire ; cependant, suivant les individus et leur habitat, sensiblement plus fort ou au contraire un peu plus faible que la hauteur céphalique à l'occiput[1].

Opercule plutôt petit et subtriangulaire, soit rétréci dans le haut en avant, mais élargi dans le bas en arrière, et

---

[1] D'ordinaire plus fort, par exemple, que la dite hauteur chez la Lotte de Lucerne, et par contre plus faible chez celle de Genève.

comme divisé en deux cornes, dont l'une forme l'angle
operculaire postérieur avec l'extrémité du sous-opercule; le
bord postéro-inférieur par le fait fortement concave; le côté
postéro-supérieur, le plus grand, par contre arrondi ou
convexe. — Sous-opercule plutôt grand et un peu convexe,
large en avant, conique en arrière. — Interopercule relativement étroit, présentant sa plus grande largeur en arrière,
acuminé en avant. — Préopercule creusé, sur la face extéro-
postérieure, d'une large gouttière semi-circulaire formée
d'un feuillet osseux replié en dehors et en arrière sur toute
la longueur; une pointe dirigée en avant un peu au-dessus
du milieu du bord concave interne. — Un espace libre non
cuirassé entre l'opercule et les trois autres pièces précédentes. — Premier sous-orbitaire, du bord de l'œil au maxillaire, allongé, plutôt étroit, avec une saillie médiane supérieure rejoignant le frontal antérieur et une gouttière,
comme celle du préopercule, embrassant les conduits mucoso-nerveux, sur le parcours desquels se voient quelques
pores extérieurs. — Maxillaire supérieur long et étroit,
légèrement arqué et élargi en palette à son extrémité inférieure.

Membranes branchiostèges larges et épaisses, réunies sous
la gorge et soutenues de chaque côté par 7 à 8 rayons grêles,
arqués et un peu aplatis sur le centre. Parfois sept d'un côté
et huit de l'autre, chez le même animal. Le huitième inférieur parfois rudimentaire.

Dents en velours ou mieux en petites cardes et quasi-égales,
très serrées et courbées en arrière, distribuées sur le pourtour de l'intermaxillaire et du maxillaire inférieur, sur la
partie antérieure du vomer en large croissant, et sur les
pharyngiens supérieurs et inférieurs, où elles forment des
groupes subarrondis pour les premiers, plutôt ovalaires pour
les seconds. Enfin de petites brosses dentées sur l'extrémité
des processus des arcs branchiaux.

Nageoires : caudale subovale, embrassant l'extrémité du corps
jusqu'à la base de la seconde dorsale et de l'anale, dont elle
n'est séparée que par un pli très court de la peau; sa longueur, du bout de la dorsale au sommet de ses rayons mé-

dians, à la longueur totale du poisson, comme 1 : 5,8—6,9[1]; les rayons médians à peu près égaux à la moitié de la nageoire entière ou un peu plus courts. (36)[2], à 38 à 44 rayons doubles articulés.

Deux dorsales à peu près de même hauteur, au plus séparées par un espace de deux à cinq ou sept millimètres, chez des sujets moyens, souvent même réunies à la base par un léger repli des téguments, et entièrement enveloppées par la peau du corps. — La première naissant légèrement en arrière du milieu du tronc, avec une base de $^1/_5$ à $^2/_5$ plus grande que sa hauteur; cette hauteur, à l'élévation du corps sur ce point, comme 1 : 2 à 2,75 selon l'âge et l'habitat; de forme arrondie sur la tranche, avec 10 à 15 rayons articulés, mous et profondément bifurqués, dont le plus long entre le septième et le onzième; le dernier sensiblement plus court que le premier. (Voy. vol. IV. Poiss., part. 1, pl. II, fig. 17, le 1er rayon de la 1re dorsale). — La seconde dorsale naissant au-dessus de l'anus, ou un peu en avant, et s'étendant jusqu'à l'origine de la caudale, soit sur un espace à peu près égal à la moitié de la longueur totale du poisson sans les rayons médians de la caudale; d'une hauteur maximale presque semblable à celle de la première ou légèrement plus forte, vers son milieu, en avant ou en arrière, suivant les individus; presque droite ou faiblement convexe sur la tranche, avec des bords antérieurs et postérieurs brusquement coupés et inclinés en arrière. 67 à 80 rayons articulés, profondément bifurqués, mous et flexibles au sommet. — Anale de même forme que la seconde dorsale, mais un peu plus courte et un peu moins élevée. 66 à 76 rayons divisés et flexibles.

Ventrales, à la gorge, au-dessous de l'opercule, en avant des pectorales, et d'une longueur au plus grand rayon

---

[1] Comme 1 : 5,8 chez un mâle ad. du Léman, et comme 1 : 6,9 chez une femelle ad. de Lucerne; sans cependant qu'il y ait une différence sexuelle constante.

[2] Le minimum 36, indiqué par divers, mais assez rare dans nos eaux, est compté peut-être sans les premiers petits rayons. J'ai trouvé le maximum 44 chez une femelle, taille moyenne, de Lucerne.

généralement un peu moindre que celle de ces dernières,
parfois presque égale, d'autres fois jusqu'à un tiers plus
courte; de forme subtriangulaire, effilées et composées,
suivant les individus et leur habitat, de 5, 6, 7 ou 8 rayons
articulés[1], très flexibles, volontiers formés de deux rameaux
accolés, quelquefois de trois. Le premier et d'ordinaire le
second rayon généralement non divisés et terminés en fil
mou à l'extrémité[2]; le second environ d'un tiers plus
grand que le premier[3]; les suivants décroissants et plus ou
moins subdivisés vers le sommet, le troisième parfois presque égal au second, exceptionnellement légèrement plus
grand[4]. (Voy. vol. IV, Poissons, part. I, pl. II, fig. 16). —
Pectorales subarrondies, franchement réversibles et s'étendant d'ordinaire jusqu'au-dessous de l'origine de la première
dorsale, un peu moins loin chez certains individus, par contre, jusque sous le milieu de cette nageoire chez quelques
autres : (17) 18 à 21 (22)[5], le plus souvent 19 ou 20 rayons
articulés, doubles, flexibles et distribués en éventail sur une
base un peu plus courte que le tiers du plus long. Les 5, 6,
7 et 8me presque égaux et les plus grands; le 1er égal environ à $^1/_2$ du plus long, le dernier à $^1/_4$ à peu près.
Écailles très petites, juxtaposées ou un peu espacées[6], distri-

---

[1] Le minimum de 5 rayons, cité par beaucoup d'auteurs, m'a paru
rare dans nos eaux.

[2] La constitution molle et souple de l'extrémité de ces premiers
rayons semble devoir en faire un peu des organes de tact.

[3] Le premier rayon parfois composé d'une seule tige.

[4] Un individu adulte, du lac de Neuchâtel, avait à chaque ventrale
les 3e, 4e et 5e rayons formés de trois tiges accolées, tandis que le 1er
était simple; le 2e, le plus grand, présentait, aux deux nageoires, vers
le quart de sa hauteur à partir de la base, un double nœud simulant
une articulation. — Un autre adulte, du Rhône à Lyon, et porteur de 8
rayons ventraux, présentait à peu près la même structure; les 3e, 4e,
5e et 6e rayons étaient triples, tandis que les 1er et 2e étaient simples.

[5] Le minimum 17 m'a paru rare dans nos eaux, à plus forte raison le
total de 15 rayons indiqué par *Perrot et Droz* dans leurs informations
manuscrites. Je n'ai pas trouvé le total 22 signalé par Jeitteles (Fische
der March).

[6] J'ai vu une jeune Lotte de 0^m,145, provenant de Lucerne, chez la-

buées sur tout le corps, et suivant les individus plus ou
moins avant sur les diverses nageoires, ainsi que sur le
sommet de la tête, sur les joues, sur les pièces operculaires,
parfois même jusque sur la membrane branchiostège. Ces
squames si bien enfoncées dans l'épaisseur de la peau et
recouvertes d'un épais mucus, qu'elles ont pu passer, aux
yeux de quelques auteurs, pour de simples excavations des
téguments. Ces petites pièces, subovales ou subarrondies,
transparentes et marquées régulièrement de stries concentriques autour d'un nœud vague ou espace lisse médian,
généralement plus petites, plus irrégulières et plus espacées sur la tête et les nageoires. Celles du corps, chez une
Lotte de 0^m,380, mesuraient 1^{mm},75; celles de la tête 0^{mm},60.
(Voy. pl. IV, fig. 18.)

Ligne latérale naissant vers l'angle supérieur de l'opercule et s'étendant, en ligne oblique presque droite, plus ou
moins loin suivant les individus, sur le milieu de la partie
caudale du corps, s'arrêtant par exemple, selon les cas, au-
dessus du premier ou du dernier sixième de la nageoire
anale; d'une extension du reste souvent assez différente sur
les deux côtés du même animal. Cette ligne latérale composée d'un sillon semé irrégulièrement d'écailles subarrondies et striées concentriquement comme celles du reste du
corps, quoique beaucoup plus petites que leurs voisines. —
Les tubules du conduit muqueux représentés, comme chez
le *Cottus*, par des squamules semi-cartilagineuses en nombre
assez variable : souvent 18 à 25, minces transparentes, enfoncées dans l'épaisseur du derme, de forme ovale allongée,
repliées extérieurement par leurs bords supérieur et inférieur, de manière à embrasser de place en place le conduit
muqueux, de 1 ½ à 3^{mm} de longueur chez l'adulte moyen,
suivant les places et les individus, et séparées les unes des
autres par des espaces susceptibles de varier souvent de
deux à six fois leur longueur[1]. (Voy. pl. IV, fig. 19.) Ces

quelle les écailles étaient, sur tout le corps, si bien juxtaposées qu'elles
paraissaient à l'œil comme imbriquées.

[1] *Hyrtl* : Ueber den Seitencanal von Lota (Sitzb. der Kais. Acad.
der Wissenchaften, LIII, 5te Heft, 1866, p. 551 à 557, avec une pl.) a

sortes de coques, volontiers percées d'un trou par derrière, relativement beaucoup plus écartées que chez le Chabot, distantes de 7 à 10ᵐᵐ les unes des autres, chez une Lotte de 0ᵐ,370 dont les squamules mesuraient en moyenne 2ᵐᵐ,50 de long sur 0ᵐᵐ,66 de large.

Coloration de la tête et du corps, en dessus, grise, fauve, jaune, rousse, verdâtre ou olivâtre, avec des taches irrégulières, plus ou moins éparses ou confluentes, sortes de marbrures gris-brun, d'un brun olivâtre, noirâtres, noires ou même violacées. Les côtés de la tête et du corps ornés des mêmes dessins, sur fond analogue dégradé, plus clairs, souvent un peu plus gris, plus verts ou plus jaunes, avec de légers reflets dorés. Le bas des flancs et le ventre blancs, blanchâtres, jaunâtres et dorés, ou rosâtres, sans macules ou légèrement sablés de noirâtre. La gorge, le maxillaire inférieur et les lèvres, blanchâtres, rosâtres ou lilacés et volontiers pointillés de gris, de brun ou de noir ; le barbillon blanchâtre, jaunâtre ou rosâtre, avec ou sans macules foncées. Iris d'un jaune doré plus ou moins mâchuré ; un cercle doré brillant autour de la pupille. Nageoires dorsales à peu près de la couleur du dos dans leur partie supérieure, plus pâles dans leur partie inférieure, souvent d'un joli gris lilacé ou violacées dans la livrée de noces, avec des taches ou marbrures brunes ou noires. Anale parfois presque incolore ou immaculée, chez des jeunes surtout ; le plus souvent assez semblable à la dorsale, chez l'adulte, quoique avec une tranche maculée volontiers moins large. Caudale jaunâtre, brunâtre, verdâtre, rousse, parfois même rougeâtre, avec des taches noirâtres principalement vers la tranche. Ventrales volontiers comme la gorge, plus ou moins maculées de gris ou de brun. Pectorales grises, rousses, brunes ou d'un orangé sombre, avec des macules noirâtres ou noires.

Dimensions variant passablement avec l'habitat et les conditions. Selon Hartmann, Nenning et Rapp, la Lotte ne dépasserait guère un poids de 4 livres (2 kilog.) dans le lac de

le premier signalé chez la Lotte une apparence de petits sacs allongés, très minces et contenant un liquide blanchâtre, dont les bouts correspondraient aux cloisons fibreuses intermusculaires.

Constance. Schinz cite comme exceptionnelle une Lotte de
9 livres capturée dans le lac de Zurich ; d'autres observateurs affirment que cette espèce dépasse rarement 5 livres
dans le même lac, et Steinmüller indique les mêmes limites
2 à 5 livres pour le lac de Wallenstadt. Les pêcheurs attribuent, suivant les endroits, un poids maximum de 4, 5 ou 6
livres à ce poisson dans le lac des Quatre-Cantons; il atteindrait, par contre, jusqu'à 7 livres (3 ½ kilog.) dans le lac de
Sarnen, un peu plus élevé, ainsi que dans ceux de Thoune
et de Brienz. La Lotte, suivant le Dr Kaiser (*in litt.*), pèserait jusqu'à 6 livres dans le lac de Zoug; elle arriverait,
selon Perrot et Droz, à 3-4 livres dans le lac de Morat, 4-5
dans celui de Bienne et 5-6 dans celui de Neuchâtel. On en
prend quelquefois de 7-8 livres dans le Léman ; enfin Pavesi
donne 6 livres comme maximum dans le lac de Lugano, au
sud des Alpes. L'espèce, dans de petits lacs alpestres plus
pauvres, reste d'ordinaire, comme nous le verrons plus
loin, dans des dimensions beaucoup moindres.

Des individus de 6 à 6 ½ livres mesurent généralement
0^m,60 à 0^m,75, et il est assez rare de trouver dans nos
eaux des Lottes qui dépassent 0^m,85 à 0^m,90, bien que
Tschudi attribue à ce poisson en Suisse jusqu'à trois pieds
de long, avec un poids de 8 à 10 livres. Des sujets d'une livre
(500 grammes) ont en général une longueur de 40 à 42 centimètres; cependant, avec de mêmes dimensions, le poids
peut varier beaucoup suivant l'état des individus et les conditions d'existence. De deux mâles au même développement,
de même longueur 0^m,385 et capturés à la même époque,
l'un, pris à Lucerne, pesait 375 grammes, l'autre, pris à
Genève, 446 grammes. L'augmentation de poids se traduit
du reste plus par l'élargissement que par l'allongement du
poisson.

On m'a parlé de Lottes ayant pesé jusqu'à 10 livres dans
le lac de Brienz, et quelques personnes m'ont assuré que ce
poisson atteindrait même parfois le poids énorme de 12 livres,
soit dans le petit lac de Goldwyl près d'Interlaken, soit dans
celui de Hallwyl en Argovie. Il ne m'a pas été possible d'obtenir la preuve matérielle de ces dernières citations ; aussi

ne puis-je que les signaler en passant, en faisant observer
que l'exagération est fréquente dans semblables données,
qu'elles reposent même parfois sur des erreurs répétées sans
contrôle suffisant. C'est ainsi que Scheuchzer, au commencement du XVIIIme siècle, et Coxe, dans sa Faunula en 1789,
d'après le précédent, affirment tous deux que la Lotte arrive
au poids de 18 livres dans le lac de St-Moritz en Haute-
Engadine, et que, jusqu'en 1872, Tschudi[1], copiant probablement la donnée de Röder et Tscharner[2], attribue encore
ce poisson au même lac de St-Moritz, avec le nom de *Trüllen*
et un poids de 6 à 12 livres, alors que la Lotte n'existe pas,
de nos jours du moins, suivant le dire de nombreux pêcheurs,
dans les différents lacs de la Haute-Engadine. — Heckel et
Kner[3] citent pourtant la capture de Lottes de 8 à 12 et
même 16 livres dans les Fuschler- et Attersee en Allemagne.
Blanchard[4] raconte même qu'une Lotte de 21 kilog. aurait
été prise autrefois dans le Rhin et vendue 600 francs, pour
un déjeuner offert à Charles X.

Vertèbres au nombre de 57 à 59. — Vessie aérienne fixée à la colonne vertébrale, close, subcylindrique, allongée et relativement étroite, un peu renflée en croissant en avant et occupant à peu près toute la longueur de la cavité viscérale. —
De petites pseudobranchies cachées dans une cavité sous les
téguments. — Tube digestif présentant deux replis, généralement un peu plus court que la longueur totale du poisson,
ou parfois un peu plus long; estomac en forme de sac grand
et large, avec 19 à 26, même 30 appendices pyloriques assez
grands, rapprochés ou groupés. (Heckel et Kner donnent
un minimum de 15, et Kröyer, Danmarks Fiske, p. 177, un
maximum de 38.) — Ovaires et testicules doubles; une papille urogénitale.

Mâles, volontiers plus élevés ou voûtés que les femelles.

Jeunes, de formes plus élancées, avec une tête plus étroite, un
œil relativement plus grand et une livrée moins brillante.

---

[1] Thierleben der Alpenwelt, 9me édit., 1872, p. 230.

[2] Beschr. des Cant. Graubundens; Gemälde der Schweiz Bd. 15, 1838,
p. 295.

[3] Süsswasserfische, p. 316.

[4] Poissons de France, p. 276.

Cette espèce varie beaucoup, non seulement avec l'âge et les individus, mais encore, comme l'a déjà fait remarquer Steindachner[1], selon les localités et les conditions d'existence, et cela tant dans les diverses proportions que dans la coloration. Si l'on compare des Lottes de diverses provenances sur un certain nombre de sujets d'âge et de sexes différents, on arrive bientôt à démêler plus ou moins les raisons de certaines divergences au premier abord assez frappantes.

Les Lottes des lacs sont d'ordinaire plus ramassées que celles des rivières, et les jeunes sont généralement plus élancés que les adultes ; elles varient aussi sous ce rapport d'un lac à l'autre. Celles de Lucerne sont entre autres volontiers plus effilées que celles de Genève, à âge égal, les dernières étant d'ordinaire passablement plus hautes, en regard de leur longueur totale, souvent même de $^1/_5$ pour une même longueur. Les proportions relativement un peu plus fortes de la tête, chez les premières, pourraient faire supposer chez elles un développement moins rapide. En comparant la Lotte de Genève avec celle de plusieurs autres lacs suisses et de quelques cours d'eau, il est impossible de ne pas reconnaître quelques légères différences qui peuvent avoir leur intérêt dans la discussion de l'opinion déjà émise et dont nous parlerons plus loin, à savoir que ce poisson aurait été importé autrefois dans les eaux du Léman.

Le seul trait différentiel un peu constant qui m'ait paru mériter quelque attention réside, du reste, dans le nombre des rayons des nageoires ventrales.

La plupart des auteurs allemands attribuent 5 à 6 rayons aux ventrales de la Lotte, et Canestrini reproduit les mêmes chiffres pour l'Italie. Cependant, Günther donne le chiffre 7 dans ses *Fische des Neckars,* et le chiffre 6 dans ses *Catal. of Fishes.* Blanchard compte 7 rayons à ces nageoires chez les Lottes de la France. Enfin, Hartmann attribue d'une manière générale le total de 6 rayons aux Lottes en Suisse, et le même chiffre 6 a été répété d'un côté par Nenning pour le lac de Constance, de l'autre par Lunel pour le Léman.

---

[1] *Ueber B. Mayori,* Val., und *Lota vulgaris,* Cuv. (Verhandl. der K. K, zool. bot. Gesell. im Wien, 1866, XVI, p. 385).

Le minimum *cinq*, qui serait fréquent dans les eaux d'Allemagne, d'Autriche et d'Italie, m'a semblé relativement rare dans les lacs et rivières de la Suisse. Par contre, le maximum *sept* (parfois même *huit*) m'a paru commun et prédominant dans les eaux de la Suisse occidentale et de la France, dans le bassin du Léman en particulier ; et, sous ce rapport, j'ai trouvé une assez grande similitude entre les Lottes de Genève et celles du Rhône au-dessous de la perte. Du reste de la Suisse, ce sont celles du lac de Neuchâtel qui, à cet égard, m'ont paru se rapprocher le plus de celles du Léman. Il est possible que, pour ces nageoires fortement empâtées dans la peau du corps, un petit rayon ait quelquefois échappé à l'examen ; cependant, il semble qu'il y ait, suivant l'habitat, deux tendances opposées à la réduction ou à l'augmentation des rayons au-dessus de la moyenne *six*. J'ai compté 6 rayons ventraux chez plusieurs Lottes, les unes du lac des Quatre-Cantons au centre du pays, les autres de Lugano au sud des Alpes ; j'en ai par contre compté souvent 7, parfois 6 d'un côté et 7 de l'autre, plus rarement 6 [1], chez plusieurs sujets provenant du lac de Neuchâtel, et 7 ou 7—8 chez quelques individus du Rhône à Lyon. La Lotte, à Genève, semble tenir le milieu entre les deux dernières, bien que Lunel lui ait attribué le chiffre constant de 6 rayons ventraux.

Sur 25 individus du Léman, variant de 55 à 550 grammes, dont j'ai attentivement compté les rayons des ventrales, j'ai trouvé : 19 fois 7 (le dernier souvent très délié), 4 fois 6, 1 fois 7—6 et 1 fois 8 rayons.

Après cela, les divergences moins frappantes et moins constantes que l'on peut observer, soit dans les proportions comparées de l'œil et du museau, soit dans les dimensions relatives des diverses nageoires et les formes générales, m'ont paru tantôt l'effet de l'âge ou purement accidentelles, tantôt le résultat de conditions d'habitat particulières. J'ai souvent trouvé le nombre des rayons aux nageoires pectorales de deux ou trois plus élevé chez les Lottes de Lucerne que chez celles de Genève ;

---

[1] *Perrot et Droz*, dans leurs informations manuscrites sur les Poissons du lac de Neuchâtel, comptent 6 rayons ventraux chez deux Lottes examinées.

toutefois, cette différence est trop inconstante pour être invoquée comme caractère différentiel.

Quelques individus du Rhône à Lyon présentaient une forme du corps plus élancée que ceux provenant du lac à Genève; ils avaient aussi le nez un peu plus proéminent ét la tête moins large, quoique ayant, comme les Lottes du Léman, cette dernière plutôt plus courte que la majorité de celles de Lucerne et de Neuchâtel. Il est difficile de déterminer ce qui, dans ces affinités ou ces divergences, peut être attribué à une communauté d'origine ou aux conditions d'habitat.

La constatation d'un facies un peu particulier chez la Lotte du Léman ne va pas à l'encontre de l'opinion assez généralement accréditée et successivement admise par Jurine, Blanchet et Lunel, que la Lotte aurait été importée il y a deux ou trois siècles dans les eaux de ce bassin. La comparaison que nous avons faite des nombres de rayons les plus fréquents aux ventrales chez des Lottes de diverses provenances, montre cependant que la Lotte du Léman est bien à cet égard géographiquement à sa place, et que, si elle a été importée, elle n'a guère pu l'être que de régions voisines de la France, ou de Neuchâtel. Nous verrons plus loin sur quoi repose l'hypothèse d'importation; en attendant, j'opterai plutôt pour la dernière provenance qui justifierait jusqu'à un certain point la croyance populaire citée par Jurine, en 1825, et dès lors répétée sans preuves par ses successeurs.

Nous avons vu que la livrée varie beaucoup aussi chez ce poisson, non seulement avec l'âge et suivant les saisons, mais encoré dans différentes localités; cependant, il est difficile d'y attacher grande importance, quand l'on sait que la coloration est généralement d'autant plus influençable que la peau est plus à découvert et directement soumise aux agents extérieurs, et quand l'on a vu que la couleur fondamentale varie et que les taches ornementales prennent plus ou moins d'importance suivant que l'animal vit dans des eaux plus ou moins transparentes, sur des fonds de natures diverses, ou encore à des profondeurs différentes. Les pêcheurs, dans bien des localités, distinguent ainsi des *Lottes blanches* et des *Lottes noires* qui doivent simplement leurs livrées opposées à des habitats différents.

La Lotte habite, en plus ou moins grande abondance, presque toutes les eaux douces de l'Europe, tant fleuves et rivières en divers bassins, que lacs, marais ou étangs, ainsi que les parties tempérées de l'hémisphère nord en Amérique. Elle se rencontre communément presque partout en Suisse, au sud comme au nord des Alpes, non seulement dans nos divers lacs inférieurs, mais encore dans la plupart de nos cours d'eau d'une certaine importance. Bien qu'elle ne remonte pas haut dans ces derniers, volontiers trop accidentés, elle se trouve cependant aussi dans plusieurs petits lacs alpins, où elle a été importée et où elle atteint, suivant les conditions plus ou moins favorables, des proportions très différentes. C'est ainsi qu'elle vit, entre autres : dans le lac de *Joux,* à 1,009^m s/m., dans le Jura vaudois, où elle atteint encore 4 à 4 $\frac{1}{2}$ livres (2 à 2 $\frac{1}{4}$ kilog.) aux dépens de quelques autres poissons emprisonnés avec elle; dans le petit lac de *Tarasp,* à 1,400^m, dans la Basse-Engadine, où elle a été importée avant le XVIe siècle; dans le *Schwarzsee* de Davos, à 1,500^m, dans les Grisons [1] ; dans le *Saxeler-See,* près du Hochstollen, dans le canton d'Obwald, à 1,849^m; dans le lac de *Engstlen,* à 1852^m, dans le canton de Berne; enfin, dans le lac du *Grimsel,* à 1,902^m au-dessus de la mer, dans le même canton. Je n'ai pas pu obtenir ce poisson de ce dernier lac, le point le plus élevé de l'habitat de cette espèce en Suisse, mais on m'assure qu'il s'y trouve encore.

Au reste, la Lotte n'est pas frileuse, et c'est plutôt à la pauvreté des eaux en ressources alimentaires qu'à leur température qu'elle paraît devoir son moindre développement dans plusieurs de nos petits bassins alpins. Si elle dépasse rarement un poids de 150 à 250 grammes, au-dessus de 1,800 mètres, comme au lac de Engstlen, par exemple, cela semble provenir surtout de ce qu'elle n'y trouve plus guère que des larves d'insectes pour toute nourriture.

J'ai dit, plus haut, que la Lotte ne se trouve pas dans les lacs de la Haute-Engadine, à 1,790^m s/m, contrairement au dire de plusieurs auteurs. Campell, au seizième siècle, dans son *Historia*

[1] Tandis que Brügger ne signale pas la Lotte dans ses poissons des environs de Coire, beaucoup plus bas.

Rhaetica [1], signale par contre déjà cette espèce, 390 mètres plus
bas, dans le petit lac de Tarasp de la même vallée, où il est probable qu'elle avait été importée avant 1577. Nous avons également discuté plus ou moins la croyance populaire qui refuse ce
poisson au lac Léman, comme espèce autochtone, et le dit
autrefois importé de Neuchâtel. Le principal argument en
faveur de cette opinion réside dans le fait que la Lotte, pourtant si facile à reconnaître, ne figure ni dans les dessins, ni
dans les brèves descriptions que donne, en 1581, des poissons
du Léman, le syndic Jean Du Villard, sur une feuille conservée
à la bibliothèque de Genève, avec la carte du lac dressée par le
même auteur, en 1588, L'importation, s'il y a, serait donc postérieure à 1581, et Blanchet [2] commet une erreur quand il dit
que la Lotte doit avoir été introduite dans le Léman au XIV°
siècle par les moines de St-Prex. Il cite en effet, à l'appui de
son opinion, une soi-disant carte du lac par un M. Tronchin,
antérieure à cette époque, qui devrait se trouver à la bibliothèque de Genève et qui ne fait pas mention de ce poisson ; tandis
que la bibliothèque en question ne possède pas, pour le Léman,
de carte plus ancienne que celle de Du Villard, de 1588, ci-dessus signalée. Hartmann [3] rapporte comme sujette à caution,
d'après *Bürnet* (*Reise durch die Schweiz,* 1686), une opinion
qui ferait remonter l'introduction de la Lotte dans le Léman à
l'année 1679. Après avoir constaté que la Lotte du Léman, bien
qu'avec un facies un peu particulier, se rapproche cependant
plus de celle du lac de Neuchâtel que de celle des autres lacs
suisses, je ne m'arrêterai pas davantage sur une question où
des données certaines font complètement défaut.

La Lotte se tient de préférence au fond de l'eau, soit dans les
rivières, soit dans les lacs, et souvent à de grandes profondeurs.
Quoiqu'elle se nourrisse au besoin de vers et d'insectes, c'est
surtout aux poissons et au frai de poisson qu'elle donne la préférence. Douée à la fois d'un appétit féroce et d'une grande

---

[1] Le pasteur K. Campell, mort en 1582, écrivit une intéressante histoire des Grisons qui ne fut publiée que longtemps après lui.

[2] Histoire naturelle des environs de Vevey, 1843, p. 46.

[3] Helv. Ichthyologie, p. 52.

souplesse qui lui permet de prendre les positions les plus
variées, elle guette sa proie comme un tigre, dissimulée dans
les herbes ou cachée sous quelque pierre, toujours prête à fondre sur l'objet de sa convoitise. On assure même qu'elle s'en-
fonce parfois dans la vase, de manière à ne plus montrer que
son barbillon ou ses tubules nasaux qu'elle agite à la façon
d'un ver, pour attirer les innocents. Elle se jette indifféremment
sur le Chabot, sur le Goujon, sur le Vengeron, sur la Perchette, sur de petites Truites ou de jeunes Féras, en un mot,
sur tout ce qu'elle rencontre dans ses chasses, ou tout ce qui
passe à sa portée, voire même sur les individus de son espèce.
C'est ce qui fait qu'on la prend si facilement au hameçon.

Sa gloutonnerie est telle que, trop confiante dans la largeur
de sa gueule, elle s'attaque parfois à des proies presque aussi
grosses qu'elle, et que, ne pouvant plus ni avaler, ni dégorger
à cause de ses dents recourbées en arrière, elle doit payer de sa
vie son imprudence.

Block raconte qu'il a vu un de ces poissons dont le crâne
avait été percé de part en part par l'aiguillon d'une Épinoche
qu'il avait mal prise. Lunel a vu en captivité une jeune Lotte
périr étouffée pour avoir happé un individu de son espèce presque aussi gros qu'elle. Jurine rapporte qu'on a compté jusqu'à
quinze *Perchettes* presque entières dans l'estomac d'une Lotte
de demi-livre. J'ai trouvé moi-même 12 jeunes Perches, d'une
taille moyenne de sept centimètres et toutes encore en parfait
état de conservation, dans l'estomac d'une Lotte de 0^m,365
provenant du lac de Neuchâtel; les douze Perchettes pesaient
ensemble 52 grammes, tandis que leur ravisseur, abstraction
faite de leur poids, ne pesait lui-même que 263 grammes. Les
œufs et les alevins, tant des Féras que de l'Ombre-chevalier,
passent aussi chaque année en très grande quantité par la
gueule des Lottes petites et grandes. J'ai vu, en particulier,
quantité d'œufs de Féras dans l'estomac de jeunes Lottes de
20 à 25 centimètres, capturées dans le lac Léman en février,
même à la fin de janvier, ce qui prouverait que la fraye de ce
Corégone commence parfois déjà dans ce premier mois de
l'année.

On comprend aisément qu'avec un pareil appétit la Lotte soit un des carnivores les plus destructeurs de nos eaux, et que, particulièrement en hiver où elle ne sommeille point, elle soit le plus terrible tyran des profondeurs. Bien qu'elle voyage aussi de jour, c'est surtout de nuit qu'elle se livre à la chasse, opérant souvent des battues en troupes nombreuses. Bon nombre de pêcheurs, en différents lacs, s'accordent à dire que les Lottes quittent à la nuit les eaux tranquilles, pour remonter les affluents de celles-ci en quête de petits poissons. C'est alors qu'on les prendrait le plus facilement au hameçon et qu'elles tombent le plus souvent dans les nasses, soit à la remonte, soit à la descente, vers dix heures du soir et deux heures du matin[1]. Après avoir fureté et chassé à la faveur des ténèbres, la plupart de ces maraudeurs, cheminant grand train au moyen d'ondulations latérales, regagneraient avant le jour leurs retraites plus calmes et plus profondes. — Durant le temps de frai, les jeunes Lottes, qui ne sont point encore aptes à la reproduction et n'ont que faire dans les grands fonds, exécutent volontiers, en troupes plus ou moins nombreuses, des promenades plus près des rives, et y sont prises alors en assez grande quantité, soit aux fils, soit dans les nasses ou au filet. Ce n'est guère qu'en mai que les adultes se rapprochent aussi du rivage, après avoir travaillé à la multiplication de leur espèce.

L'époque du frai varie, avec les conditions locales et les circonstances, de la fin de décembre au commencement d'avril. La plupart des Lottes, grosses ou au-dessus de la moyenne, déposent leurs œufs à d'assez grandes profondeurs, souvent sur les plantes qui croissent contre le Mont, ou à 40 ou 60 mètres, parfois sur le limon, à 150 ou même 180 mètres de profondeur. D'autres, généralement plus petites, quittent à cette époque les lacs, pour venir frayer dans les cours d'eau, même jusque dans les herbes de quelque fossé, et acquièrent souvent, dans ces dernières conditions, une livrée beaucoup plus sombre que celles des lacs, ce qui les fait distinguer par certains pêcheurs sous le nom de Lottes noires ou *Schwarztrischen*. La ponte en eau courante paraît généralement plus hâtive que dans les lacs.

Au moment des amours, les Lottes se recherchent, se grou-

---

[1] Selon le Dr P. Vouga.

pent en société et jouent entre elles, s'enlaçant un peu à la manière des Anguilles. Le curieux récit de Steinbuch [1], qui dit avoir pris deux Lottes enveloppées par un ruban mucoso-cutané et maintenues ainsi ventre contre ventre, les orifices génitaux en contact, ferait présumer un véritable accouplement et peut-être une fécondation intérieure. Toutefois, cette observation, textuellement rapportée par de Siebold [2], mérite encore constatation.

Les œufs, très nombreux, sont blanchâtres et très petits, soit d'un diamètre de 0^{mm},8 à 1^{mm} environ, pour des œufs quasi-mûrs, chez des Lottes de 25 à 40 centimètres; cela, suivant les années, au milieu de février ou au commencement d'avril. Lunel en a compté 56,829 chez une Lotte de 25 centimètres; de plus grandes en portent beaucoup plus encore; Molin [3] en donne 100,000 environ à cette espèce. Hartmann en signale 128,000, et La Blanchère [4] jusqu'à 198,000. Beaucoup de gens attribuent aux œufs de ce poisson, comme à ceux du Barbeau, des propriétés toxiques et purgatives; je dois dire que je n'ai rien remarqué de pareil. Plusieurs auteurs s'accordent pour ne donner à cette espèce la faculté de se reproduire qu'à l'âge de quatre ans; je crois cependant qu'il peut y avoir des exceptions à cette règle, qui donnent parfois raison à l'opinion de Hartmann d'une fécondité possible dès la troisième année; car, j'ai trouvé des testicules et des ovaires bien développés chez des individus de 20 centimètres au plus, avec un poids de 48 à 150 grammes. La Lotte doit pouvoir atteindre un âge assez avancé, à en juger du moins à la lenteur de sa croissance, à la taille qu'elle peut atteindre et à la facilité avec laquelle se guérissent ses blessures. Elle est très robuste et peut vivre plusieurs heures hors de l'eau, dans un milieu tant soit peu humide, surtout si elle n'a pas la vessie natatoire trop distendue, pour avoir été trop brusquement arrachée à une forte pression. Sa peau est couverte d'un enduit muqueux qui la fait aisément glisser de la main.

---

[1] Analecten, 1803, p. 3.
[2] Süsswasserfische, p. 75.
[3] Die rationelle Zucht der Süsswasserfische, 1864, p. 76.
[4] Dictionnaire des pêches, p. 770.

Sa chair est d'un goût agréable et son foie, généralement très développé, constitue un mets fort recherché.

On pêche la Lotte de diverses manières : avec des filets de fond, avec des nasses et au hameçon, soit à la ligne, soit surtout avec les chaînes dormantes, dites *fils*, amorcées de petits poissons. Beaucoup des individus capturés ont, comme la Perche, ce que les pêcheurs appellent la *gonfle*, soit l'estomac projeté dans la bouche par une distension extraordinaire de la vessie aérienne, sans communication avec l'extérieur. Suivant les pêcheurs et les localités, ce sont les individus pris au hameçon qui présentent la gonfle, ou bien ceux pris au filet. Je ne crois pas que le fait d'avoir ou non la gonfle puisse être attribué à autre chose qu'à la profondeur différente d'où ces poissons ont été tirés, suivant les cas, et à la rapidité avec laquelle ils ont pu être ramenés à la surface. Il m'a semblé que les Lottes noires présentaient moins souvent ce développement exagéré de la vessie natatoire que les dites blanches ou pâles, et nous avons vu que la coloration dépend souvent de la profondeur de l'habitat.

Comme tous les poissons, la Lotte porte divers parasites qui, quelquefois, occasionnent chez elle de véritables maladies. Déjà en 1680, Wagner[1] avait observé que cette espèce est souvent atteinte de cécité, et il attribuait la chose, tantôt à de petits *insectes* (probablement *Lernea Lotæ*) qui, perforant le palais et atteignant l'œil, auraient desséché en le dévorant l'intérieur de celui-ci et rendu la pupille blanche; tantôt à la présence dans le foie de *vers* allongés, minces et blancs.

En outre du *Triænophorus nodulosus* (Rud.), qui se trouve souvent dans le foie de la Lotte, et auquel il faut probablement rapporter les vers signalés par Wagner, on a trouvé encore, sur les branchies de ce poisson et dans sa cavité viscérale, plusieurs autres parasites de l'ordre des Helminthes dont je donne en note la liste et l'habitat ordinaire; en faisant remarquer que le Dr Zschokke[2] en a trouvé treize espèces, ainsi que quelques

---

[1] Hist. nat. Helvetiæ curiosa, p. 215.

[2] Zschokke (Org. et dist. zool. des vers parasites des poissons d'eau douce, 1884) attribue aux viscères de la Lotte du Léman les : *Tænia*

kystes de Nématodes, chez la Lotte du Léman, et qu'il attribue
en bonne partie à la présence fréquente de larves de *Bothrioce-*
phales dans le foie de la Lotte, l'infection de l'homme par ce
ver, assez commune dans le bassin.

ocellata (Rud.), *T. torulosa* (Batsch). — *Bothriocephalus infundibulifor-*
mis (Rud.). — *Cyathocephalus truncatus* (Pallas). — *Tetrarhynchus*
Lotæ (Zschokke). — *Distoma terreticole* (Rud.). — *Diplozoon paradoxum*
(Nordm.). — *Echinorhynchus Proteus* (West.), *Ech. angustatus* (Rud.).—
Ascaris capsularia (Rud.), *Asc. acus* (Bloch), *Asc. tenuissima* (Rud.). —
Cucullanus elegans (Zeder); auxquels il faut ajouter, comme observés
dans des Lottes de différentes provenances, les : *Ascaris mucronata*
(Schrank), trouvé dans le ventricule. — *Agamonema bicolor* (Dies.),
enkysté dans le péritoine. — *Echinorhynchus globulosus* (Rud.), dans
l'intestin, *Ech. tuberosus* (Zeder), intestin. — *Diplostomum volvens*
(Nordm.), dans l'œil et le cristallin. — *Distomum rosaceum* (Nordm.),
dans le palais, *Dist. appendiculatum* (Rud), dans le ventricule et l'intestin. — *Dibothrium rugosum* (Rud.) dans les appendices pyloriques,
— *Triænophorus nodulosus* (Rud.), déjà cité dans le foie. Enfin, une
Hirudinée, *Ichthyobdella stellata* (Keller), sur les branchies ; et le petit
crustacé *Lernea Lotæ* dont il a été question ci-dessus.

SOUS-CLASSE

DES

GANOÏDES

GANOIDEI [1]

SQUELETTE PLUS OU MOINS OSSIFIÉ OU CARTILAGINEUX. PEAU TANTOT NUE, TANTOT ARMÉE DE PLAQUES OU DE BOUCLIERS OSSEUX, OU COUVERTE D'ÉCAILLES GÉNÉRALEMENT GANOÏDES. BRANCHIES LIBRES, AVEC UN APPAREIL PROTECTEUR EXTERNE. NERFS OPTIQUES PAS OU PARTIELLEMENT ENTRE-CROISÉS. BULBE AORTIQUE MUSCULEUX, AVEC NOMBREUSES VALVULES. INTESTIN AVEC UNE VALVULE SPIRALE. VESSIE AÉRIENNE EN COMMUNICATION AVEC L'EXTÉRIEUR.

Les Ganoïdes peuvent être répartis dans deux ordres, *Holostei* et *Chondrostei*, selon qu'ils ont le squelette osseux et le corps couvert d'écailles, ou le squelette cartilagineux et la peau nue ou armée de boucliers osseux.

Les premiers étant propres à l'Afrique et à l'Amérique, nous n'avons à nous occuper que des seconds, dont plusieurs remontent dans les eaux douces de notre continent,

[1] J'ai dit plus haut que, se basant surtout sur des homologies du cœur, de l'intestin et des nerfs optiques, quelques auteurs ont récemment rapproché dans une même sous-classe, sous le nom de PALÆICHTHYES, les *Dipneusti*, les *Ganoidei* et les *Selachii*. Les *Ganodei*, auxquels nous conservons ici le rang de sous-classe, avec Agassiz, Müller et bien d'autres, ne constitueraient plus alors, avec les *Dipneusti*, que le premier de deux grands groupes intermédiaires entre l'ordre et la sous-classe.

mais dont une seule espèce, l'*Acipenser Sturio*, est parvenue parfois jusqu'à nos frontières, dans le Rhin.

Ordre des CHONDROSTÉENS

CHONDROSTEI

Les poissons de cet ordre ont le squelette en partie cartilagineux, la peau plus ou moins couverte de boucliers osseux ou nue, et la queue hétérocerque, soit prolongée dans un lobe supérieur beaucoup plus long que l'inférieur, avec une couverture antérieure de plaques épineuses.

Ils habitent les mers et les cours d'eau des régions tempérées et arctiques de l'hémisphère nord. On les partage généralement en deux familles, selon qu'ils ont la bouche petite, transverse et inférieure, ou grande et fendue sur les côtés.

Famille des ACIPENSÉRIDÉS

ACIPENSERIDÆ

Les Acipenséridés ont le corps allongé, subcylindrique ou pentagonal, avec des rangées de boucliers osseux, et la tête couverte de plaques osseuses. Leur museau est prolongé, subspatulé ou conique. La bouche est dépourvue de dents, petite, inférieure, transverse et protractile. Ils ont des narines doubles, devant les yeux, et quatre barbillons en travers de la face inférieure du museau. Les nageoires verticales ne présentent qu'une série de *fulcra* en avant; la dorsale et l'anale sont voisines de la caudale, qui est hétérocerque. Les membranes de l'ouïe se réunissent au gosier et sont attachées à l'isthme ; il n'y a pas de rayons branchiostèges. Ils ont quatre branchies, plus deux accessoires. Leur vessie à air est simple, grande, et communique avec la paroi dorsale de l'œsophage. Leur estomac ne forme pas de cul-de-sac.

Les Acipenséridés habitent, avons-nous dit, les mers tempérées et arctiques de l'hémisphère nord, d'où ils entrent dans les fleuves pour s'y reproduire. Quelques-uns paraissent demeurer dans les eaux douces.

Les Esturgeons de différentes espèces composent la presque totalité de la famille.

Genre **ESTURGEON**

ACIPENSER, Artedi.

Bouche inférieure, transverse et sans dents ; quatre barbillons, bien en avant de celle-ci, en travers du museau. Tête enveloppée de plaques osseuses. Pièces operculaires fermant incomplètement la cavité branchiale ; de chaque côté une ouverture en évent au-dessus de l'opercule. Cinq rangées de boucliers osseux, non réunies sur la queue ; la peau plus ou moins couverte, entre celles-ci, de plus petites plaques ou granulations osseuses. Nageoires soutenues par des rayons articulés et souples ; l'extrémité caudale entourée par les rayons ; les pectorales seules avec un premier rayon osseux, fort et rigide.

Des poissons de ce genre, assez riche en espèces, se trouvent dans les eaux des deux mondes. Ils habitent en particulier l'Océan et les diverses mers d'Europe, du Nord, Méditerranée, Noire, etc., d'où ils remontent par les fleuves dans le continent, pour y frayer, sans cependant s'avancer aussi loin que d'autres poissons migrateurs, les Aloses et les Saumons par exemple. La rencontre exceptionnelle de quelques rares individus de l'*Esturgeon commun*, remontés de temps à autre dans le Rhin jusqu'à Bâle, a seule motivé ici l'introduction de cette sous-classe, autrement étrangère à nos eaux.

Les œufs des Esturgeons, désignés dans le commerce sous le nom de *Caviar*, constituent un mets très estimé.

L'ESTURGEON COMMUN

Gemeiner Stör. — Storione comune.

Acipenser Sturio, Linné.

Plaques osseuses bien développées, plus ou moins pincées en arête, selon l'âge; les dorsales médianes plus fortes que les antérieures et les postérieures; les latérales plus petites, triangulaires et juxtaposées. Museau conique, aplati en dessous, d'une longueur à peu près moitié de la tête, chez l'adulte; avec quatre barbillons simples, non frangés, à peu près à égale distance du bec et de la bouche, ou un peu plus près du premier, les externes, volontiers les plus longs, mesurant près de deux à trois diamètres oculaires. Peau semée de granulations osseuses, souvent assez fortes et en séries obliques chez les vieux. Dorsale très reculée, plutôt petite et fortement échancrée; anale un peu en arrière de l'origine de celle-ci. — Manteau jaunâtre; ventre blanc. — (Taille moyenne d'adultes et de vieux: 1^m—2^m à 6 mètres).

Plaq. dors. 11–15; Plaq. lat. (26). 29–35 (37); Plaq. vent. 11–12 jusqu'aux ventrales[1]*; Nag. D. 37–44*[2]*.*

[1] Chez des individus du Muséum à Paris, déterminés *A. Sturio* par Duméril, j'ai compté: 14-15 plaques dorsales; 37 plaques latérales jusqu'au bout du pédicule caudal, les dernières très petites, et 11 ventrales jusqu'à la nageoire ventrale.

[2] Selon Günther (Catal.), qui dit que le nombre des plaques latérales peut n'être que de 26 ou 27, chez de jeunes individus.

ACIPENSER STURIO, *Linné*, Syst. Nat. t. 1, éd. 12, p. 403. — *Bloch, Lacépède, Hartmann, de Selys, Heckel et Kner, Siebold, Gün-
ther*, etc.

     »   LATIROSTRIS, *Parnell*, Fish. Firth of Forth, p. 245.

HUSO OXYRHYNCHUS, *Duméril*, Nouv. Archiv. Mus. III. p. 159.

L'Esturgeon commun, qu'il ne faut pas confondre avec le
Sterlet qui reste bien plus petit, habite aussi bien l'Océan et la
Mer du Nord que la Méditerranée et l'Adriatique, d'où il
remonte dans les principaux cours d'eau du continent, dans le
Rhin inférieur en particulier.

Il est rare déjà dans le Rhin moyen, en Allemagne, de sorte
que son apparition dans les eaux de ce fleuve, en Suisse, peut
être considérée comme purement accidentelle.

Bien que Hartmann ait décrit ce poisson comme espèce
suisse, dans son Helvetische Ichthyologie, p. 38, je ne saurais le
considérer comme appartenant véritablement à notre faune, et,
si j'en ai dit ici un mot, ce n'est que pour rappeler quelques
captures exceptionnelles faites à diverses époques dans le Rhin,
près de Bâle. — Leuthner, dans sa Mittelrheinische Fischfauna,
p. 15, rapporte les captures suivantes : Un individu fut pris
dans le Rhin bâlois, le 8 juin 1586 [1]. Un autre, de 5 $\frac{1}{2}$ pieds, le
21 juillet 1625, près Bâle. Un, le 21 juillet 1680, près de Istein [2].
Un de 5 pieds, en 1810, près Bâle. Un, le 27 juin 1814. Un, en
été 1815, du poids de 70 livres, entre Bâle et Augst [3]. Enfin, un
de près de 7 pieds de long, capturé en été 1854, près de Rheinfelden, au-dessus de Bâle.

Ogérien, dans son Histoire naturelle du Jura, III, p. 373,
cite la capture d'un sujet de plus de 2 mètres dans le Doubs,
au-dessus du pont de Neublans.

[1] Chronolog. Manuscr. III.

[2] Diarium N. Brombachii. Œffentl. Bibl. manuscr. ?, IV, 12.

[3] Citation unique de Hartmann et de Schinz.

SOUS-CLASSE

DES

MARSIPOBRANCHES

MARSIPOBRANCHII

Squelette cartilagineux, sans vertèbres, ni côtes, ni membres. Branchies fixes, en bourses et sans appareil protecteur. Pas de véritables machoires. Un seul orifice nasal. Pas de vessie aérienne.

Les représentants peu nombreux de cette sous-classe ont été répartis dans deux ordres, selon que le conduit de leur narine unique se termine en cul-de-sac, comme chez les *Lamproies*, ou s'ouvre dans le palais, comme chez les *Myxines*. Nous ne considérerons ces deux groupes que comme deux familles de l'ordre unique des *Cyclostomes*.

Ordre des CYCLOSTOMES

CYCLOSTOMI

Les poissons de cet ordre, avec une sorte de tube enveloppant la corde dorsale, sans vertèbres, sans côtes, sans pectorales, ni ventrales et sans mâchoires, ont un corps nu, subcylindrique allongé, avec des nageoires impaires, et une bouche arrondie en forme de ventouse, selon les cas, pourvue ou dépourvue de barbillons. Leur orifice nasal simple, perforé ou en cul-de-sac, peut se trouver à l'avant de la tête ou en arrière sur le milieu de celle-ci.

L'ordre des Cyclostomes compte quelques espèces dans les mers et les eaux douces des divers continents. Les *Myxines*, type de la famille des Myxinidés, étant spéciales aux côtes septentrionales d'Europe et d'Amérique, nous n'avons à nous occuper ici que des *Lamproies*, représentant chez nous la famille des Pétromyzonidés.

Famille I. PÉTROMYZONIDÉS

PETROMYZONIDÆ

Les membres de cette famille portent plusieurs orifices branchiaux en boutonnières, sur une ligne horizontale latérale. Leur narine unique s'ouvre sur le milieu de la tête et se termine en cul-de-sac. Leur bouche circulaire est dépourvue de barbillons. Leurs nageoires sont soutenues par de nombreux petits rayons cartilagineux. Les produits des organes de la génération tombent chez eux dans la cavité viscérale et sont amenés dans le vestibule commun par les canaux péritonéaux.

Les Lamproies, type de la famille, se rencontrent dans les eaux salées ainsi que dans les eaux douces de l'ancien et du nouveau Monde, et sont, suivant les espèces, plus ou moins migratrices. Il en est qui présentent de singulières métamorphoses[1].

Genre 1. LAMPROIE

PETROMYZON, Linné.

Bouche en ventouse arrondie, garnie à l'intérieur de plaques dentées de substance cornée. Langue dentelée. Corps serpentiforme, nu et allongé, avec deux nageoires dorsales sur la moitié postérieure du corps, la seconde reliée à la caudale. Sept orifices branchiaux s'ouvrant dans autant de cavités particulières. Intestin avec une valvule spirale. Œil recouvert par la peau.

Les espèces du genre Lamproie sont, à la taille et la couleur près, extérieurement assez semblables entre elles, tant dans les formes en général que dans les mœurs et les allures; et cependant, on n'a point encore la preuve que les

---

[1] On ne sait pas encore si les diverses espèces passent, comme le *P. Planeri*, par diverses transformations.

métamorphoses successives qui constituent chez la plus petite (*Branchialis* ou *Planeri*) un fait exceptionnel dans la classe des Poissons, se présentent aussi dans le développement des autres espèces plus grandes. Les organes de locomotion étant chez elles assez peu développés, elles ne nagent guère vite et se meuvent d'ordinaire plutôt en ondulant ou serpentant dans les eaux. Elles ont toutes également l'habitude de se fixer par leur ventouse buccale soit sur le corps d'autres poissons, soit contre les pierres; et c'est alors surtout que l'on peut voir fonctionner leur appareil respiratoire qui, indépendant de la bouche aussi bien que de la narine, tour à tour se gonfle ou se dégonfle de chaque côté en arrière de la tête. Leur ventouse, largement arrondie en état de succion, peut, en temps de repos, se fermer à peu près en fente triangulaire, par l'affaissement des deux bords latéraux. Les plaques dentaires, de substance cornée jaunâtre ou brunâtre, qui garnissent plus ou moins l'intérieur de leur bouche, peuvent tomber en se détachant de la muqueuse et se renouveler de temps à autre[1]. De Siebold a fait remarquer que les diverses espèces portent une petite tache blanchâtre caractéristique sur la tête, en arrière de la narine[2].

On connait quelques espèces de ce genre, partie marines, partie fluviatiles, en Europe, dans les parties ouest du nord de l'Amérique, dans le Japon et dans l'Afrique occidentale. Parmi celles qui habitent les mers ou les eaux douces de notre continent[3], les dites *P. fluvialis* et *P. Planeri*, très

---

[1] Born : Bemerkungen über den Zahnbau der Fische (Heusinger's Zeitschrift für die organ, Physik, 1, 1827, p. 183 et 194. Taf. VI, fig. 5 et 9.

[2] Süsswasserfische, p. 367.

[3] Quatre, si l'on considère le *P. Omalii* (v. Bened.) comme espèce

voisines, peuvent seules être considérées comme appartenant à la faune suisse. Le *P. marinus*, beaucoup plus grand,
qui de la mer du Nord remonte dans le Rhin, n'arrive généralement pas dans ce fleuve jusqu'à nous.

Jusqu'aux intéressantes observations de A. Müller[1], en
1856, les naturalistes ont génériquement distingué, sous le
nom d'*Ammocoetes*, une petite forme de Lamproie aveugle
et à lèvres séparées que l'on sait maintenant ne représenter qu'une phase du développement du *Pet. Planeri*. La découverte de Müller, en signalant les curieuses métamorphoses de ce petit poisson, a naturellement effacé de la
nomenclature un nom générique qui n'avait plus de raison
d'être. Il est difficile de dire aujourd'hui si nos autres Lamproies passent aussi par toutes les mêmes phases de développement. Müller dit avoir trouvé une larve du *Pet. fluviatilis* très semblable à celle du *P. Planeri*; par contre,
Möbius et Heincke[2] racontent qu'une jeune Lamproie marine (*Pet. marinus*) a été capturée dans le port de Kiel qui,
avec tous les caractères de l'individu parfait, ne mesurait
que 25 centimètres de longueur totale, alors que les adultes atteignent à $0^m,75$ (jusqu'à 1^m), dans les mêmes conditions de milieu.

J'ai dit plus haut que les Lamproies dites *P. fluviatilis* et
P. Planeri sont très voisines. En effet, les quelques caractères
appelés à distinguer la première de la forme adulte de la
seconde sont de si petite valeur et si inconstants, qu'à part la
différence de taille, dépendant peut-être de l'habitat, il est difficile d'y trouver des raisons bien sérieuses d'une distinction

distincte du *P. fluviatilis*; deux seulement si, avec quelques auteurs, on
rapproche spécifiquement les *P. fluviatilis*, *P. Omalii* et *P. Planeri*.

[1] Ueber die Entwickelung der Neunaugen; Müllers Archiv, 1856.

[2] Fische der Ostsee, 1883, p. 161.

vraiment spécifique. C'est Schneider qui, en 1879, a le premier contesté la validité de l'élection spécifique de ces deux Lamproies, en déclarant qu'il ne les considérait, ainsi que le *P. Omalii*, que comme des formes d'une seule et même espèce [1]. Depuis lors, en 1884, Waygel a repris en détail la question, au point de vue purement zoologique, et publié sur le sujet une note dans laquelle, comparant de points en points les divers traits censés distinctifs des deux poissons, il arrive à la même conclusion [2].

Malgré l'autorité des auteurs anciens et récents qui ont sanctionné la distinction spécifique, ou qui, jusqu'à 1879 encore, l'ont acceptée sans conteste, je ne puis me défendre de partager jusqu'à un certain point l'opinion de Schneider, et de voir dans mes observations propres des données qui militent en faveur du rapprochement. L'inconstance des caractères différentiels tirés de la séparation plus ou moins franche des nageoires dorsales, ou de la forme plus ou moins pointue des dents, est bien faite pour susciter des doutes sur la valeur de la distinction, et il semble que l'idée d'une origine commune nous donne une raison naturelle de l'extrême pauvreté de nos connaissances sur le développement du Petromyzon dit *Fluviatilis*.

Cependant, considérant qu'il existe encore quelques lacunes dans les degrés de l'échelle morphologique et biologique qui devrait unir spécifiquement les deux Lamproies en question, je décrirai ici séparément les deux poissons, sous leurs anciennes dénominations, pour bien accuser les quelques particularités qui concordent chez eux avec des habitats différents. Si je ne les range pas, dès à présent, sous le nom spécifique commun de *Petromyzon fluviatilis*, comme l'a déjà fait *a priori* Benecke [3],

---

[1] *A. Schneider* : Beiträge zur vergleichenden Anatomie und Entwickelungsgeschichte der Wirbethiere. Berlin, 1879, p. 34-102, Pl. I-XI.

[2] *L. Waygel* : die Zusammenziehung der zwei Arten von Petromyzon (*P. Planeri* und *P. fluviatilis*) in eine; Verhandl. der K. K. zool. bot. Gesell. in Wien, XXXIII, 1884, p. 311-320, pl. n° XVII.

[3] *Benecke* (Nat. und Leben der Fische, 1886) admet, sans discussion, l'opinion de Schneider, et range sous le même nom de *P. fluviatilis* les deux formes ici en litige.

du moins je leur attribue le même numéro d'ordre répété, pour afficher jusqu'à un certain point leur parenté probable.

Nous distinguerons donc, jusqu'à nouvel ordre, deux formes *(espèces très voisines, sous-espèces ou variétés)* : l'une *(minor)*, plus petite et plus localisée dans les eaux douces; l'autre *(major)*, passablement plus grande, remontant de la mer pour frayer dans les cours d'eau du continent et y séjournant plus ou moins.

Petromyzon (fluviatilis) minor, (Branchialis et Planeri).

1. LA PETITE LAMPROIE

Querder ou Kleines Neunauge [1]. — Piccola Lampreda.

Petromyzon Planeri, Bloch.

Bouche armée, chez l'adulte, d'un cercle de plaques dentées : une grande plaque maxillaire supérieure très largement creusée au milieu et relevée, de chaque côté, en une forte dent subconique arrondie; une grande plaque maxillaire inférieure découpée en sept dents subconiques arrondies, les externes les plus grosses; trois plaques beaucoup moindres, ovales et transverses, avec un, deux, ou trois petits cônes dentaires, à droite et à gauche dans la joue; une rangée de plaques subarrondies, moindres encore sous la lèvre supérieure, et souvent quelques autres très petites, irrégulièrement distribuées au-dessus de celles-ci. Pas de plaques dentées à la lèvre inférieure. Les deux nageoires dorsales très voisines, souvent reliées par une légère carène, parfois franchement séparées et à tranche subarrondie. — Manteau, en dessus, d'un gris plombé, ardoisé, olivâtre ou verdâtre et immaculé, avec un cer-

___

[1] Le nom vulgaire *Neunauge* attribué à cette Lamproie, ainsi qu'aux suivantes, doit peut-être provenir du fait qu'un petit pli en creux de la peau, entre l'œil et le premier trou branchial, simule plus ou moins comme un huitième orifice latéral et qu'ainsi le poisson peut paraître, à première vue, pourvu de neuf yeux sur chaque côté de la tête; cela surtout chez la larve à demi-développement, alors que l'œil apparaît.

*tain éclat argenté, sur les côtés et en dessous. — (Taille d'adultes :
0ᵐ,12—0ᵐ,20 à 0ᵐ,30).*

(a) *Forme adulte ou parfaite :*

PETROMYZON PLANERI, *Bloch*, Fische Deutschl. III, p. 47, Taf. 78, fig. 3.
— *Lacép.*, I, p. 30, pl. 3, fig. 1. — *De Selys-Longchamps*,
Faune belge, p. 226. — *Günther*, Fische des Neckars, p. 135
(359). — *Heckel et Kner*, Süsswasserfische, p. 380, fig. 203.
— *De Betta*, Ittiol. veron., p. 125. — *De Siebold*, Süsswas-
serfische, p. 375 (a), fig. a, b, n, o. — *Jäckel*, Fische Bayerns,
p. 101. — *Canestrini*, Prosp. crit., p. 142. — *Blanchard*,
Poissons de France, p. 517, fig. 138, 148, 149. — *Pavesi*,
Pesci e Pesca, p. 72. — *Moreau*, H. N. Poissons de France,
III, p. 606.
» SANGUISUGA, SEPTOCULLA, NIGER, *Lacép.*, II, p. 101 ; IV, p.
667, pl. 15, fig. 1 et 2.
» BICOLOR, PLUMBEUS, *Shaw*, Zool., V, 2, p. 263.
» BRANCHIALIS, *Günther*, Catal. of Fishes, VIII, p. 504. —
Mela, Vert. Fennica, p. 371, fig. 214.
» FLUVIATILIS, *Benecke*, Naturg. und Leben der Fische, 1886,
p. 193, fig. 199 et 200.
LAMPETRA PLANERI, *Gray*, Chondrop., p. 144.

(b) *Forme larvaire ou imparfaite :*

PETROMYZON BRANCHIALIS, *Linné*, Syst. Nat., éd. 12, p. 394. — *Bloch*,
Fische Deutsche III, p. 45, Taf. 78, fig. 2. — *Schrank*, Fauna
Boica, p. 304. — *Hartmann*, Helv. Ichthyol., p. 35.
» RUBER, *Lacép.*, II, p. 99, pl. 1.
» LUMBRICOLIS, *Pallas*, Zoog. Ross. As. III, p. 69.
» CAECUS, *Couch*, Lond. Mag. Nat. Hist. V, p. 23, fig. 10.
AMMOCOETES BRANCHIALIS, *Holandre*, Faune de la Moselle, p. 264. —
Yarrell, Brit. Fishes, p. 609. — *Schinz*, Fauna Helv.,
p. 165. — *De Selys-Longchamps*, l. c. p. 227. — *Günther*,
Neckar, p. 135 (359). — *De Betta*, l. c. p. 126. — *Heckel
et Kner*, l. c. p. 382, fig. 204.

AMMOCOETES admis comme forme larvaire du PET. PLANERI, par : *de
Siebold*, l. c. (b), fig. a–m. *Jäckel*, l. c. *Canestrini*, l. c. *Blanchard*, l. c.
Moreau, l. c. *Benecke*, etc. …et, quoique sous le nom de P. BRANCHIALIS,
par : *Günther*, l. c. *Mela*, l. c., etc.

NOMS VULGAIRES : S. F. *Perce-pierre, Petite Lamproie, Lamproie de ruis-
seaux, Lamproyon, Sucet* ; aussi *Petite Anguille*, à Neuchâtel.
— S. A. *Neunauge, Kleines Neunauge, Steinbeisser, Pricke,
Querder* ; aussi *Neine Eigler, Steinpicer*, à Bienne et Morat ;
Steinbrecher, Steinbisser à Thoune et Brienz.

(a) *Forme adulte.*

Corps long, subcylindrique en avant, de plus en plus comprimé en arrière, et couvert d'une peau nue et lisse, quoique plus ou moins marquée de petits plis entrecroisés, sans ligne latérale. La hauteur maximale, au-dessus des derniers orifices branchiaux, ou plus en arrière du côté de la dorsale, suivant les individus, à la longueur totale, comme 1 : 12 à 18, même 20 chez des sujets amaigris très effilés. — L'anus un peu en arrière des deux tiers de la longueur totale.

Tête allongée, subconvexe et un peu pincée, comme projetée en large groin oblique en avant, plus épaisse et plus cylindrique en arrière, avec sept orifices branchiaux en boutonnières ovales, à doubles valvules et à peu près équidistants, en arrière de l'œil (voy. Pl. IV, fig. 22); sa longueur, jusqu'au dernier trou branchial, vis-à-vis de la longueur totale du poisson, souvent comme 1 : 4,3—5,5. La distance entre le bout du museau et le premier trou branchial, bien plus grande que chez la larve, souvent $^1/_{10}$ à $^1/_7$ de la longueur de l'animal. — Bouche oblique ou inférieure, en large ventouse arrondie, parfois ovale ou en fente subtriangulaire au repos, avec une seule lèvre circulaire finement frangée sur le bord, et d'une largeur très variable, suivant les cas, un peu plus ou un peu moins forte que celle de la tête au niveau de l'œil. — Œil rond, recouvert par la peau du corps et d'un diamètre, vis-à-vis de l'espace préorbitaire (au bord supérieur de la lèvre), volontiers comme 1 : 2,90—3,50, parfois même = 1 : 4,50 (le plus souvent = 1 : 3—3,50); vis-à-vis de la longueur de la tête au premier trou branchial, ordinairement comme 1 : 5,50—6,50, parfois 7. — Orifice nasal unique, médian, saillant en petit tube un peu en avant des yeux.

Dents sur diverses parties de la bouche : en guise de mâchoire supérieure, une grande pièce cornée, transverse et en demi-lune, relevée en une forte dent subconique arrondie, de chaque côté d'un profond sillon médian au moins aussi large que l'une des dents. Pour mâchoire inférieure, une autre

grande pièce cornée, horizontale et incurvee, découpée en
sept dents subconiques arrondies, les externes les plus grosses. A gauche et à droite, sur les côtes charnus de la ventouse, trois autres plaques ovales beaucoup plus petites,
disposées transversalement les unes au-dessus des autres,
avec un, deux ou trois cônes dentaires obtus, volontiers
trois sur la médiane. En avant, entre la pièce maxillaire
supérieure et le bord antérieur de la lèvre, une rangée de
quelques petites plaques subarrondies, avec un ou parfois
deux petits cônes dentaires ; souvent, en outre, au-dessus de
celles-ci et plus près du bord de la lèvre, comme un second
rang irrégulier de plaques beaucoup plus petites encore. En
arrière de la pièce maxillaire inférieure, ou plus au fond,
une autre petite barre mamelonnée et finement dentée. Plus
profondément encore, la langue échancrée en croissant et
légèrement dentelée sur le bord. Enfin, sur le pourtour de
la bouche, dans une rainure un peu en arrière des franges
labiales, une rangée continue de très petits tubercules cornés. — Généralement pas de plaques dentées entre la plaque maxillaire inférieure et le bord de la lèvre, en dessous
(voy. Pl. IV, fig. 23) [1].

Comme l'a déjà fait remarquer de Siebold, Heckel et
Kner se sont trompés quand ils ont attribué douze dents à
la plaque maxillaire inférieure du *P. Planeri*. Je n'en ai
jamais trouvé que sept ; cependant la bifurcation accidentelle de l'une ou des deux dents majeures externes à leur
sommet, signalée chez certains jeunes par Waygel [2], pourrait faire compter parfois à tort huit ou neuf saillies dentaires inférieures.

Nageoires : deux dorsales très voisines et une caudale soutenues

---

[1] La figure, n° 198, de Benecke (Nat. und Leben der Fische, 1886)
ne peut pas donner une idée exacte de la dentition, ni du *P. Planeri*,
ni du *P. fluviatilis*. La pièce maxillaire sup. est beaucoup trop petite
vis-à-vis des cônes dentés latéraux et les *neuf dents* maxillaires inférieures représentent un cas exceptionnel ; la règle étant 7 dents, les
externes, les plus grosses, parfois subdivisées au sommet.

[2] Verhandl. der K. K. zool. bot. Gesell. Wien, XXXIII, p. 311-320,
pl. XVII.

par de petits rayons mous; la dernière simulant plus ou moins une anale, en se prolongeant sur la ligne médiane en dessous, principalement chez la femelle au moment du frai.

Première dorsale naissant presque au milieu de la longueur totale, ou un peu en avant, et occupant un espace, vis-à-vis de celle-ci, comme 1 : 6,5—8 ; décrivant une courbe un peu raplatie, avec une élévation maximale, vers le premier tiers ou plus près du milieu, selon les sujets, $1/_5$ ou $1/_7$ ou $1/_{10}$ de sa base.

Seconde dorsale toujours très voisine, quoique, suivant les individus, naissant à un ou deux millimètres de la première, ou reliée à celle-ci par une petite carène membraneuse, et joignant la caudale en arrière après une dépression bien accentuée ; décrivant une courbe écrasée, avec une longueur $1/_3$ ou $2/_5$ plus grande que celle de la précédente et une hauteur, vers son milieu ou un peu en avant, $1/_4$ à $3/_4$ plus forte, parfois presque double. — Caudale lancéolée, faisant suite à la seconde dorsale abaissée, avec une hauteur maximale généralement beaucoup moindre ; dépassant légèrement l'extrémité du corps et revenant, en dessous, un peu plus loin que la dépression dorso-caudale supérieure, pour se prolonger plus ou moins en légère carène du côté de l'anus. Son élévation totale, d'un lobe à l'autre, volontiers presque égale à la moitié de sa longueur en dessus ; celle-ci mesurant à peu près $1/_{12}$ à $1/_{10}$ de la longueur totale. De Siebold [1] a fait remarquer que la carène inférieure, se relevant un peu tout près de l'anus, semble former, chez les femelles, comme une petite nageoire anale dépourvue de rayons.

Coloration d'un gris ardoisé ou plombé, d'un gris brun ou olivâtre, ou d'un vert bleuâtre, en dessus ; les flancs plus pâles, d'un gris plus ou moins argenté ou nacré ; le ventre blanchâtre, jaunâtre ou rosâtre, pourvu également plus ou moins d'un éclat argenté ; les nageoires grisâtres, jaunâtres ou rosâtres, parfois d'un jaune orangé.

Dimensions très variables. On trouve des individus complète-

____
[1] Süsswasserfische, p. 376.

ment transformés beaucoup plus petits que certaines larves
encore aveugles. La plupart des adultes du pays que j'ai
étudiés mesuraient 0^m,140 à 0^m,160; cependant, j'ai eu l'occasion d'examiner un mâle adulte parfait qui n'avait que
0^m,115 de longueur totale. Heckel et Kner donnent, comme
taille maximum, 7 à 9 pouces; de Siebold, de 4 $^1/_2$ à 10,
même 13 pouces. Je ne sais si l'espèce arrive quelquefois à
de pareilles dimensions dans nos eaux; cependant, on m'a
signalé aux environs de Lucerne, aux embouchures de quelques petits cours d'eau dans le lac, des individus de 0^m,20
à 0^m,25, taille maximale de ce poisson en France, selon
Blanchard. Pour Hartmann, dans son Helvetische Ichthiolo-
gie, le *Pet. branchialis* mesure au plus 7 pouces, avec
l'épaisseur d'un très gros ver de terre.

Ovaire et testicule simples et sur la ligne médiane; le premier comme plissé ou multilobé, le second feuilleté ou segmenté. — Une papille uro-génitale, conique acuminée, entre
les lèvres de l'anus, dans les deux sexes, mesurant 4 $^1/_2$ mm.
chez un mâle adulte de 0^m,125, jusqu'à 5^{mm} ou 6^{mm} chez des
sujets de 0^m,15 à 0^m,16. — Reins s'étendant sur toute la
longueur de la cavité viscérale et embrassant l'organe de
la génération de droite et de gauche. — Tube digestif droit,
de la bouche à l'anus. — Pas de vessie natatoire.

Le *Petromyzon Planeri* varie assez à l'état adulte, comme on
vient de le voir, non seulement quant à la taille, mais encore
quant aux divers rapports de ses proportions, pour qu'il soit
difficile de trouver dans ceux-ci des caractères distinctifs bien
déterminés. Les nageoires dorsales plus ou moins hautes ou
basses, peuvent être en particulier, suivant les individus et
leurs dimensions, ou reliées par une légère carène membraneuse, ou, quoique très voisines, franchement séparées par un
petit espace entièrement plat. Nous verrons plus loin que l'inconstance de l'union des dorsales chez le *P. Planeri* et la variabilité des dents plus ou moins acuminées chez le *P. fluviatilis*,
semblent rapprocher beaucoup ces deux Lamproies. (Voyez
plus bas, à la discussion du *P. fluviatilis*.)

(b) Forme larvaire.

Durant son développement et avant de revêtir la forme adulte que je viens de décrire, la petite Lamproie de Planer subit, comme je l'ai dit, d'assez grandes métamorphoses pour avoir, jusqu'en 1856, passé pour représenter un genre particulier, sous le nom de *Ammocoetes branchialis*. Nous avons vu que c'est à Aug. Müller que l'on doit la constatation de l'identité spécifique des deux formes et le premier exposé des transformations successives reliant l'une à l'autre. Depuis lors, bien des naturalistes ont vérifié le fait si longtemps méconnu, et moimême j'ai pu, sur des individus recueillis en Suisse à différents états de développement, suivre pas à pas les transformations indiquées.

Les principales différences qui, abstraction faite de la taille très variable, distinguent extérieurement la forme larvaire (*b*) de la forme adulte (*a*), sont les suivantes :

Corps marqué de nombreux plis verticaux transverses. Tête notablement plus courte; beaucoup plus ramassée dans sa partie antérieure et plus renflée dans sa partie branchiale. Bouche bordée en avant et sur les côtés par une grosse lèvre supérieure[1]*, avec une petite lèvre inférieure bilobée entre les pans latéraux de la première. Pas de dents (plus tard quelques dents molles peu développées). Œil absent (ou d'abord pas apparent). Orifices branchiaux ouverts au fond d'une rainure. Toutes les nageoires simplement membraneuses, réunies ou confluentes et plus basses. — Manteau dépourvu d'éclat argenté. (Voyez Pl. IV, fig. 21.)*

J'ai trouvé des larves entièrement aveugles et à tous égards au même point de développement, qui mesuraient, les unes $0^m,70$, les autres $0^m,160$ de longueur totale[2]; de même que j'ai examiné des adultes parfaits variant entre $0^m,115$ et $0^m,160$. Ce poisson pouvant vivre, selon la majorité des observateurs, trois

---

[1] Cette grosse lèvre qui pend un peu à droite et à gauche de la bouche de la larve a été quelquefois prise à tort pour tentacules ou barbillons latéraux.

[2] *Benecke* (l. c.) parle de larves de $0^m,20$.

à quatre ans sous la forme larvaire, il paraît probable que la croissance et les dernières transformations peuvent être, suivant les conditions, plus ou moins rapides, et que les larves peuvent se métamorphoser à des tailles très différentes, pour former des adultes de dimensions aussi fort différentes.

La tête s'allonge peu à peu en s'amincissant, surtout dans sa partie antérieure; l'œil, d'abord remplacé par un mamelon, puis par une tache dans une légère dépression, se forme petit à petit et grandit sous la peau; l'orifice nasal recule un peu; les lèvres se soudent graduellement par leurs bords, pour composer une ventouse circulaire de plus en plus large; les plaques dentées se développent peu à peu dans la bouche. La rainure branchiale devient de moins en moins profonde. Les nageoires s'élèvent, en même temps que de nombreux petits rayons mous se forment entre leurs deux parois; elles se distinguent de plus en plus par l'établissement d'une dépression séparatrice; la terminaison caudale devient plus lancéolée. La fente anale se développe. La pigmentation argentée se montre enfin sous la peau du ventre et des flancs, avec les dernières transformations et l'apparition de la papille uro-génitale.

La hauteur maximum du corps sur les branchies, chez des larves de 0^m,070 à 0^m,160, bien qu'également aveugles, m'a paru varier, vis-à-vis de la longueur totale, comme 1 : 10,5 à 15; la longueur de la tête au dernier trou branchial, vis-à-vis de la même longueur, comme 1 : 5,20 à 5,75; l'espace compris entre le bout du museau et le premier trou branchial, comme 1 : 12 à 16, toujours vis-à-vis de la même longueur.

La Lamproie de Planer est très répandue dans toutes les eaux douces, et jusque dans les moindres ruisseaux de l'Europe presque entière [1], au midi comme au nord, en Italie et jusque sur les rives de la mer Baltique. On la trouve fréquemment en Suisse, dans différents cours d'eau, dans le canton du Tessin, au sud des Alpes, aussi bien que dans beaucoup des tributaires

[1] Probablement aussi dans l'ouest de l'Amérique du Nord, sous le nom de *Ammocœtes Niger*, Raf.

du Rhin, au nord : dans les environs de Neuchâtel, de Bienne, de Fribourg, de Soleure, d'Aarau, de Bâle, de Berne, de Thoune, de Brienz, de Lucerne, d'Altorf, de Zoug, de Zurich, etc. Je ne sache pas qu'elle ait été rencontrée dans le bassin du Rhin, au-dessus de la chute; Nenning et Rapp n'en parlent pas, et le Dr Brügger ne la cite pas dans son catalogue des poissons des environs de Coire[1]. Pas plus que Jurine et Lunel, je ne l'ai observée dans le bassin du Léman, où elle semble faire aussi défaut[2]. Je n'ai pas connaissance que l'espèce ait été observée dans le pays au-dessus de 600 à 700 mètres sur mer.

La petite Lamproie, dite *Lamproyon*, passe généralement la mauvaise saison plus ou moins profondément enfouie dans la vase; quelquefois dans les lacs, d'où elle regagne l'eau courante au printemps, plus souvent semble-t-il dans le fond des rivières ou des ruisseaux, voir même dans les fossés, les mares ou les étangs. Son existence sous la forme larvaire dure, suivant les auteurs et probablement selon les conditions, trois ou quatre, parfois même cinq ans[3], pour se terminer d'ordinaire à l'approche du printemps, au moment où les individus des deux sexes métamorphosés sont arrivés à maturité pour la reproduction; l'époque du frai étant généralement en avril, pour beaucoup de cours d'eau en Allemagne, selon Müller et de Siebold.

Malgré le dire du Dr G. Schoch, qui donne mars et avril comme temps de frai dans la Reppisch près de Zurich[4], je crois cependant que cette époque doit être passablement plus tardive, en mai ou même en juin, pour beaucoup de nos eaux re-

---

[1] Naturgeschichtliche Beiträge zur Kenntniss der Umgebung von Chur, 1874, p. 149 et 150.

[2] Quelques personnes m'ont raconté avoir vu parfois près de Genève, dans le Vengeron en particulier, un petit poisson nageant comme une Anguille, qu'elles supposent pouvoir être peut-être une Lamproie; cependant, il est fort possible qu'elles aient rencontré, ou une petite Anguille égarée provenant de l'étang de Ferney ou peut-être simplement une jeune Couleuvre.

[3] Maximum de cinq ans, suivant *Benecke* (Naturg. und Leben der Fische).

[4] Fischfauna des Cantons Zurich; 1879, p. 18.

lativement froides, dans lesquelles il est rare de rencontrer des individus en activité avant le milieu d'avril ou le commencement de mai. A partir de ce temps on peut voir, en effet, tantôt des larves plus ou moins transformées serpentant dans une rivière ou un ruisseau, tantôt des sujets adultes nageant à la façon de l'Anguille, ou fixés par leur ventouse buccale contre quelque pierre et ondulant sous l'action du courant. Selon quelques pêcheurs d'Yverdon et de Bienne, la petite Lamproie (*Perce-pierre*) frayerait en mai, dans les ruisseaux; plusieurs individus se fixant côte à côte sur la même pierre. J'ai reçu, le 20 mai, des adultes mâles et femelles de 14 à 16 centimètres, pris ensemble dans un petit ruisseau près d'Altorf, et qui, ayant laite et ovaire très développés, approchaient évidemment beaucoup de l'époque de leur frai. Deux individus parfaits, de taille moyenne, capturés les premiers jours de juin, dans l'Aar près de Berne, étaient vides, très flasques et amaigris, comme s'ils avaient tout récemment frayé. Enfin, le D^r Th. Studer, de Berne, m'écrivait dernièrement, qu'il avait vu, le 31 mai 1889, une grande quantité de *P. Planeri* en train de frayer dans l'Aar, au débouché des égoûts, près du pont d'Altenberg; alors que dans certains canaux en relation avec la rivière, celui de la Matte en particulier, beaucoup de larves n'avaient pas terminé leurs métamorphoses, les yeux commençant seulement à paraître. La fin de mai et le commencement de juin comprendraient donc les époques de frai les plus communes, dans nos eaux; et cependant, il est bien probable que le moment de cette opération peut être, suivant les années et les conditions, plus ou moins avancé ou retardé [1].

Plusieurs auteurs affirment que les métamorphoses de la larve se font très rapidement; et, pour Benecke, les transformations s'opéreraient entre août et janvier. Ces dernières épo-

[1] Perret et Droz (Informations manuscrites sur les Poissons des lacs de Neuchâtel, Morat et Bienne, 1811) rapportent le dire de quelques pêcheurs de Port-Alban, d'Estavayer et d'Yvonand sur les rives du lac de Neuchâtel, selon lesquels on verrait assez souvent en été, particulièrement en juillet, sept à huit petites Lamproies fixées côte à côte sur la même pierre et en train de frayer, dans les ruisseaux.

ques me semblent s'accorder difficilement, soit avec les observations du Dr Studer à Berne, soit avec celles que j'enregistre ci-après.

J'ai capturé dans une petite mare dépendant du Vedeggio, dans le Tessin, des larves à moitié transformées à la fin de juin. J'ai reçu de la Maggia, dans le même canton, par le prof. Pavesi, divers individus dont une partie présentant déjà des yeux et des dents assez développés, le 24 juillet. J'ai reçu de la Suhr, en Argovie, avec des larves d'assez grandes dimensions quoique plus ou moins avancées, un sujet femelle quasi-transformé, ayant déjà des ovaires passablement développés, au mois de septembre. Enfin, le Dr Suidter m'envoyait, le 13 février 1885, dans de la mousse humide, un certain nombre d'individus retirés ensemble de la vase du fond d'un ruisseau en curage, près de la station de Littau, dans le canton de Lucerne; il y avait des larves complètement aveugles, des individus à moitié transformés et des adultes parfaits, dont un mâle de 0^m,115 à testicules bien développés. Les larves avaient parfaitement supporté un stage de près d'une journée hors de l'eau et se montrèrent très alertes, bien vite après avoir été replongées dans leur élément; les adultes, par contre, êtres supérieurs et par là beaucoup plus délicats, survécurent peu ou pas au voyage; ils étaient en partie morts déjà avant le départ.

Les organes de reproduction se développent chez la larve pendant ses dernières transformations, et celles-ci paraissent devoir être plus ou moins rapides dans différentes conditions. On trouve des larves qui ont déjà un ovaire multilobé passablement développé, avec des œufs de un dixième à un septième de millimètre, alors que l'œil commence seulement à apparaître chez elles. D'autres plus avancées, ou peu avant les dernières métamorphoses, portent des œufs passablement plus gros; et cependant, il ne paraît pas probable que la larve puisse être jamais capable de reproduction, car elle ne porte point encore la papille uro-génitale sexuelle propre de l'adulte. Laite et ovaire n'atteignent leur maturité parfaite qu'après transformation complète de l'individu, dans les dernères semaines qui précèdent l'époque du frai. Les œufs mûrs mesurent alors un millimètre environ.

Müller donne d'intéressants détails sur les amours de la petite Lamproie. Plusieurs individus se réuniraient pour jouer ensemble, de préférence dans l'eau bien courante; les mâles se fixeraient par leur ventouse sur la nuque des femelles, et celles-ci déposeraient leurs œufs dans de petits creux du fond, les premiers se courbant en dessous pour féconder ce précieux dépôt. Les nouveau nés, éclos après trois semaines selon certains observateurs, et présentant l'aspect d'un ver, s'enfoncent bien vite dans le sable ou la vase, d'où ils ne ressortent le plus souvent que trois ou quatre ans plus tard, transformés ou près de l'être.

Le fait que l'on ne voit plus guère d'adultes en été, après l'époque de la reproduction, que ceux-ci semblent disparaître bientôt des ruisseaux où ils ont frayé, qu'ils sont partout plus rares que les larves, et qu'on trouve difficilement chez eux des œufs en voie de développement, a fait supposer à Müller et à divers auteurs après lui, que le *P. Planeri* parfait doit mourir peu après avoir contribué à la multiplication de son espèce. Les quelques données que j'ai fournies plus haut, quant aux dates de capture et à l'état de développement de beaucoup des individus que j'ai examinés, semblent jusqu'à un certain point corroborer cette opinion, partagée par de Siebold; cependant, je ne vois pas là de raisons suffisantes pour condamner nécessairement à mort ce pauvre poisson, qui n'aurait que de deux à trois mois de vie à l'état parfait.

Je me demande s'il ne serait pas possible qu'après avoir frayé, la plupart des adultes quittassent bientôt le théâtre de leurs amours pour gagner de plus grandes eaux, les uns la mer, les autres le fond de nos principales rivières ou de nos lacs, où ils passeraient quelques mois inaperçus, ne se montrant plus que de nouveau mûrs pour la reproduction. On rencontrerait moins d'adultes que de larves, parce qu'ils resteraient moins longtemps à portée de vue ou de capture, et cela expliquerait, semble-t-il, les immenses disproportions de taille constatées en divers lieux, soit entre larves, soit entre adultes parfaits dont j'ai vu un mâle de 0^m,115, tandis que de Siebold a trouvé parfois des sujets de 13 pouces, soit 0^m,35 environ.

Benecke [1], qui partage l'idée de la mort de l'adulte après la saison des amours et qui admet l'opinion de Schneider relativement à l'identification des *P. fluviatilis* et *Planeri*, raconte que les larves (*Ammocoetes branchialis*) descendraient avant la fin de leurs transformations jusqu'aux embouchures des fleuves dans la mer, où elles continueraient à croître et se développer, jusqu'à la taille maximum de l'espèce, 0^m,30-50. Si le fait est avéré pour quelques larves dans certains cours d'eau d'Allemagne, il ne me paraît par contre guère acceptable pour la plupart de nos ruisseaux, où l'on voit le *Planeri* terminer ses métamorphoses et se reproduire en abondance. Quoiqu'il en soit, que les petites Lamproies descendent à la mer parfaites ou imparfaites, le simple fait d'une migration possible de la forme dite *P. Planeri* vers la mer pourrait constituer un argument important en faveur du rapprochement spécifique de ce dernier plus petit et du *P. fluviatilis* plus grand, qui morphologiquement est si peu différent.

La nourriture de cette espèce paraît consister surtout en vers, petits crustacés, petits insectes, larves diverses et menus débris animaux enfouis dans la vase. L'adulte, dont nous avons dit qu'il se fixe volontiers par sa ventouse buccale contre les pierres, qui même doit à cette habitude ses noms de *Perce-pierre* en français et de *Steinbeisser* en allemand, s'attache aussi souvent sur le corps d'autres poissons, voire même sur leurs branchies, pour en sucer le sang. Par contre, la conformation différente de la bouche de la larve ne permet point à celle-ci de se fixer contre des corps étrangers, et ses lèvres séparées lui interdisent toute espèce de succion.

Il ne se fait pas chez nous de pêche spéciale de ce petit poisson. On le prend le plus souvent à la truble avec d'autres petites espèces, ou accidentellement dans les filets, ou encore dans la vase qu'on retire des étangs ou des fossés ; il ne sert guère, par le fait, à l'alimentation, et les pêcheurs en font le plus souvent usage comme d'amorce vivante et assez résistante, pour prendre les poissons carnivores ; quelques-uns le coupent en morceaux pour capturer l'Anguille.

On a trouvé quelques Helminthes parasites, particulièrement les *Ligula digramma* et *L. monogramma* de Creplin, dans sa cavité abdominale.

Petromyzon (fluviatilis) major, (Fluviatilis, auctorum).

1 *bis*. LA LAMPROIE DE RIVIÈRE

Fluss-Neunauge.

Petromyzon fluviatilis, Linné.

Bouche armée d'un cercle de plaques dentées : une grande pla-que maxillaire supérieure très largement creusée au milieu et re-levée de chaque côté en une forte dent conique; une grande plaque maxillaire inférieure découpée en sept dents acuminées, les ex-ternes les plus fortes; trois plaques beaucoup moindres, ovales et transverses, avec un, deux ou trois petits cônes dentaires, à droite et à gauche dans la joue; deux rangées plus ou moins régulières de plaques moindres encore sous la lèvre supérieure, les externes les plus petites. Pas de plaques dentées à la lèvre inférieure. Les deux dorsales franchement séparées, quoique plus ou moins rap-prochées ; la seconde souvent légèrement anguleuse vers son pre-mier tiers.. — Manteau, en dessus, d'un gris olivâtre ou verdâ-tre immaculé, souvent à reflets bleu d'acier. — (Taille d'adultes et de vieux 0ᵐ,30 — 40 à 0ᵐ,50).

Petromyzon fluviatilis, *Linné*, Syst. Nat., éd. 12, p. 394. — *Bloch*, Fische Deutschl. III, p. 41, Taf. 78, fig. 1. — *Schrank*, Fauna Boica, p. 304. — *Pallas*, Zoog. Ross. As. III, p. 66. — *Holandre*, Faune de la Moselle, p. 263. — *Hartmann*, Helv. Ichthyol., p. 32. = *Yarrell*, Brit. Fishes, II, p. 604. — *Schinz*, Fauna Helv., p. 164. — *De Selys-Longchamps*, Faune belge, p. 226. — *Günther*, Fische des Neckars, p. 134 (358); Catal. of Fishes, VIII, p. 502. — *Heckel et Kner*, Süsswasserfische, p. 377, fig. 202. — *De Siebold*, Süsswas-serfische, p. 372. — *De Betta*, Ittiol. veron., p. 123. — *Ca-nestrini*, Prosp. crit., p. 141, juv. — *Blanchard*, Poissons de France, p. 515. — *Moreau*, H. N. Poissons de France, III, p. 604. — *Mela*, Vert. Fennica, p. 370, fig. 213. — *Mö-*

---

[1] Toutes les mesures et les différents rapports de proportions que je donne ici, pour cette Lamproie, ont été relevés sur des individus adultes moyens du Rhin suisse, malheureusement depuis quelque temps à l'alcool.

bius et Heincke, Fische der Ostsee, p. 161 et fig. — *Benecke*,
Naturg. und Leben der Fische, p. 193, fig. 197.
» PRICKA, *Lacépède*, 1, p. 18.
LAMPETRA FLUVIATILIS, *Gray*, Chondropt., p. 140.

NOMS VULGAIRES : *Perce-pierre*, à Neuchâtel, — Généralement *Neunauge*,
dans la Suisse allemande ; assez souvent aussi, comme la petite
Lamproie, *Steinbrecher* ou *Steinbisser*.

Corps long, subcylindrique, de plus en plus comprimé dans sa
moitié postérieure, et couvert d'une peau nue, souvent plus
ou moins plissée, sur laquelle on ne distingue pas de ligne
latérale, mais quelques petits pores devant et derrière l'œil.
La hauteur maximale, sur les derniers trous branchiaux, ou
un peu en arrière, à la longueur totale, comme 1 : 13—15,
souvent = 1 : 13,50—14,50 chez des adultes moyens ; à la
longueur du corps, du museau à l'anus, souvent comme
1 : 9,60—10,20. L'épaisseur à peu près égale à $^2/_3$ de la hauteur. — Anus un peu en arrière des $^2/_3$ de la longueur totale.
Tête allongée, subconvexe en avant, un peu pincée et comme
projetée en large groin oblique, plus cylindrique en arrière, avec sept orifices branchiaux en boutonnières ovales
et à peu près équidistants derrière l'œil. Sa longueur, du
museau au dernier trou branchial, vis-à-vis de la longueur
totale du poisson, comme 1 : 4,60—4,90, chez des adultes
moyens. — Bouche en ventouse arrondie ou subovale, entourée d'une lèvre circulaire frangée sur le bord, et d'une
largeur très variable, souvent un quart environ de la longueur céphalique. — Œil arrondi, recouvert par la peau du
corps, d'un diamètre, vis-à-vis de l'espace préorbitaire (au
bord supérieur de la lèvre) souvent comme 1 : 3,35—3,80 ;
vis-à-vis de la tête au premier trou branchial, volontiers
comme 1 : 5,90—6,20. — Orifice nasal simple, en avant
entre les yeux.
Dents semblables en nombre et distribution à celles du *P. Planeri* adulte, mais généralement plus acuminées sur les différentes parties de la bouche : les deux majeures, maxillaires supérieures, plus saillantes et coniques, quoique aussi
largement séparées ; les sept maxillaires inférieures plus

étroites et pointues, les externes les plus fortes; les labiales
latérales, également sur trois plaques ovales, à droite et à
gauche, par une, deux ou trois; les labiales supérieures sur
des plaques souvent un peu plus ovales et plus régulièrement
sur deux rangées que chez le *Planeri*. Comme chez ce dernier, une petite barre mamelonnée et dentelée entre la
pièce maxillaire inférieure et la langue; celle-ci découpée en
croissant et finement dentelée. Enfin de très petits tubercules cornés dans une rainure circonlabiale. — Généralement pas de plaques dentées sur la lèvre inférieure.

Chez un de mes sujets du Rhin, de 0^m,370, j'ai trouvé des
dents beaucoup moins pointues que celles décrites et figu-
rées par de Siebold[1], qui semblent de forme intermédiaire
entre celles du *P. Planeri* et celles du *P. fluviatilis* (Voy.
Pl. IV, fig. 24).

Nageoires : deux dorsales assez voisines, mais bien distinctes, et
une caudale soutenues par un grand nombre de petits rayons
mous; l'anale représentée par une légère carène membraneuse, prolongation de la caudale en dessous.

1re dorsale à tranche subarrondie, naissant à peu près au
milieu de la longueur totale, parfois légèrement en avant,
et occupant un espace, vis-à-vis de la longueur totale, volontiers comme 1 : 6,70—7, avec une élévation, vers son premier tiers ou au milieu, selon les sujets, ¼ ou ⅕ de sa
base.

2me dorsale franchement séparée de la première, mais
naissant plus ou moins près de celle-ci, et se confondant avec
la caudale en arrière, après un affaissement bien accentué;
souvent un peu plus conique ou moins arrondie au sommet
que chez le *Planeri*; volontiers 1 ¾ à 1 ⅘ fois aussi longue
que la précédente, avec une hauteur passablement plus
grande dans son tiers antérieur, soit à peu près égale aux ⅔
ou aux ⅘ de la hauteur maximale du tronc.

Caudale lancéolée, embrassant l'extrémité du corps, mais
dépassant peu celle-ci en arrière; d'une longueur, en dessus, depuis l'affaissement dorso-caudal, variant entre un

---

[1] Süsswasserfische, p. 373 fig. 62.

peu plus ou un peu moins du tiers de la seconde dorsale, et
se prolongeant toujours plus basse, en dessous, jusqu'en
face de l'affaissement supérieur ou un peu plus loin, pour
se fondre dans une légère carène semi-charnue simulant
une très faible anale non rayonnée.

Coloration des faces supérieures d'un vert olivâtre, souvent
à reflets bleu d'acier, ou d'un gris olivâtre, sans taches
ni marbrures; les côtes du corps d'un gris jaunâtre sale;
les faces inférieures blanchâtres; les nageoires grisâtres.

Dimensions dépassant rarement 0^m,45 à 0^m,50; les mâles volontiers, dit-on, un peu plus petits que les femelles. Les indi-
vidus adultes du Rhin, à Bâle, que j'ai examinés variaient
entre 0^m,350 à 0^m,375 de longueur totale.

Ovaire et testicule simples, sur la ligne médiane; le premier
plissé ou multilobé; le second feuilleté ou segmenté. — Reins
s'étendant sur toute la longueur de la cavité viscérale et
embrassant de droite et de gauche les précédents. — Tube
digestif droit. — Une papille uro-génitale chez l'adulte. —
Pas de vessie natatoire.

Nous venons de voir que les dents du *P. fluviatilis*, généralement pointues, peuvent être aussi quelquefois assez obtuses, un
peu comme chez la petite Lamproie (Voy. Pl. IV, fig. 23 dentition du *Planeri* et fig. 24, dents anormales du *Fluviatilis*)[1]. En
rapprochant cette observation de celle que nous avons faite
chez le *P. Planeri*, relativement à l'inconstance de l'union des
deux nageoires dorsales qui devrait censément caractériser l'espèce, nous ne pouvons manquer, comme Schneider et Waygel,
de mettre en doute la valeur de la distinction spécifique de ces
deux poissons.

La différence de taille ne peut avoir ici une bien grande importance; car, en comparant les proportions attribuées par
divers auteurs aux deux espèces, en différents pays, il est aisé

---

[1] Il ne peut être question, dans ce cas, de dents arrondies par usure,
avant leur remplacement; car elles sont encore trop hautes et trop
larges.

de constater qu'il n'y a pas à cet égard de saut entre les plus grands sujets du *Planeri* et des individus de taille moyenne du *Fluviatilis*.

On ne sait presque rien du développement du *P. fluviatilis*, et on ne lui connaît pas de larve spéciale[1]; serait-ce que ses œufs donnent naissance en eau douce à l'*Ammocœtes branchialis* qui, après s'être transformé en *P. Planeri*, deviendrait, avec le temps et dans des conditions d'habitat différentes, le *P. fluviatilis*. *Il n'y aurait alors là qu'une question d'âge et de migrations dépendant de celui-ci*, des petits cours d'eau aux plus grands, ou aux lacs, ou à la mer.

La disparition dans les ruisseaux de la majorité des individus transformés du *Planeri*, après leur premier accouplement, et les extensions comparées des aires géographiques des deux espèces paraissent à l'appui de cette hypothèse. Toutefois, l'échelle des transitions morphologiques du *Planeri* au *Fluviatilis*, et les allures de ce dernier en toutes circonstances n'ont pas, je crois, été jusqu'ici suffisamment étudiées, pour qu'il soit permis de décider encore si la même larve deviendra d'abord *Planeri*, puis *Fluviatilis*, ou si des larves anatomiquement semblables, et souvent développées dans le même milieu, donnent naissance, *suivant la taille de leurs parents*, les unes, plus petites, au *Planeri*, les autres, plus grandes, au *Fluviatilis*; si, en d'autres termes, ces deux Lamproies doivent être plutôt considérées comme formes constamment parallèles, sinon espèces, du moins variétés biologiques ou sous-espèces à habitats en partie différents.

Les dimensions comparées de l'œil à la tête ou au museau, dans nos deux Lamproies, paraissent militer jusqu'à un certain point en faveur de cette dernière supposition, contre l'hypothèse déjà formulée ci-dessus, soit en faveur de l'idée de *deux races constantes, ou sous-espèces, l'une propre surtout aux eaux douces, l'autre frayant dans les mêmes conditions, mais vivant en partie dans la mer*. Nous avons vu jusqu'ici, chez tous nos poissons, que le diamètre comparé de l'œil va diminuant avec l'âge,

---

[1] *Müller* (l. c.) a seulement dit, sans grands détails, qu'il aurait vu une larve de *Fluviatilis* très semblable à celle du *Planeri*.

vis-à-vis des dimensions croissantes de la tête et surtout de l'espace préorbitaire. Une différence de moitié dans la taille de l'individu suffit généralement à changer énormément les rapports de grandeur de l'œil et du museau; tandis qu'ici nous trouvons des rapports quasi-semblables, ou très peu différents, chez des adultes moyens du *Planeri* et chez des représentants du *Fluviatilis* deux ou trois fois plus grands.

J'ai indiqué ci-dessus, chez des individus parfaits du *P. Planeri*, de $0^m,115$ à $0^m,160$: œil, vis-à-vis de l'espace préorbitaire, comme 1 : 2,90—3,50—4,50, le plus souvent = 1 : 3—3,50; œil, à la tête au 1er trou branchial, comme 1 : 5,50—6,50.

Chez des adultes taille moyenne du *P. fluviatilis*, de $0^m,350$—$0^m,375$: œil, à l'espace préorbitaire, comme 1 : 3,35—3,80; œil, à la tête au 1er trou branchial, comme 1 : 5,90—6,20.

Le *P. Omalii*, décrit par van Beneden, en 1875[1], n'est pour Günther qu'une forme du *Fluviatilis*. Faute de matériaux suffisants, je ne saurais émettre d'opinion sur cette nouvelle Lamproie des côtes de Belgique qui aurait le corps plus comprimé et la bouche un peu différemment disposée, avec une taille moyenne de 15 à 32 centimètres.

La Lamproie de rivière habite, comme l'espèce marine, les eaux salées de différentes mers, d'où elle passe chaque année dans les fleuves et rivières, pour y frayer et y séjourner plus ou moins. On la rencontre dans les eaux douces de l'Europe presque entière, au nord comme au midi[2]. Elle voyage souvent en assez nombreuse compagnie et se fait volontiers remorquer par d'autres poissons migrateurs, au corps desquels elle s'attache par sa ventouse buccale; elle pousse généralement bien plus loin que la Lamproie de mer, beaucoup plus grande, ses pérégrinations dans les cours d'eau de notre continent.

En Suisse, où elle arrive par le Rhin, on la trouve dans plusieurs des tributaires de celui-ci; assez souvent en particulier à l'embouchure des rivières dans les lacs. Elle paraît aujourd'hui

---

[1] *Van Beneden;* Bull. Acad. Belg. 1875, II, p. 549, fig. 1-3.

[2] Ainsi que, sous des formes très voisines, dans le nord de l'Amérique et au Japon.

plus rare qu'autrefois; cependant on la signale dans la Thour,
l'Aar, la Reuss, la Limmat et quelques-uns de leurs affluents,
à Soleure, à Neuchâtel, à Zurich et particulièrement au lac des
Quatre-Cantons, où elle aurait surtout abondé naguère, du côté
d'Uri, selon Hartmann. La chute du Rhin semble empêcher ce
poisson de remonter dans le lac de Constance, puisque les divers ichthyologistes qui ont étudié les espèces de ce lac ne le
citent en général pas; cependant Kollbrunner, dans sa *Thurgauische Fischfauna*[1], paraît croire que la chute du fleuve ne l'arrête pas plus que l'Anguille, et qu'on le verrait parfois au débouché du Rhin de l'Untersee. Je ne l'ai, quant à moi, jamais reçu
du Rhin au-dessus de la chute. La perte du Rhône oppose à cette
espèce, comme à la petite Lamproie, une barrière infranchissable; car, pas plus que Jurine et Lunel, je ne l'ai trouvée dans
les eaux du Léman, bien que Hartmann et Schinz l'aient à
tort attribuée aux rives savoyardes de ce lac. Pavesi ne la
cite point parmi les poissons du canton du Tessin où, comme
dans bien d'autres endroits, on ne trouve que la petite Lamproie de Planer.

Les allures de ce poisson sont encore assez mal connues pour
que les auteurs, même les plus récents, soient souvent en con-
tradiction les uns avec les autres, non seulement sur ce qui
concerne l'époque et la durée de ses migrations, mais même sur
la question de son habitat constant en eaux douces, en certaines conditions.

Pour Heckel et Kner[2] et pour Günther[3], comme pour Hartmann, la Lamproie de rivière serait un véritable poisson d'eau
douce; pour de Siebold[4], elle quitterait la mer au printemps et
y retournerait en automne. Pour Möbius et Heincke[5], ainsi que
pour Benecke[6], ce serait plutôt dans cette dernière saison que
le *P. fluviatilis* abandonnerait la mer, et il périrait, comme l'ont
déjà avancé quelques auteurs, bientôt après avoir contribué, au

<hr>

[1] Thurgauische Fischfauna, 1879, p. 24 et 55.
[2] Süsswasserfische, p. 379.
[3] Fische des Neckars, p. 358.
[4] Süsswasserfische, p. 374.
[5] Fische der Ostsee, p. 162.
[6] Naturg. und Leben der Fische, p. 195.

printemps, à la multiplication de son espèce. L'époque du frai serait, suivant les uns, en mars et avril, suivant les autres, en avril et mai[1]. Les œufs seraient déposés entre les pierres près du rivage. A. Müller[2] dit avoir reconnu une forme larvaire de cette espèce très semblable à celle du *P. Planeri*. Je ne connais pas d'observations faites en Suisse qui permettent de résoudre péremptoirement ces diverses questions; cependant, la citation de captures en arrière-automne semble venir à l'appui de l'idée d'un stage hivernal de cette Lamproie, de quelques représentants au moins de l'espèce dans nos lacs, et d'une incursion au printemps en vue du frai dans les rivières.

Cette seconde Lamproie paraît se nourrir à peu près de la même manière que la précédente; elle absorbe principalement des vers, des crustacés, de petits insectes et leurs larves, ainsi que du frai de poisson et de menus débris animaux noyés dans la vase. Elle se fixe aussi par sa ventouse buccale sur le corps de divers poissons migrateurs, des Aloses et des Saumons en particulier, dont elle suce le sang et dont elle semble se servir comme moyen de transport. Elle s'attache même de semblable façon au corps animaux submergés, dont elle ne dédaigne pas d'extraire aussi des sucs nourrissiers. On la voit souvent fixée par la bouche contre les pierres, le corps flottant au gré de l'eau, ce qui lui a valu, comme au *P. Planeri,* les noms de *Perce-pierre* et de *Steinbisser*. D'autres fois, on la rencontre serpentant à la manière de l'Anguille contre le courant.

L'espèce n'est pas, de nos jours, assez abondante en Suisse pour y faire l'objet d'une pêche spéciale. On la prend cependant de temps à autre dans les filets et dans les nasses destinés à d'autres poissons; jamais elle ne touche au hameçon. Sa chair passe pour bonne et agréable, selon les uns, pour difficilement digestible, suivant les autres.

Müller a trouvé, dans le quatrième ventricule du cerveau de ce poisson, un parasite helminthe qu'il a nommé *Diplostomum Petr. fluviatilis.*

---

[1] Selon *Martin-Saint-Ange* (Étude de l'appareil reproducteur dans les cinq classes d'animaux vertébrés, 1856, p. 151, pl. XV), les organes générateurs seraient déjà bien développés dès février.

[2] Ueber die Entwickelung der Neunaugen : Müller's Archiv. 1856, p. 328.

LA LAMPROIE DE MER

SEELAMPRETE.

PETROMYZON MARINUS, Linné.

*Tout l'intérieur de la bouche garni de plaques dentées sur plu-
sieurs rangs et décroissant en dimension du centre vers le bord de
la lèvre circulaire, aussi bien sur la lèvre inférieure que sur la
supérieure et sur les joues. La plaque maxillaire supérieure formant une seule grosse dent médiane à deux pointes aiguës*[1]*; la
plaque maxill. inférieure découpée en sept ou huit dents coniques.
Les deux nageoires dorsales largement séparées. — Manteau marbré de brun olivâtre ou de noirâtre sur fond gris jaunâtre. —
(Taille moyenne d'adultes et de vieux : 0ᵐ,50—1ᵐ.)*

PETROMYZON MARINUS, *Linné*, Syst. nat. éd. 12, p. 394. — *Bloch*, Fische
    Deutschl., III, p. 38, Taf. 77. — *Hartmann*, Helv. Ichthyol.
    p. 27. — *Yarrell*, Brit. Fish. éd. 2, II, p. 598. — *Schinz*,
    Fauna helvetica, p. 164. — *De Selys; Gray; Heckel et
    Kner; de Siebold; Günther;* etc....
  »   LAMPETRA, *Pallas*, Zoog. Ross. As. III, p. 66.
  »   MACULOSUS, *Gronov.* Syst., éd. *Gray*, p. 2.

La Lamproie de mer, généralement marbrée de brun ou de
noirâtre sur fond clair, jaunâtre ou grisâtre, et qui peut atteindre jusqu'à un mètre de longueur, se rencontre également en
Europe, dans le nord de l'Amérique et dans l'ouest de l'Afrique ; elle habite à peu près toutes les mers qui baignent notre
continent, d'où elle remonte annuellement dans la plupart des
fleuves de celui-ci. Cette grande et belle espèce ne parvenant
que tout à fait exceptionnellement dans le Rhin jusqu'à nous,
je n'en eusse rien dit ici, si Hartmann n'avait, en 1827, raconté
que, quelques années auparavant, un individu capturé près de
Rheinfelden avait été promené dans le pays et montré pour de

---

[1] Voy. pl. IV, fig. 25.

l'argent en divers lieux [1] — Leuthner, dans sa Mittelrheinische
Fischfauna, en 1877, ne peut enregistrer aucune nouvelle capture dans le Rhin suisse, depuis celle dont parle Hartmann et
qui a motivé, en 1837, l'acceptation de l'espèce par Schinz, dans
sa Fauna helvetica.

Les quelques Lamproies qui, de Bâle, m'ont été envoyées
comme *Pet. marinus* appartenaient toujours incontestablement
à l'espèce du *P. fluviatilis*.

On ne peut pas, je crois, considérer ce poisson comme appartenant réellement à la faune suisse.

[1] Helv. Ichthyologie, p. 29.

ORDRE	FAMILLES	GENRES	ESPÈCES		Pages
PHYSOSTOMI Rayons des nageoires articulés, pour la plupart divisés au sommet. Maxillaire séparé de l'intermaxillaire. Pharyngiens inf. séparés. Ventrales abdominales, quand elles existent. Corps nu ou couvert d'écailles généralement lisses ou cycloïdes.	ACANTHOPSIDÆ Intermaxillaire formant seul le bord de la mâchoire sup. Bouche ornée de barbillons. Pharyngiens inf. pourvus de dents. Sous-orbit. ou pièces operc. armés souvent d'épines pl. ou m. développées. Vessie aérienne pl. ou m. dans une capsule osseuse. Corps nu ou pl. ou m. couvert de petites écailles. Sept nag.; des ventrales; pas d'adipeuse.	MISGURNUS : Dix ou douze barbillons, dont deux à la mandibule. Sous-orbitaire avec ou sans épine. Corps allongé et comprimé en arrière.	Tête petite. 10 barbillons, dont deux à la mandibule. Une petite épine sous-orbitaire sous la peau. Rayons branchiostèges allongés et subcylindriques. Pas de ligne tubulée latérale apparente. Caudale petite et arrondie.	*M. fossilis*...	3
		COBITIS : Six barbillons, à la lèvre supérieure seulement; trois de chaque côté. Un aiguillon sous-orbitaire mobile. Corps assez allongé, plus ou moins comprimé.	Tête pincée. 6 barbillons sup. Un aiguillon érectile bifide pouvant sortir sous l'œil par une fente de la peau. Rayons branchiostèges assez longs, un peu aplatis. Une ligne tubulée latérale sur la partie antérieure du corps. Caudale assez large, un peu convexe ou quasi-droite.	*C. tænia*.....	10
		NEMACHILUS : Six barbillons à la lèvre sup. trois de chaque côté. Pas d'épine sous-orbitaire érectile. Corps médiocrement allongé, plus ou moins subcylindrique.	Tête assez large. 6 barbillons sup. Pas d'épine sous-orbitaire. Rayons branchiostèges courts et aplatis. Une ligne tubulée latérale tout le long du corps. Caudale assez forte, légèrement convexe ou quasi-droite.	*N. barbatulus*	19
	CLUPEIDÆ Mâchoire sup. formée par l'intermaxill. et le maxill. Pas de barbillons. Des dents maxill. et intermax. faibles. Vessie aérienne grande et simple. Des appendices pyloriques. Corps couvert d'écailles; ventre pincé en arête. Sept nageoires; des ventrales; pas d'adipeuse.	ALOSA : Intermaxillaires séparés par une échancrure. De très petites dents caduques maxillaires et intermaxillaires. Mâchoire sup. ne dépassant pas l'inférieure. Corps fusiforme, comprimé; ligne ventrale pincée en arête dentelée. Pas de ligne tubulée latérale. Œil pourvu de pseudopaupières.	Corps un peu voûté en avant. Maxillaire sup. assez développé en arrière de l'œil. Opercule très étroit dans le bas. Branchiospines longues, grêles, serrées et nombreuses; souvent 98-126 sur le 1er arc, chez l'adulte.	*A. vulgaris*..	29
			Corps un peu plus élancé. Maxillaire sup. un peu moins développé en arrière. Opercule un peu moins rétréci. Branchiospines moins effilées, moins serrées et moins nombreuses; souvent 35 à 54 sur le 1er arc, chez l'adulte.	*A. Finta*....	40
	SALMONIDÆ Mâchoire sup. formée par l'intermaxill. et le maxill. Pas de barbillons. Div. dents, petites ou grandes, pl. ou m. nombr. Vessie aér. grande et simple. Des appendices pyloriques. Corps couvert d'écailles. Sept nag.; des ventr.; plus une adipeuse.	COREGONUS : Bouche petite. De très petites dents au bord de l'intermaxillaire et sur la langue. Maxillaire sup. ne dépassant pas l'œil. Corps fusiforme plus ou moins comprimé, couvert d'écailles moyennes. Nageoire dorsale plus haute que longue. Caudale bien échancrée.	Branchiospines assez longues et nombreuses. Bouche terminale ou quasi-terminale. Intermaxillaire déclive du haut en bas ou vertical, peu ou méd* élevé. Maxillaire arrivant sous le bord ant. de l'œil. Museau conique pl. ou m. acuminé. Pédicule caudal assez allongé. Œil moyen. Nageoires moyennes ou petites. Taille moyenne ou assez grande. 60-63 vertèbres.	*C. Wartmanni*	109
			Branchiospines assez longues et nombreuses. Bouche subterminale ou terminale. Intermaxillaire vertical ou subvertical, méd* élevé. Maxillaire arrivant à peu près sous le bord de l'œil. Museau conique, un peu carrément tronqué. Pédicule caudal assez atténué. Œil moyen. Nageoires moyennes. Taille moyenne. 57-58 vertèbres.	*C. annectus*..	155
			Branchiospines longues, nombreuses et serrées. Bouche terminale ou quasi-terminale. Intermaxillaire vertical ou quasi-vertical, peu ou méd* élevé. Maxillaire dépassant un peu le bord ant. de l'œil. Museau plutôt gros. Pédicule caudal pl. ou m. allongé. Œil grand. Nageoires plutôt petites. Taille petite. 58-60-(61) vertèbres.	*C. exiguus*...	164

(Avec deux espèces étrangères importées, entre parenthèses.)

GENRES	ESPÈCES		Pages
	Branchiospines méd¹ allongées, moyennement ou relativement peu nombreuses. Bouche inférieure ou subterminale. Intermaxillaire haut ou moyenn¹ élevé, plus ou moins incliné en dessous (subvertical dans β). Maxillaire arrivant plus ou moins sous le bord de l'œil. Museau plus ou moins conique. Pédicule caudal plutôt court. Œil plus ou moins petit (assez grand dans β). Nageoires pl. ou moins grandes. Taille assez grande ou moyenne. 57-59 (60) vertèbres.	*C. Asperi*	199
	Branchiospines relativement courtes et peu nombreuses. Bouche inférieure, parfois subterminale. Intermaxillaire assez haut, pl. ou m. incliné en arrière et en dessous. Maxillaire n'atteignant pas le plus souvent le bord de l'œil, chez l'adulte. Museau arrondi ou subcarré. Pédicule caudal assez ramassé. Œil plutôt petit ou moyen. Nageoires ventrales plutôt courtes ; pectorales relativ. longues. Taille grande ou assez grande. 61-63 (60) vertèbres.	*C. Schinzii*	219
COREGONUS : Bouche petite. De très petites dents au bord de l'intermaxillaire et sur la langue. Maxillaire ne dépassant pas l'œil. Corps fusiforme, plus ou moins comprimé et couvert d'écailles moyennes. Nageoire dorsale plus haute que longue. Caudale bien échancrée.	Branchiospines courtes et peu nombreuses. Bouche pl. ou m. inférieure. Intermaxillaire haut, pl. ou m. incliné en arrière et en dessous. Maxillaire large, arrivant à peu près au bord de l'œil. Museau gros et court. Pédicule caudal court. Œil moyen. Nageoires assez grandes. Taille moyenne. 61-63 vertèbres.	*C. acronius*	254
	Branchiospines moyennement nombreuses, plutôt courtes. Bouche subterminale. Intermaxillaire moyen, subvertical. Maxillaire allongé, parvenant d'ordinaire sous le bord de l'œil. Museau subarrondi, plutôt court. Pédicule caudal plutôt court. Œil plutôt grand. Nageoires grandes. Taille moyenne. 59-60 (61) vertèbres.	*C. hiemalis*	261
	Branchiospines nombreuses, plus ou moins courtes ou allongées. Bouche quasi-terminale. Intermaxillaire haut, quasi-vertical. Maxillaire arrivant sous le bord de l'œil. Museau subcarré. Pédicule caudal plutôt allongé. Œil moyen. Nageoires courtes. Taille moyenne ou assez grande. 63-(64) vertèbres.	*C. Suidteri*(3).	270
	Branchiospines courtes, médiocrement nombreuses. Bouche inférieure ou préinférieure. Intermaxillaire haut, pl. ou m. en arrière et en dessous. Maxillaire arrivant à peu près au bord de l'œil. Museau fort, un peu bombé en dessus. Pédicule caudal assez ramassé. Œil moyen. Nageoires moyennes ou assez grandes. Taille grande. 60-61 vertèbres................(Prusse).	(*C. Maræna*)	277
	Branchiospines courtes et peu nombreuses. Bouche inférieure. Intermaxillaire assez haut, un peu incliné en arrière. Maxillaire arrivant sous le bord de l'œil ou presque. Museau fortement busqué en avant. Pédicule caudal plutôt court. Œil moyen. Dorsale plutôt courte, bien déclive. Caudale courte, en croissant et très profond¹ échancrée. Taille grande. 60 vertèbres..(Amérique).	(*C. albus ?*)	280
THYMALLUS : Bouche petite. De petites dents sur les deux mâchoires, les palatins et le vomer ; point sur la langue. Maxillaire ne dépassant pas l'œil. Corps fusiforme, méd¹ comprimé, couvert d'écailles moyennes. Nageoire dorsale grande, plus longue que haute. Caudale assez échancrée.	Mâchoire supérieure recouvrant l'inférieure ; bouche en travers et en dessous. Maxillaire sup. arrivant à peu près sous le bord ant. de l'œil. Bas des flancs un peu anguleux. Tête petite et conique. Museau assez large et déprimé. Dorsale naissant très en avant des ventrales, d'une longueur basilaire au moins double de celle de l'anale. Le plus souvent un espace dépourvu d'écailles entre les pectorales ou près des ventrales.	*T. vexillifer*	286

(Avec deux espèces étrangères voisines et quatres espèces américaines récemment importées, entre parenthèses.)

GENRES	ESPÈCES		Pages
SALMO : Bouche grande. Des dents plus ou moins fortes sur les deux mâchoires, les palatins, le vomer et la langue. Vomer long, armé de dents plus ou moins caduques, sur le chevron et le corps de l'os, ou sur le corps seulement. Maxillaire arrivant sous l'œil, ou le dépassant plus ou moins. Corps fusiforme, plus ou moins comprimé, couvert d'écailles plutôt petites. Dorsale et anale moyennes. Caudale plus ou moins échancrée ou droite.	Vomer à chevron antérieur hexagonal ou subovale; le corps de l'os très allongé. Pas de dents sur le chevron; celles du corps de l'os tombant avec l'âge d'arrière en avant. Poisson fusiforme, assez élancé; pédicule caudal allongé. Tête conique, plutôt petite; museau plus ou moins acuminé. Préopercule pl. ou m. anguleux, avec bord inf. plutôt long, assez délimité. Caudale pl. ou m. échancrée.	*S. Salar* ...	298
	Vomer à chevron large et triangulaire; le corps de l'os médiocrement, soit moins allongé. Des dents en travers sur le bas du chevron; celles du corps de l'os persistantes, au moins en avant. Poisson fusiforme moyennement élancé, soit plus trapu; pédicule caudal relativement ramassé. Tête forte, subconique; museau pl. ou m. obtus ou acuminé. Préopercule largement arrondi, avec bord inf. plutôt court, assez mal délimité. Caudale pl. ou m. échancrée, ou droite sur la tranche.	*S. lacustris*	323*
	Vomer à chevron triangulaire; le corps de l'os médiocrement allongé. Des dents en travers du chevron et le long du corps de l'os, toutes également caduques. Poisson fusiforme médioc' élancé, pédicule caudal plutôt ramassé. Tête subconique, assez forte; museau pl. ou m. obtus. Préopercule subarrondi ou subtriangulaire, avec bord inf. pl. ou m. délimité. Caudale pl. ou m. échancrée, ou droite sur la tranche..............(Mers du Nord et Océan).	(*S. Trutta*) ...	382
	Vomer à chevron subtriangulaire; le corps de l'os médiocrement allongé. Des dents en travers du chevron et sur le corps de l'os en deux séries très irrégulières. Poisson médiocrement élancé et comprimé. Tête subconvexe, plutôt petite. Bouche un peu moins profondément fendue. Préopercule subarrondi, à bord inf. assez accentué. Caudale médiocrement échancrée..................(Amérique).	(*S. irideus*) ...	388
(ONCORHYNCHUS) : Bouche très grande. Des dents plus ou moins fortes sur les mâchoires, les palatins, le vomer et la langue. Vomer méd' allongé, plutôt étroit, denté sur le chevron et sur le corps en arrière. Maxillaire dépassant gén' l'œil. Corps fusiforme, assez comprimé et atténué en arrière, couvert de petites écailles. Anale à base assez longue, avec au moins 14 rayons. Caudale échancrée.	Vomer à chevron subtriangulaire, assez large; le corps de l'os pas très long, étroit et acuminé, en arrière. Des dents en travers de la base du chevron et sur le corps du vomer en dessous. Pédicule caudal très atténué. Tête grande et pointue. Préopercule et opercule fortement convexes. Caudale grande et profondément échancrée................(Amérique).	(*O. Quinnat*) ..	391
SALVELINUS : Bouche grande. Des dents plus ou moins fortes sur les deux mâchoires, les palatins, la langue et la tête du vomer. Hyoïde denté ou non. Le corps du vomer court et déprimé en dessous du chevron pl. ou m. saillant. Maxillaire arrivant sous l'œil ou le dépassant plus ou moins. Corps pl. ou m. ramassé ou allongé, couvert d'écailles très petites. Anale à base relat. courte. Caudale pl. ou m. échancrée, droite ou subconvexe.	Des dents sur l'hyoïde, en arrière de la langue. Vomer au moins deux fois aussi long que large, avec 3 à 7 dents en V transversal sur une forte saillie au bas de la tête de l'os. Dents maxillaires et intermaxillaires assez fortes, sur un rang et quasi-égales. Maxillaire arrivant très avant sous l'œil ou le dépassant pl. ou moins. Corps de plus en plus ramassé avec l'âge, généralement orné de points clairs. Tête massive; museau obtus. Premiers rayons des nageoires inférieures pâles et empâtés. Caudale, selon l'âge, échancrée, droite ou subconvexe.	*S. Umbla* ..	395
	Des dents sur l'hyoïde. Vomer assez large, plutôt court, avec quelques dents en travers du bas du chevron. Maxillaire dépassant notablement le bord postérieur de l'œil. Corps oblong, plutôt fort, volontiers orné de points clairs. Tête très grande, pointue. Bouche très grande. Caudale toujours profondément échancrée................(Amérique).	(*S. Namaycush*).	412
	Pas de dents sur l'hyoïde. Vomer sans crête saillante, avec quelques dents en travers du bas du chevron. Maxillaire dépassant notablement la bord post. de l'œil. Corps oblong, médiocrement comprimé, orné de points clairs. Tête moyenne; museau obtus. Premiers rayons des nageoires inf. souvent pâles et empâtés. Caudale, selon l'âge, lég' échancrée, droite ou convexe..................(Amérique).	(*S. fontinalis*) ..	414
	Pas de dents sur l'hyoïde. Vomer court et large; avec une rangée de dents en travers du chevron. Dents mandibulaires et palatines plus fortes que celles de la mâchoire sup. Maxillaire dépassant un peu l'œil. Corps allongé, orné de petites macules anguleuses noirâtres. Tête longue; museau subconique. Caudale toujours échancrée................(Danube).	(*S. Hucho*)....	416

TABLEAU SYNOPTIQUE DES ÉSOCIDÉS, SILURIDÉS ET MURÆNIDÉS. — PART. II.

ORDRES	FAMILLES	GENRES	ESPÈCES	Pages
	ESOCIDÆ Mâchoire sup. formée par l'intermaxillaire et le maxillaire. Bouche grande, bien armée, sans barbillons. Vessie aérienne grande et simple. Pas d'appendices pyloriques. Corps assez allongé, couvert d'écailles. Sept nageoires; des ventrales. Dorsale très reculée. Pas d'adipeuse.	ESOX : Museau large et déprimé. Mâchoire inférieure dépassant un peu la supérieure. Bouche profondément fendue. Dents assez grandes sur la mâchoire inférieure, plus petites sur l'intermaxillaire, les palatins, le vomer, la langue et les pharyngiens. Dorsale en face de l'anale. Caudale échancrée.	Quelques dents plus grandes que leurs voisines, de chaque côté sur la tête du vomer. Tête longue, carrée en arrière et écrasée en bec de canard en avant. Opercule et préopercule avec de petites écailles dans le haut. Ecailles de la ligne latérale profondément découpées au centre de leur bord libre. Dorsale et anale subcarrées, assez semblables.	*E. lucius...* 419
PHYSOSTOMI Rayons des nageoires articulés, pour la plupart divisés au sommet. Maxillaire séparé de l'intermaxillaire. Pharyngiens inférieurs séparés. Ventrales abdominales, quand existent. Corps nu ou couvert d'écailles généralement lisses ou cycloïdes.	**SILURIDÆ** Bord de la mâchoire sup. formé par l'intermaxillaire. Bouche large, ornée de barbillons. Généralement une vessie aérienne pl. ou m. développée. Peau nue, ou sans véritables écailles. Tête large. Pas de sous-opercule. Premier rayon des pectorales gén^t osseux et pl. ou m. dentelé. Dorsale pl. ou m. en dessus des ventrales, avec ou sans rayons épineux. Adipeuse présente ou absente.	SILURUS : Corps large en avant, de plus en plus comprimé dans la partie caudale. 4 ou 6 barbillons. Dents en cardes sur l'intermaxillaire, la mâchoire inférieure, le vomer et les pharyngiens. Peau nue. Pas d'adipeuse. Dorsale petite, sans épine. Anale très longue, réunie à la caudale. Ventrales avec plus de 8 rayons.	Six barbillons : un très long de chaque côté sur le maxillaire sup. et quatre petits à la mandibule. Un profond pli cutané en fer à cheval, sous la gorge. Dorsale en avant des ventrales. Premier rayon des pectorales irrégulièrement dentelé. Caudale courte et convexe, se distinguant de l'anale très longue par une légère échancrure.	*S. Glanis* .. 435
	MURÆNIDÆ Bord lat. de la mâchoire sup. formé par le maxillaire, denté. Arc huméral non relié au crâne. Vessie aérienne simple. Pas d'appendices pyloriques. Corps très allongé, nu ou avec des écailles rudimentaires. Pas de nageoires ventrales, et parfois pas de pectorales. Nageoires verticales, quand existent, pl. ou m. unies à la caudale.	ANGUILLA : Corps très long et subcylindrique, avec de très petites écailles incrustées dans la peau. Bouche armée de petites dents en cardes disposées par bandes. Une étroite fente branchiale devant la base des pectorales. Dorsale très distante de l'occiput. Dorsale et anale unies à la caudale.	Tête subconique. Mâchoire inf. dépassant légèrement la supérieure. Dents en cardes quasi-égales sur le maxillaire, l'intermaxillaire, la mandibule et le vomer; plus petites sur les pharyngiens. Dorsale naissant environ à 2 1/2 longueurs de tête du museau. Anale naissant en arrière de la dorsale d'une longueur de tête (à la fente branchiale) à peu près.	*A. vulgaris.* 448

TABLEAU SYNOPTIQUE DES GADIDÉS, ACIPENSÉRIDÉS ET PÉTROMYZONIDÉS. — Part. II.

(Avec deux espèces accidentelles, pas en italiques.)

ORDRES	FAMILLES	GENRES	ESPÈCES	Pages
ANACANTHINI — Nageoires sans rayons épineux. Pharyngiens inférieurs séparés. Ventrales jugulaires ou thoraciques, quand existent. Ecailles cycloïdes ou cténoïdes. Tête symétrique ou asimétrique.	**GADIDÆ** — Tête symétrique. Fente branchiale grande. Membranes branchiostèges non reliées à l'isthme. Une vessie à air; et souvent des appendices pyloriques. Corps pl. ou m. long, couvert de très petites écailles lisses. 1, 2 ou 3 dorsales. 1 ou 2 anales. Ventrales jugulaires pl. ou m. développées.	LOTA : Tête large. Bouche grande. Un barbillon au menton. Dents en velours sur l'intermaxillaire, la mandibule et le vomer: pas sur les palatins. Deux dorsales : la première à base courte. Anale longue. Caudale libre.	Corps subcylindrique et assez large en avant, de plus en plus comprimé et atténué en arrière. Dents vomériennes en large croissant antérieur. Ecailles très petites. Seconde dorsale longue, à peu près de même hauteur que la première. Ventrales en avant des pectorales, avec 5 à 8 rayons, le ou les premiers prolongés en fil mou.	*L. vulgaris.* 467
S-Cl. GANOIDEI (Voyez p. 488.) **CHONDROSTEI** — Squelette en partie cartilagineux. Peau nue ou pl. ou m. couverte de boucliers osseux. Queue hétérocerque, avec une couverture antérieure de plaques épineuses.	**ACIPENSERIDÆ** — Tête couverte de boucliers osseux. Museau prolongé. Membranes de l'ouïe attachées à l'isthme, sans rayons branchiostèges. Bouche transverse, inférieure, ornée de barbillons. Vessie à air simple, grande et reliée à l'œsophage. Corps allongé, subcylindrique ou pentagonal, avec des rangées de plaques osseuses. Dorsale et anale reculées.	ACIPENSER : Quatre barbillons en travers, en avant de la bouche. Un évent de chaque côté au-dessus de l'opercule. Cinq rangées de plaques osseuses non réunies sur la queue. Caudale entourée par les rayons. Pectorales avec un premier rayon osseux rigide.	Plaques osseuses bien développées, pl. ou m. pincées en arête; les dorsales médianes plus fortes que les ant. et post.; les latérales plus petites, triangulaires et juxtaposées. Museau conique, aplati en dessous, de long:eurà peu près moitié de la tête. Barbillons non frangés. Dorsale très reculée,. plutôt petite et fortement échancrée.	*A. Sturio......* 491
S-Cl. MARSIPOBRANCHII (Voyez p. 493.) **CYCLOSTOMI** — Squelette cartilagineux, sans côtes, ni véritables vertèbres. Branchies en bourses, sans appareil protecteur. Pas de nageoires pectorales, ni de ventrales. Bouche en ventouse; pas de véritables mâchoires. Corps nu, subcylindrique, allongé.	**PETROMYZONIDÆ** — Plusieurs orifices branchiaux en boutonnières, sur une ligne horizontale. Narine unique, en cul-de-sac, sur le milieu de la tête. Bouche circulaire, sans barbillons. Des nageoires verticales seulement, soutenues par de nombreux petits rayons cartilagineux.	PETROMYZON : Corps serpentiforme. Bouche en ventouse, garnie de plaques dentées de substance cornée. Sept orifices branchiaux s'ouvrant dans autant de cavités particulières. Deux dorsales sur la moitié postérieure du corps ; la seconde longue et reliée à la caudale.	Plaque maxillaire supér. largement creusée au milieu. Plaque maxillaire inf. découpée en sept dents arrondies. Pas de plaques dentées sur la lèvre inférieure. Nageoires dorsales pl. ou m. reliées. Manteau uniforme, sans taches. Taille petite.	*P. Planeri..* 499
			Plaque maxillaire sup. largement creusée au milieu. Plaque maxillaire inf. découpée en sept dents coniques pl. ou m. acuminées. Pas de plaques dentées sur la lèvre infé.ieure. Nageoires dorsales toujours pl. ou m. séparées. Manteau uniforme, sans taches. Taille moyenne.	*P. fluviatilis* 512
			Plaque maxillaire sup. formant une seule grosse dent à deux pointes. Plaque maxill. inf. découpée en sept ou huit dents coniques. Des plaques sur la lèvre infér. Nageoires dorsales largement séparées. Manteau marbré. Taille grande.	*P. marinus ....* 520

DISTRIBUTION GÉOGRAPHIQUE DES POISSONS EN SUISSE. — PART. II.

…barres plus ou moins longues indiquent des habitats plus ou moins étendus. ∿• = accidentel.
i = importé et localisé.

ESPÈCES	RHIN — Fleuve et environs immédiats. Depuis Bâle jusqu'à la chute.	LACS principaux et tributaires du RHIN sous la chute. Aar, Reuss, Limmat, Thour, etc.	RHIN — au-dessus de la chute. LAC DE CONSTANCE. Fleuve et affluents.	RHONE — au-dessus de la perte. LAC LÉMAN. Fleuve et affluents.	TESSIN — LACS LUGANO ET MAJEUR. Rivière et affluents.	INN — en Engadine au-dessus de 1000 mètres. Rivière et lacs.	DOUBS[1] — tributaire du Rhône par la Saône sous la perte. Frontière N.-O. depuis 420 m.
…urnus fossilis	—	?	?				
…is tœnia					—		
…achilus barbatulus	—	—	—	—			—
…a vulgaris	—						?
Finta					—		
…gonus Wartmanni[2]		—	—				
annectus		—					
exiguus		—	—				
Asperi		—					
Schinzii		—	—	—			
acronius		—	—	—			
hiemalis[3]				—			
Suidteri		—					
…allus vexillifer	—	—	—	—		—	
…o Salar	—	—	—	—			
lacustris	—	—	—	—			
…elinus Umbla		—	—	—			
lucius	—	—	—	—	—	i.	
…us Glanis	∿•	—	—				
…illa vulgaris	—	—	—	∿• et i.	—		—
vulgaris	—	—		—	—	i.	
…penser Sturio)	∿•						
…omyzon {Planeri	—	—	—		—		—
(fluviatilis	—	—	?				?
marinus)	∿•						

Je crois devoir rappeler que je n'ai pas fait, dans ma *Faune suisse*, une étude très spéciale des [pois]sons du *Doubs*, bien plus riche plus bas, en France, considérant que cette rivière, purement eutrophe, m'entraînerait dans un bassin (Saône et Rhône au-dessous de la perte) différent, actuel[lem]ent étranger à notre pays.

[C]'est pour la même raison que je n'ai pas fait mention, dans ce tableau, du *lac du Bourget*, [en] Savoie, qui dépend aussi du bassin du Rhône sous la perte.

Une sous-espèce du *Coreg. Wartmanni*, le *Coreg. Lavaretus* (Cuv. et Val.) se trouve dans le [lac] *du Bourget*, en Savoie.

Un Corégone très voisin du *Coreg. hiemalis*, le *Coreg. Bezola* (Fatio) se trouve dans le *lac du* [Bo]*urget*, en Savoie.

ÉLÉVATIONS AUXQUELLES ATTEIGNENT LES POISSONS, EN SUISSE (au-dessus de la mer). — PART. II.

Les lignes interrompues indiquent des *importations* locales. — Notre niveau hydraulique inférieur est à 245 mètres, au nord des Alpes (Rhin, sous Bâle), et à 197 mètres, au sud (Lac Majeur).

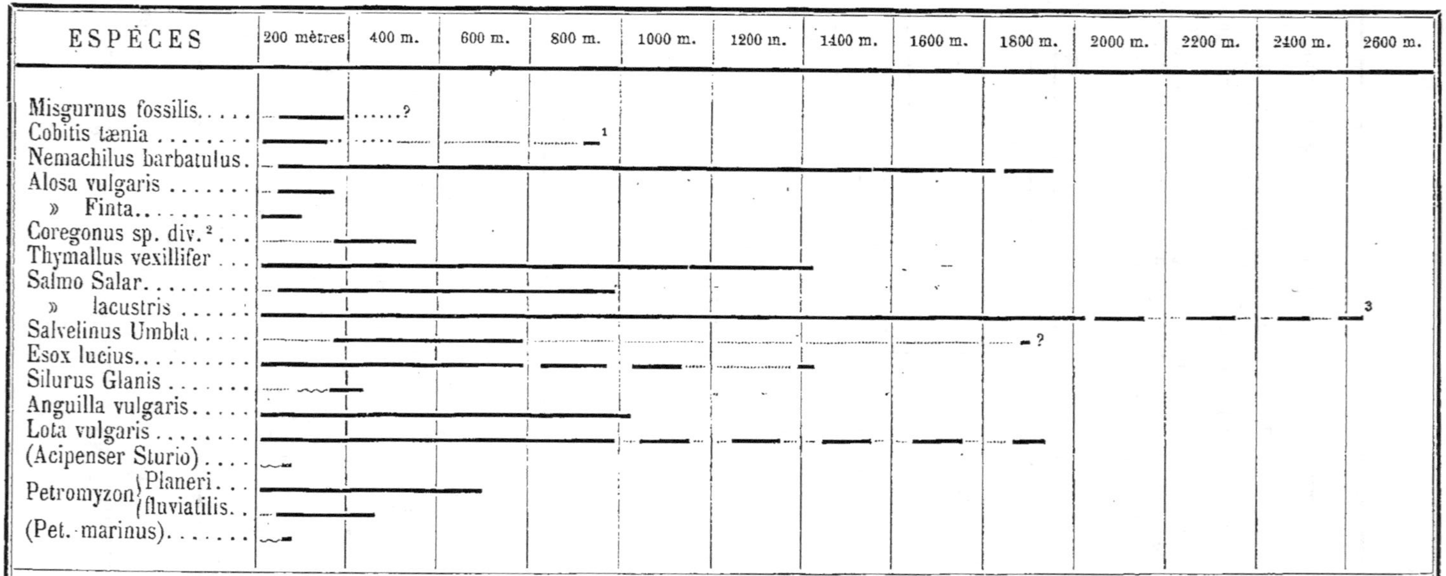

ESPÈCES	200 mètres	400 m.	600 m.	800 m.	1000 m.	1200 m.	1400 m.	1600 m.	1800 m.	2000 m.	2200 m.	2400 m.	2600 m.
Misgurnus fossilis.....													
Cobitis tænia				[1]									
Nemachilus barbatulus.													
Alosa vulgaris													
» Finta..													
Coregonus sp. div.[2] ...													
Thymallus vexillifer ...													
Salmo Salar.........													
» lacustris													[3]
Salvelinus Umbla.....									[2]?				
Esox lucius.........													
Silurus Glanis													
Anguilla vulgaris.....													
Lota vulgaris													
(Acipenser Sturio)													
Petromyzon {Planeri...													
{fluviatilis..													
(Pet. marinus)........													

[1] Petit lac *Delio* au Tessin, à près de 950 m., selon Pavesi : Notes phys. et biologiques sur trois petits lacs du bassin tessinois; *Archives sc. phys. et nat.*, octobre 1889, p. 355. (Observation connue après impression de l'article relatif à l'espèce.)

[2] Nos diverses espèces de *Corégones* autochtones présentent un habitat ordinaire limité entre 375 et 565 mètres, au-dessus de la mer.

[3] Lac *Sgrischus* (Engadine), station supérieure, à 2630ᵐ s/m. environ; *Truite* probablement importée. (Selon : Dʳ G. Brugger, Prof. Théobald et Prof. de Siebold.)

ÉPOQUES DE FRAI DES POISSONS, EN SUISSE, DANS DIFFÉRENTES CONDITIONS. — Part. II.

Les petites *barres détachées* indiquent des pontes particulièrement hâtives ou tardives, résultant, suivant le cas, de circonstances atmosphériques accidentelles ou de conditions d'habitat différentes, de niveaux différents ou d'eaux plus ou moins froides.

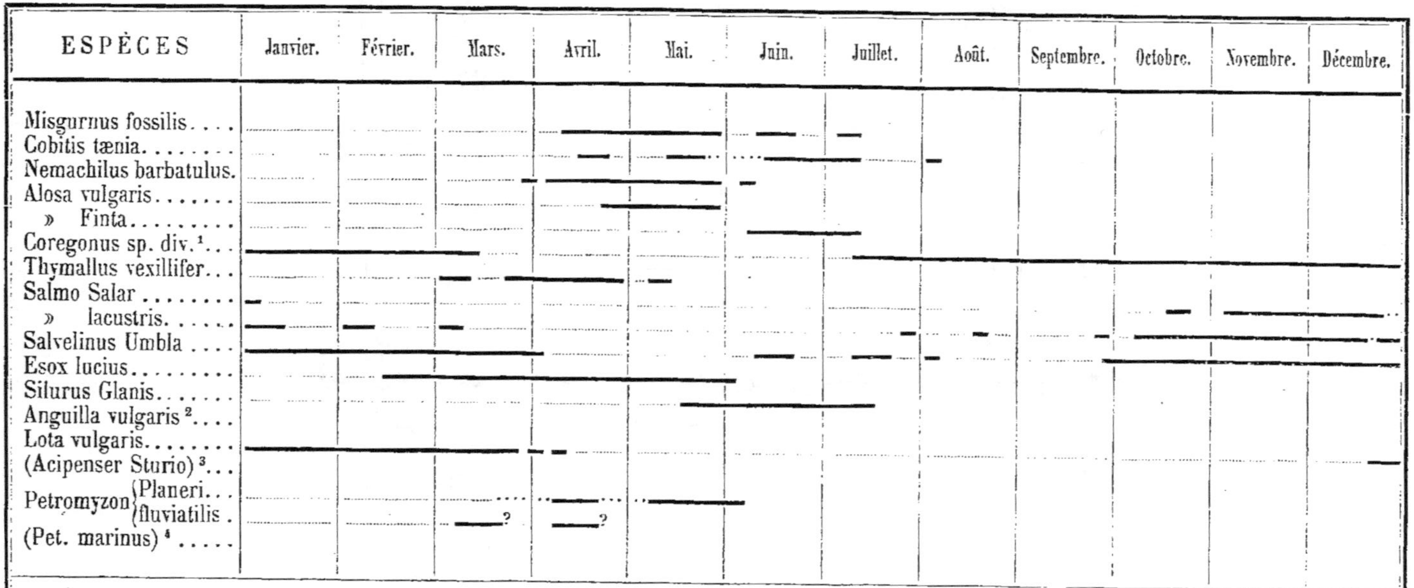

ESPÈCES	Janvier.	Février.	Mars.	Avril.	Mai.	Juin.	Juillet.	Août.	Septembre.	Octobre.	Novembre.	Décembre.
Misgurnus fossilis....												
Cobitis tænia........												
Nemachilus barbatulus.												
Alosa vulgaris.......												
» Finta........												
Coregonus sp. div.[1]...												
Thymallus vexillifer...												
Salmo Salar........												
» lacustris......												
Salvelinus Umbla												
Esox lucius.........												
Silurus Glanis.......												
Anguilla vulgaris[2]....												
Lota vulgaris........												
(Acipenser Sturio)[3]...												
Petromyzon (Planeri...												
(fluviatilis .												
(Pet. marinus)[4]												

[1] Pour le détail des époques de frai des diverses espèces de *Corégones*, voir, ci-après, le Tableau spécial des époques et conditions de frai de ces poissons.

[2] On sait que l'*Anguille* retourne à la mer pour frayer.

[3] Ne fraie pas dans nos eaux.

[4] Ne fraie pas dans nos eaux.

ÉPOQUES ET CONDITIONS DE FRAI DES CORÉGONES SUISSES (par ordre de taille décroissante dans chaque lac). — PART. II.

Les flèches → indiquent des pérégrinations plus ou moins régulières, à l'époque du frai.

LACS	NOMS VULGAIRES	Juillet.	Août.	Septembre.	Octobre.	Novembre.	Décembre.	Janvier.	Février.	Mars.	CONDITIONS DE FRAI
Constance ..	Sandfelchen......										Bord : sable et gravier.
	Weissfelchen.....										Mont : sable et herbes.
	Blaufelchen......										Gr. fond : milieu du lac.
	Kilchen.........										Fond : limon.
	Gangfisch										Mi-Fond, Fond : grav. sable. Untersee–Rhin →.
Zurich......	Bratfisch (Bod. bl. part.)										Fond, Mi-Fond, H^ts-Monts : sable.
	Blauling (Schw. bl. p.).										Fond : sable ou limon.
	Albeli										Fond : sable. Obersee →.
	Hœgling										Propag. inconnue ; rare.
Wallenstadt.	Felchen.........										Mi-Fond ?
Pfæffikon...	Albeli										Mi-Fond : sable et gravier.
Greifen.....	Albeli										Mi-Fond-Bord : sab. gravier.
IV Cantons..	Balchen.........										Bord : pierres.
	Edelfisch........										Grand-Fond : limon.
	Weissfisch.......				?						Mi-Fond ?
Zoug.......	Balchen.........										Bord : pierres.
	Albock.........										Grand-Fond : limon.
	Albeli ?........				?						Fond ?
Brienz.....	Balchen........										Bord : pierres.
	Albock........										Grand-Fond : sab. lim. →←
	Brienzling......				?						Mi-Fond, Bord : grav. (Aar) →←
Thoune	Balchen........										Bord : pierres.
	Albock........										Grand-Fond : sab. limon →←
	Kropflein.......										Fond : sable.
Sempach ...	Ballen.........										H^t-Mont, Mi-Fond : sab., herb.
Baldegg....	Ballen.........										Bord : pierres et gravier.
Hallwyl....	Ballen.........										Bord : pierres et gravier.
Morat......	Palée.........										Mont : sable, herbes.
	Pfærrig........										Fond, Haut-Mont : sable.
	Kropfer........										Fond, Haut-Mont : sable.
Neuchâtel..	Palée de bord....										Bord : gravier....... ↓
	Palée de fond ...										Mont et Fond : herb. sable.
	Petite Palée.....						?				Fond, Mi-Fond ?
	Bondelle										Gr. Fond : sab. limon.
Bienne.....	Palchen........										Bord : gravier →←
	Balch-Pfærrit						?				Mi-Fond, Fond ?
	Pfærrit										Fond : sable.
Léman.....	Féra.........										Gr. Fond : limon (ex. M^t herb.)
	Gravenche.......										Bord : gravier.
LACS	NOMS VULGAIRES	Juillet.	Août.	Septembre.	Octobre.	Novembre.	Décembre.	Janvier.	Février.	Mars.	CONDITIONS DE FRAI

PLANCHE I

LA BONDELLE

CoREGONUS EXIGUUS, BONDELLA.

Mâle adulte, taille moyenne, en livrée de noces, du lac de Neuchâtel.

Une modification à la rubrique de cette planche a été nécessaire, parce que, tirée peu après ma première classification des Corégones suisses, elle reçut alors le titre de *Coregonus (disp. restrictus) Bondella.*

La teinte argentée des flancs a malheureusement un peu noirci et, par le fait, dissimule un peu trop les bords des écailles et des pièces céphaliques.

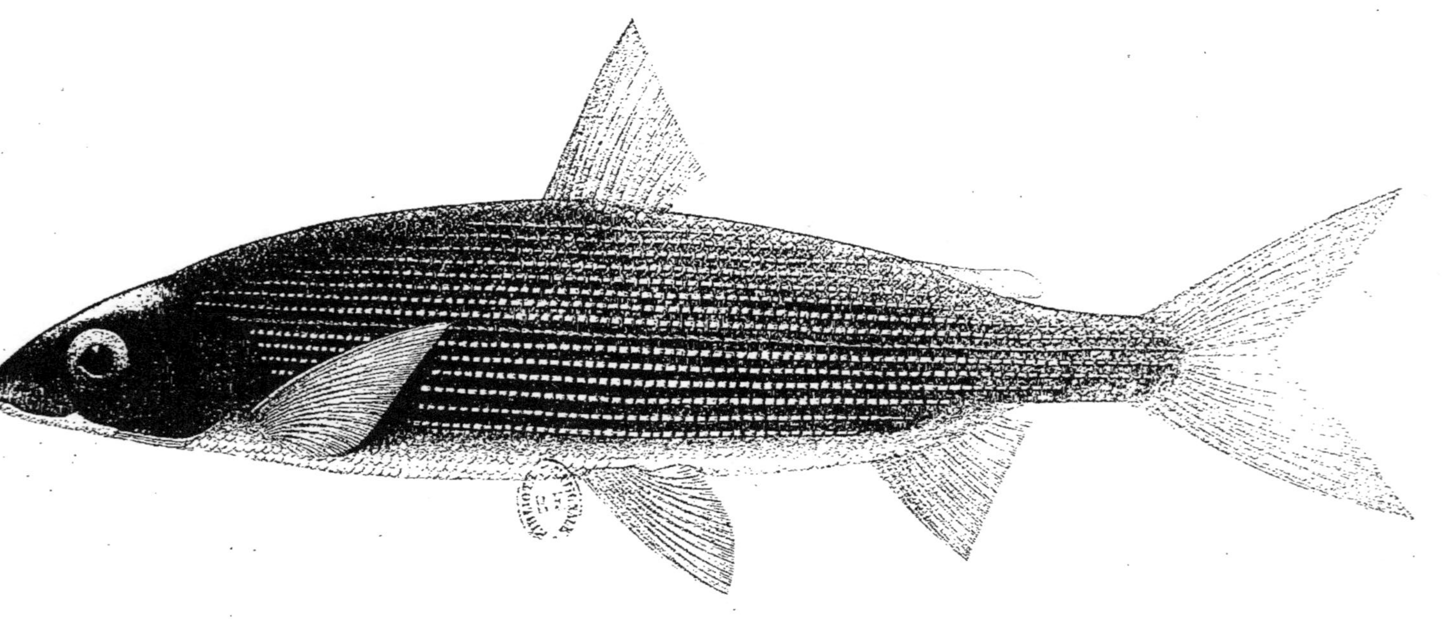

BONDELLE

Coregonus exiguus, Bondella, mâle ad. en noces, g/n.

PLANCHE II.

CORÉGONES

Têtes, Branchiospines, Maxillaires et Écailles.

EXPLICATION DES FIGURES.

Pour faciliter la recherche des numéros, ceux-ci sont accompagnés de lettres indiquant leur place approximative :

(c) signifie *centre*, — (h) *haut*, — (b) *bas*; — (g) *gauche*, — (d) *droite*.

Pl. II, fig. 1 (c. d.), *Coregonus Wartmanni, cœruleus* : tête, surtout pour la bouche, g./n.

2 (c. g.), *Cor. Schinzii, Fera* : tête, surtout pour la bouche, g./n.

3 (c. b.), *Cor. Wartmanni, nobilis* : appareil branchial ouvert, g./n., pour montrer les branchiospines et la position des dents pharyngiennes.

4 (c. h.), *Coregonus acronius* : appareil branchial ouvert, g./n.

5 (c.),   »   » : branchiospines anormales, doublées.

6 (c.),   »   » : une branchiospine normale, doublée.

7 (b. g.), *Coregonus Albula* (L.) : maxillaire, 3/2 de g./n.

8 (h. d.), *Coregonus Wartmanni, cœruleus* : maxillaire, 3/2 de g./n.

9 (d. b.), *Cor. Wartmanni, nobilis* : maxillaire, 3/2 de g./n.

10 (d. b.), *Cor. Wartmanni, confusus* : maxillaire, 3/2 de g./n.

11 (b. d.), *Cor. Wartmanni, dolosus, ad.* : maxillaire, 3/2 de g/n.

12 (b. d.),   »   » *juv.* (0^m,143) : maxillaire, 2/1 de g./n.

13 (b. d.), *Coregonus exiguus, Nüsslinii* : maxillaire, 3/2 de g./n.

14 (b. d.), *Coreg. exiguus, Bondella* : maxillaire, 3/2 de g./n.

15 (h. c.), *Coregonus Suidteri* : maxillaire, 3/2 de g./n.

16 (b. d.), *Coregonus hiemalis* : maxillaire, 3/2 de g./n.

17 (b. g.), *Coregonus Lavaretus* (L.) : maxillaire, 3/2 de g./n.

18 (g. h.), *Coreg. Asperi, marœnoides* : maxillaire, 3/2 de g./n.

19 (g. b.),   *Cor. Asperi, Sulzeri* : maxillaire, 3/2 de g./n.
20 (g. b.),   *Cor. Asperi, dispar, juv.* : maxillaire, 3/2 de g./n.
21 (h. g.),   *Cor. Schinzii, helveticus (Lucernensis)* : maxillaire,
                 3/2 de g./n.
22 (h. g.),   *Cor. Schinzii, Fera, ad.* : maxillaire, 3/2 de g./n.
23 (h. c.),   »   »   *Fera, juv.* (0^m,116) : maxillaire, 2/1
                 de g./n.
24 (h. c.),   *Coregonus acronius* : maxillaire, 3/2 de g./n.
25 (b. c.),   *Coreg. Wartmanni, cœruleus* : Squame méd. lig.
                 lat., 3/1 de g./n.
26 (b. c.),   *Coreg. Wartmanni, compactus* : Squ. lat. post. inf.,
                 3/1 de g./n.
27 (c. g.),   *Coreg. exiguus, Nüsslinii* : Squ. méd. lig. lat., 3/1
                 de g./n.
28 (c. d.),   *Coreg. exiguus, Bondella* : Squ. méd. lig. lat., 3/1
                 de g./n.
29 (h. d.),   *Cor. Schinzii, Palea* : Squ. lat. post. inf., 3/1 de g./n.
30 (h. g.),   *Cor. Schinzii, Fera, ad.* : Squ. méd. lig. lat., 3/1
                 de g./n.
31 (c. g.),   »   *Fera, juv.* : Squ. méd. lig. lat., 5/1
                 de g./n.

COREGONES

PLANCHE III

Vomers de Saumons, de Truites et d'Ombles.

EXPLICATION DES FIGURES.

Des lettres, à côté des chiffres, doivent faciliter la recherche de ceux-ci.

(c) signifie *centre*, — (h) *haut*, — (b) *bas*, — (g) *gauche*, — (d) *droite*.

Pl. III, fig. 1 (g. h.), Saumon, *Salmo Salar*, ad. (du Rhin) : vomer de face. 5/4 de g./n.

    2 (g. h.), » » *Salar*, ad. (du Rhin) : vomer de profil, 5/4 de g./n.

    3 (h. g.), » *Salmo Salar*, âge moy. (du Rhin) : vomer de face, g./n.

    4 (h. g.), » » *Salar*, âge moy. (du Rhin) : vomer de profil, g./n.

    5 (c. h.), » *Salmo Salar*, imp.?, âge moy. (du Léman) : vomer de face, g./n.

    6 (c. h.), » » *Salar*, imp.?, juv. (du Léman) : vomer de face, 3/2 de g./n.

    7 (c. h.), » *Salmo Salar*, 1re année (du Rhin) : vomer présentant une dentition sur deux rangs exceptionnellement régulière, de face, 2/1 de g./n.

    8 (c. h.), Seeforelle, *Salmo lacustris*, ♀ ad. féconde (de Zurich) : vomer de face, 5/4 de g./n.

    9 (h. d.), Truite, *Salmo lacustris*, ♀ ad. féconde (du Léman) : vomer de face, 5/4 de g./n.

    10 (c. d.), *Salmo lacustris*, juv. (Léman, Rhône) : vomer de face, 2/1 de g./n.

    11 (h. d.), Seeforelle, *Salmo lacustris*, ♀ ad. féconde (de Lucerne) : vomer de face, g./n.

    12 (d. h.), » ♀ ad. féconde (de Lucerne) : vomer de profil, g./n.

13 (c.),   Bachforelle, *Salmo lacustris*, juv. (Lucerne, Reuss) :
              vomer de face, 3/2 de g./n.

14 (b. d.), *Salmo lacustris, var. marmorata,* ♀ ad. féconde
              (Côme) : vomer de face, 2/1 de g./n.

15 (b. d.),   »   *var. marmorata,* juv. (Lugano, riv.) :
              vomer de face 2, /1 de g./n.

16 (b. d.), *Salmo lacustris,* juv. à taches bleues (Engadine) :
              vomer de face, 2/1 de g./n.

17 (b. c.), Truite bleue, *Salmo lacustris,* stérile? (du Léman)
              vomer de face, 2/1 de g./n.

18 (c. b.), Truite argentée, *Salmo lacustris,* stérile (de Neu-
              châtel) : vomer de face, 3/2 de g./n.

19 (c. b.), Silberforelle, *Salmo lacustris,* ♀ stérile (de Con-
              stance) : vomer de face, 3/2 de g./n.

20 (b. g.),   »   ♀ stérile (de Zurich) : vomer de
              face, 3/2 de g./n.

21 (c. b.),   »   ♀ stérile (de Zurich) : vomer de
              profil, 3/2.

22 (b. g.),   »   ♀ stérile, 3^{kil}.300 (de Zurich) : vo·
              mer de face, g./n.

23 (g. b.),   »   ♀ stérile, 3^{kil}.300 (de Zurich) : vo-
              mer de profil, g./n.

24 (g. b.), *Trutta, varietas,* 750 grammes (de Poméranie) : vo-
              mer de face, 3/2 de g./n.

25 (d. b.), Meerforelle, *Salmo Trutta,* ♀ ad. (d'Altona) : vo-
              mer de face, g./n.

26 (c.),   Omble-Chevalier, *Salvelinus Umbla,* âge moy. (du
              Léman) : vomer de face, 2/1 de g./n.

27 (c.),   Rötheli, *Salvelinus Umbla,* juv. (de Zoug) : vomer
              de profil, 3/1 de g./n.

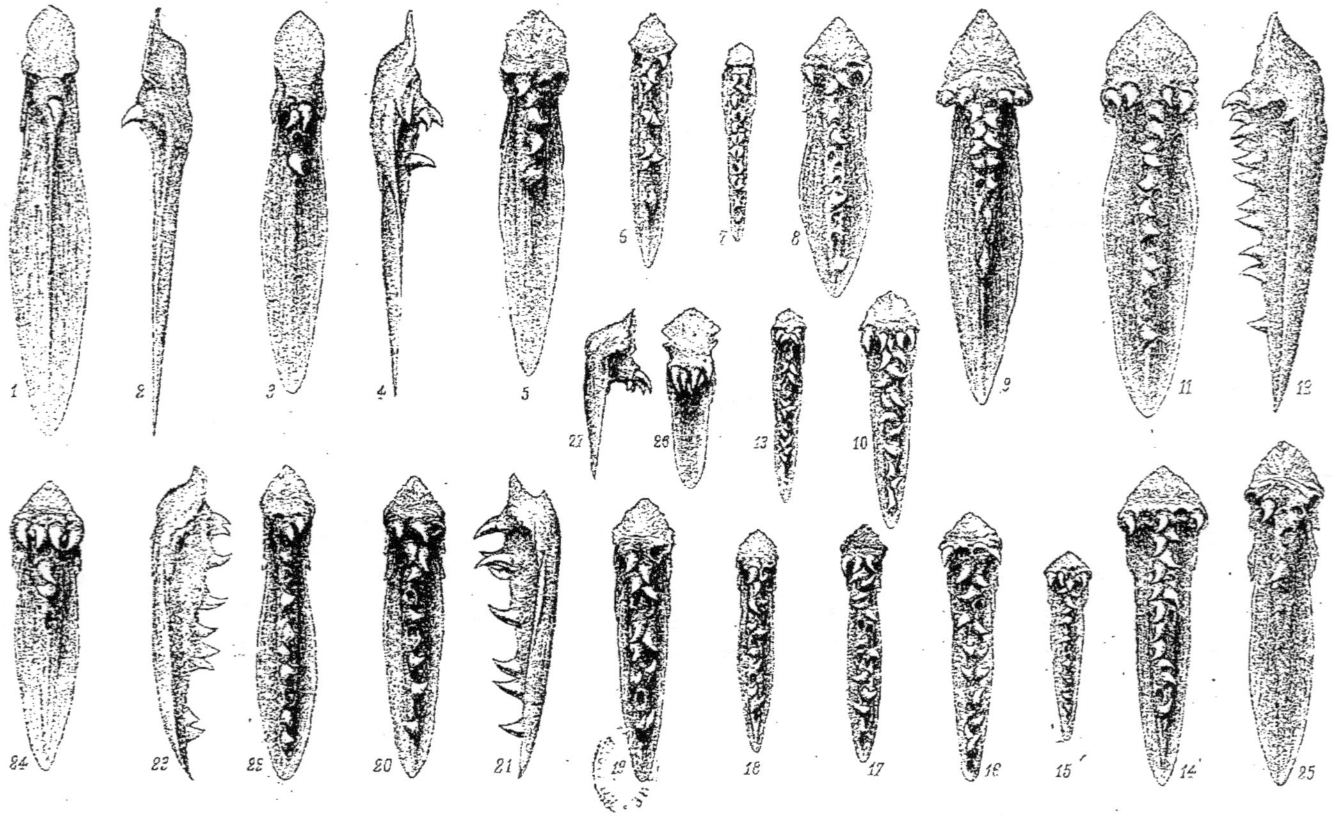

E. Vauthey, ad nat. del.

Imp. Jules Rey_Genève.

VOMERS de TRUITES et SAUMONS.

PLANCHE IV

DIVERS

Têtes, dents, branchiospines, écailles et nageoires.

EXPLICATION DES FIGURES.

Des lettres, à côté des chiffres, indiquent la place approximative de ceux-ci.

(c) signifie *centre*, — (h) *haut*, — (b) *bas*, — (g) *gauche*, — (d) *droite*.

Pl. IV, fig. 1 (g. c.), *Nemachilus barbatulus* : tête et région thoracique, pour montrer la double ouverture sous-cutanée de la vessie aérienne, 2/1 de g./n.

2 (h. d.), *Cobitis tænia* : os pharyngiens, dentés, 10/1 de g. n.

3 (h. d.), *Misgurnus fossilis* : pharyngien gauche, de face, 4/1 de g./n.

4 (h. c.), *Cobitis tænia* : nageoire pectorale du mâle, face interne, avec palette squamiforme, 2/1 de g./n.

5 (g. b.),   »   *tænia* : écaille latérale moyenne, 36/1 de g./n.

6 (g. c.), *Misgurnus fossilis* : nageoire pectorale du mâle, 4/3 de g./n.

7 (h. c.)   »   *fossilis* : nageoire pectorale de la femelle, 4/3 de g./n.

8 (c. h.), *Alosa vulgaris*, ad. de 0^m, 600 (du Rhin) : branchiospines antérieures, g./n.

9 (c. h.), *Alosa Finta*, ad. de 0^m,425 (Chieppe du lac Majeur) : branchiospines antérieures, g./n.

10 (h. d.),   »   ad. (Chieppe du lac Majeur) · écaille latérale médiane, 5/2 de g./n..

11 (h. d.),   »   ad. (Chieppe du lac Majeur) : squame de la caudale, g./n.

12 (b. g.), *Thymallus vexillifer* : écaille méd. lig. lat. 5/1 de g./n.

13 (g. b.), *Salvelinus Umbla* (du Léman) : écaille méd. lig. lat. 5/1 de g./n.

14 (b. d.), *Salmo Salar* (du Rhin) : écaille méd. lig. lat., 3/1 de g./n.

15 (d. b.), *Salmo lacustris* (du Léman) : écaille méd. lig. lat., 3/1 de g./n.

16 (c. d.), *Salmo Salar*, ♂ bécard (Neuchâtel) : tête, 1/5 de g./n.

17 (h. g.), *Esox lucius* : écaille méd. lig. lat., 3/1 de g./n.

18 (g. h.), *Lota vulgaris* : écaille latérale moyenne, 10/1 de g./n.

19 (g. h.),   »   : écaille méd. lig. lat., 9/1 de g./n.

(Poissons, Part. I, Pl. 11, fig. 16 et 17, *Lota vulgaris* : nag. ventrale et premier rayon dorsal.)

20 (c. b.), *Anguilla vulgaris* : écaille latérale moyenne, 20/1 de g./n.

21 (b. d.), *Petromyzon Planeri*, larve : tête de profil, g./n.

22 (b. g.),   » *Planeri*, adulte :   »   g./n.

23 (c.),   »   adulte : bouche de face, 2/1 de g./n.

24 (c. d.), *Petromyzon fluviatilis* (du Rhin) : dents maxillaires sup. et inf., g./n. (moins pointues que d'ordinaire).

25 (c. g.), *Petromyzon marinus* : dents maxill. supérieures, g./n

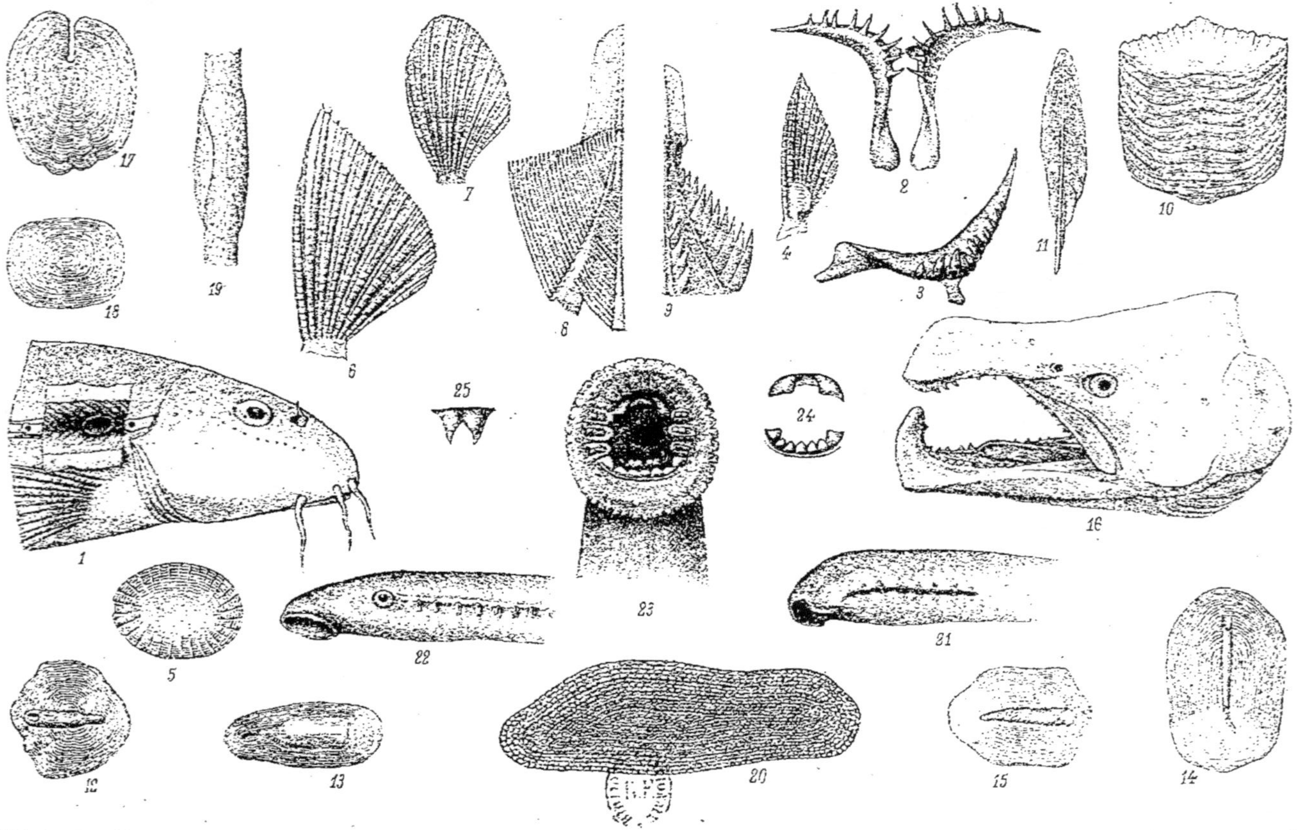

POISSONS : DIVERS.

E. Vaudrey, ad.nat.del.

Imp. Jules Rey.-Genève.

APPENDIX

Partie 1 (vol. IV).

ANARTHROPTÉRYGIENS

Fam. PERCIDÉS

Poisson importé d'Amérique.

Genre MICROPTERUS, Lacép. [1]

Une seule nageoire dorsale échancrée, avec dix épines relativement faibles. Dents en velours sur les mâchoires, le vomer et les palatins; pas de canines. Corps oblong, élevé en avant. Écailles plutôt petites, faiblement cténoïdes; ligne latérale continue. Tête conique, avec de petites écailles sur la joue. Bouche grande, oblique; mâchoire inférieure un peu proéminente. Opercule terminé en deux pointes; préopercule à bord lisse. Anale beaucoup plus petite que la dorsale, avec trois épines. Caudale échancrée. Vessie à air simple, légèrement échancrée en arrière. Six, plus rarement sept rayons branchiostèges. Quelques appendices pyloriques.

Poissons carnivores d'eau douce, des rivières des États-Unis, réputés pour leur chair très délicate.

Les auteurs américains, Jordan et Gilbert (Fishes of North America, p. 484) en particulier, distinguent deux espèces dans ce genre, les *M. Salmoides* (Lacép.) et *M. Dolomieu* (Lacép.), et considèrent l'espèce unique de Günther (Catal. I, p. 252), *Grystes salmonoides*, comme devant rentrer dans le cadre spé-

[1] GRYSTES, Cuvier et Valenciennes, III.

cifique du *M. Dolomieu,* espèce qui motive ces lignes à cause
de l'importation récente de quelques individus en Suisse.

MICROPTERUS DOLOMIEU, Lacép.

SMALL MOUTHED BLACK BASS.

*Corps ovalo-fusiforme. Tête conique forte, trois et demi fois
dans le corps. Bouche assez grande, mais plus petite que dans le
M. Salmoides; le maxillaire ne dépassant pas l'œil chez l'adulte.
Écailles plus petites et plus nombreuses que chez le Salmoides.
Nageoire dorsale moins profondément encochée; la neuvième
épine environ moitié de la plus longue. — Livrée très variable :
d'un vert bronzé en dessus, assez sombre chez l'adulte, avec des
points foncés formant parfois de petites bandes verticales sur
les côtés, souvent plus ou moins effacés chez les vieux sujets.
Ventre blanc, dorsale tachetée. Trois bandes bronzées disposées
en éventail depuis l'œil, sur la joue et l'opercule. Un point noirâtre à l'angle de l'opercule. — Taille généralement un peu
moindre que celle du Salmoides atteignant 30 à 60 centimètres
environ.*

$$\text{D. X/13; A. III/10–11... } Sq. \; 72 \; \frac{10\text{–}12}{17} \; 75 \,[1].$$

MICROPTERUS DOLOMIEU, *Lacépède,* Hist. Nat. Poiss. IV, p. 325. — *Jordan
et Gilbert,* Fishes of North America, p. 485.
    Selon *Jordan et Gilbert,* Fishes of North America, p.
485 = GRYSTES SALMOIDES? *Cuv. et Val.* III, p. 54, pl. 45,
et G SALMONOIDES? *Günther,* Catal. of Fishes, I, p. 252 [2].

[1] Cette formule des rayons des nageoires et des écailles est celle
fournie par Jordan et Gilbert (l. c.). Avec un nombre de rayons égal, ces
auteurs donnent à leur *M. salmoides* : 68 écailles sur la ligne latérale,
8 en dessus et 16 en dessous. — Günther (l. c.) donne pour son *Salmonoides* (probablement = *Dolomieu*) : D. X/13-14; A. III/11-12. Lig. lat.
90. App. pyloriques 14 et plus.

[2] Le *Grystes salmonoides* de Günther, selon Jordan et Gilbert (l. c.)
de même espèce que leur *M. Dolomieu* et différent de leur *M. salmoides,*
serait, d'après l'auteur du Catal. of Fishes, le *Labrus salmoides* de
Lacépède et le *Cichla variabilis* de Lesueur. Le *Dolomieu* des auteurs
américains serait pour eux le même poisson que les *Centrarchus fasciatus*
et *C. obscurus* de Günther.

Ce poisson, très recherché et plus estimé paraît-il que son congénère, abonde dans les eaux courantes, claires et fraîches des États-Unis, depuis la région du Grand-lac, jusqu'à la Caroline du sud et à l'Arkansas.

D'après avis de M. Coaz, inspecteur fédéral des eaux et forêts, six individus du BLACK BASS (*M. Dolomieu.* Lacép.) reçus d'Amérique et offerts par M. de Claparède, alors conseiller de la légation suisse à Berlin, ont été mis, le 23 avril 1888, dans le petit lac de Bret près de Chexbres, dans le canton de Vaud. Je ne sache pas qu'on ait jusqu'ici constaté la survivance de ces quelques exilés dans nos eaux.

Poisson importé du Danube.

LUCIOPERCA SANDRA, CUV.

LE SANDRE. — ZANDER.

Part. I, p. 52.

Le *Sandre,* ce grand Percoïde du Danube, que j'ai décrit sommairement en 1882, dans la première partie des Poissons de ma Faune des Vertébrés de la Suisse, vol. IV, p. 52, et dont j'ai dit alors quelques mots, pour combattre le dire de Heckel et Kner qui attribuaient à tort ce poisson au lac de Constance, a été depuis lors importé du Danube dans les eaux suisses sur quelques points du bassin du Rhin, ainsi que dans le lac en question où il paraît prospérer.

Sans discuter l'utilité de l'importation de ce grand carnivore, je me bornerai à signaler les quelques introductions opérées en eaux suisses ou limitrophes depuis 1883, en renvoyant à mon volume précédent pour la description du poisson.

En 1883, 4160 jeunes Sandres d'un an et 195 de deux ans ont été importés de Galicie dans le lac de Constance, par les soins de M. de Behr, président de la Société allemande de pisciculture. La même année, des alevins de la même espèce provenant du Danube étaient encore versés, en grand nombre dans le Main et le Rhin, en plus petite quantité dans le lac de Constance.

En automne 1888, 2100 jeunes de demi-année étaient de nouveau importés, toujours dans le lac de Constance, dans l'Untersée, par la même société allemande.

Enfin, M. Haack, directeur de l'établissement de Huningue, m'écrivait, le 20 juin 1889 : Nous nous occupons depuis quatre ans de la multiplication du *Lucioperca Sandra*, en mettant toutes les années, en octobre, 2 à 3000 alevins de six mois, d'une longueur de 10 à 15 centimètres, dans le lac de Constance, où l'on en prend déjà des exemplaires d'assez belle taille. Nous avons mis aussi ce poisson dans la Moselle et dans le Rhin; pas directement dans le cours du fleuve, mais dans les bras du Vieux-Rhin qui ne communiquent avec celui-ci que durant les hautes eaux et dans lesquels il prospère parfaitement.

Le Dr Asper de Zurich me disait, en juillet 1888, qu'il avait vu lui-même des Sandres, de près de deux livres, récemment pêchés dans le lac de Constance.

Des œufs embryonnés envoyés, au printemps 1889, de Huningue à la pisciculture de Gremat (près Genève) n'ont pas réussi; par le fait, selon M. Haas, directeur de ce dernier établissement, d'un fort et brusque abaissement de la température.

PHYSOSTOMES

Cyprinus Carpio, L.

CARPE. — KARPFEN.

Part. I, p. 171.

Indiqué à tort, par erreur typographique, comme importé en Engadine, au tableau de distribution géographique, p. 751.

Barbus fluviatilis, Agassiz.

BARBEAU COMMUN. — FLUSSBARBE.

Part. I, p. 231.

Comme plusieurs autres de nos poissons indigènes, le Barbeau a été, durant ces dernières années, multiplié dans divers établissements de pisciculture dépendant du bassin du Rhin, en Suisse. Cependant, les alevins issus des œufs artificiellement fécondés ayant été généralement versés dans les eaux du même bassin, je ne crois devoir signaler ici que les récents essais d'introduction de cette espèce, en 1886, dans le bassin du Léman (Rhône supérieur), où jusqu'alors ce poisson faisait complètement défaut, arrêté qu'il est par la perte du Rhône à Bellegarde.

M. Covelle, directeur de l'établissement de pisciculture à Genève, a versé, en 1886, dans le Rhône, près de cette ville, d'abord environ 2500 petits alevins de Barbeau, en juillet, au moment où ils venaient de résorber leur vésicule, puis, en octobre, encore près de 500 individus de trois à quatre centimètres de long. Tous provenaient de la ponte en captivité d'une paire de Barbeaux reçus de l'Aar, dans le canton de Berne.

Je n'ai pas ouï dire qu'on ait revu, depuis lors, aucun Barbeau dans les eaux du Rhône genevois, et M. Covelle n'a pu, malgré ses recherches, constater jusqu'ici la survivance d'aucun de ses élèves.

LEUCISCUS RUTILUS.

GARDON COMMUN. — ROTTE.

Part. I, p. 479.

Au lac « *Lai grond* » (See von Laax), probablement importé, à 1040 mètres s/m, dans les Grisons; *sec.* prof. Ch.-G. Brügger; *in litt.,* janvier 1884.

IDUS MELANOTUS.

ORFE — NERFLING.

Part. I, p. 550.

Cette espèce est citée, sous le n° 12, p. 43, dans la *Thurgauische Fischfauna* de Kollbrunner, en 1879; mais cet auteur nous apprend, p. 34 du même ouvrage, que c'est à propos de l'élevage de la race dorée dans l'étang dit Hagstapfelweiher, sur sol badois.

Le même Ide est cité encore, sous le n° 11, dans la liste des poissons du canton de Soleure publiée, en 1880, par le Prof.-Dr F. Lang et M. A. Wirz, sous le titre : *Bericht über die Fischfauna der Kantons Solothurn.* L'Ide ou Orfe faisant défaut au Rhin suisse et à ses principaux tributaires, je pense qu'il doit y avoir quelque erreur dans cette citation, comme dans celles que j'ai relevées déjà, à propos de cette espèce, dans mon précédent volume.

SQUALIUS AGASSIZII, Heckel.

BLAGEON. — STRÖMER.

Part. I, p. 605.

N'ayant jamais trouvé, et aucun auteur n'ayant signalé le *Blageon* dans les eaux du lac de Constance, j'avais, en 1882, Poissons, Part. 1, p. 623, élevé quelques doutes sur la citation de cette espèce, dans les eaux du Rhin et de ses principaux tributaires au-dessus de ce lac, par le Dr Amstein, en 1873 [1], et par le prof. Dr Brügger, en 1874 [2].

Diverses informations qui m'ont été aimablement fournies depuis lors, soit par le Dr Killias, soit par le prof. Brügger, de Coire, en levant tous mes doutes, m'amènent à rendre ici justice à qui de droit, Le prof. Brügger m'a soumis, en effet, non seulement les dents pharyngiennes qui avaient servi à la première détermination du Dr Amstein, mais encore des individus indéniables de l'espèce en litige. Le poisson connu dans le Rhin et la Landquart sous le nom de *Schwal* (ailleurs appliqué au *Leuciscus rutilus*) est incontestablement le Strömer ou Blageon, *Squalius (Telestes) Agassizii* de Heckel. Observé au-dessus de Fläsch seulement, il est probable qu'il arrive du lac de Wallenstadt par quelque petit ruisseau et l'intermédiaire de quelque marécage.

---

[1] Der Schwal *(Telestes Agassizii)* des graubünd. Rheinthals, von Fläsch bis Chur; Jahresberichte der Naturforsch. Gesell. Graubündens Chur, XVII, 1873, p. 43-48 et fig.

[2] Naturgeschichtliche Beiträge zur Kenntniss der Umgebungen von Chur, Fische, 1874, p. 150.

PHOXINUS LÆVIS, Agassiz.

VAIRON. — PFRILLE.

Part. I, p. 638.

Au lac « *Lai davons,* » à 1950 mètres, dans les Grisons ; *sec,* prof. Ch.-G. Brügger, *in litt.,* janvier 1884.

COBITIS TÆNIA, Linné.

LOCHE DE RIVIÈRE. — DORNGRUNDEL.

Part. II, p. 10.

Dans une notice qui ne m'est pas parvenue à temps, intitulée : *Notes physiques et biologiques sur trois petits lacs du bassin tessinois* (Archiv. Sc. phys. et nat., octobre 1889), le prof. *P. Pavesi* signale la présence du *Cobitis tænia* dans le petit lac *Delio,* au-dessus de Maccagno, à 950 mètres s/m environ.

COREGONUS WARTMANNI et C. SCHINZII.

BLAUFELCHEN et SANDFELCHEN.

Part. II, p. 115 et 222.

Selon le Dr F. Leuthner (*in litt.*), on aurait pris assez souvent le *Coregonus Fera* (il entend par là *Sand* ou *Weissfelchen*) et le *Cor. Wartmanni* dans le Rhin à Bâle. Y a-t-il là des individus échappés à l'établissement d'Huningue, ou sont-ce uniquement des sujets égarés provenant du lac de Constance.

SALMO LACUSTRIS, Linné.

TRUITE. — FORELLE.

Part. II, p. 323.

J'ai dit qu'on pouvait, suivant les circonstances, trouver des *Truites* en état de frai de juillet à février. Ajoutons que l'époque de la ponte est souvent plutôt avancée dans les régions supérieures, en septembre, ou en octobre comme en Engadine ; tandis qu'elle peut être par contre plus ou moins retardée dans certains cours d'eau relativement inférieurs, parfois même accidentellement, au moins pour quelques individus, jusqu'au milieu de mars, dans l'Orbe par exemple.

Poisson importé d'Amérique.

SALMO IRIDEUS, Gibbons.

TRUITE ARC-EN-CIEL. — REGENBOGEN-FORELLE.

Part. II, p. 388.

Quelques échantillons de cette Truite américaine, jeunes encore (0ᵐ,170—0ᵐ,230), qui m'ont été aimablement fournis, soit par le prof. Th. Studer, à Berne, soit par M. A. d'Audeville, à d'Andecy (France), me permettent de compléter ici ma diagnose de cette espèce : *la tête est relativement petite et un peu acuminée; le vomer présente une palette antérieure subtriangulaire arrondie, assez grande, qui porte vers le bas deux, ou parfois trois grandes dents en ligne transverse.* Les individus reçus de l'établissement d'Andecy avaient *l'anale noirâtre, avec la tranche blanche sur le bout des premiers grands rayons.*

Dans une intéressante note sur la *Truite Arc-en-ciel,* publiée le 5 décembre 1888, dans le Bull. de la Soc. nat. d'Acclimatation de France, M. *d'Audeville* appuie sur le fait que cette Truite américaine est peu difficile sur le choix des eaux, qu'elle vit parfaitement dans des étangs et que sa croissance est très rapide. Il cite une observation de M. Watkins, qui aurait vu des poissons de cette espèce hiverner enfouis dans la vase d'un étang, et reparaître en parfait état au printemps.

ANACANTHIENS

LOTA VULGARIS, Cuvier.

LOTTE COMMUNE. — TRISCHE.

Part. II, p. 467.

J'ai omis de signaler la présence de la Lotte dans le petit lac *Laret,* sur Tarasp, Engadine, à 1600 s/m environ, où elle a été autrefois importée; *sec.* Dʳ A. Killias, *in litt.,* mars 1875.

J'ai oublié également le nom d'auteur, *Cuvier,* au titre, p. 467.

ADDENDA ET CORRIGENDA

POISSONS, I et II

PART. I. Pages 1 et 3, lisez plutôt *Téléostéens*, au lieu de *Téléostiens*.
Synonym. div., lisez *Ninni*, au lieu de *Nini*.
(*Micropterus Dolomieu*), importé, vide, Appendix, p. 540.
(*Lucioperca Sandra*, p. 52), importé, vide, App., p. 541.
Cyprinus Carpio, indiqué à tort, par erreur typographique,
      comme importé en Engadine, dans le tableau de
      distribution géographique, p. 751.
Barbus fluviatilis (p. 231), transporté, vide, App., p. 542.
Leuciscus rutilus (p. 479), vide, App., p. 543.
(*Idus melanotus*, p. 550), vide, App., p. 543.
Squalius Agassizii (p. 605), près Coire, vide, App., p. 544.
Phoxinus lævis (p. 638), vide, App., p. 545.

PART. II. *Cobitis tænia* (p. 10), à 950 mètres; vide, Tabl., p. 528 et
      Appendix, p. 545.
Lisez souvent : lac de *Thoune*, au lieu de *Thun* (allemand).
Lac de Lucerne, employé pour *Lac des Quatre-Cantons*.
Lac d'*Ægeri*, pour *Egeri*.
Lisez souvent : *Thour*, au lieu de *Thur* (allemand).
Pages 28, 30, 37 et 41, lisez *Clupea Alosa* au lieu de *C. alosa*.
Page 40, note, lisez *ocreatum*, au lieu de *ochreatum*.
Lisez, à diverses reprises, *Albula*, au lieu de *albula*.
Pages 58 et 62, lisez *Bezoule*, au lieu de *Bezeule*.
Page 59, bas, lisez *Tullibee*, au lieu de *Tulibee*.
Page 67, Tableau : les lettres A et B ne représentent pas les
      sections établies, avec les mêmes lettres, p. 59.
Page 67, Tabl., lisez *Lavaretus*, au lieu de *lavaretus*.
Page 80 : *préorbital* et *interorbital* pour *préorbitaire* et *inter-*
      orbitaire.
Pages 234 et 323 (notes), lisez *Echin. Proteus*, au lieu de
      E. proteus.
Coregonus Wartmanni et *Coreg. Schinzii* (p. 115 et 222),
      vide, App., p. 545.
Page 281, synon., lisez *C. Williamsoni*, au lieu de *C. William-*
      sonni.
Salmo lacustris (p. 323), vide, App., p. 545.
Page 379, lig. 15, lisez : filets flottants et à sac, au lieu de
      ou à sac.
Salmo irideus (p. 388), vide, App., p. 546.
Lota vulgaris (p. 467), oublis, vide, App., p. 546.
Notes sur les parasites; ajoutez *Botriocephalus latus* aux :
      Perca fluviatilis, Thymallus vexillifer, Salmo lacustris,
      Salvelinus Umbla, Esox lucius et *Lota vulgaris*.

ORDRE DES MATIÈRES

INTRODUCTION GÉNÉRALE

doit remplacer l'avertissement en tête du premier volume.

(Poissons, part. II.)

Les espèces en petit caractère et entre parenthèses sont géographiquement voisines
ou récemment importées.

Pages.

A ce volume sont joints des suppléments
aux vol. I et III.

INDEX ALPHABÉTIQUE GÉNÉRAL

FAUNE SUISSE

Vol. V

POISSONS

DEUXIÈME PARTIE

PHYSOSTOMES (suite et fin)
ANACANTHIENS, CHONDROSTÉENS
CYCLOSTOMES

Les sous-classes, ordres, sous-ordres, familles et tribus, ainsi que les généralités, tableaux et explications diverses, sont ici en lettres capitales.

Les genres ou sous-genres comprenant des espèces décrites sont en caractères gras.

Les espèces ici plus ou moins décrites et les détails qui s'y rapportent, ainsi que les termes et engins de pêche, sont en caractères ordinaires.

Les groupes, ord., fam., genres, s.-genres, et les espèces simplement citées, sont en caractères ordinaires et marqués d'un astérisque.

Les noms synonymiques sont en italiques.

Les noms des parasites sont en italiques et entre parenthèses.

U

TABLE GÉNÉRALE DES MATIÈRES

Des Vol. IV et V.

Poissons, Part. I et II.

(Voyez, pour l'ordre plus détaillé des matières de chaque partie,
vol. IV, p. 765 et vol. V, p. 548.)

(Les espèces entre parenthèses sont : ou géographiquement voisines ou importées.)

SUPPLÉMENTS

FAUNE DES VERTÉBRÉS DE LA SUISSE

TROISIÈME SUPPLÉMENT

AUX MAMMIFÈRES

(FAUNE, Vol. I.)

(Voyez, premier supplément, Vol. III, 1872, et, second supplément, Vol. IV, 1882.)

Avril 1890.

Depuis mon dernier supplément aux Mammifères de la Suisse, en 1882, quelques observations ont été faites qui méritent d'être enregistrées à la suite de celles que j'ai relevées déjà à la fin de mes volumes III et IV [1].

J'ai précédemment ajouté trois espèces à mon premier catalogue, les :

DYSOPES CESTONII, trouvé deux fois sur notre sol, à Bâle et au Gothard,

VESPERTILIO BECHSTEINII, rencontré à Bâle, sur lequel je vais revenir, et

---

[1] Le premier supplément (avec le vol. III, 1872) traitait des : *Dysopes Cestonii, Vesperugo Maurus, Vesp. Savii* (égal *Pipistrellus*), *Amblyotus atratus* (diff. du *Vesp. Nilssonii*), *Vesperugo serotinus, Sorex alpinus, Hypudaeus glareolus, Arvicola arvalis* et *Arv. campestris, Arvicola agrestis, Arvicola Savii, Lepus variabilis, Foetorius Erminea, Foetorius Lutreola, Cervus Elaphus,* ainsi que de *Veirier* et la *grotte du Scé.*

Le second supplément (avec vol. IV, 1882) avait trait au *Dysopes Cestonii* et au *Vespertilio Bechsteinii.*

ARVICOLA SAVII, observé dans le Tessin. A côté de celles-ci,
il semble qu'il faille ranger maintenant, comme espèce nouvelle,
sous le nom de :

VESPERTILIO LUGUBRIS, le Vespertilion sombre que j'avais
d'abord décrit comme *Varietas nigricans* du *V. Mystacinus*.

Miniopterus Schreibersii, *Natterer.*

(Vol. I, p. 50.)

La rencontre d'un individu blessé de cette espèce méridionale,
le 25 octobre 1881, sur la route postale, entre Coire et Ems,
dans les Grisons, capture signalée par le D^r Ch.-G. Brügger,
dans ses Zoologische Mittheilungen, en 1884 (Jahrb. Naturf.
Gesell. Graubündens, XXVII, Jahrg.), constitue un fait fort
intéressant, car les trouvailles du Minioptère au nord des
Alpes sont assez rares jusqu'ici.

J'ai constaté l'habitat de l'espèce dans le Jura (Grotte de
Motiers et environs), à l'ouest de la Suisse, dès 1867 (Faune,
vol. I, 1869); puis, ce n'est que quinze ans plus tard que le
Dr Brügger a rencontré celle-ci, à l'autre extrémité de la Suisse,
dans les Grisons à l'est, comme je viens de le dire. Entre ces
deux citations extrêmes doivent se placer, comme également sur
la limite nord de l'aire géographique de l'espèce : la capture
d'un individu dans la cave d'une maison de la ville de S^t-
Pölten en Basse-Autriche, par Jeitteles, en 1868[1]; et la trouvaille par moi, le 22 mars 1876, d'un Minioptère mort, sur un
chemin de forêt, au Scé près de Bourg-en-Bresse (France).
Enfin, la même Chauve-souris est signalée dans les grottes de
St-Léonard et de la Citadelle, près Besançon, dans le Dép^t du
Doubs, en France, par E. Olivier (Faune du Doubs, p. 13), en
1883.

Je profite de l'occasion pour répondre à l'observation du
Dr Brügger, qui trouve la coloration de l'individu observé par
lui, à Coire, plus foncée que celle attribuée à un individu de

---

[1] Eine für Niederösterreich und die nördl. Alpenländer neue Fleder-
maus *(Miniopterus Schreibersii)*; Verhandl. zool. bot. Gesell., Wien,
XVIII, 1868.

Motiers sur la Pl. 1 de mon vol. 1, que la couleur des membranes est en effet souvent un peu plus foncée et que le mélange de gris sur les faces inférieures du corps a été peut-être un peu exagéré sur la figure en question.

Vespertilio Bechsteinii, *Leisler*.

(Signalé au 2ᵐᵉ supplément, avec Vol. IV, 1882.)

Cette espèce, plutôt septentrionale, dont j'avais dit (vol. 1, p. 84) qu'il était bien possible qu'on la découvre par la suite sur notre sol, et dont j'ai déjà signalé la trouvaille dans mon second supplément, en 1882, a été en effet trouvée, en août 1880, à trois quarts d'heure de Bâle, près de la Birse, dans un arbre creux d'une localité dite Nouveau-Monde *(Neuen Welt)*, et déterminée par le Dʳ F. Müller, sur un jeune mâle qui figure maintenant au Musée de Bâle.

Le *Vespertilio Bechsteinii* rappelle, en plus petit, le *Vesp. murinus*, mais s'en distingue cependant au premier abord, non seulement par sa taille d'au moins un quart moindre, mais encore par son oreille et son oreillon plus longs, et par le fait que la membrane alaire borde chez lui le pied jusqu'à la base des doigts, tandis qu'elle s'arrête à la moitié de la plante chez le *Murinus*. La description de Blasius[1] permettant de pousser plus loin ces comparaisons et signalant des différences caractéristiques jusque dans les dents ; je me bornerai à relever ici les quelques remarques que j'ai faites sur l'exemplaire suisse en question que le Dʳ Müller a bien voulu me soumettre, avec ses observations.

Livrée gris-brun en dessus, blanchâtre en dessous; les poils plus foncés à la base.

Museau assez allongé. — Oreille subconvexe au bord externe, sans échancrure et, couchée en avant, dépassant le museau de moitié au moins de son bord supérieur. Généralement dix plis ou raies à la face interne; le dixième m'a paru peu accentué. — Oreillon élancé, un peu incliné en dehors, dépassant légèrement la moitié de l'oreille. — Queue, de l'anus à l'extrémité, égale ou

[1] Naturgeschichte der Säugethiere Deutschlands, 1857, p. 85.

à peu près égale à l'avant-bras. — Membranes alaires bordant le pied jusqu'aux doigts. — Bord des membranes interfémorales nu.

Voici maintenant les mesures que j'ai prises sur le sujet de Bâle, dimensions qui diffèrent un peu, sur quelques points, de celles que m'avait aimablement fournies le Dr Müller (*in litt.*), soit peut-être du fait de la manière de mesurer, soit plus probablement parce que les divers membres auront été plus ou moins étirés.

Envergure		$0^m,244$
Longueur totale		$0^m,078$
»	de l'oreille (bord ext.)	$0^m,022$
»	de l'oreillon (bord ext.)	$0^m,011$
»	de l'avant-bras	$0^m,040$
»	du tibia	$0^m,021$
»	du pied (avec ongles)	$0^m,010$
»	de la queue (depuis l'anus)	$0^m,040$

La présence du *Vespertilio Bechsteinii* dans les environs de Bâle étend passablement du côté du sud l'aire géographique de cette espèce propre à l'Allemagne moyenne et septentrionale.

Vespertilio lugubris, *n. sp.*

(Voy. Vol. I, p. 92, pl. II, *Vesp. Daubentonii, var. nigricans.*)

Après avoir été longtemps embarrassé par un petit Vespertilion noirâtre provenant de diverses localités suisses, j'avais fini par ranger celui-ci, dans mon vol. I, en 1869, à côté du *Vesp. mystacinus*, sous le titre de *Var. nigricans*, parce que les caractères tirés des formes des première prémolaire sup. et seconde prémolaire inf. se présentaient quelquefois aussi chez le *Moustac*, dans le jeune âge.

Le même Vespertilion, avec les mêmes caractères différentiels, de taille moindre, de livrée sombre, de pelage et de proportions diverses, ayant été depuis lors rencontré sur plusieurs nouveaux points, dans les cantons de Vaud, Lucerne et Grisons, je crois devoir passer ici par-dessus le rapprochement que j'avais fait des dents du *Nigricans* adulte avec celles du *Mystacinus* dans le jeune âge, pour accorder une valeur nouvelle et plus grande à la constance de plusieurs traits qui m'ont paru distinguer toujours ces deux Vespertilions, jusque dans une même localité.

Je reviens donc sur ma première décision, en rendant à ce Vespertilion sombre le nom de *Vesp. lugubris* que je lui avais tout d'abord assigné, et en faisant remarquer qu'il ne faut pas confondre ce véritable *Vespertilio* à trente-huit dents avec le *Vesp. nigrans* de Crespon, qui n'est qu'une variété du *V. pipistrellus* dans le genre *Vesperugo* caractérisé par trente-quatre dents seulement.

J'ai déjà dit (vol. I, p. 94) que les données de Meissner[1] et de Schinz[2] sont beaucoup trop insuffisantes pour établir une comparaison entre cette espèce et le *Vesp. collaris* du premier, basé sur l'examen d'un seul individu provenant d'une vallée voisine du Mont-Blanc, seul individu qui, malheureusement, n'existe plus depuis longtemps.

Pour ne pas répéter ma description des caractères de ce petit Chéiroptère entièrement noirâtre, avec plastron blanc ou blanchâtre chez l'adulte, je renvoie ici aux données assez circonstanciées que j'ai fournies, déjà en 1869, dans mon vol. I de la Faune suisse, où l'on trouvera, p. 92-94, soit un exposé des traits distinctifs et un tableau des dimensions comparées, soit, sur la pl. II, une figure de l'adulte très ressemblante.

Le VESPERTILION DEMI-DEUIL (*Vespertilio lugubris*) s'est donc trouvé jusqu'ici, en Suisse, dans les cantons de Vaud, Neuchâtel, Berne, Lucerne, Uri et Grisons, ainsi qu'au nord de la Savoie, au Salève près de Genève. Son habitat paraît plutôt élevé. Il semble rechercher moins que le *Moustac* le voisinage des eaux.

---

[1] *Meissner*, dans le Règne animal de Cuvier, traduction par Schinz.
[2] *Schinz*, Europäische Fauna, vol. I, p. 17, 1840. (L'individu type, insuffisamment décrit, était déjà perdu alors.)

Vespertilio Daubentonii, *Leisler*.

(Vol. I, p. 94.)

En renvoyant à M. Stauffer, naturaliste-commerçant à Lucerne, un groupe de petits mammifères indigènes qu'il m'avait prié de déterminer, il y a une dizaine d'années environ, je lui signalais une petite Chauve-souris qui se distinguait du *Vesp. Daubentonii* par de légères différences dans les dents, dont il m'était difficile d'apprécier l'importance sur un seul individu. Je le priais de me fournir si possible quelques exemplaires du même *Vespertilio*, lui annonçant mon intention de donner son nom à l'animal, si, après examen plus circonstancié, le caractère me paraissait présenter quelque fixité. Peu de temps après, je recevais du même naturaliste plusieurs Vespertilions qui, bien qu'extérieurement semblables au premier et pris dans la même localité, ne présentaient pas l'anomalie de dentition qui avait attiré mon attention chez celui-ci. J'écrivis alors à M. Stauffer que tous, premier et derniers, appartenaient incontestablement à l'espèce du *V. Daubentonii*, qu'il n'y avait pas à tenir compte de petites différences sans importance, probablement purement accidentelles, et qu'il n'y avait donc pas lieu à distinguer là même une variété locale.

Quel ne fut pas mon étonnement quand, un an ou deux après, je reçus successivement de divers côtés des demandes de renseignements au sujet d'une espèce suisse prétendue nouvelle, censément décrite par moi et lancée dans le commerce appuyée de mon nom, d'abord par M. Stauffer à Lucerne, ensuite par M. Haller à Zurich, sous le titre de..... **Vespertilio Staufferi**.

Chacun comprendra que, n'ayant relevé jusqu'ici cet abus que dans des lettres particulières, je profite ici de l'occasion qui m'est offerte de mettre la vérité sous les yeux du public.

Cheiroptères des Grisons.

Dans une intéressante brochure intitulée « *Die Chiroptern Graubündens*, » parue en 1884 [1], le Dr Ch.-G. Brügger a fourni, non seulement de précieuses données relatives aux déplacements ou passages possibles de quelques espèces et à l'habitat plus ou moins élevé des diverses Chauve-souris dans le pays; mais encore une liste très riche des espèces du canton des Grisons qu'il a, par ses nouvelles observations, portée actuellement au total de 14, sur 21 aujourd'hui connues en Suisse. Ajoutant aux Cheiroptères que j'avais déjà indiqués dans cette partie du pays, ceux dont il a lui-même plus récemment constaté la présence dans les Grisons, le Dr Brugger signale, dans les vallées et montagnes de ce canton alpestre, à l'est de notre pays, entre 400 mètres à Rorschach et 1878 mètres près de Pontresina, les :

Rhinolophus ferrum-equinum,	*Vesperugo Pipistrellus.*
» *Hipposideros,*	» *Nathusii.*
Plecotus auritus,	» *discolor.*
Synotus Barbastellus,	» *Nilssonii.*
Miniopterus Schreibersii,	*Vespertilio murinus.*
Vesperugo Noctula	» *Nattereri.*
» *Leisleri,*	» *myst. var. nig. == lugubris.*

Cheiroptères des environs de Bâle.

Dans une lettre en date du 11 décembre 1889, le Dr F. Müller me signale comme espèces dont la présence a été constatée à Bâle, en pays de plaine sur la frontière nord du pays, et en grande majorité dans la ville, les :

Rhinolophus ferrum-equinum,	*Vesperugo Pipistrellus,*
» *Hipposideros,*	*Vespertilio murinus.*
Dysopes (Nyctinomus) Cestonii.	» *Bechsteinii.*
Plecotus auritus,	» *mystacinus.*
Vesperugo Noctula,	» *Daubentonii.*

Dix espèces auxquelles il y a peut-être lieu d'ajouter les *Ves-*

---

¹ Zoologische Mittheilungen, II, von Prof. Ch. G. Brügger; Jahresb. der Naturf. Gesell. Graubündens, XXVII Jahrgang.

perugo discolor et *Vesperugo scrotinus* qui m'avaient été signalés dans le temps comme se rencontrant parfois dans les environs de Bâle.

Sorex alpinus, *Schinz*.

(Vol. I, p. 128.)

Dans sa Faune du Doubs, en 1883, p. 17, M. E. Olivier signale la Musaraigne des Alpes comme assez commune aux bords des ruisseaux et des torrents dans la haute montagne (Jura).

Arctomys Marmota, *Linné*.

(Vol. I, p. 167.)

Une paire de Marmottes, lâchée au printemps de 1879, dans un enclos, au sein même de la ville de Saint-Gall, a réussi à s'établir si confortablement et à si bien multiplier, qu'elle a fondé en quelques années une intéressante colonie, au niveau relativement très inférieur de 650 mètres sur mer seulement. (Voir, à ce sujet : Die Murmelthier-Kolonie in St. Gallen, und das Anlegen von Murmelthier-Kolonie, par le Dr A. Girtanner, Zoolog. Garten XXVIII, 1887).

Mus poschiavinus, *Fatio*.

(Vol. I, p. 207, pl. VII.)

M. Lechthaler, préparateur au Musée de Genève, a reçu dans ces dernières années, de *Santa Maria*, à 1350 mètres environ dans le Münsterthal, vallée des Grisons qui s'ouvre sur le Tyrol, quelques petites souris noirâtres qui, au premier abord, rappellent assez le *Mus poschiavinus* que j'avais trouvé à Poschiavo, environ 350 mètres plus bas, dans une vallée du même canton, voisine et s'ouvrant aussi sur le versant méridional des Alpes. M. Lechthaler ayant eu l'obligeance de me remettre deux individus reçus en janvier 1885, je profite de l'occasion pour revenir ici à l'intéressant petit rongeur que j'avais décrit, en 1869, sur plusieurs sujets récoltés à Poschiavo, en faisant alors déjà quelques réserves sur sa valeur spécifique et sur la possibilité d'une race nègre du *Mus Musculus,* pendant de la race noire du Rat *(Mus Rattus).*

Les Souris de Santa-Maria sont, comme celles de Poschiavo, un peu plus petites que la moyenne du *Musculus*; mais elles sont d'un noir plutôt brun et moins profond en dessus, ainsi que moins foncées en dessous; elles ne portent pas les quelques soies à reflets verdâtres qui se voient d'ordinaire sur le dos du *Poschiavinus,* et les faces inférieures ne présentent pas chez elles les tons un peu violacés des faces inférieures de ce dernier. Leur queue semble avoir aussi une annelure plus grossière que celle du *Musculus,* mais elle est cependant plus velue que celle de la Souris de Poschiavo. Le crâne d'un individu du Münsterthal m'a paru se rapprocher plutôt plus de celui du *Poschiavinus* que de celui du *Musculus*: il se distingue en effet du dernier, quoique à un moindre degré que celui de la Souris de Poschiavo, par une largeur un peu plus forte en arrière, par un développement un peu plus grand des interpariétaux et par une forme un peu plus ramassée des os de la face ou du museau. Enfin, les caractères différentiels que j'avais tirés des raies palatines donnent ici lieu à une intéressante observation sur la variabilité de ces plis de la muqueuse.

Mes individus du *Mus poschiavinus* portaient sept plis palatins, dont quatre divisés entre les deux premières molaires et trois simples en avant de celles-ci, le plus voisin ou prémolaire étant formé de deux branches plus ou moins bien unies, infléchies et convergeant en arrière; tandis que chez les quelques *M. Musculus* que j'ai examinés comparativement à ce point de vue, j'ai compté d'ordinaire huit plis palatins : cinq intermolaires divisés et trois simples en avant, le troisième ou prémolaire étant composé de deux branches généralement soudées au milieu et formant sur ce point un angle dirigé plutôt en avant. Deux Souris noires de *Santa-Maria* m'ont présenté : l'une sept et demi plis palatins, en ce sens que le quatrième intermolaire divisé n'était représenté de chaque côté que par une petite granulation; l'autre huit plis, dont cinq intermolaires très irréguliers, le quatrième le plus court. Chez les deux, le grand pli prémolaire était infléchi en arrière, composé de deux branches mal soudées chez la première, de simples granulations chez la seconde.

Il est évident que la forme et la disposition de ces plis peuvent varier passablement avec l'âge, et peut-être avec les conditions d'habitat, jusque dans une même espèce, chez le *M. Musculus* par exemple. Cependant, une différence constante à cet égard entre *Poschiavinus* et *Musculus* autorisait l'usage de ce caractère parmi ceux appelés à distinguer ces deux Souris, aussi longtemps qu'une disposition intermédiaire ne venait pas rapprocher les deux formes sur ce point. Maintenant, la question de race locale ou d'espèce que j'avais soulevée et laissée pendante (vol. I, p. 205) se présente de nouveau.

Bien que la Souris noire de *Santa-Maria* soit loin d'accuser à un degré aussi accentué les quelques caractères de forme et de livrée qui distinguent à première vue celle de *Poschiavo*, on ne peut guère se refuser de voir chez elle certaines tendances pour ainsi dire transitoires. Si la première est, comme je le crois, une race nègre de la Souris grise ordinaire, il devient plus difficile de conserver une importance spécifique aux quelques caractères signalés ci-dessus, bien qu'ils distinguent toujours franchement le *Poschiavinus* du *Musculus*. Il n'y a pas jusqu'à la similitude d'habitat, dans deux vallées voisines et quasi parallèles, qui ne militent en faveur du rapprochement de ces deux Souris noirâtres ou noires.

Les cas de *mélanisme* ne sont pas rares dans les Alpes, chez les Vertébrés. Est-ce à la production de variétés exceptionnelles de cette nature qu'il faut attribuer la présence de Souris noirâtres à *Santa-Maria*; ou bien celles-ci, qui abondent et prédominent, dit-on, dans les maisons du village, doivent-elles être plutôt considérées comme appartenant à une race nègre du *Musculus*, née sous l'influence de quelque condition particulière et se perpétuant dans son milieu.

M. Lechthaler m'affirme qu'il avait vu déjà, il y a vingt-cinq à trente ans des Souris noires à *Santa-Maria*, durant un séjour qu'il fit comme enfant dans la vallée, et que c'est parce que le souvenir lui en était revenu, il y a quelques années, à la lecture de ma description du *Poschiavinus*, qu'il écrivit plus tard pour se faire envoyer quelques exemplaires des dites du Münsterthal.

La date de ma première trouvaille à Poschiavo, en 1864, nous reportant à une époque à peu près semblable, on peut se demander quel lien existait alors entre les deux races nègres; si elles étaient nées séparées, sous des influences analogues, ou si l'une n'est qu'une colonie de l'autre qui se serait peu à peu répandue dans les vallées et les régions avoisinantes.

Serait-ce seulement au fait qu'il était localisé et seul de son espèce dans la fabrique de Poschiavo, que le *Poschiavinus* devait d'afficher des caractères de forme et de livrée beaucoup plus accentués que ceux des Souris noirâtres de Santa-Maria, aujourd'hui beaucoup plus répandues et probablement souvent en contact avec des grises; ou bien était-il d'origine différente.

Le *Mus poschiavinus*, noir, est-il le type, et les Souris noirâtres de Santa-Maria, moins caractérisées, sont-elles des descendants dégénérés et abâtardis de ce premier; ou bien la Souris de Poschiavo, race locale ou espèce, n'a-t-elle rien de commun avec celle du Münsterthal?

Voilà autant de questions pour la solution desquelles je n'ai pu jusqu'ici me procurer les éléments nécessaires : des Souris noires de Poschiavo d'aujourd'hui, ce que j'espère bien obtenir encore, et la Souris noire de Santa-Maria d'autrefois, ce qui est maintenant plus difficile[1].

De toute manière, et quelle que soit la parenté unissant les deux *Mus* en question, il n'est pas moins intéressant de constater qu'il existe dans nos montagnes grisonnes un foyer d'une race nègre du *Musculus* à laquelle est peut-être réservé d'envahir avec le temps le continent, comme il en fut du *Mus Rattus*.

Lepus timidus, *Linné.*

(Vol. I, p. 247.)

En octobre 1884, M. A. R. de M. a tué, à Thierrens, dans le Jorat (Vaud), un Lièvre commun, de taille ordinaire, qui présentait une livrée assez curieuse. Toutes les faces supérieures, tête, cou, dos, oreilles et membres étaient d'un gris jaunâtre

---

[1] Les sujets exposés au Musée de Genève par M. Lechthaler, sous le nom de *Mus poschiavinus* (Fatio), sont des Souris de *Santa-Maria* qui ne sauraient fournir une idée exacte de l'aspect du véritable *Poschiavinus* de Poschiavo.

très clair ; le poitrail était d'un gris roux très pâle. De chaque côté du dos, une ligne brunâtre dessinait comme les bords d'un camail. Le bout des oreilles et le dessus de la queue étaient bruns, au lieu de noir. L'œil était brun.

Lepus variabilis, *Pallas*.

(Vol. I, p. 251.)

Par lettre du 20 février 1886, reproduite dans le journal de chasse *Diana*, IVme année, 1886, p. 10, M. H. Huguenin des Geneveys-sur-Coffrane, m'annonçait qu'un *Lièvre des Alpes* (blanc ou variable) avait été tué, dans la première quinzaine d'octobre 1880, par M. A. Perregaux, dans les forêts du Jura neuchâtelois, aux environs des Geneveys. L'animal, que je n'ai pas pu voir, a été déterminé par le prof. Stebler de la Chaux-de-Fonds et figure, dit-on, dans le Musée de cette ville. La rencontre d'un représentant de cette espèce alpine dans le Jura constituerait un fait aussi nouveau que difficilement explicable.

Felis Catus, *Linné*.

(Vol. I, p. 272.)

On a tué, dans ces dernières années, bon nombre d'individus, mâles et femelles, du Chat sauvage dans le Jura, soit du côté de Divonne (Ain), soit dans les cantons de Vaud et d'Argovie.

Martes abietum, *Albert Mag*.

(Vol. I, p. 315.)

Par lettres des 4 et 20 février 1886, reproduites dans le journal de chasse *Diana*, IVme ann., 1886, p. 18, M. H. Huguenin m'a avisé qu'une curieuse variété de Martre venait d'être tuée dans le bois d'Endilieu, sur Neuchâtel, par les frères Perregaux. L'individu en question avait la tache orange du plastron assez pâle et bordée de blanc, avec un manteau tirant sur le grisâtre, un peu comme celui de la Fouine, et le fond du poil gris de fer au lieu de jaunâtre. L'hypothèse d'un bâtard possible de la Martre et de la Fouine, ne fut pas confirmée par l'examen comparé de la tête et des dents, qui se trouvèrent conformes à celles du véritable *M. Abietum*.

Fœtorius Putorius, *Linné*.

(Vol. 1, p. 324.)

M. Alers (Der Wildwechsel, 1889) et M. de Wattenwyl (Diana, 1 février 1889, p. 141) ont également remarqué l'habitude qu'aurait le Putois de se livrer à la pêche des Grenouilles et de se préparer des conserves de ces batraciens pour l'hiver, en les accumulant vivants et en grand nombre dans des trous, après leur avoir préalablement brisé l'échine d'un coup de dent.

Capella rupicapra, *Linné*.

(Vol. 1, p. 376.)

Au commencement de septembre 1884, des chasseurs grisons auraient vu et poursuivi, sur la montagne de Lugnez, un Chamois entièrement *blanc*. Le gouvernement de ce canton aurait alors pris sous sa protection cette intéressante variété, en interdisant de la tuer ou même de la chasser.

Cervus Elaphus, *L.* et Cervus Capreolus, *L.*

(Vol. 1, p. 389 et 393.)

Le *Cerf* a été rencontré et tué fréquemment, dans ces dernières années, sur nos frontières des cantons de St-Gall et des Grisons; un petit troupeau serait même actuellement sédentaire en Prättigau, dans le second de ces cantons. — Le *Chevreuil*, grâce à la protection qui lui a été accordée par le gouvernement, s'est notablement multiplié dans plusieurs de nos cantons, à l'est comme à l'ouest et tout particulièrement dans le Jura.

FAUNE DES VERTÉBRÉS DE LA SUISSE

SECOND SUPPLÉMENT

AUX REPTILES ET AUX BATRACIENS

(FAUNE, Vol. III.)

(Voyez, premier supplément, Vol. IV, 1882.)

Avril 1890.

Depuis la publication de mon volume sur les Reptiles et les Batraciens de la Suisse, en 1872, bien des observations ont été faites qui méritent d'être signalées, pour autant qu'elles touchent à notre faune et qu'elles n'ont pas été relevées déjà dans mon précédent supplément joint à mon volume IV, en 1882 [1].

Plusieurs données intéressantes m'ont été fournies directement par lettres; d'autres, non moins précieuses, sont enregistrées dans quelques publications, plus particulièrement dans le *Katalog der herpetologischen Sammlung des Basler Museum*, du D\ *F. Müller*, *à Bâle*, et différents *Nachträge* successifs du même auteur, depuis 1878; ainsi que dans des notes publiées en partie dans le journal *Die Natur*, à Halle, entre 1885 et 1887, en grande majorité dans un petit volume inti-

---

[1] Ce premier supplément avait trait aux : *Cistudo europæa, Lacerta viridis, Elaphis Æsculapii, Tropidonotus natrix, Coronella lævis, Pelias Berus, Vipera Aspis, Rhinophrynidés, Anoures* en général, *Ranæ aquaticæ* et *fuscæ, Alytes obstetricans, Pelobates fuscus, Bufo viridis* et *Triton lobatus.*

tulé : *Das Thierleben in Terrarium*, par M. *H. Fischer-Sigwart*, à Zofingue, en 1889.

Deux espèces que j'avais décrites en 1872, pensant qu'elles se trouveraient peut-être un jour sur notre sol, ont été depuis lors signalées par le Dr Müller au nord du pays, du côté de Bâle, les :

Pelobates fuscus, dont j'ai parlé dans mon précédent supplément, et

Rana (arvalis) oxyrhyna, dont il sera plus bas question.

En citant ici les espèces sur lesquelles de nouvelles observations ont été faites, je renverrai aux intéressantes publications y relatives pour de plus amples détails.

REPTILES

Cistudo europæa, *Schneider*.

(Vol. III, p. 34.)

M. Fischer-Sigwart m'écrit tout récemment qu'on trouve, presque chaque année, quelque exemplaire de l'*Emis europæa* ou *lutaria* (Cistudo europæa) dans les environs de Zofingue, particulièrement dans les petits lacs dits *Burgäschi-See* et *Inkwyler-See*, où elle hiverne dans la vase du fond, ne venant pas à la surface pour prendre de l'air et respirant exclusivement par la peau ; mais où l'on n'a cependant point encore observé sa multiplication. — Elle a été trouvée aussi dans le *Katzen-See*, près de Zurich.

Lacerta stirpium, *Daudin*.

(Vol. III, p. 75.)

L'accouplement s'opère, suivant les cas, plus ou moins vite entre mai et juillet ; la ponte a lieu quatre semaines après et les petits sortent de l'œuf 35 à 37 jours plus tard. La femelle fait généralement deux pontes dans le même été. (Selon M. Fischer-Sigwart : Thierleben in Terrarium, *Lacerta agilis*, p. 89).

Elaphis Æsculapii, *Host*.

(Vol. III, p. 136.)

Un bel individu de cette espèce a été capturé, fin septembre 1882, au bois Cayla, tout près de Genève, sur la rive droite du Rhône.

Tropidonotus natrix, *Linné*.

(Vol. III, p. 147.)

M. Fischer-Sigwart distingue deux variétés : une plus purement aquatique, qui peut mesurer jusqu'à 1^m, 82, et une plus terrestre et plus petite, dépassant rarement 1 mètre. Il donne d'intéressants détails sur les procédés employés par la Couleuvre à collier pour arrêter ses proies, oiseaux ou grenouilles, qu'elle finit par immobiliser dans leur terreur, en les fascinant toujours du regard et les forçant à la fixer aussi. (Terrarium, p. 13, et *in litt.*) — Est-ce une sorte d'hypnotisme ou seulement une paralysie du mouvement provenant d'un paroxysme de la terreur. C'est ce que des expériences suivies en terrarium, comme celles de M. Fischer-Sigwart, pourront peut-être décider.

Tropidonotus tessellatus, *Laurenti*.

(Vol. III, p. 165.)

Les observations de M. Fischer-Sigwart sur quelques individus étrangers de cette espèce, en terrarium, semblent indiquer aussi, chez cette seconde Couleuvre, une action fascinatrice sur le poisson. Après avoir plus ou moins immobilisé du regard le poisson qu'elle a choisi, elle le saisit brusquement par le milieu du corps et l'emporte hors de l'eau, pour l'avaler sur le sol ; celui-ci, parfaitement vivant, fasciné ou terrorisé, ne ferait alors aucun mouvement pour échapper à son ennemi. (Terrarium, p. 29, et *in litt.*)

Zamenis viridiflavus, *Wagler*.

(Vol. III, p. 185.)

A été trouvé dans le Val Misocco, Grisons (Prof. Ch.-G. Brügger, *in litt.*).

Pelias Berus, *Linné*, et Vipera Aspis, *Linné*.

(Vol. III, p. 210 et 220.)

Dans une étude spéciale des Vipéridés (Monografia degli Ofidi italiani, parte prima : *Viperidi*, Turin, 1888), le Dr L. Camerano ne considère plus nos deux Vipères que comme deux sous-espèces d'une même espèce : *P. Berus* et *P. Berus, subsp. Aspis*. Les conditions d'habitat paraissent influer passablement sur le développement de certains caractères, des écussons frontaux en particulier.

Le Dr F. Müller (Die Verbreitung der beiden Viperarten in der Schweiz; Beilage zum Nachtrag, III, 1883) a étudié la distribution géographique comparée des deux Vipères en Suisse, et reconnu qu'à quelques exceptions près, le *Pelias Berus* habiterait surtout les régions alpines et montagneuses des parties est et nord-est de la Suisse : Grisons, Haut-Tessin, Uri, Glaris, Saint-Gall, Appenzell, Zurich, même Schaffhouse, avec des colonies, plus au centre et à l'ouest, dans les cantons d'Obwald, de Berne, du Valais et jusque dans le Jura vaudois; tandis que la *Vipera Aspis* serait propre plutôt aux parties sud, ouest et nord-ouest du pays, en plaine et en montagne, à la chaîne du Jura, au Valais, à Genève, au Tessin et aux vallées sud des Grisons, également avec des colonies plus centrales, dans les cantons de Fribourg et de Berne par exemple.

Le même auteur (Nachtrag IV, 1885) distingue, dans la *Vipera Aspis,* deux formes : l'une de plaine *(Talform)*, caractérisée par une tête triangulaire couverte de petites écailles, un museau bien retroussé, un manteau composé de bandes transverses rarement réunies en zigzags continus et 21 séries d'écailles, plus rarement 19; l'autre de montagne ou alpine *(Berg-*

form), rappelant un peu le *Pelias Berus* par ses formes et sa livrée, présentant une tête plus allongée et elliptique, quelquefois avec trois écailles plus grosses sur le sommet de la tête rappelant un peu les écussons du *Berus*, avec un museau moins retroussé, tendance des taches dorsales à la formation d'une bande en zigzag, et 21, parfois 23 à 25 séries d'écailles.

La distinction de ces deux formes basées sur des caractères dont j'avais déjà indiqué la variabilité, au moins pour ceux de la tête et de la livrée, ne manque pas d'intérêt, en face du rapprochement opéré par le Dr *Camerano*, dont j'ai parlé ci-dessus.

Une personne digne de foi, Mme E., m'a écrit au sujet d'une observation qu'elle a faite, il y a quelques années, au pied du Jura dans le canton de Vaud, observation qui corrobore le dire de quelques auteurs. Elle a vu, sur son chemin, une Vipère recueillir dans sa gueule grande ouverte un petit serpenteau qu'elle avait effrayé. Bien qu'ayant maintes fois rencontré des Vipères entourées de leurs petits nouveau-nés, je n'avais jamais eu, je dois l'avouer, l'occasion de faire moi-même semblable observation.

BATRACIENS

Rana esculenta, *Linné.*

(Vol. III, p. 312.)

M. Fischer-Sigwart a remarqué, comme d'autres, que les larves de la Grenouille verte se développent plus ou moins rapidement, quoique de même ponte et dans un même milieu. Il a vu plusieurs de celles-ci passer l'hiver sous la forme larvaire, pour ne se transformer qu'au printemps. Les raisons de cette inégalité de croissance seraient pour lui : insuffisance de nourriture, de lumière et de chaleur, ainsi que faiblesse de constitution. Il croit que souvent des larves du Crapaud accoucheur ont été prises pour gros têtards d'*Esculenta*. (Terrarium, p. 49, et *in litt.*) — Voir, au sujet de l'influence de la lumière, du milieu et de l'alimentation : *E. Yung*, Influence des lumières colorées sur le développement des animaux ; Archiv. Sc. phys. et nat.,

Genève, 1879; et, De l'influence des milieux physico-chimiques sur les êtres vivants; Influence des différentes espèces d'aliments sur le développement de la Grenouille verte *(R. esculenta)*, ibid., 1882. — *L. Camerano :* Anfibi Anuri italiani, Torino, 1883, reconnaît dans les variétés de la *R. esculenta* cinq sous-espèces : *viridis, Lessonæ, cachinnans, Bedriagæ* et *Latastii.*

Rana temporaria, *Linné.*

(Vol. III, p. 321.)

Le développement de la larve de la Grenouille rousse, de la ponte à la fin des métamorphoses, a duré généralement 82 à 90 jours dans le terrarium de M. Fischer-Sigwart. Cet observateur a constaté, dans les mêmes conditions de réclusion, la formation par accommodation d'une variété presque noire. Il a trouvé par contre, parmi ses élèves, le 15 avril 1885, quelques petites larves albinos, comme des aiguilles blanches mêlées dans une forte couche de larves ordinaires présentant l'aspect de velours noir. Enfin, il signale que cette espèce ne mange jamais sous l'eau et qu'elle est réfractaire à la piqûre des abeilles, guêpes et frelons. (Terrarium, p. 32.) — Rappelons en passant qu'il a été parlé de l'hivernation des larves de cette espèce dans les Alpes, dans notre vol. III, p. 280 et 332.

Rana agilis, *Thomas.*

(Vol. III, p. 333.)

La *Rana agilis,* après avoir donné lieu à de nombreuses discussions entre divers naturalistes en différents pays, a été définitivement reconnue espèce bien distincte et bien caractérisée, se distinguant en particulier de la *R. temporaria* par l'absence de sacs vocaux internes.

Deux nouvelles espèces européennes, du même groupe et assez voisines de l'*Agilis,* ont été décrites sous les noms de *Rana iberica* d'Espagne et de Portugal, et de *Rana Latastei* d'Italie, par *Boulenger* (Études sur les Grenouilles rousses; Bull. Soc. zool. de France, 1879, p. 177 et 180.)

Rana oxyrhina, *Steenstrup.*

(Vol. III, p. 344.)

Cette Grenouille, relativement septentrionale, que j'avais
décrite comme géographiquement assez voisine et pouvant se
trouver peut-être un jour sur notre sol, a été signalée dans les
environs de Bâle, sur notre frontière nord, en 1887, par le D[r]
F. Müller, qui lui conserve le nom de *Rana arvalis* (Nilsson).
D'abord découverte à Neudorf (Alsace), à une lieue au-dessous
de Bâle, sur la rive gauche du Rhin, en 1885 et 1886 (Nachtrag
V, p. 252), l'espèce a été ensuite trouvée, mais peu commune
semble-t-il, sur sol suisse, au delà du Rhin, sur la rive droite,
non loin de la frontière badoise (Müller, *in litt.*).

Alytes obstetricans, *Laur.*

(Vol. III, p. 358.)

De nouvelles observations ont considérablement étendu l'habitat du Crapaud accoucheur en Suisse. La présence de l'espèce dans des lieux où je ne l'avais pas signalée a été constatée
par divers, depuis 1872 : à *Bâle,* par Merian, Leuthner et Müller (Mitth. aus der herpet. Samml. des Basler Museums, von
F. Müller, p. 32, 1877) ; à *Laufenbourg,* ainsi que sur divers
points dans les cantons de *Lucerne, Soleure* et *Argovie,* particulièrement en très nombreuses colonies, dans une colline
de grès, sur le versant sud de la forteresse d'Aarbourg
(Fischer-Sigwart ; Terrarium, p. 61, et *in litt.*) ; dans le même
canton d'Argovie, à Mellingen, Rohrdorf, Remetschwyl, Bel-
likon et Unter-Kulm, selon le Dr J. Hofer, 4 mars 1890, *in litt.* ;
à *Trogen,* en Appenzell (Naturhist. Skizzen aus dem Appen-
zellerland, von Stefan Wanner, Trogen, 1874) ; dans le *Val Misocco,* aux Grisons, par le prof. Ch.-G. Brügger *(in litt.) ;* enfin près
de *Genève,* où j'en avais déjà soupçonné l'existence (Ier suppl.),
par M. *A. Vaucher,* qui l'a retirée du sable de la rivière l'Arve,
rive gauche, dans la localité dite Iles-d'Arve, à une heure de
Genève, sur sol savoyard, mais à deux pas de la frontière (Vaucher, *in litt.*).

L'espèce se trouve donc un peu partout en Suisse, non seulement en plaine, mais encore dans les montagnes, même au-dessus de 1500 mètres dans les Alpes bernoises, ainsi que je l'ai déjà indiqué (vol. III, p. 362).

L'époque de l'accouplement paraît être quelquefois un peu plus tardive que ne l'avais indiqué ; cependant, cela semble varier assez avec les années et les conditions. On me cite des mâles trouvés avec des œufs autour des jambes en mai et juin, mais sans parler de l'état des œufs ; or, M. Fischer-Sigwart a vu, dans son terrarium, des mâles portant des œufs (20 à 30) pendant cinq semaines environ. Du reste, j'ai déjà dit qu'une femelle trouvée par moi à 1500 mètres environ n'avait point encore pondu vers le milieu de juin.

D'après M. Fischer-Sigwart, les larves n'abandonneraient l'œuf qu'après avoir perdu les branchies externes, et le développement, de la ponte à complète métamorphose, durerait 15 à 16 mois. Nées avec une longueur de 16^{mm} à 17^{mm}, elles présenteraient au printemps suivant une taille de 55^{mm} à 60^{mm}, ayant peu augmenté durant l'hiver, et atteindraient ensuite jusqu'à 80^{mm} ou 100^{mm}, avant les métamorphoses qui durent trois semaines environ, jusque dans la première moitié de juillet. (Terrarium, p. 61).

Les observations de M. Fischer-Sigwart viennent à l'encontre de l'idée de Thomas, qui croyait à une double ponte annuelle, pour avoir trouvé des têtards d'Alyte au mois d'avril.

Bombinator igneus, *Laur*.

(Vol. III, p. 368.)

M. G.-A. Boulenger a récemment signalé, dans les représentants du *Bombinator* en Europe, deux espèces différentes. (On two European Species of Bombinator, 1886[1], et : Sur la synonymie et la distrib. géograph. des deux Sonneurs européens, 1888[2].) L'une, *Bombinator igneus* (Linné), plus élancée, avec

---

[1] Proceedings of the Zoological Society of London ; nov. 16, 1886, p. 499, Pl. L. fig. 1 et 2.

[2] Bull. Société zoologique de France, t. XIII, n° 7, p. 173, juillet 1888.

des sacs vocaux internes, un museau plus acuminé, de petites glandes parotidiennes et des taches inférieures rouges, serait plus orientale, s'étendant du sud de la Suède et du Danemark à la Hongrie ; l'autre, successivement nommée *Bombinator bombinus* (Linné), puis *B. pachypus* (Fitzinger), plus trapue, sans sacs vocaux, comme sans véritables glandes parotidiennes, avec un museau plus rond et des taches inférieures jaunes, serait propre par contre à l'Europe centrale et méridionale, venant en contact avec la précédente en Autriche.

L'espèce qui habite la Suisse et à laquelle j'ai attribué, en 1872, le nom de *B. igneus* (Laurenti) serait donc le *Bombinator pachypus* (Fitzinger). Il serait intéressant de rechercher si la première de ces espèces se trouve peut-être aussi dans le pays.

M. Fischer-Sigwart taxe de *B. bombinus,* soit *B. pachypus,* le Sonneur des environs de Zofingue, et donne, pour la localité, les mois d'avril à juillet comme époque du rut, avec 75 à 77 jours de développement, de la ponte à la fin des métamorphoses. (Terrarium, p. 69.)

Bufo vulgaris, *Laur.*

(Vol. III, p. 387.)

Durée du développement 85 jours environ, selon Fischer-Sigwart (Terrarium, p. 40).

Salamandra maculosa, *Laur.*

(Vol. III, p. 491.)

Bien que n'ayant pas pu surprendre l'accouplement, M. Fischer-Sigwart dit que la femelle, grosse depuis l'automne, ne met bas qu'au printemps et qu'elle passe, en état de gestation, tout l'hiver plus ou moins profondément engourdie, rappelant un peu en cela ce que j'ai décrit pour la *Salamandra atra* de nos Alpes, chez laquelle le développement, *tout interne,* s'opère généralement de l'été d'une année au printemps ou à l'été de l'autre, durant 10 à 11 mois. (Faune, III, p. 503 à 508.)

Selon cet observateur, la Salamandre tachetée ou marbrée mettrait bas, suivant les cas, en février, mars ou avril, de 14 à 25 petits, de 25^{mm} à peu près, qui parfois semblent être entraînés de dessous terre dans de petites sources par des filtrations souterraines, et, après trois à quatre mois, les jeunes Salamandres perdraient les branchies, pour quitter alors les eaux et se répandre sur le sol, avec une taille de 50^{mm} environ. — Une lettre que j'ai reçue, le 17 janvier 1889, de M. H.-G. Stehlin, à Bâle, semble prouver que les choses ne se passent pas toujours ainsi et que, comme je l'avais supposé (vol. III, p. 496), les époques de l'accouplement et de la mise au monde peuvent varier passablement avec les circonstances. M. Stehlin a trouvé, dans les premiers jours d'octobre 1886, à Bêpp, sur un point élevé du Jura bernois, une femelle de la même Salamandre qui portait alors environ 50 petits prêts à naître, de 27 à 29 millimètres.

La *Salamandra maculosa* émettrait un petit cri qui, bien qu'un peu plus lent, rappellerait assez celui du Crapaud accoucheur.

Enfin, une des plus intéressantes observations de M. Fischer-Sigwart est celle ayant trait à une femelle de Salamandre tachetée qui, après avoir mis au monde l'année précédente un nombre normal de larves ordinaires, émit de nouveau, le 21 avril 1889, sans avoir été en contact avec un mâle, six petits albinos, dont l'un vécut 75 jours. (Terrarium, p. 73.) Cette curieuse donnée rappelle, en effet, l'observation déjà signalée par Brehm (Thierleben, V, p. 414) d'une femelle qui pondit des œufs mûrs pour l'éclosion, « larvenreife Eier, » cinq mois après avoir été séparée du mâle, et semble accréditer l'hypothèse de cet auteur de la possibilité qu'un même accouplement puisse porter parfois sur des œufs à différents développements, et donner par là lieu à deux pontes successives plus ou moins espacées.

Salamandra atra, *Laur*.

(Vol. III, p. 498.)

Se trouve dans les bois et les prairies des montagnes du Doubs (Jura), selon Olivier; Faune du Doubs, p. 47, 1883.

Triton cristatus, *Laur*.

(Vol. III, p. 520.)

La larve quitte l'œuf après 20 jours, croît jusqu'à 35^{mm} environ et perd les branchies après trois mois. (Fischer-Sigwart, Terrarium, p. 80.)

Triton alpestris.

(Vol. III, p. 541.)

Neotenia.

Depuis la rencontre par De Filippi, dans un petit lac du Val Formazza, en 1861, de grandes larves du *Triton alpestris* qui présentaient en même temps des branchies et des organes de reproduction bien développés *(Sulla larva del Triton alpestris; Archiv. per la Zoologia, déc. 1861);* et depuis la trouvaille que je fis, un an plus tard, au commencement de juin 1862, de larves hivernées de la même espèce dans un petit lac du Saint-Gothard, à 2050 mètres s/m environ (Reptiles et batraciens de la H^{te}-Engadine; *Archiv. Sc. phys. et nat., nov. 1864*, et Faune des Vertébrés de la Suisse, vol. III, p. 541, 1872), on s'est beaucoup occupé de la persistance de l'état larvaire chez quelques batraciens, persistance plus ou moins durable qui a reçu de Kollmann le nom de *Neotenia, (Das Ueberwintern von europ. Frosch und Triton Larve, und die Umwandlungen des mexikanischen Axololl; Verh. naturf. Gesell. Basel, VII, 1883.)* — Plusieurs naturalistes ont peu à peu accumulé des faits qui établissent aujourd'hui la possibilité, en certaines circonstances, d'une persistance plus ou moins longue des branchies et d'un développement complet des organes de la génération, même de la repro-

duction du *Triton alpestris* sous la forme larvaire encore pourvue de branchies, créant par là un parallèle intéressant entre
cette espèce et l'Axolotl du Mexique *(Amblystoma Axolotl)*.

Les grandes larves que j'ai trouvées en 1862, à 2050 mètres,
et que j'ai décrités, dès 1864, comme ayant hiverné et conservé
un an leurs branchies, n'avaient point encore les organes de la
génération aussi développés que celles, plus grandes encore,
signalées par De Filippi, probablement parce qu'elles n'étaient
pas aussi âgées que ces dernières. Cependant, plusieurs des
auteurs qui ont, depuis lors, écrit sur le sujet paraissant n'avoir
pas eu connaissance, ou ayant tout au moins négligé de citer les
observations que j'avais antérieurement faites, à un niveau relativement très élevé, je ne crois pas inutile de rappeler ici que
j'avais proposé déjà quelques explications, soit du phénomène
de l'hivernation des larves de batraciens dans les Alpes, sous
l'influence de la brièveté exagérée de la saison propice aux
amours et au développement, soit d'un cas contraire, de l'accé-
lération des transformations et du retrait des branchies, par
desséchement prématuré des petites mares temporaires où se
développent les larves, peut-être même d'une production ovo-
vivipare du *Triton alpestris*, dans certaines circonstances.
(Voyez : Rept. et Bat. d'Engadine, p. 283-288, et surtout :
Faune Vert. de la Suisse, III, p. 459 et 551-554[1].)

Le Dr Lor. Camerano, qui a publié sur le sujet divers mémoires intéressants depuis 1883[2], et que je me bornerai à citer
ici, comme ayant tout dernièrement résumé les observations
relatives à l'espèce qui nous occupe, a proposé successivement
diverses causes probables de la persistance des branchies et du
défaut d'équilibre entre les développements des différents organes de la larve. (Ulteriori osservazioni intorno alla Neotenia
negli Anfibi, 1889[3].) Après avoir attribué à une nécessité
d'adaptation à des conditions particulières la persistance des

---

[1] Voyez aussi l'hivernation des larves de la *Rana temporaria* dans les
Alpes : Faune des Vertébrés, III, p. 280 et 332.

[2] Richerche intorno alla vita branchiale degli Anfibi, Torino, 1883, etc.

[3] Bolletino dei Musei di Zoologia ed Anatomia comparata della R.
Universita di Torino, n° 56, vol. IV, marzo 1889.

branchies, parfois pendant près de trois années, cet auteur conclut à un phénomène d'hérédité, du fait que des adultes branchiés peuvent donner naissance à des individus les uns conservant les branchies, les autres normaux ou perdant bientôt celles-ci. — Je crois, quant à moi, que les deux causes peuvent être également en jeu; c'est-à-dire que le *Triton alpestris* tient d'héritage la faculté de conserver plus longtemps ses branchies, ou de les rétracter plus rapidement, suivant les cas, et que ce sont les circonstances qui font appel à ces latitudes opposées, en faveur de la conservation de l'espèce dans différentes conditions. On peut aller chercher peut-être bien loin les parents qui ont légué ces précieuses facultés à leurs descendants dans nos Alpes; mais il est difficile de comprendre l'origine de celles-ci sans une nécessité première d'adaptation.

On a observé des cas de *Neotenia* plus ou moins prononcés chez quelques autres Batraciens anoures et urodèles, soit des larves ayant hiverné et acquis parfois un développement plus ou moins avancé des organes de la génération. Toutefois, ces cas sont relativement rares, vis-à-vis de leur fréquence chez le Triton alpestre et du dimorphisme normal que présente l'Axolotl.

Triton lobatus, *Otth.*

(Vol. III, p. 557.)

Trouvé à Saint-Gingolph, rive sud du Léman. (H. Gysin; Müller's zweiter Nachtrag, p. 3, 1882.)

Triton palmatus, *Schneider.*

(Vol. III, p. 570.)

Selon Fischer-Sigwart, les têtards seraient libres après 26 à 28 jours, pour terminer leurs métamorphoses en automne. Quelques-uns *hiverneraient* parfois sous l'état larvaire. (Terrarium, p. 81.)